| 제4판 |

생명과학을 위한
수학 Ⅱ

– 이산모형을 중심으로

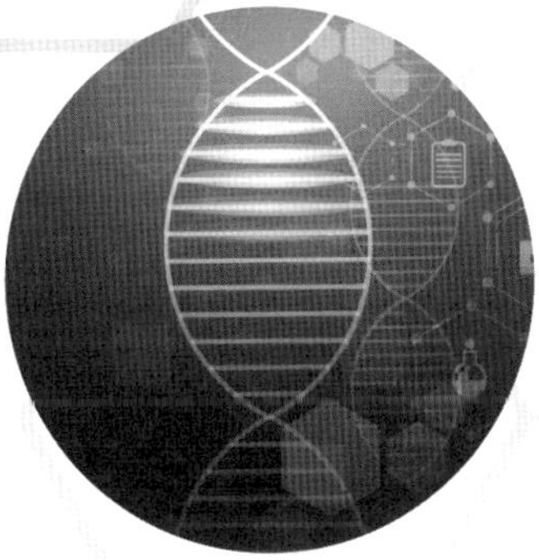

강혜정 지음

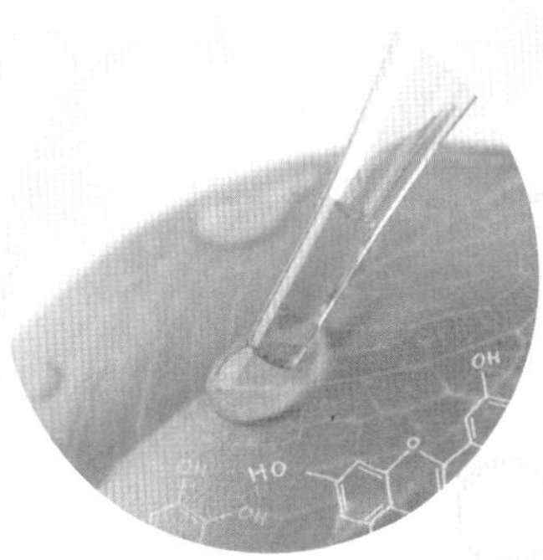

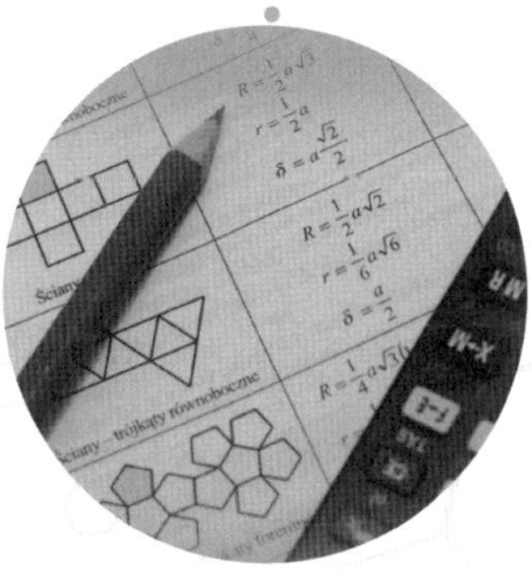

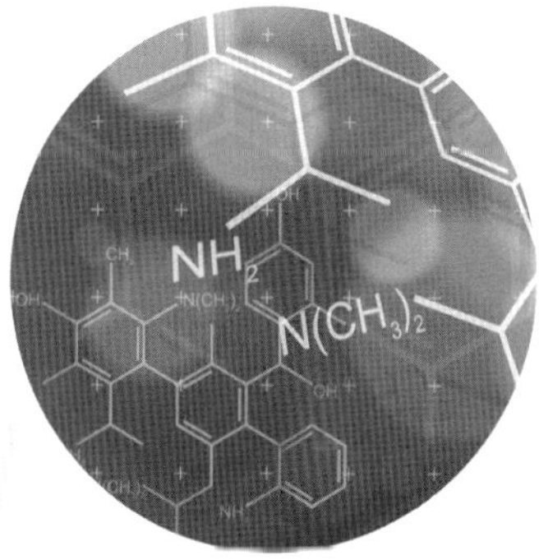

KM 경문사

제4판을 내면서

서울대학교의《생명과학을 위한 수학 II》의 교재로 사용되고 있는 이 책은 2008년에 처음 출판되었습니다. 이 교재로 강의를 하신 선생님들과 학생들의 의견을 반영하여 2016년 3판이 나왔고, 다시 5년만에 4판을 준비하게 되었습니다.

대학교 1학년 교재를 구성하면서 어떤 주제를 어느 수준까지 다룰 것인가 하는 문제는 항상 가장 고민스러운 부분입니다. 또한 고등학교 교과과정에서 다루는 내용이 계속 축소되고 수학능력시험에서 학생들이 응시하는 교과목에 변화가 생기면서 이러한 고민은 더 심화되었습니다. 이번 개정판은 이러한 고민의 결과를 반영한 것입니다. 고등학교 교과과정의 변화에 따라 추가한 주제도 있고 제외한 주제도 있지만 전체적인 학습 분량은 큰 변화가 없도록 조정하였습니다.

구성은 3판과 동일하게 4개의 장으로 구성하였습니다.

1장 수열과 급수
2장 확률모형
3장 벡터와 행렬
4장 행렬의 응용과 그래프

각 장의 본문은 기본적으로 4개의 절과 하나의 연습문제로 구성되어 있습니다. 각 절은 주제에 따라 4～5개의 작은 절로 나뉘어 있는데 작은 절들은 대부분 15～20분 수업에 다룰 수 있으며, 각 절은 대부분 75분 수업, 일부는 100분 수업에 적당한 분량입니다.

1장과 2장의 내용은 3판과 아주 소소한 차이 이외에는 변화가 없습니다. 1, 2장까지의 내용은 중간고사까지, 3, 4장의 내용은 중간고사 이후 기말고사까지 다루기에 적당합니다. 3장의 1절과 2절은 기하와 벡터를 간단하게 다루고 있습니다. 고등학교에서 기하와 벡터를 수강했거나《생명과학을 위한 수학 1》을 수강한 학생들이라면 뛰어넘거나 간단하게 살펴보는 정도로 다루면 될 내용들입니다. 그러나 기하와 벡터를 수강하지 않은 학생들이라면 꼼꼼히 다루어야 할 내용들입니다 4장의 2절~6절은 3판의 4.1절, 4.2절, 4.4절, 4.5절, 4.6절에 대응하는 내용으로 큰 차이가 없습니다.

3장과 4장 1절의 내용도 다루는 주제에는 큰 차이가 없지만 다루는 순서와 구성에 차이가 있습니다. 행렬곱 등의 기본적인 정의가 다르게 주어져 논리적인 전개와 증명 등에 차이가 있습니다. 3판에 있었지만 빠진 내용은 외적, 닮은 행렬, 대각화 등이고 부분공간의 차수 등과 기저에 관련된 내용이 보완되었습니다. 구체적인 차이를 나열해 보면 다음과 같습니다.

전체
1. 멱급수를 거듭제곱급수로 바꾸어 씀
2. 자연로그를 log에서 ln으로 바꾸어 씀
3. 일부 절에서 본문 내용 변화 없이 연습문제의 순서가 바뀜
4. 연습문제 해답이 추가됨

1장
1. 멱급수를 거듭제곱급수로 바꾸어
2. 3절 보기 8 삭제, 4절 보기 5(b) 삭제
3. 일부 연습문제의 순서가 바뀜

2장
1. 2절 보기 5(완전생명표) 삭제
2. 4절 표본과 표본평균 추가

3장
1. 1절 좌표공간 내용 보완
2. 3절(행렬) 행렬의 합과 상수곱과 연결하여 벡터의 일차결합을 정의, 이를 이용하여 행렬과 벡터의 곱을 정의함
3. 4절(선형방정식계)은 3판의 4절(선형방정식계)과 5절(가우스 소거법)의 내용을 취합하여 구성. 3판 4절에서 다루었던 부분공간과 일차독립의 개념은 4판에서는 6절로 이동
4. 5절(행렬의 곱과 역행렬)은 3판의 3절(행렬의 곱)과 6절(역행렬)의 내용으로 구성. 행렬의 곱은 행렬과 벡터의 곱을 이용하여 정의함. 기저는 4판에서는 6절로 이동함. 2×2 행렬의 역행렬 구하는 방법 추가.
5. 6절(기저와 차원)은 3판의 4절(선형방정식계)의 일차독립, 부분공간과 6절(역행렬)의 기저 등을 포함함

4장 1. 1절(행렬식)은 3판 3.7절(행렬식)의 내용을 다룸. 여인수 전개에 의한 정의라는 표현 대신 귀납적 정의라는 표현을 사용함.
2. 2절(특성치와 특성벡터)은 3판 1절(특성치와 특성벡터)의 내용과 거의 변화가 없음.
3. 3절(마르코프 모형)은 3판 2절(마르코프 모형)의 내용과 거의 변화가 없음.
4. 4절(선형미분방정식계)은 3판 4절에서 다루는 내용과 큰 차이가 없으나 대각화를 사용하지 않는 해법을 제시함. 행렬의 지수가 추가됨.
5. 5, 6절은 변화가 없음.

개정판에도 여전히 오타나 오답의 가능성은 존재합니다. 오타나 오답, 내용 중 수정이 필요한 사항, 틀리지는 않았지만 더 나은 표현법 등 의견이 있으면 다음 주소로 연락 주시기 바랍니다.

jhjkang@snu.ac.kr

코로나 상황으로 지금까지 상상도 못했던 세상을 살고 있습니다. 평범한 일상이 너무나 소중하게 느껴지고 그리워집니다. 의료현장에서 고생하시는 모든 분들께 감사와 존경의 마음 전합니다.

평범한 일상을 다시 누릴 수 있기를 바라며
2021년 여름
관악산 연구실에서
강혜정

초판 머리말

현대 과학의 두드러진 특징 중 하나는 본질적으로 서로 다른 연구 분야들이 만나 새로운 분야를 만들어낸다는 것입니다. 생명과학 분야의 경우 수학적 생물학(Mathematical Biology)이라 불리는 생명과학과 수학의 만남은 고전적인 예에 속하며, 생물정보학(Bioinformatics)이라 불리는 생명과학과 정보과학의 만남은 최근의 예라 할 수 있습니다. 이러한 분야는 생물학적인 지식과 더불어 수학, 전산학 등 다양한 배경지식과 이러한 배경지식들을 효과적으로 통합하는 능력을 요구합니다. 그러나 우리나라의 경우 전문 인력이 손꼽을 정도로 적고 학제의 특성상 이러한 필요성을 충족시켜주는 교육이 현재까지는 거의 이루어지지 않고 있습니다. 서울대학교 수리과학부에서는 이러한 필요성에 따라 2001년도부터 생명과학 관련 전공 학생을 대상으로 "생명과학을 위한 수학"이란 강좌를 수학 및 연습의 대체과목으로 개설하였습니다.

《생명과학을 위한 수학 II》의 교재로 기획된 이 책은 수학 II 및 미분과 적분을 배운 학생을 대상으로 하고 있습니다. I권에서 연속모형을 중점적으로 다루었다면 II권에서는 이산모형을 중점적으로 다루고 있습니다. 다루는 주제는 크게 세 가지로 수열과 급수, 확률, 행렬로 분류할 수 있습니다. 맨 마지막에는 정보생물학에서 사용하는 수학적 방법을 간단하게 다루었습니다.

이 책에서 논의의 기본 방법은 분석적이기보다는 직관적이라 할 수 있습니다. 다시 말해서, 수학적인 개념이나 결과들을 수학적으로 엄밀히 정의하거나 증명을 제시하기보다는 직관적으로 이해하기 쉬운 보기를 이용하거나 그래프들을 이용하여 설명하였습니다. 이를 위하여 가능한 한 많은 보기를 수록하도록 노력하였으며 연습문제를 통하여 이를 심화할 수 있도록 하였습니다.

이 교재에는 한 학기에 다루기에는 많은 내용이 들어 있습니다. 그 중에서 * 표시가 있는 절들은 고등학교에서 배운 내용이지만 다시 언급해야 할 필요성이 있는 주제들입니다. 따라서 진도에서는 제외하고 학생들에게 복습하도록 하여도 무방합니다. ** 표시가 있는 절들은 이론을 응용하는 사례 연구 부분으로 진도에서 제외하여도 전체 흐름에는 지장이 없는 절입니다.

내용에 대하여

이 교재에서 사용된 수학용어는 대한수학회에서 나온 수학용어집을 기준으로 삼았으며 생명과학에 관련된 용어는 생명, 생물의 과학과 필수세포생물학을 참고하였습니다. 이 교재에서 다루는 내용은 크게 수열과 급수, 확률, 행렬의 세 주제로 구분이 가능합니다.

수열은 이산동력학계를 이해하는 수학적 도구입니다. 생물학적인 현상들이 수열을 이용하여 어떻게 표현되는지를 살펴보고 수열의 일반해를 구하는 방법을 소개합니다. 수열의 수렴 여부를 알기 위한 방법 중 거미줄 도형을 이용한 직관적인 방법과, 미분계수판정법 등의 분석적인 방법을 살펴 봅니다. 좀 더 일반화된 고계점화식에 대한 해법을 다루며 고계점화식과 점화식계의 연관성도 알아보도록 합니다.

2장에서는 함수를 다항식으로 근사시키는 방법(테일러 급수), 삼각함수로 근사시키는 방법(푸리에 급수) 등을 다루고 있습니다. 이러한 방법들은 수학적 이론으로뿐만 아니라 응용 면에서도 주요한 역할을 하는 주제들입니다. 이러한 주제들의 이론적인 근거를 다루고 많이 사용하는 함수들—삼각함수, 지수함수, 쌍곡함수, 로그함수 등—의 멱급수와 테일러 급수를 구하는 방법을 소개합니다. 근사다항식을 다루는 데에 있어 필수적인 근삿값의 오차에 대하여도 알아보도록 합니다.

3장에서 다루는 확률론은 결과가 불확실한 실험 및 시행에 대한 이론으로 과학 및 공학 등 실험에 기초한 학문에서 중요한 역할을 하는 분야입니다. 확률론에서는 표본공간의 정의, 확률의 정의와 베이즈의 정리 등 확률 계산에 대한 내용을 다룹니다. 또한 이산확률변수, 연속확률변수 등 확률 변수에 대한 내용과 기댓값, 분산 등 대표성을 갖는 값들에 대한 개념을 소개합니다. 또한 이항분포, 기하분포, 푸아송 분포 등 많이 쓰이는 이산확률분포와 정규분포, 지수분포, 균일분포 등의 연속확률분포의 성질들을 공부하도록 합니다.

4장에서는 행렬에 대한 이론과 응용을 다룹니다. 수학을 전공하지 않는 사람의 경우 수학에 있어서 가장 많이 접하는 문제는 선형계를 푸는 문제일 것입니다.[1] 특히, 경제학, 사회학, 생태학, 유전학, 그리고 공학 등의 응용분야에서는 거의 모든 문제가 선형계를 푸는 문제로 귀결됩니다. 따라서 이 장에서는 현상을 선형계, 또는 점화식을 이용하여 나타내고 이를 행렬로 나타내어 푸는 방법을 배우도록 합니다. 역행렬과 특성치, 그리고 특성벡터가 주요한 수단으로 소개됩니다.

마지막으로 5장에서는 정보생물학을 간략하게 실었습니다. 이는 그래프 이론을 응용한 것으로 이 분야에서 첨단이라거나 가장 보편적인 것을 실은 것은 아닙니다. 대신 수학 이론을 가장 직관적으로 응용한 것으로 거대한 분야의 작은 일부분에 해당합니다. 그러나 수학의 이론이 실제로 어떻게 응용이 되는지를 보여 주는 좋은 보기가 되리라 믿습니다.

1 비선형계는 풀 수 없는 경우가 대부분이어서 선형계로 근사시켜 푸는 방법을 많이 사용합니다.

감사의 글

"생명과학을 위한 수학"이라는 강좌는 처음 개설된 이후 여러 번의 시행착오를 거쳐 지금의 교과과정에 이르렀습니다. 그 동안 생명과학을 위한 수학을 가르치셨던 많은 선생님들의 경험과 시행착오가 이 교재가 나오는 데에 큰 밑거름이 되었습니다. 이 자리를 빌어 깊은 감사의 말씀 전합니다. 특히 서울대학교 수리과학부의 정경훈 선생님과 청주대학교의 서승현 선생님께서는 원고를 꼼꼼히 읽어 주시고 오류를 지적하여 주셨습니다. 또한 교재에 실린 많은 그림을 그려주시기도 하셨습니다. 두 분 선생님의 도움에 깊은 감사의 마음 전합니다.

이 교재가 준비되는 지난 2년 동안 생명과학을 수강한 학생들에게도 감사의 마음을 전합니다. 완성되지 않은 강의록으로 수업을 하는번거로움과 불편함을 감수하고 오타와 오답에서 오는 혼란스러움까지 너그럽게 이해해 주었습니다. 학생들과의 대화를 통하여 보완하여야 할 부분과 추가하여야 할 부분들을 알 수 있었으며, 이러한 부분이 책 구성에 긍정적인 영향을 미쳤다고 생각합니다.

이 교재는 서울대학교 수리과학부와 기초교육원의 지원 아래 만들어졌습니다. 특히, 심적으로나 물적으로나 아낌없는 지원을 해주신 수리과학부의 학부장님과 부학부장님께 깊은 감사의 마음 전합니다. 또한 끊임없이 격려해주시고 힘이 되어주신 김성기 교수님과 강현배 교수님께도 감사의 마음을 전합니다. 일일이 존함을 열거할 수는 없지만 수리과학부와 기초교육원의 모든 선생님들께도 감사의 말씀 전하고자 합니다.

마지막으로 이 교재가 나오기까지 여러 불편함을 기꺼이 참아준 소중한 가족에게 사랑의 마음 전합니다

2008년 8월 관악산에서

차례

제4판을 펴내면서 • iii
초판 머리말 • v

CHAPTER 1. 수열과 급수

1.1 수열과 점화식

1.1.1 수열의 극한 _ 2
1.1.2 단조수렴 정리 _ 5
1.1.3 점화식 _ 8
1.1.4 생명과학에 응용하기 _ 10
1.1.5 연습문제 1.1 _ 14

1.2 거미줄 도형

1.2.1 거미줄 도형 그리기 _ 17
1.2.2 평형점의 안정성 _ 20
1.2.3 미분계수 판정법 _ 21
1.2.4 연습문제 1.2 _ 24

1.3 급수

1.3.1 급수의 기본성질 _ 27
1.3.2 비교판정법과 적분판정법 _ 30
1.3.3 교대급수판정법 _ 33
1.3.4 비율판정법 _ 35
1.3.5 연습문제 1.3 _ 37

1.4 거듭제곱급수

1.4.1 거듭제곱급수 _ 42
1.4.2 거듭제곱급수의 수렴반경 _ 44
1.4.3 거듭제곱급수의 미분과 적분 _ 46
1.4.4 지수함수의 거듭제곱급수 _ 49
1.4.5 연습문제 1.4 _ 51

1.5 테일러 급수

1.5.1 선형근사식과 근사다항식 _ 54
1.5.2 테일러 급수 _ 56
1.5.3 이항급수 _ 61
1.5.4 적분의 근삿값 _ 64
1.5.5 연습문제 1.5 _ 65

1.6 푸리에 급수

1.6.1 푸리에 근사 _ 68
1.6.2 푸리에 급수 _ 73
1.6.3 주기가 $2T$인 함수의 푸리에 급수 _ 75
1.6.4 삼각다항식의 제곱오차 _ 77
1.6.5 연습문제 1.5 _ 79

CHAPTER 2. 확률모형

2.1 사건과 확률

2.1.1 확률의 정의 _ 84
2.1.2 사건의 연산과 확률법칙 _ 87
2.1.3 독립실험과 독립사건 _ 90
2.1.4 독립분배의 법칙 - 멘델의 제2법칙 _ 93
2.1.5 연습문제 2.1 _ 95

2.2 조건부 확률

2.2.1 조건부 확률 _ 98
2.2.2 확률의 곱셈법칙 _ 101
2.2.3 확률의 분할법칙 _ 102
2.2.4 베이즈의 정리 _ 104
2.2.5 연습문제 2.2 _ 108

2.3 확률변수

2.3.1 이산확률변수 _ 113
2.3.2 연속확률변수 _ 116
2.3.3 누적분포함수 _ 118

2.4 기댓값과 분산

2.4.1 확률변수의 기댓값 _ 121
2.4.2 기댓값의 성질 _ 123

2.4.3 분산과 표준편차 _ 126
2.4.4 확률생성함수 _ 129
2.3.4 연습문제 2.3-2.4 _ 132

2.5 이산확률변수

2.5.1 지시변수 _ 136
2.5.2 기하변수 _ 137
2.5.3 이항변수 _ 140
2.5.4 푸아송 분포 _ 143
2.5.5 연습문제 2.5 _ 147

2.6 연속확률변수

2.6.1 지수분포 _ 150
2.6.2 무기억성질 _ 151
2.6.3 정규분포와 중심극한정리 _ 154
2.6.4 적률생성함수 _ 158
2.6.5 연습문제 2.6 _ 160

CHAPTER 3. 벡터와 행렬

3.1 좌표공간과 벡터

3.1.1 좌표공간 _ 166
3.1.2 벡터의 정의와 연산 _ 170
3.1.3 벡터의 성분 _ 174
3.1.4 직선의 방정식 _ 177
3.1.5 연습문제 3.1 _ 179

3.2 벡터의 내적

3.2.1 내적의 정의 _ 182
3.2.2 두 벡터의 사잇각 _ 183
3.2.3 평면의 방정식 _ 185
3.2.4 코시-슈바르쯔 부등식 _ 188
3.2.5 연습문제 3.2 _ 190

3.3 행렬

3.3.1 행렬의 표현 _ 193
3.3.2 행렬의 합과 상수곱 _ 196
3.3.3 벡터의 일차결합 _ 198

3.3.4 연습문제 3.3 _ 202

3.4 선형방정식계

3.4.1 선형방정식계의 해 _ 205
3.4.2 기본행연산과 기약행사다리꼴 _ 206
3.4.3 가우스 소거법 _ 210
3.4.4 여러가지 선형계 문제 _ 213
3.4.5 연습문제 3.4 _ 217

3.5 행렬의 곱과 역행렬

3.5.1 행렬의 곱 _ 222
3.5.2 행렬곱의 성질 _ 224
3.5.3 역행렬의 정의 _ 226
3.5.4 역행렬의 성질 _ 229
3.5.5 연습문제 3.5 _ 233

3.6 기저와 차원

3.6.1 부분공간 _ 238
3.6.2 일차독립, 일차종속 _ 240
3.6.3 기저와 차수 _ 243
3.6.4 $\mathbb{R}^n$의 기저 _ 244
3.6.5 연습문제 3.6 _ 247

CHAPTER 4. 행렬의 응용과 그래프

4.1 행렬식

4.1.1 2×2 행렬의 행렬식 _ 252
4.1.2 행렬식의 귀납적 정의 _ 254
4.1.3 기본행연산과 행렬식 _ 257
4.1.4 행렬식의 성질 _ 259
4.1.5 연습문제 4.1 _ 262

4.2 특성치와 특성벡터

4.2.1 점화계와 특성벡터 _ 265
4.2.2 특성방정식 _ 267
4.2.3 점화계의 일반해 구하기 _ 270
4.2.4 사례연구: 레슬리 모형 _ 276
4.2.5 연습문제 4.2 _ 278

4.3 마르코프 모형
4.3.1 추이행렬 _ 284
4.3.2 분포벡터와 추이행렬 _ 287
4.3.3 극한안정분포 _ 292
4.3.4 연습문제 4.3 _ 295

4.4 선형미분방정식계
4.4.1 선형미분방정식계의 해 _ 298
4.4.2 행렬의 지수와 미분방정식계 _ 301
4.4.3 구획분석 _ 304
4.4.4 연습문제 4.4 _ 308

4.5 그래프와 행렬
4.5.1 그래프의 정의 _ 312
4.5.2 동형인 그래프 _ 315
4.5.3 오일러 경로 _ 317
4.5.4 해밀턴 경로 _ 319
4.5.5 인접행렬 _ 321
4.5.6 연습문제 4.5 _ 324

4.6 유향그래프와 서열 재구성 문제
4.6.1 유향그래프의 정의 _ 328
4.6.2 오일러 경로와 해밀턴 경로 _ 330
4.6.3 서열 재구성 문제와 해밀턴 경로 _ 333
4.6.4 오일러 경로와 서열 재구성 문제 _ 336
4.6.5 인접행렬 _ 339
4.6.6 연습문제 4.6 _ 341

- 부록 _ 345
- 연습문제 정답 및 풀이 _ 351
- 참고도서 _ 383
- 찾아보기 _ 384

CHAPTER 1

수열과 급수

1. 수열과 점화식
2. 거미줄 도형
3. 급수
4. 거듭제곱급수
5. 테일러 급수
6. 푸리에 급수

1.1 수열과 점화식

1.1.1 수열의 극한

수를 순서대로 배열한 것을 **수열**(**sequence**)이라 부른다. 일반적으로 수열이란 음이 아닌 정수의 집합[1]

$$\mathbb{N}_0 = \{0, 1, 2, 3, \ldots\}$$

에서 정의된 함수이다. 예를 들어, 수열 $\left(1, \frac{1}{2}, \frac{1}{3}, \frac{1}{4}, \ldots\right)$에서 초항은 $a_0 = 1$이고[2] **일반항** a_n은

$$a_n = \frac{1}{n+1}, \qquad n \geq 0$$

이다. 수열 $(a_0, a_1, a_2, \ldots, a_n, \ldots)$은 다음과 같이 간단히 나타내기도 한다.

$$\{a_n\}_{n=0}^{\infty}, \quad \{a_n\}$$

보기 1 다음은 수열을 나타내는 여러 방법을 나타낸다.

(a) $(0, 1, \sqrt{2}, \sqrt{3}, \ldots, \sqrt{n}, \ldots)$, $\quad a_n = \sqrt{n}\,(n \geq 0)$, $\quad \{\sqrt{n}\}_{n=0}^{\infty}$, $\quad \{\sqrt{n}\}$

(b) $(1, -1, 1, -1, \ldots, (-1)^n, \ldots)$, $\quad a_n = (-1)^n\,(n \geq 0)$, $\quad \{(-1)^n\}_{n=0}^{\infty}$, $\quad \{(-1)^n\}$

수열은 다음과 같이 그래프를 이용하여 나타낼 수도 있다.

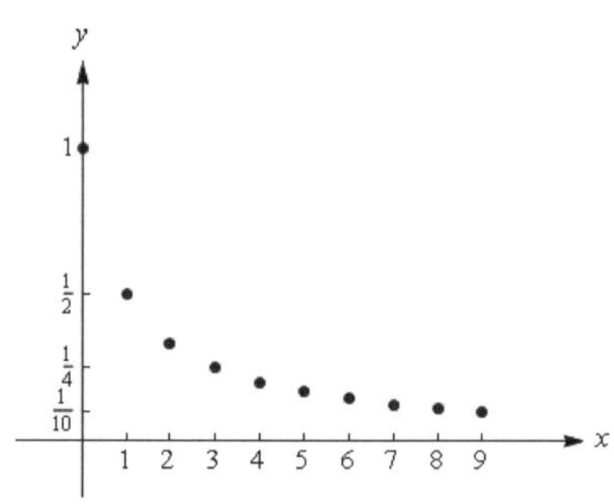

이 그래프에서 $a_n = 1/n$은 n이 커질수록 0에 가까워진다. 이때 이 **수열의 극한값**(**limit of sequence**)은 0이라 하고

$$\lim_{n\to\infty} a_n = \lim_{n\to\infty} \frac{1}{n} = 0$$

으로 표현한다. 일반적으로 n이 커짐에 따라 a_n의 값이 한없이 L에 가까워질 때[3] 수열 a_n은 극한값 L을 갖는다고 하고 다음과 같이 쓴다.

$$\lim_{n\to\infty} a_n = L$$

[1] 꼭 그런 것은 아니다. 필요에 따라 적절한 정수의 부분집합에서 정의된 함수로 간주하면 된다.

[2] 초항은 수열에서 제일 처음 나오는 항을 지칭한다. 수열이 $(a_1, a_2, \ldots)$으로 주어지면 초항은 a_1이다.

[3] n이 아주 크면 a_n과 L의 차이 $|a_n - L|$가 아주 작다는 것을 의미한다. 엄밀하게 쓰자면, 임의의 양수 $\varepsilon > 0$에 대하여 유한개의 a_n을 제외하고는 모두 $|a_n - L| < \varepsilon$을 만족한다는 뜻이다. 즉 $n \geq n_0$이면 $|a_n - L| < \varepsilon$인 자연수 n_0이 존재한다.

수열의 극한값

n이 커짐에 따라 a_n의 값이 L에 한없이 가까워지면 수열 $\{a_n\}$은 극한값 L을 갖는다고 하고

$$\lim_{n\to\infty} a_n = L$$

이라 쓴다. 만약 극한값 $\lim_{n\to\infty} a_n$이 존재하면 수열 $\{a_n\}$은 **수렴한다(converge)**고 한다. 수렴하지 않는 수열은 **발산한다(diverge)**고 한다.

Note 수열 $\{a_n\}$이 L로 수렴하면 $\{a_n\}$의 모든 **부분수열(subsequence)**[4]도 L로 수렴한다. 예를 들어

$$\lim_{n\to\infty} a_{2n} = L, \quad \lim_{n\to\infty} a_{2n+1} = L, \quad \lim_{n\to\infty} a_{n+1} = L$$

이다. 대우를 생각하면 수열 (a_n)의 어떤 부분수열의 극한값이 존재하지 않거나 L로 수렴하지 않으면 수열 (a_n)은 수렴하지 않는다.

수렴하지 않는 수열 $\{a_n\}$에 대하여 n이 커짐에 따라 a_n이 한없이 커질 때[5]수열 $\{a_n\}$은 **양의 무한대로 발산한다(diverges to ∞)**고 하고

$$\lim_{n\to\infty} a_n = \infty$$

로 나타낸다. 마찬가지로 수렴하지 않는 수열 $\{a_n\}$에 대하여 n이 커짐에 따라 a_n이 한없이 작아질 때 수열 $\{a_n\}$은 **음의 무한대로 발산한다(diverges to $-\infty$)**고 하고

$$\lim_{n\to\infty} a_n = -\infty$$

로 나타낸다.

보기 2 등비수열 $\{r^n\}$이 수렴하는 r의 범위를 구하여라.

Solution $|r| < 1$이면 $\lim_{n\to\infty} |r|^n = 0$이다. 반면, $|r| > 1$이면 $\lim_{n\to\infty} |r|^n = \infty$이다. $r = 1$인 경우,

$$\lim_{n\to\infty} 1^n = \lim_{n\to\infty} 1 = 1$$

이므로 수렴한다. 그러나 $r = -1$일 때, 수열의 값은 번갈아 가며 $1, -1$이 되므로 이 수열은 발산한다. 따라서 등비수열 $\{r^n\}$이 수렴하는 r의 범위는 $-1 < r \le 1$이다. □

---

[4]원래 수열의 일부 항을 원래 순서대로 나열해 얻을 수 있는 수열을 부분수열이라 한다. 엄밀하게 말하면 수열 $(a_{f(0)}, a_{f(1)}, a_{f(2)}, \ldots)$에서 f가 순증가함수이면 $(a_0, a_1, a_2, \ldots)$의 부분수열이다.

[5]엄밀하게 말하자면 임의의 양수 M에 대하여 $n \ge N$이면 $a_n \ge M$이 되는 자연수 N이 존재하면 수열 $\{a_n\}$은 무한대로 발산한다고 한다.

등비수열의 극한

등비수열 $\{r^n\}$은 $-1 < r \le 1$이면 수렴하고 다른 경우는 발산한다.

$$\lim_{n\to\infty} r^n = \begin{cases} 0, & -1 < r < 1 \\ 1, & r = 1 \end{cases}$$

고등학교에서 배운 수렴하는 수열의 성질을 정리하면 다음과 같다.

수렴하는 수열의 연산

수렴하는 두 수열 $\{a_n\}$, $\{b_n\}$에 대하여

$$\lim_{n\to\infty} a_n = \alpha, \ \lim_{n\to\infty} b_n = \beta$$

라 하자. 상수 c에 대하여 다음 관계식이 성립한다.

- $\lim_{n\to\infty} (a_n \pm b_n) = \alpha \pm \beta$
- $\lim_{n\to\infty} (a_n b_n) = \alpha \cdot \beta, \qquad \lim_{n\to\infty} (c a_n) = c \cdot \alpha$
- $\beta \neq 0$이면 $\lim_{n\to\infty} \dfrac{a_n}{b_n} = \dfrac{\alpha}{\beta}$

연속인 함수의 경우 극한값과 함수의 순서를 바꾸어 쓸 수 있다. 다시 말해서 함수 f가 $\alpha = \lim_{n\to\infty} a_n$에서 연속이면 다음 관계식이 성립한다.

$$\lim_{n\to\infty} f(a_n) = f(\alpha)$$

보기 3 다음 식이 성립함을 보여라.

(a) $t > 0$이면 $\lim_{n\to\infty} t^{1/n} = 1$ (b) $\lim_{n\to\infty} n^{1/n} = 1$

Solution

(a) $f(x) = t^x = e^{x \ln t}$는 $x = 0 = \lim_{n\to\infty} \frac{1}{n}$에서 연속이므로

$$\lim_{n\to\infty} t^{1/n} = t^{\lim_{n\to\infty} \frac{1}{n}} = t^0 = 1$$

이다.

(b) $n \to \infty$일 때 $\ln(n^{1/n}) = \frac{\ln n}{n} \to 0$ 이고 $f(x) = e^x$는 $x = 0$에서 연속이므로

$$\lim_{n\to\infty} n^{1/n} = \lim_{n\to\infty} e^{\frac{\ln n}{n}} = e^0 = 1$$

이다. □

수렴하는 두 수열의 대소 관계를 이용하여 두 수열의 극한값의 대소 관계를 알 수 있다. 다시 말해서 $\lim_{n\to\infty} a_n = \alpha$, $\lim_{n\to\infty} b_n = \beta$이고 모든 n에 대하여

$$a_n \leq b_n$$

이면 $\alpha \leq \beta$이다. 이 결과를 이용하면 다음 **샌드위치 정리**를 쉽게 알 수 있다.

> **샌드위치 정리**
>
> 자연수 n에 대하여 $a_n \leq b_n \leq c_n$ 이고
>
> $$\lim_{n\to\infty} a_n = \lim_{n\to\infty} c_n = L$$
>
> 이면 $\lim_{n\to\infty} b_n = L$이다.

Note $\lim_{n\to\infty} |a_n| = 0$이면 $-|a_n| \leq a_n \leq |a_n|$이므로 샌드위치 정리에 의하여 $\lim_{n\to\infty} a_n = 0$이다.

보기 4 $\lim_{n\to\infty} \frac{\sin n}{n}$을 구하여라.

Solution $-1 \leq \sin n \leq 1$이므로 $-\frac{1}{n} \leq \frac{\sin n}{n} \leq \frac{1}{n}$이고

$$\lim_{n\to\infty} \frac{1}{n} = \lim_{n\to\infty} (-\frac{1}{n}) = 0$$

이므로 샌드위치 정리에 의하여 $\lim_{n\to\infty} \frac{\sin n}{n} = 0$이다. □

1.1.2 단조수렴 정리

모든 $n \geq 1$에 대하여

$$a_{n+1} \geq a_n$$

이면 수열 $\{a_n\}$은 **증가수열**(**increasing sequence**)이라 한다. 모든 $n \geq 1$에 대하여

$$a_{n+1} \leq a_n$$

이면 수열 $\{a_n\}$은 **감소수열**(**decreasing sequence**)이라 한다.[6] 증가수열 또는 감소수열을 **단조수열**(**monotone sequence**)이라 부른다.

보기 5 일반항이 다음과 같이 주어진 수열은 감소수열임을 보여라.

$$a_n = \left(1 + \frac{1}{n}\right)^{n+1}, \quad n \geq 1$$

Solution $x \geq 1$에 대하여

$$f(x) = \left(1 + \frac{1}{x}\right)^{x+1}$$

라 하자.

$$g(x) = \ln f(x) = (x+1)(\ln(x+1) - \ln x)$$

를 미분하면

$$\begin{aligned} g'(x) &= (\ln(x+1) - \ln x) + (x+1)\left(\frac{1}{x+1} - \frac{1}{x}\right) \\ &= \ln(1 + \frac{1}{x}) - \frac{1}{x} \end{aligned}$$

이다. $x > 0$일 때 $\ln(1+x) \leq x$이므로 $g'(x) \leq 0$이다. $f(x) = e^{g(x)}$에 대하여

$$f'(x) = g'(x)e^{g(x)} \leq 0$$

이므로 $f(x)$는 감소함수이고 따라서

$$a_{n+1} = f(n+1) \leq f(n) = a_n$$

이다. □

수열 $\{a_n\}$이 주어졌을 때, 모든 n에 대하여

$$a_n \leq M$$

인 실수 M이 존재하면 수열 $\{a_n\}$은 **위로 유계**(**bounded above**)라 한다. 마찬가지로, 모든 n에 대하여

$$a_n \geq m$$

인 실수 m이 존재하면 수열 $\{a_n\}$은 **아래로 유계**(**bounded below**)라 한다. 위로 유계이면서 아래로도 유계인 수열을 **유계인 수열**(**bounded sequence**)이라 한다.

보기 6 다음에서 처음 두 수열은 유계인 수열이다. 마지막 수열은 아래로는 유계이지만 위로는 유계가 아닌 수열이다.

(a) $1, -1, 1, -1, 1, -1, \cdots$

[6] 이 정의에 의하면 상수수열 $a_n = c$은 증가수열이면서 감소수열이기도 하다. 모든 n에 대하여 $a_n < a_{n+1}$이 성립하는 수열은 **순증가수열**(**strictly increasing sequence**)이라 부른다.

(b) $1, 1+\frac{1}{2}, 1+\frac{1}{2}+\frac{1}{4}, 1+\frac{1}{2}+\frac{1}{4}+\frac{1}{8}, \cdots$

(c) $1, 1+2, 1+2+3, 1+2+3+4, \cdots$

수렴하는 모든 수열은 유계이지만[7] 역은 참이 아니다. 보기 6(a)의 수열은 유계이지만 발산한다. 그러나 유계인 단조수열은 항상 수렴한다는 것이 알려져 있다.[8] 이 결과를 **단조수렴 정리**(**monotone convergence theorem**)라 한다.

단조수렴 정리
위로 유계인 증가수열은 항상 수렴한다.

Note $\{a_n\}$이 아래로 유계인 감소수열이면 $\{-a_n\}$은 위로 유계인 증가수열이므로 $\lim_{n\to\infty}(-a_n) = \alpha$가 존재한다. 따라서

$$\lim_{n\to\infty} a_n = \lim_{n\to\infty} -(-a_n) = -\lim_{n\to\infty}(-a_n) = -\alpha$$

이 존재한다. 즉 아래로 유계인 감소수열도 항상 수렴한다.

보기 7 $\lim_{n\to\infty}\left(1+\frac{1}{n}\right)^n$이 존재함을 보여라.

Solution 보기 5의 수열 $a_n = (1+\frac{1}{n})^{n+1}$은 감소수열이고 모든 n에 대하여 $a_n \geq 0$이다. 따라서 단조수렴정리에 의하여 $\lim a_n$이 존재한다. 이 극한값을 e라 하자. 그러면

$$\begin{aligned}\lim_{n\to\infty}\left(1+\frac{1}{n}\right)^n &= \lim_{n\to\infty}\frac{(1+\frac{1}{n})^{n+1}}{1+\frac{1}{n}} \\ &= \frac{\lim_{n\to\infty}(1+\frac{1}{n})^{n+1}}{\lim_{n\to\infty}(1+\frac{1}{n})} = \frac{e}{1} = e\end{aligned}$$

이다. □

Note 보기 7에서 구한 극한값 e를 **자연상수**라 한다.[9]

[7] $\varepsilon = 1$일 때 $n \geq n_0$이면 $|a_n - \alpha| < 1$인 자연수 n_0 이 존재한다. 따라서 $n \geq n_0$이면 $\alpha - 1 < a_n < \alpha + 1$이다. $M = \max(a_1, \ldots, a_{n_0}, \alpha+1)$, $m = \min(a_1, \ldots, a_{n_0}, \alpha-1)$이라 하면 모든 n에 대하여 $m \leq a_n \leq M$이 성립한다.

[8] 이 성질은 **실수의 완비성**(**completeness of real numbers**)으로부터 보일 수 있는데 실수가 갖는 특징 중의 하나이다. 유리수의 집합은 이러한 성질을 갖지 않는다.

[9] 이 상수에 e라는 기호를 붙힌 사람은 L. Euler이다. 그러나 이 수를 오일러의 상수라 부르지는 않는다. 이 수는 수학적으로 아주 중요한 수임에도 불구하고 특별한 이름을 갖고 있지는 않다. 여기서 쓰는 자연상수라는 용어는 우리나라에서만 쓰이는 표현이다.

1.1.3 점화식

초항이 a이고 공차가 d인 등차수열 $\{x_n\}$은 모든 n에 대하여 다음과 같은 관계식을 만족한다.

$$x_{n+1} = x_n + d$$

또한 초항이 a이고 공비가 r인 등비수열 $\{x_n\}$은 모든 n에 대하여 다음과 같은 관계식을 만족한다.

$$x_{n+1} = rx_n$$

이와 같이 어떤 규칙에 의하여 정의되는 수열은 앞, 뒤 항 사이의 관계식으로 표현할 수 있다. 앞의 항을 이용하여 뒤의 항이 정의되는 식을 **점화식**(**recursive equation**)이라 한다. 특히 x_{n+1}이 다음과 같이 x_n의 함수로 정의되는 경우 **일계점화식**(**first order recursive equation**)[10]이라 한다.

$$x_{n+1} = f(x_n)$$

여기서 함수 f를 **진행함수**라 부르기로 한다. f가 일차식이면, 즉

$$x_{n+1} = ax_n + b \tag{1.1}$$

이면 **일계선형점화식**이라 한다. 이때 $a = 1$이면 등차수열, $b = 0$이면 등비수열이다.

보기 8 초항이 x_0인 일계선형점화식 (1.1)으로 정의된 수열의 일반항을 구하고 $\lim_{n\to\infty} x_n$이 존재하는 경우 극한값을 구하여라. 단, $a \neq 1, b \neq 0$이다.

Solution $n = 1, 2$에 대하여 계산해 보면

$$\begin{aligned} x_1 &= ax_0 + b \\ x_2 &= ax_1 + b = a(ax_0 + b) + b \\ &= a^2x_0 + (a+1)b \end{aligned}$$

이고 일반적으로 다음 식이 성립한다.

$$x_n = a^nx_1 + (a^{n-1} + a^{n-2} + \cdots + a + 1)b$$

두 번째 항은 공비가 $a \neq 1$인 등비수열의 합이므로

$$x_n = a^nx_0 + b\Big(\frac{1-a^n}{1-a}\Big)$$

이다. 따라서 $|a| < 1$이면

$$\lim_{n\to\infty} x_n = \frac{b}{1-a}$$

이다. $|a| \geq 1$이면 수열은 발산한다. □

[10] 오늘을 알면 내일을 알 수 있는 경우이다.

일계선형점화식

일계선형점화식 $x_{n+1} = ax_n + b, n = 0, 1, 2, \ldots$의 일반항은 다음과 같다.

$$x_n = \begin{cases} a^n x_0 + b\left(\frac{a^n-1}{a-1}\right), & a \neq 1 \\ x_0 + nb, & a = 1 \end{cases}$$

일계점화식

$$x_{n+1} = f(x_n) \tag{1.2}$$

에서 진행함수 f가 연속이라 하자. 다음 식을 만족하는 x_e를 주어진 점화식의 **평형점**(**equilibrium**), 또는 **고정점**(**fixed point**)이라 한다.

$$x_e = f(x_e)$$

만약 초항 x_0이 주어진 점화식의 평형점이면

$$x_1 = f(x_0) = x_0$$

이고 같은 관계식은 모든 n에 대하여 성립한다. 즉 모든 n에 대하여 다음이 성립한다.

$$x_n = x_0$$

점화식 $x_{n+1} = f(x_n)$으로 정의된 수열 $\{x_n\}$에 대하여 수열의 극한값

$$\lim_{n\to\infty} x_n = a$$

가 존재하면

$$\lim_{n\to\infty} x_{n+1} = a$$

이다. 점화식 (1.2)의 양변에 극한값을 취해 주면 f는 연속이므로

$$a = f(a)$$

가 성립한다. 즉 수렴하는 수열의 극한값은 평형점이다.

수열의 극한값과 평형점

점화식 $x_{n+1} = f(x_n)$ 으로 정의되는 수열의 극한값이 존재하면 그 극한값은 방정식

$$x = f(x)$$

의 해이다.

Note 특히, 평형점이 유일한 경우, 수렴하는 수열은 초항에 상관없이 평형점으로 수렴한다.

보기 9 $x_0 = 2$이고 점화식 $x_{n+1} = 5 - \dfrac{4}{x_n}$으로 정의된 수열 $\{x_n\}$에 대하여

(a) 증가수열임을 보여라.

(b) 모든 $n \geq 1$에 대하여 $x_n \leq 5$임을 보여라.

(c) $\lim_{n\to\infty} x_n$이 존재함을 설명하고 극한값을 구하여라.

Solution (a) 수학적 귀납법으로 $x_{n+1} \geq x_n$ 임을 보이기로 한다. $n = 1$일 때

$$x_1 = 5 - \frac{4}{x_0} = 5 - 2 = 3 \geq x_0 = 2$$

이 성립한다. $k \leq n$일 때 $x_k - x_{k-1} \geq 0$이 성립한다고 가정하면 $x_k \geq 2$이고

$$\begin{aligned} x_{n+1} - x_n &= 5 - \frac{4}{x_n} - \left(5 - \frac{4}{x_{n-1}}\right) \\ &= 4\frac{x_n - x_{n-1}}{x_n x_{n-1}} \geq 0 \end{aligned}$$

이다. 따라서 모든 $n \geq 0$에 대하여 $x_{n+1} \geq x_n$이다. 다시 말해서, 수열 $\{x_n\}$은 증가수열이다.

(b) 모든 $n \geq 0$에 대하여 $x_n \geq 2$이므로

$$x_{n+1} = 5 - \frac{4}{x_n} \leq 5$$

이다.

(c) 수열 $\{x_n\}$은 위로 유계인 증가수열이므로 단조수렴 정리에 의하여 수렴한다. $\lim\limits_{n\to\infty} x_n = x$라 하고 점화식의 양변에 극한값을 취하면

$$x = 5 - \frac{4}{x} \quad \Rightarrow \quad x^2 - 5x + 4 = (x-1)(x-4) = 0$$

이다. $2 \leq x \leq 5$이므로 $\lim\limits_{n\to\infty} x_n = 4$이다. □

1.1.4 생명과학에 응용하기

유전자는 특성을 나타내는 여러 형태의 **대립형질**을 갖는다. 예를 들어, 완두콩의 경우 주름진 모양의 대립형질 w와 둥근 모양의 대립형질 W가 존재한다. 완두콩은 각 특성에 대하여

$$WW, Ww, ww$$

같이 2개의 대립형질을 갖고 있으며 이를 **유전자형**이라 한다. 유전자형은 생식세포 단계에서 분리되었다가 수정과정을 거치면서 다시 결합한다. 이때, 자손은 양쪽 부모로부터 하나씩의

대립형질을 **무작위**(random)로[11] 물려 받는다. 이러한 법칙을 **분리의 법칙**(law of segregation), 또는 **멘델의 제1 법칙**이라 한다.

크기가 N_0인 인구—이들을 0 세대라 부르기로 한다—가 존재한다고 하자. 문제를 단순화하기 위하여 어떤 유전자형이 2개의 대립형질 A, B로만 구성된다고 하자. 각 개체는 2개의 대립형질을 가지므로 0 세대에는 $2N_0$ 개의 대립형질이 존재한다. p_0, q_0을 각각 대립형질 A와 B가 전체대립형질에서 차지하는 비율이라 하자. 그러면

$$p_0 + q_0 = 1$$

이고, 0 세대에서 대립형질 A의 개수는 $2p_0N_0$, 대립형질 B의 개수는 $2q_0N_0$이다. 1 세대에서 대립형질 A와 B가 전체에서 차지하는 비율을 p_1, q_1이라 하자. a, b, c를 각각 0 세대에서 유전자형 AA, AB, BB 가 차지하는 비율이라 하면

$$a + \frac{b}{2} = p_0, \qquad \frac{b}{2} + c = q_0$$

이다. 다음 표는 가능한 모든 짝짓기에 대하여 짝짓기의 비율과 유전자형의 비율을 구하여 정리한 것이다.

유전자형(부) × 유전자형(모)	짝짓기 비율	AA	AB	BB
$AA \times AA$	a^2	a^2		
$AA \times AB$	ab	$ab/2$	$ab/2$	
$AA \times BB$	ac		ac	
$AB \times AA$	ab	$ab/2$	$ab/2$	
$AB \times AB$	b^2	$b^2/4$	$b^2/2$	$b^2/4$
$AB \times BB$	bc		$bc/2$	$bc/2$
$BB \times AA$	ac		ac	
$BB \times AB$	bc		$bc/2$	$bc/2$
$BB \times BB$	c^2			c^2
총합	1	$(a+b/2)^2$ $= p_0^2$	$2(a+b/2)(b/2+c)$ $= 2p_0q_0$	$(b/2+c)^2$ $= q_0^2$

1 세대의 인구가 N_1이라면 대립형질 A의 비율 p_1은

$$p_1 = \frac{2p_0^2N_1 + 2p_0q_0N_1}{2N_1} = p_0^2 + p_0q_0 = p_0$$

이다. 마찬가지로 대립형질 B 의 비율 q_1은 q_0임을 보일 수 있다.

---

[11] 2개의 대립형질 중 하나를 물려 받을 가능성이 같음을 의미한다.

이렇게 유전적으로 바뀌지 않는 개체군, 즉 여러 세대에 걸쳐 동일한 대립형질의 비율을 가진 개체군을 **하디-바인베르크 평형(Hardy-Weinberg equilibrium)** 상태에 있다고 한다.[12]

하디-바인베르크 평형

대립형질 A와 B를 갖는 유전자형에 대하여 전체 대립형질 중 대립형질 A의 비율을 p, 대립형질 B의 비율을 $q = 1 - p$라 하자. 무작위 교배(random mating)를 할 때 다음이 성립한다고 하자.

- 자손 세대의 대립형질 A의 비율은 p, 대립형질 B의 비율은 q이다.
- 자손 세대의 유전자형 AA, AB, BB의 비율은 각각 p^2, $2pq$, q^2 이다.

이러한 성질의 대립형질을 갖는 개체군은 하디–바인베르크 평형상태에 있다고 한다.

하디-바인베르크 평형상태는 유전자형이 3개 이상의 대립형질을 갖고 있는 경우에도 같은 방법으로 설명된다. 만약 어떤 유전자형에 n개의 대립형질 $A_1, \ldots, A_n$이 비율

$$p_1, \ldots, p_n \ (p_1 + \cdots + p_n = 1)$$

으로 존재한다고 하자. 그러면 시간이 흘러도 대립형질 $A_1, \ldots, A_n$의 비율은 항상

$$p_1, \ldots, p_n$$

이다. 또한 동형접합자 A_iA_i 의 비율은 p_i^2, 이형접합자 $A_iA_j (i \neq j)$의 비율은 $2p_ip_j$이다.

보기 10 ABO 타입의 혈액형은 세 종류의 대립형질 A, B, O에 의하여 결정된다. 다음 표는 어떤 시의 주민들의 혈액형에 대한 데이터이다. 하디-바인베르크 평형상태를 가정하였을 때, 대립형질 A, B, O가 전체 대립형질에서 차지하는 비율 p, q, r의 값을 구하여라.

혈액형	A	B	O	AB
유전자형	AA, AO	BB, BO	OO	AB
비율	35(%)	12 (%)	49 (%)	4 (%)

[12]이런 평형상태의 개체군에 대한 조건은 1908년 영국의 수학자 **하디(Hardy, Godfrey H.)**와 독일의 의사 **바인베르크(Weinberg, Wilhelm)**에 의하여 독립적으로 발견되었다. 하디-바인베르크 평형은 개체군이 충분히 크고 유성생식을 하며 교배가 무작위적으로 일어나는 경우에 생긴다. 일반적인 생물학 교재에서 언급하는 하디-바인베르크 평형에 대한 조건은 다음과 같다.

- 교배는 무작위적이다.
- 개체군이 아주 크다.
- 개체군 사이에 이동이 없다.
- 돌연변이는 무시할 수 있을 정도로 적게 일어난다.
- 자연선택은 대립형질에 영향을 주지 않는다.

Solution 하디-바인베르크 평형상태이므로 유전자형 AA의 비율은 p^2이고 유전자형 AO의 비율은 $2pr$이다. 혈액형 A의 비율은 0.35이므로

$$p^2 + 2pr = 0.35 \tag{1.3}$$

이다. 비슷한 방법으로 혈액형 B, O, AB의 비율로부터 다음 관계식을 얻는다.

$$q^2 + 2qr = 0.12 \tag{1.4}$$
$$r^2 = 0.49 \tag{1.5}$$
$$2pq = 0.04$$

$r > 0$이므로 (1.5)로부터

$$r = \sqrt{0.49} = 0.7$$

이다. 이 값을 (1.3)과 (1.4)에 대입하면 각각 p, q에 대한 이차방정식을 얻는다. 이 방정식을 풀면

$$p \approx 0.22, \quad q \approx 0.08$$

을 얻는다. 즉 대립형질 O가 차지하는 비율이 70%, 대립형질 A, B가 차지하는 비율이 각각 22%, 8%이다. □

보기 11 (**돌연변이**) 어떤 유전자형이 2개의 대립형질 A, B로만 구성되고 돌연변이가 없다면 대립형질의 구성비가 세대에 걸쳐 동일하게 유지된다. 한 세대에서 대립형질 A가 대립형질 B로 돌연변이를 일으킬 확률을 μ, 대립형질 B가 대립형질 A로 돌연변이를 일으킬 확률을 ν라 하자. n세대에서 대립형질 A가 차지하는 비율 p_n이 만족하는 점화식을 구하고 $\lim_{n\to\infty} p_n$을 구하여라. 단, $0 < \mu, \nu < 1$이다.

$$A \underset{\nu}{\overset{\mu}{\rightleftarrows}} B$$

Solution A의 μ배가 B로 변하고 B의 ν배만큼이 A로 변하므로 p_n은 다음 관계식을 만족한다.

$$p_{n+1} = (1-\mu)p_n + \nu q_n$$

$q_n = 1 - p_n$이므로 다음과 같은 일계선형점화식을 얻는다.

$$p_{n+1} = (1-\mu-\nu)p_n + \nu$$

$-1 < 1-\mu-\nu < 1$이므로 $\lim_{n\to\infty} p_n$이 존재하고

$$\lim_{n\to\infty} p_n = \frac{\nu}{1-(1-\mu-\nu)} = \frac{\nu}{\mu+\nu}$$

이다. □

1.1.5 연습문제 1.1

1. 일반항이 다음처럼 주어진 수열이 수렴하는지 발산하는지 판별하고 수렴하면 극한값을 구하여라.

(a) $a_n = \dfrac{2^{2n}}{5^n}$

(b) $a_n = 1 - (-0.9)^n$

(c) $a_n = \dfrac{2n-1}{3n+1}$

(d) $a_n = \dfrac{n+(-1)^n}{n}$

(e) $a_n = \dfrac{1-n^2}{1+2n^2}$

(f) $a_n = (-1)^n\left(1 - \dfrac{1}{n}\right)$

(g) $a_n = \left(\dfrac{n+1}{n^2}\right)\left(\dfrac{n^3+1}{n^2+1}\right)$

(h) $a_n = \left(1 - \dfrac{1}{2^n}\right)\left(2 + \dfrac{1}{3^n}\right)$

(i) $a_n = \sqrt{\dfrac{4n}{n+1}}$

(j) $a_n = \dfrac{n}{\sqrt{n^3+1}}$

(k) $a_n = \dfrac{\ln(n^2+1)}{n}$

(l) $a_n = \ln(n+1) - \ln n$

(m) $a_n = \dfrac{\ln n}{\sqrt{n}}$

(n) $a_n = \sqrt{n+1} - \sqrt{n-1}$

(o) $a_n = \sqrt{n^2+n} - n$

(p) $a_n = \sqrt[n]{10n^2}$

(q) $a_n = \sqrt[n]{2^{2n+1}}$

(r) $a_n = \dfrac{n^{1/n}}{\ln n}$

(s) $a_n = \dfrac{n!}{n^n}$

2. $\lim\limits_{n\to\infty} a_n = 0$이고 $\{b_n\}$이 유계이면 $\lim\limits_{n\to\infty}(a_n b_n) = 0$임을 보여라.

3. 다음 수열의 극한값을 구하여라.

$$\sqrt{2},\ \sqrt{2\sqrt{2}},\ \sqrt{2\sqrt{2\sqrt{2}}},\ \cdots$$

4. 다음 수열이 증가수열인지 감소수열인지를 판단하여라.

(a) $x_n = \dfrac{1}{n^2-n},\ n \ge 2$

(b) $x_n = \dfrac{n^2-2n}{n+1},\ n \ge 1$

(c) $x_n = \sin\left(\dfrac{n\pi}{2}\right),\ n \ge 1$

(d) $x_n = ne^{-n},\ n \ge 1$

(e) $x_n = \dfrac{n}{1-n^2},\ n \ge 2$

(f) $x_n = \dfrac{\sqrt{n^2+1}}{n},\ n \ge 1$

5. 문제 4의 수열 중에서 유계인 것은 어느 것인가?

6. 다음 점화식으로 정의되는 수열 $\{x_n\}$의 수렴·발산을 판단하고 수렴하는 경우 극한값을 구하여라.

(a) $x_{n+1} = \frac{1}{2}x_n + 2$

(b) $x_{n+1} = \frac{1}{3}x_n - \frac{4}{3}$

(c) $x_{n+1} = -\frac{3}{4}x_n + \frac{5}{4}$

(d) $x_{n+1} = \frac{4}{3}x_n - \frac{4}{3}$

(e) $x_{n+1} = -2x_n + 2$

(f) $x_{n+1} = 2x_n - 1$

7. 양수들로 이루어진 수열 a_n이 모든 자연수 n에 대하여 다음 부등식을 만족한다.

$$2a_{n+1}^2 + a_{n+1}a_n - a_n^2 < 0$$

수열 (a_n)이 수렴함을 보이고 그 극한을 구하여라.

8. 다음 표는 **레이스와 생어**(**Race, R.R** and **Sanger, R**)가 1954년 1279명의 영국인으로부터 얻은 MN형 혈액형에 대한 자료를 정리한 것이다. 이 개체군이 하디-바인베르크 평형 상태에 있다고 할 때, 이 사람들의 자손세대에 대하여 각 혈액형의 비율을 구하여라.

	혈액형		
	MM	MN	NN
관찰된 수	363	634	282
%	28.4%	49.6%	22.0%

9. 우리 나라 사람들의 혈액형은 O형이 28%, A형이 31%, B형이 30%, AB형이 11% 이다. 혈액형이 하디-바인베르크 평형상태를 유지한다고 할 때, 다음 질문에 답하여라.

(a) 대립형질 A, B, O가 차지하는 비율을 각각 구하여라.

(b) 다음 세대에 각 혈액형이 나타날 비율을 구하여라.

10. 아시아인들의 혈액형에 나타나는 대립형질의 비율은 A가 20%, B가 20%, O가 60%이다. 혈액형 A, B, AB, O형의 비율을 각각 구하여라.

11. 일반적으로 유전자형은 같은 유전자형끼리의 교배를 선호한다. 극단적으로 유전자형이 같은 개체끼리만 교배가 일어난다고 가정하자. 즉 2개의 대립형질 A, B를 갖는 유전자형에서 AA는 AA와, BB는 BB와, AB는 AB와 교배한다고 하자.

(a) 이형접합자 AB끼리 교배하였을 때, 자손이 갖는 유전자형을 모두 구하고 그 비율을 구하여라.

(b) x_n, y_n, z_n을 n 세대에서 유전자형 AA, AB, BB가 차지하는 비율이라 할 때, 점화식을 구하여라.

(c) p_n, q_n을 n 세대에서 대립형질 A, B가 차지하는 비율이라 할 때, 점화식을 구하여라.

(d) 시간이 많이 흐르면 어떤 현상이 벌어지는가?

12. 2개의 대립형질 A와 B로 만들어지는 유전자형에서 대립형질 A가 차지하는 비율이 p라 하자. 하디–바인베르크 평형상태를 가정할 때, 이형접합자 AB의 비율이 가장 높을 때의 p값을 구하여라.

13. 연못의 잉어 수는 양의 실수 a, b에 대하여 다음 점화식을 따른다고 한다. x_n은 n년도의 잉어의 수라 한다.
$$x_0 > 0, \quad x_{n+1} = \frac{ax_n}{x_n + b}$$
    (a) $a < b$이면 $\lim_{n\to\infty} x_n = 0$임을 보여라.
    (b) $a > b$이면 $\lim_{n\to\infty} x_n = a - b$임을 보여라.

14. 수열 $t_n = 1 + \frac{1}{2} + \frac{1}{3} + \cdots + \frac{1}{n} - \ln n$에 대하여[13]
    (a) $t_n \geq 0$임을 보여라.
    (b) $\{t_n\}$은 감소수열임을 보여라.

15. $\lim_{n\to\infty} x_{2n} = \lim_{n\to\infty} x_{2n+1} = L$이면 $\lim_{n\to\infty} x_n = L$이다. 이 사실을 이용하여
$$x_1 = 1, \quad x_{n+1} = 1 + \frac{1}{1 + x_n}$$
이면 $\lim_{n\to\infty} x_n = \sqrt{2}$ 임을 보여라.

[13]단조수렴 정리에 의하여 $\lim_{n\to\infty} t_n$이 존재한다. 이 극한값을 **오일러의 상수**라 부르고 γ로 나타낸다.

1.2 거미줄 도형

1.2.1 거미줄 도형 그리기

이 절에서는 그래프를 이용하여 수열의 움직임을 직관적으로 살펴 보는 방법을 알아 보기로 한다. 점화식

$$x_{n+1} = f(x_n) \tag{1.6}$$

에서 진행함수 f의 그래프에 대각선

$$y = x$$

의 그래프를 추가하면 점화식의 움직임을 쉽게 살펴 볼 수 있다. 점 $(0, x_0)$에서 직선 $y = x$, 즉 점 (x_0, x_0)을 만날 때까지 수평으로 움직인다. 초항 x_0에 대하여

$$x_1 = f(x_0)$$

은 $x = x_0$일 때, $y = f(x_0)$의 값이다. 즉 점 (x_0, x_1)은 (x_0, x_0)에서 수직으로 움직여 $y = f(x)$의 그래프와 만나는 점이다. 다시 점 (x_0, x_1)을 수평으로 움직여 대각선 $y = x$와 만나는 점은 (x_1, x_1)이다. 점 (x_1, x_1)에서 수직으로 움직여 $y = f(x)$의 그래프와 만나는 점은 $(x_1, f(x_1))$, 즉 (x_1, x_2)이다. 이런 과정을 반복하여 그린 그림을 **거미줄 도형**(**Cobweb diagram**)이라 한다.

거미줄 도형을 그리는 방법을 정리하면 다음과 같다.

거미줄 도형

초항이 x_0인 점화식 $x_{n+1} = f(x_n)$의 거미줄 도형은 다음과 같이 구하여진다.

1. 곡선 $y = f(x)$와 직선 $y = x$의 그래프를 그린다.
2. 점 $(0, x_0)$에서 대각선 $y = x$, 즉 점 (x_0, x_0)을 만날 때까지 수평으로 움직인다.
3. (a) 점 (x_0, x_0)에서 곡선 $y = f(x)$를 만날 때까지 수직으로 움직인다. 이때 교점은 (x_0, x_1)이다.
   (b) (x_0, x_1)에서 직선 $y = x$와 만날 때까지, 즉 점 (x_1, x_1)을 만날 때까지 수평으로 움직인다.
4. 일반적으로 다음 과정을 반복한다.
   (a) (x_n, x_n)에서 곡선 $y = f(x)$를 만날 때까지, 즉 $(x_n, f(x_n)) = (x_n, x_{n+1})$까지 수직으로 움직인다.
   (b) 점 (x_n, x_{n+1})에서 직선 $y = x$를 만날 때까지 수평으로 움직인다.

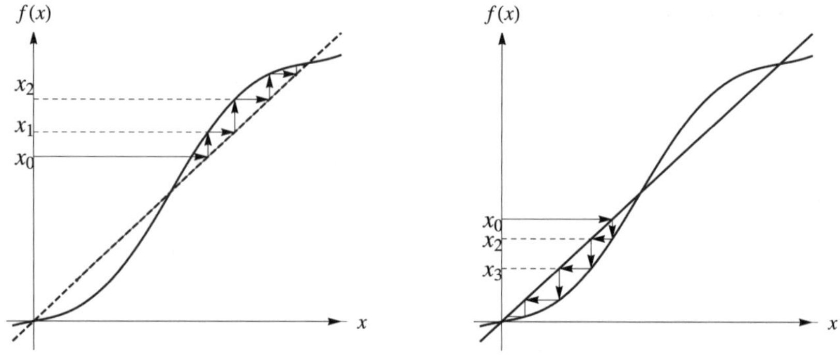

보기 1 다음 점화식으로 정의된 수열의 거미줄 도형을 그리고 그 움직임을 설명하여라.

(a) $x_{n+1} = 0.5x_n + 1, \quad x_0 = 1$

(b) $x_{n+1} = -0.5x_n + 1, \quad x_0 = 1$

(c) $x_{n+1} = 1.5x_n - 1, \quad x_0 = 1$

(d) $x_{n+1} = -1.5x_n + 2, \quad x_0 = 2$

Solution

(a) 수열은 단조증가하며 평형점 $x_e = 2$로 수렴한다. 거미줄 도형은 다음과 같다.

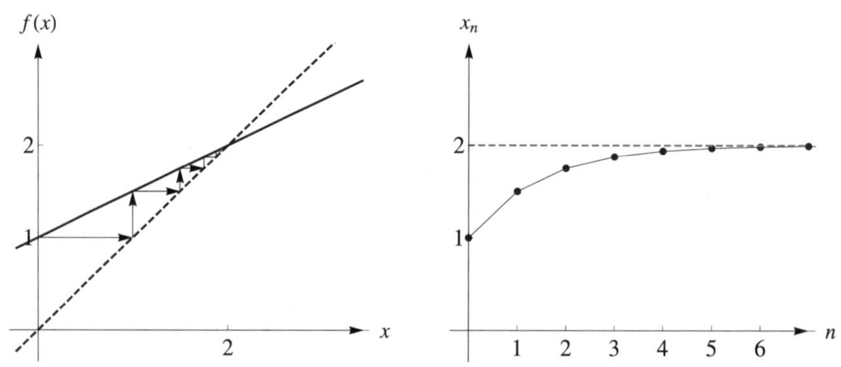

이때 초항 x_0이 평형점 $x_e = 2$보다 작으면 수열은 단조증가하고, 초항이 $x_e = 2$보다 크면 수열은 단조감소한다. 두 경우 모두 수열은 평형점으로 수렴한다.

(b) 수열은 평형점 위 아래로 진동하며 평형점 $x_e = 2/3$로 수렴한다. 거미줄 도형은 다음과 같다.

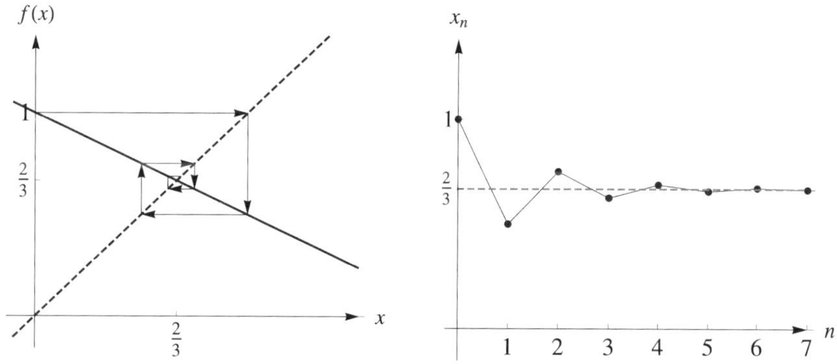

이때 초항 x_0이 평형점 $x_e = 2/3$와 다르면 어떤 경우라도 진동하면서 평형점으로 수렴한다.

(c) 수열은 단조감소하며 평형점 $x_e = 2$에서 멀어진다. 거미줄 도형은 다음과 같다.

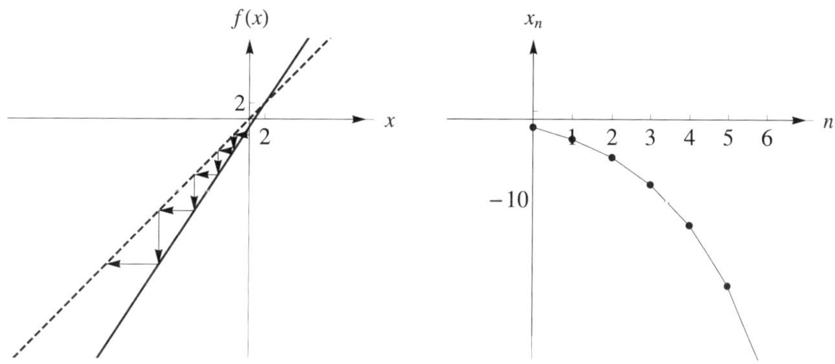

이때 초항 x_0이 평형점 $x_e = 2$ 보다 작으면 수열은 단조감소하고 초항이 평형점 $x_e = 2$ 보다 크면 수열은 단조증가한다. 두 경우 모두 수열은 평형점에서 멀어진다.

(d) 수열은 진동하며 평형점 $x_e = 0.8$에서 멀어진다. 거미줄 도형은 다음과 같다.

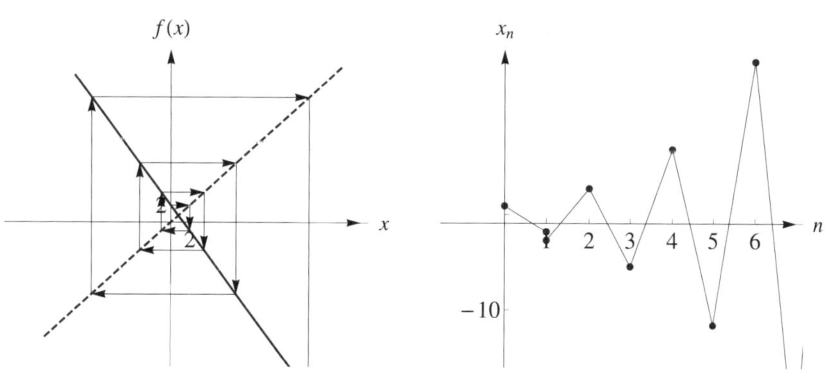

이때 초항 x_0이 평형점 $x_e = 0.8$과 다르면 수열은 진동하면서 평형점에서 멀어진다. □

보기 1에서 진행함수를 $f(x) = ax + b$라 할 때 (a)와 (b)의 경우 $|a| < 1$이고 평형점으로 수렴한다. (c)와 (d)의 경우 $|a| > 1$이고 발산한다. 또한 $a > 0$이면 수열은 단조증가하거나 단조감소하지만 $a < 0$이면 수열은 평형점 위, 아래를 진동한다.

1.2.2 평형점의 안정성

일계선형점화식에서 상수수열[14]이 아닌 경우 평형점은 유일하다. 이때 수열이 수렴하면 수열은 항상 유일한 평형점으로 수렴한다.

평형점이 2개 이상이면 어떤 현상이 벌어지는지 알아보기로 하자.

보기 2 점화식

$$x_{n+1} = \sqrt{7x_n - 6}$$

으로 정의된 수열 $\{x_n\}$에 대하여 초항이 $x_0 = 3$일 때와 $x_0 = 10$일 때 거미줄 도형을 이용하여 $\lim_{n\to\infty} x_n$이 존재하면 그 값을 구하여라.

Solution x가 평형점이면 $x = \sqrt{7x - 6}$이 성립하므로 2개의 평형점 $x = 1, 6$이 존재한다. $x = 3$와 $x = 10$에서 출발하는 거미줄 도형을 그려보면 각각 다음과 같다.

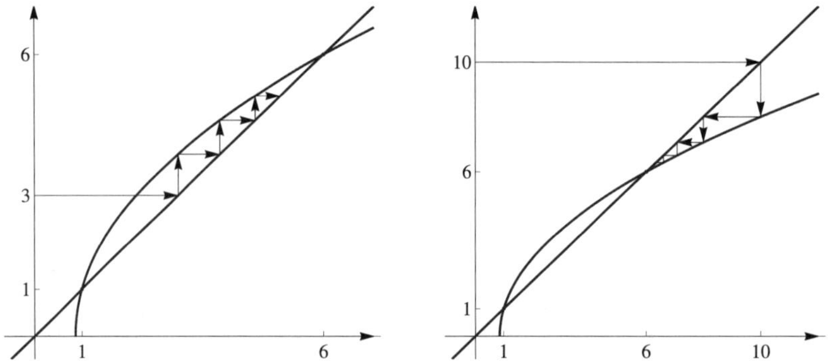

따라서 $x_0 = 3, x_0 = 10$인 두 경우 모두 $\lim_{n\to\infty} x_n = 6$이다. □

보기 2에서 평형점 $x = 6$처럼 평형점 근방에서[15] 출발한 수열이 그 평형점으로 수렴하는 경우 **국소적으로 안정적**(**locally stable**)이라 한다. 반면 평형점 $x = 1$ 근방에서 출발하는 수열은 항상 $x = 1$에서 멀어진다. 이런 경우 평형점 $x = 1$은 **비안정적**(**unstable**)이라 한다.

선형점화식

$$x_{n+1} = f(x_n) = ax_n + b$$

의 경우,

$$|f'(x)| = |a| < 1$$

[14] $x_{n+1} = x_n$으로 정의된 수열을 의미한다.

[15] 여기서 근방이라 하면 인접한 평형점까지로 생각하면 된다.

이면 평형점은 안정적이고

$$|f'(x)| = |a| > 1$$

이면 평형점은 비안정적이다. 일반적인 점화식에서도 진행함수의 평형점에서의 기울기는[16] 수열의 수렴, 발산과 밀접한 관계에 있다.

보기 3 보기 2에서 평형점 $x = 6$은 국소적으로 안정적인 반면 평형점 $x = 1$은 비안정적이다. 안정적 평형점 $x = 6$ 에서 진행함수

$$f(x) = \sqrt{7x - 6}$$

의 접선의 기울기는

$$f'(6) = \left.\frac{7}{2\sqrt{7x-6}}\right|_{x=6} = \frac{7}{12} < 1$$

이다. 반면 비안정적인 평형점 $x = 1$에서 접선의 기울기는

$$f'(1) = \left.\frac{7}{2\sqrt{7x-6}}\right|_{x=1} = \frac{7}{2} > 1$$

이다. □

1.2.3 미분계수 판정법

점화식 $x_{n+1} = f(x_n)$의 진행함수 f가 평형점 $x = x_e$에서 미분가능하면 그 근방에서의 그래프는 접선의 그것과 아주 유사하다.[17]

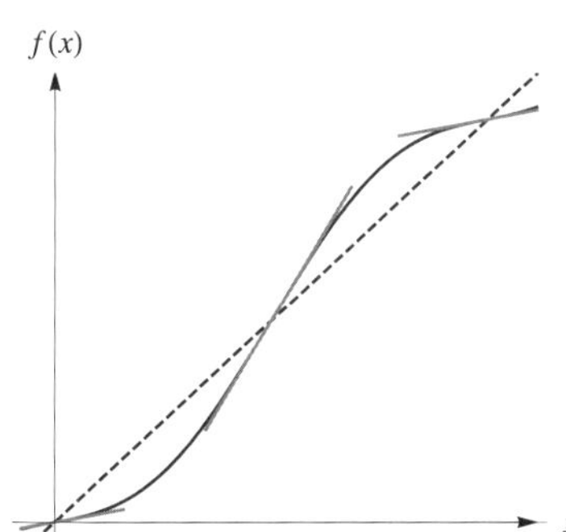

평형점 $x = x_e$에서의 $y = f(x)$의 접선의 기울기가 $f'(x_e)$이므로

$$|f'(x_e)| < 1$$

이면 평형점 x_e도 안정적이라 추측할 수 있다. 실제로

$$y_n = x_n - x_e$$

[16] 접선의 기울기

[17] 선형근사를 참고할 것

라 하자. 그러면

$$x_{n+1} = f(x_n) = f(y_n + x_e)$$

이고 $x = x_e$에서 f의 선형근사식은

$$L(x) = f(x_e) + f'(x_e)(x - x_e)$$

이므로 다음과 같은 f의 선형근사식을 얻는다.

$$x_{n+1} = f(x_n) \quad \approx \quad L(x_n) \;=\; f(x_e) + f'(x_e)y_n$$

을 얻는다. x_e는 $x_{n+1} = f(x_n)$의 평형점이므로, 즉 $x_e = f(x_e)$이므로

$$x_{n+1} \approx x_e + f'(x_e)(x_n - x_e) \quad \Rightarrow \quad y_{n+1} \approx f'(x_e)y_n$$

이다. 따라서 $|f'(x_e)| < 1$이면

$$y_n \to 0 \quad \Rightarrow \quad x_n = x_e + y_n \to x_e$$

이다. [18] $|f'(x_e)| > 1$이면 $|y_n| \to \infty$이다.

미분계수 판정법

일계점화식 $x_{n+1} = f(x_n)$의 평형점 $x = x_e$는

- $|f'(x_e)| < 1$이면 국소적으로 안정적이다.
- $|f'(x_e)| > 1$이면 비안정적이다.

Note $f'(x_e) < 0$이면

$$x_{n+1} - x_e \approx f'(x_e)(x_n - x_e)$$

이므로 수열 $\{x_n\}$은 x_e의 위, 아래로 진동한다.

보기 4 다음 점화식으로 주어진 수열에서 평형점을 구하고 평형점의 국소적 안정성을 판단하여라.

(a) $x_{n+1} = 2.8x_n - 0.5x_n^2$ (b) $x_{n+1} = \dfrac{2x_n}{1 + x_n}$

Solution

[18] 수학적으로 엄밀한 증명을 위하여는 ε - δ를 사용한 정의가 필요하다. 이 교재에서는 그러한 정의를 다루지 않으므로 관심이 있는 학생들은 해석학 교재를 참조하기 바란다.

(a) 평형점을 찾기 위하여 방정식

$$x = 2.8x - 0.5x^2$$

을 풀면 $x = 0, 3.6$이다. $f(x) = 2.8x - 0.5x^2$라 하면

$$f'(x) = 2.8 - x$$

이므로

$$|f'(0)| = 2.8 > 1, \qquad |f'(3.6)| = |-0.8| < 1$$

이다. 따라서 평형점 $x = 0$은 비안정적이고 평형점 $x = 3.6$은 국소적으로 안정적이다. 또한 $f'(3.6) < 0$이므로 평형점 $x = 3.6$ 근방에서 진동현상이 생긴다.

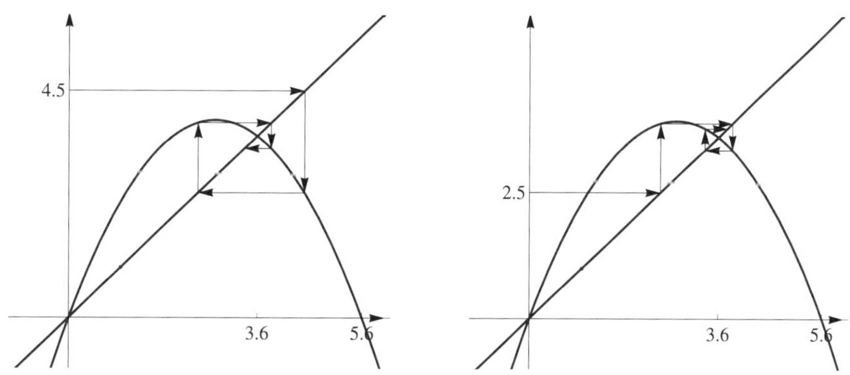

(b) 방정식 $x = \dfrac{2x}{1+x}$에서 2개의 평형점 $x = 0, 1$이 존재한다.

$$f(x) = \frac{2x}{1+x} = 2 - \frac{2}{1+x}$$

라 하면

$$f'(x) = \frac{2}{(1+x)^2}$$

이다.

$$f'(0) = 2 > 1, \qquad f'(1) = \frac{1}{2} < 1$$

이므로 평형점 $x = 0$은 비안정적이고 평형점 $x = 1$은 국소적으로 안정적이다. $f'(1) > 0$ 이므로 진동현상은 생기지 않는다. □

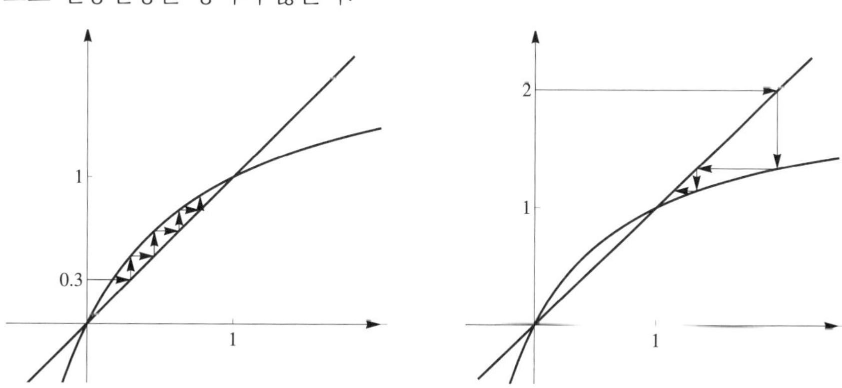

1.2.4 연습문제 1.2

1. 진행함수의 그래프가 다음과 같은 수열에서 평형점을 순서대로 $e_1, e_2, e_3, \ldots$라 하자. 주어진 초기값에 대하여 $\lim_{n\to\infty} x_n$을 구하여라. 또 수렴하는 경우 증가수열인지, 감소수열인지, 아니면 진동하는 수열인지 판단하여라.

   (a) $x_0 = 0.5,\ 1.5,\ 2.5$

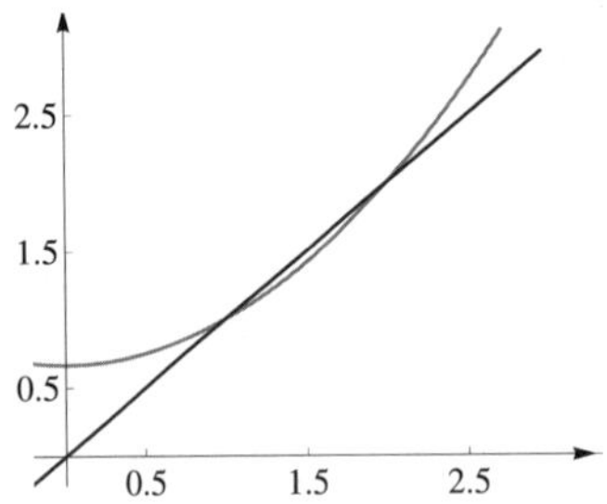

   (b) $x_0 = 0.5,\ 2$

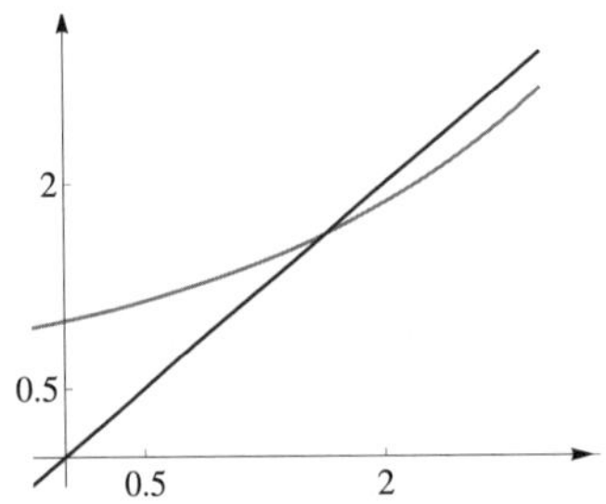

   (c) $x_0 = 0.5,\ 1.5$

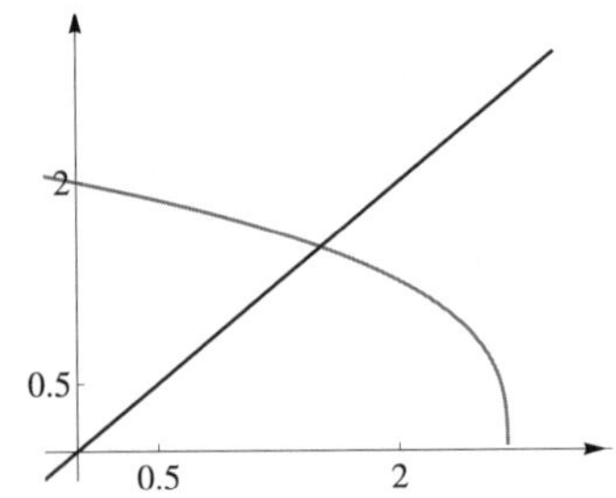

   (d) $x_0 = 0.5,\ 1.5,\ 2.5$

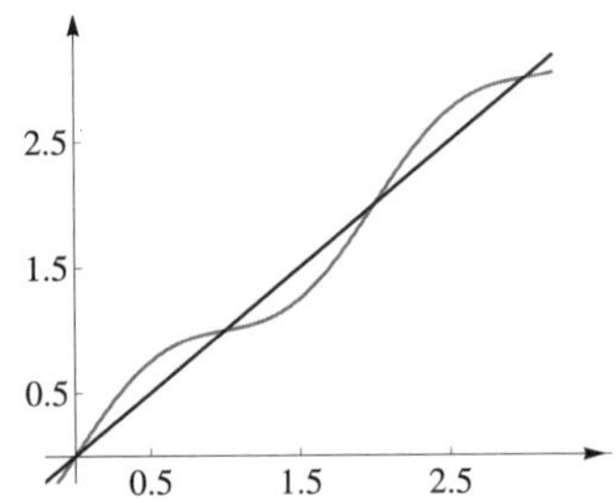

2. 수열 $\{x_n\}$의 진행함수 $y = f(x)$의 그래프는 아래 그림에서 점선으로 주어진다. $x = 1$에서 $y = f(x)$의 접선은 $y = x$ 이다. f는 증가함수이고 그래프에서 보이는 것 이외의 평형점은 없다.

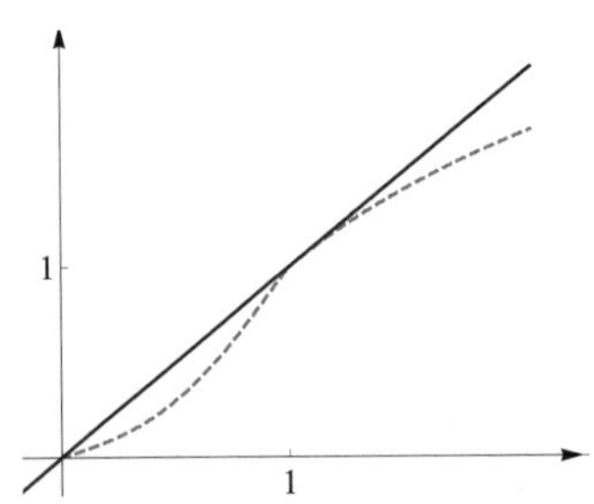

   (a) 평형점을 모두 구하고 평형점 근방에서 수열의 움직임을 설명하여라.

   (b) 수열 $\{y_n\}$ 의 진행함수가 $g(x) = f(x) - 0.1$이라 할 때 양의 평형점은 몇 개 존재하는가? $y_0 > 0$일 때, 수열 $\{y_n\}$의 움직임을 설명하여라.

   (c) 수열 $\{z_n\}$ 의 진행함수가 $h(x) = f(x) + 0.1$이라 할 때 양의 평형점은 몇 개 존재하는가? $z_0 > 1$일 때 수열 $\{z_n\}$ 의 움직임을 설명하여라.

3. 다음 점화식의 평형점을 모두 구하고 각 평형점의 국소적 안정성을 조사하여라.

(a) $x_{n+1} = \dfrac{4}{x_n}$

(b) $x_{n+1} = \dfrac{3}{4x_n+1}$

(c) $x_{n+1} = \sqrt{x_n+2}$

(d) $x_{n+1} = \sqrt{2x_n}+2$

4. 다음 점화식으로 정의된 인구 모형에 대하여 다음 질문에 답하여라.

$$x_{n+1} = \frac{ax_n}{1+x_n^2}, \quad a>0$$

(a) 양의 평형점이 존재할 때, a의 범위를 구하여라.

(b) 양의 평형점이 존재할 경우 국소적으로 안정적임을 보여라.

(c) 원점이 국소적으로 안정적이기 위한 조건을 구하여라.

5. 다음 점화식은 생태계에서 인구모형을 나타내는 모형들이다. 양의 평형점을 구하고 그 평형점이 국소적으로 안정적임을 보여라.

(a) $x_{n+1} = x_n\Big[1+r\Big(1-\dfrac{x_n}{K}\Big)\Big], \quad 0<r<2$

(b) $x_{n+1} = \begin{cases} rx_n^{1-b}, & x_n \ge 1 \\ rx_n, & x_n < 1 \end{cases}, \quad r>1,\ 0<b<2$

(c) $x_{n+1} = \dfrac{rx_n}{(1+x_n)^b},\ r>1,\ 0<b<2$

6. 다음 점화식으로 정의된 수열의 거미줄 도형을 그려라.

$$x_{n+1} = 1+\frac{1}{1+x_n}$$

$x_0>0$이면 $\lim_{n\to\infty} x_n = \sqrt{2}$ 임을 설명하여라.[19]

7. 다음 점화식으로 정의된 수열의 거미줄 도형을 그려라.

$$x_{n+1} = 1+\frac{1}{x_n}, \quad x_1 = 1$$

$\lim_{n\to\infty} x_n = \frac{1+\sqrt{5}}{2} = \phi$임을 설명하여라.[20]

---

[19]위 식에서 다음 **연분수식(continued fraction)**을 얻는다.

$$\sqrt{2} = 1+\cfrac{1}{2+\cfrac{1}{2+\cfrac{1}{2+\cdots}}}$$

[20]이 점화식은 다음과 같이 연분수식으로 쓸 수 있다.

$$\phi = \frac{1+\sqrt{5}}{2} = 1+\cfrac{1}{1+\cfrac{1}{1+\cfrac{1}{1+\cdots}}}$$

8. 다음 점화식으로 정의된 수열의 거미줄 도형을 그려라.

$$x_{n+1} = \sqrt{1 + x_n}$$

$x_0 > 0$이면 $\lim_{n\to\infty} x_n = \frac{1+\sqrt{5}}{2} = \phi$ 임을 설명하여라.[21]

9. 다음 점화식으로 정의된 인구 모형에 대하여 질문에 답하여라. 단, $x_0 > 0$이다.

$$x_{n+1} = f(x_n) = \frac{ax_n^2}{b^2 + x_n^2}, \quad a > 0$$

   (a) 평형점 $x = 0$은 항상 국소적으로 안정적임을 보여라.
   (b) 양의 평형점이 없을 조건을 구하여라. 이때, $y = f(x)$의 그래프를 그리고 $\lim_{n\to\infty} x_n$을 구하여라.
   (c) 양의 평형점이 2개일 조건을 구하여라. 이때, $y = f(x)$의 그래프를 그리고 $\lim_{n\to\infty} x_n$을 구하여라.
   (d) 양의 평형점이 하나일 조건을 구하여라. 이때, $y = f(x)$의 그래프를 그리고 $\lim_{n\to\infty} x_n$을 구하여라.

10. 방정식 $g(x) = 0$의 해를 구하기 위한 뉴턴의 방법은 다음과 같은 점화식으로 정의된다.

$$x_{n+1} = x_n - \frac{g(x_n)}{g'(x_n)}$$

   (a) $g(x) = 0$의 해 x_e는 $g'(x_e) \neq 0$이면 수열 $\{x_n\}$의 평형점임을 설명하여라.
   (b) 또한 $g(x) = 0$의 해 x_e에 대하여 $g'(x_e) \neq 0$이면 x_e는 국소적으로 안정적임을 보여라.

[21] 이 점화식은 다음과 같이 연제곱근식으로 쓸 수 있다.

$$\phi = \frac{1+\sqrt{5}}{2} = 1 + \sqrt{1 + \sqrt{1 + \sqrt{1 + \cdots}}}$$

1.3 급수

1.3.1 급수의 기본성질

수열 $\{a_n\}_{n=0}^{\infty}$의 각 항을 모두 더한 것을

$$a_0 + a_1 + a_2 + \cdots$$

로 나타내고 **무한급수**(infinite series), 또는 단순히 **급수**(series)라 부른다. 급수를 간단히

$$\sum_{n=0}^{\infty} a_n, \quad \text{또는} \quad \sum a_n$$

로 나타내기도 한다.[22] 그렇다면 무한히 많은 항을 더한다는 것은 무엇을 의미하는지 알아보자.

$s_n = a_0 + a_1 + \cdots + a_n = \sum_{k=0}^{n} a_k$을 무한급수 $\sum a_n$의 **부분합**(partial sum)이라 한다. 부분합의 수열 $\{s_n\}$이 극한값 s로 수렴하면 무한급수는 수렴한다고 하고 s를 **무한급수의 합**(sum of series) 이라 부른다. 즉

$$\begin{aligned} s &= \lim_{n\to\infty} s_n = \lim_{n\to\infty} \sum_{k=0}^{n} a_k = \sum_{n=0}^{\infty} a_n \\ &= a_0 + a_1 + \cdots + a_n + \cdots \end{aligned}$$

$\{s_n\}$이 발산하면 무한급수도 **발산한다**(diverge)고 한다.

보기 1 공비가 r인 **등비급수** 또는 **기하급수**(geometric series)는 다음과 같이 정의한다.

$$a + ar + ar^2 + \cdots + ar^n + \cdots = \sum_{n=0}^{\infty} ar^n$$

$a \neq 0, r \neq 1$일 때 기하급수의 합이 존재하는 r의 범위와 극한값을 구하여라.

Solution $r \neq 1$이면

$$\begin{aligned} s_n &= a + \ ar + ar^2 + \cdots + ar^n \\ rs_n &= \qquad ar + ar^2 + \cdots + ar^n + ar^{n+1} \end{aligned}$$

에서

$$s_n - rs_n = a - ar^{n+1} \quad \Rightarrow \quad s_n = \frac{a(1 - r^{n+1})}{1 - r}$$

이다. $-1 < r < 1$이면 $r^n \to 0$이므로$(n \to \infty)$

$$\lim_{n\to\infty} s_n = \lim_{n\to\infty} \frac{a(1 - r^{n+1})}{1 - r} = \frac{a}{1 - r}$$

이다. $r > 1$이거나 $r \leq -1$이면 r^{n+1}은 발산하므로 등비급수도 발산한다. □

[22]수열이 $\{a_n\}_{n=1}^{\infty}$로 주어지면 $a_1 + a_2 + \cdots = \sum_{n=1}^{\infty} a_n$으로 정의한다.

보기 2 무한급수 $\displaystyle\sum_{n=1}^{\infty}\frac{1}{n(n+1)}$는 수렴함을 보이고 그 합을 구하여라.

Solution $\dfrac{1}{k(k+1)}=\dfrac{1}{k}-\dfrac{1}{k+1}$이므로 부분합은 다음과 같다.

$$\begin{aligned} s_n &= \sum_{k=1}^{n}\frac{1}{k(k+1)}=\sum_{k=1}^{n}\Big(\frac{1}{k}-\frac{1}{k+1}\Big) \\ &= \Big(1-\frac{1}{2}\Big)+\Big(\frac{1}{2}-\frac{1}{3}\Big)+\cdots+\Big(\frac{1}{n}-\frac{1}{n+1}\Big)=1-\frac{1}{n+1} \end{aligned}$$

그러므로

$$\sum_{n=1}^{\infty}\frac{1}{n(n+1)}=\lim_{n\to\infty}s_n=\lim_{n\to\infty}\Big(1-\frac{1}{n+1}\Big)=1-0=1$$

이다. □

무한급수의 합은 부분합 수열의 극한으로 정의되므로 수열에 대하여 성립한 많은 성질들이 무한급수에 대하여도 성립한다.

수렴하는 급수의 기본 성질

급수 $\sum a_n$ 과 $\sum b_n$이 수렴하면 상수 c에 대하여 다음 등식이 성립한다.

- $\sum ca_n = c\sum a_n$
- $\sum(a_n \pm b_n)=\sum a_n \pm \sum b_n$

보기 3 $|r|<1$일 때 다음 급수의 합을 구하여라.

$$S=1+2r+r^2+2r^3+r^4+2r^5+\cdots$$

Solution $a_n=r^n$이라 하자.

$$b_n=\begin{cases} 0, & n\text{이 짝수} \\ r^n, & n\text{이 홀수} \end{cases}$$

으로 정의하면 주어진 급수는

$$S=\sum_{n=0}^{\infty}(a_n+b_n)$$

이다. $\sum a_n$ 과 $\sum b_n$은 각각 공비가 r, r^2인 등비급수이므로

$$\sum_{n=0}^{\infty}a_n=\frac{1}{1-r},\quad \sum_{n=0}^{\infty}b_n=\frac{r}{1-r^2}$$

이다. 따라서 급수의 합은 다음과 같다.

$$\begin{aligned} S &= \sum_{n=0}^{\infty}(a_n + b_n) = \sum_{n=0}^{\infty} a_n + \sum_{n=0}^{\infty} b_n \\ &= \frac{1}{1-r} + \frac{r}{1-r^2} = \frac{1+2r}{1-r^2} \end{aligned}$$

□

무한급수 $\sum_{n=1}^{\infty} a_n$이 s로 수렴한다고 하자. 그러면 $a_n = s_n - s_{n-1}$이므로

$$\lim_{n\to\infty} a_n = \lim_{n\to\infty} s_n - \lim_{n\to\infty} s_{n-1} = s - s = 0$$

이다. 이 결과의 대우를 기술하면 $\lim_{n\to\infty} a_n$이 존재하지 않거나 $\lim_{n\to\infty} a_n \neq 0$이면 $\sum_{n=1}^{\infty} a_n$은 발산하다.

일반항 판정법

- 무한급수 $\sum_{n=1}^{\infty} a_n$이 수렴하면 $\lim_{n\to\infty} a_n = 0$이다.
- $\lim_{n\to\infty} a_n$이 존재하지 않거나 $\lim_{n\to\infty} a_n \neq 0$이면 $\sum_{n=1}^{\infty} a_n$은 발산한다.(대우)

Note 일반적으로 일반항 판정법의 역은 참이 아니다. 예를 들어 조화급수 $\sum_{n=1}^{\infty} \frac{1}{n}$는 $\lim_{n\to\infty} \frac{1}{n} = 0$이지만 발산한다.

보기 4 다음과 같이 정의된 **조화급수**(**harmonic series**)는 발산함을 보여라.

$$\sum_{n=1}^{\infty} \frac{1}{n} = 1 + \frac{1}{2} + \frac{1}{3} + \frac{1}{4} + \cdots$$

Solution 2의 거듭제곱항에 대한 부분합, 즉 $s_2, s_4, s_8, \cdots$ 을 살펴보기로 하자.

$$\begin{aligned} s_2 &= 1 + \frac{1}{2} \\ s_4 &= 1 + \frac{1}{2} + \left(\frac{1}{3} + \frac{1}{4}\right) > 1 + \frac{1}{2} + \left(\frac{1}{4} + \frac{1}{4}\right) = 1 + \frac{2}{2} \\ s_8 &= 1 + \frac{1}{2} + \left(\frac{1}{3} + \frac{1}{4}\right) + \left(\frac{1}{5} + \frac{1}{6} + \frac{1}{7} + \frac{1}{8}\right) \\ &> 1 + \frac{1}{2} + \left(\frac{1}{4} + \frac{1}{4}\right) + \left(\frac{1}{8} + \frac{1}{8} + \frac{1}{8} + \frac{1}{8}\right) = 1 + \frac{3}{2} \end{aligned}$$

같은 방법으로 다음 부등식이 성립한다.

$$s_{2^n} > 1 + \frac{n}{2}$$

그러므로 $n \to \infty$일 때 $s_{2^n} \to \infty$이고 따라서 조화급수는 발산한다. □

Note 조화급수가 발산하는 것은 사실이지만 커지는 속도는 아주 느리다. 부분합이 5보다 커지기 위해서는 80개 이상의 항을 더하여야 하고, 10보다 커지기 위해서는 12300항 이상을 더하여야 한다. 실제로

$$\ln n < s_n < 1 + \ln n$$

이므로 1억(10^8) 개의 항을 더해도 부분합은 20을 넘지 못한다. 따라서 조화급수가 수학적으로는 발산하지만 유한한 시간과 공간에 위치한 실제 상황에서 다룰 때에는 주의가 필요하다.

보기 5 다음 급수들이 수렴하는지 발산하는지 판단하여라.

(a) $\displaystyle\sum_{n=1}^{\infty}(1 - e^{-n})$ (b) $\displaystyle\sum_{n=1}^{\infty}(\sqrt{n^2+n} - n)$

Solution (a) $a_n = 1 - e^{-n} \to 1 \neq 0$이므로 급수는 발산한다.

(b) $(\sqrt{n^2+n} - n) = \dfrac{n}{\sqrt{n^2+n}+n} \to \dfrac{1}{2} \neq 0$이므로 급수는 발산한다. □

1.3.2 비교판정법과 적분판정법

무한급수 $\sum a_n$이 주어졌을 때 우리는 다음 두 가지의 문제를 생각할 수 있다.

- 무한급수는 수렴하는가?
- 무한급수가 수렴한다면 그 합은 얼마인가?

급수의 정확한 합을 구하는 것은 특별한 경우를 제외하면 아주 어렵거나 또는 불가능하다. 이런 경우 수치적인 방법으로 근삿값을 구하는데 근삿값을 구하기 전에 급수가 수렴하는지를 알아야 한다. 이 절에서는 급수의 수렴, 발산을 판단할 수 있게 하는 몇 가지 수렴판정법을 다룬다.

$$\sum_{n=0}^{\infty} a_n = \sum_{n=0}^{n_0-1} a_n + \sum_{n=n_0}^{\infty} a_n$$

에서 유한개의 항을 더한 것은 항상 유한하므로 두 급수

$$\sum_{n=0}^{\infty} a_n \quad \text{과} \quad \sum_{n_0}^{\infty} a_n$$

는 동시에 수렴하거나 동시에 발산한다. 따라서 $\sum_{n=1}^{\infty} a_n$의 수렴, 발산은 임의의 자연수 n_0에 대하여 $\sum_{n=n_0}^{\infty} a_n$의 수렴, 발산에 의하여 결정된다.

모든 $n \geq 0$에 대하여 $a_n \geq 0$이면 부분합의 수열

$$s_n = \sum_{k=0}^{n} a_k$$

는 증가수열이다. 그러므로 모든 n에 대하여 $0 \leq a_n \leq b_n$이고 $\sum b_n$이 t로 수렴하면

$$s_n = \sum_{k=0}^{n} a_k \leq \sum_{k=0}^{n} b_k \leq \sum_{k=0}^{\infty} b_k = t$$

이므로 $\{s_n\}$은 위로 유계인 증가수열이다. 따라서 단조수렴 정리에 의하여 $\sum a_n$은 수렴한다. 대우를 생각하면 $\sum a_n$이 발산하면 $\sum b_n$도 발산한다. 이 결과를 **비교판정법** (**comparison test**)이라 한다.

비교판정법

어떤 자연수 n_0에 대하여 $n \geq n_0$일 때 $0 \leq a_n \leq b_n$이라 하자.

- $\sum b_n$이 수렴하면, 급수 $\sum a_n$도 수렴한다.
- $\sum a_n$이 발산하면, 급수 $\sum b_n$도 발산한다.

보기 6 다음 급수는 수렴하는지 판단하여라.

(a) $\displaystyle\sum_{n=1}^{\infty} \frac{1}{n^2}$ (b) $\displaystyle\sum_{n=1}^{\infty} \frac{1}{n} \sin \frac{1}{n}$ (c) $\displaystyle\sum_{n=1}^{\infty} \sin \frac{1}{n}$

Solution (a) $\frac{1}{n^2} \leq \frac{2}{n(n+1)}$이고

$$\sum_{n=1}^{\infty} \frac{1}{n(n+1)} = 1 < \infty$$

이므로 비교판정법에 의하여 주어진 급수는 수렴한다.

(b) $0 \leq x \leq \pi$이면 $x \geq \sin x \geq 0$이므로

$$0 \leq \frac{1}{n} \sin \frac{1}{n} \leq \frac{1}{n^2}$$

이다. $\sum_{n=1}^{\infty} \frac{1}{n^2}$는 수렴하므로 비교판정법에 의하여 주어진 급수는 수렴한다.

(c) $y = \sin x$는 구간 $[0, \frac{\pi}{2}]$에서 위로 볼록이므로 원점과 점 $(\frac{\pi}{2}, 1)$을 연결한 직선 $y = \frac{2}{\pi}x$는 구간 $[0, \frac{\pi}{2}]$에서 $y = \sin x$ 보다 아래에 있다. 다시 말해서 $0 \le x \le \frac{\pi}{2}$이면

$$\frac{2}{\pi}x \le \sin x$$

이다. $0 \le \frac{1}{n} \le 1$이므로

$$\sum \sin\frac{1}{n} \ge \frac{2}{\pi}\sum\frac{1}{n} = \infty$$

이고 주어진 급수는 발산한다. □

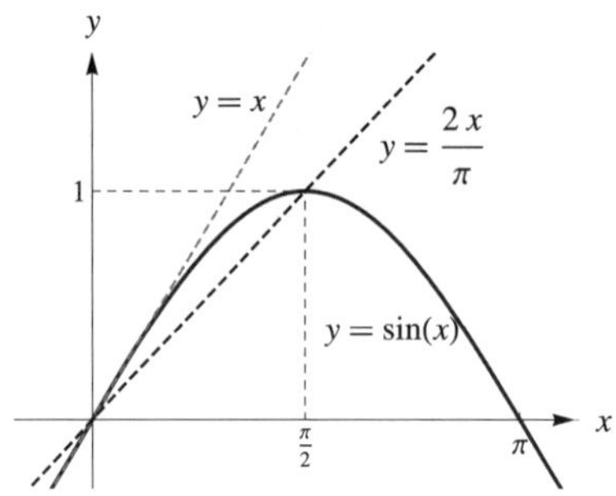

적분판정법

양의 연속함수 f가 $x \ge n_0$에서 감소함수라 하자. $n \ge n_0$이면 다음 관계식이 성립한다.

$$f(n+1) \le \int_n^{n+1} f(x)dx \le f(n)$$

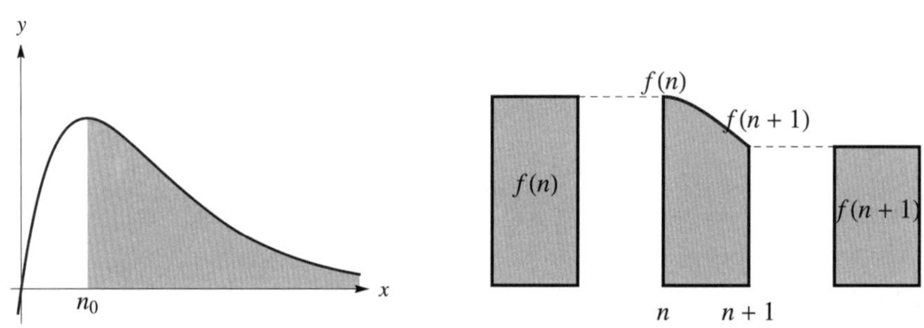

$a_n = f(n)$, $b_n = \int_n^{n+1} f(x)dx$이라 놓으면 $n \ge n_0$에 대하여[23]

$$a_{n+1} \le b_n \le a_n$$

이고 $\int_{n_0}^{\infty} f(x)dx = \sum_{n=n_0}^{\infty} b_n$이므로 다음 부등식이 성립한다.

$$\sum_{n=n_0+1}^{\infty} a_n \le \int_{n_0}^{\infty} f(x)dx \le \sum_{n=n_0}^{\infty} a_n$$

따라서 비교판정법에 의하여 다음 결과가 성립한다.

[23] 특별히 언급하지 않아도 이런 경우 n_0은 자연수임을 가정한다.

적분판정법

양의 연속함수 f가 구간 $[n_0, \infty)$에서 감소한다고 하자. $a_n = f(n)$이라 하면

- 특이적분 $\displaystyle\int_{n_0}^{\infty} f(x)dx$가 수렴하면 급수 $\displaystyle\sum_{n=n_0}^{\infty} a_n$도 수렴한다.
- 급수 $\displaystyle\sum_{n=n_0}^{\infty} a_n$이 수렴하면 특이적분 $\displaystyle\int_{n_0}^{\infty} f(x)dx$도 수렴한다.

보기 7 $\displaystyle\sum_{n=1}^{\infty} \frac{1}{n^p}$가 수렴하는 p의 범위를 구하여라.

Solution $f(x) = \dfrac{1}{x^p}$는 $p > 0$이면 감소함수이다. $p = 1$일 때

$$\int_1^t \frac{1}{x}\,dx = \Big[\ln x\Big]_1^t = \ln t \to \infty$$

이므로 특이적분은 발산한다. $p \neq 1$이면

$$\begin{aligned}\int_1^t \frac{1}{x^p}dx &= \int_1^t x^{-p}dx = \left[\frac{1}{1-p}x^{1-p}\right]_1^t \\ &= \frac{1}{1-p}(t^{1-p} - 1)\end{aligned}$$

이므로 $p > 1$일 때에만 수렴한다. 따라서 적분판정법에 의하여 p - 급수 $\sum_{n=1}^{\infty} \frac{1}{n^p}$는 $p > 1$이면 수렴하고 $p \leq 1$이면 발산한다. □

1.3.3 교대급수판정법

급수 $\sum a_n$에서 이웃하는 두 항의 부호가 항상 반대이면 이 급수를 **교대급수**(**alternating series**)라 한다. 교대급수의 일반항은 양의 수열 $\{a_n\}$에 대하여 다음과 같이 쓸 수 있다.

$$(-1)^{n-1}a_n \quad \text{또는} \quad (-1)^n a_n$$

교대급수에 대하여 다음과 같이 홀수항까지의 부분합 $t_n = s_{2n-1}$과 짝수항까지의 부분합 $u_n = s_{2n}$을 정의하자.

$$\begin{aligned}t_n &= a_0 - a_1 + a_2 - a_3 + \cdots + a_{2n-2} - a_{2n-1} \\ &= (a_0 - a_1) + (a_2 - a_3) + \cdots + (a_{2n-2} - a_{2n-1}) \\ u_n &= a_0 - a_1 + a_2 - \cdots - a_{2n-1} - a_{2n} \\ &= a_0 - (a_1 - a_2) - \cdots - (a_{2n-1} - a_{2n})\end{aligned}$$

$\{a_n\}$이 감소수열이면 $\{t_n\}$은 증가수열 $\{u_n\}$은 감소수열이다. 또한 $u_n - t_n = a_{2n} \geq 0$이므로 모든 n에 대하여

$$t_1 \leq t_2 \leq \cdots \leq t_n \leq u_n \leq \cdots \leq u_2 \leq u_1$$

이므로 $\{t_n\}$은 위로 유계, $\{u_n\}$은 아래로 유계이다. 단조수렴 정리에 의하여 $\{t_n\}$, $\{u_n\}$은 각각 수렴한다.

$$\lim_{n\to\infty} t_n = t, \ \lim_{n\to\infty} u_n = u$$

라 하면

$$\lim_{n\to\infty}(u_n - t_n) = \lim_{n\to\infty} a_{2n} = u - t$$

이다. 따라서 $\lim\limits_{n\to\infty} a_n = 0$이면 $t = u$이고 다음 결과가 성립한다.

교대급수판정법

양의 수열 $\{a_n\}$에서 다음 두 조건이 성립하면 교대급수 $\sum\limits_{n=0}^{\infty}(-1)^n a_n$은 수렴한다.

- 수열 $\{a_n\}$은 감소수열이다.
- $\lim\limits_{n\to\infty} a_n = 0$

예를 들어 **조화교대급수**

$$1 - \frac{1}{2} + \frac{1}{3} - \frac{1}{4} + \cdots + \frac{(-1)^{n-1}}{n} + \cdots$$

는 수렴한다.

보기 8 무한급수 $\sum\limits_{n=1}^{\infty}(-1)^{n-1}\ln\left(1+\frac{1}{n}\right)$는 수렴하는지 판정하여라.

Solution $\ln(1+\frac{1}{n}) \geq 0$이므로 주어진 급수는 교대급수이다. $a_n = \ln(1+\frac{1}{n})$이면

$$\begin{aligned} a_{n+1} - a_n &= \ln\left(1+\frac{1}{n+1}\right) - \ln\left(1+\frac{1}{n}\right) \\ &= \ln\left(\frac{n(n+2)}{(n+1)^2}\right) \leq \ln 1 = 0 \end{aligned}$$

이므로 $\{a_n\}$은 감소수열이고

$$\lim_{n\to\infty} a_n = \lim_{n\to\infty} \ln\left(1+\frac{1}{n}\right) = \ln 1 = 0$$

이므로 교대급수판정법에 의하여 주어진 급수는 수렴한다. □

교대급수의 n번째 부분합 s_n의 오차 $|s - s_n|$은 다음과 같은 오차한계를 갖는다.

교대급수의 오차한계

교대급수 $\sum_{n=1}^{\infty}(-1)^{n-1}a_n$에 대하여 $(a_n \geq 0)$

- 모든 n에 대하여 $a_n \geq a_{n+1}$
- $\lim_{n\to\infty} a_n = 0$

이면 $|s - s_n| \leq a_{n+1}$이다.

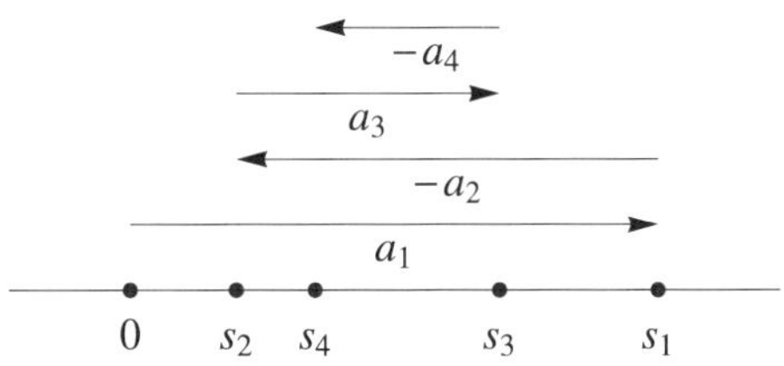

보기 9 무한급수 $\sum_{n=0}^{\infty}\frac{(-1)^n}{n!}$에 대하여 오차가 0.005 보다 작은 근삿값을 구하여라.

Solution 이 급수가 수렴하는 것은 교대급수판정법에 의하여 쉽게 보일 수 있다.

$$\frac{1}{5!} = \frac{1}{120} > \frac{1}{200} = 0.005, \qquad \frac{1}{6!} = \frac{1}{720} < \frac{1}{200} = 0.005$$

이므로

$$|s - s_5| \leq \frac{1}{6!} < 0.005$$

임을 알 수 있다. 따라서 5번째 부분합

$$s_5 = 1 - 1 + \frac{1}{2!} - \frac{1}{3!} + \frac{1}{4!} - \frac{1}{5!} = \frac{11}{30}$$

은 주어진 급수와의 오차가 0.005보다 작은 근삿값이다. □

1.3.4 비율판정법

급수 $\sum_{n=1}^{\infty} a_n$에 대하여 각 항의 절댓값을 취한 급수를 생각해 보자.

$$\sum_{n=1}^{\infty}|a_n| = |a_1| + |a_2| + |a_3| + \cdots$$

$\sum|a_n|$이 수렴하면 급수 $\sum a_n$은 **절대수렴한다**(**absolutely convergent**)고 한다. 급수 $\sum a_n$은 수렴하지만 절대수렴하지는 않는 경우 $\sum a_n$은 **조건수렴한다**(**conditionally convergent**)고 한다. 예를 들어, 조화교대급수

$$\sum \frac{(-1)^n}{n}$$

는 수렴하지만 $\sum \frac{1}{n} = \infty$이므로 $\sum \frac{(-1)^n}{n}$는 조건수렴한다. 그러나 $\sum_{n=1}^{\infty} \frac{1}{n^2} = 1 + \frac{1}{2^2} + \frac{1}{3^2} + \cdots$ 은 수렴하므로

$$\sum \frac{(-1)^n}{n^2}$$

은 절대수렴한다.

$\sum |a_n|$이 수렴하면

$$0 \le a_n + |a_n| \le 2|a_n|$$

이므로 급수 $\sum(a_n + |a_n|)$은 비교판정법에 의하여 수렴한다. 따라서

$$\sum_{n=1}^{\infty} a_n = \sum_{n=1}^{\infty}(a_n + |a_n|) - \sum_{n=1}^{\infty} |a_n|$$

이므로 $\sum_{n=1}^{\infty} a_n$은 수렴한다.

절대수렴급수의 수렴

$\sum |a_n|$이 수렴하면 $\sum a_n$은 수렴한다.

기하급수 $\sum ar^{n-1}$의 경우 연속한 두 항의 비율은 다음과 같다.

$$\frac{a_{n+1}}{a_n} = \frac{ar^n}{ar^{n-1}} = r$$

이 비율의 절댓값이 1 보다 작으면 기하급수는 수렴하고 1 보다 크거나 같으면 기하급수는 발산한다. 비율판정법은 이 결과를 일반화한 방법으로 연속한 두 항의 비율의 극한값에 따라 급수의 수렴, 발산을 판단할 수 있다.

비율판정법

급수 $\sum a_n$에 대하여 $\lim_{n\to\infty} \left|\frac{a_{n+1}}{a_n}\right| = \rho$라 하자.

- $\rho < 1$이면 급수 $\sum_{n=1}^{\infty} a_n$은 절대수렴한다.
- $\rho > 1$이면 급수 $\sum_{n=1}^{\infty} a_n$은 발산한다.

Note $\rho = 1$이면 급수 $\sum_{n=1}^{\infty} a_n$은 수렴할 수도 발산할 수도 있다. 예를 들어, 다음 두 급수

$$\sum \frac{1}{n}, \quad \sum \frac{1}{n^2}$$

은 모두 $\rho = 1$이지만 첫 번째 급수는 발산하고 두 번째 급수는 수렴한다.

보기 10 다음 급수들의 수렴, 발산을 판단하여라.

(a) $\sum \frac{2^n}{n^2}$ (b) $\sum \frac{2^n}{n!}$ (c) $\sum \frac{n!}{n^n}$

Solution (a) $\left|\frac{a_{n+1}}{a_n}\right| = \frac{2^{n+1}/(n+1)^2}{2^n/n^2} = \frac{2n^2}{(n+1)^2} \to 2 > 1$이므로 급수는 발산한다.

(b) $\left|\frac{a_{n+1}}{a_n}\right| = \frac{2^{n+1}/(n+1)!}{2^n/n!} = \frac{2}{n+1} \to 0 < 1$이므로 급수는 수렴한다.

(c) $\left|\frac{a_{n+1}}{a_n}\right| = \frac{(n+1)!/(n+1)^{n+1}}{n!/n^n} = \frac{n^n}{(n+1)^n} = \frac{1}{(1+\frac{1}{n})^n} \to \frac{1}{e} < 1$이므로 수렴한다. □

1.3.5 연습문제 1.3

1. 다음 무한급수가 수렴함을 보이고 그 합을 구하여라.

(a) $\sum_{n=2}^{\infty} \frac{1}{(n-1)(n+2)}$

(b) $\sum_{n=1}^{\infty} \frac{4}{(4n-1)(4n+3)}$

(c) $\sum_{n=1}^{\infty} \frac{\sqrt{n+1}-\sqrt{n}}{\sqrt{n^2+n}}$

(d) $\sum_{n=0}^{\infty} \left(\frac{1}{2^n+1} - \frac{1}{2^{n+1}+1}\right)$

2. 다음 급수가 수렴하는지 발산하는지 판정하고 수렴하는 경우 그 합을 구하여라.

(a) $\sum_{n=1}^{\infty} \sin n$

(b) $\sum_{n=1}^{\infty} \frac{1-n^2}{1+n^2}$

(c) $\sum_{n=1}^{\infty} \frac{1}{1+n}$

(d) $\sum_{n=1}^{\infty} \frac{2^{2n}}{2^n+2^{2n}}$

(e) $\sum_{n=1}^{\infty} \frac{6^n-5^n}{6^n}$

(f) $\sum_{n=1}^{\infty} \frac{2^{2n}+3^n}{5^n}$

(g) $\sum_{n=1}^{\infty} \frac{1}{2+2^{-n}}$

(h) $\sum_{n=1}^{\infty} \frac{\cos n\pi}{2^n}$

(i) $\sum_{n=1}^{\infty} \left(\cos\frac{1}{n} - \cos\frac{1}{n+1}\right)$

(j) $\sum_{n=2}^{\infty} \frac{1}{n^2-1}$

(k) $\sum_{n=1}^{\infty} \left(\frac{1}{\sqrt{n}} - \frac{1}{\sqrt{1+n}}\right)$

(l) $\sum_{n=1}^{\infty} \left(\sqrt{n+1}-\sqrt{n}\right)$

3. 다음 순환소수를 기약분수로 나타내어라.

   (a) $0.\dot{2} = 0.222\ldots$

   (b) $0.1\dot{2} = 0.1222\ldots$

   (c) $2.\dot{3}\dot{4} = 2.3434\ldots$

   (d) $9.1\dot{1}\dot{9} = 9.11919\ldots$

4. 무한급수

$$\sum_{n=1}^{\infty} \frac{n}{(n+1)!}$$

   이 수렴함을 보이고 이 급수의 합을 구하여라.

5. 다음은 시어핀스키 삼각형이라 불리는 도형을 만드는 과정이다.

   - 넓이가 1인 삼각형에 대하여 아래 그림과 같이 각 변의 중점을 연결하여 만들어진 4개의 작은 삼각형 중에서 가운데 삼각형을 제거한다.
   - 남은 삼각형에 대하여 같은 과정을 반복한다.

   n단계가 지난 후의 도형을 S_n이라 할 때 $S = \lim_{n\to\infty} S_n$을 **시어핀스키 삼각형**(**Sierpinski Gasket**)이라 한다.

   n단계가 지난 후의 도형 S_n의 넓이를 s_n이라 할 때, s_n을 구하여라. 이것을 이용하여 시어핀스키 삼각형의 넓이를 구하여라.

6. 다음은 코흐의 곡선을 만드는 과정이다.

   - 길이가 1인 변을 삼등분하여 가운데 구간을 제거하고 같은 길이의 선분을 2개 그린다.

   - 1 단계가 끝나고 나면 길이가 1/3인 4개의 선분이 생긴다. 4개의 선분에 대하여 같은 작업을 반복한다.
   - 각 단계에서 생긴 선분에 대하여 같은 작업을 반복한다.

   이 작업을 무한히 반복하여 생긴 곡선을 **코흐 곡선**(**Koch curve**)이라 한다. 즉 n단계가 지난 후의 곡선을 K_n이라 했을 때, $K = \lim_{n\to\infty} K_n$을 코흐 곡선이라 한다.

   (a) K_n의 길이를 구하여라.

(b) K의 길이를 구하여라.

정삼각형의 각 변에 대하여 위 과정을 반복한 결과를 **코흐의 눈송이**(**Koch's snowflake**)라 한다.

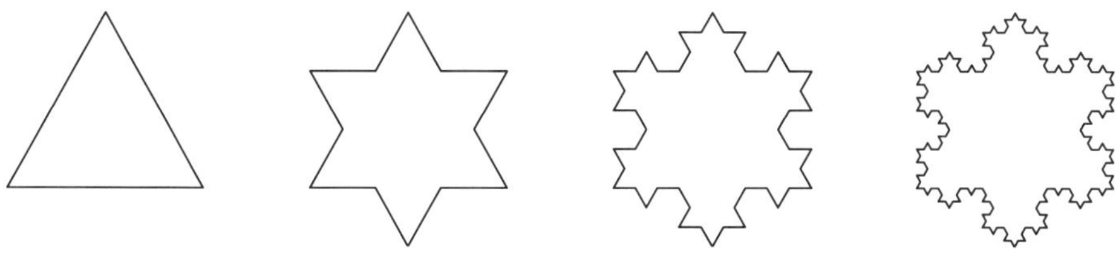

(c) 처음 정삼각형의 넓이를 A라 하였을 때, 코흐 눈송이의 내부의 넓이를 구하여라.[24]

7. 자연수 n에 대하여 $a_n = \int_1^{e^n} \frac{\ln x}{x} dx$일 때,

$$\lim_{n\to\infty} \frac{3}{2n}\left(\frac{1}{a_n} + \frac{4}{a_n} + \cdots + \frac{n^2}{a_n}\right)$$

을 구하여라.

8. 다음 급수가 수렴하는지 발산하는지 판정하고 그 이유를 설명하여라.

(a) $\sum_{n=1}^{\infty} \frac{1}{n^2+n+1}$

(b) $\sum_{n=1}^{\infty} \frac{1}{2n-1}$

(c) $\sum_{n=1}^{\infty} \frac{2n}{1+n^2}$

(d) $\sum_{n=1}^{\infty} \frac{n^2+1}{n^4+1}$

(e) $\sum_{n=2}^{\infty} \frac{1}{n^3-1}$

(f) $\sum_{n=1}^{\infty} \frac{\ln n}{n}$

(g) $\sum_{n=1}^{\infty} \frac{e^n}{e^{2n}+1}$

(h) $\sum_{n=1}^{\infty} \sin\frac{1}{2^n}$

(i) $\sum_{n=1}^{\infty} \frac{1}{n}\cdot\sin\frac{1}{n}$

(j) $\sum_{n=1}^{\infty} n^2 e^{-n}$

(k) $\sum_{n=1}^{\infty} n! e^{-n}$

(l) $\sum_{n=1}^{\infty} \frac{n^2}{2^n}$

(m) $\sum_{n=1}^{\infty} \left(\frac{1}{n+1}\right)^n$

(n) $\sum_{n=1}^{\infty} \left(\frac{n}{2n+1}\right)^n$

(o) $\sum_{n=1}^{\infty} \frac{n!n!}{(2n)!}$

(p) $\sum_{n=1}^{\infty} \frac{\ln n}{n^2}$

(q) $\sum_{n=2}^{\infty} \frac{1}{n\ln n}$

(r) $\sum_{n=1}^{\infty} \frac{1}{1+2+3+\cdots+n}$

(s) $\sum_{n=1}^{\infty} \frac{\sin n}{2^n}$

9. 급수 $\sum_{n=1}^{\infty} \frac{\sin n}{n^2}$는 수렴하는지 발산하는지 판단하여라.

[24]코흐의 눈송이는 넓이는 유한하고 둘레의 길이는 무한대인 도형이다.

10. 다음 급수가 수렴하는지 발산하는지 판정하고 수렴하는 경우 절대수렴하는지 조건수렴하는지 판단하여라.

(a) $\sum_{n=1}^{\infty}(-1)^n \frac{\sin n}{n^2}$

(b) $\sum_{n=1}^{\infty}(-1)^n \frac{\cos n}{2^n}$

(c) $\sum_{n=1}^{\infty}(-1)^n \sin \frac{1}{n}$

(d) $\sum_{n=1}^{\infty}(-1)^n (\sqrt{n^2+1}-n)$

(e) $\sum_{n=1}^{\infty}(-1)^n (\sqrt{n^2+n}-n)$

(f) $\sum_{n=1}^{\infty}(-1)^n \frac{n!}{n^n}$

(g) $\sum_{n=1}^{\infty}(-1)^n \frac{2^n}{n!}$

(h) $\sum_{n=2}^{\infty}(-1)^n \frac{1}{n \ln n}$

(i) $\sum_{n=1}^{\infty}(-1)^n \sin \frac{1}{n^2}$

(j) $\sum_{n=1}^{\infty}(-1)^n \frac{n}{n^2+1}$

11. 다음 교대급수의 합의 근삿값을 오차가 0.01 이하가 되도록 부분합을 이용하여 나타내어라.

(a) $\sum_{n=1}^{\infty}(-1)^n \sin \frac{1}{n^2}$

(b) $\sum_{n=1}^{\infty}(-1)^n \frac{1}{n!}$

(c) $\sum_{n=1}^{\infty}(-1)^n \frac{1}{n2^n}$

(d) $\sum_{n=1}^{\infty}(-1)^n \frac{n}{2^n}$

12. 다음 특이적분이 수렴하는지 발산하는지 판정하고 그 이유를 설명하여라.

(a) $\int_1^{\infty} x^2 e^{-x^2}\, dx$

(b) $\int_1^{\infty} \sin \frac{1}{x} dx$

(c) $\int_1^{\infty} \frac{1}{x} \cdot \sin \frac{1}{x} dx$

(d) $\int_1^{\infty} \frac{x^2}{x^4+1} dx$

13. 다음 급수가 수렴하는 p의 범위를 구하여라.

(a) $\sum_{n=1}^{\infty} \frac{\ln n}{n^p}$

(b) $\sum_{n=2}^{\infty} \frac{1}{n(\ln n)^p}$

14. 모든 n에 대하여 $a_n \geq 0$일 때,

    (a) $\sum a_n$이 수렴하면 $\sum \sin(a_n)$도 수렴함을 보여라.

    (b) $\sum a_n$이 수렴하면 $\sum \ln(1+a_n)$도 수렴함을 보여라.

15. 다음 명제가 참이면 증명을, 거짓이면 반례를 들어라.

    (a) 두 무한급수 $\sum a_n$ 과 $\sum b_n$이 발산하면 $\sum(a_n+b_n)$은 발산한다.

    (b) 두 무한급수 $\sum a_n$ 과 $\sum b_n$이 수렴하면 $\sum a_n b_n$은 수렴한다.

    (c) 무한급수 $\sum a_n$이 수렴하면 무한급수 $\sum \frac{1}{a_n}$은 발산한다.

    (d) 무한급수 $\sum a_n$은 수렴, 무한급수 $\sum b_n$은 발산하면 무한급수 $\sum(a_n+b_n)$는 발산한다.

1.4 거듭제곱급수

기하급수 $\sum x^n$은 $|x|<1$일 때 수렴하고 나머지 경우는 발산한다. 이 절에서는 이처럼 일반항이 x의 거듭제곱 형태로 쓰인 급수에 대하여 살펴 보기로 한다.

1.4.1 거듭제곱급수

다음과 같은 형태로 쓰인 급수를 $x=a$에서의 **거듭제곱급수(power series)**라 한다.

$$\sum_{n=0}^{\infty} c_n(x-a)^n = c_0 + c_1(x-a) + c_2(x-a)^2 + c_3(x-a)^3 + \cdots$$

이때 x는 변수이고 c_n은 $(x-a)^n$의 **계수(coefficient)**라 한다. 거듭제곱급수에서 x에 실수값을 대입하면 실수의 급수를 얻는다. 따라서 거듭제곱급수는 어떤 x에 대하여는 수렴하고 어떤 x에 대하여는 발산한다. 급수가 수렴하는 x의 집합을 E라 하면

$$f(x) = c_0 + c_1(x-a) + c_2(x-a)^2 + c_3(x-a)^3 + \cdots$$

는 E에서 정의된 함수이다.

기하급수 $\sum_{n=0}^{\infty} x^n = 1+x+x^2+x^3+\cdots+x^n+\cdots$는 모든 계수가 1인 거듭제곱급수이다. 기하급수는 $|x|<1$일 때 $\dfrac{1}{1-x}$로 수렴하고 $|x|\ge 1$이면 발산하는데 이 사실을 다음과 같이 나타내기로 한다.

$$\frac{1}{1-x} = 1+x+x^2+x^3+\cdots+x^n+\cdots, \quad |x|<1 \tag{1.7}$$

여기서 거듭제곱급수의 부분합은 다항식

$$P_n(x) = 1+x+x^2+\cdots+x^n$$

이 되므로 왼쪽 식 $\dfrac{1}{1-x}$은 $|x|<1$일 때 다항식 $P_n(x)$의 극한을 의미한다. 다음 그림은 $n=1,2$일 때와(왼쪽 그림), $n=3,4$일 때(오른쪽 그림) $y=P_n(x)$의 그래프를 $y=\frac{1}{1-x}$의 그래프와 같이 그린 것이다.

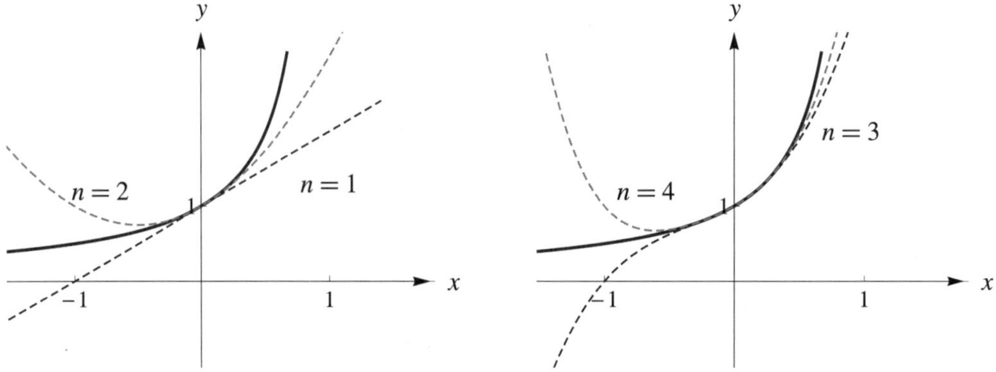

보기 1 다음 거듭제곱급수는 어떤 함수로 수렴하는지 구하고 거듭제곱급수가 이 함수로 수렴하는 x의 범위를 구하여라.

$$1+\frac{1}{2}(x+2)+\frac{1}{2^2}(x+2)^2+\cdots+\frac{1}{2^n}(x+2)^n+\cdots$$

Solution 이 거듭제곱급수는 초항이 1이고 공비가 $\frac{x+2}{2}$인 등비급수이다. 따라서 $\left|\frac{x+2}{2}\right|<1$이면, 즉 $-4<x<0$이면

$$1+\frac{1}{2}(x+2)+\frac{1}{2^2}(x+2)^2+\cdots+\frac{1}{2^n}(x+2)^n+\cdots=\frac{1}{1-\frac{x+2}{2}}=-\frac{2}{x}$$

이다. □

보기 2 다음 함수들을 $x=0$에서의 거듭제곱급수로 나타내고 거듭제곱급수가 주어진 함수로 수렴하는 x의 범위를 구하여라.

(a) $\frac{1}{1+x^2}$ (b) $\frac{1}{2-x}$ (c) $\frac{x}{1-x^2}$

Solution 세 경우 모두 기하급수

$$1+x+x^2+x^3+\cdots=\frac{1}{1-x}$$

를 이용하여 나타낼 수 있다.

(a) 기하급수에서 x를 $-x^2$으로 바꾸어 쓰면

$$\begin{aligned}\frac{1}{1+x^2} &= \frac{1}{1-(-x^2)}=\sum_{n=0}^{\infty}(-x^2)^n \\ &= \sum_{n=0}^{\infty}(-1)^n x^{2n}=1-x^2+x^4-x^6+\cdots\end{aligned}$$

이다. 이 급수는 $|-x^2|<1$일 때, 즉 $|x|<1$일 때 수렴하고 $|x|\geq 1$이면 발산한다.

(b) 기하급수 꼴로 나타내면

$$\begin{aligned}\frac{1}{2-x} &= \frac{1}{2}\cdot\frac{1}{1-x/2}=\frac{1}{2}\left[1+\frac{x}{2}+\left(\frac{x}{2}\right)^2+\cdots\right] \\ &= \sum_{n=0}^{\infty}\frac{1}{2^{n+1}}x^n\end{aligned}$$

이다. $|x/2|<1$이면, 즉 $|x|<2$이면 급수는 수렴하고 $|x|\geq 2$이면 급수는 발산한다.

(c) $\frac{1}{1-x^2}=1+x^2+(x^2)^2+(x^2)^3+\cdots$이므로

$$\begin{aligned}\frac{x}{1-x^2} &= x(1+x^2+(x^2)^2+(x^2)^3+\cdots) \\ &= x+x^3+x^5+x^7+\cdots\end{aligned}$$

이다. $|x|<1$일 때 수렴하고 $|x|\geq 1$이면 발산한다. □

1.4.2 거듭제곱급수의 수렴반경

거듭제곱급수 $\sum c_n(x-a)^n$에서 극한값

$$\rho = \lim_{n\to\infty}\left|\frac{c_{n+1}}{c_n}\right| \in [0,\infty]$$

이 존재한다고 하자.

$$\begin{aligned}\lim_{n\to\infty}\left|\frac{c_{n+1}(x-a)^{n+1}}{c_n(x-a)^n}\right| &= \lim_{n\to\infty}\left|\frac{c_{n+1}}{c_n}\right||x-a| \\ &= \rho|x-a|\end{aligned}$$

이므로 비율판정법으로부터 다음 사실을 알 수 있다.

- $\rho = 0$이면 $\sum c_n(x-a)^n$는 모든 x에 대하여 수렴한다.
- $0 < \frac{1}{\rho} < \infty$이면 $\sum c_n(x-a)^n$는

  $$|x-a| < \frac{1}{\rho}\text{이면 수렴},\quad |x-a| > \frac{1}{\rho}\text{이면 발산}$$

  한다. 여기서 $R = \frac{1}{\rho}$를 **수렴반경(radius of convergence)**이라 한다.
- $\rho = \infty$이면 $\sum c_n(x-a)^n$는 $x = a$에서만 수렴한다.

표기의 편의상 $\frac{1}{0} = \infty$, $\frac{1}{\infty} = 0$으로 나타내면 다음 결과가 성립한다.

수렴반경

거듭제곱급수 $\sum c_n(x-a)^n$에서 극한값

$$\rho = \lim_{n\to\infty}\left|\frac{c_{n+1}}{c_n}\right| \in [0,\infty]$$

이 존재한다고 하자. 이때 거듭제곱급수 $\sum c_n(x-a)^n$의 수렴반경은 $R = \frac{1}{\rho}$이다.

Note 수렴반경이 R일 때, $|x-a| = R$이면 거듭제곱급수는 수렴할 수도 발산할 수도 있다. 따라서 수렴하는 x의 범위는 다음 중 하나의 형태를 갖게 된다.

$$(a-R, a+R), \quad [a-R, a+R), \quad (a-R, a+R], \quad [a-R, a+R]$$

거듭제곱급수가 수렴하는 x의 범위를 **수렴구간(interval of convergence)**이라 부른다.

보기 3 다음 거듭제곱급수의 수렴반경과 수렴구간을 구하여라.

(a) $\displaystyle\sum_{n=1}^{\infty} \frac{2^n x^n}{n}$ (b) $\displaystyle\sum_{n=1}^{\infty} \frac{(-1)^n n(2x-1)^n}{3^n}$

Solution (a) $c_n = \frac{2^n}{n}$이므로

$$\left|\frac{c_{n+1}}{c_n}\right| = \frac{2n}{n+1} \to 2$$

이다. 따라서 수렴반경은 $\frac{1}{2}$이다. $x = \frac{1}{2}$일 때, 거듭제곱급수는

$$\sum_{n=1}^{\infty} \frac{2^n(\frac{1}{2})^n}{n} = 1 + \frac{1}{2} + \frac{1}{3} + \cdots$$

이므로 발산한다. 한편 $x = -\frac{1}{2}$일 때, 거듭제곱급수는

$$\sum_{n=1}^{\infty} \frac{2^n(-\frac{1}{2})^n}{n} = -1 + \frac{1}{2} - \frac{1}{3} + \cdots$$

이므로 교대급수정리에 의하여 수렴한다. 그러므로 수렴구간은 $[-\frac{1}{2}, \frac{1}{2})$이다.

(b) 주어진 거듭제곱급수는 다음과 같이 다시 쓸 수 있다.

$$\sum_{n=1}^{\infty} \frac{(-1)^n n(2x-1)^n}{3^n} = \sum_{n=1}^{\infty} (-1)^n \frac{n2^n}{3^n}\left(x - \frac{1}{2}\right)^n$$

$c_n = \frac{n2^n}{3^n}$이라 하면

$$\frac{c_{n+1}}{c_n} = \frac{n+1}{n} \cdot \frac{2}{3} \to \frac{2}{3}$$

이므로 수렴반경은 $R = 3/2$이다. $x - \frac{1}{2} = -\frac{3}{2}$일 때, 즉 $x = -1$일 때 거듭제곱급수는

$$\sum_{n=1}^{\infty} \frac{(-1)^n n(-3)^n}{3^n} = \sum_{n=1}^{\infty} n$$

이므로 발산한다. $x - \frac{1}{2} = \frac{3}{2}$이면, 즉 $x = 2$이면 거듭제곱급수가

$$\sum_{n-1}^{\infty} \frac{(-1)^n n3^n}{3^n} = \sum_{n-1}^{\infty} (-1)^n n$$

이므로 역시 발산한다. 따라서 수렴구간은 $(-1, 2)$이다. □

1.4.3 거듭제곱급수의 미분과 적분

거듭제곱급수의 미분은 수렴반경 내에서 $(a-R < x < a+R)$ 각 항을 미분한 것과 같다는 것이 알려져 있다.[25] 거듭제곱급수의 적분에 대하여도 같은 결과가 성립한다. 함수의 적분을 구하는 것은 대부분의 경우 아주 어려운 문제인데 다음 정리는 적분값을 구하는 데에 유용하게 쓰일 수 있다.

거듭제곱급수의 기본정리

$x = a$에서의 거듭제곱급수 $f(x) = \sum_{n=0}^{\infty} c_n(x-a)^n$의 수렴반경이 R일 때

- $a - R < x < a + R$에서 f는 미분가능하고

$$f'(x) = \sum_{n=1}^{\infty} nc_n(x-a)^{n-1}$$

  이다. 이때 f'의 수렴반경은 R이다.

- $a - R < x < a + R$에서

$$\int_a^x f(t)dt = \sum_{n=0}^{\infty} c_n \frac{(x-a)^{n+1}}{n+1}$$

  이다. 이때 $\int_a^x f(t)dt$의 수렴반경도 역시 R이다.

보기 4 $f(x) = \dfrac{1}{1-x} = \sum_{n=0}^{\infty} x^n, \quad -1 < x < 1$을 이용하여

(a) $\dfrac{1}{(1-x)^2}, \dfrac{1}{(1-x)^3}$의 거듭제곱급수를 구하고 수렴반경을 구하여라.

(b) $\ln(1-x)$의 거듭제곱급수를 구하고 수렴반경을 구하여라.

Solution

[25] $f(x) = \sum_{n=0}^{\infty} c_n x^n$이라 하면 거듭제곱급수의 미분은 다음과 같이 쓸 수 있다.

$$f'(x) = \lim_{h\to 0} \frac{1}{h}\left(\sum_n c_n(x+h)^n - \sum_n c_n x^n\right) = \lim_{h\to 0}\lim_{n\to\infty}\left(\sum_{k=0}^{n} c_k\left[\frac{(x+h)^k - x^k}{h}\right]\right)$$

만약 극한을 취하는 순서를 바꿀 수 있다면

$$\begin{aligned} f'(x) &= \lim_{n\to\infty}\sum_{k=0}^{n} c_k \lim_{h\to 0}\left[\frac{(x+h)^k - x^k}{h}\right] \\ &= \lim_{n\to\infty}\sum_{k=0}^{n} c_k k x^{k-1} = \sum_{n=0}^{\infty} c_n n x^{n-1} \end{aligned}$$

이 성립한다.

(a) 거듭제곱급수의 기본정리로부터 $-1 < x < 1$일 때,

$$\begin{aligned} f'(x) &= \frac{1}{(1-x)^2} = 1 + 2x + 3x^2 + 4x^3 + \cdots + nx^{n-1} + \cdots \\ &= \sum_{n=1}^{\infty} nx^{n-1} = \sum_{n=0}^{\infty} (n+1)x^n \end{aligned}$$

이다. 한편

$$\begin{aligned} f''(x) &= \frac{2}{(1-x)^3} = 2 + 3 \cdot 2x + 4 \cdot 3x^2 + \cdots + n(n-1)x^{n-2} + \cdots \\ &= \sum_{n=2}^{\infty} n(n-1)x^{n-2} = \sum_{n=0}^{\infty} (n+2)(n+1)x^n \end{aligned}$$

이므로

$$\frac{1}{(1-x)^3} = \sum_{n=0}^{\infty} \frac{(n+2)(n+1)}{2} x^n$$

이다.

(b) $\displaystyle\int_0^x \frac{1}{1-t} dt = -\ln(1-x)$ 이므로 $|x| < 1$일 때 다음 거듭제곱급수를 갖는다.

$$\begin{aligned} \ln(1-x) &= -\int_0^x \frac{1}{1-t} dt = -\sum_{n=0}^{\infty} \frac{x^{n+1}}{n+1} \\ &= -x - \frac{x^2}{2} - \frac{x^3}{3} - \cdots \end{aligned}$$ □

거듭제곱급수의 기본정리를 이용하여 특수한 형태의 급수의 값을 구해 보기로 한다.

보기 5 다음 급수의 합을 구하여라.

(a) $\displaystyle\sum_{n=1}^{\infty} n\left(\frac{1}{2}\right)^n$ (b) $\displaystyle\sum_{n=1}^{\infty} \frac{1}{n}\left(\frac{1}{2}\right)^n$

Solution (a) $f(x) = 1/(1-x)$라 하면

$$f'(x) = \frac{1}{(1-x)^2} = \sum_{n=1}^{\infty} nx^{n-1}$$

이므로

$$\sum_{n=1}^{\infty} n\left(\frac{1}{2}\right)^n = \frac{1}{2}\sum_{n=1}^{\infty} n\left(\frac{1}{2}\right)^{n-1} = \frac{1}{2} f'\left(\frac{1}{2}\right) = \frac{1}{2}\frac{1}{(1-\frac{1}{2})^2} = 2$$

이다.

(b) $\ln(1-x) = -x - \frac{x^2}{2} - \frac{x^3}{3} - \cdots$에 $x = \frac{1}{2}$을 대입하면

$$-\ln(1-\frac{1}{2}) = \frac{1}{2} + \frac{1}{2}\left(\frac{1}{2}\right)^2 + \frac{1}{3}\left(\frac{1}{2}\right)^3 + \cdots$$

이므로

$$\sum_{n=1}^{\infty} \frac{1}{n}\left(\frac{1}{2}\right)^n = \ln 2$$

이다. □

거듭제곱급수의 기본정리를

$$f'(x) = \sum_{n=1}^{\infty} nc_n(x-a)^{n-1}$$

에 적용시키면 f'은 미분가능하고 수렴반경은 R이다. 또한

$$f''(x) = \sum_{n=2}^{\infty} n(n-1)c_n(x-a)^{n-2}$$

이 성립한다. 같은 방법으로 모든 $k \geq 1$에 대하여 $f^{(k)}(x)$가 존재하고

$$f^{(k)}(x) = \sum_{n=k}^{\infty} n(n-1)\cdots(n-k+1)c_n(x-a)^{n-k} \tag{1.8}$$

이다. 이 거듭제곱급수의 수렴반경도 R이다. 따라서 거듭제곱급수로 주어진 함수

$$f(x) = \sum_{n=0}^{\infty} c_n(x-a)^n, \quad |x-a| < R$$

는 무한번 미분가능한 함수이다. 식 (1.8)에 $x = a$를 대입하면

$$f^{(k)}(a) = k!c_k \quad \Rightarrow \quad c_k = \frac{f^{(k)}(a)}{k!}$$

이다.

거듭제곱급수의 표현

함수 $f(x)$가 $x = a$에서 수렴반경이 R인 거듭제곱급수이면 다음과 같이 쓸 수 있다.

$$f(x) = \sum_{n=0}^{\infty} \frac{f^{(n)}(a)}{n!}(x-a)^n, \qquad |x-a| < R$$

Note 이 결과로부터 $|x| < R$ $(R > 0)$일 때 $\sum_{n=0}^{\infty} a_n x^n = \sum_{n=0}^{\infty} b_n x^n$이면 모든 $n \geq 0$에 대하여 $a_n = b_n$이다.

Note 거듭제곱급수는 수렴반경 내에서 무한번 미분가능하지만, 무한번 미분가능한 함수를 항상 거듭제곱급수로 나타낼 수 있는 것은 아니다.[26]

보기 6 $f(x) = \dfrac{x}{1+x^2}$에 대하여 $f^{(5)}(0)$, $f^{(6)}(0)$을 구하여라.

Solution $|x| < 1$이면

$$f(x) = x(1 - x^2 + x^4 - x^6 + \cdots) = x^3 - x^5 + x^7 - x^9 + \cdots$$

이므로

$$f^{(5)}(0) = (-1)5! = -120, \quad f^{(6)}(0) = 0 \cdot 6! = 0$$

이다. □

1.4.4 지수함수의 거듭제곱급수

거듭제곱급수

$$\sum_{n=0}^{\infty} \frac{x^n}{n!} = 1 + x + \frac{x^2}{2!} + \frac{x^3}{3!} + \cdots$$

의 수렴반경은 ∞이므로 함수

$$f(x) = \sum_{n=0}^{\infty} \frac{x^n}{n!}$$

는 모든 실수 x에 대하여 정의된다. 한편, $f(0) = 1$이고 거듭제곱급수의 기본정리에서

$$f'(x) = f(x)$$

임을 알 수 있다. 따라서

$$f(x) = e^x$$

이다.[27]

지수함수의 거듭제곱급수

$$e^x = \sum_{n=0}^{\infty} \frac{x^n}{n!} = 1 + x + \frac{x^2}{2!} + \frac{x^3}{3!} + \cdots$$

---

[26] 예를 들어,

$$f(x) = \begin{cases} e^{-1/x^2}, & x \neq 0 \\ 0, & x = 0 \end{cases}$$

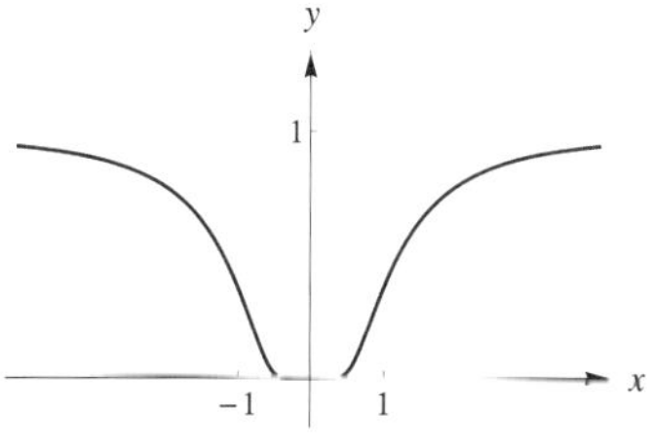

의 경우 모든 n에 대하여 $f^{(n)}(0) = 0$ 임을 보일 수 있다.
즉 f는 무한번 미분가능한 함수이다. 하지만 $x \neq 0$이면

$$f(x) \neq \sum_{n=0}^{\infty} \frac{f^{(n)}(0)}{n!} x^n = 0$$

[27] $g(x) = f(x)/e^x$로 놓으면 $g'(x) = 0, g(0) = 1$이므로 $f(x) = e^x$이다.

특히 $x=1$이면 자연상수 e에 대한 다른 표현을 얻는다.[28]

$$e = 1 + 1 + \frac{1}{2!} + \frac{1}{3!} + \cdots$$

보기 7 다음 함수의 거듭제곱급수를 구하여라.

(a) $f(x) = e^{-x}$ (b) $f(x) = e^{-x^2}$ (c) $f(x) = \int_0^x e^{-t^2}\,dt$

Solution (a) 지수함수 e^x의 거듭제곱급수 전개에서 x 대신 $-x$를 대입한다.

$$e^{-x} = \sum_{n=0}^{\infty} \frac{(-x)^n}{n!} = 1 - x + \frac{x^2}{2!} - \frac{x^3}{3!} + \cdots$$

(b) 지수함수 e^x의 거듭제곱급수 전개에서 x 대신 $-x^2$를 대입한다.

$$e^{-x^2} = \sum_{n=0}^{\infty} \frac{(-x^2)^n}{n!} = 1 - x^2 + \frac{x^4}{2!} - \frac{x^6}{3!} + \cdots$$

(c) 거듭제곱급수의 기본정리와 (b)의 결과를 같이 이용하면

$$\begin{aligned} \int_0^x e^{-t^2}\,dt &= \int_0^x \sum_{n=0}^{\infty} \frac{(-1)^n t^{2n}}{n!}\,dt = \sum_{n=0}^{\infty} \int_0^x \frac{(-1)^n t^{2n}}{n!}\,dt \\ &= \sum_{n=0}^{\infty} \frac{x^{2n+1}}{2n+1} \frac{(-1)^n}{n!} \end{aligned}$$

을 얻는다. □

[28]자연상수 e는 다음과 같이 정의하였다.

$$e = \lim_{n\to\infty} \left(1 + \frac{1}{n}\right)^n$$

$t_n = \left(1 + \frac{1}{n}\right)^n$이라 하고 $s_n = \sum_{k=0}^{n} \frac{1}{k!}$라 할 때 근삿값 s_n이 근삿값 t_n 보다 훨씬 오차가 작다. 처음 몇 항의 값을 구하면 다음과 같다.

n	t_n	s_n	n	t_n	s_n
1	2	2	11	2.604199014	2.718281828
2	2.25	2.5	12	2.613035281	2.718281830
3	2.370370369	2.666666667	13	2.620600890	2.718281830
4	2.441406250	2.708333334	14	2.627151556	2.718281830
5	2.488320000	2.716666667	15	2.632878718	2.718281830
6	2.521626376	2.718055556	16	2.637928497	2.718281830
7	2.546499699	2.718253969	17	2.642414375	2.718281830
8	2.565784514	2.718278771	18	2.646425821	2.718281830
9	2.581174789	2.718281527	19	2.650034327	2.718281830
10	2.593742460	2.718281803	20	2.653297705	2.718281830

지수함수의 거듭제곱급수와 보기 7(a)로부터 쌍곡함수의 거듭제곱급수는 다음과 같다.

$$\begin{aligned}\cosh x &= \frac{e^x + e^{-x}}{2} = \sum_{n=0}^{\infty} \frac{x^{2n}}{(2n)!} \\ \sinh x &= \frac{e^x - e^{-x}}{2} = \sum_{n=0}^{\infty} \frac{x^{2n+1}}{(2n+1)!}\end{aligned}$$

여기서 수렴반경은 모두 ∞이다.

쌍곡함수의 거듭제곱급수

$$\cosh x = \sum_{n=0}^{\infty} \frac{x^{2n}}{(2n)!}, \qquad \sinh x = \sum_{n=0}^{\infty} \frac{x^{2n+1}}{(2n+1)!}$$

1.4.5 연습문제 1.4

1. 다음 거듭제곱급수의 수렴반경을 구하고 수렴구간을 구하여라.

(a) $\displaystyle\sum_{n=2}^{\infty} \frac{(-2x)^n}{\ln n}$ (e) $\displaystyle\sum_{n=0}^{\infty} (1+x)^n$ (i) $\displaystyle\sum_{n=0}^{\infty} \frac{(-2x)^n}{n^2 2^n}$

(b) $\displaystyle\sum_{n=1}^{\infty} \frac{x^n}{n2^n}$ (f) $\displaystyle\sum_{n=0}^{\infty} (1-2x)^n$ (j) $\displaystyle\sum_{n=0}^{\infty} \frac{(x)^{2n+1}}{2n+1}$

(c) $\displaystyle\sum_{n=1}^{\infty} \frac{x^n}{n^2+1}$ (g) $\displaystyle\sum_{n=1}^{\infty} \frac{(1+x)^n}{n}$ (k) $\displaystyle\sum_{n=0}^{\infty} \frac{(-x)^{2n}}{n!}$

(d) $\displaystyle\sum_{n=1}^{\infty} \frac{(2x)^n}{n!}$ (h) $\displaystyle\sum_{n=1}^{\infty} n(2x-1)^n$ (l) $\displaystyle\sum_{n=0}^{\infty} \frac{(-x)^{2n}}{(2n)!}$

2. $x = 0$에서 다음 함수의 거듭제곱급수를 구하고 수렴반경을 구하여라.

(a) $f(x) = \dfrac{1}{2+x}$ (c) $f(x) = \dfrac{x^2}{1-x}$ (e) $f(x) = \dfrac{x}{4+x^2}$

(b) $f(x) = \dfrac{1}{1-2x}$ (d) $f(x) = \dfrac{1}{1+x^3}$ (f) $f(x) = \dfrac{1+x^2}{1-x^2}$

3. 거듭제곱급수의 기본정리를 이용하여 $x = 0$에서 다음 함수의 거듭제곱급수를 구하고 수렴반경을 구하여라.

(a) $f(x) = \ln(2+x)$

(b) $f(x) = \ln\left(\dfrac{1+x}{1-x}\right)$

(c) $f(x) = \dfrac{1}{(1+x)^2}$

(d) $f(x) = \dfrac{1}{(1+x)^3}$

(e) $f(x) = \dfrac{2x}{(1+x^2)^2}$

(f) $f(x) = \ln(1+x^2)$

4. 다음 무한급수의 합을 구하여라.

(a) $\displaystyle\sum_{n=1}^{\infty} \frac{n}{3^n}$

(b) $\displaystyle\sum_{n=1}^{\infty} \frac{1}{n3^n}$

(c) $\displaystyle\sum_{n=1}^{\infty} \frac{(-1)^n n(n-1)}{3^n}$

(d) $\displaystyle\sum_{n=1}^{\infty} \frac{(-1)^n n^2}{3^n}$

5. 임의의 자연수 k에 대하여

$$\frac{x^k}{(1-x)^{k+1}} = \frac{1}{k!}\sum_{n=k}^{\infty} n(n-1)\cdots(n-k+1)x^n, \qquad |x| < 1$$

임을 보여라.

6. 다음 거듭제곱급수의 수렴구간을 구하고 어떤 함수로 수렴하는지 구하여라.

(a) $\displaystyle\sum_{n=1}^{\infty} \frac{(x-2)^n}{2^n}$

(b) $\displaystyle\sum_{n=0}^{\infty} \frac{x^n}{n+1}$

(c) $\displaystyle\sum_{n=0}^{\infty} (1+x)^n$

(d) $\displaystyle\sum_{n=0}^{\infty} (1-2x)^n$

(e) $\displaystyle\sum_{n=1}^{\infty} \frac{(1+x)^n}{n}$

(f) $\displaystyle\sum_{n=1}^{\infty} n(x-1)^n$

7. 다음 무한급수의 합을 구하여라.

(a) $3 + \frac{9}{2!} + \frac{27}{3!} + \frac{81}{4!} + \cdots$

(b) $2 - \frac{4}{2!} + \frac{8}{3!} - \frac{16}{4!} + \cdots$

(c) $1 - \ln 2 + \frac{(\ln 2)^2}{2!} - \frac{(\ln 2)^3}{3!} + \cdots$

(d) $\sum_{n=0}^{\infty}(-1)^n \frac{\pi^{2n+1}}{(2n+1)!4^{2n+1}}$

(e) $1 + \frac{(\ln 2)^2}{2!} + \frac{(\ln 2)^4}{4!} + \cdots$

8. $x = a$에서 다음 함수의 거듭제곱급수를 구하여라.

(a) $f(x) = e^x, \quad a = 1$

(b) $f(x) = \cosh x, \quad a = 1$

9. 거듭제곱급수 $f(x) = \sum a_n x^n$가 우함수이면, 즉 $f(-x) = f(x)$이면 모든 $n \geq 0$에 대하여

$$a_{2n+1} = 0$$

임을 보여라. 또한 f가 기함수이면, 즉 $f(-x) = -f(x)$이면 모든 $n \geq 0$에 대하여

$$a_{2n} = 0$$

임을 보여라.

10. $e = 1 + 1 + \frac{1}{2!} + \frac{1}{3!} + \cdots$ 임을 이용하여 e는 무리수임을 보여라.

(Hint. e가 유리수라 가정하면 모순이 생김을 보인다.)

1.5 테일러 급수

거듭제곱급수 $\sum_{n=0}^{\infty} c_n x^n$에서 부분합 $\sum_{k=0}^{n} c_k x^k$은 거듭제곱급수에 대한 근사다항식으로 생각할 수 있다. 이제 일반적인 함수의 거듭제곱급수를 구하는 방법을 생각해 보자.

1.5.1 선형근사식과 근사다항식

미분가능한 함수 f에 대하여 선형근사는 f의 그래프와 가장 유사한 직선으로 정의되었다.

$$f(x) \approx f(a) + f'(a)(x-a)$$

선형근사는 x가 a에 가까울수록 좋은 근삿값을 얻을 수 있다. 이 선형근사를 $x=a$에서 f의 **1차 테일러 다항식**이라 하고 $T_1 f(x)$로 나타내기로 한다.

1차 테일러 다항식

$x=a$에서 미분가능한 함수 f의 1차 테일러 다항식은 다음과 같다.

$$f(x) \approx T_1 f(x) = f(a) + f'(a)(x-a)$$

다시 말하자면, f의 1차 테일러 다항식은 $x = a$에서 함수 f와 함숫값과 기울기가 같은 1차 다항식, 즉 선형근사식이다. n차 근사다항식을 구하면 좀 더 정확한 근삿값을 얻을 수 있다.

$x=a$에서 n번 미분가능한 함수 f에 대하여 n차 다항식

$$T_n f(x) = c_0 + c_1(x-a) + c_2(x-a)^2 + \cdots + c_n(x-a)^n$$

이 다음 조건을 만족하면 n차 **근사다항식**, 또는 n차 **테일러 다항식**(**Taylor polynomial**)이라 한다.

- 함수 f 와 $T_n f$는 $x=a$에서 같은 함숫값을 갖는다.
- 함수 f 와 $T_n f$는 $k=1,2,\ldots,n$에 대하여 $x=a$에서 같은 k계미분계수를 갖는다.

$1 \le k \le n$일 때,

$$\begin{aligned}(T_n f)^{(k)}(x) &= k(k-1)\cdots 2\cdot 1 c_k + (k+1)k\cdots 3\cdot 2 c_{k+1}(x-a) \\ &\quad + \cdots + n(n-1)\cdots(n-k+2)(n-k+1)c_n(x-a)^{n-k}\end{aligned}$$

이므로 두 번째 조건으로부터

$$f^{(k)}(a) = (T_n f)^{(k)}(a) = k(k-1)\cdots 2\cdot 1 c_k \quad \Rightarrow \quad c_k = \frac{f^{(k)}(a)}{k!}$$

가 성립한다.

n차 테일러 다항식

$x = a$에서 n번 미분가능한 함수 f에 대하여 n차 테일러 다항식은 다음과 같다.

$$T_n f(x) = f(a) + f'(a)(x-a) + \frac{f''(a)}{2!}(x-a)^2 + \cdots + \frac{f^{(n)}(a)}{n!}(x-a)^n \tag{1.9}$$

보기 1 $x = 0$에서 $f(x) = \cos x$의 4차 테일러 다항식과 8차 테일러 다항식을 구하여라. 이 다항식을 이용하여 $x = 1$에서 각각 근삿값을 구하여라.

Solution $f^{(2k-1)}(x) = (-1)^k \sin x$이므로 $f^{(2k-1)}(0) = 0$이다. 한편,

$$\begin{aligned} f''(x) &= -\cos x &\Rightarrow\quad f''(0) &= -1 \\ f^{(4)}(x) &= \cos x &\Rightarrow\quad f^{(4)}(0) &= 1 \\ f^{(6)}(x) &= -\cos x &\Rightarrow\quad f^{(6)}(0) &= -1 \\ f^{(8)}(x) &= \cos x &\Rightarrow\quad f^{(8)}(0) &= 1 \end{aligned}$$

이므로 4차 테일러 다항식과 8차 테일러 다항식은 각각 다음과 같다.

$$T_4 f(x) = 1 - \frac{x^2}{2!} + \frac{x^4}{4!}, \quad T_8 f(x) = 1 - \frac{x^2}{2!} + \frac{x^4}{4!} - \frac{x^6}{6!} + \frac{x^8}{8!}$$

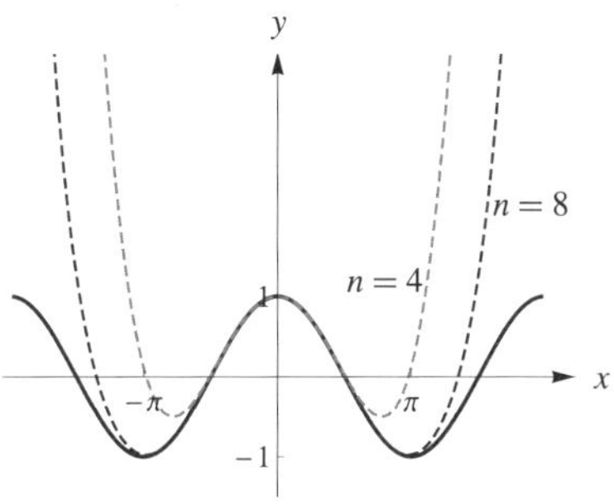

$x = 1$에서 $\cos 1 = 0.5403023059$의 근삿값은 각각 다음과 같다.

$$T_4 f(1) = 0.5416666667, \qquad T_8 f(1) = 0.5403025794$$

8차 테일러 다항식을 이용한 근삿값은 소수점 이하 6자리까지 일치하는 아주 좋은 근삿값을 구하여 준다. □

함수 $f(x)$가 거듭제곱급수 $f(x) = \sum_{n=0}^{\infty} c_n (x-a)^n$으로 표현되면 n차 테일러 다항식에 대한 식 (1.9)에서

$$c_k = \frac{f^{(k)}(a)}{k!}, \quad k = 0, 1, \ldots, n$$

임을 알 수 있다.

보기 2 지수함수 $f(x) = e^x$의 $x = 0$에서 n차 테일러 다항식을 구하여라.

Solution $f(x) = e^x$의 거듭제곱급수가

$$f(x) = \sum_{n=0}^{\infty} \frac{x^n}{n!}$$

이므로 $f(x) = e^x$의 n차 테일러 다항식은

$$e^x \approx T_n f(x) = 1 + x + \frac{x^2}{2!} + \frac{x^3}{3!} + \cdots + \frac{x^n}{n!}$$

이다. □

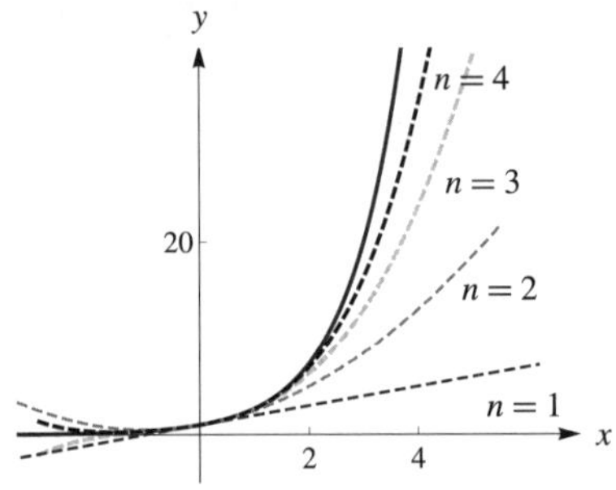

1.5.2 테일러 급수

$T_n f(x)$를 $f(x)$의 n차 테일러 다항식이라 할 때

$$R_n f(x) = f(x) - T_n f(x)$$

을 $f(x)$의 n차 테일러 **나머지항**(**remainder**)이라 한다. 혼동의 위험이 없으면 $R_n f(x)$를 간단히 $R_n(x)$로 쓰기도 한다. 만약 $|x - a| < R$일 때

$$\lim_{n \to \infty} R_n f(x) = 0$$

이면

$$\lim_{n \to \infty} T_n f(x) = f(x)$$

이다. 이때

$$\lim_{n \to \infty} T_n f(x) = \sum_{n=0}^{\infty} c_n (x - a)^n, \quad |x - a| < R$$

를 f의 **테일러 급수**(**Taylor series**), 또는 **테일러 전개**(**Taylor expansion**)라 정의한다. 따라서 테일러 급수는 부분합이 테일러 다항식인 거듭제곱급수이다.

거듭제곱급수로 정의된 함수

$$f(x) = c_0 + c_1(x-a) + c_2(x-a)^2 + \cdots + c_n(x-a)^n + \cdots$$

의 수렴구간이 $(a-R, a+R)$이라 하자. 거듭제곱급수의 기본정리에서

$$c_k = \frac{f^{(k)}(a)}{k!}$$

임을 알고 있으므로 거듭제곱급수함수의 경우 거듭제곱급수와 테일러 급수는 동일하다.

거듭제곱급수함수의 테일러 전개

f가 $x = a$ 근방에서 거듭제곱급수로 표현될 때, 즉

$$f(x) = \sum_{n=0}^{\infty} c_n(x-a)^n, \quad |x-a| < R$$

이면 f의 테일러 급수는 다음과 같다.

$$f(x) = \sum_{n=0}^{\infty} \frac{f^{(n)}(a)}{n!}(x-a)^n, \quad |x-a| < R$$

Note 특히 $a = 0$일 때 테일러 급수를 **맥클로린 급수**(**Maclaulin series**)라 부르며 다음과 같이 쓸 수 있다.

$$\begin{aligned} f(x) &= \sum_{n=0}^{\infty} \frac{f^{(n)}(0)}{n!} x^n \\ &= f(0) + f'(0)x + \frac{f''(0)}{2!}x^2 + \cdots + \frac{f^{(n)}(0)}{n!}x^n + \cdots \end{aligned}$$

테일러 급수 $\sum_{n=0}^{\infty} c_n(x-a)^n$가 $f(x)$로 수렴하는 x의 범위를 구하기 위해서는 n 차 나머지항의 크기를 구하는 것이 필요하다. 두 함수

$$g(x) = R_n(x) = f(x) - T_n f(x), \quad h(x) = (x-a)^{n+1}$$

에 코시의 평균값정리[29]를 적용하면

$$R_n(x) : (x-a)^{n+1} = R_n'(x_1) : (n+1)(x_1-a)^n$$

인 x_1이 a와 x 사이에 존재한다.

$$\begin{aligned} R_n^{(n+1)}(x) &= f^{(n+1)}(x) - (T_n f)^{(n+1)}(x) = f^{(n+1)}(x) \\ h^{(n+1)}(x) &= (n+1)! \end{aligned}$$

[29]두 함수 $f(x), g(x)$가 구간 $[a,b]$에서 연속이고 열린 구간 (a,b)에서 미분가능하면

$$g(b) - g(a) : h(b) - h(a) = g'(c) : h'(c)$$

$c \in (a,b)$가 존재한다.

이므로 같은 방법으로 코시의 평균값정리를 반복하여 적용하면

$$\begin{aligned} R_n(x) : (x-a)^{n+1} &= R_n^{(n+1)}(x^*) : h^{(n+1)}(x^*) \\ &= f^{(n+1)}(x^*) : (n+1)! \end{aligned}$$

을 만족하는 x^*가 a와 x 사이에 존재한다. 따라서

$$\begin{aligned} f(x) &= T_n f(x) + R_n(x) \\ &= f(a) + f'(a)(x-a) + \cdots + \frac{f^{(n)}(a)}{n!}(x-a)^n + \frac{f^{(n+1)}(x^*)}{(n+1)!}(x-a)^{n+1} \end{aligned}$$

이 성립하는 x^*가 a와 x 사이에 존재한다. 이 결과를 **테일러 정리**(**Taylor theorem**)라 한다.

테일러 정리

구간 $(a-r, a+r)$ 에서 $(n+1)$번 미분가능한 함수 f에 대하여

$$f(x) = f(a) + f'(a)(x-a) + \cdots + \frac{f^{(n)}(a)}{n!}(x-a)^n + \frac{f^{(n+1)}(x^*)}{(n+1)!}(x-a)^{n+1}$$

이 성립하는 x^*가 a와 x 사이에 존재한다.

테일러 정리를 이용하면 n차 테일러 다항식의 오차에 대한 다음과 같은 결과를 얻는다. $|x-a| \le r$일 때 $|f^{(n+1)}(x)| \le M$ 이면 n차 나머지항 $R_n(x)$는 다음 부등식을 만족한다.

$$\begin{aligned} |f(x) - T_n f(x)| &= |R_n(x)| = \left| \frac{f^{(n+1)}(x^*)}{(n+1)!}(x-a)^{n+1} \right| \\ &\le \frac{M}{(n+1)!} r^{n+1} \end{aligned}$$

n차 테일러 다항식의 오차한계

$|x-a| \le r$일 때 $|f^{(n+1)}(x)| \le M$ 이면 n차 나머지항 $R_n f(x)$는 다음 부등식을 만족한다.

$$|R_n(x)| \le \frac{M}{(n+1)!} r^{n+1}$$

보기 3 $f(x) = \cos x$의 테일러 급수와 수렴반경을 구하여라. 이로부터 사인함수의 테일러 급수를 구하여라.

Solution $f(x) = \cos x$에 대하여 $f^{(2k-1)}(0) = 0,\quad f^{(2k)}(0) = (-1)^k$이므로 코사인함수의 $x = 0$에서 테일러 다항식은 다음과 같다.

$$\begin{aligned} T_{2n}f(x) &= T_{2n+1}f(x) \\ &= 1 - \frac{x^2}{2!} + \frac{x^4}{4!} - \frac{x^6}{6!} + \cdots + (-1)^n \frac{x^{2n}}{(2n)!} \end{aligned}$$

임의의 자연수 k에 대하여 $|\cos^{(k)} x| \le 1$이므로 나머지항은

$$|R_{2n}f(x)| \le 1 \cdot \frac{|x|^{2n+1}}{(2n+1)!}$$

을 만족한다. 임의의 x에 대하여

$$\lim_{n\to\infty} R_{2n}f(x) = 0 \quad \Rightarrow \quad \lim_{n\to\infty} T_{2n}f(x) = \cos x$$

이다. 다시 말해서 임의의 x에 대하여 코사인함수의 테일러 전개는 다음과 같다.

$$\begin{aligned} \cos x &= \sum_{n=0}^{\infty} (-1)^n \frac{x^{2n}}{(2n)!} \\ &= 1 - \frac{x^2}{2!} + \frac{x^4}{4!} - \frac{x^6}{6!} + \cdots \end{aligned}$$

따라서 수렴반경은 $R = \infty$이다. 위 식의 양변을 x에 대하여 미분하면 거듭제곱급수의 기본정리에서

$$\begin{aligned} -\sin x &= (\cos x)' = \left(\sum_{n=0}^{\infty} (-1)^n \frac{x^{2n}}{(2n)!} \right)' \\ &= \sum_{n=1}^{\infty} (-1)^n \frac{x^{2n-1}}{(2n-1)!} \end{aligned}$$

을 얻는다. 따라서 사인함수의 테일러 급수는

$$\sin x = \sum_{n=1}^{\infty} (-1)^{n-1} \frac{x^{2n-1}}{(2n-1)!} = x - \frac{x^3}{3!} + \frac{x^5}{5!} - \cdots$$

이다. □

보기 4 $-0.5 \le x \le 0.5$에서 e^x를 4차 테일러 다항식으로 근사할 때 오차한계를 구하여라. 또 $-1 \le x \le 1$에서 오차를 0.01보다 작게 하려면 테일러 다항식은 최소한 몇 차까지 구하여야 하는가?

Solution $f(x) = e^x$라 하자. $f^{(5)}(x) = e^x$이므로

$$|f^{(5)}(x)| \le e^{0.5} \le 2, \quad -0.5 \le x \le 0.5$$

이다. 따라서 $M = 2$로 잡으면

$$|R_4 f(x)| \le \frac{M}{5!}(0.5)^5 \le 0.0006$$

이다. 즉 $-0.5 \le x \le 0.5$이면 근사식

$$e^x \approx 1 + x + \frac{x^2}{2!} + \frac{x^3}{3!} + \frac{x^4}{4!}$$

의 오차는 0.0006보다 작다. $|x| \le 1$에서

$$|f^{(n)}(x)| \le e$$

이므로 n차 테일러 다항식의 오차는 다음 부등식을 만족한다.

$$|R_n f(x)| \le \frac{e}{(n+1)!}$$

$n = 4$이면 $e/5! \ge 2/120 \ge 0.01$이므로 오차가 0.01보다 작다고 말할 수는 없다. 한편 $n = 5$이면

$$\frac{e}{6!} \le \frac{3}{720} \le \frac{1}{100} = 0.01$$

이다. 따라서 5차 테일러 다항식을 구하면 오차가 0.01보다 작아지게 할 수 있다. □

테일러 급수 구하기

거듭제곱급수가 존재하는 경우, 테일러 급수와 거듭제곱급수가 일치하므로 테일러 급수를 쉽게 구할 수 있다. 예를 들어 $f(x) = e^{-x^2}$의 테일러 급수는 e^x에서 x 대신 $-x^2$을 대입하여 다음과 같은 테일러 급수를 얻는다.

$$e^{-x^2} = \sum_{n=0}^{\infty} \frac{(-x^2)^n}{n!} = 1 - x^2 + \frac{x^4}{2!} - \frac{x^6}{3!} + \cdots$$

이번에는 $f(x) = \ln x$의 $x = 1$에서의 테일러 급수를 구하여 보자.

$$\ln x = \ln[1 - (1 - x)]$$

이므로

$$\ln(1 - x) = -\Big(x + \frac{x^2}{2} + \frac{x^3}{3} + \cdots\Big), \quad |x| < 1$$

에서 x 대신 $(1 - x)$를 대입하면 다음과 같이 $x = 1$에서 $\ln x$의 테일러 급수를 얻는다.

$$\begin{aligned} \ln x &= \ln[1 - (1 - x)] \\ &= -\Big[(1 - x) + \frac{(1 - x)^2}{2} + \frac{(1 - x)^3}{3} + \cdots\Big] \\ &= \sum_{n=1}^{\infty} (-1)^{n-1} \frac{(x - 1)^n}{n}, \qquad |1 - x| < 1 \end{aligned}$$

보기 5 주어진 점에서 다음 함수들의 테일러 급수를 구하여라.

(a) $\cos 2x, \quad x = 0$ (b) $\sin x \cos x, \quad x = 0$

Solution

(a) $\cos x$의 테일러 급수에서 x 대신 $2x$를 치환하면 얻어진다.

$$\cos 2x = 1 - \frac{(2x)^2}{2!} + \frac{(2x)^4}{4!} - \cdots = \sum_{n=0}^{\infty}(-1)^n 2^{2n}\frac{x^{2n}}{(2n)!}$$

(b) $\sin x \cos x = \dfrac{1}{2}\sin 2x$ 이므로 $\sin x \cos x$의 테일러 급수는 다음과 같다.

$$\sin x \cos x = \frac{1}{2}\left(2x - \frac{(2x)^3}{3!} + \frac{(2x)^5}{5!} + \cdots\right) = \sum_{n=0}^{\infty}(-1)^n \frac{(2x)^{2n+1}}{2(2n+1)!}$$ □

1.5.3 이항급수

이항정리(**binomial theorem**)에 의하면 양의 정수 m에 대하여 다음 등식이 성립한다.

$$\begin{aligned}(a+b)^m &= \sum_{k=0}^{m}\binom{m}{k}a^{m-k}b^k \\ &= a^m + \binom{m}{1}a^{m-1}b + \cdots + \binom{m}{m-1}ab^{m-1} + b^m\end{aligned}$$

이때 $\binom{m}{k}$는 다음과 같이 정의되는 **이항계수**(**binomial coefficient**)이다.[30]

$$\binom{m}{0} = 1, \qquad \binom{m}{k} = \frac{m!}{k!(m-k)!} = \frac{m\cdot(m-1)\cdots(m-k+1)}{k\cdot(k-1)\cdots 1}$$

특히 $a = 1$, $b = x$이면 이항정리는 다음과 같다.

$$(1+x)^m = \sum_{k=0}^{m}\binom{m}{k}x^k$$

$k > m$이면 $\binom{m}{k} = 0$이므로 이항정리는 다음과 같이 급수로 쓸 수도 있다.

$$(1+x)^m = \sum_{n=0}^{\infty}\binom{m}{n}x^n$$

이제 자연수가 아닌 실수 m에 대하여 어떤 결과가 성립하는지 살펴보기로 하자.

임의의 실수 r에 대하여

$$f(x) = (1+x)^r$$

[30]고등학교 교재에서는 ${}_mC_k$로 나타낸다.

이라 할 때 $x=0$에서 테일러 급수를 구하여 보자.

$$\begin{aligned} f(x) &= (1+x)^r & f(0) &= 1 \\ f'(x) &= r(1+x)^{r-1} & f'(0) &= r \\ f''(x) &= r(r-1)(1+x)^{r-2} & f''(0) &= r(r-1) \\ &\vdots & &\vdots \\ f^{(n)}(x) &= r(r-1)\cdots(r-n+1)(1+x)^{r-n} & f^{(n)}(0) &= r(r-1)\cdots(r-n+1) \end{aligned}$$

실수 r과 자연수 n에 대한 **이항계수**(**binomial coefficient**)를 다음과 같이 정의하자.[31]

$$\binom{r}{0}=1, \qquad \binom{r}{n}=\frac{r\cdot(r-1)\cdots(r-n+1)}{n!}$$

그러면 $x=0$에서 $f(x)$의 테일러 급수는

$$\begin{aligned} f(x) &= (1+x)^r=\sum_{n=0}^{\infty}\frac{f^{(n)}(0)}{n!}x^n \\ &= \sum_{n=0}^{\infty}\frac{r\cdot(r-1)\cdots(r-n+1)}{n!}x^n = \sum_{n=0}^{\infty}\binom{r}{n}x^n \end{aligned}$$

이다. 이 급수를 **이항급수**(**binomial series**)라 한다. x^n의 계수를 a_n이라 하면

$$\begin{aligned} \left|\frac{a_{n+1}}{a_n}\right| &= \left|\frac{r(r-1)\cdots(r-n)}{(n+1)!}\Big/\frac{r(r-1)\cdots(r-n+1)}{n!}\right| \\ &= \frac{|r-n|}{n+1}\to 1 \quad (n\to\infty) \end{aligned}$$

이므로 수렴반경은 $R=1$이다. 즉 이항급수는 $|x|<1$이면 수렴하고 $|x|>1$이면 발산한다.

이항급수

실수 r에 대하여 $|x|<1$이면

$$(1+x)^r=\sum_{n=0}^{\infty}\binom{r}{n}x^n$$

이다. 여기서 $\binom{r}{n}$은 다음과 같이 정의되는 이항계수이다.

$$\binom{r}{0}=1, \qquad \binom{r}{n}=\frac{r\cdot(r-1)\cdots(r-n+1)}{n!}$$

[31] 여기서 r이 n 보다 크거나 같은 자연수이면 이는 앞에서 정의한 이항계수와 일치한다. 따라서 이 정의는 이항계수의 일반화라 할 수 있다.

보기 6 다음 함수의 $x=0$에서 테일러 급수를 처음 다섯항을 포함하여 구하여라.

(a) $\sqrt{1+x}$ (b) $\sqrt{4-x^2}$

Solution 두 경우 모두 이항급수꼴로 쓸 수 있다.

(a) $f(x)=(1+x)^{\frac{1}{2}}$라 하자. 정의에 따라 이항계수를 구해 보면

$$\binom{\frac{1}{2}}{1}=\frac{1}{2},\quad \binom{\frac{1}{2}}{2}=-\frac{1}{2\cdot 2^2},\quad \binom{\frac{1}{2}}{3}=\frac{1\cdot 3}{3!2^3},\quad \binom{\frac{1}{2}}{4}=(-1)^3\frac{1\cdot 3\cdot 5}{4!2^4}$$

이며 일반적으로 $n\ge 2$이면

$$\binom{\frac{1}{2}}{n}=(-1)^{n-1}\frac{1\cdot 3\cdots(2n-3)}{n!2^n}$$

이다. 따라서

$$\begin{aligned}(1+x)^{\frac{1}{2}} &= \sum_{n=0}^{\infty}\binom{\frac{1}{2}}{n}x^n\\ &= 1+\frac{1}{2}x+\sum_{n=2}^{\infty}(-1)^{n-1}\frac{1\cdot 3\cdots(2n-3)}{2^n}\frac{x^n}{n!}\\ &= 1+\frac{1}{2}x-\frac{1}{4}\frac{x^2}{2!}+\frac{3}{8}\frac{x^3}{3!}-\frac{15}{16}\frac{x^4}{4!}+\cdots\end{aligned}$$

이다.

(b) $g(x)=\sqrt{4-x^2}$라 하면 다음과 같이 고쳐 쓸 수 있다.

$$g(x)=2\sqrt{1-\frac{x^2}{4}}=2\Big(1-\frac{x^2}{4}\Big)^{\frac{1}{2}}$$

따라서 (a)의 결과에 x 대신 $-\dfrac{x^2}{4}$를 대입하면 다음과 같은 테일러 급수를 얻는다.

$$\begin{aligned}\sqrt{4-x^2} &= 2\sum_{n=0}^{\infty}\binom{\frac{1}{2}}{n}\Big(-\frac{x^2}{4}\Big)^n\\ &= 2\Big(1-\frac{1}{2}\frac{x^2}{4}-\frac{1}{4}\frac{x^4}{4^2\cdot 2!}-\frac{3}{8}\frac{x^6}{4^3\cdot 3!}-\frac{15}{16}\frac{x^8}{4^4\cdot 4!}+\cdots\Big)\end{aligned}$$

□

1.5.4 적분의 근삿값

테일러 급수는 적분을 닫힌 형식으로 찾을 수 없는 경우에도 적분의 근삿값을 구하는 데에 유용하다. 근삿값을 구할 때 문제가 되는 것은 근삿값의 정확도, 즉 오차의 크기이다. 테일러 다항식의 오차를 구하기 위해서는 다음과 같은 방법이 많이 쓰인다.

- 테일러 급수가 교대급수인 경우 교대급수의 오차한계를 이용한다.
- 교대급수가 아닌 경우 테일러 정리를 이용한다.

보기 7 (a) $\int_0^x \sin(t^2)\,dt$ 의 테일러 급수를 구하여라.

(b) $\int_0^1 \sin(t^2)\,dt$ 의 근삿값을 오차가 0.001 이하가 되도록 구하여라.

Solution

(a) $\sin x$의 테일러 급수에서 x 대신 x^2을 대입하면

$$\sin(x^2) = x^2 - \frac{x^6}{3!} + \frac{x^{10}}{5!} - \frac{x^{14}}{7!} + \cdots = \sum_{n=0}^{\infty}(-1)^n \frac{x^{4n+2}}{(2n+1)!}$$

이다. 거듭제곱급수의 기본정리에 의하면 테일러 급수는 다음과 같다.

$$\begin{aligned}\int_0^x \sin(t^2)\,dt &= \int_0^x \sum_{n=0}^{\infty}(-1)^n \frac{t^{4n+2}}{(2n+1)!}\,dt = \sum_{n=0}^{\infty}\int_0^x (-1)^n \frac{t^{4n+2}}{(2n+1)!}\,dt \\ &= \sum_{n=0}^{\infty}\frac{(-1)^n}{4n+3}\frac{x^{4n+3}}{(2n+1)!} \\ &= \frac{x^3}{3} - \frac{x^7}{7\cdot 3!} + \frac{x^{11}}{11\cdot 5!} - \frac{x^{15}}{15\cdot 7!} + \cdots\end{aligned}$$

(b) (a)의 결과를 이용하면

$$\int_0^1 \sin(t^2)\,dt = \frac{1}{3} - \frac{1}{7\cdot 3!} + \frac{1}{11\cdot 5!} - \frac{1}{15\cdot 7!} + \cdots$$

이고 이 급수는 교대급수이다.

$$\begin{aligned}\left|\int_0^1 \sin(t^2)dt - \frac{1}{3}\right| &\le \frac{1}{7\cdot 3!} = \frac{1}{42} > \frac{1}{100} = 0.01 \\ \left|\int_0^1 \sin(t^2)dt - \left(\frac{1}{3} - \frac{1}{7\cdot 3!}\right)\right| &\le \frac{1}{11\cdot 5!} = \frac{1}{1320} \le \frac{1}{1000} = 0.001\end{aligned}$$

이므로 근삿값

$$\int_0^1 \sin(t^2)\,dt \approx \frac{1}{3} - \frac{1}{7\cdot 3!} = \frac{13}{42}$$

의 오차는 0.001 보다 작아진다. □

지금까지 구한 테일러 급수를 정리하면 다음과 같다.

주요함수의 테일러 급수

$$
\begin{aligned}
\frac{1}{1-x} &= \sum_{n=0}^{\infty} x^n = 1 + x + x^2 + x^3 + \cdots, \quad |x| < 1 \\
-\ln(1-x) &= \sum_{n=1}^{\infty} \frac{x^n}{n} = x + \frac{x^2}{2} + \frac{x^3}{3} + \cdots, \quad |x| < 1 \\
e^x &= \sum_{n=0}^{\infty} \frac{x^n}{n!} = 1 + x + \frac{x^2}{2!} + \frac{x^3}{3!} + \cdots \\
\cosh x &= \sum_{n=0}^{\infty} \frac{x^{2n}}{(2n)!} = 1 + \frac{x^2}{2!} + \frac{x^4}{4!} + \frac{x^6}{6!} + \cdots \\
\sinh x &= \sum_{n=1}^{\infty} \frac{x^{2n-1}}{(2n-1)!} = x + \frac{x^3}{3!} + \frac{x^5}{5!} + \cdots \\
\cos x &= \sum_{n=0}^{\infty} (-1)^n \frac{x^{2n}}{(2n)!} = 1 - \frac{x^2}{2!} + \frac{x^4}{4!} - \frac{x^6}{6!} + \cdots \\
\sin x &= \sum_{n=1}^{\infty} (-1)^{n-1} \frac{x^{2n-1}}{(2n-1)!} = x - \frac{x^3}{3!} + \frac{x^5}{5!} + \cdots \\
(1+x)^r &= \sum_{n=0}^{\infty} \binom{r}{n} x^n = 1 + rx + \frac{r(r-1)}{2!}x^2 + \frac{r(r-1)(r-2)}{3!}x^3 + \cdots
\end{aligned}
$$

1.5.5 연습문제 1.5

1. 주어진 n에 대하여 $x=0$에서 다음 함수의 n차 테일러 다항식을 구하여라.

(a) $\dfrac{x}{1-x}$, $n=2,3$

(b) $\sqrt[3]{1+x^2}$, $n=2,3$

(c) $\sin x$, $n=2,4$

(d) $\ln(2-3x)$, $n=2,3$

(e) $\ln(1+x^3)$, $n=3,4$

(f) e^{1-x}, $n=3,4$

(g) $\dfrac{1}{\sqrt{1+x}}$, $n=3$

(h) $\cosh^2 x$, $n=2,4$

(i) $\sinh x \cosh x$, $n=3,5$

2. 주어진 n에 대하여 $x=a$에서 다음 함수의 n차 테일러 다항식을 구하여라.

(a) $\dfrac{1}{2-x}$, $a=1$, $n=2,3$

(b) $\sqrt[3]{4+x^2}$, $a=2$, $n=2,3$

(c) $\cos x$, $a=\dfrac{\pi}{4}$, $n=2$

(d) $\sin x, \quad a = \dfrac{\pi}{2}, \quad n = 3$

(e) $\ln(3-2x), \quad a = 1, \quad n = 2, 3$

(f) $\ln(x), \quad a = 1, \quad n = 3, 4$

(g) $e^{1-x}, \quad a = 1, \quad n = 3$

3. $x = 0$에서 함수 f의 2차 테일러 다항식이

$$T_2 f(x) = 3 - 5x + 2x^2$$

이다. 다음 값을 구하여라.

(a) $f(0)$ (b) $f'(0)$ (c) $f''(0)$

4. $f(x) = \sin(x^3)$일 때, $n = 9, 10, 11$에 대하여 $f^{(n)}(0)$을 구하여라.

5. $f(x) = x^2 \cosh x$일 때, $n = 9, 10, 11$ 에 대하여 $f^{(n)}(0)$을 구하여라.

6. $x = a$에서 다음 함수의 n차 테일러 다항식을 구하여라.

(a) $f(x) = x^3 - 2x + 3, \quad a = 1, \quad n = 3$

(b) $f(x) = x^4 + x^2 + 1, \quad a = 1, \quad n = 4$

(c) $f(x) = 2x^3 - 2x^2 + x - 3, \quad a = -1, \quad n = 3$

(d) $f(x) = 3x^4 - x^3 + x^2 + 4x - 1, \quad a = -1, \quad n = 4$

7. $x = 0$에서 다음 함수들의 n차 테일러 다항식 $T_n f$을 구하고 n차 나머지항 $R_n f$의 오차한계를 구하여라.

(a) $f(x) = \sqrt{1+x}, \quad n = 2, |x| \le \frac{1}{2}$

(b) $f(x) = e^x, \quad n = 3, |x| \le 1$

(c) $f(x) = \sinh x, \quad n = 3, \quad 0 \le x \le \ln 2$

8. 다음 근사식의 오차한계가 주어진 값보다 작아지는 x의 범위를 구하여라.(Hint. 교대급수의 오차한계를 이용하여라.)

(a) $\sin x \approx x - \dfrac{x^3}{6}$, 오차 ≤ 0.01

(b) $\cos x \approx 1 - \dfrac{x^2}{2}$, 오차 ≤ 0.001

(c) $e^{-x^2} \approx 1 - x^2$, 오차 ≤ 0.005

9. 주어진 함수의 2차 테일러 다항식을 이용하여 다음 근삿값을 구하여라.

(a) $\sqrt{0.9}, \quad f(x) = \sqrt{1+x}$ (b) $\dfrac{1}{0.98}, \quad f(x) = \dfrac{1}{1+x}$

10. 어떤 물체가 지구 표면(해발 높이 0km)에 있을 때, 중량은 일반적으로 mg라 가정한다. 여기서 m은 물체의 질량, g는 중력가속도이다. 물체가 해발 높이 h km에 있을 때 물체의 중량 $F(h)$는 엄밀히 다음 식으로 주어진다.

$$F = \frac{mgR^2}{(R+h)^2}$$

여기서 $R \approx 6400$km은 지구의 반지름이다.

(a) 위 식을 $x = h/R$의 함수 $f(x)$로 고쳐 써 보아라.

(b) $x = 0$에서 $f(x)$의 테일러 급수를 구하여라.

(c) 높이 3.2km인 산 위에서 물체의 중량은 지구표면에서의 중량보다 몇 % 가볍겠는가? 2차 테일러 다항식을 이용하여 계산하여라.

(d) 물체의 질량이 지구표면에서의 중량보다 10%만큼 가벼워지려면 얼마만큼 올라가야 하는가? 2차 테일러 다항식을 이용하여 계산하여라.

11. 차가 25m/sec의 속도로 달리고 있다. 이때의 가속도가 1m/sec^{2}라면 1초 동안 자가 움식인 거리를 2차 테일러 다항식을 이용하여 구하여라. 1분 동안 움직인 거리를 같은 방법으로 구할 수 있는가? 답에 대한 이유를 설명해 보아라.

12. $x = 0$에서 다음 함수의 테일러 급수를 구하여라.

(a) e^{-x^2}

(b) $x^2 \cos(x^2)$

(c) $\dfrac{\sin x}{x}$

(d) $\dfrac{\cosh x - 1}{x^2}$

(e) $\dfrac{x}{1-x^2}$

(f) $x^2 \ln(1+x^2)$

13. 다음 적분의 테일러 급수를 구하여라.

(a) $\displaystyle\int_0^x e^{-t^2}\,dt$

(b) $\displaystyle\int_0^x t^2\cos(t^2)\,dt$

(c) $\displaystyle\int_0^x \frac{\sin t}{t}\,dt$

(d) $\displaystyle\int_0^x t^2\ln(1+t^2)\,dt$

14. 테일러 급수를 이용하여 오차가 0.001보다 작아지도록 다음 적분의 근삿값을 구하여라.

(a) $\displaystyle\int_0^{0.1} e^{-t^2}\,dt$

(b) $\displaystyle\int_0^{0.3} t^2\cos(t^2)\,dt$

(c) $\displaystyle\int_0^{0.1} \frac{\sin t}{t}\,dt$

(d) $\displaystyle\int_0^{0.5} t^2\ln(1+t^2)\,dt$

1.6 푸리에 급수

1.6.1 푸리에 근사

우리는 1.5절에서 함수를 테일러 다항식으로 근사시키는 방법을 공부하였다. 테일러 근사는 주어진 한 점 $x = a$에서 함수와 가장 비슷한 다항식을 찾는 방법이다. 이 방법에 의하면 $x = a$ 근방에서는 원래의 함숫값과 아주 비슷한 근삿값을 구할 수 있지만, $x = a$에서 멀어지면 오차가 아주 커질 수도 있다. 즉 테일러 근사는 국소적으로는 좋은 근사방법이지만 전체적으로는 좋은 근사방법이 아닐 수도 있다.

또한, 테일러 근사는 대상이 되는 함수가 주어진 점에서 미분가능하여야 한다는 제한이 있다. 그러나 우리가 관심을 갖는 함수 중에는 미분불가능한 점이나 심지어는 불연속인 점을 갖는 함수들이 있다. 예를 들어, **계단함수**(**step function**)나 **톱니함수**(**seesaw function**) 같은 함수는 원점에서 테일러 급수를 구할 수 없다.

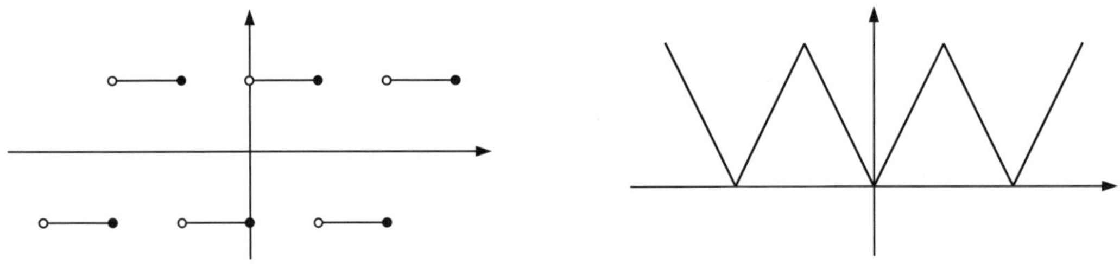

이 절에서는 테일러 근사의 이러한 결점들을 보완해 주는 새로운 근사방법을 소개한다. 이 방법은 프랑스의 수학자인 **푸리에**(**Joseph Fourier**)에 의하여 제안된 것으로 주어진 함수를 삼각함수—사인과 코사인—로 근사시키는 방법으로 **조각적으로 연속**인[32] 함수에 대하여 적용할 수 있다. 푸리에 근사에 의한 근사식은 **푸리에 근사식**(**Fourier approximation**)이라 부른다.

자연 현상이나 사회 현상은 시간에 따라 같은 패턴이 반복되는 주기성을 보이는 경우가 많다. 예를 들어, 소리와 빛은 공기압과 전자기장의 진동으로 주기적인 함수로 표현이 가능하다. 또한 정상인의 혈압, 혈당 등 건강 상태를 나타내는 변수들이나 온도, 강수량 등 기상에 관련된 많은 변수들도 주기적인 패턴을 갖는다. 이러한 현상을 수학적으로 표현하는 함수는 주기성을 갖게 된다. 푸리에 근사식은 주기함수를 근사하는 데에 특히 유용하다.

---

[32]구간 $[a, b]$에서 정의된 함수가 다음 두 조건을 만족하면 **조각적으로 연속**(**piecewise continuous**)이라 한다.

- 유한개의 불연속점을 갖는다.
- 불연속점에서 좌극한값과 우극한값이 존재한다.[33]

n**차 삼각다항식**(**trigonometric polynomial of degree** n)[34]은 다음과 같이 정의한다.

$$\begin{aligned}\phi_n(x) &= a_0 + (a_1\cos x + b_1\sin x) + (a_2\cos 2x + b_2\sin 2x) + \cdots + (a_n\cos nx + b_n\sin nx)\\ &= a_0 + \sum_{k=1}^{n} a_k\cos kx + \sum_{k=1}^{n} b_k\sin kx\end{aligned}$$

자연수 k에 대하여

$$\sin k(x+2\pi) = \sin kx, \quad \cos k(x+2\pi) = \cos kx$$

이므로 n차 삼각다항식 ϕ_n은

$$\phi_n(x+2\pi) = \phi_n(x)$$

인 주기함수이다. 자연수 n에 대하여 구간 $[-\pi,\pi]$에서 정의된 함수 f의 "가장 좋은" n차 삼각다항식을 구해 보기로 하자. "가장 좋은"이란 개념은 여러 방법으로 정의할 수 있으나 여기서는 다음 성질들을 만족하는 삼각다항식으로 정의한다.

- $$\int_{-\pi}^{\pi} \phi_n(x)\,dx = \int_{-\pi}^{\pi} f(x)\,dx \tag{1.10}$$
- $$\int_{-\pi}^{\pi} \phi_n(x)\cos kx\,dx = \int_{-\pi}^{\pi} f(x)\cos kx\,dx \quad (k=1,2,\ldots,n) \tag{1.11}$$
- $$\int_{-\pi}^{\pi} \phi_n(x)\sin kx\,dx = \int_{-\pi}^{\pi} f(x)\sin kx\,dx \quad (k=1,2,\ldots,n) \tag{1.12}$$

이 조건들은 다음 적분값을 최소화하는 함수를 구하여 주는데 이 적분값을 ϕ_n의 f에 대한 **총제곱오차**(**total square error**)라 한다.[35]

$$\int_{-\pi}^{\pi} (f(x)-\phi_n(x))^2 dx$$

이때, f에 대하여 가장 좋은 n차 삼각다항식을 f의 n차 **푸리에 다항식**(**Fourier polynomial**)이라 한다.

푸리에 다항식

주어진 n에 대하여 임의의 n차 삼각다항식을 $\phi_n(x)$라 하자.

$$\phi_n(x) = a_0 + \sum_{k=1}^{n} a_k\cos kx + \sum_{k=1}^{n} b_k\sin kx$$

$\int_{-\pi}^{\pi} \phi_n(x)\,dx = 2\pi a_0$이므로 등식 (1.10) 로부터

$$a_0 = \frac{1}{2\pi}\int_{-\pi}^{\pi} f(x)\,dx$$

[34] 일반적인 의미의 다항식과는 다름에 유의하자.

[35] 증명은 1.6.4절을 볼 것

을 얻는다. 이제 식 (1.11)과 (1.12)의 좌변을 계산하자. 삼각함수에 대한 항등식

$$\cos^2 kx = \frac{1+\cos 2kx}{2}, \qquad \sin^2 kx = \frac{1-\cos 2kx}{2}$$

을 이용하면

$$\int_{-\pi}^{\pi} \cos^2 kx\,dx \;=\; \pi, \qquad \int_{-\pi}^{\pi} \sin^2 kx\,dx == \pi$$

이다. 또한 $k \neq m$이면 삼각함수의 덧셈법칙에 의하여[36]

$$\int_{-\pi}^{\pi} \cos mx \cos kx\ dx = 0, \quad \int_{-\pi}^{\pi} \sin mx \sin kx\ dx = 0, \quad \int_{-\pi}^{\pi} \cos mx \sin kx\ dx = 0$$

임을 알 수 있다. 이 결과들을 모두 종합하면

$$\begin{aligned}\int_{-\pi}^{\pi} \phi_n(x) \cos kx\ dx \;&=\; \int_{-\pi}^{\pi} a_0 \cos kx\ dx + \sum_{m=1}^{n} \int_{-\pi}^{\pi} (a_m \cos mx + b_m \sin mx) \cos kx\ dx \\ &=\; \int_{-\pi}^{\pi} a_k \cos^2 kx\ dx \;=\; \pi a_k\end{aligned}$$

이다. 따라서 (1.11)로부터

$$a_k = \frac{1}{\pi}\int_{-\pi}^{\pi} f(x)\cos kx\ dx$$

을 얻는다. 같은 방법으로

$$b_k = \frac{1}{\pi}\int_{-\pi}^{\pi} f(x)\sin kx\ dx$$

임을 보일 수 있다. 여기서 a_k, b_k를 f의 **푸리에 계수(Fourier coefficients)**라 한다.

푸리에 다항식과 푸리에 계수

구간 $[-\pi, \pi]$에서 정의된 함수 f의 n차 푸리에 다항식 $F_n(x)$은 다음과 같다.

$$F_n(x) = a_0 + \sum_{k=1}^{n} a_k \cos kx + \sum_{k=1}^{n} b_k \sin kx$$

여기서 $a_0 = \frac{1}{2\pi}\int_{-\pi}^{\pi} f(x)\ dx$이고, 푸리에 계수 a_k, b_k $(1 \le k \le n)$은 다음과 같다.

$$a_k = \frac{1}{\pi}\int_{-\pi}^{\pi} f(x)\cos kx\ dx, \qquad b_k = \frac{1}{\pi}\int_{-\pi}^{\pi} f(x)\sin kx\ dx$$

[36]삼각함수의 덧셈법칙을 이용하면 삼각함수의 곱을 합, 또는 차를 이용하여 나타낼 수 있다.

$$\begin{aligned}\cos kx \cos mx &= \frac{1}{2}\Big[\cos(k+m)x + \cos(k-m)x\Big] \\ \sin kx \sin mx &= \frac{1}{2}\Big[\cos(k+m)x - \cos(k-m)x\Big] \\ \sin kx \cos mx &= \frac{1}{2}\Big[\sin(k+m)x + \sin(k-m)x\Big]\end{aligned}$$

Note f가 우함수이면 $b_k = 0$, 기함수이면 $a_k = 0$이다.

보기 1 다음 계단함수에서 $n = 1, 2, 3$에 대한 n차 푸리에 다항식을 구하여라.

$$f(x) = \begin{cases} 0, & -\pi \le x < 0 \\ 1, & 0 \le x < \pi \end{cases}$$

Solution 푸리에 계수를 구하는 공식에 대입하면

$$\begin{aligned} a_0 &= \frac{1}{2\pi}\left[\int_{-\pi}^{0} 0\,dx + \int_{0}^{\pi} 1\,dx\right] = \frac{1}{2} \\ a_1 &= \frac{1}{\pi}\left[\int_{-\pi}^{0} 0\cdot\cos x\,dx + \int_{0}^{\pi} 1\cdot\cos x\,dx\right] = 0 \\ b_1 &= \frac{1}{\pi}\left[\int_{-\pi}^{0} 0\cdot\sin x\,dx + \int_{0}^{\pi} 1\cdot\sin x\,dx\right] = \frac{2}{\pi} \end{aligned}$$

이다. 따라서 1차 푸리에 다항식은

$$F_1(x) = \frac{1}{2} + \frac{2}{\pi}\sin x$$

이다. 2차 푸리에 다항식에서 a_0, a_1, b_1은 1차 푸리에 다항식과 동일하고

$$\begin{aligned} a_2 &= \frac{1}{\pi}\left[\int_{-\pi}^{0} 0\cdot\cos 2x\,dx + \int_{0}^{\pi} 1\cdot\cos 2x\,dx\right] = 0 \\ b_2 &= \frac{1}{\pi}\left[\int_{-\pi}^{0} 0\cdot\sin 2x\,dx + \int_{0}^{\pi} 1\cdot\sin 2x\,dx\right] = 0 \end{aligned}$$

이다. 따라서 2차 푸리에 다항식은 1차 푸리에 다항식과 동일하다. 같은 방법으로

$$\begin{aligned} a_3 &= \frac{1}{\pi}\left[\int_{-\pi}^{0} 0\cdot\cos 3x\,dx + \int_{0}^{\pi} 1\cdot\cos 3x\,dx\right] = 0 \\ b_3 &= \frac{1}{\pi}\left[\int_{-\pi}^{0} 0\cdot\sin 3x\,dx + \int_{0}^{\pi} 1\cdot\sin 3x\,dx\right] = \frac{2}{3\pi} \end{aligned}$$

이므로 3차 푸리에 다항식은 다음과 같다.

$$F_3(x) = \frac{1}{2} + \frac{2}{\pi}\sin x + \frac{2}{3\pi}\sin 3x$$

□

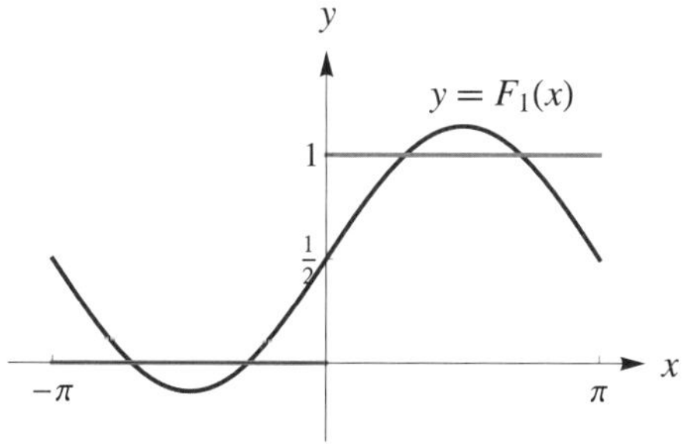

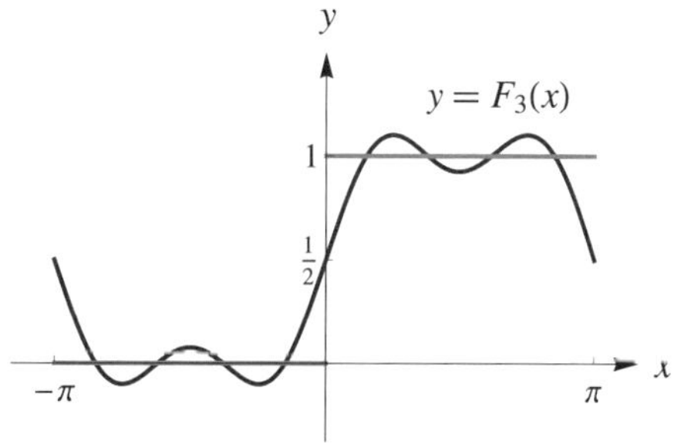

보기 1의 함수에 대하여 푸리에 계수는 일반적으로 다음과 같이 주어진다.

$$\begin{aligned}
a_{2k-1} &= \frac{1}{\pi}\int_{-\pi}^{\pi} f(x)\cos(2k-1)x\,dx = \frac{1}{\pi}\int_{0}^{\pi}\cos(2k-1)x\,dx = 0\\
b_{2k-1} &= \frac{1}{\pi}\int_{-\pi}^{\pi} f(x)\sin(2k-1)x\,dx = \frac{1}{\pi}\int_{0}^{\pi}\sin(2k-1)x\,dx\\
&= \frac{1}{\pi}\Big[\frac{-1}{2k-1}\cos(2k-1)x\Big]_0^{\pi} = \frac{2}{(2k-1)\pi}\\
a_{2k} &= \frac{1}{\pi}\int_{-\pi}^{\pi} f(x)\cos 2kx\,dx = \frac{1}{\pi}\int_{0}^{\pi}\cos 2kx\,dx = 0\\
b_{2k} &= \frac{1}{\pi}\int_{-\pi}^{\pi} f(x)\sin 2kx\,dx = \frac{1}{\pi}\int_{0}^{\pi}\sin 2kx\,dx = 0
\end{aligned}$$

따라서 모든 k에 대하여

$$F_{2k}(x) = F_{2k-1}(x)$$

이고

$$F_{2k-1}(x) = \frac{1}{2} + \frac{2}{\pi}\sin x + \frac{2}{3\pi}\sin 3x + \cdots + \frac{2}{(2k-1)\pi}\sin(2k-1)x$$

이다. 다음 그림은 5차 푸리에 다항식과 7차 푸리에 다항식의 그래프이다. 다항식의 차수가 높아질수록 푸리에 다항식은 계단함수와 유사한 그래프를 갖게 된다.

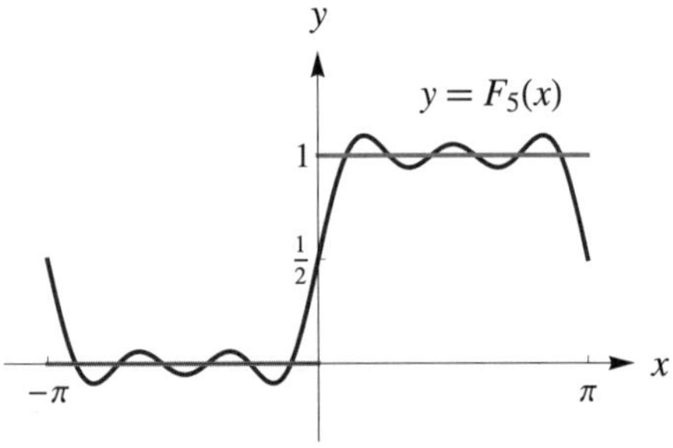

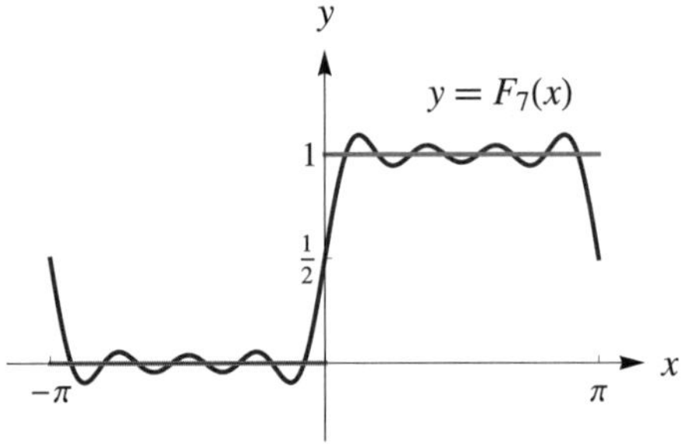

Note 보기 1의 함수 f에 대하여 원점이 아닌 점에서 테일러 근사를 구할 수 있다. f는 구간에서 상수이기 때문에 원점이 아닌 점에서 f의 n계미분계수는 모두 0이다. 따라서 원점이 아닌 점 $x = a$에서의 테일러 다항식은 모든 n에 대하여 상수함수($a > 0$이면 1, $a < 0$이면 0)이다.

$$f(x) \approx T_n f(x) = f(a)$$

이때 테일러 다항식은 각 부분구간 $(-\pi, 0)$($-\pi < a < 0$인 경우), 또는 $(0, \pi)$($0 < a < \pi$인 경우)에서는 함수 f와 일치하지만 전체구간에서는 좋은 근사식이라 할 수 없다. 하지만 푸리에 다항식의 경우는 $x = 0$을 제외한 점에서 차수가 높아질수록 전 구간에서 함숫값에 가까운 근삿값을 구하여 준다. 그러나 $x = 0$ 근방에서 푸리에 다항식은 항상 1/2에 가까운 값을 가지므로 함수 f의 근삿값으로 사용할 수 없다. 따라서 푸리에 다항식은 점에 따라서는 국소적으로 좋은 근사방법이 아닐 수도 있다.

1.6.2 푸리에 급수

테일러 다항식의 경우와 마찬가지로 푸리에 다항식도 차수가 높아질수록 원래 함수와의 오차가 작아진다. 이때 푸리에 다항식의 극한을 **푸리에 급수(Fourier series)**라 한다.

$$\lim_{n\to\infty} F_n(x) = a_0 + \sum_{k=1}^{\infty}(a_k \cos kx + b_k \sin kx)$$

앞에서도 언급하였듯이 푸리에 급수로 나타낼 수 있는 함수는 테일러 급수로 나타낼 수 있는 함수[37]보다 훨씬 광범위하다.

푸리에 급수에 대하여 다음과 같은 결과가 알려져 있다.

푸리에 급수의 수렴

구간 $[-T, T]$에서 정의된 함수 f와 f'이 조각적으로 연속이라 하자. 그러면 f가 연속인 모든 점에서 푸리에 급수는 f로 수렴한다. f가 $x = c$에서 불연속이면 푸리에 급수는 다음 값으로 수렴한다.

$$\frac{f(c+) + (c-)}{2}$$

이때 $f(c+)$와 $f(c-)$는 각각 $x = c$에서 f의 우극한값과 좌극한값이다. 특히, f가 연속함수이면 푸리에 급수는 구간의 모든 점에서 f로 수렴한다.

보기 2 다음과 같이 정의된 함수 f에 대하여 푸리에 급수를 구하여라.

$$f(x) = \begin{cases} x + \pi, & -\pi \le x < 0 \\ -x + \pi, & 0 \le x \le \pi \end{cases}$$

Solution f의 그래프는 다음과 같다.

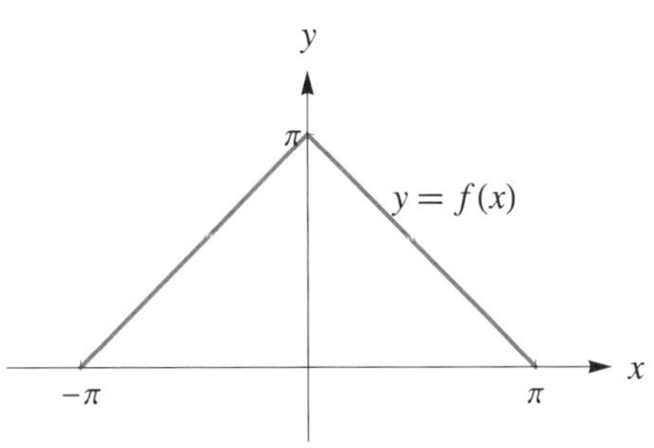

f는 우함수이므로 모든 자연수 k에 대하여

$$b_k = 0$$

[37] 적어도 무한번 미분가능한 함수

이다. $\int_{-\pi}^{\pi} f(x)dx$는 밑변의 길이가 2π, 높이가 π인 삼각형의 넓이이므로

$$a_0 = \frac{1}{2\pi}\int_{-\pi}^{\pi} f(x)\,dx = \frac{1}{2\pi}\Big(\frac{1}{2}(2\pi)(\pi)\Big) = \frac{\pi}{2}$$

이다. 한편 $k \geq 1$이면

$$\begin{aligned} a_k &= \frac{1}{\pi}\int_{-\pi}^{\pi} f(x)\cos kx\,dx \\ &= \frac{1}{\pi}\int_{-\pi}^{0}(x+\pi)\cos kx\,dx + \frac{1}{\pi}\int_{0}^{\pi}(-x+\pi)\cos kx\,dx \\ &= \frac{-2}{\pi}\int_{0}^{\pi} x\cos kx\,dx + \frac{1}{\pi}\int_{-\pi}^{\pi}\pi\cos kx\,dx \\ &= \begin{cases} \dfrac{4}{\pi k^2}, & k: \text{홀수} \\ 0, & k: \text{짝수} \end{cases} \end{aligned}$$

이다. 여기서 마지막 적분은 다음과 같이 부분적분을 이용하여 구할 수 있다.

$$\begin{aligned} \int_0^{\pi} x\cos kx\,dx &= \Big[x\frac{\sin kx}{k}\Big]_0^{\pi} - \int_0^{\pi}\frac{\sin kx}{k}\,dx = 0 + \Big[\frac{\cos kx}{k^2}\Big]_0^{\pi} \\ &= \begin{cases} -\dfrac{2}{k^2}, & k: \text{홀수} \\ 0, & k: \text{짝수} \end{cases} \end{aligned}$$

따라서 f의 푸리에 급수는 다음과 같다.

$$f(x) = \frac{\pi}{2} + \frac{4}{\pi}\Big(\frac{\cos x}{1} + \frac{\cos 3x}{3^2} + \cdots + \frac{\cos[(2n-1)x]}{(2n-1)^2} + \cdots\Big)$$ □

다음 그림은 $n = 1, 3$일 때 n차 푸리에 다항식의 그래프이다.

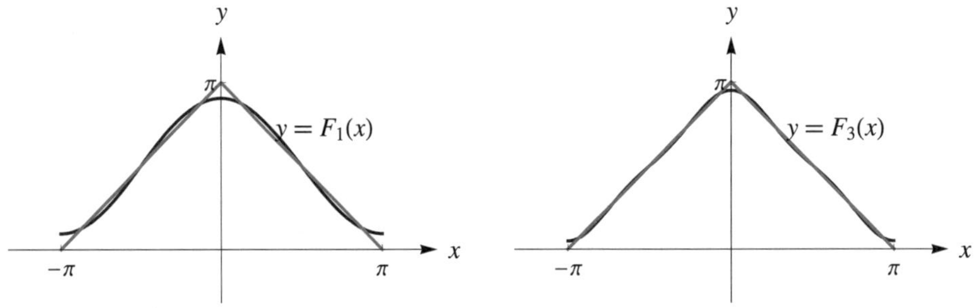

Note 보기 2에서 구한 결과에 의하면 $f(0) = \pi$이므로

$$\pi = \frac{\pi}{2} + \frac{4}{\pi}\Big(\frac{1}{1} + \frac{1}{9} + \frac{1}{25} + \cdots\Big)$$

이다. 따라서 다음과 같이 흥미로운 결과를 얻는다.

$$\frac{\pi^2}{8} = 1 + \frac{1}{9} + \frac{1}{25} + \cdots$$

즉 모든 홀수 제곱의 역수의 합은 $\dfrac{\pi^2}{8}$이다.

$F_{10}(x)$은 주어진 구간 $[-\pi,\pi]$에서의 최대오차가 약 0.032 로 전체 구간에서 좋은 근사다항식이 됨을 알 수 있다. 다음 표는 n의 여러 값에 대하여 구간 내에서 최대오차를 구한 것이다.

n	1	2	10	50	100	1000
$\max\limits_{-\pi\le x<\pi} \lvert f(x)-F_n(x)\rvert$	0.298	0.156	0.032	0.0064	0.0032	0.00032

주기가 2π인 함수 f에 대하여 푸리에 급수에 대한 공식은 실수 전체의 집합으로 확장할 수 있다. 예를 들어 보기 2의 함수 f는 다음과 같이 전체 실수집합에서 주기가 2π인 주기함수로 확장이 가능하다.

$$g(x)=\begin{cases} x-2(k-1)\pi, & 2(k-1)\pi\le x<2k\pi \\ (2k+1)\pi-x, & 2k\pi\le x<(2k+1)\pi \end{cases}$$

보기 2에서 구한 푸리에 급수는 실수집합에서 정의되고 주기가 2π이므로 실수 전체에서 정의된 함수 g의 푸리에 급수이다.

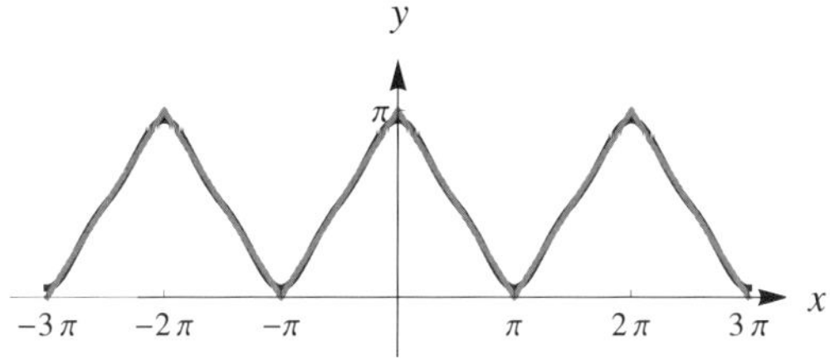

1.6.3 주기가 $2T$인 함수의 푸리에 급수

구간 $[-\pi,\pi]$에서 정의된 함수 f의 푸리에 급수에 대한 공식은 구간 $[-T,T]$에서 정의된 함수의 푸리에 급수를 구하기 위하여 쉽게 적용할 수 있다. 즉 f가 $[-T,T]$에서 정의된 함수라 하자. 새로운 함수

$$g(t)=f\Big(\frac{Tt}{\pi}\Big)$$

를 정의하면 g는 구간 $[-\pi,\pi]$에서 정의된 함수이다. 따라서 g에 대한 푸리에 급수는 다음과 같다.

$$g(t)=a_0+\sum_{k=1}^{\infty}(a_k\cos kt+b_k\sin kt)$$

$x=Tt/\pi$로 치환하면 $t=\pi x/T$이므로

$$\begin{aligned} f(x) &= g(t)=g\Big(\frac{\pi x}{T}\Big) \\ &= a_0+\sum_{k=1}^{\infty}\Big[a_k\cos\Big(\frac{\pi kx}{T}\Big)+b_k\sin\Big(\frac{\pi kx}{T}\Big)\Big] \end{aligned}$$

이다. 이로부터 주기가 $2T$인 함수의 푸리에 급수는 자연스럽게 정의할 수 있다.

주기가 $2T$인 함수 f의 푸리에 급수

$$f(x) = a_0 + \sum_{k=1}^{\infty} \left[a_k \cos\left(\frac{\pi k x}{T}\right) + b_k \sin\left(\frac{\pi k x}{T}\right) \right]$$

여기서 $a_0 = \frac{1}{2T}\int_{-T}^{T} f(x)dx$이고, $k \geq 1$에 대하여,

$$a_k = \frac{1}{T}\int_{-T}^{T} f(x)\cos\left(\frac{\pi k x}{T}\right)dx, \qquad b_k = \frac{1}{T}\int_{-T}^{T} f(x)\sin\left(\frac{\pi k x}{T}\right)dx$$

이다.

보기 3 다음 그래프를 갖는 함수 f의 푸리에 급수를 구하여라.

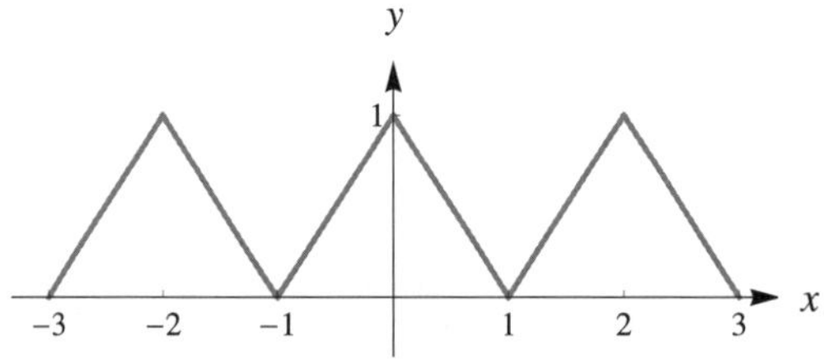

Solution f는 $-1 \leq x \leq 0$이면 $f(x) = 1 + x$, $0 \leq x \leq 1$이면 $f(x) = 1 - x$이고 주기가

$$2T = 2$$

인 함수이다. 따라서

$$a_0 = \frac{1}{2T}\int_{-1}^{1} f(x)\,dx = \frac{1}{2}\Big[\int_{-1}^{0}(x+1)\,dx + \int_{0}^{1}(-x+1)\,dx\Big] = \frac{1}{2}$$

이고

$$\begin{aligned} a_k &= \frac{1}{T}\Big[\int_{-1}^{0}(x+1)\cos k\pi x\,dx + \int_{0}^{1}(-x+1)\cos k\pi x\,dx\Big] \\ &= \begin{cases} \dfrac{4}{\pi^2 k^2}, & k: \text{ 홀수} \\ 0, & k: \text{ 짝수} \end{cases} \end{aligned}$$

이다. 또한 f는 우함수이므로 모든 자연수 k에 대하여

$$b_k = 0$$

이다. 따라서

$$f(x) = \frac{1}{2} + \sum_{k=1}^{\infty} \frac{4}{(2k-1)^2\pi^2}\cos[(2k-1)\pi x]$$

를 얻는다. □

1.6.4 삼각다항식의 제곱오차

주기가 2π이고 조각적으로 연속인 함수 f가 다음과 같이 푸리에 급수로 전개된다고 하자.

$$f(x) = a_0 + a_1 \cos x + b_1 \sin x + a_2 \cos 2x + b_2 \sin 2x + \cdots \tag{1.13}$$

f의 n차 푸리에 다항식

$$F_n(x) = a_0 + \sum_{k=1}^{n} (a_k \cos kx + b_k \sin kx)$$

이 n차 삼각다항식 중에서 f의 가장 좋은 근사식임을, 즉 F_n이 f에 대한 총제곱오차

$$E = \int_{-\pi}^{\pi} |f(x) - \phi_n(x)|^2 \, dx$$

를 최소화하는 것을 보이기로 한다.

임의의 n차 삼각다항식을

$$\phi_n(x) = A_0 + (A_1 \cos x + B_1 \sin x) + \cdots + (A_n \cos nx + B_n \sin nx)$$

이라 하자. $\int_{-\pi}^{\pi} f^2(x)\, dx$은 유한한 값으로 존재한다고 가정한다.

$$E = \int_{-\pi}^{\pi} f^2(x)\, dx - 2\int_{-\pi}^{\pi} f(x)\phi_n(x)\, dx + \int_{-\pi}^{\pi} \phi_n^2(x)\, dx \tag{1.14}$$

$k = 0, 1, 2, \ldots$에 대하여 $h_k(x) = A_k \cos kx + B_k \sin kx$라 할 때 다음 식이 성립한다.[38]

$$\begin{aligned} \int_{-\pi}^{\pi} |h_k(x)|^2 \, dx &= \pi(A_k^2 + B_k^2) \\ \int_{-\pi}^{\pi} h_k(x) h_m(x)\, dx &= 0 \quad (k \neq m) \end{aligned}$$

따라서 (1.14)의 마지막 적분은

$$\int_{-\pi}^{\pi} \phi_n^2(x)\, dx = \pi \left[2A_0^2 + \sum_{k=1}^{n} (A_k^2 + B_k^2) \right]$$

이다. 푸리에 계수의 정의로부터

$$\int_{-\pi}^{\pi} f(x) \cos kx\, dx = \pi a_k, \qquad \int_{-\pi}^{\pi} f(x) \sin kx\, dx = \pi b_k$$

이므로 (1.14)의 두 번째 적분에서

$$\begin{aligned} \int_{-\pi}^{\pi} f(x)\phi_n(x)\, dx &= 2\pi A_0 a_0 + \sum_{k=1}^{n} \int_{-\pi}^{\pi} f(x)(A_k \cos kx + B_k \sin kx)\, dx \\ &= \pi \left[2A_0 a_0 + \sum_{k=1}^{n} (A_k a_k + B_k b_k) \right] \end{aligned}$$

[38] 증명은 연습문제

이다. 따라서 식 (1.14)은 다음과 다음과 같다.

$$E = \int_{-\pi}^{\pi} f^2(x)\,dx - 2\pi\left[2A_0a_0 + \sum_{k=1}^{n}(A_ka_k + B_kb_k)\right] + \pi\left[2A_0^2 + \sum_{k=1}^{n}(A_k^2 + B_k^2)\right]$$

푸리에 다항식 F_n의 제곱오차를 E^*라 하면

$$E^* = \int_{-\pi}^{\pi} f^2(x)\,dx - \pi\left[2a_0^2 + \sum_{k=1}^{n}(a_k^2 + b_k^2)\right] \tag{1.15}$$

이므로

$$E - E^* = \pi\left[2(A_0 - a_0)^2 + \sum_{k=1}^{n}((A_k - a_k)^2 + (B_k - b_k)^2)\right] \geq 0$$

이 성립한다.

푸리에 다항식의 제곱오차

구간 $[-\pi, \pi]$에서 조각적으로 연속인 함수 f에 대하여 n차 푸리에 다항식의 제곱오차는 임의의 n차 삼각다항식의 제곱오차보다 작다. 이때 최소제곱오차 E^*는 다음과 같다.

$$E^* = \int_{-\pi}^{\pi} f^2(x)\,dx - \pi\left[2a_0^2 + \sum_{k=1}^{n}(a_k^2 + b_k^2)\right]$$

식 (1.15)에서 n이 커지면 제곱오차는 점점 작아진다. 다시 말해서 푸리에 급수의 차수가 커질수록 제곱오차는 점점 작아지며 근사식은 더 좋아진다.

$E^* \geq 0$이고 식 (1.15)은 모든 n에 대하여 성립하므로 다음 부등식이 성립한다.

$$2a_0^2 + \sum_{n=1}^{\infty}(a_n^2 + b_n^2) \leq \frac{1}{\pi}\int_{-\pi}^{\pi} f^2(x)\,dx$$

이 부등식을 **베셀의 부등식(Bessel's inequality)**이라 한다. 위의 부등식에서 등식이 성립함을 보일 수 있는데 이 등식을 **파세발의 등식(Parseval's identity)**이라 한다. [39]

파세발의 등식

구간 $[-\pi, \pi]$에서 조각적으로 연속인 함수 f에 대하여 다음 등식이 성립한다.

$$2a_0^2 + \sum_{n=1}^{\infty}(a_n^2 + b_n^2) = \frac{1}{\pi}\int_{-\pi}^{\pi} f^2(x)\,dx$$

[39] 증명은 해석학 교재를 참고할 것. 예를 들어 *Trigonometric series*, Zygmund, A. and Fefferman, R. 3rd ed. New York: Cambridge University Press, 2003 등을 볼 것

1.6.5 연습문제 1.6

1. 주기가 2π인 함수 $f(x)$에 대하여

$$\begin{aligned} \int_0^{2\pi} f(x)\cos kx\,dx &= \int_{-\pi}^{\pi} f(x)\cos kx\,dx \\ \int_0^{2\pi} f(x)\sin kx\,dx &= \int_{-\pi}^{\pi} f(x)\sin kx\,dx \end{aligned}$$

임을 보여라. 단, k는 정수이다.

2. 함수 $f(x) = \begin{cases} 1, & 0 \le x \le \pi \\ -1, & -\pi < x \le 0 \end{cases}$ 의 푸리에 급수를 구하고, 이를 이용하여 무한급수

$$1 - \frac{1}{3} + \frac{1}{5} - \frac{1}{7} + \cdots$$

의 값을 구하여라.

3. 함수 f의 주기가 $2T$일 때, 자연수 m에 대하여 다음 식이 성립함을 보여라.

$$\begin{aligned} a_k &= \frac{1}{mT}\int_{-mT}^{mT} f(x)\cos\left(\frac{\pi kx}{T}\right)dx \\ b_k &= \frac{1}{mT}\int_{-mT}^{mT} f(x)\sin\left(\frac{\pi kx}{T}\right)dx \end{aligned}$$

여기서 a_k, b_k는 푸리에 계수이다.

4. 다음 함수들의 그래프를 그려 보고 n차 푸리에 다항식을 구하여라.

(a) $f(x) = \begin{cases} 1, & -1 \le x \le -\frac{1}{2} \\ 0, & -\frac{1}{2} < x \le 1 \end{cases}, \quad n = 2$

(b) $f(x) = \begin{cases} 0, & -\pi \le x \le 0 \\ \cos x, & 0 < x \le \pi \end{cases}, \quad n = 4$

(c) $f(x) = \begin{cases} \pi, & -\pi \le x \le 0 \\ x, & 0 < x \le \pi \end{cases}, \quad n = 2$

5. 주기가 2π이고 구간 $[0, 2\pi)$에서 $f(x) = x^2$인 함수의 푸리에 급수가 다음과 같음을 보여라.

$$\frac{4\pi^2}{3} + \sum_{n=1}^{\infty}\left(\frac{4}{n^2}\cos nx - \frac{4\pi}{n}\sin nx\right)$$

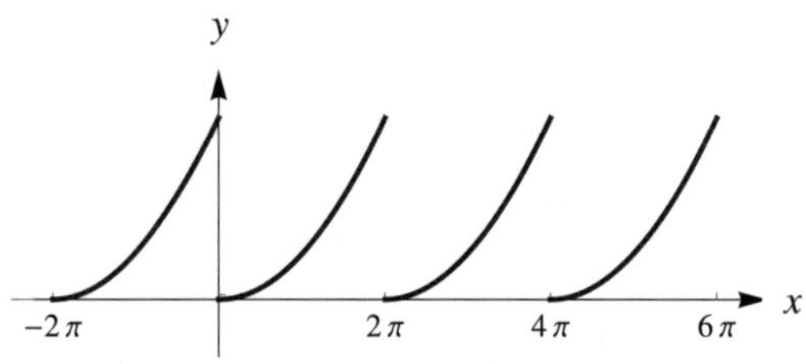

6. 문제 5의 푸리에 급수를 이용하여 다음 식을 증명하여라.

(a) $\displaystyle\sum_{n=1}^{\infty}\frac{1}{n^2} = \frac{1}{1^2} + \frac{1}{2^2} + \frac{1}{3^2} + \frac{1}{4^2} + \cdots = \frac{\pi^2}{6}$

(b) $\displaystyle\sum_{n=1}^{\infty}\frac{(-1)^{n-1}}{n^2} = \frac{1}{1^2} - \frac{1}{2^2} + \frac{1}{3^2} - \frac{1}{4^2} + \cdots = \frac{\pi^2}{12}$

7. 주기가 $2T$인 주기함수 f가 우함수이면, 이 함수의 푸리에 계수는 다음과 같음을 보여라.

$$\begin{aligned} a_n &= \frac{2}{T}\int_0^T f(x)\cos\frac{n\pi x}{T}\,dx, \quad (n = 0, 1, 2, \ldots) \\ b_n &= 0, \qquad\qquad\qquad\qquad\qquad (n = 1, 2, 3, \ldots) \end{aligned}$$

8. 실수에서 정의된 함수 f가 우함수이고 주기가 π일 때 푸리에 급수를 구하여라.

$$f(x) = \sin x, \quad 0 \le x < \pi$$

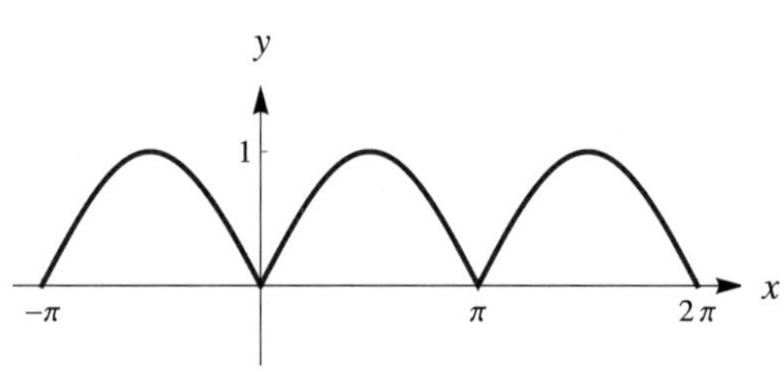

9. 주기가 $2T$인 주기함수 f가 기함수이면, 이 함수의 푸리에 계수는 다음과 같음을 보여라.

$$\begin{aligned} a_n &= 0, \qquad\qquad\qquad\qquad\qquad (n = 0, 1, 2, \ldots) \\ b_n &= \frac{2}{T}\int_0^T f(x)\sin\frac{n\pi x}{T}\,dx, \quad (n = 1, 2, \ldots) \end{aligned}$$

10. 실수에서 정의된 함수 f가 기함수이고 주기가 π인 함수일 때 푸리에 급수를 구하여라.

$$f(x) = \cos x, \quad 0 \leq x < \pi$$

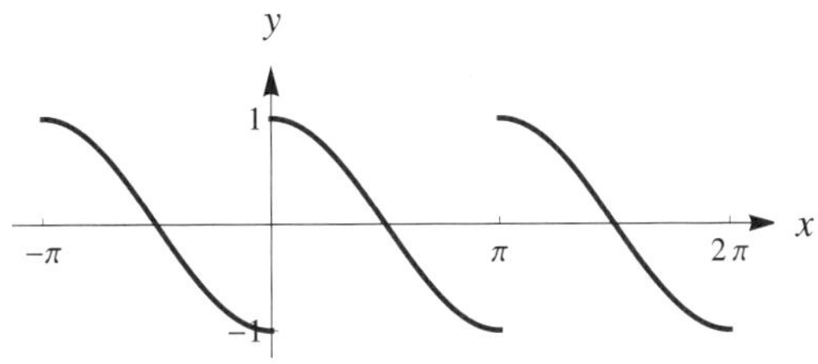

11. $h_k(x) = a_k \cos kx + b_k \sin kx$에 대하여 다음 식이 성립함을 보여라.

   (a) $k \neq m$이면 $\displaystyle\int_{-\pi}^{\pi} h_k(x) h_m(x)\, dx = 0$

   (b) $\displaystyle\int_{-\pi}^{\pi} h_k^2(x)\, dx = \pi(a_k^2 + b_k^2)$

12. $F_n(x) = a_0 + \sum_{k=1}^{n} h_k(x)$일 때 다음 식이 성립함을 보여라.

$$\int_{-\pi}^{\pi} F_n^2(x)\, dx = 2a_0^2 + \sum_{k=1}^{n} (a_k^2 + b_k^2)$$

13. 함수 f는 우함수 f_e와 기함수 f_o의 합으로 쓸 수 있다.[40] 다음 등식이 성립함을 보여라.

$$\int_{-\pi}^{\pi} f^2(x)\, dx = \int_{-\pi}^{\pi} f_e^2(x)\, dx + \int_{-\pi}^{\pi} f_o^2(x)\, dx$$

[40] $f(x) = \frac{f(x)+f(-x)}{2} + \frac{f(x)-f(-x)}{2}$

CHAPTER 2

확률모형

1. 사건과 확률
2. 조건부 확률
3. 확률변수
4. 기댓값과 분산
5. 이산확률변수
6. 연속확률변수

2.1 사건과 확률

2.1.1 확률의 정의

결과를 정확히 예측할 수 없는 실험이나 현상을 확률적 **실험** (**experiment**), 또는 **시행**(**trial**)이라 한다. 이때 가능한 모든 결과의 집합을 **표본공간**(**sample space**)이라 부르고 Ω로 나타내기로 하자. 예를 들어 동전을 던졌을 때 앞면이 나오면 H, 뒷면이 나오면 T로 나타내면 동전을 한 번 던졌을 때 표본공간은

$$\Omega_1 = \{H, T\},$$

두 번 던졌을 때의 표본공간은

$$\Omega_2 = \{HH, HT, TH, TT\}$$

이다. 이와 같이 원소의 개수가 유한한 경우의 표본공간을 **유한표본공간**(**finite sample space**)이라 한다. 표본공간의 부분집합 E를 **사상**, 또는 **사건**(**event**)이라 부른다. 표본공간 Ω_2에서 사건 E를 앞면이 한 번 나온 사건, 사건 F를 처음에 앞면이 나온 사건이라 하면

$$E = \{HT, TH\}, \quad F = \{HH, HT\}$$

이다.

확률(**probability**)은 불확실한 사건이 일어날 가능성을 0과 1 사이의 수로 나타낸 것이다. 표본공간 Ω가 일어날 정도를 1이라 하였을 때, 즉

$$\mathcal{P}(\Omega) = 1$$

이라 했을 때, Ω의 부분집합 E가 일어날 정도를 $\mathcal{P}(E)$라는 값으로 정하며

$$0 \le \mathcal{P}(E) \le 1$$

이다. 예를 들어, 동전을 던졌을 때 앞면이 나오는 비율은 던지는 횟수가 증가할수록 $\frac{1}{2}$에 가까와지므로 $\Omega_1 = \{H, T\}$일 때 $\mathcal{P}(H) = \frac{1}{2}$로 정한다.

이와 같이 일반적으로 똑같은 실험을 무수히 반복했을 때 어떤 사건이 일어나는 비율, 즉 **상대도수**(**frequency**)의 극한 개념으로[1] 확률을 정의할 수 있다. 이를 **확률의 통계적 정의**(**statistical definition of probability**)라 한다.

[1]이때, 상대도수는 N이 커짐에 따라 $\mathcal{P}(E)$로 수렴한다는 것이 알려져 있다. 이것을 **대수의 법칙**(**law of large number**) 이라 한다.

확률의 통계적 정의

어떤 실험을 N번 실험했을 때 사건 E에 해당하는 결과가 a_N번 일어난 경우,

$$\frac{a_N}{N}$$

를 사건 E가 일어날 **상대도수**라 하며 N이 충분히 클 경우의 상대도수를 일반적으로 E의 **확률의 통계적 정의**라 한다.

$$\mathcal{P}(E) = \lim_{N\to\infty} \frac{a_N}{N}$$

확률을 다룰 때, 매번 이처럼 무수히 많은 실험을 반복할 수 없을 뿐만 아니라 똑같은 실험을 반복하더라도 같은 결과를 얻는 것은 아니다. 따라서 실제로 결과가 유한개인 경우 다음과 같은 확률의 고전적 정의를 사용한다.

유한표본공간에서 각 원소가 일어날 확률이 같은 경우를 **등확률모형**이라 한다. 등확률모형에서 사건 E가 일어날 확률은 다음과 같이 정의된다.

확률의 고전적 정의

등확률모형에서 표본공간 Ω의 사건 E의 확률 $\mathcal{P}(E)$는

$$\mathcal{P}(E) = \frac{n(E)}{n(\Omega)}$$

로 정의한다. 여기에서 사건 E에 대하여 $n(E)$는 사건 E의 원소의 개수이다. 특히, E가 하나의 원소로 이루어진 경우, 즉 $E = \{x\}$, $x \in \Omega$이면

$$\mathcal{P}(\{x\}) = \frac{1}{n(\Omega)}$$

이다.

분리의 법칙

완두콩에 대하여 주름진(wrinkle) 모양의 대립형질 w와 둥근 모양의 대립형질 W가 있다. 각 완두콩은 모양에 대한 한 쌍의 대립형질을 갖는데 이것을 **유전자형(genotype)**이라 한다.

멘델은 완두콩의 모양에 대하여 동형(WW, ww)인 완두콩을 재배하여 1세대($F1$)에서 모두 이형(Ww)인 완두콩을 얻었다. 이때, 둥근 모양이 우성이므로 자손 1세대는 모두 둥근 모양을 갖는다. 멘델은 1세대의 이형교배로부터 얻은 2세대에서 우성:열성의 비율이 항상 3:1을 얻었는데 그 원인을 다음과 같이 설명하였다.

> "유전자형은 생식세포 단계에서 분리되었다가 수정과정을 거치면서 다시 결합한다. 이 때, 자손은 양쪽 부모로부터 하나씩의 대립형질을 **무작위**(**random**)로[2] 물려 받는다."

이러한 법칙을 **분리의 법칙**(**law of segregation**), 또는 **멘델의 제1법칙**이라 한다.

보기 1 멘델의 제1법칙은 다음처럼 확률론적인 해석이 가능하다. 멘델의 완두콩 실험에서 2세대에서 유전자형을 알아 보기 위하여 다음과 같은 표를 그려 보자.

	W	w
W	WW	Ww
w	wW	ww

여기서 행의 이름은 1세대의 한쪽 부모가 갖고 있는 대립형질을, 열의 이름은 1세대의 다른 부모가 갖고 있는 대립형질을 나타낸다. 분리의 법칙에 의하면 각 대립형질을 물려 받을 가능성은 모두 같으므로 표의 각 항은 모두 같은 가능성을 갖는다. 다시 말해서

$$\{WW, Ww, wW, ww\}$$

의 모든 원소는 같은 확률을 갖는다.

$$\mathcal{P}(WW) = \mathcal{P}(Ww) = \mathcal{P}(wW) = \mathcal{P}(ww) = \frac{1}{4} \qquad \square$$

확률의 고전적 정의를 사용하기 위해서는 표본공간의 각 원소가 일어날 확률이 같음을 확인하는 과정이 선행되어야 한다. 예를 들어 완두콩의 모양에 대한 유전자형에서 Ww와 wW는 같은 특성을 나타내므로 표본공간을

$$\Omega_1 = \{WW, Ww, ww\}$$

로 나타낸다면 이때 확률은 다음과 같다.

$$\mathcal{P}(WW) = \mathcal{P}(ww) = \frac{1}{4}, \quad \mathcal{P}(Ww) = \frac{1}{2}$$

만약 완두콩의 모양을 기준으로 한다면 표본공간은

$$\Omega_2 = \{\text{둥근 모양}, \quad \text{주름진 모양}\}$$

이고 이때 각 원소는 다음과 같이 나타낼 수 있다.

$$\{\text{둥근 모양}\} = \{WW, Ww\}, \quad \{\text{주름진 모양}\} = \{ww\}$$

따라서 각 원소의 확률은 각각 $3/4, 1/4$이다.

---

[2] 2개의 대립형질을 물려 받을 가능성이 같음을 의미한다.

2.1.2 사건의 연산과 확률법칙

E와 F가 Ω의 두 사건일 때, 다음과 같이 새로운 사건들을 정의한다.

사건의 연산

- 사건 $E \cup F$는 E와 F의 **합사건**이라 부르고 E 또는 F가 일어나는 사건을 나타낸다.
- 사건 $E \cap F$는 E와 F가 동시에 일어나는 사건을 나타내며 E와 F의 **곱사건**이라 부른다. 곱사건은 간단히 EF로 나타내기도 한다.
- 사건 E^c는 E의 **여사건**이며 E가 일어나지 않는 사건이다.
- 사건 E와 사건 F의 차사건은 $E - F = EF^c$이다.

만약 $E \cap F = \varnothing$이면 E와 F는 **배반사건(disjoint event)**이라 한다. 일반적으로 서로 다른 i, j에 대하여 $E_i \cap E_j = \varnothing$이면 사건들의 열 $E_1, E_2, \ldots$은 **상호배반(mutually disjoint)**이라 한다.

$n(E)$를 사건 E에 속한 원소의 개수라 하자. 임의의 두 사건 E와 F에 대하여

$$n(E \cup F) = n(E) + n(F) - n(E \cap F)$$

이므로 다음 식이 성립한다.

$$\mathcal{P}(E \cup F) = \mathcal{P}(E) + \mathcal{P}(F) - \mathcal{P}(E \cap F)$$

따라서 두 사건 E와 F가 배반사건이면 합사건의 확률은 각 사건의 확률의 합과 같다. 이것을 확률의 **덧셈법칙(addition rule)**이라 한다.

확률의 덧셈법칙

두 사건 E와 F가 배반사건이면 다음 식이 성립한다.

$$\mathcal{P}(E \cup F) = \mathcal{P}(E) + \mathcal{P}(F)$$

일반적으로 상호배반인 사건들의 열 $E_1, E_2, \ldots$에 대하여 다음 식이 성립한다.

$$\mathcal{P}\Big(\bigcup_{i=1}^{\infty} E_i\Big) = \sum_{i=1}^{\infty} \mathcal{P}(E_i)$$

보기 2 삼순이와 삼식이가 주사위를 번갈아 던지는 게임을 하고 있다. 삼순이가 먼저 시작하여 1이 나오면 삼순이가 이기고 다른 눈이 나오면 기회는 삼식이에게 넘어 간다. 삼식이는 3 또는 5가 나오면 이기고 다른 눈이 나오면 역시 기회는 삼순이에게 넘어간다. 누군가 이길 때까지 같은 방법으로 주사위를 계속 던진다면 이 게임은 누구에게 유리하겠는가? 만약 규칙을 삼순이는 1 또는 3, 삼식이는 1, 3 또는 5가 나오면 이기는 것으로 바꾸면 누가 더 유리하겠는가?

Solution 삼순이가 이길 확률을 구하여 보자. 삼순이가 n 번째 주사위를 던져 이기는 사건을 E_n이라 하자. 그러면 삼순이가 이기는 사건은 $\bigcup_{n=1}^{\infty} E_n$이고 $E_1, E_2, \ldots$는 상호배반이다. 따라서

$$\mathcal{P}\Big(\bigcup_{n=1}^{\infty} E_n\Big) = \sum_{n=1}^{\infty} \mathcal{P}(E_n)$$

이다. 삼순이가 n번째 주사위를 던져 이기려면 처음 $(n-1)$번까지 삼순이는 2,3,4,5 또는 6, 삼식이는 1,2,4 또는 6이 나와야 한다. 그리고 삼순이는 n번째에 1이 나와야 하므로

$$\mathcal{P}(E_n) = \Big(\frac{5}{6}\Big)^{n-1}\Big(\frac{4}{6}\Big)^{n-1}\frac{1}{6}$$

이다. 따라서

$$\begin{aligned}\mathcal{P}\Big(\bigcup_{n=1}^{\infty} E_n\Big) &= \sum_{n=1}^{\infty} \mathcal{P}(E_n) = \sum_{n=1}^{\infty}\Big(\frac{5}{6}\Big)^{n-1}\Big(\frac{4}{6}\Big)^{n-1}\frac{1}{6} \\ &= \frac{1/6}{1-20/36} = \frac{3}{8}\end{aligned}$$

이다. 같은 방법으로 삼식이가 이길 확률을 구하면 $\frac{5}{8}$이다. 그러므로 이 게임은 삼식이에게 더 유리하다. 규칙을 바꾸면

$$\mathcal{P}(E_n) = \Big(\frac{4}{6}\Big)^{n-1}\Big(\frac{3}{6}\Big)^{n-1}\frac{2}{6}$$

이므로 삼순이가 이길 확률은

$$\frac{2/6}{1-12/36} = \frac{1}{2}$$

이다. 삼식이가 이길 확률도 1/2로 같아진다.[3] □

$E \cup E^c = \Omega, \quad E \cap E^c = \varnothing$이므로 확률의 덧셈법칙에서

$$\mathcal{P}(E) + \mathcal{P}(E^c) = \mathcal{P}(\Omega) = 1$$

이다. 따라서

$$\mathcal{P}(E^c) = 1 - \mathcal{P}(E)$$

가 됨을 알 수 있다. 또한 EF 와 EF^c는 배반사건이고 $(EF) \cup (EF^c) = E$이므로

$$\mathcal{P}(E) = \mathcal{P}(EF) + \mathcal{P}(EF^c)$$

[3]이런 게임을 **공정한 게임(fair game)**이라 한다.

이다. 따라서 다음 식이 성립한다.

$$\mathcal{P}(EF^c) = \mathcal{P}(E) - \mathcal{P}(EF)$$

여사건과 차사건의 확률

$$\mathcal{P}(E^c) = 1 - \mathcal{P}(E), \qquad \mathcal{P}(E - F) = \mathcal{P}(E) - \mathcal{P}(EF)$$

보기 3 주사위를 두 번 던지는 실험에서 E를 합이 8인 사건, F를 2가 한 번 나온 사건이라 할 때 다음 사건의 확률을 구하여라.

(a) $E \cap F$ (b) $E \cup F$ (c) $(E \cap F)^c$ (d) $E - F$

Solution

(a) 표본공간 $\Omega = \{(1,1),(1,2)\ldots,(6,6)\}$이므로 $n(\Omega) = 36$이다.

$$\begin{aligned} E &= \{(2,6),(3,5),(4,4),(5,3),(6,2)\} \\ F &= \{(2,1),(2,3),(2,4),(2,5),(2,6),(1,2),(3,2),(4,2),(5,2),(6,2)\} \end{aligned}$$

이므로 $E \cap F = \{(2,6),(6,2)\}$이고

$$\mathcal{P}(E \cap F) = \frac{2}{36} = \frac{1}{18}$$

이다.

(b) $\mathcal{P}(E) = \frac{5}{36}, \mathcal{P}(F) = \frac{5}{18}$이므로

$$\mathcal{P}(E \cup F) = \mathcal{P}(E) + \mathcal{P}(F) - \mathcal{P}(EF) = \frac{5}{36} + \frac{5}{18} - \frac{1}{18} = \frac{13}{36}$$

이다.

(c) $\mathcal{P}((E \cap F)^c) = 1 - \mathcal{P}(E \cap F) = \frac{17}{18}$이다.

(d) $\mathcal{P}(E - F) = \mathcal{P}(E) - \mathcal{P}(EF) = \frac{5}{36} - \frac{1}{18} = \frac{1}{12}$이다. □

표본공간 Ω의 두 사건 E, F에 대하여 확률에 대한 결과를 정리하면 다음과 같다.

사건의 연산과 확률법칙

표본공간 Ω와 사건 E, F에 대하여 다음 결과가 성립한다.

- $\mathcal{P}(\Omega) = 1, \quad \mathcal{P}(\varnothing) = 0$
- $\mathcal{P}(E \cup F) = \mathcal{P}(E) + \mathcal{P}(F) - \mathcal{P}(E \cap F) \leq \mathcal{P}(E) + \mathcal{P}(F)$
- $E \cap F = \varnothing$이면 $\mathcal{P}(E \cup F) = \mathcal{P}(E) + \mathcal{P}(F)$
- $\mathcal{P}(E^c) = 1 - \mathcal{P}(E), \quad \mathcal{P}(E - F) = \mathcal{P}(E) - \mathcal{P}(EF)$
- $E \subset F$이면 $\mathcal{P}(F - E) = \mathcal{P}(F) - \mathcal{P}(E)$, $\mathcal{P}(E) \leq \mathcal{P}(F)$

2.1.3 독립실험과 독립사건

하나의 실험이 다른 실험과 서로 아무 영향을 미치지 않고 이루어질 때, 두 실험은 **독립적** (**independent**)이라 한다. 예를 들어, 상자 속에 빨간 공과 파란 공이 섞여 있다고 하자. 하나의 공을 꺼낸 후, 하나의 공을 다시 꺼내는 경우 두 실험은 독립이 아니다. 먼저 꺼낸 공의 색깔이 무엇이냐에 따라 다음 공의 색깔이 갖는 확률이 달라지기 때문이다. 그러나 하나의 공을 꺼내어 색깔을 기록하고 상자에 도로 집어 넣은 후, 다시 하나의 공을 꺼낸다면 두 실험은 독립적이다. 처음 경우처럼 공을 다시 넣지 않는 실험을 **비복원추출**(**selection without replacement**), 나중의 경우처럼 공을 다시 넣고 하는 실험을 **복원추출**(**selection with replacement**)이라 한다.

마찬가지로 한 사건이 일어났다는 사실이 다른 한 사건이 일어날 확률에 영향을 미치지 않을 때, 두 사건은 **독립**(**independent**)이라 한다. 예를 들어, 동전을 두 번 던질 때 처음 앞면이 나온 사건을 E_1, 두 번째 앞면이 나오는 사건을 E_2 라 하면 표본공간은

$$\Omega = \{HH, HT, TH, TT\}$$

이고

$$E_1 = \{HH, HT\}, \quad E_2 = \{HH, TH\}$$

이다. 따라서 $E_1E_2 = \{HH\}$이므로 동전을 두 번 던졌을 때 모두 앞면이 나오는 사건 E_1E_2의 확률은

$$\mathcal{P}(E_1E_2) = \mathcal{P}(E_1)\mathcal{P}(E_2) = \frac{1}{2} \cdot \frac{1}{2} = \frac{1}{4}$$

이다. 이렇게 두 사건이 동시에 일어날 확률이 각 사건이 일어날 확률의 곱으로 나타날 때 두 사건은 **독립**(**independent**)이라 한다.

독립사건

두 사건 E, F에 대하여 다음 식이 성립하면 두 사건은 독립이라 한다.

$$\mathcal{P}(EF) = \mathcal{P}(E) \cdot \mathcal{P}(F)$$

Note 두 사건 E와 F가 독립이면 다음 식에서 볼 수 있듯이 E와 F^c도 독립이다.

$$\begin{aligned} \mathcal{P}(EF^c) &= \mathcal{P}(E) - \mathcal{P}(EF) = \mathcal{P}(E) - \mathcal{P}(E)\mathcal{P}(F) \\ &= \mathcal{P}(E)(1 - \mathcal{P}(F)) = \mathcal{P}(E)\mathcal{P}(F^c) \end{aligned}$$

마찬가지로, E^c와 F, E^c와 F^c도 독립임을 보일 수 있다.

독립인 두 실험에서 사건 E, F가 각 실험의 사건이면 E, F는 당연히 독립이다.

보기 4 동전과 주사위를 차례로 던졌을 때의 표본공간은

$$\Omega = \{(H,1),(H,2),(H,3),(H,4),(H,5),(H,6),(T,1),(T,2),(T,3),(T,4),(T,5),(T,6)\}$$

이다. 직관적으로 동전을 던지는 실험과 주사위를 던지는 실험은 독립적이다. 실제로 두 실험의 사건은 독립임을 계산을 통하여 확인할 수 있다. 예를 들어, E를 동전의 앞면이 나오는 사건, F를 주사위가 3의 배수가 나오는 사건이라 하자.

$$\begin{aligned} E &= \{(H,1),(H,2),(H,3),(H,4),(H,5),(H,6)\} \\ F &= \{(H,3),(H,6),(T,3),(T,6)\} \end{aligned}$$

EF는 동전은 앞면, 주사위는 3의 배수가 나오는 사건이고

$$EF = \{(H,3),(H,6)\}$$

이다.

$$\frac{2}{12} = \mathcal{P}(EF) = \mathcal{P}(E)\mathcal{P}(F) = \frac{6}{12} \cdot \frac{4}{12}$$

이므로 E와 F는 독립이다. □

두 실험의 결과가 독립인지 확실하지 않은 경우는 독립사건의 조건을 만족하는지 살펴봄으로써 독립여부를 알 수 있다.

보기 5 성인의 경우 **이완기혈압(diastolic blood pressure, DBP)**이 95 이상이면 고혈압으로 진단한다. 반면에 어린이의 경우는 DBP가 80 이상이면 고혈압으로 진단한다. 사건 A, B를 각각 엄마와 아빠가 고혈압인 사건, 사건 C를 첫째 아이가 고혈압인 사건이라 하자. 아이가 있는 1만 가구를 대상으로 조사하여 다음과 같은 결과를 얻었다.

$$\begin{aligned} &\mathcal{P}(A) = 0.15, \quad \mathcal{P}(B) = 0.2, \quad \mathcal{P}(C) = 0.1 \\ &\mathcal{P}(AB) = 0.03, \quad \mathcal{P}(AC) = 0.05, \quad \mathcal{P}(BC) = 0.05 \end{aligned}$$

따라서

$$\begin{aligned} \mathcal{P}(AB) &= \mathcal{P}(A)\mathcal{P}(B) \\ \mathcal{P}(AC) &\neq \mathcal{P}(A)\mathcal{P}(C) \\ \mathcal{P}(BC) &\neq \mathcal{P}(B)\mathcal{P}(C) \end{aligned}$$

이고 사건 A와 B는 독립이지만 사건 A와 C는 독립이 아니다. 또한 사건 B와 C도 독립이 아니다. 이러한 결과는 고혈압이라는 증상이 유전적으로 전이된다는 사실에 대한 근거로 해석할 수 있다. □

세 사건 E, F, G에 대하여 다음 식이 성립하면 독립이라 한다.

$$\begin{aligned} \mathcal{P}(EFG) &= \mathcal{P}(E)\mathcal{P}(F)\mathcal{P}(G) \\ \mathcal{P}(EF) &= \mathcal{P}(E)\mathcal{P}(F) \\ \mathcal{P}(FG) &= \mathcal{P}(F)\mathcal{P}(G) \\ \mathcal{P}(EG) &= \mathcal{P}(E)\mathcal{P}(G) \end{aligned}$$

같은 방법으로 4개 이상의 사건에 대하여도 독립을 정의한다.

보기 6 항아리 속에 각각 숫자 1, 2, 3, 4가 쓰여 있는 공이 4개 들어 있다.

$$E = \{1, 2\}, \quad F = \{1, 3\}, \quad G = \{1, 4\}$$

라 하면 $EF = FG = GE = \{1\}$이므로

$$\begin{aligned} \mathcal{P}(EF) &= \mathcal{P}(E)\mathcal{P}(F) = \frac{1}{4} \\ \mathcal{P}(FG) &= \mathcal{P}(F)\mathcal{P}(G) = \frac{1}{4} \\ \mathcal{P}(EG) &= \mathcal{P}(E)\mathcal{P}(G) = \frac{1}{4} \end{aligned}$$

이다. 따라서 E와 F, F와 G, G와 E는 각각 독립이다. 그러나 $EFG = \{1\}$이므로

$$\mathcal{P}(EFG) = \mathcal{P}(1) = \frac{1}{4}$$

이지만

$$\mathcal{P}(E)\mathcal{P}(F)\mathcal{P}(G) = \frac{1}{8}$$

이다. 따라서 세 사건 E, F, G는 독립이 아니다. □

Note 보기 6처럼 2개의 사건끼리는 모두 독립인 경우 E, F, G는 **쌍으로 독립**(**mutually independent**)이라 한다. 보기 6은 어떤 사건들이 쌍으로 독립이라 해서 항상 독립은 아님을 보여 준다.

2.1.4 독립분배의 법칙—멘델의 제2법칙

멘델의 제1법칙은 더 복잡한 구조를 갖는 유전자형에도 확대하여 적용할 수 있다. 예를 들어, 완두콩의 색이 연두색인 것을 g, 노란색인 것을 G라 하자. 그러면 동형접합자 $GGWW$와 $ggww$를 교배하여 얻는 1세대의 유전자형은 모두 $GgWw$이다. 2세대의 유전자형을 표를 이용하여 나타내면 다음과 같다.

	GW	Gw	gW	gw
GW	$GGWW$	$GGWw$	$GgWW$	$GgWw$
Gw	$GGWw$	$GGww$	$GgWw$	$Ggww$
gW	$GgWW$	$GgWw$	$ggWW$	$ggWw$
gw	$GgWw$	$Ggww$	$ggWw$	$ggww$

다음 표는 멘델이 동형 유전자형을 갖는 둥근 노란색 완두콩($GGWW$)과 주름진 연두색 완두콩($ggww$)을 재배하였을 때, 2세대에서 얻은 결과를 정리한 것이다.

	둥근 것	주름진 것
노란색	315(56.65%)	101(18.17%)
연두색	108(19.42%)	32(5.76%)

여기서 괄호 안의 수치는 전체에서 차지하는 비율을 나타낸다. 이 수치는 위의 표에서 얻은 각 표현형들의 비율과 아주 비슷한 값을 갖는다. 둥근 모양과 노란색은 모두 우성이므로, 표현형이 둥근 노란색 완두콩인 유전자형은

$$GGWW,\ GGWw,\ GgWW,\ GgWw$$

이다. 이 유전자형들이 위의 표에서 차지하는 비율은

$$\frac{9}{16} = 56.25\%$$

이다. 마찬가지로 둥근 연두색 완두콩($ggWW, ggWw$)과 주름진 노란색 완두콩($GGww, Ggww$)은 모두

$$3/16 = 18.75\%$$

주름진 연두색 완두콩($ggww$)은

$$1/16 = 6.25\%$$

이다. 멘델은 이 실험 결과를 실명하기 위하여 다음과 같은 **독립분배의 법칙**(**law of independent assortment**)을 가정하였다. 이 법칙을 **멘델의 제2법칙**이라도 한다.

독립분배의 법칙

특정 유전자형의 대립형질은 다른 유전자형의 대립형질과 독립적으로 다음 세대로 전이된다.

분리의 법칙과 독립분배의 법칙에 의하면, 위의 사각형에 있는 각 항은 모두 같은 비율을 갖게 된다.

보기 7 유전자형이 $GgWw$ 인 완두콩과 $ggWw$ 인 완두콩을 같이 재배할 때, 가능한 자손의 유전자형을 표로 나타내고, 이때 둥근 연두색 완두콩이 차지하는 비율을 구하여라.

Solution 모든 종류의 조합이 같은 가능성을 가지므로 부모의 유전자형이 $GgWw$이면 다음 4개 중 하나를 자손에게 물려 줄 확률은 모두 같다.

$$GW,\ gW,\ Gw,\ gw$$

한편 부모의 유전자형이 $ggWw$이면 자손에게 다음 중 하나를 물려 준다.

$$gW,\ gw$$

따라서 표를 그려 보면 다음과 같다.

	GW	gW	Gw	gw
gW	$GgWW$	$ggWW$	$GgWw$	$ggWw$
gw	$GgWw$	$ggWw$	$Ggww$	$ggww$

이때 표현형이 둥근 연두색인 유전자형은 $ggWW$와 $ggWw$이고, $ggWW$가 1개, $ggWw$가 2개이므로 둥근 연두색 완두콩의 비율은 3/8이다. □

2.1.5 연습문제 2.1

1. 다음 표는 한 보험회사가 나이와 자동차 사고 수와의 연관성을 찾기 위하여 1000명의 고객(운전자)을 대상으로 조사한 자료를 정리한 것이다.

연령＼ (사고수/1년)	0	1	2	3	4번 이상
– 24	42	44	45	27	18
25– 34	75	104	78	51	12
35– 44	88	73	38	20	5
45– 54	38	32	20	7	3
55–	43	50	35	28	24

임의로 한 명의 운전자를 선택하였을 때 그 사람이 다음 조건을 만족할 (통계적)확률을 구하여라.

(a) 한 번도 사고를 내지 않을 확률
(b) 사고를 세 번 이상 낼 확률
(c) 45세 이상 55세 미만일 확률
(d) 35세 이상일 확률
(e) 25세 미만이고 한 번도 사고를 내지 않을 확률
(f) 25세 이상이고 한 번도 사고를 내지 않을 확률
(g) 55세 미만이고 한 번도 사고를 내지 않을 확률
(h) 55세 이상이고 한 번 이상 사고를 낼 확률

2. 두 사건 E, F에 대하여

$$\mathcal{P}(E) = 0.6, \quad \mathcal{P}(F) = 0.4, \quad \mathcal{P}(EF) = 0.2$$

이다. 다음 사건의 확률을 구하여라.

(a) $E \cup F$ (b) E^c (c) E^cF (d) E^cF^c (e) $E \cup F^c$

3. 두 사건 E, F에 대하여 다음 부등식이 성립함을 보여라.

$$\mathcal{P}(EF) \geq \mathcal{P}(E) + \mathcal{P}(F) - 1$$

4. 두 사건 E, F에 대하여 $E \subset F$이면 $\mathcal{P}(E) \leq \mathcal{P}(F)$임을 보여라.

5. 주사위를 두 번 던졌다.

(a) 두 눈의 수가 같을 확률을 구하여라.
(b) 나중에 나온 눈의 수가 처음 나온 눈의 수보다 클 확률을 구하여라.
(c) 나중에 나온 눈의 수가 처음 나온 눈의 수보다 작지 않을 확률을 구하여라.

6. 세 사건 E, F, G에 대하여 다음 식이 성립함을 보여라.

$$\mathcal{P}(E \cup F \cup G) = \mathcal{P}(E) + \mathcal{P}(F) + \mathcal{P}(G) - \mathcal{P}(EF) - \mathcal{P}(FG) - \mathcal{P}(GE) + \mathcal{P}(EFG)$$

7. 세 사건 E, F와 G가 독립이면 다음 식이 성립함을 보여라.[4]

$$\mathcal{P}(E \cup F \cup G) = 1 - (1 - \mathcal{P}(E))(1 - \mathcal{P}(F))(1 - \mathcal{P}(G))$$

8. 세 사건 E, F, G에 대하여

$$\begin{array}{ccc} \mathcal{P}(E) = 0.7, & \mathcal{P}(F) = 0.6, & \mathcal{P}(G) = 0.5 \\ \mathcal{P}(EF) = 0.4, & \mathcal{P}(FG) = 0.3, & \mathcal{P}(GE) = 0.2 \\ & \mathcal{P}(EFG) = 0.1 & \end{array}$$

일 때 다음 사건의 확률을 구하여라.

(a) $E \cup F$ (b) $E \cup F \cup G$ (c) $E^c F^c G$

9. 세 사건 E, F, G에 대하여 다음 상황을 나타내는 사건을 구하여라.

(a) 사건 E만 일어날 때
(b) 적어도 하나의 사건이 일어났을 때
(c) 적어도 두 사건이 일어났을 때
(d) 많아야 하나의 사건이 일어났을 때
(e) 많아야 두 사건이 일어났을 때
(f) 정확히 두 사건이 일어났을 때

10. 다음 전기회로에서 각 스위치는 임의의 시간에 닫혀 있을 확률이 $\frac{3}{4}$이고 각 스위치는 독립적으로 작용한다. 임의의 시간에 A에서 B로 전류가 통할 확률을 각각 구하여라.

(a)
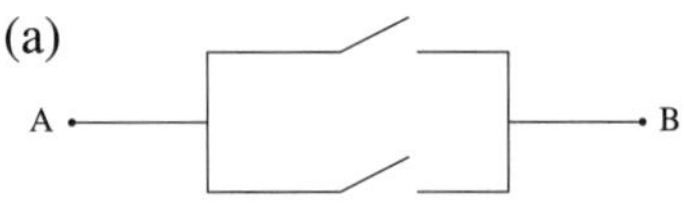

(b)

(c)
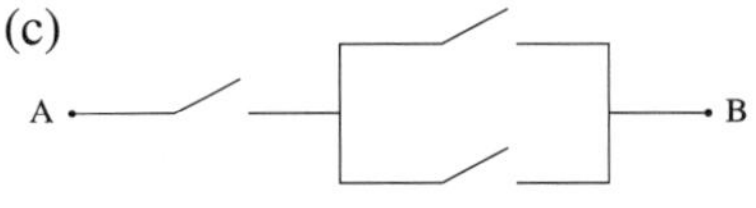

(d)
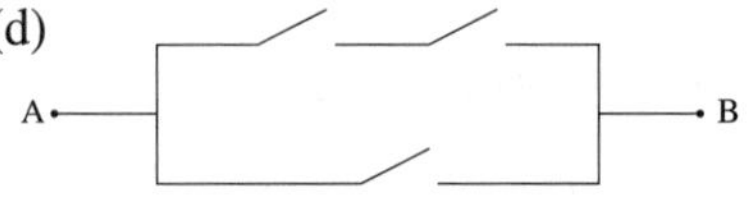

[4]Hint. $(E \cup F \cup G)^c = E^c \cap F^c \cap G^c$

11. 주사위를 두 번 던질 때 다음과 같이 사건들을 정의한다.

    A 첫 번째 주사위가 짝수가 나오는 사건

    B 두 번째 주사위가 홀수가 나오는 사건

    C 주사위 하나는 짝수, 다른 주사위는 홀수가 나오는 사건

    D 두 눈의 합이 6인 사건

    E 두 눈의 합이 7인 사건

    다음 명제의 참, 거짓을 판단하여라.

    (a) 사건 A와 D는 독립이다.
    (b) 사건 A와 E는 독립이다.
    (c) 사건 A와 C는 독립이다.
    (d) 사건 C와 D는 독립이다.
    (e) 사건 C와 E는 독립이다.

12. 두 사건 E와 F가 독립이면 E^c와 F^c도 독립임을 보여라.

13. E, F, G가 독립일 때, E와 $F \cup G$도 독립임을 보여라.

14. $\mathcal{P}(A) = 0.4, \mathcal{P}(B) = 0.5, \mathcal{P}(A \cup B) = 0.9$일 때

    (a) A, B는 배반사건인가?
    (b) A, B는 독립사건인가?

15. 독립인 세 사건 E, F, G에 대하여

$$\begin{array}{ccc} \mathcal{P}(E) = a, & \mathcal{P}(F) = b, & \mathcal{P}(G) = 0.5 \\ \mathcal{P}(EF) = c, & \mathcal{P}(FG) = 0.3, & \mathcal{P}(GE) = 0.2 \\ & \mathcal{P}(EFG) = d & \end{array}$$

    일 때 a, b, c, d를 구하여라.

2.2 조건부 확률

2.2.1 조건부 확률

확률은 표본공간에서 사건이 일어날 가능성을 수치로 나타내는 것이다. 그러나 때에 따라서는 특정한 사건을 고정하고 그 사건이 일어났다는 조건하에서 다른 사건이 일어날 확률을 따지는 것이 필요한데 조건부 확률은 이러한 확률을 다루는 개념이다. E라는 사건이 일어났을 때의 조건부 확률은 새로운 표본공간 E에서 사건의 확률을 정의하는 것과 같다. 사건 E의 발생 여부에 대한 사전 지식이 없을 때의 사건 F의 확률과 구분하여, E라는 사건이 일어났을 때 사건 F가 일어날 **조건부 확률**(**conditional probability**)을 $\mathcal{P}(F|E)$로 나타낸다.

사건 E가 일어난 경우 사건 F가 일어나기 위해서는 실제 실험 결과가 E와 F에 모두 속하여야 한다. 즉 결과는 EF에 속해야 한다. 사건 E가 이미 일어난 것을 알고 있으므로 새로운 표본공간은 E이고 사건 EF가 일어날 확률은 E의 확률에 대한 EF의 비율과 같다. 즉 다음과 같이 정의할 수 있다.

조건부 확률

$\mathcal{P}(E) > 0$라 하자. E가 주어졌을 때 F의 조건부 확률은 $\mathcal{P}(F|E)$로 나타내고

$$\mathcal{P}(F|E) = \frac{\mathcal{P}(E \cap F)}{\mathcal{P}(E)}$$

로 정의한다.

1절에서 살펴본 확률법칙이 조건부 확률에 대하여도 성립함을 쉽게 보일 수 있다. 증명은 연습문제로 남긴다.

조건부 확률의 성질

표본공간 Ω의 두 사건 E, F와 $\mathcal{P}(G) > 0$인 사건 G에 대하여 다음 결과가 성립한다.

- $\mathcal{P}(G|G) = 1, \quad \mathcal{P}(\varnothing|G) = 0$
- $\mathcal{P}(E \cup F|G) = \mathcal{P}(E|G) + \mathcal{P}(F|G) - \mathcal{P}(E \cap F|G) \le \mathcal{P}(E|G) + \mathcal{P}(F|G)$
- $E \cap F = \varnothing$이면 $\mathcal{P}(E \cup F|G) = \mathcal{P}(E|G) + \mathcal{P}(F|G)$
- $\mathcal{P}(E^c|G) = 1 - \mathcal{P}(E|G)$
- $E \subset F$이면 $\mathcal{P}(F - E|G) = \mathcal{P}(F|G) - \mathcal{P}(E|G)$, $\mathcal{P}(E|G) \le \mathcal{P}(F|G)$

간단한 예를 하나 살펴보자. 엘리베이터에서 어제 위층으로 이사온 엄마와 딸을 만났다. 그 엄마는 아이가 둘이라 하였다. 여기서 알게 된 사건 E는 아이가 둘이고, 그 중 하나는 딸이라는 것이다. 딸을 g, 아들을 b로 표시하고 i항을 i 번째 아이의 성별이라 하면

$$E = \{(g,g),(g,b),(b,g)\}$$

이고, 딸만 둘인 사건은 $F = \{(g,g)\}$이다. 따라서 딸만 둘일 확률은

$$\mathcal{P}(F|E) = \frac{\mathcal{P}(\{(g,g)\})}{\mathcal{P}(\{(g,g),(g,b),(b,b)\})} = \frac{1}{3}$$

이다. 또한 같이 있는 딸이 막내라 말했다면 주어진 사건 E는 $E = \{(g,g),(b,g)\}$이므로 이때 딸만 둘일 조건부 확률은 1/2이다. 이 예에서 보듯이 갖고 있는 정보의 양에 따라 조건부 확률은 달라진다.

보기 1 색맹은 성유전자에 관련되어 여성과 남성에게 일어나는 확률이 다르다. 전체 인구의 4%가 색맹인 남성이고, 전체 인구의 0.5%가 색맹인 여성이라 한다. 여성과 남성의 비율이 같다고 할 때 다음 질문에 답하여라.

(a) 선택한 사람이 남성일 때, 그 사람이 색맹일 확률을 구하여라.

(b) 색맹인 사람 중에서 남성이 차지하는 비율을 구하여라.

Solution 남성인 사건을 M, 여성인 사건을 F, 색맹인 사건을 C라 하자. 주어진 조건은

$$\mathcal{P}(M) = \mathcal{P}(F) = \frac{1}{2}, \quad \mathcal{P}(CM) = 0.04, \quad \mathcal{P}(CF) = 0.005$$

이다. 이 조건들을 이용하면 다음과 같은 표를 구할 수 있다.

	색맹 (C)	정상 (C^c)	
남 (M)	0.04	0.46	0.5
여 (F)	0.005	0.495	0.5
	0.045	0.955	1

(a) 구하는 확률은 $\mathcal{P}(C|M)$이다. 위의 표를 이용하면

$$\mathcal{P}(C|M) = \frac{\mathcal{P}(CM)}{\mathcal{P}(M)} = \frac{0.04}{0.5} = 0.08$$

이다. 따라서 선택한 사람이 남성일 때 색맹일 확률은 8%이다.

(b) 색맹을 택하였을 때, 남성일 확률이므로

$$\mathcal{P}(M|C) = \frac{\mathcal{P}(CM)}{\mathcal{P}(C)} = \frac{0.04}{0.045} = \frac{8}{9}$$

이다. 즉 색맹인 사람의 약 89%는 남성이다. □

보기 2 운동선수의 스테로이드 사용 여부를 판단하는 두 종류의 시약이 있다. 시약 A의 정확도는 90%, 시약 B의 정확도는 80%이다. 어떤 운동선수에게서 시약 A는 양성반응, 시약 B는 음성반응을 보일 때, 이 선수가 스테로이드를 복용했을 확률은 얼마인가? 단, 두 시약의 검사결과는 독립이라 가정한다.

Solution 시약의 판단이 맞는 사건을 T, 틀린 사건을 F라 하자. 그러면 전체 표본공간은

$$\Omega = \{(T,T),(T,F),(F,T),(F,F)\}$$

가 된다. 여기서 각 순서쌍의 첫 번째 값은 A의 결과를, 두 번째 값은 B의 결과를 나타낸다. 각 사건의 확률은 다음과 같다.

$$\begin{aligned}
\mathcal{P}[(T,T)] &= 0.9 \cdot 0.8 \;=\; 0.72 \\
\mathcal{P}[(T,F)] &= 0.9 \cdot (1-0.8) \;=\; 0.18 \\
\mathcal{P}[(F,T)] &= (1-0.9) \cdot 0.8 \;=\; 0.08 \\
\mathcal{P}[(F,F)] &= (1-0.9) \cdot (1-0.8) \;=\; 0.02
\end{aligned}$$

두 시약의 판단 결과가 다르므로 주어진 사건은

$$\{(T,F),(F,T)\}$$

이고 이 운동선수가 스테로이드를 복용한 사건은 (T,F)이므로 구하는 확률은

$$\begin{aligned}
\mathcal{P}[(T,F)|\{(T,F),(F,T)\}] &= \frac{\mathcal{P}[(T,F)]}{\mathcal{P}[\{(T,F),(F,T)\}]} \\
&= \frac{0.18}{0.18+0.08} = \frac{9}{13}
\end{aligned}$$

이다. □

상대위험

상대위험은 다른 특징을 갖는 두 단체의 질병감염 확률을 비교하는 개념이다. **상대위험 (relative risk)**은 간단히 RR로 나타내며 어떤 위험에 노출된 단체와 위험에 노출되지 않은 단체의 질병에 걸릴 가능성을 비교한 수치이다. 다시 말해서, D^+를 질병에 걸릴 사건, E를 위험에 노출되는 사건이라 할 때, 상대위험 RR은 다음과 같이 정의된다.

$$RR = \frac{\mathcal{P}(D^+|E)}{\mathcal{P}(D^+|E^c)}$$

예를 들어, 보기 1에서 여성이 색맹일 확률은

$$\mathcal{P}(C|F) = \frac{0.005}{0.5} = \frac{1}{100}$$

이므로 남성이라는 사건을 위험으로 본다면 이 경우 위험계수는

$$RR = \frac{0.08}{0.01} = 8$$

이다. 이는 남성이 여성보다 색맹일 가능성이 8배나 더 높다는 것을 의미한다.

일반적으로 상대위험이 1이라는 것은 위험과 질병 사이에 아무 연관이 없음을 의미한다. 상대위험이 1보다 크면 클수록 위험에 노출되었을 때 질병에 걸릴 가능성이 높아지는 것을 의미한다.

보기 3 50세 이상의 여성은 유방암 검사를 정기적으로 하도록 권장하고 있다. 가장 좋은 방법은 유방 **생검(biopsy)**이지만 비용이 많이 들고 검사자에게 고통스러운 방법이라 2차 진단의 수단으로 사용되고 있다. 1차진단으로는 **유선촬영사진(mammograms)**이 많이 사용된다. 유선촬영사진을 찍은 10,000명의 여성 중에서 16명이 양성으로 판정되었다. 2년 안에 유방암이 발견된 사람이, 양성으로 판정된 여성 중에서 2명, 음성으로 판정된 여성 중에서 4명이었다면 상대위험은 얼마인가?

Solution E를 유선촬영사진 결과가 양성인 사건, D^+를 2년 안에 유방암이 발견된 사건이라 하자. 그러면

$$\mathcal{P}(D^+|E) = \frac{2}{16}, \quad \mathcal{P}(D^+|E^c) = \frac{4}{9984}$$

이다. 따라서

$$RR = \frac{2/16}{4/9984} = 312$$

이다. 즉 유선촬영사진 결과가 양성인 경우, 2년 안에 유방암에 걸릴 가능성은 결과가 음성인 경우의 312 배나 된다. 따라서 유선촬영사진은 유방암 진단에 유효한 방법이라 할 수 있다. □

2.2.2 확률의 곱셈법칙

조건부 확률의 정의는 $\mathcal{P}(E) > 0$, $\mathcal{P}(F) > 0$이면 다음과 같이 고쳐 쓸 수 있다.

$$\mathcal{P}(E \cap F) = \mathcal{P}(E)\mathcal{P}(F|E) = \mathcal{P}(F)\mathcal{P}(E|F)$$

이것을 확률의 **곱셈법칙(multiplication rule)**이라 한다.

확률의 곱셈법칙

$\mathcal{P}(E) > 0$, $\mathcal{P}(F) > 0$이면 다음 식이 성립한다.

$$\mathcal{P}(E \cap F) = \mathcal{P}(E)\mathcal{P}(F|E) = \mathcal{P}(F)\mathcal{P}(E|F)$$

보기 4 상자에 20개의 제비가 들어 있다. 그 중 4개만 당첨제비라 한다. 삼순이와 삼식이가 차례로 제비를 하나씩 뽑을 때, 삼식이만 당첨될 확률을 구하여라. 단, 뽑은 제비는 다시 넣지 않는다고 한다.

Solution 삼순이가 당첨되지 않는 사건을 E, 삼식이가 당첨되는 사건을 F라 하면 주어진 사건은 $E \cap F$이다.

$$\mathcal{P}(E) = 16/20 = 4/5$$

이고 삼순이가 당첨되지 않았을 경우 총 제비의 수는 19개이고 당첨제비는 4개이므로 $\mathcal{P}(F|E) = 4/19$이다. 따라서

$$\mathcal{P}(E \cap F) = P(E)\mathcal{P}(F|E) = \frac{4}{5} \cdot \frac{4}{19} = \frac{16}{95}$$

이다. □

확률의 곱셈법칙은 3개 이상의 사건에 대하여도 자연스러운 방법으로 확장할 수 있다. 예를 들어, $\mathcal{P}(FG) > 0$인 세 사건 E, F, G에 대하여 다음 식이 성립한다.

$$\begin{aligned} \mathcal{P}(EFG) &= \mathcal{P}(E(FG)) \\ &= \mathcal{P}(E|FG)\mathcal{P}(FG) \\ &= \mathcal{P}(E|FG)\mathcal{P}(F|G)\mathcal{P}(G) \end{aligned}$$

2.2.3 확률의 분할법칙

사건 $F_1, \ldots, F_n$이 상호배반이고 $\bigcup_{j=1}^{n} F_j = \Omega$라 하자.[5]

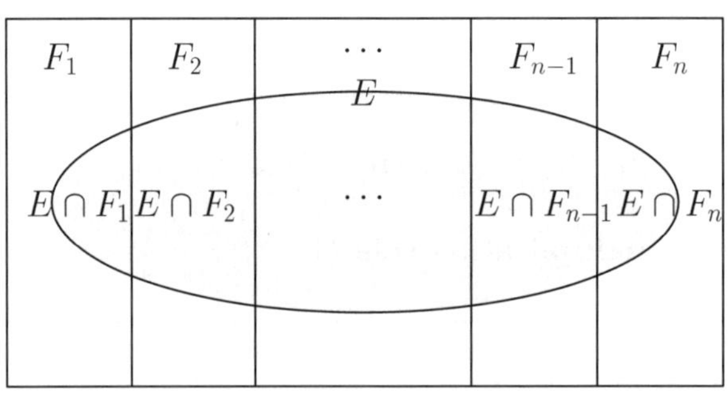

그러면 사건

$$E \cap F_1, \ldots, E \cap F_n$$

들도 상호배반이고

$$E = \bigcup_{j=1}^{n} (E \cap F_j)$$

이므로 확률의 덧셈법칙과 곱셈법칙에 의하여 다음 결과를 얻는다.[6]

[5] 이 두 조건을 만족하는 $\{F_1, F_2, \ldots, F_n\}$ 을 Ω의 **분할(partition)**이라 한다.
[6] **전확률의 법칙(law of total probability)** 이라 부르기도 한다.

확률의 분할법칙

사건 $F_1, \ldots, F_n$이 상호배반이고 $\bigcup_{j=1}^{n} F_j = \Omega$이면 Ω의 사건 E에 대하여 다음이 성립한다.

$$\mathcal{P}(E) = \sum_{j=1}^{n} \mathcal{P}(E \cap F_j) = \sum_{j=1}^{n} \mathcal{P}(E|F_j)\mathcal{P}(F_j)$$

보기 5 자동차 보험회사는 고객을 사고성향이 큰 사람과 그렇지 않은 사람으로 분류한다. 통계에 의하면 1년 동안 사고를 낼 확률이, 사고성향이 큰 사람은 0.3, 그렇지 않은 사람은 0.1이다. 만약 20%의 고객이 사고성향이 큰 사람으로 분류된다면 한 고객이 1년 안에 사고를 낼 확률을 구하여라.

Solution E를 한 고객이 1년 안에 사고를 낼 사건, F를 사고경향이 큰 사람일 사건이라 하면

$$\mathcal{P}(F) = 0.2, \quad \mathcal{P}(E|F) = 0.3, \quad \mathcal{P}(E|F^c) = 0.1$$

이다. 확률의 분할법칙에 의하여 1년 안에 사고를 낼 확률은

$$\begin{aligned}\mathcal{P}(E) &= \mathcal{P}(E|F)\mathcal{P}(F) + \mathcal{P}(E|F^c)\mathcal{P}(F^c) \\ &= 0.3 \times 0.2 + 0.1 \times 0.8 = 0.14\end{aligned}$$

이다. □

보기 6 2개의 빨간 주머니에는 각각 흰 공이 3개, 검은 공이 4개 들어 있다. 노란 주머니에는 흰 공이 5개, 검은 공이 2개, 파란 주머니에는 흰 공이 4개, 검은 공이 3개 들어 있다.

(a) 4개의 주머니 중에서 하나를 임의로 택하여 하나의 공을 꺼낼 때 그 공이 흰색일 확률을 구하여라.

(b) 꺼낸 공이 흰색일 때 그 공이 노란 주머니에서 나왔을 확률을 구하여라.

Solution

(a) 빨간 주머니를 택할 사건을 R, 노란 주머니를 택할 사건을 Y, 파란 주머니를 택할 사건을 B, 흰 공이 나올 사건을 W라 하자. 그리면

$$\mathcal{P}(R) = \frac{2}{4}, \quad \mathcal{P}(Y) = \mathcal{P}(B) = \frac{1}{4}$$

$$\mathcal{P}(W|R) = \frac{3}{7}, \quad \mathcal{P}(W|Y) = \frac{5}{7}, \quad \mathcal{P}(W|B) = \frac{4}{7}$$

이다. 따라서

$$\begin{aligned}\mathcal{P}(W) &= \mathcal{P}(W|R)\mathcal{P}(R) + \mathcal{P}(W|Y)\mathcal{P}(Y) + \mathcal{P}(W|B)\mathcal{P}(B) \\ &= \frac{3}{7} \times \frac{2}{4} + \frac{5}{7} \times \frac{1}{4} + \frac{4}{7} \times \frac{1}{4} = \frac{15}{28}\end{aligned}$$

(b) 구하는 확률은 W가 주어졌을 때 Y가 일어날 확률 $\mathcal{P}(Y|W)$이므로

$$\begin{aligned}\mathcal{P}(Y|W) &= \frac{\mathcal{P}(Y\cap W)}{\mathcal{P}(W)} = \frac{\mathcal{P}(W|Y)\mathcal{P}(Y)}{\mathcal{P}(W)} \\ &= \frac{\frac{5}{7}\cdot\frac{1}{4}}{\frac{15}{28}} = \frac{1}{3}\end{aligned}$$

이다. □

2.2.4 베이즈의 정리

여러 단계를 갖는 확률적 실험에서 가능한 모든 경우를 도표로 나타내면 확률 구조를 이해하기가 더 쉬워진다. 조건부 확률에 대한 유명한 문제로 시작해 보기로 하자.

몬티 홀(Monty Hall)은 1970년대 미국의 유명한 TV 쇼의 진행자이다. 이 쇼의 출연자는 3개의 문 중에서 하나의 문을 선택한다. 3개의 문 중 하나의 뒤에는 고급승용차가 놓여 있고 출연자가 차가 있는 문을 선택한다면 차를 상품으로 받아갈 수 있다. 게임은 다음과 같이 진행된다.

- 출연자가 문을 선택한다.
- 진행자는 출연자가 선택한 문이 아닌 다른 문 중 하나의 문을 열어서 그 문 뒤에 차가 없음을 보여 준다.
- 진행자는 출연자에게 선택한 문을 바꿀 수 있는 기회를 다시 준다.

물론 진행자는 차가 어느 문 뒤에 있는지 알고 있다. 만약 당신이 출연자이고 1번 문을 선택하였다고 하자. 두 번째 선택에서 당신은 계속 1번 문을 고수할 것인가? 아니면 다른 문으로 바꿀 것인가?

1990년 **Parade**라는 주간지에 처음 소개된 이 문제는 수많은 논란을 일으켰다. 대다수의 사람들은[7] 선택한 문을 바꾸어도 차를 얻을 수 있는 확률에는 변화가 없다고 주장하였다.

각 문 뒤에 차가 놓여 있을 확률은 모두 같으므로 각각 1/3이다. 차가 1번 문 뒤에 있다면 진행자는 2번과 3번 중에서 임의의 문을 열므로 각 문을 열 확률은 각각 1/2이다. 그러나 차가 2번 문 뒤에 있다면 진행자는 3번 문을 열 수밖에 없다. 마찬가지로 차가 3번 문 뒤에 있다면 진행자는 2번 문을 열 수밖에 없다. 이 같은 상황을 그려 보면 다음과 같다.

[7]상당수의 수학자도 포함된

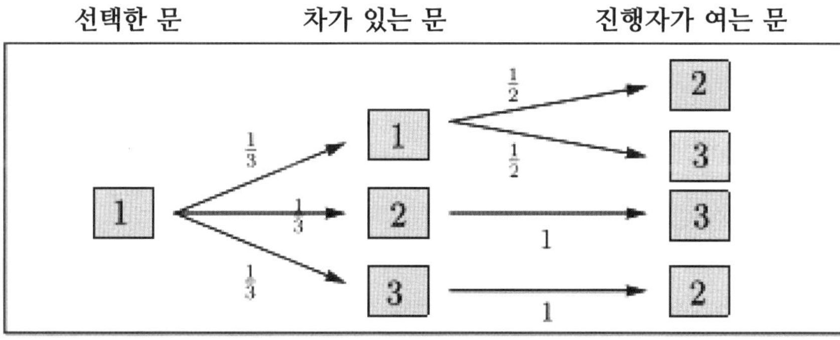

진행자가 2번 문을 열 사건은 첫 번째 경로와 마지막 경로이다. 따라서 진행자가 2번 문을 열 확률은

$$\frac{1}{6} + \frac{1}{3} = \frac{1}{2}$$

이다. 또한 차는 1번 문 뒤에, 그리고 진행자가 2번 문을 여는 사건은 첫 번째 경로에 해당한다. 따라서 진행자가 2번 문을 열었다면 1번 문을 고수하였을 때 차를 얻을 수 있는 확률은

$$\frac{1/6}{1/6 + 1/3} = \frac{1}{3}$$

이다. 반면에 문을 3번으로 바꾸어 선택하였을 때차를 얻을 수 있는 확률은

$$\frac{1/3}{1/6 + 1/3} = \frac{2}{3}$$

이다. 진행자가 3번 문을 열었을 때에도 똑같은 결과가 성립한다. 즉 어느 경우라도 선택한 문을 바꾸는 것이 차를 상품으로 탈 수 있는 확률을 두 배로 높여 준다.

몬티 홀 문제에서처럼 가능한 모든 경우를 나열하여 나무구조로 나타내고 각 가지에 해당하는 확률을 적어 준 것을 **확률나무(chance tree**, 또는 **probability tree**)라 한다.

보기 7 어느 질병은 혈액검사에서 감염자의 경우 95%가 양성반응을 보인다. 그러나 이 검사는 비감염자에게도 1%의 양성반응을 보인다. 인구의 1%가 이 질병에 감염되어 있다면 검사결과가 양성인 사람이 실제로 감염자일 확률을 구하여라.

Solution 검사를 받는 사람(피검사자)이 감염자(D^+)일 확률과 비감염자(D^-)일 확률은 각각 0.01, 0.99이다. 이 상황은 다음과 같이 첫 번째 가지로 나타내기로 한다. 두 번째 가지는 첫 번째 시행에 의하여 각각 달라진 상황에서 검사결과를 나타낸다. 검사 결과가 양성인 사건을 T^+, 음성인 사건을 T^-라 하자. 두 번째 가지에 적힌 확률은 첫 번째 가지에서 일어난 사건이 주어졌을 때 두 번째 가지에서 일어나는 사건의 조건부 확률이다.

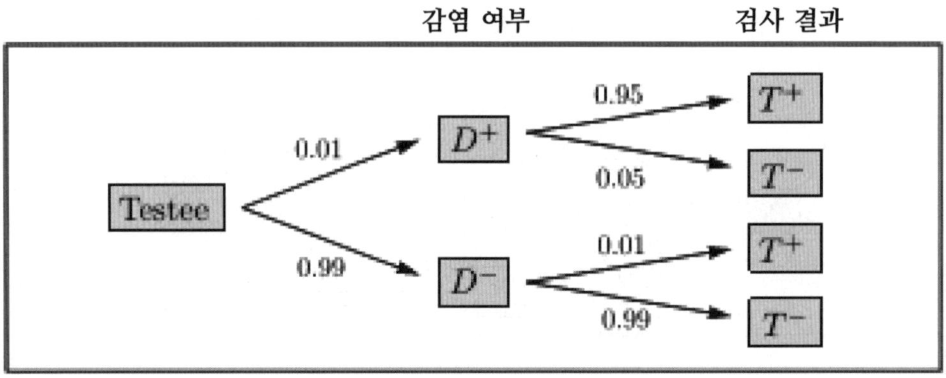

검사결과가 양성인 경우는 첫 번째 경로와 세 번째 경로이다. 따라서 임의의 사람이 검사를 받았을 때 양성반응이 나올 확률은

$$\begin{aligned}\mathcal{P}(T^+) &= \mathcal{P}(T^+D^+) + \mathcal{P}(T^+D^-) \\ &= \mathcal{P}(T^+|D^+)\mathcal{P}(D^+) + \mathcal{P}(T^+|D^-)\mathcal{P}(D^-) \\ &= 0.0095 + 0.0099 = 0.0194\end{aligned}$$

이다. 검사 결과가 양성으로 나왔을 때 그 사람이 감염자일 확률은 조건부 확률의 정의로부터

$$\mathcal{P}(D^+|T^+) = \frac{\mathcal{P}(D^+T^+)}{\mathcal{P}(T^+)} = \frac{0.0095}{0.0194} \approx 0.49$$

이다. 그러므로 양성반응이 나왔을 때, 그 사람이 감염자가 아닐 확률은 약 0.51이다. □

Note 보기 7이 보여 주는 결과는 상당히 혼란스럽다. 양성반응이 나왔을 때 감염자일 확률과 비감염자일 확률이 거의 같기 때문이다. 전체에서 감염자가 차지하는 비율이 작아지면 검사 결과는 더욱 믿을 수 없는 것이 된다. 예를 들어, 전체 인구의 0.1%만이 이 질병에 감염되어 있다면 양성반응이 나왔을 때, 실제 감염자일 확률은 약 8.7% 밖에 되지 않는다. 이러한 현상은 감염자의 수가 비감염자의 수에 비하여 훨씬 작기 때문에 생긴다. 예를 들어, 10,000명을 대상으로 검사를 하였다고 하자. 전체 인구의 0.1%가 감염자라면 약 10명이 감염자이고 검사 결과가 맞을 확률이 95%이므로 약 9.5명이 양성으로 판정된다. 그러나 9990명의 비감염자 중에서 양성으로 판정될 사람은 평균적으로

$$0.01 \cdot 9990 = 99.9$$

명이므로 양성으로 판명된 사람 중에서 감염자와 비감염자의 비율은 9.5 : 99.9이다.

확률나무를 이용한 조건부 확률의 계산은 다음과 같은 **베이즈의 정리**(**Bayes theorem**)로 다시 쓸 수 있다. 사건 $F_1, \ldots, F_n$이 상호배반이고

$$\bigcup_{i=1}^{n} F_i = \Omega$$

이면 조건부 확률의 정의에 의하여

$$\mathcal{P}(F_i|E) = \frac{\mathcal{P}(F_i \cap E)}{\mathcal{P}(E)} = \frac{\mathcal{P}(E|F_i)\mathcal{P}(F_i)}{\mathcal{P}(E)}$$

이다. 따라서 사건 E가 일어 났을 때 사건 F_i 가 일어날 조건부 확률 $\mathcal{P}(F_i|E)$는 확률의 분할법칙에 의하여 다음과 같이 구할 수 있다.

베이즈의 정리

사건 $F_1, \ldots, F_n$이 상호배반이고 $\bigcup_{i=1}^n F_i = \Omega$이면 임의의 사건 E에 대하여 다음이 성립한다.

$$\mathcal{P}(F_i|E) = \frac{\mathcal{P}(E|F_i)\mathcal{P}(F_i)}{\sum_{j=1}^n \mathcal{P}(E|F_j)\mathcal{P}(F_j)}$$

보기 8 A, B, C 세 공장에서 생산되는 제품의 양은 각각 전 생산량의 $50\%, 30\%, 20\%$를 차지한다. 세 공장에서 만들어진 제품의 불량률은 각각 $1\%, 2\%, 3\%$이다. 임의의 한 불량품이 B 공장에서 만들어졌을 확률을 구하여라.

Solution 사건 A, B, C를 각각 공장 A, B, C 에서 제품이 만들어질 사건이라 하자. 불량품이 나오는 사건을 E라 하면 구하는 확률은 $\mathcal{P}(B|E)$이다.

$$\begin{aligned} \mathcal{P}(A) &= 0.5, \qquad & \mathcal{P}(E|A) &= 0.01 \\ \mathcal{P}(B) &= 0.3, \qquad & \mathcal{P}(E|B) &= 0.02 \\ \mathcal{P}(C) &= 0.2, \qquad & \mathcal{P}(E|C) &= 0.03 \end{aligned}$$

이므로 베이즈의 정리로부터 구하는 확률은 다음과 같이 주어진다.

$$\begin{aligned} \mathcal{P}(B|E) &= \frac{\mathcal{P}(E|B)\mathcal{P}(B)}{\mathcal{P}(E|A)\mathcal{P}(A) + \mathcal{P}(E|B)\mathcal{P}(B) + \mathcal{P}(E|C)\mathcal{P}(C)} \\ &= \frac{0.02 \cdot 0.3}{0.01 \cdot 0.5 + 0.02 \cdot 0.3 + 0.03 \cdot 0.2} = \frac{6}{17} \end{aligned}$$

□

베이즈의 정리는 새로운 정보가 주어졌을 때 확률이 어떻게 변하는가에 대한 계산방법을 제공해 준다. 이러한 방법은 병원이나 법원에서 생기는 사건을 해석할 때 특히 유용하다.

보기 9 어떤 살인사건에서 두 명의 용의자 X, Y가 수사선상에 올라왔다. 사건 후 두 명의 용의자는 모두 잠적한 상태였다. 초기 수사에서 용의자 X와 Y가 범인일 확률은 같은 것으로 결론지어졌다. 범행현장 감식 결과 범인의 혈액형은 A형임이 밝혀졌다. 얼마 후 용의자 X가 체포되었고 혈액검사 결과 혈액형이 A형임이 밝혀졌다. 그렇다면 X가 범인일 확률은 얼마인가? 단, 전체인구의 40%가 A형이라 한다.

Solution 용의자 X가 범인일 사건을 H, X의 혈액형이 A형일 사건을 A라 하자. 초기수사에

서 용의자 X와 용의자 Y가 범인일 확률이 같았으므로

$$\mathcal{P}(H) = \mathcal{P}(H^c) = \frac{1}{2}$$

이다. 또한

$$\mathcal{P}(A|H) = 1, \quad \mathcal{P}(A|H^c) = \frac{2}{5}$$

이므로

$$\begin{aligned} \mathcal{P}(A) &= \mathcal{P}(A|H)\mathcal{P}(H) + \mathcal{P}(A|H^c)\mathcal{P}(H^c) \\ &= 1 \cdot \frac{1}{2} + \frac{2}{5} \cdot \frac{1}{2} = \frac{7}{10} \end{aligned}$$

이다. 따라서 새로운 정보(X의 혈액형이 A)에 의하여 확률은

$$\mathcal{P}(H|A) = \frac{5/2}{1+5/2} = \frac{5}{7}$$

로 높아진다. □

2.2.5 연습문제 2.2

1. 다음 표는 보험회사에서 1년 동안의 주행거리에 따른 사고 발생 유무를 조사하여 통계적 확률을 구한 것이다. 단, 단위는 km이다.

	∼ 12000	12000∼ 18000	18000∼	합
사고 발생 (A)	0.05	0.08	0.12	0.25
사고 미발생 (A^c)	0.15	0.27	0.33	0.75
합	0.20	0.35	0.45	1

   (a) 어떤 차가 1년 동안 사고를 일으킬 확률을 구하여라.
   (b) 어떤 차가 1년 동안 18000km 이상 주행을 하고 사고를 일으키지 않을 확률을 구하여라.
   (c) 1년 동안 주행거리가 18000km 이상인 차가 사고를 일으킬 확률을 구하여라.
   (d) 1년 동안 주행거리가 12000km 이상인 차가 사고를 일으키지 않을 확률을 구하여라.

2. 엘리베이터에서 어제 아래층으로 이사온 엄마와 아들을 만났다.
   (a) 그 엄마는 아이가 셋이라 하였다. 모두 아들일 확률을 구하여라.
   (b) 엘리베이터에 같이 있는 아들이 둘째라 할 때 셋 모두 아들일 확률을 구하여라.

3. 다음 표는 1000명을 대상으로 색맹 유무를 조사하여 표로 만든 것이다.

	여성 (F)	남성 (M)	합
색맹 (C)	2	40	42
정상 (C^c)	488	470	958
합	490	510	1000

(a) 선택한 사람이 색맹일 때, 그 사람이 여성일 확률을 구하여라.

(b) 선택한 사람이 남성일 때, 그 사람이 색맹일 확률을 구하여라.

(c) 어떤 사람이 남성인 사건과 색맹인 사건은 독립인가?

4. A와 B는 독립사건이고 B와 C는 배반사건이다.

$$P(A) = 1/3, \quad P(A \cup B) = 1/2, \quad P(C) = 1/4, \quad P(A \cap C) = 1/8$$

일 때 다음을 구하여라.

(a) $P(A|B)$ (b) $P(A|B^c)$ (c) $P(B)$

(d) $P(A \cap B)$ (e) $P(C|B)$ (f) $P(A \cup B \cup C)$

5. 보기 2에서 다음을 구하여라.

(a) 두 시약 모두 양성 반응을 보일 때 이 선수가 스테로이드를 복용했을 확률

(b) 두 시약 모두 음성 반응을 보일 때 이 선수가 스테로이드를 복용했을 확률

6. 1절의 보기 5에서 $\mathcal{P}(ABC) = 0.02$라 하자.

(a) 엄마가 고혈압일 때, 아빠가 고혈압일 때, 엄마 아빠 모두 고혈압일 때, 아이가 고혈압일 확률은 각각 얼마인가?

(b) 엄마가 고혈압인 사건을 위험사건이라 했을 때, 아이가 고혈압인 상대위험은 얼마인가?

(c) 아빠가 고혈압인 사건을 위험사건이라 했을 때, 아이가 고혈압인 상대위험은 얼마인가?

(d) 엄마, 아빠가 모두 고혈압인 사건을 위험사건이라 했을 때, 아이가 고혈압인 상대위험은 얼마인가?

✠ (**민감도와 특이도**) 민감도와 특이도는 질병과 증상의 관계를 수치화하는 방법이다. 다음과 같이 질병이 있는 사람에게서 증상이 나타나는 확률과 질병이 없는 사람이 증상을 보이지 않을 확률

$$\mathcal{P}(T^+|D^+), \quad \mathcal{P}(T^-|D^-)$$

을 각각 **민감도**(**sensitivity**)와 **특이도**(**specificity**)라 정의한다.[8]

7. 보기 7의 경우 혈액검사의 민감도와 특이도를 구하여라.

8. 다음 표는 결핵을 앓는 30명과 결핵을 앓지 않는 1970명, 총 2000명을 대상으로 가슴 X-선 검사를 한 결과이다.

X-선 검사	비결핵 (D^-)	결핵 (D^+)	합계
음성 (T^-)	1931	9	1940
양성 (T^+)	39	21	60
합계	1970	30	2000

민감도와 특이도를 구하여라. 또한 위험계수를 구하여라.

9. 1000명을 대상으로 조사를 하였더니 8%가 간질환을 갖고 있었다. 간질환을 가진 사람의 50%는 과음주자, 40%는 음주자, 10%는 비음주자이다. 간질환을 갖지 않은 사람의 10%는 과음주자, 40%는 음주자, 50%는 비음주자라 한다.

    (a) 조사대상자에서 과음주자가 차지하는 비율은 몇%인가?

    (b) 어떤 사람이 과음주자일 때, 간질환을 갖고 있을 확률을 구하여라.

10. 신약의 부작용을 알아보기 위하여 1000명의 환자를 대상으로 실험을 하였다. 그 결과, 60명의 환자에게서 식욕부진현상이, 80명의 환자에게서 수면장애현상이 관찰되었다. 그러나 880명의 환자에게는 아무런 부작용이 발견되지 않았다고 한다.

    (a) 식욕부진과 수면장애현상을 동시에 보인 환자는 몇 %이겠는가?

    (b) 식욕부진 증상을 보인 사람이 수면장애도 갖고 있을 확률을 구하여라.

    (c) 식욕부진 증상을 보이지 않는 사람이 수면장애현상을 갖고 있을 확률을 구하여라.

11. 평소에 하는 말의 반이 거짓말인 사람이 있다. 이 사람에게 정확도가 90%인 거짓말 탐지기를 사용하여 조사를 하려고 한다.

    (a) 이 사람의 답변에 거짓말 탐지기가 거짓이라는 판단을 내릴 확률을 구하여라.

    (b) 거짓말 탐지기가 거짓이라는 판단을 내렸을 때 이 사람이 거짓말을 했을 확률을 구하여라.

    (c) 평소에 하는 말의 75%가 거짓말인 사람에 대하여 질문 (a), (b)에 답하여라.

    (d) 평소에 하는 말의 10%가 거짓말인 사람에 대하여 질문 (a), (b)에 답하여라.

[8] 어떤 증상이 질병에 대한 효율적인 판단기준이 되기 위해서는 민감도와 특이도가 모두 높아야 한다.

12. 다음과 같이 3개의 상자에 공이 들어 있다.

    A 5개의 흰 공과 3개의 빨간 공, 그리고 2개의 파란 공

    B 6개의 흰 공과 4개의 빨간 공

    C 3개의 흰 공과 7개의 빨간 공

    다음과 같이 공을 하나 선택하여 빈 상자에 넣으려고 한다.

    A에서 하나의 공을 꺼낸다.

    A에서 꺼낸 공이 흰 공이면 B에서 하나의 공을 꺼내어 빈 상자에 넣는다.

    A에서 꺼낸 공이 파란 공이면 C에서 하나의 공을 꺼내어 빈 상자에 넣는다.

    A에서 꺼낸 공이 빨간 공이면 그 공을 빈 상자에 넣는다.

    (a) 위의 과정을 확률나무로 나타내어라.
    (b) 빈 상자에 들어간 공이 빨간색일 확률을 구하여라.
    (c) 빈 상자에 들어간 공이 빨간색일 때 처음 선택한 공이 흰색일 확률을 구하여라.

13. 임산부가 흡연을 하는 경우 기형아를 출산할 확률은 흡연을 하지 않는 여성의 세 배라 한다. 임산부의 20%가 흡연자라 하면 기형아를 출산한 여성이 흡연자일 확률은 얼마인가?

14. 보기가 5개인 객관식 문제를 풀 때, 어떤 학생이 그 문제의 답을 알고 있을 확률이 p이다. 답을 모르는 경우는 임의로 하나의 답을 선택한다고 한다. 이 학생의 답이 맞았을 경우 문제의 답을 알고 있었을 확률은 얼마인가?

15. 항해 중이던 선박이 태풍을 만나 침몰하였다. 침몰한 지역으로 추측되는 영역은 크게 3개의 영역으로 구분되고 선박이 각 영역에 있을 가능성은 모두 같다. 지형적인 이유로 i 영역에 선박이 있더라도 찾을 수 없는 확률은 p_i라 한다. 첫 번째 영역에서 선박을 찾지 못했을 때,

    (a) 그 선박이 첫 번째 영역에 있을 확률을 구하여라.
    (b) 그 선박이 두 번째 영역에 있을 확률을 구하여라.

16. 3개의 동전이 있다. 하나의 동전은 정상인 동전이지만 2개의 동전은 각각 앞면과 뒷면만 있는 동전이다. 임의로 동전을 선택하여 던졌을 때 앞면이 나왔다면 그 동전이 정상인 동전일 확률을 구하여라.

17. 문제 16에서 정상인 동전이 k개, 앞면만 있는 동전이 m개, 뒷면만 있는 동전이 n개 있는 경우 문제 16을 풀어라.

18. 축구경기는 본 경기가 무승부로 끝나면 승부차기로 승부를 가린다. 양팀의 승부차기 실력은 같고 처음 찰 때의 성공률은 0.8이라 한다. 앞사람이 성공했을 경우 성공률은 0.9인 반면 앞사람이 실패한 경우 성공률은 0.7이라 한다. 기회는 양팀에 한 번씩만 주어질 때

    (a) 먼저 공을 찬 팀이 이길 확률을 구하여라.

    (b) 공을 나중에 찬 팀이 이길 확률을 구하여라.

19. (a) F와 G가 상호배반이면 $\mathcal{P}(F \cup G|E) = \mathcal{P}(F|E) + \mathcal{P}(G|E)$임을 보여라.

    (b) $\mathcal{P}(E) \neq 0$이면 $\mathcal{P}(F^c|E) = 1 - \mathcal{P}(F|E)$임을 보여라.

20. $\mathcal{P}(E)\mathcal{P}(F)\mathcal{P}(G) > 0$일 때 다음을 보여라.

    (a) $\mathcal{P}(E^c \cup F^c) = 1 - \mathcal{P}(E)\mathcal{P}(F|E)$

    (b) $\mathcal{P}(E \cap F|F \cup G) = \mathcal{P}(E \cap F|F)\mathcal{P}(F|F \cup G)$

    (c) $\mathcal{P}(E \cup F|G) = \mathcal{P}(E|G) + \mathcal{P}(F|G) - \mathcal{P}(EF|G)$

    (d) $\mathcal{P}(F \cap G|E) = \mathcal{P}(G|E)\mathcal{P}(F|E \cap G)$, 단, $\mathcal{P}(E \cap G) \neq 0$

    (e) $\dfrac{\mathcal{P}(E|E \cup F)}{\mathcal{P}(F|E \cup F)} = \dfrac{\mathcal{P}(E)}{\mathcal{P}(F)}$

21. 두 사건 E, F에 대하여 다음 식이 성립하면, E, F는 G가 주어졌을 때 **조건부 독립 (conditional independence)**이라 한다.

$$\mathcal{P}(E|FG) = \mathcal{P}(E|G)$$

    이때, 다음이 성립함을 보여라.

$$\mathcal{P}(EF|G) = \mathcal{P}(E|G)\mathcal{P}(F|G)$$

22. 어떤 위험의 질병에 대한 상대위험이 1이면 두 사건(위험과 질병)은 독립임을 보여라.

23. $\mathcal{P}(FG) > 0$, $\mathcal{P}(FG^c) > 0$일 때

    (a) 다음 식이 성립함을 보여라.

$$\mathcal{P}(G|E) = \mathcal{P}(G|EF)\mathcal{P}(F|E) + \mathcal{P}(G|EF^c)\mathcal{P}(F^c|E)$$

    (b) 두 사건 E와 F가 독립이면 다음 식이 성립함을 보여라.

$$\mathcal{P}(G|E) = \mathcal{P}(G|EF)\mathcal{P}(F) + \mathcal{P}(G|EF^c)\mathcal{P}(F^c)$$

2.3 확률변수

2.3.1 이산확률변수

확률적 실험의 결과들은 무게, 길이, 시간 등과 같이 **양적**(quantitative)인 값을 갖는 경우와 신생아의 남·녀 구분이나 선거에서 지지하는 후보, 또는 동전을 세 번 던졌을 때의 결과 등과 같이 **질적**(qualitative)인 값을 갖는 경우가 있다. 질적인 자료의 경우 동전을 세 번 던졌을 때 앞면이 나온 횟수라든지, 2개의 주사위를 던지는 게임에서 두 눈의 수의 합과 같이 실험의 결과보다 실험의 결과를 수치화한 것에 관심을 가질 때가 있다. 이렇게 실험 결과마다 실수를 대응하는 함수를 **확률변수**라 한다. 확률변수는 주로 알파벳 대문자 X, Y 등을 사용하여 나타낸다.

확률변수가 가질 수 있는 값들이 유한하거나 셀 수 있을 때[9] **이산확률변수**(**discrete random variable**)라 한다. 예를 들어, 주사위를 두 번 던질 때 두 눈의 합 T가 가질 수 있는 값은 $\{2, 3, \ldots, 12\}$로 유한집합이다. 동전의 앞면이 나올 때까지 던진 횟수 X가 가질 수 있는 값은 자연수의 집합 $\mathbb{N} = \{1, 2, 3, \ldots\}$이다. 표본공간 Ω에 정의된 확률변수 X가 취하는 값의 집합을 확률변수 X의 **상대공간**(**state spacc**)이라 한다. 집합 $\{X = k\}$는 $\{\omega \in \Omega | X(\omega) = k\}$를 의미하고 확률은 다음과 같이 정의한다.

$$\mathcal{P}(X = k) = \mathcal{P}(\{\omega \in \Omega | X(\omega) = k\})$$

보기 1 (a) 동전을 세 번 던지는 실험의 표본공간은 다음과 같다.

$$\Omega = \{HHH, HHT, HTH, THH, HTT, THT, TTH, TTT\}$$

표본공간 Ω에 대하여 확률변수 X를 '동전 앞면이 나온 횟수'라 정의하면

$$\begin{aligned} X(TTT) &= 0 \\ X(HTT) &= X(THT) = X(TTH) = 1 \\ X(HHT) &= X(HTH) = X(THH) = 2 \\ X(HHH) &= 3 \end{aligned}$$

이므로 상태공간은 $S = \{0, 1, 2, 3\}$이다.

$$\begin{aligned} \{X = 0\} &= \{TTT\} \\ \{X = 1\} &= \{HTT, THT, TTH\} \\ \{X = 2\} &= \{HHT, THH, HTH\} \\ \{X = 3\} &= \{HHH\} \end{aligned}$$

이므로

$$\mathcal{P}(X = 0) = \frac{1}{8}, \quad \mathcal{P}(X = 1) = \mathcal{P}(X = 2) = \frac{3}{8}, \quad \mathcal{P}(X = 3) = \frac{1}{8}$$

이다.

---

[9] 자연수와 일대일대응시킬 수 있을 때

(b) 주사위를 2번 던지는 실험의 표본공간은 다음과 같다.

$$\Omega = \{(m, n) | 1 \le m \le 6, 1 \le n \le 6\}$$

표본공간 Ω에 대하여 확률변수 T를 '두 윗면의 눈의 합'이라 정의하면

$$T(m, n) = m + n$$

이고 T의 상태공간은

$$S = \{2, 3, \ldots, 12\}$$

이다.

$$\begin{aligned}
\{T = 2\} &= \{(1,1)\}, & \mathcal{P}(T = 2) &= 1/36 \\
\{T = 3\} &= \{(1,2), (2,1)\}, & \mathcal{P}(T = 3) &= 2/36 \\
\{T = 4\} &= \{(1,3), (2,2), (3,1)\}, & \mathcal{P}(T = 4) &= 3/36 \\
\{T = 5\} &= \{(1,4), (2,3), (3,2), (4,1)\}, & \mathcal{P}(T = 5) &= 4/36 \\
\{T = 6\} &= \{(1,5), (2,4), (3,3), (4,2), (5,1)\}, & \mathcal{P}(T = 6) &= 5/36 \\
\{T = 7\} &= \{(1,6), (2,5), (3,4), (4,3), (5,2), (6,1)\}, & \mathcal{P}(T = 7) &= 6/36 \\
\{T = 8\} &= \{(2,6), (3,5), (4,3), (5,3), (6,2)\}, & \mathcal{P}(T = 8) &= 5/36 \\
\{T = 9\} &= \{(3,6), (4,5), (5,4), (6,3)\}, & \mathcal{P}(T = 9) &= 4/36 \\
\{T = 10\} &= \{(4,6), (5,5), (6,4)\}, & \mathcal{P}(T = 10) &= 3/36 \\
\{T = 11\} &= \{(5,6), (6,5)\}, & \mathcal{P}(T = 11) &= 2/36 \\
\{T = 12\} &= \{(6,6)\}, & \mathcal{P}(T = 12) &= 1/36
\end{aligned}$$

(c) 동전의 앞면이 나올 때까지 동전을 던지는 시행을 반복하는 실험에서 표본공간은

$$\Omega = \{H, TH, TTH, \ldots\}$$

이다. 이때 시행횟수를 Y라 하면

$$Y(H) = 1, \quad Y(TH) = 2, \quad Y(TTH) = 3, \ldots$$

이므로 Y의 상태공간은 $S = \{1, 2, 3, \ldots\}$이고

$$\{Y = 1\} = \{H\}, \quad \{Y = 2\} = \{TH\}, \quad \{Y = 3\} = \{TTH\}, \quad \ldots$$

이다. 따라서 다음과 같이 확률을 구할 수 있다.

$$\mathcal{P}(Y = k) = P(T \cdots TH) = \left(\frac{1}{2}\right)^{k-1} \frac{1}{2} = \frac{1}{2^k}, \quad k = 1, 2, \ldots \qquad \square$$

이산확률변수 X에 대하여 X의 상태공간의 값들을 하나씩 나열할 수 있으며 이를 일반적으로 $x_0, x_1, x_2, \ldots$로 나타낸다. 이때, $x_0, x_1, x_2, \ldots$에 대하여 확률

$$\mathcal{P}(X = x_0),\ \mathcal{P}(X = x_1),\ \mathcal{P}(X = x_2), \ldots$$

를 대응시켜 주는 함수를 **확률질량함수**(**probability mass function**)라 하고 p_X로 나타낸다. 확률질량함수는 상태공간의 값에 대하여만 나타내는 것이 일반적이다. 즉 상태공간이 $\{x_0, x_1, x_2, \ldots\}$인 이산확률변수 X의 확률질량함수 p_X는 다음과 같이 정의된다.

$$p_X(x_j) = \mathcal{P}(X = x_j)$$

확률질량함수 $p_X(x)$는 정의로부터 음이 아닌 값이고, 즉 $p_X(x) \geq 0$이고

$$\sum p_X(x_j) = 1$$

이다.

> **확률질량함수**
>
> 이산확률변수 $\mathbf{X}$의 상태공간이 $\{x_0, x_1, x_2, \ldots\}$일 때, X의 확률질량함수 p_X는 다음과 같이 정의된다.
>
> $$p_X(x_j) = \mathcal{P}(X = x_j)$$
>
> 확률질량함수 p_X는 $p_X(x) \geq 0$이고 다음 식을 만족한다.
>
> $$\sum p_X(x_j) = 1$$

Note 표기의 편의상 $p_X(x_j) = p_j$로 나타내기도 한다.

보기 2 (a) 보기 1(b)에서 확률변수 T의 확률질량함수는 다음과 같다.

$$p_T(2) = p_T(12) = \frac{1}{36}, \quad p_T(3) = p_T(11) = \frac{2}{36}, \quad p_T(4) = p_T(10) = \frac{3}{36},$$

$$p_T(5) = p_T(9) = \frac{4}{36}, \quad p_T(6) = p_T(8) = \frac{5}{36}, \quad p_T(7) = \frac{6}{36}$$

(b) 보기 1(c)의 확률변수 Y의 확률질량함수는 다음과 같다.

$$p_Y(k) = \left(\frac{1}{2}\right)^{k-1} \frac{1}{2} = \frac{1}{2^k}, \quad k = 1, 2, \ldots$$

□

보기 1(a)에서 X의 확률질량함수는

$$p_X(0) = \frac{1}{8}, \quad p_X(1) = p_X(2) = \frac{3}{8}, \quad p_X(3) = \frac{1}{8}$$

이다. 이 값을 다음과 같이 표로 만든 것을 X의 **확률분포표**라 한다.

k	0	1	2	3
$\mathcal{P}(X=x)$	$\frac{1}{8}$	$\frac{3}{8}$	$\frac{3}{8}$	$\frac{1}{8}$

확률변수의 분포를 쉽게 알기 위해서 확률분포표를 만들거나 그래프를 사용한다. 많이 사용하는 그래프는 확률 **막대그래프**(**bar graph**)와 확률 **기둥그래프**(**histogram**)이다. 일반적으로 확률막대그래프에서는 x의 값에 대응되는 확률 $\mathcal{P}(X=x)$를 선분으로 나타내고, 확률기둥그래프에서는 각 직사각형의 넓이가 확률 $\mathcal{P}(X=x)$를 나타내도록 그린다.

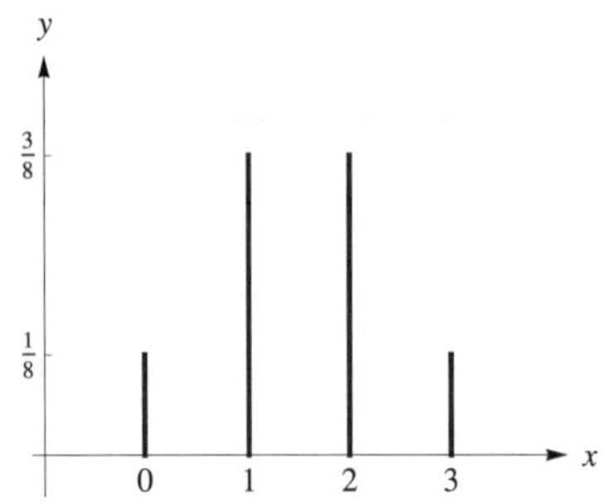

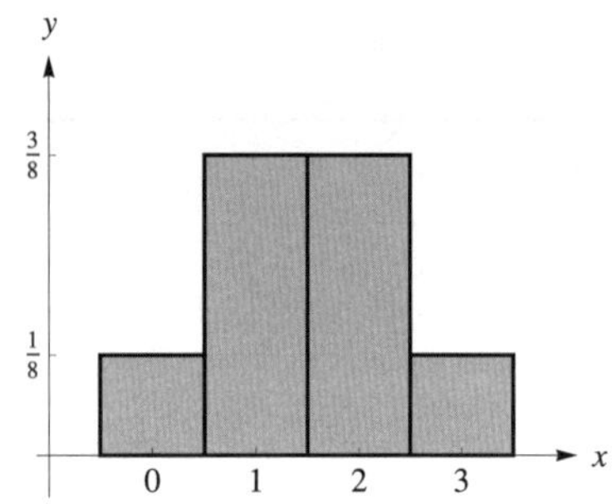

2.3.2 연속확률변수

신생아의 몸무게라든가, 학교까지의 통학시간 등과 같이, 계기를 이용하여 측정하는 자료값들은 실수의 부분집합을 값으로 취한다. 이러한 값들은 연속확률변수로 표현한다.

연속확률변수에 대하여는 어느 한 점에서의 확률을 계산하는 것이 아니라 어느 구간에 속할 확률을 구한다. 어느 값에서 그 확률변수가 일어날 상대적 가능성을 확률밀도라 정의한다. 엄밀하게 말해서, 음이 아닌 함수 $f: R \to R$에 대하여

- $\displaystyle\int_{-\infty}^{\infty} f(x)\,dx = 1$
- $\displaystyle\mathcal{P}(a \le X \le b) = \int_a^b f(x)\,dx$

가 성립하면 X를 **연속확률변수**(**continuous random variable**)라 하고, f를 X의 **확률밀도함수**(**probability density function**)라 한다.

> **확률밀도함수**
>
> 음이 아닌 함수 $f: R \to R$에 대하여
>
> - $\displaystyle\int_{-\infty}^{\infty} f(x)\,dx = 1$
> - $\displaystyle\mathcal{P}(a \le X \le b) = \int_a^b f(x)\,dx$
>
> 가 성립하면 f를 X의 **확률밀도함수**라 한다.

확률밀도함수의 두 번째 성질에서 $a = b$인 경우

$$\mathcal{P}(X = a) = \int_a^a f(x)\,dx = 0$$

이다. 따라서 이산확률변수의 경우와는 달리 연속확률변수의 경우에는 한 점에서 0보다 큰 확률을 가질 수 없다. 대신 연속확률변수의 확률밀도함숫값 $f(a)$는 확률변수 X가 a 근처에서 어느 정도 발생할지에 대한 측도로써 이해될 수 있다. 즉 확률밀도함수 f가 $x = a$에서 연속이면 아주 작은 값 da에 대하여

$$\begin{aligned}\mathcal{P}(a \le X \le a + da) &= \int_a^{a+da} f(x)\,dx \\ &\approx f(a)da\end{aligned}$$

이므로 X의 값이 $[a, a + da]$에 속할 확률은 근사적으로 $f(a)da$이다.

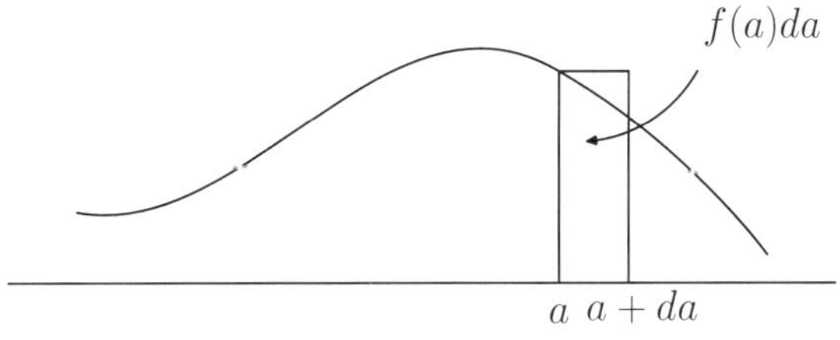

부기 3 확률변수 X의 확률밀도함수 f가 다음과 같다.

$$f(x) = \begin{cases} c(4 - x^2), & -2 < x < 2, \\ 0, & \text{기타} \end{cases}$$

c의 값을 구하고 확률 $\mathcal{P}(X \le 1)$을 구하여라.

Solution f는 확률밀도함수이므로 $\int_{-\infty}^{\infty} f(x)\,dx = 1$이어야 한다. 즉

$$1 = \int_{-2}^{2} f(x)\,dx = c\Big[4x - \frac{x^3}{3}\Big]_{-2}^{2} = \frac{32}{3}c$$

이므로 $c = 3/32$이고 구하는 확률은

$$\mathcal{P}(X \le 1) = \frac{3}{32}\int_{-2}^{1}(4 - x^2)\,dx = \frac{27}{32}$$

이다. □

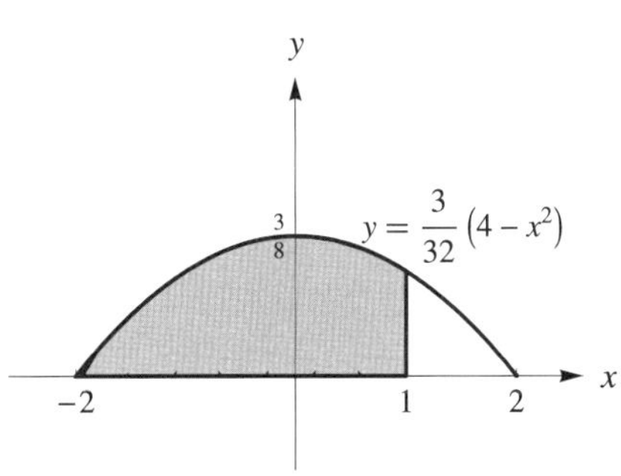

Note 표기의 편의를 위하여 확률밀도함수는 함수가 0이 아닌 구간만 나타내기도 한다. 예를 들어 보기 3의 확률밀도함수는 다음과 같이 쓰기도 한다.

$$f(x) = c(4 - x^2), \quad -2 < x < 2$$

2.3.3 누적분포함수

확률변수 X의 **누적분포함수(cumulative distribution function)** $F(x)$는 X가 x보다 작거나 같을 확률이다. X의 누적분포함수임을 강조할 때는 $F_X(x)$로 나타내기도 한다.

$$F(x) = \mathcal{P}(X \le x), \quad x \in \mathbb{R}$$

F는 증가함수이고 다음 성질을 갖는다.

- $\lim_{x\to\infty} F(x) = 1$
- $\lim_{x\to-\infty} F(x) = 0$

역으로 위의 두 성질을 만족하는 증가함수는 누적분포함수이다. 누적분포함수의 정의로부터

$$\mathcal{P}(a < X \le b) = F(b) - F(a)$$

이다.

이산확률변수 X의 확률질량함수가 $p(x)$이면

$$F(x) = \sum_{k \le x} p(k)$$

이고 F의 그래프는 $p(x) > 0$인 x에서 크기가 $p(x)$인 점프를 한다. 역으로 $p(x)$는 누적분포함수를 이용하여 다음 식에서 구할 수 있다.

$$p(x) = F(x) - F(x-)$$

여기서 $F(x-) = \mathrm{P}(X < x) = \lim_{t\to x-} F(t)$이다.

이산확률변수의 누적분포함수

이산확률변수 X의 확률질량함수가 $p(x)$이면

$$F(x) = \sum_{k \le x} p(k)$$

이고 $p(x) = F(x) - F(x-)$이다.

보기 1(a)에서 확률변수 X의 누적분포함수는 다음과 같다.

$$F_X(x) = \begin{cases} 0, & x < 0 \\ \frac{1}{8}, & 0 \le x < 1 \\ \frac{1}{2}, & 1 \le x < 2 \\ \frac{7}{8}, & 2 \le x < 3 \\ 1, & x \ge 3 \end{cases}$$

보기 4 보기 1의 확률변수 T와 Y의 누적분포함수의 그래프는 다음과 같다.

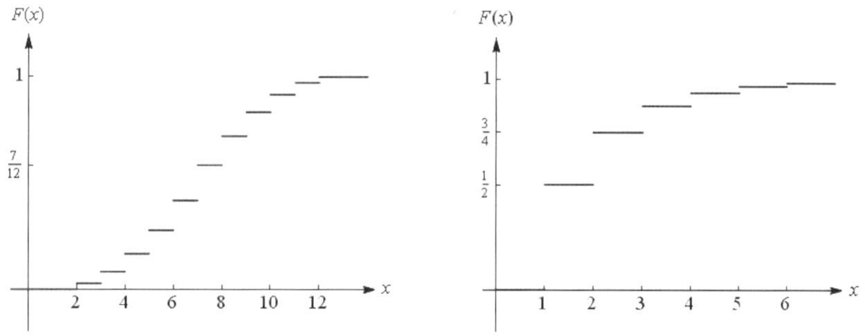

$f(x)$가 연속확률변수 X의 확률밀도함수이면 누적분포함수 $F(x)$는

$$F(x) = \int_{-\infty}^{x} f(t)\,dt$$

이고 미적분학의 기본정리로부터 다음 결과를 얻는다.

연속확률변수의 누적분포함수

$f(x), F(x)$가 각각 연속확률변수 X의 확률밀도함수, 누적분포함수이면

$$F(x) = \int_{-\infty}^{x} f(t)\,dt, \quad F'(x) = f(x)$$

이고 다음 식이 성립한다.

$$\mathcal{P}(a \le X \le b) = \mathcal{P}(a < X \le b) = \int_a^b f(x)\,dx$$

보기 5 함수 $F(x) = a \arctan x,\ x > 0$에 대하여

(a) F가 누적분포함수가 될 때 a의 값을 구하고 확률밀도함수를 구하여라.

(b) X의 누적분포함수가 F일 때, $\mathcal{P}(X \le x) = \frac{1}{2}$인 x를 구하여라.

(c) X의 누적분포함수가 F일 때, $\mathcal{P}(X \le \sqrt{3})$을 구하여라.

Solution

(a) $F'(x) = \frac{a}{1+x^2} \ge 0$이어야 하므로 $a \ge 0$이다. $\lim_{x\to-\infty} F(x) = 0$이므로

$$\lim_{x\to\infty} F(x) = 1$$

만 성립하면 F는 누적분포함수이다.

$$\lim_{x\to\infty} \arctan x = \frac{\pi}{2}$$

이므로 $a = \frac{2}{\pi}$이다. 따라서 확률밀도함수는

$$f(x) = \frac{2}{\pi}\frac{1}{1+x^2}$$

이다.

(b) $\mathcal{P}(X \le x) = \frac{2}{\pi}\arctan x = \frac{1}{2}$이므로

$$\arctan x = \frac{\pi}{4} \quad \Rightarrow \quad x = \tan\frac{\pi}{4} = 1$$

이다.

(c) $\mathcal{P}(X \le \sqrt{3}) = p$라 하면

$$p = \frac{2}{\pi}\arctan\sqrt{3} = \frac{2}{\pi}\cdot\frac{\pi}{3} = \frac{2}{3}$$

이다. □.

보기 6 연속확률변수 X의 확률밀도함수 f가 우함수일 때 $Y = X^2$의 확률밀도함수를 구하여라.

Solution Y의 누적분포함수를 $G(y) = \mathcal{P}(Y \le y)$라 하자. $y < 0$이면

$$G(y) = \mathcal{P}(X^2 \le y) = 0$$

이다. $y \ge 0$이면

$$\mathcal{P}(X^2 \le y) = \mathcal{P}(-\sqrt{y} \le X \le \sqrt{y}) = F(\sqrt{y}) - F(-\sqrt{y})$$

이 성립한다. Y의 확률밀도함수를 $g(y) = G'(y)$라 하면

$$g(y) = (F(\sqrt{y}) - F(-\sqrt{y}))' = \frac{1}{2\sqrt{y}}f(\sqrt{y}) + \frac{1}{2\sqrt{y}}f(-\sqrt{y})$$

이다. f는 우함수이므로, 다시 말해서 $f(-x) = f(x)$이므로

$$g(y) = \frac{1}{\sqrt{y}}f(\sqrt{y})$$

이다. □

2.4 기댓값과 분산

2.4.1 확률변수의 기댓값

확률변수의 **기댓값**(expected value) 또는 **평균**(mean)은 분포의 중심 위치를 나타내는 값으로 확률론에서 가장 중요한 개념 중의 하나이다. 확률변수 X의 기댓값은 $E(X)$ 또는 μ_X로 나타낸다. 이산확률변수 X의 확률질량함수가 $p(x)$일 때, X의 기댓값은 다음과 같이 정의한다.

$$\mu = E(X) = \sum x_j p(x_j)$$

다시 말하자면, X의 기댓값은 X가 취하는 값들에 대하여 그 확률질량함수를 **가중치**(weight)로 한 **가중평균**(weighted mean)이라 할 수 있다.

$f(x)$가 연속변수 X의 확률밀도함수일 때 X의 기댓값 $\mu = E(X)$는 다음과 같이 정의한다.

$$\mu = E(X) = \int_{-\infty}^{\infty} x f(x)\, dx$$

확률변수의 기댓값

- 이산확률변수 X의 확률질량함수가 $p(x)$일 때, X의 기댓값은 다음과 같이 정의한다.

$$\mu = E(X) = \sum x_j p(x_j)$$

- 연속확률변수 X의 확률밀도함수가 $f(x)$일 때 X의 기댓값 $\mu = E(X)$는 다음과 같이 정의한다.

$$\mu = E(X) = \int_{-\infty}^{\infty} x f(x)\, dx$$

Note 기댓값의 정의로부터 확률변수 X에 대하여 $X \geq 0$이면

$$E(X) \geq 0$$

임은 자명하다.

보기 1 (a) 주사위를 넌졌을 때 나오는 눈의 수를 X라 하면

$$E(X) = 1 \times \frac{1}{6} + 2 \times \frac{1}{6} + 3 \times \frac{1}{6} + 4 \times \frac{1}{6} + 5 \times \frac{1}{6} + 6 \times \frac{1}{6} = \frac{7}{2}$$

이다.

(b) 연속확률변수 X의 확률밀도함수가

$$f(x) = \begin{cases} \frac{3}{32}(4 - x^2), & -2 < x < 2, \\ 0, & \text{기타} \end{cases}$$

이면 기댓값은 다음과 같다.

$$E(X) = \int_{-\infty}^{\infty} xf(x)\,dx = \frac{3}{32}\int_{-2}^{2} x(4-x^2)\,dx = 0 \qquad \square$$

체비쇼프 부등식

마르코프 부등식(**Markov inequality**)은 확률변수의 확률분포가 알려지지 않고 기댓값만 알려졌을 때 확률분포에 대한 정보를 알려 준다. 음이 아닌 확률변수 X와 양수 a에 대하여 확률변수 Y를

$$Y = \begin{cases} a, & (X \geq a) \\ 0, & (X < a) \end{cases}$$

로 정의하면 항상 $Y \leq X$이므로 $E(Y) \leq E(X)$이다. 이때 $E(Y) = a\mathrm{P}(X \geq a)$이므로 다음 부등식이 성립한다.

$$\mathrm{P}(X \geq a) \leq \frac{E(X)}{a}$$

이 결과를 마르코프[10] 부등식이라 한다.

> **마르코프 부등식**
>
> 음이 아닌 확률변수 X와 양수 a에 대하여 다음 부등식이 성립한다.
>
> $$\mathcal{P}(X \geq a) \leq \frac{E(X)}{a}$$

마르코프 부등식으로부터 다음 **체비쇼프 부등식**(**Chevyshev inequality**)을 증명하는 것은 연습문제로 남긴다.

> **체비쇼프 부등식**
>
> $E((X-\mu)^2) < \infty$인 확률변수 X와 양수 a에 대하여 다음 부등식이 성립한다.
>
> $$\mathcal{P}(|X-\mu| \geq a) \leq \frac{\mathrm{Var}(X)}{a^2}$$
>
> 이때 $\mu = E(X), \mathrm{Var}(X) = E((X-\mu)^2)$이다.

[10] 러시아의 수학자 마르코프(Markov, A. A. ; 1856 – 1922)의 이름을 딴 부등식이지만, 마르코프의 스승 체비쇼프(Chebyshev, P. L. ; 1821 – 1894)의 초기 연구 결과에도 나타난다.

2.4.2 기댓값의 성질

2개의 주사위를 던져 나오는 눈의 합을 Y라 할 때, Y의 기댓값을 구하여 보자. 첫 번째 방법은 Y의 확률질량함수를 구하여 기댓값의 정의에 따라 기댓값을 구하는 것이다. 3절의 결과를 정리하면 다음과 같은 Y의 확률분포표를 얻는다.

y	2	3	4	5	6	7	8	9	10	11	12
$\mathcal{P}(Y=y)$	$\frac{1}{36}$	$\frac{2}{36}$	$\frac{3}{36}$	$\frac{4}{36}$	$\frac{5}{36}$	$\frac{6}{36}$	$\frac{5}{36}$	$\frac{4}{36}$	$\frac{3}{36}$	$\frac{2}{36}$	$\frac{1}{36}$

위 표를 이용하면 기댓값은

$$E(Y) = \sum_{y=2}^{12} y\mathcal{P}(Y=y) = 7$$

이다. 그러나 Y의 기댓값은 다음과 같이 간단히 구할 수도 있다. 즉 1번 주사위의 눈의 수를 X_1, 2번 주사위의 눈의 수를 X_2라 하면

$$Y = X_1 + X_2$$

이다. 따라서 Y의 기댓값은 X_1과 X_2의 기댓값의 합과 같다. 즉

$$E(Y) = E(X_1) + E(X_2) = \frac{7}{2} + \frac{7}{2} = 7$$

이다. 이렇게 확률변수가 복잡한 경우, 여러 개의 간단한 확률변수의 합으로 나타내면 기댓값을 쉽게 구할 수 있다. 이 결과를 **기댓값의 덧셈법칙**(**addition rule of expectation**)이라 한다.

기댓값의 덧셈법칙

같은 상태공간에 정의된 확률변수 X, Y에 대하여

$$E(X+Y) = E(X) + E(Y)$$

이다. 일반적으로 n개의 확률변수 $X_1, X_2, \ldots, X_n$에 대하여

$$E(X_1 + X_2 + \cdots + X_n) = E(X_1) + E(X_2) + \cdots + E(X_n)$$

이 성립한다.

보기 2 T_n을 n개의 주사위를 던졌을 때 나온 눈의 수의 합이라 하자. $E(T_n)$을 구하여라.

Solution X_k를 k 번째 던진 주사위의 눈의 수라하자. 그러면

$$T_n = X_1 + X_2 + \cdots + X_n$$

이므로

$$E(T_n) = E(X_1) + E(X_2) + \cdots + E(X_n) = \frac{7}{2}n$$

이다. □

기댓값의 곱셈법칙

2개의 주사위를 던졌을 때 나오는 눈의 곱을 U라 하자. 첫 번째 주사위의 눈의 수를 X_1, 두 번 주사위의 눈의 수를 X_2라 하면

$$U = X_1X_2$$

이다. $m, n = 1, 2, \ldots, 6$에 대하여 사건 $(X_1 = m, X_2 = n)$이 일어날 가능성은 모두 같으므로 (등확률 모형)

$$\mathcal{P}(X_1 = m, X_2 = n) = \frac{1}{36}$$

이고

$$\mathcal{P}(X_1 = m, X_2 = n) = \mathcal{P}(X_1 = m)\mathcal{P}(X_2 = n)$$

이다. 따라서 U의 기댓값은 다음과 같이 구할 수 있다.

$$\begin{aligned} E(U) &= E(X_1X_2) = \sum_{m=1}^{6}\sum_{n=1}^{6} mn\mathcal{P}(X_1 = m, X_2 = n) \\ &= \sum_{m=1}^{6} m\mathcal{P}(X_1 = m)\sum_{n=1}^{6} n\mathcal{P}(X_2 = n) \\ &= E(X)E(Y) = \frac{49}{4} \end{aligned}$$

X와 Y가 독립인 시행에서 얻어지는 확률변수들이면 X와 Y는 **독립변수(independent random variable)**라 한다. 따라서 X와 Y가 독립인 이산확률변수이면 항상 다음 관계식이 성립한다.

$$\mathcal{P}(X = x, Y = y) = \mathcal{P}(X = x)\mathcal{P}(Y = y)$$

따라서 독립인 두 변수의 기댓값은 다음과 같이 구할 수 있다.[11]

기댓값의 곱셈법칙

두 확률변수 X, Y가 독립이면

$$E(XY) = E(X)E(Y)$$

이다. 일반적으로 X와 Y가 독립이면 두 함수 f, g에 대하여 다음 식이 성립한다.

$$E(f(X)g(Y)) = E(f(X))E(g(Y))$$

[11] 이 교재에서는 이산인 변수에 대하여 결과를 말하고 있지만 같은 결과가 연속확률변수에도 성립한다. 그러나 연속확률변수의 경우, 독립성을 정의하는 것이 이 교재의 수준을 벗어나므로 다루지 않는다. 관심있는 학생들은 확률론 교재를 참고하기 바란다.

$g(X)$의 기댓값

확률변수 X의 분포를 알고 있을 때, X의 기댓값 이외에도 X의 함수 $g(X)$의 기댓값(예를 들어, $g(X) = X^2$, 또는 $g(X) = e^X$ 등)이 필요할 때가 있다. 3절의 보기 1(a)에서 $Y = (X-1)^2$의 기댓값을 구하여 보자. $X = 0$ 또는 $X = 2$일 때 $Y = 1$이므로 X의 분포를 이용하여 Y의 분포를 구하면 다음과 같다.

$$
\begin{aligned}
\mathcal{P}(Y=0) &= \mathcal{P}(X=1) = \frac{3}{8} \\
\mathcal{P}(Y=1) &= \mathcal{P}(X=0) + \mathcal{P}(X=2) = \frac{1}{2} \\
\mathcal{P}(Y=4) &= \mathcal{P}(X=3) = \frac{1}{8}
\end{aligned}
$$

위의 분포를 정리하면 다음과 같은 Y의 확률분포표를 얻는다.

y	0	1	4
$\mathcal{P}(Y=y)$	$\frac{3}{8}$	$\frac{1}{2}$	$\frac{1}{8}$

따라서 Y의 기댓값은 정의로부터

$$E(Y) = E((X-1)^2) = 0 \times \frac{3}{8} + 1 \times \frac{1}{2} + 4 \times \frac{1}{8} = 1$$

이다.

이처럼 $g(X)$의 분포를 X의 분포를 이용하여 구한 후 $g(X)$의 기댓값을 구할 수도 있지만 $g(X)$의 분포를 구하지 않고도 $g(X)$의 기댓값을 다음 정리에 의하여 구할 수 있다.

$g(X)$의 기댓값

- 이산확률변수 X가 확률질량함수 $p_X(x)$를 갖는다고 하자. 임의의 함수 g에 대하여 $g(X)$의 기댓값은 다음과 같다.

$$E(g(X)) = \sum g(x_j) p_X(x_j) \tag{2.1}$$

- 연속확률변수 X가 확률밀도함수 $f(x)$를 갖는다고 하자. 임의의 함수 g에 대하여 $g(X)$의 기댓값은 다음과 같다.

$$E(g(X)) = \int_{-\infty}^{\infty} g(x) f(x)\, dx$$

특히 $g(x) = ax + b$이면 다음의 결과를 얻는다.

$$E(aX + b) = aE(X) + b$$

2.4.3 분산과 표준편차

X의 기댓값 $\mu = E(X)$는 확률분포의 무게중심을 나타낸다. 즉 $E(X)$는 분포의 중심위치를 나타내는 측도라 할 수 있다. 그러나 같은 기댓값을 갖는 확률변수들도 그 분포의 성질이 상당히 다를 수 있다.

확률분포가 다음과 같이 주어진 두 확률변수 X, Y를 생각해 보자. X, Y의 기댓값은 모두 0이지만 Y의 분포가 X의 분포보다 중심(기댓값)으로부터 훨씬 넓게 퍼져 있음을 알 수 있다.

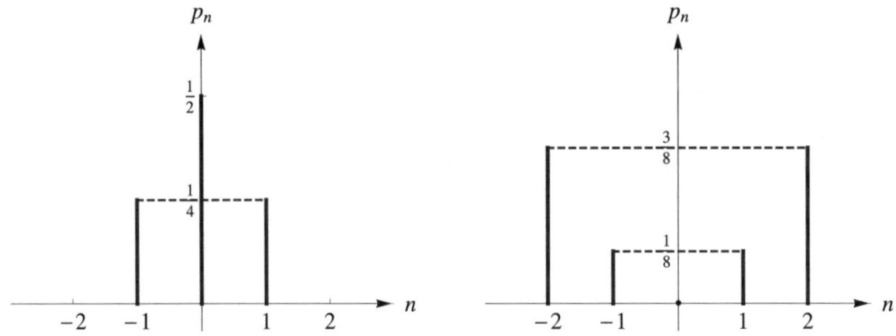

X의 분포가 중심 위치 $\mu = E(X)$로부터 퍼져 있는 정도를 나타내는 값으로써

$$E((X-\mu)^2)$$

을 이용한다. 이를 X의 **분산**(**variance**)이라 하고, 기호로는

$$\sigma^2 \qquad \text{또는} \qquad \mathrm{Var}(X)$$

로 나타낸다. 확률변수 X의 분산은 $(X-\mu)^2$의 기댓값이므로 X와 단위가 다르다. 같은 단위의 측도가 필요한 경우 분산의 양의 제곱근을 취하여 이용한다. 이를 X의 **표준편차**(**standard deviation**)라 하고,

$$\sigma \qquad \text{또는} \qquad \mathrm{sd}(X)$$

로 나타낸다.

확률변수 X의 분산과 표준편차

$\mu = E(X)$일 때, X의 분산과 표준편차는 각각 다음과 같이 정의한다.

$$\begin{aligned}\sigma^2 &= \mathrm{Var}(X) = E[(X-\mu)^2] \\ \sigma &= \mathrm{sd}(X) = \sqrt{\mathrm{Var}(X)}\end{aligned}$$

기댓값의 성질을 이용하면 다음과 같은 분산의 성질을 알 수 있다.

분산의 성질

확률변수 X의 기댓값 μ와 상수 a, b에 대하여 다음이 성립한다.

(a) $\mathrm{Var}(X) = E(X^2) - \mu^2$ (b) $\mathrm{Var}(aX + b) = a^2\mathrm{Var}(X)$

보기 3 보기 1에서 확률변수 X의 분산을 구하여라.

Solution 식 (2.1)에 의하여

$$E(X^2) = 0 \times \frac{1}{8} + 1^2 \times \frac{3}{8} + 2^2 \times \frac{3}{8} + 3^2 \times \frac{1}{8} = 3$$

이므로 분산의 성질을 이용하면 X의 분산은

$$\mathrm{Var}(X) = E(X^2) - E(X)^2 = 3 - \left(\frac{3}{2}\right)^2 = \frac{3}{4}$$

이다. □

독립변수 X, Y에 대하여 $U = X + Y$라하자. $\mu_X = E(X)$, $\mu_Y = E(Y)$라 하면

$$E(U) \;=\; E(X+Y) \;=\; E(X) + E(Y) \;=\; \mu_X + \mu_Y$$

이다. X, Y는 독립이므로

$$E(XY) = E(X)E(Y) = \mu_X \mu_Y$$

이고, U의 분산은 다음과 같다.

$$\begin{aligned}
\mathrm{Var}(U) &= E(U^2) - [E(U)]^2 = E((X+Y)^2) - (\mu_X + \mu_Y)^2 \\
&= E(X^2) - \mu_X^2 + E(Y^2) - \mu_Y^2 + 2E(X)E(Y) - 2\mu_X\mu_Y \\
&= \mathrm{Var}(X) + \mathrm{Var}(Y)
\end{aligned}$$

다시 말해서, 독립인 두 변수의 합의 분산은 두 분산의 합이다. 독립인 n개의 확률변수에 대하여도 같은 결과가 성립한다.

분산의 덧셈법칙

- X, Y가 독립변수이면 다음 식이 성립한다.

$$\mathrm{Var}(X + Y) = \mathrm{Var}(X) + \mathrm{Var}(Y)$$

- 독립인 n개의 확률변수 $X_1, X_2, \ldots, X_n$에 대하여 다음 식이 성립한다.

$$\mathrm{Var}(X_1 + X_2 + \cdots + X_n) = \mathrm{Var}(X_1) + \mathrm{Var}(X_2) + \cdots + \mathrm{Var}(X_n)$$

보기 4 $X_1, X_2, \ldots, X_n$이 동일한 분포를 갖는 독립변수들일 때 **표본**(**sample**)이라 하고 **표본평균**(**sample mean**)을

$$\overline{X} = \frac{1}{n}\sum_{i=1}^{n} X_i$$

로 정의한다. $E(X_1) = \mu, \mathrm{Var}(X_1) = \sigma^2$일 때 다음 결과가 성립함을 보여라.

$$E(\overline{X}) = \mu,\ \mathrm{Var}(\overline{X}) = \frac{\sigma^2}{n}$$

Solution 기댓값의 덧셈법칙에 의하면

$$E(\overline{X}) = \frac{1}{n}\left(E(X_1) + \cdots + E(X_n)\right) = \frac{1}{n}(\mu + \cdots + \mu) = \frac{1}{n}(n\mu) = \mu$$

이다. $\overline{X} - \mu = \frac{1}{n}\sum_{i=1}^{n}(X_i - \mu)$로 쓰고

$$\begin{aligned}(\overline{X} - \mu)^2 &= \left(\frac{1}{n}\sum_{i=1}^{n}(X_i - \mu)\right)^2 \\ &= \frac{1}{n^2}\left[\sum_{i=1}^{n}(X_i - \mu)^2 + \sum_{i \neq j}(X_i - \mu)(X_j - \mu)\right]\end{aligned}$$

로 나타내자.

$$\begin{aligned}E[(X_i - \mu)^2] &= \sigma^2 \\ E\left[(X_i - \mu)(X_j - \mu)\right] &= E(X_i - \mu)E(X_j - \mu) = 0\ (i \neq j)\end{aligned}$$

이므로

$$\mathrm{Var}(\overline{X}) = E((\overline{X} - \mu)^2) = \frac{1}{n^2}\sum_{i=1}^{n}\sigma^2 = \frac{\sigma^2}{n}$$

을 얻는다. □

표본평균의 평균과 분산

상호독립이고 동일한 분포를 가지는 확률변수 $X_1, X_2, \ldots, X_n$의 표본평균 $\overline{X} = \frac{1}{n}\sum_{i=1}^{n} X_i$의 평균과 분산은 다음과 같다.

$$E(\overline{X}) = \mu, \qquad \mathrm{Var}(\overline{X}) = \frac{\sigma^2}{n}$$

2.4.4 확률생성함수

음이 아닌 정숫값만 취하는 확률변수 X에 대하여

$$g(t) = E(t^X)$$

를 확률변수 X의 **확률생성함수(probability generating function)**라 정의한다. $k = 0, 1, 2, \ldots$ 에 대하여

$$p_k = \mathcal{P}(X = k)$$

라 하면

$$\begin{aligned} E(t^X) &= \mathcal{P}(X=0) + \mathcal{P}(X=1)t + \mathcal{P}(X=2)t^2 + \cdots \\ &= p_0 + p_1 t + p_2 t^2 + \cdots \end{aligned}$$

이다. 즉 확률생성함수는 계수가 수열 $\{p_n\}$인 거듭제곱급수이다. 예를 들어, 변수 X의 확률분포가

$$\mathcal{P}(X = 0) = 1 - p, \quad \mathcal{P}(X = 1) = p$$

이면[12] X의 확률생성함수는

$$g(t) = (1 - p) + pt$$

이다.

> **확률생성함수**
>
> 음이 아닌 정숫값만 취하는 확률변수 X의 확률생성함수는 다음과 같이 정의된다.
>
> $$g(t) = E(t^X) = \sum_{k=0}^{\infty} p_k t^k = p_0 + p_1 t + p_2 t^2 + \cdots + p_k t^k + \cdots$$
>
> 여기서 $p_k = \mathcal{P}(X = k)$이다.

Note 1. $g(t)$가 X의 확률생성함수라면

$$g(1) = \mathcal{P}(X = 0) + \mathcal{P}(X = 1) + \mathcal{P}(X = 2) + \cdots = 1$$

이므로 g는 $|t| \le 1$일 때 수렴한다. 따라서 g 의 수렴반경은 1보다 크거나 같다.

2. 거듭제곱급수의 성질에서

$$p_k = \frac{g^{(k)}(0)}{k!}$$

이다. 즉 확률생성함수 g를 알면 X의 확률분포를 모두 알 수 있다.

[12] 이러한 분포를 갖는 확률변수를 성공확률이 p인 베르누이 시행이라 한다. 다음 절 참조

보기 5 확률변수 X의 확률질량함수가 다음과 같을 때 확률생성함수를 구하여라.[13]

$$p_k = \mathcal{P}(X = k) = p(1-p)^{k-1}, \quad k \geq 1$$

Solution $k \geq 1$일 때, $p_k = p(1-p)^{k-1}$이다. 따라서 확률생성함수는 다음과 같다.

$$\begin{aligned} g(t) &= \sum_{k=0}^{\infty} p_k t^k = \sum_{k=1}^{\infty} p(1-p)^{k-1} t^k \\ &= pt \sum_{k=1}^{\infty} ((1-p)t)^{k-1} = \frac{pt}{1-(1-p)t} \end{aligned}$$

□

g가 X의 확률생성함수이면 거듭제곱급수의 기본정리에서 다음 사실들을 알 수가 있다.

$$g'(t) = \sum_{k=1}^{\infty} k p_k t^{k-1}, \quad g''(t) = \sum_{k=1}^{\infty} k(k-1) p_k t^{k-2}$$

따라서 다음 관계식이 성립한다.

$$\begin{aligned} g'(1) &= \sum_{k=1}^{\infty} k p_k = E(X) \\ g''(1) &= \sum_{k=2}^{\infty} k(k-1) p_k = E(X(X-1)) \end{aligned}$$

확률생성함수와 기댓값

$g(t)$가 X의 확률생성함수, 즉 $g(t) = E(t^X)$이면 다음 식이 성립한다.

$$g'(1) = E(X), \quad g''(1) = E(X(X-1))$$

Note 1. $\mathrm{Var}(X) = E(X^2) - [E(X)]^2 = E(X(X-1)) + E(X) - [E(X)]^2$이므로 X의 분산은 다음과 같이 구할 수 있다.

$$\mathrm{Var}(X) = g''(1) + g'(1) - [g'(1)]^2$$

2. 일반적으로 다음 관계식이 성립한다.

$$g^{(k)}(1) = E(X(X-1)\cdots(X-k+1))$$

보기 6 보기 5의 확률변수 X의 평균과 분산을 확률생성함수를 이용하여 구하여라.

[13] 이러한 확률질량함수를 갖는 확률변수는 성공확률이 p인 기하분포를 따른다고 한다. 기하분포에 대해서는 다음 절에서 다룬다.

Solution 확률생성함수가

$$g(t) = \frac{pt}{1-qt}, \quad q = 1-p$$

이므로

$$\begin{aligned} g'(t) &= \frac{p(1-qt) - pt(-q)}{(1-qt)^2} = \frac{p}{(1-qt)^2} \\ g''(t) &= \frac{-2p}{(1-qt)^3}(-q) = \frac{2pq}{(1-qt)^3} \end{aligned}$$

이다. $t = 1$을 대입하면

$$g'(1) = \frac{p}{(1-q)^2} = \frac{1}{p}, \quad g''(1) = \frac{2pq}{(1-q)^3} = \frac{2q}{p^2}$$

이다. 따라서 $E(X) = \frac{1}{p}$이고

$$\mathrm{Var}(X) = \frac{2q}{p^2} + \frac{1}{p} - \frac{1}{p^2} = \frac{2q+p-1}{p^2} = \frac{q}{p^2}$$

이다. □

음이 아닌 정숫값만을 갖는 두 변수 X_1, X_2가 독립이라 하자. 그러면 $X_1 + X_2$도 음이 아닌 정숫값만을 갖는다. X_1과 X_2의 확률생성함수가 각각 $g_1(t), g_2(t)$라 할 때 $X_1 + X_2$의 확률생성함수를 $g(t)$라 하자.

$$g_1(t) = E(t^{X_1}), \quad g_2(t) = E(t^{X_2}), \quad g(t) = E(t^{X_1+X_2})$$

X_1과 X_2는 독립이므로

$$\begin{aligned} g(t) &= E(t^{X_1+X_2}) = E(t^{X_1}t^{X_2}) \\ &= E(t^{X_1})E(t^{X_2}) = g_1(t)g_2(t) \end{aligned}$$

이다. 즉 독립변수의 합의 확률생성함수는 확률생성함수의 곱으로 주어진다.

독립변수의 합의 확률생성함수

독립인 두 변수 X_1과 X_2의 확률생성함수가 각각 $g_1(t), g_2(t)$이면 X_1+X_2의 확률생성함수 $g(t)$는 다음과 같다.

$$g(t) = g_1(t)g_2(t)$$

이산확률변수의 확률생성함수로부터 확률질량함수를 모두 구할 수 있으므로 위의 결과는 확률변수들의 합의 분포를 구하는 데 아주 유용하다. 구체적인 보기는 5절과 6절에서 살펴보기로 한다.

2.4.5 연습문제 2.3–2.4

1. 두 변수 X, Y의 분산이 같으면 다음 식이 성립함을 보여라.

$$E((X+Y)(X-Y)) = E(X+Y)E(X-Y)$$

2. $E(X) = \mu, \mathrm{Var}(X) = \sigma^2$일 때, 임의의 상수 a에 대하여

$$E((X-a)^2) = \sigma^2 + (\mu - a)^2$$

   임을 보여라.[14]

3. 독립인 두 변수 X, Y의 기댓값과 분산이 모두 3과 2이다. 다음 변수의 평균과 분산을 구하여라.

   (a) $X + Y$　　(b) XY

4. 한국시리즈는 7전 4선승제이다. 2020년 한국시리즈에는 S팀과 B팀이 진출하였고 S팀의 2020년 정규시즌 B팀과의 전적은 30승 20패이다. 한국시리즈에서의 승률도 정규시즌과 같다고 가정할 때 다음을 구하여라.

   (a) 한국시리즈가 $k\,(k = 4, 5, 6, 7)$ 게임만에 끝날 확률 p_k

   (b) 한국시리즈의 게임 수의 평균

   (c) S 팀이 우승할 확률

5. 변수 X가 음이 아닌 정수값만을 취할 때 다음을 보여라.

   (a) $E(X) = \sum_{n=1}^{\infty} \mathcal{P}(X \geq n)$

   (b) $E(X(X+1)) = 2\sum_{n=1}^{\infty} n\mathcal{P}(X \geq n)$

6. 상자에 1부터 10까지 쓰여 있는 구슬이 하나씩 들어 있다. 복원 추출로 2개의 공을 꺼냈을 때 첫 번째 수를 X_1, 두 번째 수를 X_2라 하자.

   (a) $X = \max(X_1, X_2)$의 확률분포를 구하고 기댓값을 구하여라.[15]

   (b) $Y = \min(X_1, X_2)$의 기댓값을 구하여라.

7. 4개의 주사위를 던졌을 때 i 번째 나온 눈의 수를 X_i라 하자. $X = \min(X_1, X_2, X_3, X_4)$, 네 결과의 합을 S라 했을 때, $Y = S - X$라고 하자.

   (a) $k = 1, 2, \ldots, 6$에 대하여 $\mathcal{P}(X \geq k)$를 구하여라.

   (b) $E(X)$를 구하여라.

   (c) $E(Y)$를 구하여라.

---

[14] 따라서 평균 μ는 $E((X-a)^2)$을 최소화하는 값이다.

[15] Hint. $\mathcal{P}(X = k) = \mathcal{P}(X \leq k) - \mathcal{P}(X \leq (k-1))$

8. 확률변수 X에 대하여 다음 부등식을 동시에 만족하는 상수 m이 존재하면 m을 X의 **중앙값**(**median**)이라 한다.

$$\mathcal{P}(X \geq m) \geq \frac{1}{2}, \quad \mathcal{P}(X \leq m) \geq \frac{1}{2}$$

$m \leq 2E(X)$임을 보여라.

9. (a) 체비셰프 부등식이 성립함을 보여라.

   (b) 동일한 분포를 갖는 독립변수들의 열 $\{X_1, X_2, \ldots, X_n\}$의 표본평균 $\overline{X} = \frac{1}{n}\sum_{i=1}^{n} X_i$에 대하여 다음 부등식이 성립함을 보여라.[16]

$$\mathcal{P}(|\overline{X} - \mu| \geq \varepsilon) \leq \frac{\sigma^2}{n\varepsilon^2}$$

10. X의 확률질량함수 $p(n)$이 다음과 같다.

$$p(n) = \frac{cn}{2^n}, \quad n = 1, 2, \cdots$$

   (a) 상수 c를 구하여라.

   (b) X의 확률생성함수 $g(t) = E(t^X)$를 구하여라.

   (c) X의 평균과 분산을 구하여라.

11. X의 확률질량함수 $p(n)$이 다음과 같다.

$$p(n) = \frac{c}{n2^n}, \quad n = 1, 2, \cdots$$

   (a) 상수 c를 구하여라.

   (b) X의 확률생성함수를 구하여라.[17]

   (c) X의 평균과 분산을 구하여라.

12. 변수 X의 확률생성함수가 다음과 같다.

$$f(t) = e^t - e - t + 2$$

   (a) $i = 0, 1, 2, 3$에 대하여 $p_i = \mathcal{P}(X = i)$를 구하여라.

   (b) X의 평균과 분산을 구하여라.

---

[16] 따라서 임의의 $\varepsilon > 0$에 대하여 다음 식이 성립한다.

$$\lim_{n\to\infty} \mathcal{P}(|\overline{X} - \mu| \geq \varepsilon) = 0$$

ε은 임의의 양수이므로 다음 결과를 얻는다.

$$\lim_{n\to\infty} \mathcal{P}(|\overline{X} - \mu| \geq 0) = 0$$

[17] Hint. $t^n/n = \int_0^t x^{n-1}\,dx$

13. 변수 X의 확률생성함수가 다음과 같다.

$$f(t) = \frac{1}{(2-t)^2}$$

(a) $i = 0, 1, 2, 3$에 대하여 $p_i = \mathcal{P}(X = i)$를 구하여라.

(b) X의 평균과 분산을 구하여라.

14. X의 확률생성함수가 $f(x)$일 때

$$\mathcal{P}(X = \text{짝수}) = \frac{1 + f(-1)}{2}, \quad \mathcal{P}(X = \text{홀수}) = \frac{1 - f(-1)}{2}$$

임을 보여라.

15. 변수 X의 확률생성함수가 $g(x) = c(e^x + e^{-x})$이다.

(a) c를 구하여라.

(b) X의 평균과 분산을 구하여라.

16. 확률변수 X의 확률생성함수가 $f(t) = E(t^X)$일 때, 다음 확률변수의 생성함수를 f를 이용하여 나타내어라.

(a) $Y = X + 1$ (b) $Y = 2X$

17. $n = 3, 4, \ldots$에 대하여

$$\mathcal{P}(X = n) = \frac{2}{3^{n-2}}$$

라고 한다. 다음을 구하여라.

(a) X의 확률생성함수 (b) $E(X)$ (c) $\text{Var}(X)$

18. 나누어심기를 한 나무의 수명은 확률밀도함수가 다음과 같다.

$$f(x) = \begin{cases} cxe^{-2x}, & x \geq 0 \\ 0 & \text{기타} \end{cases}$$

(a) 상수 c를 구하여라.

(b) 이 나무의 평균수명을 구하여라.

19. 어떤 전기제품의 수명(단위 : 년)의 확률밀도함수가 다음과 같다.

$$f(x) = \begin{cases} \frac{8}{x^3}, & x \geq a \\ 0, & x < a \end{cases}$$

(a) 상수 a를 구하여라.

(b) 이 제품 수명의 평균을 구하여라.

(c) 신상품을 구입하였을 경우 3년 이상 사용할 수 있을 확률을 구하여라.

20. 확률변수 X의 확률밀도함수가

$$f(x) = \begin{cases} a + bx^2, & 0 \le x \le 4 \\ 0, & \text{기타} \end{cases}$$

이고 $E(X) = \frac{5}{2}$이다. a, b를 구하여라.

21. 양의 연속확률변수 X의 누적분포함수가 $F(x)$가 다음 조건을 만족한다.

$$\lim_{x \to \infty} x(1 - F(x)) = 0$$

그러면 다음 식이 성립함을 보여라.[18]

$$E(X) = \int_0^\infty (1 - F(x))\, dx = \int_0^\infty \mathcal{P}(X > x)\, dx$$

22. 동일한 확률밀도함수 $f(x)$를 갖는 독립변수 $X_1, X_2, \ldots, X_n$에 대하여

$$L = \max(X_1, X_2, \ldots, X_n)$$

라고 하자. X_1의 누적분포함수를 F, L의 누적분포함수를 G라고 하자.

$$F(x) = \mathcal{P}(X_1 \le x), \quad G(x) = \mathcal{P}(L \le x)$$

(a) $G(x) = F^n(x)$임을 보여라.

(b) L의 확률밀도함수 $g(x)$를 구하여라.

23. 동일한 확률밀도함수 $f(x)$를 갖는 독립변수 $X_1, X_2, \ldots, X_n$에 대하여

$$S = \min(X_1, X_2, \ldots, X_n)$$

라고 하자. S의 누적분포함수를 $H(x) = \mathcal{P}(S \le x)$라고 할 때,

(a) $H(x) = 1 - (1 - F(x))^n$ 임을 보여라.

(b) S의 확률밀도함수 $h(x)$를 구하여라.

[18] Hint. 부분적분을 이용한다.

2.5 이산확률변수

2.5.1 지시변수

임의의 사건 $E \subset S$에 대하여 다음과 같이 정의된 변수를 사건 E의 **지시변수(characteristic random variable, 또는 indicator random variable)**라 한다.

$$X = \begin{cases} 1, & x \in E \\ 0, & x \notin E \end{cases}$$

사건 E의 지시변수는 I_E로 나타내기도 한다.

$\mathcal{P}(E) = p(0 < p < 1)$인 지시변수 $X = I_E$의 확률질량함수는 다음과 같다.

$$p_X(0) = \mathcal{P}(X = 0) = 1 - p, \quad p_X(1) = \mathcal{P}(X = 1) = p$$

따라서 지시변수의 평균과 제곱의 평균은 모두

$$E(X) = 0 \cdot (1-p) + 1 \cdot p = p, \quad E(X^2) = 0^2 \cdot (1-p) + 1^2 \cdot p = p$$

이고 분산은

$$\text{Var}(X) = E(X^2) - p^2 = p - p^2 = pq$$

이다. 여기서 $q = 1 - p$이다.

지시변수

사건 E의 지시변수 $X = I_E$의 확률질량함수는

$$p(0) = 1 - p, \quad p(1) = p \quad (0 < p < 1)$$

이다. 지시변수 X의 평균과 분산은 다음과 같다.

$$E(X) = p, \quad \text{Var}(X) = p(1-p)$$

보기 1 항아리에 m개의 빨간 공을 포함하여 총 N개의 공이 들어 있다. 이 중에서 n개의 공을 꺼낼 때, 빨간 공의 수의 기댓값을 구하여라.

Solution $i = 1, 2, \ldots, m$에 대하여 사건 E_i를 i번째 빨간 공이 선택되는 사건이라 하자. 확률변수 X_i를 사건 E_i의 지시변수라 하자. 즉

$$X_i = \begin{cases} 1, & i\text{번째 빨간 공이 선택된 경우} \\ 0, & \text{기타} \end{cases}$$

라 하자. X를 선택된 공 중에서 빨간 공의 수라 하면

$$X = X_1 + X_2 + \cdots + X_m$$

이다. $E(X_i) = \mathcal{P}(E_i)$이므로

$$E(X_i) = \mathcal{P}(X_i = 1) = \binom{1}{1}\binom{N-1}{n-1}\Big/\binom{N}{n} = \frac{n}{N}$$

이다. 기댓값의 덧셈법칙에서

$$E(X) = E(X_1) + E(X_2) + \cdots + E(X_m) = \frac{mn}{N}$$

을 얻는다. □

보기 2 같은 해에 결혼한 N쌍의 부부 중에서 30년 동안 m명이 사망하였다. 30년 후 부부가 모두 생존해 있는 쌍을 X라 할 때, X의 기댓값을 구하여라.

Solution $i = 1, 2, \ldots, N$에 대하여 i번째 부부가 모두 생존하는 사건을 E_i라 하자.

$$X_i = \begin{cases} 1, & i\text{번째 부부가 모두 생존하는 경우} \\ 0, & \text{기타} \end{cases}$$

라 정의하면 30년 후 부부가 모두 생존해 있는 쌍 X는

$$X = X_1 + X_2 + \cdots + X_N$$

이다.

$$\begin{aligned} \mathcal{P}(X_i = 1) &= \binom{2N-2}{m}\Big/\binom{2N}{m} = \frac{(2N-2)!}{m!(2N-2-m)!}\frac{m!(2N-m)!}{(2N)!} \\ &= \frac{(2N-m)(2N-m-1)}{(2N)(2N-1)} \end{aligned}$$

이고, 모든 i에 대하여 $E(X_i) = \mathcal{P}(X_i = 1)$이므로 생존해 있는 쌍의 기댓값은

$$\begin{aligned} E(X) &= E(X_1) + E(X_2) + \cdots + E(X_N) \\ &= \frac{(2N-m)(2N-m-1)}{2(2N-1)} \end{aligned}$$

이다. □

2.5.2 기하변수

동전을 던지면 앞면이나 뒷면 중 하나가 나온다. 신생아는 남·녀로 구분이 된다. 주사위의 눈의 개수는 짝수 또는 홀수로 분류할 수 있다. 이와 같이 확률적 실험에서 가능한 결과가 두 가지이며, 반드시 두 결과 중 하나만 일어나는 확률적 실험을 스위스의 수학자 **베르누이** (**Bernoulli,**

Jacob)의 이름을 따서 **베르누이 시행**(**Bernoulli trial**)이라 한다. 베르누이 시행이 반복될 때 각 시행은 독립적이고 동일한 확률을 갖는다.

베르누이 시행의 두 결과는 일반적으로 "**성공**(**success**)"과 "**실패**(**failure**)"로 부른다. 시행의 결과가 "성공"일 때 $X = 1$, "실패"일 때 $X = 0$으로 정의되는 확률변수 X를 **베르누이 변수**(**Bernoulli random variable**)라 한다. 다시 말하자면 베르누이 변수는 성공인 사건의 지시변수이다.

성공확률이 p인 베르누이 시행을 성공할 때까지 반복할 때, X를 성공할 때까지의 시행횟수라 하자. 그러면 $X = n$일 사건은 처음 $(n-1)$번은 실패이고 n번째에서 성공일 사건이다. 따라서

$$\mathcal{P}(X = n) \;=\; \mathcal{P}(FF \dots FS) \;=\; (1-p)^{n-1}p$$

이다. 이렇게 정의되는 변수를 모수가 p인 **기하변수**(**geometric random variable**)라 하고

$$X \sim \text{Geo}(p)$$

로 나타낸다. 다음 그림은 $p = 0.3$일 때와(왼쪽) $p = 0.5$일 때의(오른쪽) 확률질량함수를 나타낸 것이다.

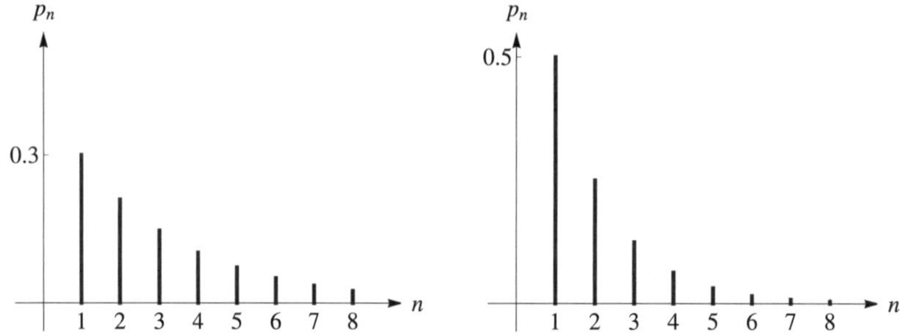

4절의 보기 6에서 다음 결과를 알 수 있다.

기하변수의 평균과 분산

X가 모수 p인 기하분포를 따를 때, 평균과 분산은 다음과 같다.

$$E(X) = \frac{1}{p}, \qquad \text{Var}(X) = \frac{1-p}{p^2}$$

보기 3 상자 속에 빨간 공 a개와 파란 공 b개가 들어 있다. 복원 추출로 파란 공이 나올 때까지 반복하여 공을 꺼낸다고 한다.

(a) 정확히 공을 n번 꺼낼 확률을 구하여라.

(b) 공을 n번 이상 꺼낼 확률은 얼마인가?

Solution 파란 공이 나올 때까지 공을 꺼낸 횟수를 X라 하자. 그러면 매번의 시행에서 성공일 (파란 공이 나올) 확률은

$$p = \frac{b}{a+b}$$

이다. 따라서

(a) 정확히 공을 n번 꺼낼 확률은 다음과 같다.

$$\mathcal{P}(X = n) = \Big(\frac{a}{a+b}\Big)^{n-1}\Big(\frac{b}{a+b}\Big) = \frac{a^{n-1}b}{(a+b)^n}$$

(b) 공을 n번 이상 꺼내는 사건은 처음 $(n-1)$번 빨간 공을 꺼내는 사건과 동일하다. 따라서

$$\mathcal{P}(X \geq n) = \Big(\frac{a}{a+b}\Big)^{n-1}$$

이다. □

보기 4 성공확률이 p인 독립시행을 r번의 성공이 나올 때까지 반복한 횟수를 X라 하자.[19]

(a) X의 확률분포 $\mathcal{P}(X = n),\ n = r, r+1, r+2, \ldots$을 구하여라.

(b) X의 평균과 분산을 구하여라.

Solution

(a) $X = n$이라면 n번째 시행에서는 성공이 나오고, 처음 $(n-1)$번의 시행에서는 $(r-1)$번의 성공과 $n-1-(r-1) = n-r$번의 실패가 나와야 한다. 그러므로

$$\mathcal{P}(X = n) \;=\; \binom{n-1}{r-1}(1-p)^{n-r}p^{r-1}p = \binom{n-1}{r-1}(1-p)^{n-r}p^r$$

이다.

(b) X의 평균과 분산을 구하기 위하여 X_1을 첫 번째 성공이 나올 때까지의 시행횟수라 하자. X_2는 첫 번째 성공이 나오고 나서 두 번째 성공이 나올 때까지의 시행횟수, 같은 방법으로 X_r까지 정의하자. 그러면

$$X = X_1 + X_2 + \cdots + X_r$$

이다. 여기서 $X_1, X_2, \ldots, X_r$은 서로 독립이고 모두 성공확률이 p인 기하분포를 따른다. 따라서 기댓값의 덧셈법칙으로부터

$$E(X) = E(X_1 + X_2 + \cdots + X_r) = rE(X_1) \;=\; \frac{r}{p}$$

[19]이런 변수를 모수가 (r, p)인 **음이항분포(negative binomial distribution)**를 따른다고 한다.

을 얻는다. 또한 $X_1, X_2, \ldots, X_r$은 서로 독립이므로 분산의 덧셈법칙으로부터

$$\begin{aligned} \mathrm{Var}(X) &= \mathrm{Var}(X_1 + X_2 + \cdots + X_r) \\ &= r\mathrm{Var}(X_1) = \frac{r(1-p)}{p^2} \end{aligned}$$

임을 알 수 있다. □

2.5.3 이항변수

성공확률이 p인 베르누이 시행을 독립적으로 n번 반복했을 때 성공 횟수를 X라 하자. 이때 X를 **모수**(parameter)가 (n, p)인 **이항변수**(**binomial random variable**)라 하고

$$X \sim \mathrm{Bin}(n, p)$$

로 나타낸다. 예를 들어, 동전을 10번 던져 앞면이 나오는 횟수를 X라 한다면

$$X \sim \mathrm{Bin}(10, 1/2)$$

이다. 또한 주사위를 20번 던져 1 또는 3이 나오는 횟수를 X라 한다면,

$$X \sim \mathrm{Bin}(20, 1/3)$$

이다.

n번의 베르누이 시행에서 j회의 성공과 $(n-j)$회의 실패가 있는 경우의 수는 $\binom{n}{j}$이다. 이때 각 경우의 확률은 $p^j(1-p)^{n-j}$이므로 다음과 같은 결과를 얻는다.

이항변수의 확률질량함수

이항변수 $X \sim \mathrm{Bin}(n, p)$의 확률질량함수는 다음과 같다.

$$p_X(j) = \binom{n}{j} p^j (1-p)^{n-j}, \quad j = 0, 1, 2, \ldots, n$$

다음은 $n = 10,\ 20$일 때, $p = 0.3, 0.5, 0.7$인 경우의 확률질량함수를 그린 것이다.

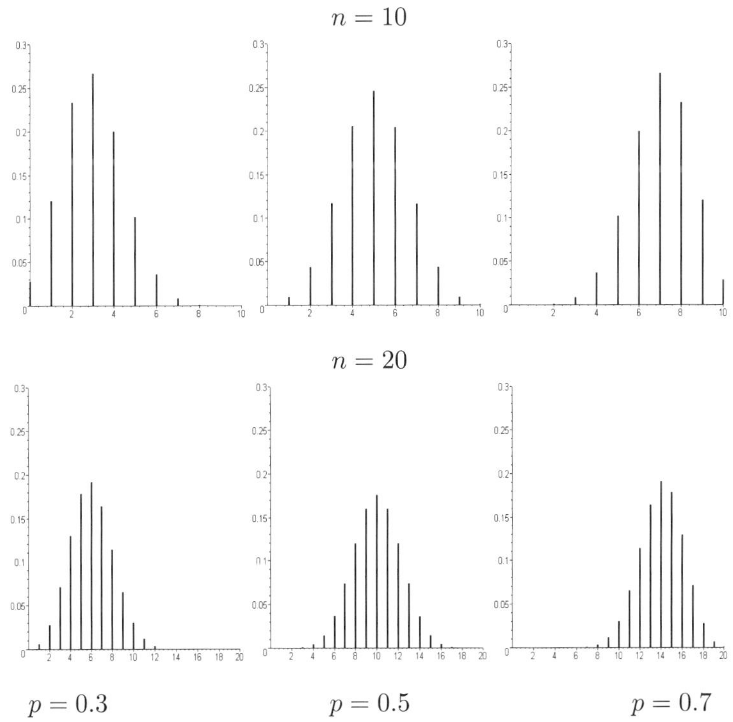

모수가 (n, p)인 이항변수는 성공확률이 p인 베르누이 시행을 n번 반복한 것으로 생각할 수 있다. 다시 말해서, X_i를 i 번째 베르누이 시행이라 하면

$$X = X_1 + X_2 + \cdots + X_n$$

이다. 따라서 기댓값은

$$E(X) = E(X_1 + X_2 + \cdots + X_n) = p + p + \cdots + p \ = \ np$$

이다. 분산은 각 베르누이 시행이 독립이고 모든 i에 대하여

$$\mathrm{Var}(X_i) = pq$$

이므로 이항변수의 분산은 다음과 같다.

$$\begin{aligned}
\mathrm{Var}(X) &= \mathrm{Var}(X_1 + X_2 + \cdots + X_n) \\
&= \mathrm{Var}(X_1) + \mathrm{Var}(X_2) + \cdots + \mathrm{Var}(X_n) \\
&= p(1-p) + p(1-p) + \cdots + p(1-p) \ = \ np(1-p)
\end{aligned}$$

이항변수의 기댓값과 분산

모수가 (n, p)인 이항변수 X의 기댓값과 분산은 다음과 같다.

$$E(X) = np, \quad \mathrm{Var}(X) = np(1-p)$$

보기 5 생쥐에게 있어서 회갈색(grey-brown)의 대립형질 A는 회갈색이 아닌 대립형질 a에 대하여 우성이다. 또한 뚱뚱한 체형으로 나타나는 대립형질 f는 그렇지 않은 대립형질 F에 대하여 열성이다. 유전자형이 모두 $AaFf$인 부모를 교배하여 48마리의 새끼생쥐를 얻었다고 한다. 단, 색깔과 체형은 독립적으로 전이된다고 가정한다.

(a) 회갈색을 가진 새끼생쥐 수의 기댓값은 얼마인가?

(b) 뚱뚱한 체형의 새끼생쥐 수의 기댓값은 얼마인가?

(c) 뚱뚱한 체형의 회갈색을 가진 새끼생쥐 수의 기댓값은 얼마인가?

Solution

(a) 회갈색은 우성형질이므로 새끼생쥐가 회갈색일 확률은 3/4이다. 따라서 회갈색을 가진 새끼생쥐의 수는 모수가 $(48, 3/4)$인 이항분포를 따르고 회갈색을 가진 새끼생쥐 수의 기댓값은

$$48 \cdot \frac{3}{4} = 36$$

마리이다.

(b) 뚱뚱한 체형은 열성형질이므로 새끼생쥐가 뚱뚱한 체형일 확률은 1/4이다. 따라서 뚱뚱한 새끼생쥐 수의 기댓값은

$$48 \cdot \frac{1}{4} = 12$$

마리이다.

(c) 색깔과 체형이 독립적으로 전이되므로 새끼생쥐가 뚱뚱한 체형에 회갈색을 가질 확률은

$$\frac{3}{4} \cdot \frac{1}{4} = \frac{3}{16}$$

이다. 따라서 뚱뚱한 체형에 회갈색의 새끼생쥐 수의 기댓값은

$$48 \cdot \frac{3}{16} = 9$$

마리이다. □

독립인 확률변수의 확률생성함수의 성질로부터 모수가 (n, p)인 이항분포의 확률생성함수 $f(t)$는 베르누이 시행의 생성함수 $g(t) = q + pt$를 n번 곱한 것과 같다는 것을 알 수 있다. 즉 모수가 (n, p)인 이항분포의 확률생성함수는

$$f(t) = (q + pt)^n$$

이다. 또한 모수가 각각 $(n, p), (m, p)$인 확률변수 X, Y가 독립이면 $X + Y$의 확률생성함수 $f_{X+Y}(t)$는

$$f_{X+Y}(t) = f_X(t)f_Y(t) = (q + pt)^n(q + pt)^m = (q + pt)^{n+m}$$

이므로 모수가 $(n + m, p)$인 이항분포를 따른다.

이항분포의 확률생성함수

- 모수가 (n, p)인 이항분포의 확률생성함수는 $f(t) = (q + pt)^n$이다.
- $X \sim \mathrm{Bin}(n, p), Y \sim \mathrm{Bin}(m, p)$이고 X, Y가 독립이면 $X + Y \sim \mathrm{Bin}(n + m, p)$이다.

2.5.4 푸아송 분포

성공확률 α가 아주 작은 베르누이 시행을 반복한다고 하자. n번 반복하였을 때 성공횟수를 X_n이라 하면 $X_n \sim \mathrm{Bin}(n, \alpha)$이고

$$E(X_n) = n\alpha$$

이다. $n\alpha$의 값이 적당히 크면(일반적으로 10이상) X_n의 분포는 근사적으로 정규분포를 따른다.(6절 참고, **중심극한정리**) 그러나 $n\alpha$의 값이 작으면 이항분포는 평균을 중심으로 대칭을 이루지 않는다. 다음 그림은 $\alpha = 0.01$이고 $n = 100, 200$일 때 이항분포를 그린 것이다.

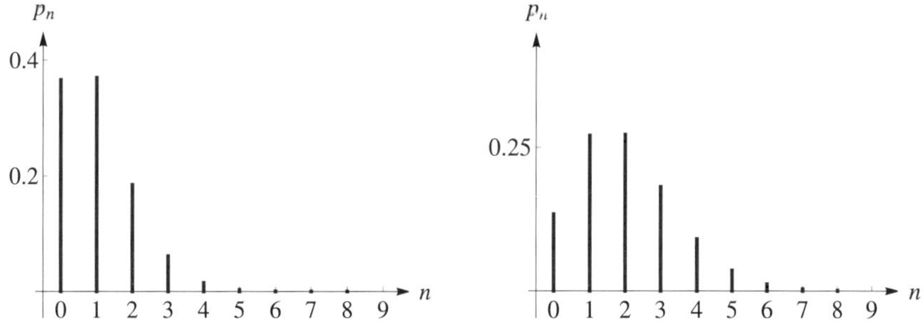

$n = 100(n\alpha = 1)$ $n = 200(n\alpha = 2)$

이런 경우 이항분포를 정규분포로 근사하는 것은 적절하지 않으며 $\lambda = n\alpha$로 놓고 다음과 같은 근사식을 사용한다. [20]

$$\mathcal{P}(X = k) \approx \frac{\lambda^k e^{-\lambda}}{k!}$$

이 근사식을 프랑스의 수학자 푸아송의[21]이름을 따서 **푸아송 근사**(**Poisson approximation**)라 한다. [22]

---

[20]근삿값을 구하는 것이라 정확히 N은 얼마 이상, α는 얼마 이하라는 정해진 기준은 없다. 일반적으로 N은 100 이상, α는 0.01이하 정도이면 푸아송 근사를 사용한다.

[21]**Siméon D Poisson**(1781–1840) 프랑스의 수학자이자 물리학자

[22]연습문제

푸아송 근사

확률변수 X가 모수 (N, α)인 이항분포를 따를 때, N이 아주 크고 α가 아주 작으면(따라서 $\lambda = N\alpha$의 값이 적당한 크기이면) 다음이 성립한다.

$$\mathcal{P}(X = k) \approx e^{-\lambda}\frac{\lambda^k}{k!}$$

보기 6 어떤 혈청의 주사에 대하여 악성 반응을 일으킬 확률이 개인당 0.001이라 한다. 5000명을 대상으로 할 때 5명의 인원이 악성반응을 보일 확률을 구하여라. 또 6명이 악성반응을 보일 확률을 구하여라.

Solution 5000은 충분히 큰 수이고 확률 0.001은 충분히 작은 확률이므로 푸아송 근사를 사용한다. 이 경우

$$\lambda = Np = 5000 \times 0.001 = 5$$

이므로 푸아송 정리에 의하여 구하는 확률은 각각

$$\mathcal{P}(X = 5) = \frac{5^5 e^{-5}}{5!} \approx 0.1755, \quad \mathcal{P}(X = 6) = \frac{5^6 e^{-5}}{6!} \approx 0.1462$$

이다. □

임의의 양수 λ에 대하여

$$\sum_{k=0}^{\infty} e^{-\lambda}\frac{\lambda^k}{k!} = e^{-\lambda}\sum_{k=0}^{\infty}\frac{\lambda^k}{k!} = e^{-\lambda}e^{\lambda} = 1$$

이다. 따라서

$$p(k) = e^{-\lambda}\frac{\lambda^k}{k!}, \quad k = 0, 1, 2, \ldots$$

는 확률질량함수가 된다. 만약 확률변수 Y가 $p(k)$를 확률질량함수로 갖는다면 Y를 모수가 λ인 **푸아송 변수(Poisson random variable)**라 부르고

$$Y \sim \text{Poi}(\lambda)$$

로 나타낸다. 다음 그림은 모수가 각각 $\lambda = 1, 2$인 푸아송 변수의 확률질량함수이다.

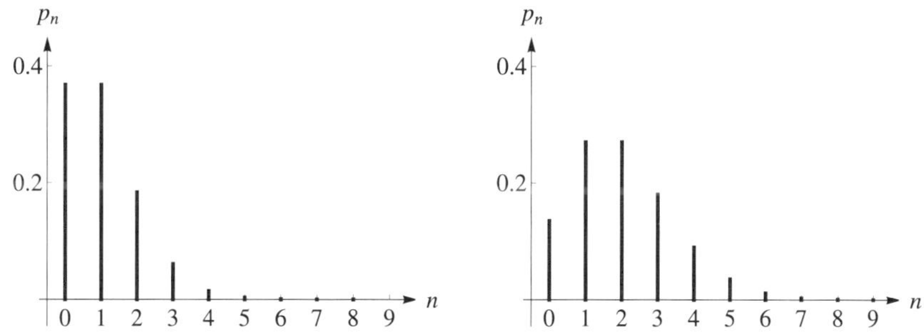

$\lambda = 1$ $\lambda = 2$

우리 주변에서 흔히 볼 수 있는 다음과 같은 것들을 조사한다고 하자.

- 어느 사거리에서 하루 동안 발생하는 교통사고의 수
- 어느 보험회사의 생명보험 가입자 중 6개월 안에 암으로 사망한 가입자의 수

이러한 확률적 실험의 공통점은 모두 단위 시간('하루', '6개월')당 발생하는 사건[23]('교통사고', '암으로 사망')의 수를 조사하는 것이다. 이러한 '단위 시간당 발생하는 사건의 수'를 나타내는 데에는 푸아송 변수를 사용한다.

X가 모수가 λ인 푸아송 분포를 따를 때, 확률생성함수를 구해 보자 $p_k = e^{-\lambda}\frac{\lambda^k}{k!}$이므로

$$\begin{aligned} f(t) &= \sum_{k=0}^{\infty} p_k t^k = \sum_{k=0}^{\infty} e^{-\lambda}\frac{\lambda^k}{k!}t^k \\ &= e^{-\lambda}\sum_{k=0}^{\infty}\frac{(t\lambda)^k}{k!} = e^{-\lambda}e^{\lambda t} = e^{\lambda(t-1)} \end{aligned}$$

이다. 따라서

$$f'(t) = \lambda e^{\lambda(t-1)}, \quad f''(t) = \lambda^2 e^{\lambda(t-1)}$$

이다. 따라서 푸아송 변수의 기댓값과 분산은 다음과 같다.

$$\begin{aligned} E(X) &= f'(1) = \lambda \\ V(X) &= f''(1) + f'(1) - (f'(1))^2 = \lambda \end{aligned}$$

푸아송 변수의 기댓값과 분산

모수 λ인 푸아송 변수 X의 평균과 분산은 다음과 같다.

$$E(X) = \lambda, \qquad \mathrm{Var}(X) = \lambda$$

[23]자주 일어나지 않는 사건

보기 7 우리나라 동부 지역에 1년 동안 지진이 일어나는 횟수는 평균 3회의 푸아송 분포를 따른다고 한다.

(a) 1년 동안 지진이 적어도 한 번 이상 일어날 확률을 구하여라.

(b) 1년 동안 지진이 세 번 이하 일어날 확률을 구하여라.

Solution X를 1년 동안 동부 지역에 지진이 일어나는 횟수라 하자. 푸아송 분포의 평균은 모수 λ와 같으므로 X의 분포는 다음과 같다.

$$p_j = \mathcal{P}(X = j) = e^{-3}\frac{3^j}{j!}, \quad j = 0, 1, 2, \ldots$$

따라서

$$\text{(a)} \quad \mathcal{P}(X \geq 1) = 1 - \mathcal{P}(X = 0) = 1 - e^{-3} \approx 0.9502$$

$$\begin{aligned}\text{(b)} \quad \mathcal{P}(X \leq 3) &= p_0 + p_1 + p_2 + p_3 = e^{-3}\Big(1 + 3 + \frac{3^2}{2!} + \frac{3^3}{3!}\Big) \\ &= 13e^{-3} \approx 0.6472\end{aligned}$$

□

마지막으로 독립인 푸아송 분포의 합도 푸아송 분포를 따름을 증명해 보자. X_1, X_2는 독립이고 각각 모수가 m_1, m_2인 푸아송 분포를 따른다고 한다. $X_1 + X_2$의 확률생성함수를 $h(t)$라 하자. X_i의 확률생성함수는

$$e^{m_i(t-1)}, \quad (i = 1, 2)$$

이므로

$$h(t) = e^{m_1(t-1)}e^{m_2(t-1)} = e^{(m_1+m_2)(t-1)}$$

이다. 따라서 $X_1 + X_2$는 모수가 $(m_1 + m_2)$인 푸아송 분포를 따른다.

푸아송 분포의 확률생성함수

- 모수가 λ인 푸아송분포의 확률생성함수는 $f(t) = e^{\lambda(t-1)}$이다.
- $X \sim \text{Poi}(m_1), Y \sim \text{Poi}(m_2)$이고 X, Y가 독립이면 $X + Y \sim \text{Poi}(m_1 + m_2)$이다.

다음은 이 절에서 소개된 확률변수에 대한 결과를 정리한 것이다.

분포	확률질량함수	확률생성함수	평균	분산
$\mathrm{Bin}(n,p)$	$\binom{n}{k}p^k(1-p)^{n-k}$	$(1-p+pt)^n$	np	$np(1-p)$
$\mathrm{Geo}(p)$	$(1-p)^{n-1}p$	$\dfrac{pt}{1-(1-p)t}$	$\dfrac{1}{p}$	$\dfrac{1-p}{p^2}$
$\mathrm{Poi}(\lambda)$	$\dfrac{\lambda^k}{n!}e^{-\lambda}$	$e^{\lambda(t-1)}$	λ	λ

2.5.5 연습문제 2.5

1. 지시변수에 대하여 다음 식이 성립함을 보여라.

   (a) $I_{E\cap F} = I_E I_F$

   (b) $I_{E\cup F} = I_E + I_F - I_{E\cap F}$

   (c) $I_{E^c} = 1 - I_E$

   (d) $E(I_E) = \mathcal{P}(E)$ (여기서 E는 기댓값을 나타낸다.)

2. 모두 다른 100명에게 보내는 편지와 편지봉투가 있다. 편지를 임의로 편지봉투에 넣었을 때, 편지의 이름과 편지봉투의 이름이 일치하는 수의 평균을 구하여라.

3. 포켓몬 스티커가 들이 있는 과지기 있다. 스티커의 종류는 모두 5가지이고, 과자에는 1개의 스티커가 들어 있으며, 각 스티커가 들어 있을 확률은 모두 같다. 물론 과자 봉지를 뜯기 전까지는 어떤 스티커가 들어 있는지 알 수 없다.

   (a) $k\,(k = 1, 2, \ldots, 4)$ 종류의 스티커를 갖고 있는 상황에서 다른 종류의 스티커를 얻을 때까지 뜯어 본 과자 봉지의 수를 X_k라고 하면 X_k는 어떤 분포를 따르는가?

   (b) 5종류의 스티커를 모으기 위해서 필요한 과자 봉지 수의 기댓값은 얼마인가?

   (c) 스티커의 종류 n이 커지면 필요한 과자 봉지의 수는 근사적으로 $n\ln(n)$ 임을 보여라.

4. 공 CD 한 상자에는 10개의 CD가 들어 있다. 하나의 CD가 불량일 확률은 0.05이고 한 상자에 불량 CD가 하나라도 있으면 교환을 해 준다고 한다.

   (a) 어떤 상자가 불량일 확률을 구하여라.

   (b) 다섯 상자를 구입한 손님이 한 상자라도 반품을 할 확률을 구하여라.

5. n개의 동전을 던졌을 때 앞면이 나온 수 X와 뒷면이 나온 수 Y의 차이 $D = X - Y$의 확률분포를 $n = 3, 4$일 때 각각 구하여라. 단, 앞면이 나올 확률과 뒷면이 나올 확률은 같다.

6. 컴퓨터는 모든 문자를 이진법의 기호 0과 1을 이용하여 나타낸다. 각 기호가 잘못 전달될 확률이 1/4이다. 중요한 암호문을 전달하는데 있어서 오류를 줄이기 위하여 0은 000으로 1은 111로 대신 나타내기로 한다. 수신된 기호가 0이 더 많으면 0으로 1이 더 많으면 1로 해독한다. 즉

$$000, \quad 001, \quad 010, \quad 100$$

은 원래 기호가 0이라고 해독한다.

(a) 원래의 길이가 1인 암호가 맞게 해독될 확률은 얼마인가?

(b) 원래의 길이가 n인 암호가 맞게 해독될 확률은 얼마인가?

7. 문제 6에서 0을 1로, 1을 0으로 잘못 전달할 확률이 각각 p이다.

   (a) 0은 00000으로 1은 11111로 대신 나타냈을 때 기호길이를 3으로 했을 때보다 효과적일 p의 범위를 구하여라.

   (b) $p = 0.1$일 때, 각 기호가 잘못 전송될 확률을 0.01 이하로 줄이려면 기호의 길이 $(2n+1)$를 최소한 얼마로 하여야 하는가? (Hint. $n = 1$부터 잘못 전달될 확률을 구하여라.)

8. 모수가 (n, p)인 이항변수 X에 대하여 $\mathcal{P}(X = k)$가 증가하는 k의 범위를 구하여라. 즉

$$\mathcal{P}(X = k) \leq \mathcal{P}(X = k + 1)$$

   인 k의 범위를 구하여라

9. 모수가 (n, p)인 이항변수를 X에 대하여 다음 식이 성립함을 보여라.

$$E(1/(X+1)) = \frac{1 - (1-p)^{n+1}}{(n+1)p}$$

10. 어떤 가정에 n 명의 아이가 있을 확률은 $(0.4)^n$ $(n \geq 1)$이다.

    (a) 이 가정에 아이가 없을 확률을 구하여라.

    (b) 한 가정의 아이 수의 기댓값을 구하여라.

    (c) 여자아이일 확률과 남자아이일 확률이 같다고 한다. 남자 아이가 한 명인 가정이 전체에서 차지하는 비율을 구하여라.

11. X가 모수 λ $(0 < \lambda < 1)$인 푸아송 분포를 따를 때, $E(X!)$을 구하여라. 단, $0! = 1$로 정의한다.

12. X가 모수 λ인 푸아송 분포를 따른다.

    (a) 다음 식이 성립함을 보여라.

$$E(X^n) = \lambda E((X+1)^{n-1})$$

    (b) 이 식을 이용하여 $E(X^3)$을 구하여라.

13. 당첨될 확률이 0.001인 복권을 100장 샀다. 다음과 같은 방법으로 반올림하여 소수점 이하 4자리까지 확률을 구하여라.

    i. 이항분포를 이용하여

    ii. 선형근사 $(1-x)^n \approx 1 - nx$를 이용하여

iii. 푸아송 근사를 이용하여

(a) 적어도 하나는 당첨될 확률을 구하여라.

(b) 정확히 하나 당첨될 확률을 구하여라.

14. 문제 13에서 복권을 1000장 산 경우에 대하여 답하여라.

15. 어떤 사람이 1년에 감기에 걸리는 횟수는 모수가 3인 푸아송 분포를 따른다고 한다. 2년 동안 감기에 세 번 이하 걸릴 확률은 얼마인가? 단, 해마다 감기에 걸리는 횟수는 독립이라고 가정한다.

16. 우연히 모인 365명의 사람이 있다.

(a) 이 중, 정확히 두 명의 생일이 9월 19일일 확률을 근사적으로 구하여라.

(b) 생일이 9월 19일인 사람이 하나도 없을 확률을 근사적으로 구하여라.

(c) 적어도 두 사람의 생일이 9월 19일일 확률을 근사적으로 구하여라.

단, 1년은 365일이라고 가정한다.

17. X는 모수가 λ인 푸아송 분포를 따른다. 다음 부등식이 성립함을 보여라.

(a) λ가 정수이면 $\mathcal{P}(X=\lambda-1)=\mathcal{P}(X=\lambda)$ 임을 보여라.

(b) λ가 정수이면 모든 j에 대하여 $\mathcal{P}(X=\lambda)\geq\mathcal{P}(X=j)$ 임을 보여라.

(c) λ가 정수가 아니면 $k=[\lambda]$에 대하여 $\mathcal{P}(X=k)\geq\mathcal{P}(X=j)$ 임을 보여라.

18. X가 모수 λ인 푸아송 분포를 따를 때, X가 짝수일 확률은

$$\frac{1}{2}(1+e^{-2\lambda})$$

임을 보여라.

19. $X\sim\text{Geo}(p)$이면

(a) $\mathcal{P}(X>n+m|X>n)=\mathcal{P}(X>m)$임을 보여라.

(b) $E(1/X)=-\dfrac{p}{q}\ln(p)$임을 보여라.

20. 동전을 던져서 앞면이 먼저 나오는 사람이 이기는 게임을 한다고 하자.

(a) 두 사람이 게임을 할 때 첫 번째 던진 사람이 이길 확률을 구하여라.

(b) 세 사람이 게임을 할 때 첫 번째 던진 사람이 이길 확률은 세 번째 던진 사람이 이길 확률의 몇 배인가?

(c) n 사람이 게임을 할 때 첫 번째 던진 사람이 이길 확률은 마지막 던진 사람이 이길 확률의 몇 배인가?

2.6 연속확률변수

2.6.1 지수분포

연속확률변수 X의 확률밀도함수가 양수 $\lambda > 0$에 대하여

$$f(x) = \lambda e^{-\lambda x}, \quad x \geq 0$$

일 때, X는 모수가 λ인 **지수분포(exponential distribution)**를 따른다고 하고

$$X \sim \text{Exp}(\lambda)$$

로 나타낸다. 다음 그래프는 $\lambda = 1$일 때와 $\lambda = 2$일 때 확률밀도함수의 그래프를 그린 것이다.

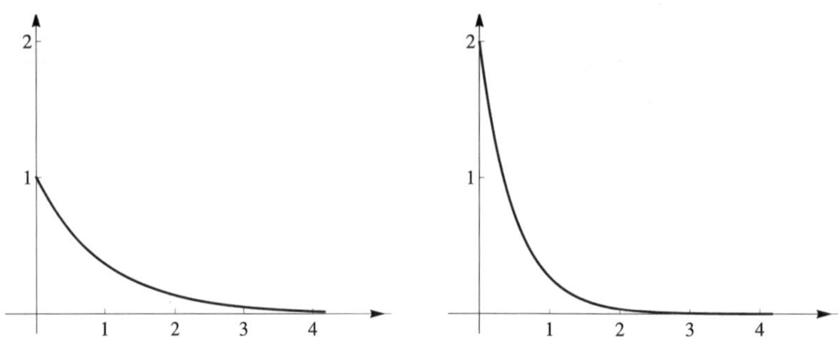

$\lambda = 1$　　　$\lambda = 2$

위의 그래프로부터 λ 값이 클수록 초반의 밀도가 커지며 시간이 흐르면 그 밀도가 빨리 감소함을 관찰할 수 있다. 지수분포는 다음과 같이 생명체, 또는 기구의 수명이나 어떤 사건이 일어날 때까지의 시간을 모형화하기에 적합하다.

- 자동차 배터리의 수명
- 암 수술을 받은 환자의 생존기간
- 방사성 물질이 붕괴를 시작할 때까지의 시간
- 어느 지역에서 지진이 일어난 후 다음 지진이 일어날 때까지의 시간
- DNA에서 돌연변이가 일어나는 사건 사이의 시간

X가 모수가 λ인 지수분포를 따를 때 X의 평균은 부분적분법을 이용하여 구한다.($\lambda e^{-\lambda x}dx = dv,\ u = x$)

$$\begin{aligned} E(X) &= \int_0^\infty x\lambda e^{-\lambda x}\,dx = -xe^{-\lambda x}\Big|_0^\infty + \int_0^\infty e^{-\lambda x}\,dx \\ &= 0 - \frac{e^{-\lambda x}}{\lambda}\Big|_0^\infty = \frac{1}{\lambda} \end{aligned}$$

X의 분산을 구하기 위해 $E(X^2)$을 구하면 ($\lambda e^{-\lambda x}dx = dv,\ u = x^2$)

$$\begin{aligned} E(X^2) &= \int_0^\infty x^2\lambda e^{-\lambda x}\,dx = -x^2e^{-\lambda x}\Big|_0^\infty + \int_0^\infty 2xe^{-\lambda x}\,dx \\ &= 0 + \frac{2}{\lambda}E(X) = \frac{2}{\lambda^2} \end{aligned}$$

이고 다음 결과를 얻는다.

지수분포

X의 확률밀도함수가 양수 $\lambda > 0$에 대하여

$$f(x) = \lambda e^{-\lambda x} I_{[0,\infty)}(x)$$

일 때, X는 모수가 λ인 지수분포를 따른다고 한다. 이때 평균과 분산은 다음과 같다.

$$E(X) = \frac{1}{\lambda}, \qquad \mathrm{Var}(X) = \frac{1}{\lambda^2}$$

Note 모수 λ는 기댓값의 역수이다. 따라서 λ가 커지면 기댓값은 작아지고 λ가 작아지면 기댓값은 커진다. X가 어떤 위험한 사건이 일어날 때까지의 시간이나 시망할 때까지의 시간이라 하자. 그러면 X의 기댓값이 크면 사건이 일어날 가능성은 작아지고 따라서 위험도는 줄어든다. 반대로 $E(X)$가 작다면, 즉 λ가 크다면 사건이 짧은 시간 내에 일어남을 의미하므로 위험도는 커진다. 이런 의미에서 모수 λ를 **위험계수(hazard rate)**라 부른다.

만약 X가 어떤 생명체의 수명을 의미한다면 $\mathcal{P}(X > t)$는 그 생명체가 시간 t가 지나서도 살아 있을 확률을 의미한다. 이런 의미에서 함수

$$G(t) = \mathcal{P}(X > t) = \int_t^{\infty} \lambda e^{-\lambda x}\, dx = e^{-\lambda t}$$

를 **생존함수(survival function)**라 부른다. λ가 클수록 생존함수는 빨리 감소한다.

보기 1 고속도로의 사고다발지역에서 하루에 세 번꼴로 교통사고가 난다. 교통사고 사이의 시간은 지수분포를 따른다고 한다. 마지막 사고가 정오에 발생하였다면 그 날 안에 사고가 또 발생할 확률은 얼마인가?

Solution X를 연속한 두 사고 사이의 시간이라 하면 X는 평균이 $1/3$인 지수분포를 따른다. 따라서 위험계수는 3이고 구하는 확률은 다음과 같다.

$$\mathcal{P}\Big(0 < X < \frac{1}{2}\Big) \;=\; \int_0^{\frac{1}{2}} 3e^{-3t}\, dt \;=\; 1 - e^{-1.5} \;\approx\; 0.77 \qquad \square$$

2.6.2 무기억성질

음이 아닌 변수 X가 모든 $s, t \geq 0$에 대하여 다음 등식을 만족하면 X는 **무기억성질 (memoryless property)**을 갖는다고 한다.

$$\mathcal{P}(X > s + t | X > t) = \mathcal{P}(X > s) \tag{2.2}$$

X를 지진이 일어난 후 다음 지진이 일어날 때까지의 시간으로 생각한다면 식 (2.2)는 다음과 같이 해석할 수 있다. 마지막 지진이 일어난 후 t 시간 동안 지진이 일어나지 않았을 때, 지진이 $t+s$ 시간 동안에도 일어나지 않을 가능성은 마지막 지진이 일어난 후 s 시간 동안 새로운 지진이 일어나지 않을 확률과 같다. 만일 X를 암 수술을 받은 환자의 생존기간이라 하면 식 (2.2)는 수술 후 t개월이 지난 환자의 생존기간이나 막 수술을 끝낸 환자의 생존기간이 같은 분포를 갖는다는 것을 의미한다.

조건부 확률의 정의로부터 무기억성질은 다음과 같이 바꾸어 쓸 수 있다.

$$\mathcal{P}(X > s+t) = \mathcal{P}(X > s)\mathcal{P}(X > t) \tag{2.3}$$

X가 지수분포를 따른다면

$$\begin{aligned} \mathcal{P}(X > s+t) &= e^{-\lambda(s+t)} = e^{-\lambda s}e^{-\lambda t} \\ &= \mathcal{P}(X > s)\mathcal{P}(X > t) \end{aligned}$$

이므로 X는 무기억성질을 갖는다. 역으로 양의 변수 X가 무기억성을 갖는 연속확률변수라 하자. 즉 $G(t) = \mathcal{P}(X > t)$라 할 때

$$G(s+t) = G(s)G(t)$$

이 성립한다고 하자. $G(0) = 1$이므로

$$\frac{G(t+s) - G(t)}{s} = \frac{G(s)G(t) - G(t)}{s} = \frac{G(s) - G(0)}{s} G(t)$$

이고 $s \to 0$이면 다음 미분방정식을 얻는다.

$$G'(t) = G'(0)G(t)$$

$G'(0) = -\lambda$라 하면[24]

$$G(t) = e^{-\lambda t}$$

이다. 다시 말해서 무기억성질을 갖는 연속확률변수는 지수분포를 따른다. 따라서 X가 지수분포를 따른다는 것을 다음과 같이 다양한 방법으로 나타낼 수 있다.

지수분포의 성질

변수 X가 양의 값을 취하는 연속확률변수일 때, 다음 명제들은 모두 동치이다.

- X는 지수분포 $\text{Exp}(\lambda)$를 따른다.
- X의 확률밀도함수는 $x \geq 0$일 때, $f(x) = \lambda e^{-\lambda x}$이다.
- 모든 $t > 0$에 대하여 $\mathcal{P}(X > t) = e^{-\lambda t}$이다.
- X는 무기억성질을 갖는다.

[24] G는 감소함수이다.

보기 2 미국여행을 간 삼식이는 자동차로 동서횡단여행을 하려고 한다. LA에서 차를 대여하여 뉴욕까지 가는데 계획한 총 여행거리는 4000마일이다. 어떤 운전자가 자동차 사고를 낼 때까지의 주행거리는 평균 10000마일인 지수분포를 따른다고 한다. 삼식이가 사고를 내지 않고 여행을 끝낼 확률을 구하여라.

Solution 사고가 날 때까지의 주행거리를 X라 하면 X는 위험계수가 1/1(단위 : 1만 마일)인 지수분포를 따른다. 지수분포는 무기억성질을 가지므로 지금까지의 주행거리와는 상관없이 구하는 확률은

$$\begin{aligned}\mathcal{P}(X > t + 0.4 | X > t) &= \mathcal{P}(X > 0.4) \\ &= e^{-0.4/1} \approx 0.67\end{aligned}$$

이다. 여기서 t는 마지막 사고가 났었던 시점부터(사고가 한 번도 나지 않았다면 운전을 처음 시작한 시점부터) 자동차를 대여한 시점까지의 주행거리를 나타낸다. □

보기 3 두 대의 자동화기기가 있는 무인은행이 있다. 당신이 무인은행에 들어 갔을 때, 두 명의 고객이 각각 자동화기기를 사용 중이었다. 사람들의 자동화기기 사용시간은 평균 2분인 지수분포를 따른다고 한다. 모든 고객의 사용시간은 다른 고객의 그것과 독립이라 한다.

(a) 당신이 자동화기기를 사용할 때까지 t분 이상 기다릴 확률은 얼마인가?

(b) 당신이 자동화기기 사용을 마치고 나올 때까지 시간의 기댓값은 얼마인가?

(c) 새로운 고객이 들어오지 않는다면 당신이 무인은행을 떠나는 마지막 사람이 될 확률은 얼마인가?

Solution

(a) 기기 i $(i = 1, 2)$를 사용하는 사람이 앞으로 기기를 더 이용할 시간을 X_i라 하자. 두 명의 고객이 기기를 얼마나 사용했는지에 상관없이 지수분포의 무기억성에 의하여 X_1과 X_2는 모수가 1/2인 지수분포를 따른다. 즉 $i = 1, 2$에 대하여

$$\mathcal{P}(X_i > t) = e^{-0.5t}$$

이다. 당신이 자동화기기를 사용할 수 있기까지 기다린 시간 X는

$$X = \min(X_1, X_2)$$

이고 X_1과 X_2는 독립이므로 구하는 확률은 다음과 같다.

$$\begin{aligned}\mathcal{P}(X > t) &= \mathcal{P}(\min(X_1, X_2) > t) = \mathcal{P}(X_1 > t, X_2 > t) \\ &= \mathcal{P}(X_1 > t)\mathcal{P}(X_2 > t) = e^{-0.5t}e^{-0.5t} \\ &= e^{-t}\end{aligned}$$

(b) 자동화기기를 사용할 수 있기까지 기다린 시간을 X, 자동화기기를 사용한 시간을 Y라 하자. 그러면 자동화기기의 사용을 마칠 때까지의 시간은

$$\text{기다린 시간} + \text{사용한 시간} = X + Y$$

이다. X는 평균이 1인 지수분포를 따르고 Y는 평균이 2인 지수분포를 따르므로

$$E(X+Y) = E(X) + E(Y) = 1 + 2 = 3$$

이다.

(c) 한 사람이 떠난 후 남은 사람과 당신의 기기 이용시간은 다시 지수분포의 무기억성에 의하여 둘 다 모수가 1/2인 지수분포를 따른다. 따라서 당신이 마지막으로 떠날 확률과 다른 사람이 마지막으로 떠날 확률은 같다. 즉 당신이 마지막으로 무인은행을 떠날 확률은 1/2 이다. □

2.6.3 정규분포와 중심극한정리

연속확률분포 X의 확률밀도함수가

$$f(x) = \frac{1}{\sqrt{2\pi}\sigma} \exp\Big[-\frac{(x-\mu)^2}{2\sigma^2}\Big], \qquad -\infty < x < \infty$$

일 때 X는 모수가 (μ, σ^2)인 **정규분포(normal distribution)**를 따른다고 하고

$$X \sim N(\mu, \sigma^2)$$

으로 나타낸다. 이때 X의 기댓값과 분산은 각각 μ와 σ^2이 된다는 것이 알려져 있다.

정규분포의 확률밀도함수는 기댓값과 분산에 의하여 결정되는데 곡선의 형태가 μ와 σ가 달라질 때 어떻게 변화하는지 아래 그림에서 보기로 하자. 왼쪽 그림은 기댓값은 동일하지만 분산이 다른 세 정규분포를 보여 준다. 분산이 작을수록 분포는 기댓값축에 집중된다. 오른쪽 그림은 분산이 같고 기댓값이 다른 경우인데 세 경우 모두 곡선의 모양은 같고 중심축의 위치만 다르다.

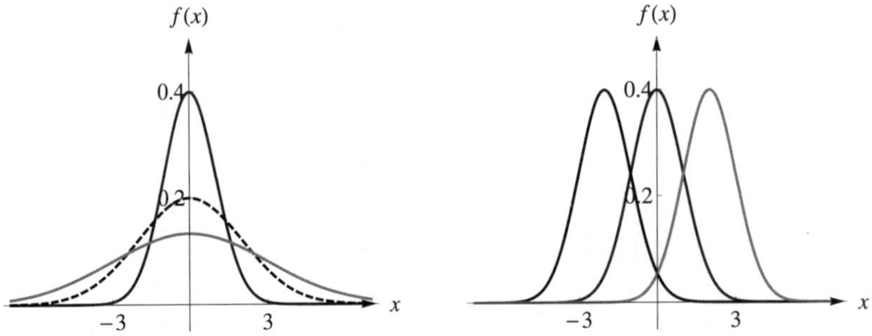

위의 그림에서 볼 수 있듯이 정규분포의 확률밀도함수는 다음과 같은 특징을 갖는다.

- 종 모양의 연속함수이다.
- $x = \mu$를 대칭축으로 하여 좌우대칭이다.
- $x = \mu$에서 최댓값 $1/(\sqrt{2\pi}\,\sigma)$을 갖는다.

기댓값이 0이고 분산이 1인 정규분포를 특히 **표준정규분포(standard normal distribution)**라 하고, 그 확률변수를 Z로 표기한다.

$$Z \sim N(0,1)$$

표준정규확률변수 Z가 구간 $[a,b]$의 값을 취할 확률

$$\mathcal{P}(a \le Z \le b) = \frac{1}{\sqrt{2\pi}} \int_a^b e^{-\frac{1}{2}x^2}\,dx$$

은 초등적인 방법으로는 구할 수 없다. 그러나 이에 대한 수표(부록 정규분포표)가 만들어져 있어 수표를 이용하여 표준정규분포의 확률을 구할 수가 있다. 표에 주어진 값은 주어진 점 $z(\ge 0)$의 왼쪽 부분의 면적이다. 즉 주어진 값 z에 대하여

$$\Phi(z) = \mathcal{P}(Z \le z) = \frac{1}{\sqrt{2\pi}} \int_{-\infty}^{z} e^{-\frac{x^2}{2}}\,dx$$

의 값이 구하여져 있다.

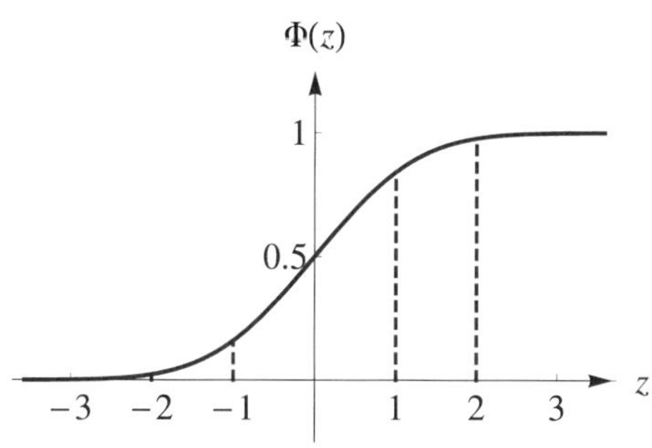

표준정규분포의 확률값은 표준확률분포표와 다음 관계식을 이용하여 찾을 수 있다.

> **표준정규분포의 성질**
>
> - $\mathcal{P}(Z > -z) = \mathcal{P}(Z < z) = \Phi(z)$
> - $\mathcal{P}(Z < -z) = \mathcal{P}(Z > z) = 1 - \mathcal{P}(Z < z) = 1 - \Phi(z)$
> - $\mathcal{P}(a < Z < b) = \mathcal{P}(Z < b) - \mathcal{P}(Z < a) = \Phi(b) - \Phi(a)$

이제 X가 모수가 (μ, σ^2)인 정규분포를 따를 때 누적분포함수 $\mathcal{P}(X \le x)$를 Φ를 이용하여 표현해 보기로 한다.

$$\mathcal{P}(X \le x) = \frac{1}{\sqrt{2\pi}\sigma} \int_{-\infty}^{x} e^{-(t-\mu)^2/(2\sigma^2)}\,dt$$

에서 $z = (t-\mu)/\sigma$로 치환하면 우변의 적분은

$$\frac{1}{\sqrt{2\pi}}\int_{-\infty}^{\frac{x-\mu}{\sigma}} e^{-z^2/2}\,dz = \Phi\Big(\frac{x-\mu}{\sigma}\Big)$$

이다. 그러므로

$$\mathcal{P}(X \le x) = \mathcal{P}\left(\frac{X-\mu}{\sigma} \le \frac{x-\mu}{\sigma}\right) = \Phi\Big(\frac{x-\mu}{\sigma}\Big)$$

이 성립하므로 $(X-\mu)/\sigma$는 표준정규분포를 따른다.

<u>$(X-\mu)/\sigma \sim N(0,1)$</u>

X가 평균이 μ이고 분산이 σ^2인 정규분포 $N(\mu, \sigma^2)$를 따를 때

$$Z = \frac{X-\mu}{\sigma}$$

는 표준정규분포 $N(0,1)$을 따른다.

보기 4 어느 병원에서 태어난 신생아들의 체중은 평균 3.4, 표준편차 0.5(단위 kg)인 정규분포를 따른다고 한다. 아기의 체중이 2.5kg 이하일 때는 저체중, 4.2kg 이상일 때는 과체중, 나머지 경우는 정상체중으로 분류한다. 오늘 태어난 한 신생아에 대하여 다음을 구하여라.

(a) 저체중일 확률 (b) 과체중일 확률 (c) 정상체중일 확률

Solution 확률변수 X를 신생아의 체중이라 한다면 $X \sim N(3.4, (0.5)^2)$이므로

$$Z = \frac{X-3.4}{0.5} = 2(X-3.4)$$

는 표준정규분포를 따른다. 따라서

(a) $\mathcal{P}(X < 2.5) = \mathcal{P}(Z < 2(2.5-3.4)) = \mathcal{P}(Z < -1.8) = 1 - \mathcal{P}(Z < 1.8) = 0.0359$

(b) $\mathcal{P}(X > 4.2) = \mathcal{P}(Z > 1.6) = 1 - \mathcal{P}(Z < 1.6) = 0.0548$

(c) $\mathcal{P}(2.5 < X < 4.2) = 1 - \mathcal{P}(X < 2.5) - \mathcal{P}(X > 4.2) = 0.9093$ □

중심극한정리

5절에서 보았듯이 np와 $n(1-p)$가 모두 큰 경우(대략 10 이상) 이항분포의 그래프는 정규분포의 그것과 유사하다. 따라서 이항분포의 근삿값을 정규분포를 이용하여 구할 수 있다. **중심극한정리(Central limit theorem)**로 알려진 이 결과는 1733년 드 무와브르에 의하여

$p = 1/2$인 경우 증명이 되었다. 1812년 **라플라스(Laplace, P-S)**에[25] 의하여 일반적인 p 값에 대한 증명이 완성되었다.

중심극한정리

확률변수 X가 이항분포 $\mathrm{Bin}(n,p)$를 따르고 np와 $n(1-p)$가 크면

$$\frac{X-np}{\sqrt{np(1-p)}}$$

는 근사적으로 표준정규분포 $N(0,1)$을 따른다.

X는 이산확률변수이므로 연속확률변수로 근사하기 위하여는 **연속성수정**이 필요하다. 즉 a,b가 정수일 때,

$$\mathcal{P}(a \le X \le b) = \mathcal{P}(a-0.5 \le X \le b+0.5)$$

임을 이용하여 다음과 같이 근사적으로 구한다.

$$\begin{aligned}\mathcal{P}(a \le X \le b) &= \mathcal{P}(a-0.5 \le X \le b+0.5) \\ &\approx \mathcal{P}(\frac{a-0.5-np}{\sqrt{np(1-p)}} \le Z \le \frac{b+0.5-np}{\sqrt{np(1-p)}})\end{aligned}$$

여기서 Z는 표준정규분포를 따른다.

보기 5 5절의 보기 5에서 회갈색의 새끼생쥐가 정확히 36마리일 확률은 얼마인가? 또 36마리 이상일 확률은 얼마인가?

Solution 회갈색의 새끼생쥐 수를 X라 하면 $X \sim \mathrm{Bin}(48, \frac{3}{4})$이므로

$$E(X) = 48 \cdot \frac{3}{4} = 36, \quad V(X) = 48 \cdot \frac{3}{4} \cdot \frac{1}{4} = 9$$

이다. 표준정규분포를 이용하여 근사하면

$$\frac{X-36}{\sqrt{48 \cdot \frac{3}{4} \cdot \frac{1}{4}}} = \frac{X-36}{3} \sim N(0,1)$$

이므로 회갈색의 새끼생쥐 수가 정확히 36마리일 확률은 연속성 수정하여 계산하면

$$\begin{aligned}\mathcal{P}(X=36) &= \mathcal{P}(35.5 \le X \le 36.5) \approx \mathcal{P}\left(\frac{-0.5}{3} \le Z \le \frac{0.5}{3}\right) \\ &= 2\mathcal{P}(0 \le Z \le \frac{1}{6}) \approx 0.1324\end{aligned}$$

이다. 이항분포를 이용하여 계산한 값

$$\binom{48}{36}(0.75)^{36}(0.25)^{12} \approx 0.1320$$

[25] Laplace, Pierre–Simon, 1749–1827

과 소수점 아래 셋째 자리까지 일치하는 근삿값을 얻는다. 36마리 이상일 확률은

$$\begin{aligned}\mathcal{P}(X \geq 36) &= \mathcal{P}(X \geq 35.5) = \mathcal{P}(\frac{X-36}{3} \geq -\frac{1}{6}) \\ &\approx \mathcal{P}(Z \geq -\frac{1}{6}) = \mathcal{P}(Z \leq \frac{1}{6}) \\ &= 0.5674\end{aligned}$$

이다. □

2.6.4 적률생성함수

확률변수 X의 **적률생성함수(moment generating function)**를 다음과 같이 정의한다.

$$m_X(t) = E(e^{tX})$$

확률생성함수와는 달리 적률생성함수는 모든 확률변수에 대하여 정의된다. 확률생성함수와 마찬가지로 적률생성함수에 의하여 확률변수의 분포가 정해진다. 다시 말해서, 두 변수 X, Y에 대하여

$$m_X(t) = m_Y(t)$$

이면 X와 Y는 같은 분포를 갖는다.

$E(X^n)$을 X의 n 번째 **적률(moment)**이라 부르는데 다음 결과는 $m_X(t)$를 왜 적률생성함수라 하는지 설명해 준다.[26]

$$m_X^{(n)}(0) = E(X^n), \quad n \geq 1$$

특히 $n = 1, 2$일 때

$$m_X'(0) = E(X), \quad m_X''(0) = E(X^2)$$

이므로 다음 결과를 얻는다.

적률생성함수

확률변수 X에 대하여

$$m_X(t) = E(e^{tX})$$

를 X의 적률생성함수라 한다. 이때 다음 결과가 성립한다.

$$E(X) = m_X'(0), \quad \mathrm{Var}(X) = m_X''(0) - (m_X'(0))^2$$

[26] X가 확률밀도함수 $f(x)$를 갖는 연속확률변수라면 이 결과는 다음 식이 성립하면 성립한다.

$$\frac{d}{dt}\Big(\int e^{tx} f(x)\, dx\Big) = \int \frac{\partial}{\partial t}\Big(e^{tx} f(x)\Big)\, dx$$

이 결과는 **라이프니츠의 정리(Leibniz Theorem)**로 알려져 있다.

보기 6 표준정규분포 $N(0,1)$의 적률생성함수를 구하여라.

Solution $f(x) = \frac{1}{\sqrt{2\pi}}e^{-\frac{x^2}{2}}$이므로

$$m_Z(t) = \frac{1}{\sqrt{2\pi}}\int_{-\infty}^{\infty} e^{tx}e^{-\frac{x^2}{2}}\,dx = \frac{1}{\sqrt{2\pi}}\int_{-\infty}^{\infty} e^{-\frac{x^2}{2}+tx}\,dx$$

이다. 피적분함수에서 지수부분을 따로 써 보면

$$-\frac{x^2}{2} + tx \;=\; -\frac{1}{2}(x^2 - 2tx) \;=\; -\frac{1}{2}(x-t)^2 + \frac{t^2}{2}$$

이다. $\frac{1}{\sqrt{2\pi}}e^{-\frac{1}{2}(x-t)^2}$은 $N(t,1)$인 분포의 확률밀도함수이므로

$$\frac{1}{\sqrt{2\pi}}\int_{\infty}^{\infty} e^{-\frac{1}{2}(x-t)^2}\,dx = 1$$

이다. 따라서

$$m_Z(t) \;=\; \frac{1}{\sqrt{2\pi}}\int_{-\infty}^{\infty} e^{-\frac{x^2}{2}+tx}\,dx \;=\; e^{\frac{t^2}{2}}\frac{1}{\sqrt{2\pi}}\int_{-\infty}^{\infty} e^{-\frac{1}{2}(x-t)^2}\,dx = e^{\frac{t^2}{2}}$$

이다. □

$Y = aX + b$라 하자. 그러면 적률생성함수의 정의로부터

$$m_Y(t) = E(e^{(aX+b)t}) = E(e^{(at)X})e^{bt} = e^{bt}m_X(at)$$

임을 알 수 있다. 따라서 $X \sim N(\mu, \sigma^2)$이면 $X = \sigma Z + \mu$이므로 X의 적률생성함수는 다음과 같다.

$$m_X(t) = e^{\mu t}m_Z(\sigma t) = e^{\mu t}e^{\frac{\sigma^2 t^2}{2}} = \exp\left(\mu t + \frac{\sigma^2 t^2}{2}\right)$$

확률생성함수와 마찬가지로 독립변수의 합의 적률생성함수도 각 적률생성함수의 곱으로 주어진다. 다시 말해서, X, Y가 독립변수이면

$$\begin{aligned} m_{X+Y}(t) &= E(e^{(X+Y)t}) = E(e^{tX}e^{tY}) \\ &= E(e^{tX})E(e^{tY}) = m_X(t)m_Y(t) \end{aligned}$$

이다. 이 결과에 의하면 정규분포의 합이 정규분포를 따른다는 중요한 결과를 얻는다. 즉

$$X_i \sim N(\mu_i, \sigma_i^2),\ i = 1, 2$$

이면 $m_{X_i}(t) = \exp\left(\mu_i t + \frac{\sigma_i^2 t^2}{2}\right)$이므로

$$m_{X_1+X_2}(t) = m_{X_1}(t)m_{X_2}(t) = \exp\left[(\mu_1+\mu_2)t + \frac{(\sigma_1^2+\sigma_2^2)t^2}{2}\right]$$

이다. 이 함수는 평균이 $(\mu_1+\mu_2)$이고 분산이 $(\sigma_1^2+\sigma_2^2)$인 정규분포의 적률생성함수이다. 따라서

$$X_1 + X_2 \sim N(\mu_1 + \mu_2, \sigma_1^2 + \sigma_2^2)$$

이다. n개의 독립변수에 대하여 마찬가지로 같은 결과가 성립한다.

정규분포와 적률생성함수

- $Z \sim N(0,1)$이면 $m_Z(t) = e^{\frac{t^2}{2}}$
- $X \sim N(\mu, \sigma^2)$이면 $m_X(t) = e^{\mu t + \frac{\sigma^2 t^2}{2}}$
- $X_1, \ldots, X_n$이 독립이고 $X_i \sim N(\mu_i, \sigma_i^2)$이면 $\sum_{i=1}^n X_i \sim N(\sum \mu_i, \sum \sigma_i^2)$

2.6.5 연습문제 2.6

✠ 1.– 4. (**균일분포**) 연속확률변수 X가 어떤 구간 $[a,b]$의 값을 취하며, 구간 안의 어느 점에서도 일어날 가능성이 같을 때, X는 구간 $[a,b]$에서 **균일분포(uniform distribution)**를 따른다고 하고

$$X \sim \mathrm{U}(a,b)$$

로 나타낸다. 이때 확률밀도함수는 다음과 같다.

$$f(x) = \frac{1}{b-a} I_{[a,b]}(x)$$

1. $X \sim \mathrm{U}(a,b)$일 때, 평균과 분산은 각각 다음과 같음을 보여라.

$$E(X) = \frac{a+b}{2}, \qquad \mathrm{Var}(X) = \frac{(b-a)^2}{12}$$

2. 버스가 아침 5시부터 15분 간격으로 차고에서 출발한다. 어떤 승객이 차고에 도착하는 시각은 7시에서 7시 30분 사이에 균일분포를 한다고 한다. 이 승객이 버스가 출발할 때까지 10분 이상 기다릴 확률을 구하여라. 또, 5분 이하로 기다릴 확률을 구하여라.

3. X가 구간 $[-1,1]$에서 균일분포를 따른다.

   (a) $F(x) = \mathcal{P}(X \le x)$를 구하여라.

   (b) $Y = |X|$라고 할 때 Y의 누적분포함수 $G(y) = \mathcal{P}(Y \le y)$를 구하여라.

   (c) Y의 확률밀도함수 $g(y)$를 구하여라.

4. X가 구간 $[0,1]$에서 균일분포를 따른다.

   (a) $Y = e^X$의 누적분포함수 $G(y) = \mathcal{P}(Y \le y)$를 X의 누적분포함수 $F(x) = \mathcal{P}(X \le x)$를 이용하여 나타내어라.

(b) $Y = e^X$의 확률밀도함수 $g(y) = G'(y)$를 X의 확률밀도함수 $f(x) = F'(x)$를 이용하여 나타내어라.

5. X가 모수가 1인 지수분포를 따른다.

   (a) X의 누적분포함수 $F(x) = \mathcal{P}(X \le x)$를 구하여라.

   (b) $Y = \ln X$의 누적분포함수 $G(y) = \mathcal{P}(Y \le y)$를 구하여라.

   (c) $Y = \ln X$의 확률밀도함수 $g(y) = G'(y)$를 X의 확률밀도함수 $f(x) = F'(x)$를 이용하여 나타내어라.

6. T가 모수가 λ 인 지수분포를 따른다.

$$X = [T] + 1$$

이라고 하면 X는 기하분포를 따름을 보여라. 이때 성공확률 p를 λ를 이용하여 나타내어라. 여기서 $[x]$는 x를 넘지 않는 최대정수이다.

7. 균일분포 $\mathrm{U}(0,1)$를 따르는 독립변수 $X_1, X_2, \ldots, X_n$에 대하여

$$L = \max(X_1, X_2, \ldots, X_n), \quad S = \min(X_1, X_2, \ldots, X_n)$$

라고 하자.

   (a) L과 S의 확률밀도함수를 각각 구하여라.

   (b) $E(L), E(S)$를 구하여라.

8. n개의 독립변수 $X_1, \ldots, X_n$이 모수가 λ인 지수분포를 따른다.

$$S = \min(X_1, X_2, \ldots, X_n)$$

의 분포를 구하여라.

9. 건전지의 수명은 모수가 2(단위 개월)인 지수분포를 따른다고 한다.

   (a) 2개의 건전지를 직렬로 연결하여 사용할 때, 건전지를 한 달 이상 교체하지 않고 사용할 수 있을 확률을 구하여라.

   (b) 2개의 건전지를 병렬로 연결하여 사용할 때, 건전지를 한 달 이내에 교체해야 할 확률을 구하여라.

10. 다음 등식을 이용하여 주어진 적분값을 구하여라.

$$\frac{1}{\sqrt{2\pi}} \int_{-\infty}^{\infty} e^{-x^2/2}\, dx = 1, \qquad \frac{1}{\sqrt{2\pi}} \int_{-\infty}^{\infty} x^2 e^{-x^2/2}\, dx = 1$$

   (a) $\displaystyle\int_0^{\infty} e^{-x^2}\, dx$ (b) $\displaystyle\int_0^{\infty} x^2 e^{-x^2}\, dx$

11. 확률변수 X의 누적분포함수가 다음과 같다.

$$F(x) = \begin{cases} 1 - e^{-x^2}, & x \ge 0 \\ 0, & x < 0 \end{cases}$$

(a) $\mathcal{P}(X>1)$, $\mathcal{P}(1<X<2)$를 구하여라.

(b) X의 평균과 분산을 구하여라.

12. **오차함수(error function)**는 다음과 같이 정의된다.

$$\mathrm{erf}(x)=\frac{2}{\sqrt{\pi}}\int_0^x e^{-t^2}\,dt$$

$\Phi(x)=\frac{1}{\sqrt{2\pi}}\int_0^x e^{-t^2/2}\,dt$를 오차함수 $\mathrm{erf}(x)$를 이용하여 나타내어라.

13. 평형 상태에 있는 균질한 기체에서 분자의 속도는 확률밀도함수가 다음과 같은 연속확률변수이다.

$$f(x)=\begin{cases} ax^2e^{-bx^2}, & x\geq 0\\ 0, & x<0\end{cases}$$

여기서 $b=m/2kT$ (k는 볼츠만 상수, T는 절대온도, m은 분자량)이다.

(a) a를 b를 이용하여 나타내어라.[27]

(b) $b=\frac{1}{2}$일 때, 오차함수를 이용하여 f의 누적분포함수를 구하여라.

14. 대한민국 20대 남성의 키는 평균 173.5cm, 표준편차 3.9cm인 정규분포를 따른다고 한다. 20대 남성 중에서 키가 180cm 이상은 몇 퍼센트인가?

15. 중량이 500g으로 표기된 시리얼은 평균이 500g, 표준편차가 5g이다. 실중량이 490g이하인 시리얼은 불량으로 분류한다고 한다.

(a) 100개들이 한 박스에 불량인 시리얼의 수는 어떤 분포를 따르는가?

(b) 100개들이 한 박스에 불량인 시리얼의 평균을 구하여라.

(c) 100개들이 한 박스에 불량인 시리얼이 하나 이하일 확률을 근사적으로 구하여라. 어떤 근사방법을 사용하는 것이 타당한가?

16. 문제 15에서 실중량이 495g 이하인 시리얼을 불량으로 분류할 때

(a) 100개들이 한 박스에 불량인 시리얼의 수는 어떤 분포를 따르는가?

(b) 100개들이 한 박스에 불량인 시리얼의 평균을 구하여라.

(c) 100개들이 한 박스에 불량인 시리얼이 하나 이하일 확률을 근사적으로 구하여라. 어떤 근사방법을 사용하는 것이 타당한가?

17. 어느 과수원에서 생산되는 사과의 무게는 평균 420g, 분산이 300g^{2}인 정규분포를 따른다. 5kg들이 상자에 12개의 사과를 담는데 총 중량이 4.95kg 이하이면 함량미달로 판정된다. 단, 사과상자의 무게는 무시한다.

(a) 사과 한 상자의 무게를 X라고 할 때, X의 분포를 구하여라.

(b) 임의의 사과상자가 함량미달일 확률을 소수점 이하 네자리까지 구하여라.

[27] Hint. $\frac{1}{\sqrt{2\pi}}\int_{-\infty}^{\infty} x^2e^{-\frac{x^2}{2}}\,dx=1$

(c) 150개의 사과 상자를 백화점에 납품하였을 때 함량미달인 사과상자의 기댓값은 얼마인가?

(d) 함량미달인 사과상자에 대하여 백화점은 하나의 사과를 상자에 더 넣어줄 것을 요구하였다. 한 박스의 사과를 추가로 준비하여 갔을 때 백화점의 요구를 만족시키지 못할 확률을 정규근사를 이용하여 구하여라.

(e) 백화점의 요구를 만족시킬 확률이 95 % 이상이 되려면 최소한 몇 개의 사과를 추가로 준비하여야 하는가?

18. 다음 분포의 적률생성함수를 구하여라.

(a) 모수가 p인 기하분포

(b) 모수가 (n, p)인 이항분포

(c) 모수가 λ인 푸아송 분포

19. 독립인 두 변수 X, Y의 적률생성함수가 각각

$$m_X(t) = \exp(2e^t - 2), \quad m_Y(t) = \left(\frac{7}{10}e^t + \frac{3}{10}\right)^{10}$$

일 때 다음 값을 소수점 이하 네자리까지 구하여라.

(a) $\mathcal{P}(X + Y = 2)$ (b) $\mathcal{P}(XY = 0)$ (c) $E(XY)$

20. 연속확률변수 X에 대하여 다음 두 식을 동시에 만족하는 수 m을 **중앙값(median)**이라 한다.

$$\mathcal{P}(X \le m) = \frac{1}{2}$$

다음 분포의 중앙값을 구하여라.

(a) 균일분포 $U(a, b)$

(b) 정규분포 $N(\mu, \sigma^2)$

(c) 지수분포 $\text{Exp}(\lambda)$

21. X가 모수가 λ인 지수분포를 따른다.

(a) $t < \lambda$에서 X의 적률생성함수 $m_X(t)$를 구하여라.

(b) 자연수 k에 대하여

$$E(X^k) = \frac{k!}{\lambda^k}$$

임을 보여라.

22. 확률밀도함수가 $f(t)$인 연속확률변수 X에 대하여 **위험계수함수 (hazard rate function)**를 다음과 같이 정의한다.

$$\lambda(t) = \frac{f(t)}{1 - F(t)}$$

여기서 $F(t) = \mathcal{P}(X \le t)$는 누적분포함수를 나타낸다. 그러면 다음 근사식이 성립한다.

$$\mathcal{P}(X \in (t, t + dt) | X > t) \approx \lambda(t)\, dt$$

(a) X가 모수가 λ인 지수분포를 따르는 경우

$$\lambda(t) = \lambda, \quad t > 0$$

임을 보여라.

(b) 일반적인 연속확률변수에 대하여 다음 식이 성립함을 보여라. 단, $F(0) = 0, f(x) > 0\,(t > 0)$이다.

$$\mathcal{P}(X > t) = \exp\Big(- \int_0^t \lambda(x)\, dx \Big)$$

23. 비흡연자가 폐암에 걸릴 때까지의 시간을 X, 흡연자가 폐암에 걸릴 때까지의 시간을 Y라고 하자. 흡연자가 폐암에 걸릴 위험성은 비흡연자에 비하여 두 배라고 한다. 즉 X의 위험계수함수가 $\lambda_1(t)$, Y의 위험계수함수를 $\lambda_2(t)$라고 할 때,

$$\lambda_2(t) = 2\lambda_1(t)$$

이다.

(a) 현재 50세인 흡연자가 향후 n년 안에 폐암에 걸리지 않을 확률을 p라고 할 때, 현재 50세인 비흡연자가 향후 n년 안에 폐암에 걸리지 않을 확률을 구하여라.

(b) 현재 50세인 비흡연자가 n년 안에 폐암에 걸릴 확률이 20%라면 흡연자가 n년 안에 폐암에 걸릴 확률은 얼마인가?

24. 문제 23에서 위험도가 3배라고 할 때 같은 질문에 답하여라.

25. 표준정규분포의 평균과 분산이 각각 0, 1임을 보여라. 다시 말해서 다음 등식이 성립함을 보여라.

$$\frac{1}{\sqrt{2\pi}} \int_{-\infty}^{\infty} x e^{-x^2/2}\, dx = 0, \quad \frac{1}{\sqrt{2\pi}} \int_{-\infty}^{\infty} x^2 e^{-x^2/2}\, dx = 1$$

26. 표준정규분포 Z에 대하여 다음 등식이 성립함을 보여라.

(a) $\mathcal{P}(Z > x) = \mathcal{P}(Z < -x)$

(b) $\mathcal{P}(|Z| > x) = 2\mathcal{P}(Z > x), \quad x > 0$

(c) $\mathcal{P}(|Z| < x) = 2\mathcal{P}(Z < x) - 1, \quad x > 0$

27. 정규분포 $X \sim N(\mu, \sigma^2)$의 확률밀도함수 f에 대하여 $\mu \pm \sigma$는 변곡점이 됨을 보여라.

28. X의 확률밀도함수가 $f(x)$일 때 다음 결과를 이용하여 $m'_X(0) = E(X)$임을 보여라.

$$\frac{d}{dt}\Big(\int e^{tx} f(x)\, dx \Big) = \int \frac{\partial}{\partial t}\Big(e^{tx} f(x) \Big)\, dx$$

CHAPTER 3

벡터와 행렬

1. 좌표공간과 벡터
2. 벡터의 내적
3. 행렬
4. 선형방정식계
5. 행렬의 곱과 역행렬
6. 기저와 차원

3.1 좌표공간과 벡터

3.1.1 좌표공간

평면은 서로 수직인 두 직선을 좌표축으로 갖는 좌표평면으로 생각할 수 있고 이때 좌표평면의 각 점은 두 실수의 순서쌍 (a, b)로 표시한다.

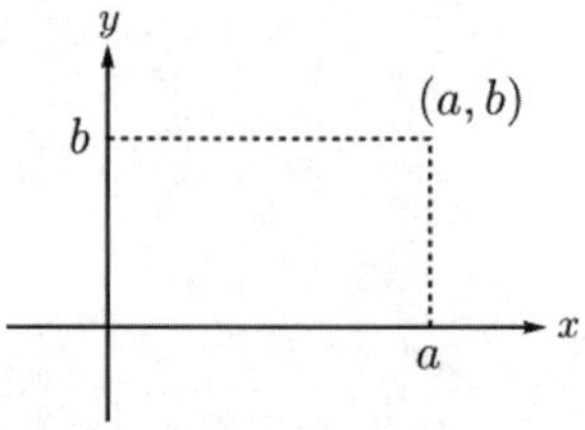

공간에서 고정된 점 O를 지나고 서로 수직인 세 수직선을 각각 x축, y축, z축이라 하자. x축과 y축을 포함하는 평면을 xy평면이라 하며 방정식 $z = 0$으로 나타낸다. 마찬가지로 y축과 z축, z축과 x축을 포함하는 평면을 각각 yz-평면, zx-평면이라 하고

$$\begin{aligned} x = 0 \qquad & yz\text{평면} \\ y = 0 \qquad & xz\text{평면} \end{aligned}$$

으로 나타낸다.

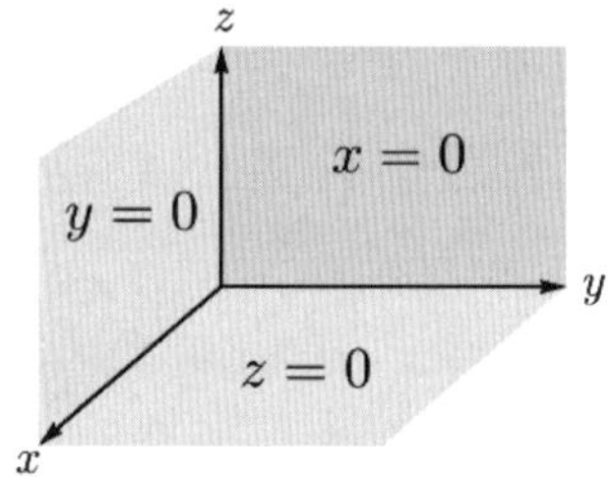

공간의 한 점 P에 대하여 점 P를 지나고 xz-평면, yz-평면, xy-평면에 평행한 평면이 x축, y축, z축과 만나는 점을 각각 A, B, C라 하자. 이때 세 점 A, B, C의 x축, y축, z축 위에서의 좌표를 각각 a, b, c라고 하면 점 P에 대응하는 세 실수의 순서쌍 (a, b, c)가 정해진다. 역으로 세 실수의 순서쌍 (a, b, c)가 주어지면 공간의 한 점 P가 주어진다. 따라서 공간의 점 전체의 집합과 세 실수의 순서쌍의 집합은 일대일대응이 된다.

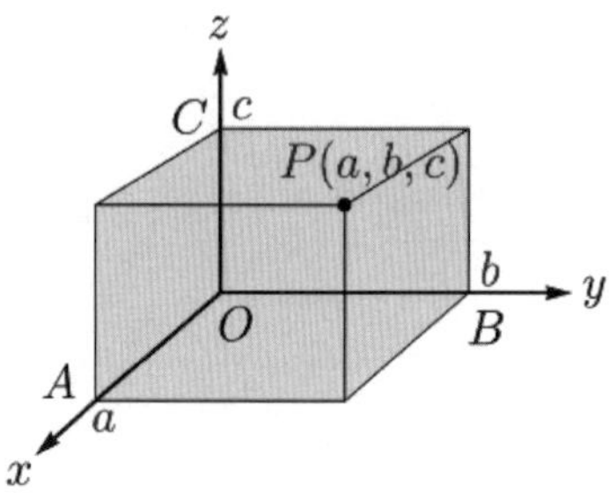

이때 점 P에 대응하는 순서쌍 (a, b, c)를 점 P의 **좌표(coordinates)**라 하고

$$P(a, b, c)$$

와 같이 나타낸다. 또, a, b, c를 점 P의 x좌표, y좌표, z좌표라 한다. 이와 같이 세 개의 수직인 좌표축이 주어진 공간을 **직교좌표공간** 또는 간단히 **좌표공간**이라고 한다. 점 O를 **원점**이라고 하고 $O(0, 0, 0)$으로 나타낸다.

$$x\text{-축},\ y\text{-축},\ z\text{-축 위의 점은 각각 } (a, 0, 0),\ (0, b, 0),\ (0, 0, c)$$

꼴로 나타낼 수 있다. 마찬가지로

$$xy\text{-평면},\ yz\text{-평면},\ zx\text{-평면 위의 점은 각각 } (a, b, 0),\ (0, b, c),\ (a, 0, c)$$

꼴로 나타낼 수 있다.

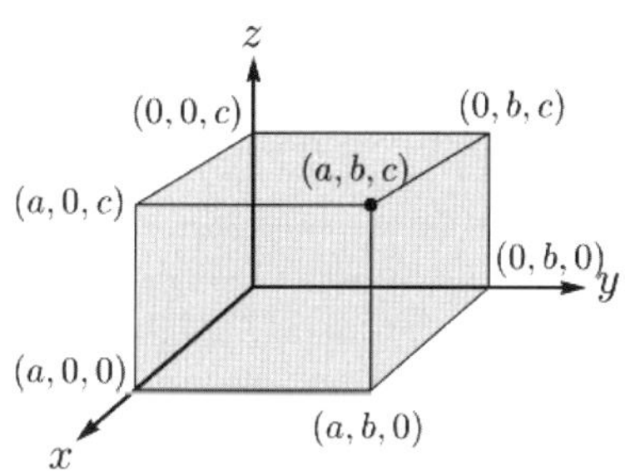

두 점 사이의 거리

좌표평면에서 두 점 $P_1(x_1, y_1), P_2(x_2, y_2)$ 사이의 거리는 선분 P_1P_2의 길이로 정의하고 $|P_1P_2|$로 나타낸다.

$$|P_1P_2| = \sqrt{(x_2 - x_1)^2 + (y_2 - y_1)^2}$$

다음 그림과 같이 세 모서리의 길이가 a, b, c인 직육면체에서 삼각형 EFG와 EGC는 모두 직각삼각형이다.

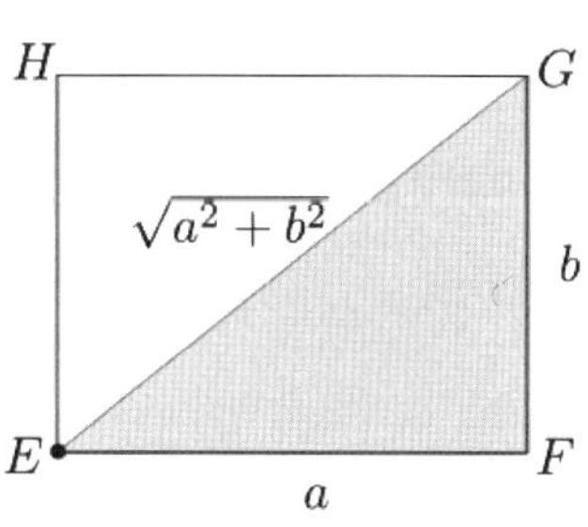

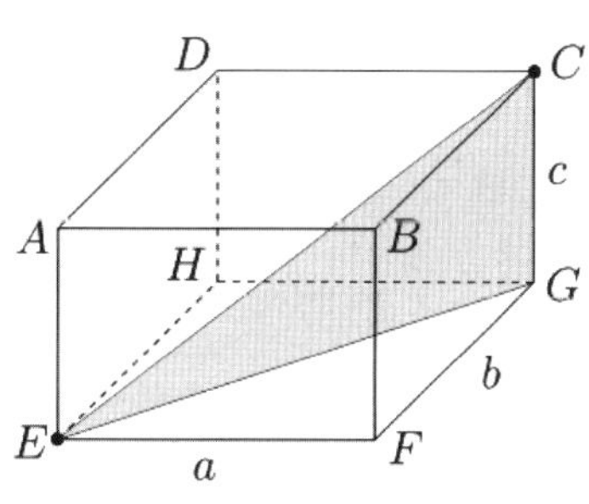

피타고라스의 정리에 의하면 대각선 EG의 길이는

$$|EG| = \sqrt{a^2 + b^2}$$

이므로 대각선 EC의 길이는 다음과 같다.

$$|EC| = \sqrt{|EG|^2 + c^2} = \sqrt{a^2 + b^2 + c^2}$$

일반적으로 다음과 같이 P_1, P_2가 마주보는 꼭지점이고 각 면이 좌표평면과 평행인 직육면체를 생각하자.

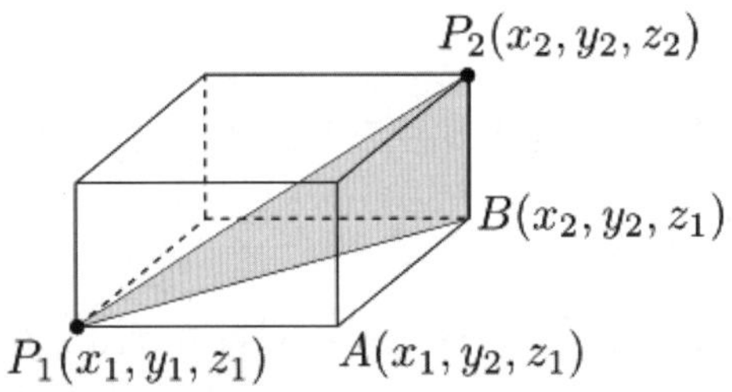

직육면체 위의 두 점 $A(x_1, y_2, z_1), B(x_2, y_2, z_1)$에 대하여

$$|P_1A| = |y_2 - y_1|, \quad |AB| = |x_2 - x_1|, \quad |BP_2| = |z_2 - z_1|$$

이므로 공간의 두 점 P_1, P_2 사이의 거리, 즉 선분 P_1P_2의 길이를 구하는 다음 공식을 얻는다.

공간의 두 점 사이의 거리

좌표공간의 두 점 $P_1(x_1, y_1, z_1), P_2(x_2, y_2, z_2)$ 사이의 거리 $|P_1P_2|$는 다음과 같다.

$$|P_1P_2| = \sqrt{(x_2 - x_1)^2 + (y_2 - y_1)^2 + (z_2 - z_1)^2}$$

특히 원점 O와 점 $P(x_1, y_1, z_1)$ 사이의 거리는 다음과 같다.

$$|OP| = \sqrt{x_1^2 + y_1^2 + z_1^2}$$

n-차원 공간

일반적으로 자연수 n에 대해

$$\mathbb{R}^n = \{(a_1, a_2, \cdots, a_n) | a_1, a_2, \cdots, a_n \in \mathbb{R}\}$$

로 나타낸다. 이때 $\mathbb{R}^n$을 n차원 **좌표공간**(n-**dimensional space**), 혹은 간단히 n-**차원공간**이라 부르고, 이 공간의 원소 $(a_1, a_2, \cdots, a_n)$를 **점**(**point**)이라 부른다. 또 a_i를 i-번째 좌표라고 한다. 좌표평면은 2차원공간 $\mathbb{R}^2$, 좌표공간은 3차원 공간 $\mathbb{R}^3$이다.

$$\begin{aligned} \mathbb{R}^2 &= \{(x, y) | x \in \mathbb{R}, y \in \mathbb{R}\} \\ \mathbb{R}^3 &= \{(x, y, z) | x \in \mathbb{R}, y \in \mathbb{R}, z \in \mathbb{R}\} \end{aligned}$$

$\mathbb{R}^n$의 두 점 $A(a_1, a_2, \cdots, a_n)$와 $B(b_1, b_2, \cdots, b_n)$는 대응하는 좌표들이 모두 같을 때 **같다**고 하고 $A = B$로 쓴다.

$$A = B \quad \Rightarrow \quad a_i = b_i \ (i = 1, 2, \ldots, n)$$

$\mathbb{R}^n$에서 **덧셈**과 **상수곱**은 다음과 같이 좌표별로 정의한다.

$$(a_1, a_2, \cdots, a_n) + (b_1, b_2, \cdots, b_n) = (a_1 + b_1, a_2 + b_2, \cdots, a_n + b_n)$$

$$t(a_1, a_2, \cdots, a_n) = (ta_1, ta_2, \cdots, ta_n), \qquad (t \in \mathbb{R})$$

좌표평면, 또는 좌표공간에서 두 점 A, B의 합은 OA, OB를 이웃하는 두 변으로 가지는 평행사변형의 나머지 꼭지점이다. 또한 점 A의 상수곱 tA는 선분 OA의 연장선상에 있는데 $t > 0$이면 같은 방향, $t < 0$이면 반대방향이다.

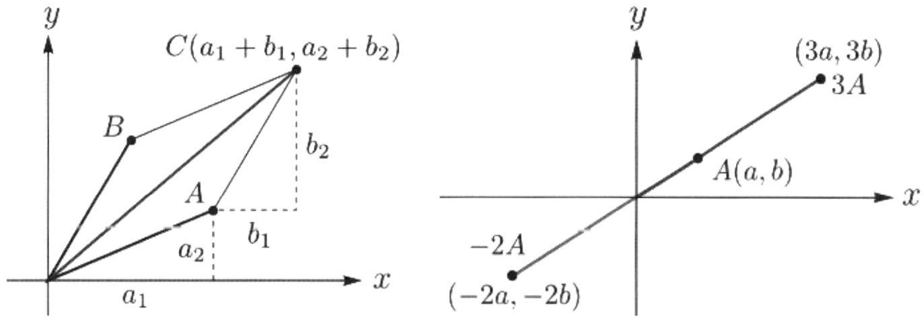

두 점의 덧셈과 상수곱은 실수의 덧셈과 곱을 자연스럽게 확장한 것이다. 따라서 실수의 연산에 대하여 성립하는 다음과 같은 성질 역시 자연스럽게 성립한다.

$\mathbb{R}^n$의 덧셈과 상수곱의 성질

- (교환법칙) $A + B = B + A$
- (결합법칙) $(A + B) + C = A + (B + C)$
- (덧셈에 대한 항등원 O) $A + O = O + A = A$
- 점 $A = (a_1, a_2, \cdots, a_n)$의 덧셈에 대한 역원: $-A = (-a_1, -a_2, \cdots, -a_n)$

$$A + (-A) = (-A) + A = O$$

- $(rs)A = r(sA), \quad r(A + B) = rA + rB, \quad (r + s)A = rA + sA, \quad (r, s \in \mathbb{R})$

$\mathbb{R}^n$의 점 $A = (a_1, a_2, \cdots, a_n)$의 **크기**, 혹은 **절댓값**을

$$|A| = \sqrt{a_1^2 + a_2^2 + \cdots + a_n^2}$$

이라 정의한다. 이는 피타고라스 정리를 확장한 것으로 원점과 점 A 사이의 거리이다. $\mathbb{R}^n$ 상의 두 점 $A = (a_1, a_2, \cdots, a_n)$, $B = (b_1, b_2, \cdots, b_n)$ 사이의 거리는

$$\text{dist}(A, B) = \sqrt{(a_1 - b_1)^2 + (a_2 - b_2)^2 + \cdots + (a_n - b_n)^2}$$

으로 정의한다. 정의에 의하면 두 점 $A = (a_1, a_2, \cdots, a_n)$, $B = (b_1, b_2, \cdots, b_n)$ 사이의 거리는 원점과 점 $B - A = (b_1 - a_1, b_2 - a_2, \cdots, b_n - a_n)$ 사이의 거리와 일치한다.

$$\text{dist}(A, B) = |B - A| = \sqrt{(a_1 - b_1)^2 + (a_2 - b_2)^2 + \cdots + (a_n - b_n)^2}$$

3.1.2 벡터의 정의와 연산

길이, 질량, 속력 등은 크기만 알면 표현이 가능하다. 그러나 이동, 힘, 속도 등은 크기뿐만 아니라 방향을 알아야 표현이 가능하다. 이렇게 크기와 방향이 주어진 양을 **벡터**(**vector**)라 한다. 2차원, 또는 3차원 공간에서 벡터는 **화살표**(**arrow**)를 이용하여 나타낸다. 화살의 방향은 벡터의 방향을 나타내고, 화살의 길이는 벡터의 크기를 나타낸다. 화살의 **꼬리**(**tail**)는 벡터의 **시점**(**initial point**), 화살의 **머리**(**head**)는 벡터의 **종점**(**terminal point**)이라 부른다. 벡터를 한 문자로 나타낼 때는 $\mathbf{a}, \mathbf{i}, \mathbf{v}, \mathbf{x}$와 같이 볼드체의 소문자를 이용하여 나타내기로 한다. 다음 그림처럼 벡터 $\mathbf{v}$의 시점이 A, 종점이 B인 경우

$$\mathbf{v} = \overrightarrow{AB}$$

로 나타낸다.

벡터의 크기

선분 AB의 길이를 벡터 $\overrightarrow{AB}$의 **크기**(**norm**)라 하고 이것을 기호 $\|\overrightarrow{AB}\|$로 나타낸다.

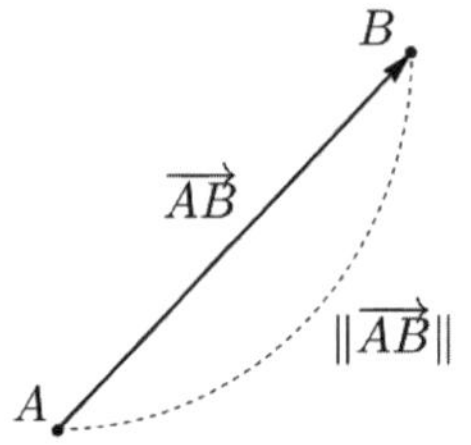

보기 1 다음 그림과 같이 $\|\overrightarrow{AB}\| = 2, \|\overrightarrow{AD}\| = 1$인 직사각형에서

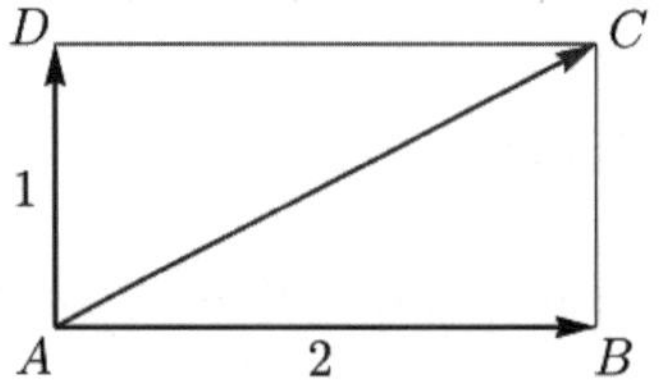

$$\|\overrightarrow{AB}\| = \|\overrightarrow{DC}\| = 2, \quad \|\overrightarrow{AC}\| = \|\overrightarrow{BD}\| = \sqrt{5}$$

이다. □

Note 크기가 1인 벡터를 **단위벡터**(**unit vector**)라 한다. $\overrightarrow{AD}, \overrightarrow{DA}, \overrightarrow{BC}, \overrightarrow{CB}$는 단위벡터이다.

서로 같은 벡터

보기 1에서 벡터 $\overrightarrow{AB}, \overrightarrow{DC}$는 크기도 같고 방향도 같다. 이와 같이 두 벡터 $\mathbf{v}, \mathbf{w}$가 크기와 방향이 각각 같을 때 두 벡터 $\mathbf{v}, \mathbf{w}$는 **서로 같다**, 또는 **동등하다**고 하며 이것을 기호로 다음과 같이 나타낸다.

$$\mathbf{v} = \mathbf{w}$$

시점의 위치는 다르지만 평행이동하여 포개어지는 두 벡터는 서로 같음을 알 수 있다. 또한 $\mathbf{v} = \overrightarrow{AB}, \mathbf{w} = \overrightarrow{CD}$가 서로 같으면 $ABDC$는 평행사변형이다.

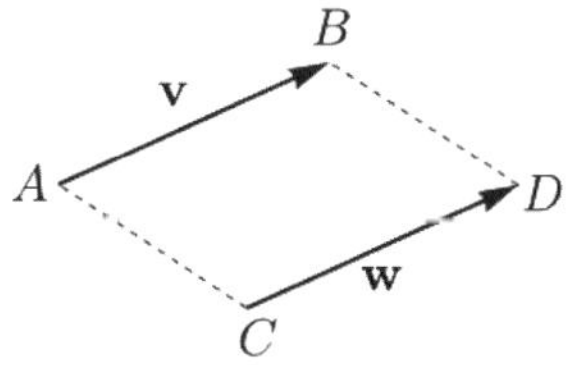

보기 2 다음 그림의 직육면체에서

$$\overrightarrow{AB} = \overrightarrow{DC} = \overrightarrow{EF} = \overrightarrow{HG}$$

이다. 또한

$$\overrightarrow{AC} = \overrightarrow{EG}, \quad \overrightarrow{FC} = \overrightarrow{ED}, \quad \overrightarrow{DG} = \overrightarrow{AF}$$

이다. □

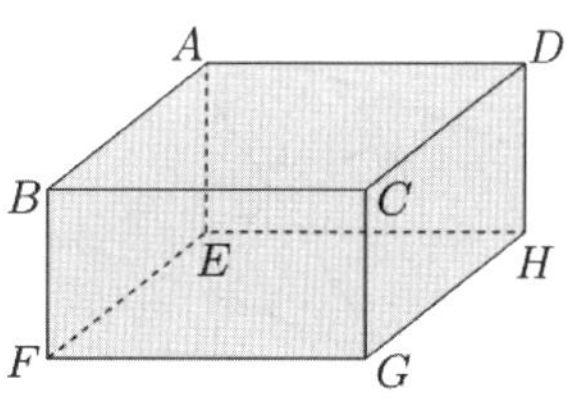

벡터의 연산

어떤 입자가 A에서 B까지 움직였다면 이때 벡터는 $\overrightarrow{AB}$로 나타낸다. 다시 이 입자가 B에서 C까지 움직였다면 이때의 벡터는 $\overrightarrow{BC}$이다. 그러면 이 입자는 결국 A에서 C로 움직인 것이다. 이때 벡터 $\overrightarrow{AC}$를 두 벡터 $\overrightarrow{AB}$와 $\overrightarrow{BC}$의 합으로 정의한다.

$$\overrightarrow{AC} = \overrightarrow{AB} + \overrightarrow{BC}$$

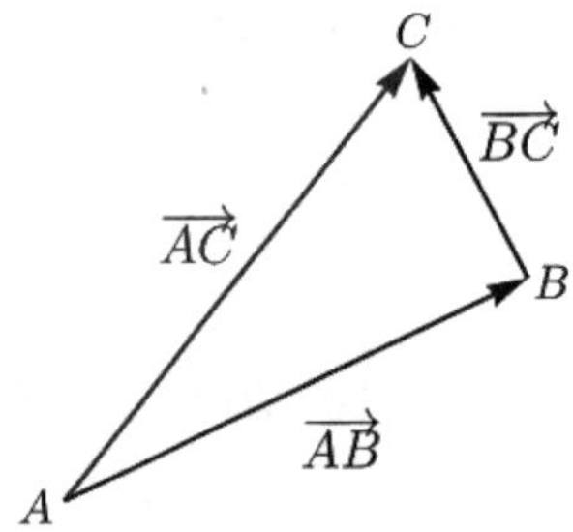

일반적으로 임의의 두 벡터 $\mathbf{v}, \mathbf{w}$에 대하여 두 벡터의 합 $\mathbf{v}+\mathbf{w}$는 다음과 같은 방법으로 정의한다. 벡터 $\mathbf{w}$의 시점이 벡터 $\mathbf{v}$의 종점과 일치하도록 $\mathbf{w}$를 이동한다. 이때 시점은 $\mathbf{v}$와 일치하고 종점은 $\mathbf{w}$와 일치하는 벡터를 $\mathbf{v}+\mathbf{w}$로 정의한다.(왼쪽 그림) 만약 $\mathbf{v}$와 $\mathbf{w}$의 시점이 일치하게 놓는다면 $\mathbf{v}+\mathbf{w}$는 $\mathbf{v}$와 $\mathbf{w}$로 만들어지는 평행사변형의 대각선으로 정의된다.(오른쪽 그림)

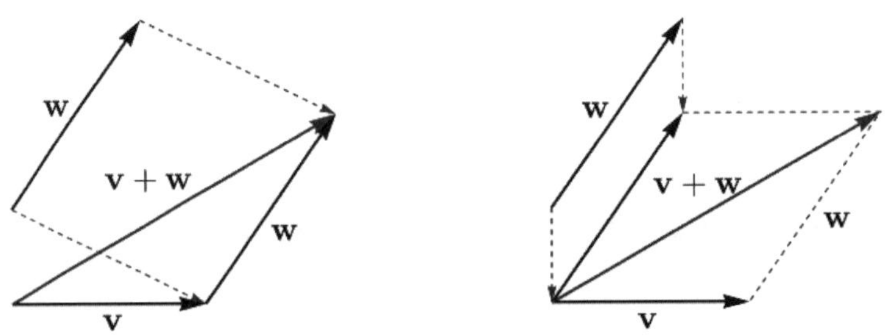

정의에 의하면 두 벡터 $\mathbf{v}+\mathbf{w}$와 $\mathbf{w}+\mathbf{v}$는 같다.

$$\mathbf{v}+\mathbf{w}=\mathbf{w}+\mathbf{v}$$

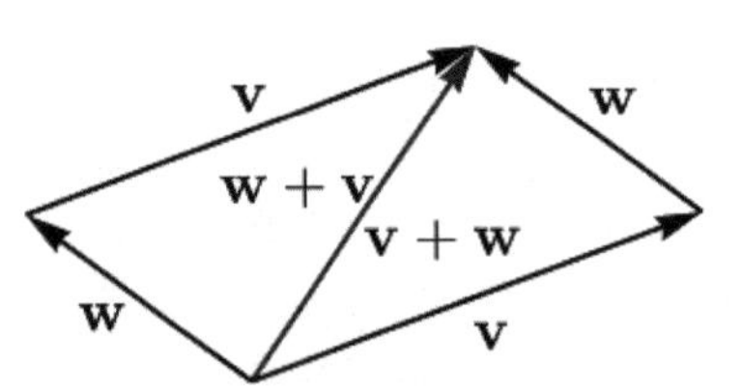

벡터 $\overrightarrow{AA}$와 같이 시점과 종점이 일치하는 벡터의 크기는 0이다. 이와 같은 벡터를 **영벡터**라 하고 기호 $\mathbf{0}$로 나타낸다. 영벡터는 덧셈에 대한 항등원이다. 다시 말해서, 임의의 벡터 $\mathbf{v}$에 대하여 다음 식이 성립한다.

$$\mathbf{v}+\mathbf{0}=\mathbf{0}+\mathbf{v}=\mathbf{v}$$

영벡터가 아닌 벡터 $\mathbf{v}$에 대하여 $-\mathbf{v}$는 $\mathbf{v}$와 크기는 같고 방향은 반대인 벡터로 정의한다. 이때 $-\mathbf{v}$는 덧셈에 대한 $\mathbf{v}$의 역원이다.

$$\mathbf{v}+(-\mathbf{v})=\mathbf{0}$$

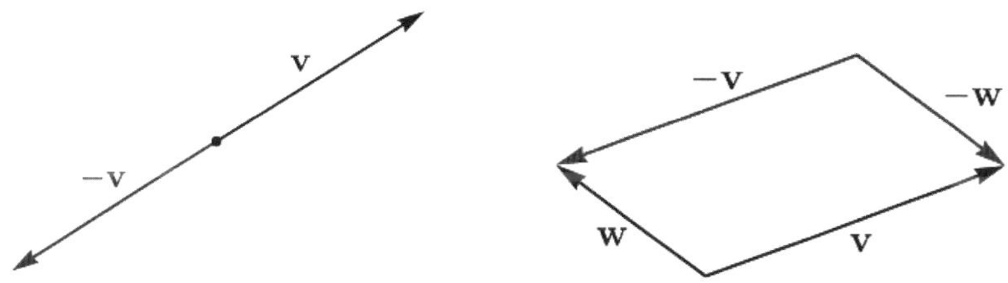

두 벡터의 **차**(**difference**)는

$$\mathbf{v} - \mathbf{w} = \mathbf{v} + (-\mathbf{w})$$

로 정의한다. 만약 $\mathbf{v}$와 $\mathbf{w}$의 시점을 같은 위치에 놓는다면(왼쪽 그림) $\mathbf{v} - \mathbf{w}$는 $\mathbf{w}$의 종점에서 $\mathbf{v}$의 종점으로 가는 벡터이다.(오른쪽 그림)

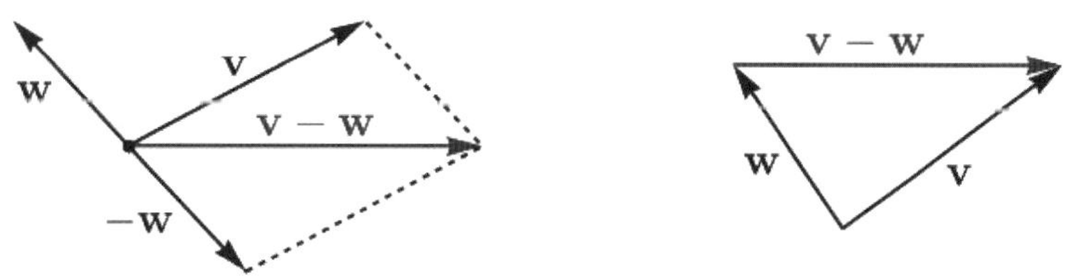

영벡터가 아닌 벡터 $\mathbf{v}$의 **상수곱**(**scalar multiple**) $k\mathbf{v}$는 크기가 벡터 $\mathbf{v}$의 $|k|$배이고 $k > 0$이면 $\mathbf{v}$와 **같은 방향**(**same direction**), $k < 0$이면 $\mathbf{v}$와 **반대 방향**(**opposite direction**)인 벡터이다. 특히,

$$(-1)\mathbf{v} = -\mathbf{v} \qquad 0\mathbf{v} = \mathbf{0}$$

으로 정의한다. 영벡터가 아닌 두 벡터 $\mathbf{w}$, $\mathbf{v}$의 방향이 같거나 반대일 때, 두 벡터는 **평행하다**(**parallel**)고 하고

$$\mathbf{v} // \mathbf{w}$$

로 나타낸다. 영벡터가 아닌 두 벡터가 평행할 조건은 다음과 같다.

$$\mathbf{v} // \mathbf{w} \iff \mathbf{w} = k\mathbf{v}(k\text{는 0이 아닌 실수})$$

보기 3 보기 2의 직육면체에서 $\overrightarrow{AB} = \mathbf{v}, \overrightarrow{AD} = \mathbf{w}, \overrightarrow{AE} = \mathbf{u}$라 할 때 다음 벡터를 $\mathbf{v}, \mathbf{u}, \mathbf{w}$를 이용하여 나타내어라.

(a) $\overrightarrow{EG}$ (b) $\overrightarrow{BD}$ (c) $\overrightarrow{FC}$ (d) $\overrightarrow{BH}$

Solution (a) $\overrightarrow{EG} = \overrightarrow{AC} = \overrightarrow{AB} + \overrightarrow{AD} = \mathbf{v} + \mathbf{w}$

(b) $\overrightarrow{BD} = \overrightarrow{BC} + \overrightarrow{CD} = \overrightarrow{AD} - \overrightarrow{AB} = \mathbf{w} - \mathbf{v}$

(c) $\overrightarrow{FC} = \overrightarrow{FG} + \overrightarrow{GC} = \overrightarrow{AD} - \overrightarrow{AE} = \mathbf{w} - \mathbf{u}$

(d) $\overrightarrow{BH} = \overrightarrow{BC} + \overrightarrow{CD} + \overrightarrow{DH} = \overrightarrow{AD} - \overrightarrow{AB} + \overrightarrow{AE} = \mathbf{w} - \mathbf{v} + \mathbf{u}$ □

3.1.3 벡터의 성분

평면 혹은 공간 상의 점 A가 주어지면 원점을 시점, 점 A를 종점으로 하는 벡터 $\mathbf{a} = \overrightarrow{OA}$를 생각할 수 있다.

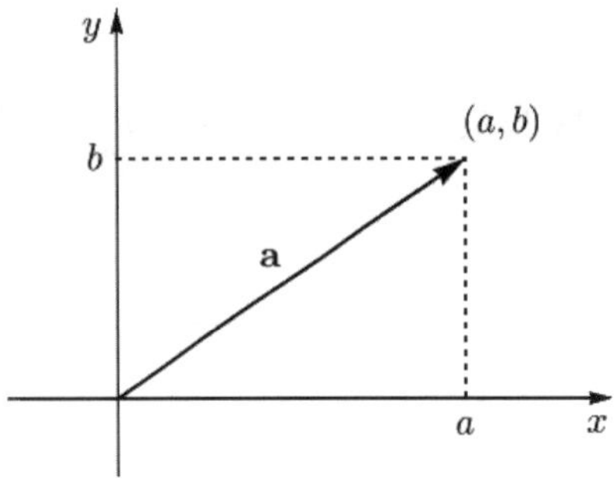

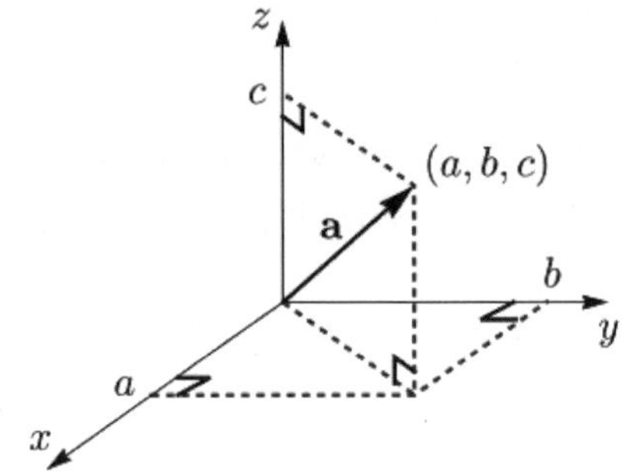

이때 $\overrightarrow{OA}$를 점 A의 **위치벡터(position vector)**라 부르고 평면에서는 $\mathbf{a} = \overrightarrow{OA} = (a, b)$, 공간에서는 $\mathbf{a} = \overrightarrow{OA} = (a, b, c)$로 나타낸다. 이때 실수 a, b, 또는 a, b, c를 $\mathbf{a}$의 **성분(components)**이라 한다. 모든 평면, 또는 공간의 점은 위치벡터와 일대일대응시킬 수 있으므로 $\mathbb{R}^2, \mathbb{R}^3$은 좌표평면, 좌표공간의 점들의 집합을 나타내기도 하고, 평면과 공간의 위치벡터들의 집합을 나타내기도 한다.

공간의 두 점 $A(a_1, a_2, a_3)$와 $B(b_1, b_2, b_3)$를 각각 시점과 종점으로 하는 벡터 $\overrightarrow{AB}$를 평행이동하여 벡터의 시점이 원점 O가 되도록 하면 그 종점 C는

$$C(b_1 - a_1, b_2 - a_2, b_3 - a_3)$$

이고

$$\overrightarrow{AB} = \overrightarrow{OC} = (b_1 - a_1, b_2 - a_2, b_3 - a_3)$$

이다. 따라서 모든 벡터는 동등한 위치벡터를 가지며 각 벡터의 성분은 위치벡터의 성분과 같다.

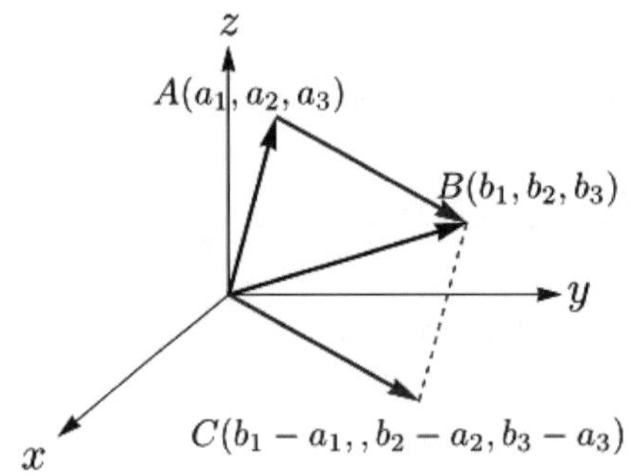

$\overrightarrow{AB} = \overrightarrow{OB} - \overrightarrow{OA}$이므로 다음 관계식이 성립한다.

$$(b_1 - a_1, b_2 - a_2, b_3 - a_3) = (b_1, b_2, b_3) - (a_1, a_2, a_3)$$

또한 좌표공간에서 두 점의 합과 상수곱은 성분별로 계산이 가능하므로 위치벡터의 합과 상수곱도 성분별로 계산할 수 있다.

$$\mathbf{a} = (a_1, a_2, a_3), \quad \mathbf{b} = (b_1, b_2, b_3)$$

일 때 다음 식이 성립한다.

$$\mathbf{a} + \mathbf{b} = (a_1 + b_1, a_2 + b_2, a_3 + b_3), \qquad k\mathbf{a} = (ka_1, ka_2, ka_3)$$

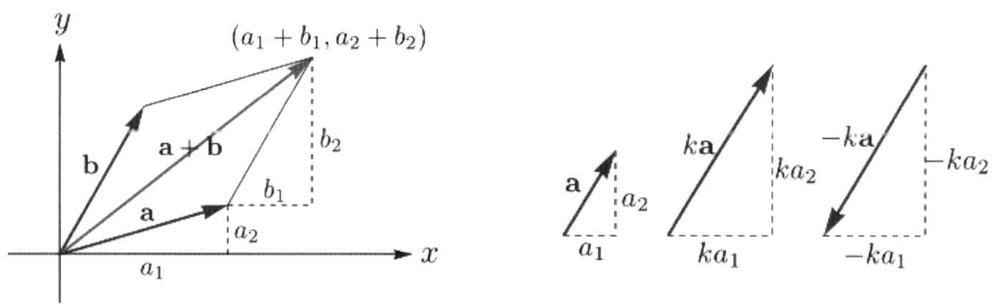

<u>**벡터의 크기**</u>

2차원과 3차원 벡터 $\mathbf{v} = (a, b)$, $\mathbf{w} = (a, b, c)$의 크기는 벡터의 길이이므로 각각 다음과 같다.

$$\|\mathbf{v}\| = \sqrt{a^2 + b^2}, \quad \|\mathbf{w}\| = \sqrt{a^2 + b^2 + c^2}$$

마찬가지로 공간의 두 점 $A(a_1, a_2, a_3), B(b_1, b_2, b_3)$을 각각 시점과 종점으로 하는 벡터 $\overrightarrow{AB}$의 크기는 두 점 A와 B 사이의 거리와 일치한다.

$$\|\overrightarrow{AB}\| = \sqrt{(b_1 - a_1)^2 + (b_2 - a_2)^2 + (b_3 - a_3)^2}$$

종점이 같은 두 위치벡터는 서로 같으므로 두 벡터 $\mathbf{v} = (v_1, v_2, v_3)$, $\mathbf{w} = (w_1, w_2, w_3)$의 각 성분이 같으면 두 벡터는 서로 같다.

$$\mathbf{v} = \mathbf{w} \iff v_1 = w_1, \quad v_2 = w_2, \quad v_3 = w_3$$

영벡터는 크기가 0이므로 모든 성분이 0이나. 예를 들어 2차원 공간의 영벡터는 $\mathbf{0} = (0, 0)$, 삼차원 공간의 영벡터는 $\mathbf{0} = (0, 0, 0)$이다.

$\mathbb{R}^3$에서 각각 x-축, y-축, z-축 양의 방향을 나타내는 단위벡터

$$(1, 0, 0), \quad (0, 1, 0), \quad (0, 0, 1)$$

을 $\mathbb{R}^3$의 **표준단위벡터(standard unit vector)**라 하고 각각 $\mathbf{e}_1, \mathbf{e}_2, \mathbf{e}_3$로 나타낸다.

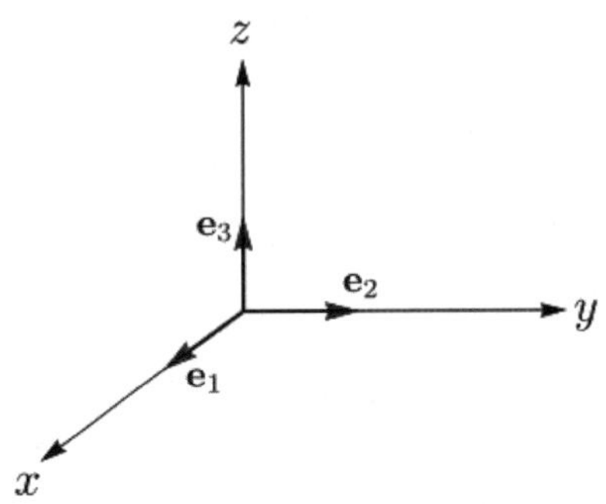

좌표평면, 좌표공간의 경우와 마찬가지로 n차원 공간 $\mathbb{R}^n$은 점 $A = (a_1, a_2, \ldots, a_n)$의 집합을 나타내기도 하고 위치벡터 $\overrightarrow{OA} = (a_1, \cdots, a_n)$의 집합을 나타내기도 한다. n차원 공간의 벡터를 n차원 벡터, 또는 간단히 n-벡터라 부른다. 두 n-벡터도 각 성분이 모두 같을 때 같다고 한다.

좌표공간에서와 마찬가지로 n차원 벡터 $\mathbf{v} = (v_1, \cdots, v_n)$의 크기는 다음과 같이 정의한다.

$$\|\mathbf{v}\| = \sqrt{v_1^2 + v_2^2 + \cdots + v_n^2}$$

또한 n차원 공간의 두 점 $A(a_1, a_2, \ldots, a_n), B(b_1, b_2, \ldots, b_n)$을 시점과 종점으로 하는 벡터 $\overrightarrow{AB}$의 크기는 두 점 사이의 거리와 일치한다.

$$\|\overrightarrow{AB}\| = \sqrt{(b_1 - a_1)^2 + (b_2 - a_2)^2 + \cdots + (b_n - a_n)^2}$$

$\mathbb{R}^n$의 n개의 벡터 $(1, 0, \cdots, 0), (0, 1, \cdots, 0), \ldots, (0, 0, \cdots, 1)$을 각각 $\mathbf{e}_1, \mathbf{e}_2, \ldots, \mathbf{e}_n$으로 나타내고 $\mathbb{R}^n$의 표준단위벡터라 부른다.[1]

$\mathbb{R}^n$에서 벡터의 합과 상수곱은 벡터의 성분별로 정의한다. 다시 말해서

$$\mathbf{a} = (a_1, \cdots, a_n), \quad \mathbf{b} = (b_1, \cdots, b_n)$$

일 때 다음과 같이 정의한다.

$$\mathbf{a} + \mathbf{b} = (a_1 + b_1, \cdots, a_n + b_n), \qquad k\mathbf{a} = (ka_1, \cdots, ka_n)$$

벡터의 합과 상수곱은 벡터의 성분별로 계산이 가능하므로 다음 성질이 성립함을 쉽게 보일 수 있다.

---

[1] 경우에 따라 $\mathbf{e}_j$를 열벡터로 나타내기도 한다.

벡터의 연산에 대한 성질

$\mathbb{R}^n$의 벡터 $\mathbf{u}, \mathbf{v}, \mathbf{w}$와 상수 k, m에 대하여 다음 등식이 성립한다.

- (교환법칙) $\mathbf{u} + \mathbf{v} = \mathbf{v} + \mathbf{u}$
- (결합법칙) $(\mathbf{u} + \mathbf{v}) + \mathbf{w} = \mathbf{u} + (\mathbf{v} + \mathbf{w})$
- (덧셈에 대한 항등원) $\mathbf{u} + \mathbf{0} = \mathbf{0} + \mathbf{u} = \mathbf{u}$
- (덧셈에 대한 역원) $\mathbf{u} + (-\mathbf{u}) = (-\mathbf{u}) + \mathbf{u} = \mathbf{0}$
- (분배법칙) $k(\mathbf{u} + \mathbf{v}) = k\mathbf{u} + k\mathbf{v}, \ (k + m)\mathbf{u} = k\mathbf{u} + m\mathbf{u}$

3.1.4 직선의 방정식

평면에서 한 점 $P_0(x_0, y_0)$을 지나고 직선의 기울기가 m인 직선 위의 점을 $P(x, y)$라 하면 다음 식이 성립한다.

$$\frac{y - y_0}{x - x_0} = m \quad \Rightarrow \quad y = m(x - x_0) + y_0$$

공간에서 직선의 방정식은 직선 위의 한 점과 직선과 평행인 벡터를 알면 구할 수 있다. 직선이 한 점 $P_0(x_0, y_0, z_0)$을 지나고 벡터 $\mathbf{v} = (a, b, c)$와 평행하다고 하자. 직선 위의 임의의 점을 $P(x, y, z)$라 하면 벡터 $\overrightarrow{P_0P}$는 $\mathbf{v}$와 평행이므로

$$\overrightarrow{P_0P} = t\mathbf{v} \tag{3.1}$$

인 실수 t가 존재한다.

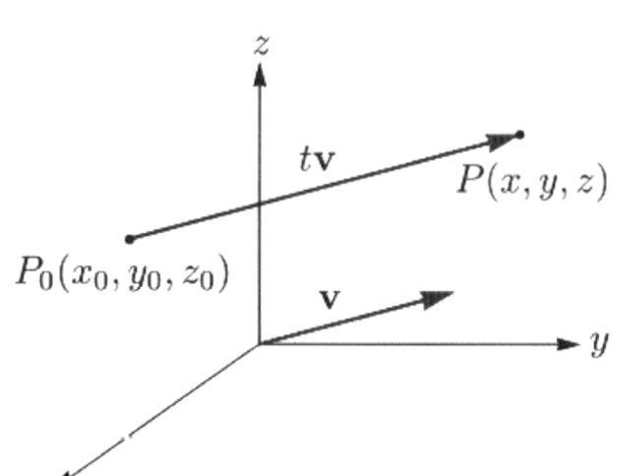

$\overrightarrow{OP} = \mathbf{x}$, $\overrightarrow{OP_0} = \mathbf{x}_0$이라 하면 식 (3.1)은 다음과 같이 쓸 수 있다.

$$\mathbf{x} - \mathbf{x}_0 = t\mathbf{v} \quad \Rightarrow \quad \mathbf{x} = \mathbf{x}_0 + t\mathbf{v}$$

이 방정식에서 벡터 $\mathbf{v}$는 직선의 방향을 나타내는데 이를 이 직선의 **방향벡터** (**directional vector**)라 한다. 이와 같이 벡터를 이용하여 나타낸 방정식을 **벡터방정식**(**vector equation**)

이라 한다. 또한 식 (3.1)을 성분별로 나타내면

$$(x-x_0, y-y_0, z-z_0) = (ta, tb, tc)$$

이므로 직선의 방정식은 다음과 같이 쓸 수 있다.

$$x = x_0 + at, \quad y = y_0 + bt, \quad z = z_0 + ct \quad (-\infty < t < \infty) \tag{3.2}$$

$abc \neq 0$이면 t를 소거하여 다음과 같이 쓸 수 있다.

$$\frac{x-x_0}{a} = \frac{y-y_0}{b} = \frac{z-z_0}{c}$$

이 방정식은 직선의 **대칭방정식(symmetric equation)**이라 한다.

직선의 방정식

한 점 $P_0(x_0, y_0, z_0)$을 지나고 벡터 $\mathbf{v} = (a, b, c)$와 평행한 직선 위의 임의의 점을 $P(x, y, z)$라 하자. $\overrightarrow{OP} = \mathbf{x}$, $\overrightarrow{OP_0} = \mathbf{x}_0$라 하면 직선의 방정식은 다음과 같다.

$$\mathbf{x} = \mathbf{x}_0 + t\mathbf{v}, \quad (-\infty < t < \infty)$$

이 식을 성분별로 쓰면 다음과 같다.

$$x = x_0 + at, \quad y = y_0 + bt, \quad z = z_0 + ct$$

t를 소거하면

$$\frac{x-x_0}{a} = \frac{y-y_0}{b} = \frac{z-z_0}{c}$$

$abc = 0$이면 식 (3.2)을 이용하여 비슷한 방법으로 나타낼 수 있다. 예를 들어, $a = 0$이면

$$x = x_0, \quad \frac{y-y_0}{b} = \frac{z-z_0}{c}$$

으로 나타낼 수 있다. 이때 직선은 x 축과 수직인 평면 $x = x_0$에 포함된다.

공간의 서로 다른 두 점 A, B를 지나는 직선은 유일하다. 이때 방향벡터는 $\overrightarrow{AB}$이다.

보기 4 (a) 공간의 두 점 $A(2, 4, -1)$과 $B(3, 1, 2)$를 지나는 직선의 벡터방정식을 구하여라.

(b) 이 직선과 xy-평면이 만나는 점을 구하여라.

Solution (a) 구하려는 직선은 벡터

$$\overrightarrow{AB} = \overrightarrow{OB} - \overrightarrow{OA} = (3-2, 1-4, 2-(-1)) = (1, -3, 3)$$

와 평행하다. 따라서 점 $A(2,4,-1)$을 지나고 $\overrightarrow{AB}$와 평행한 직선의 벡터방정식은

$$\mathbf{x} = (2,4,-1) + t(1,-3,3)$$

이고 성분별로 쓰면 다음과 같다.

$$x = 2 + t, \quad y = 4 - 3t, \quad z = -1 + 3t$$

(b) xy-평면은 $z = 0$이므로 직선이 xy-평면과 만날 때 $t = 1/3$이다. 따라서

$$x = \frac{7}{3}, \quad y = 3$$

이다. 즉 직선과 xy-평면은 점 $(\frac{7}{3}, 3, 0)$에서 만난다. □

3.1.5 연습문제 3.1

1. 점 $P(4,2,-1)$에 대하여 다음 점의 좌표를 구하여라.

   (a) xy 평면에 내린 수선의 발
   (b) z-축에 내린 수선의 발
   (c) 원점에 대하여 대칭인 점
   (d) yz 평면에 대하여 대칭인 점
   (e) x-축에 대하여 대칭인 점
   (f) 점 $(1,1,1)$에 대하여 대칭인 점

2. 좌표공간의 점 $(3,7,-4)$에서 다음까지의 거리를 구하여라.

   (a) xy 평면
   (b) yz 평면
   (c) zx 평면
   (d) x-축
   (e) y-축
   (f) z-축

3. 두 점 $A(3,4,5), B(6,5,3)$와 같은 거리에 있는 z-축 위의 점을 구하여라.

4. 세 점 $A(2,4,-1), B(5,3,3), C(-1,2,-2)$에 대해서

   (a) A, B, C로부터 같은 거리에 있는 zx-평면 위의 점
   (b) 사각형 $ABCD$가 평행사변형이 되는 점 D의 좌표를 구하여라.

5. 다음 평행사변형에서 같은 벡터들을 모두 찾아라.

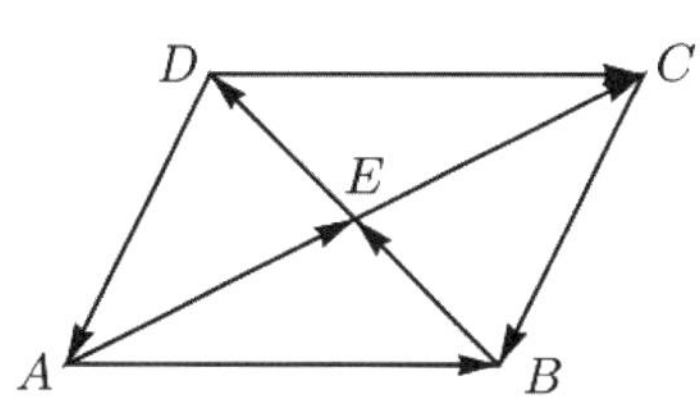

6. 다음 벡터의 연산을 하나의 벡터로 나타내어라.

(a) $\overrightarrow{PQ} + \overrightarrow{QS}$
(b) $\overrightarrow{RP} + \overrightarrow{PS}$
(c) $\overrightarrow{PQ} - \overrightarrow{SQ}$
(d) $\overrightarrow{RS} + \overrightarrow{SQ} + \overrightarrow{QP}$

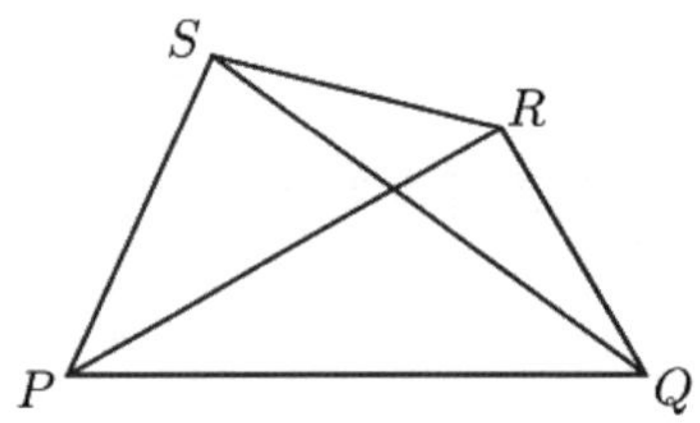

7. 다음 정삼각형에서 다음 벡터들을 $\mathbf{a} = \overrightarrow{OA}, \mathbf{b} = \overrightarrow{OB}$를 이용하여 나타내어라.

(a) $\overrightarrow{BC}$
(b) $\overrightarrow{AE}$
(c) $\overrightarrow{AD}$
(d) $\overrightarrow{DB}$
(e) $\overrightarrow{CD}$
(f) $\overrightarrow{BE}$

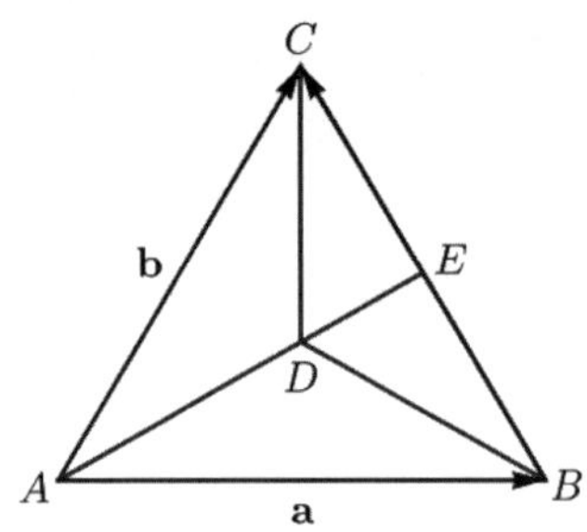

8. 다음 정육각형에서 다음 벡터들을 $\mathbf{a} = \overrightarrow{OA}, \mathbf{b} = \overrightarrow{OB}$를 이용하여 나타내어라.

(a) $\overrightarrow{AB}$
(b) $\overrightarrow{BC}$
(c) $\overrightarrow{AD}$
(d) $\overrightarrow{CF}$
(e) $\overrightarrow{AC}$
(f) $\overrightarrow{BC} + \overrightarrow{DE} + \overrightarrow{FA}$

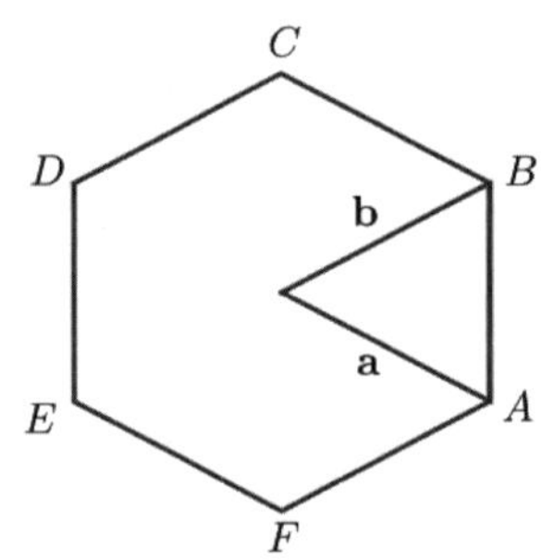

9. 주어진 벡터 $\mathbf{a}, \mathbf{b}$에 대하여 다음 벡터를 그려 보아라.

(a) $\mathbf{a} + \mathbf{b}$
(b) $2\mathbf{a} + \mathbf{b}$
(c) $\mathbf{a} - \mathbf{b}$
(d) $\mathbf{b} - 2\mathbf{a}$

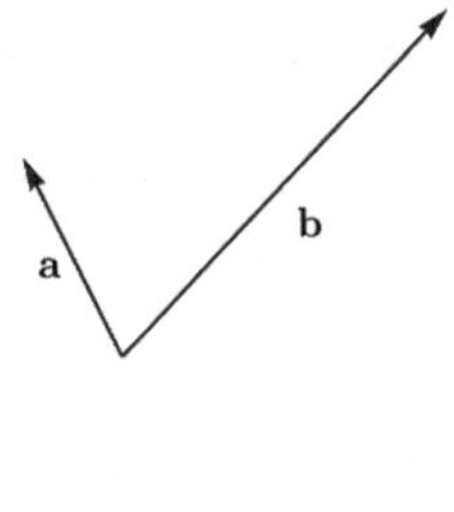

10. 주어진 두 점 P, Q에 대하여 벡터 $\overrightarrow{PQ}, \overrightarrow{QP}$를 구하고 $\|\overrightarrow{PQ}\|, \|\overrightarrow{QP}\|$을 구하여라.

(a) $P(1,3), Q(2,-1)$, (b) $P(5,7,-1), Q(2,9,-2)$

11. M이 두 점 $P(2,-1), Q(-4,3)$의 중점일 때, 다음 벡터를 구하고 벡터의 크기를 구하여라.

(a) $\overrightarrow{PQ}$ (b) $\overrightarrow{OM}$ (c) $\overrightarrow{PM}$ (d) $\overrightarrow{MQ}$

12. 다음 벡터와 같은 방향의 단위벡터를 구하여라.

(a) $(-3,4)$ (b) $-3\mathbf{e}_1 + 2\mathbf{e}_2 + 4\mathbf{e}_3$ (c) $(-4,2,-4)$

13. 다음 조건을 만족하는 $\mathbb{R}^2$의 단위벡터를 구하여라.

(a) 기울기가 1
(b) 기울기가 2
(c) x 축의 양의 방향과 $60°$의 각을 이룬다.
(d) x 축의 양의 방향과 $120°$의 각을 이룬다.

14. 주어진 $\mathbf{a}, \mathbf{b}$에 대하여 $\mathbf{a}+\mathbf{b}, 2\mathbf{a}-3\mathbf{b}, \|\mathbf{a}\|, \|\mathbf{a}-\mathbf{b}\|$을 구하여라.

(a) $\mathbf{a} = (5,-12), \mathbf{b} = (-3,-1)$
(b) $\mathbf{a} = (5,-1,2), \mathbf{b} = (2,3,-1)$
(c) $\mathbf{a} = \mathbf{e}_1 + 4\mathbf{e}_2, \mathbf{b} = -\mathbf{e}_1 + 2\mathbf{e}_2$
(d) $\mathbf{a} = \mathbf{e}_1 - 2\mathbf{e}_2 + 3\mathbf{e}_3, \mathbf{b} = \mathbf{e}_1 - 2\mathbf{e}_2 - 3\mathbf{e}_3$

15. 다음 직선과 평행인 벡터를 구하고 직선의 대칭방정식을 구하여라.

(a) 점 $(1,0,-2)$를 지나고 벡터 $(2,-3,5)$와 평행인 직선
(b) 두 점 $(3,3,7), (-2,1,4)$를 지나는 직선
(c) 원점을 지나고 직선 $x = 2t, y = 3t-2, z = 1-t$와 평행한 직선
(d) 점 $(12,3,6)$을 지나고 벡터 $\mathbf{e}_1 - \mathbf{e}_2$와 벡터 $\mathbf{e}_1 + \mathbf{e}_3$에 동시에 수직인 직선

3.2 벡터의 내적

두 벡터의 합이나 벡터의 상수곱은 성분별로 계산할 수 있고 따라서 실수에서 성립하는 연산의 성질이 대부분 성립한다. 그렇다면 벡터와 벡터의 곱을 정의하는 것은 가능한가? 가능하다면 어떤 의미를 갖는가? 여기서는 벡터와 벡터의 곱의 한 형태로 **내적**(**inner product**)에 대하여 알아 보기로 한다.

3.2.1 내적의 정의

두 벡터 $\mathbf{a} = (a_1, a_2, a_3), \mathbf{b} = (b_1, b_2, b_3)$에 대하여 $\mathbf{a}$와 $\mathbf{b}$의 내적은 $\mathbf{a} \cdot \mathbf{b}$로 나타내고[2]

$$\mathbf{a} \cdot \mathbf{b} = a_1 b_1 + a_2 b_2 + a_3 b_3$$

로 정의한다.[3] n-벡터에 대하여 내적의 정의는 다음과 같이 자연스럽게 확장한다.

$$(a_1, \cdots, a_n) \cdot (b_1, \cdots, b_n) = a_1 b_1 + a_2 b_2 + \cdots + a_n b_n$$

예를 들어 표준단위벡터 $\mathbf{e}_1, \mathbf{e}_2, \ldots, \mathbf{e}_n$에 대하여 다음 결과가 성립한다.

$$\mathbf{e}_i \cdot \mathbf{e}_i = 1, \quad \mathbf{e}_i \cdot \mathbf{e}_j = 0 \ (i \neq j)$$

실수의 곱에서 성립하는 다음과 같은 성질들이 내적에 대해서도 성립한다.

내적의 성질

$\mathbf{a}, \mathbf{b}, \mathbf{c}$가 $\mathbb{R}^n$의 벡터들이고 c는 실수라 하자. 그러면

(a) $\mathbf{a} \cdot \mathbf{b} = \mathbf{b} \cdot \mathbf{a}$

(b) $\mathbf{a} \cdot (\mathbf{b} + \mathbf{c}) = \mathbf{a} \cdot \mathbf{b} + \mathbf{a} \cdot \mathbf{c}$

(c) $(c\mathbf{a}) \cdot \mathbf{b} = c(\mathbf{a} \cdot \mathbf{b}) = \mathbf{a} \cdot (c\mathbf{b})$

(d) $\mathbf{a} \cdot \mathbf{a} = \|\mathbf{a}\|^2 \geq 0$

보기 1 다음 등식이 성립함을 보이시오.

$$\|\mathbf{a} + \mathbf{b}\|^2 + \|\mathbf{a} - \mathbf{b}\|^2 = 2(\|\mathbf{a}\|^2 + \|\mathbf{b}\|^2)$$

---

[2] $\mathbf{a}, \mathbf{b}$가 열벡터일 때에도 같은 방법으로 정의한다. 행벡터 $\mathbf{a} = (a_1, \cdots, a_n)$와 열벡터 $\mathbf{b} = \begin{pmatrix} b_1 \\ \vdots \\ b_n \end{pmatrix}$의 곱은 $\mathbf{ab}$로 나타내며 같은 방식으로 정의한다.

$$\mathbf{ab} = (a_1, \cdots, a_n) \begin{pmatrix} b_1 \\ \vdots \\ b_n \end{pmatrix} = a_1 b_1 + \cdots + a_n b_n$$

[3] 두 벡터의 내적의 결과는 스칼라로 주어지므로 내적을 **scalar product**라 부르기도 한다. 또는 기호 · 을 이용하므로 **dot product**라 부르기도 한다.

Solution 내적의 성질에서

$$\begin{aligned}\|\mathbf{a}+\mathbf{b}\|^2 &= (\mathbf{a}+\mathbf{b})\cdot(\mathbf{a}+\mathbf{b}) = \mathbf{a}\cdot\mathbf{a}+\mathbf{b}\cdot\mathbf{a}+\mathbf{a}\cdot\mathbf{b}+\mathbf{b}\cdot\mathbf{b}\\ &= \|\mathbf{a}\|^2+2\mathbf{a}\cdot\mathbf{b}+\|\mathbf{b}\|^2\\ \|\mathbf{a}-\mathbf{b}\|^2 &= (\mathbf{a}-\mathbf{b})\cdot(\mathbf{a}-\mathbf{b}) = \mathbf{a}\cdot\mathbf{a}-\mathbf{b}\cdot\mathbf{a}-\mathbf{a}\cdot\mathbf{b}+\mathbf{b}\cdot\mathbf{b}\\ &= \|\mathbf{a}\|^2-2\mathbf{a}\cdot\mathbf{b}+\|\mathbf{b}\|^2\end{aligned}$$

이므로

$$\|\mathbf{a}+\mathbf{b}\|^2+\|\mathbf{a}-\mathbf{b}\|^2 = 2(\|\mathbf{a}\|^2+\|\mathbf{b}\|^2)$$

이 성립한다. □

Note 위의 보기를 평행사변형을 이용하여 나타내면 다음과 같다. 따라서 이 등식을 **평행사변형의 법칙**(parallelogram law)이라 한다.

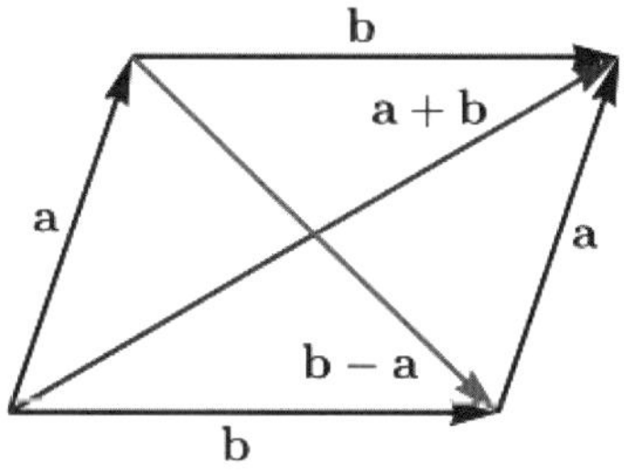

3.2.2 두 벡터의 사잇각

두 벡터의 내적은 두 벡터 사이의 낀 각 θ 를 이용하여 나타낼 수도 있다. 평면, 또는 공간의 두 벡터 $\mathbf{a}, \mathbf{b}$가 시점이 일치하도록 놓였다고 하자. 두 벡터의 **사잇각**(**angle between two vectors**)은 $\mathbf{a}, \mathbf{b}$가 이루는 각 중에서 작은 각으로 정의한다. 만약 두 벡터가 평행이라면 $\theta = 0$(같은 방향) 또는 $\theta = \pi$(반대 방향)이다.

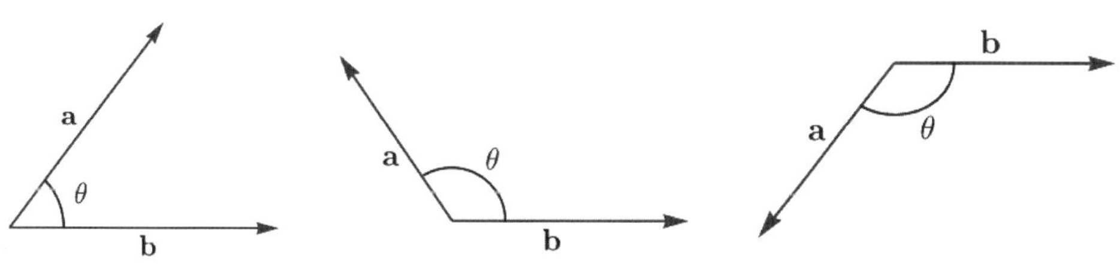

두 벡터 $\mathbf{a}, \mathbf{b}$가 이루는 각도가 θ일 때, 두 벡터의 **내적**(**inner product**) $\mathbf{a}\cdot\mathbf{b}$는

$$\mathbf{a}\cdot\mathbf{b} = \|\mathbf{a}\|\|\mathbf{b}\|\cos\theta \tag{3.3}$$

을 만족한다.[4]

[4]증명은 연습문제 참고

내적과 사잇각

영벡터가 아닌 두 벡터 $\mathbf{a}$와 $\mathbf{b}$의 사잇각을 θ라 하면 다음 식이 성립한다.

$$\mathbf{a}\cdot\mathbf{b} = \|\mathbf{a}\|\|\mathbf{b}\|\cos\theta, \quad \text{또는} \quad \cos\theta = \frac{\mathbf{a}\cdot\mathbf{b}}{\|\mathbf{a}\|\|\mathbf{b}\|}$$

보기 2 두 벡터 $\mathbf{a} = (2, -1, 1)$ 과 $\mathbf{b} = (1, 1, 2)$의 사잇각을 구하여라.

Solution $\|\mathbf{a}\| = \sqrt{2^2+1^2+1^2} = \sqrt{6}$, $\|\mathbf{b}\| = \sqrt{1^2+1^2+2^2} = \sqrt{6}$이므로

$$\cos\theta = \frac{2-1+2}{\sqrt{6}\sqrt{6}} = \frac{1}{2}$$

이다. 따라서 $\theta = \frac{\pi}{3} = 60°$이다. □

영벡터가 아닌 두 벡터 $\mathbf{a}, \mathbf{b}$ 의 사잇각이 $\frac{\pi}{2}$이면 두 벡터는 **수직**(**perpendicular**)이라 하고

$$\mathbf{a}\perp\mathbf{b}$$

로 나타낸다. 따라서 위의 결과는 영벡터가 아닌 두 벡터가 수직인 것과 내적이 0인 것이 동치임을 설명해 준다.

수직인 두 벡터

영벡터가 아닌 두 벡터 $\mathbf{a}, \mathbf{b}$에 대하여 다음 두 명제는 필요충분조건이다.

- $\mathbf{a}\cdot\mathbf{b} = 0$
- 두 벡터가 수직이다.

Note $0 < \theta < \frac{\pi}{2}$이면 $\cos\theta > 0$이므로 $\mathbf{a}\cdot\mathbf{b} > 0$이다. 반면 $\frac{\pi}{2} < \theta < \pi$이면 $\cos\theta < 0$이므로 $\mathbf{a}\cdot\mathbf{b} < 0$이다.

Note $n > 3$이면 두 n-차원 벡터 $\mathbf{a}, \mathbf{b}$에 대하여 $\mathbf{a}\cdot\mathbf{b} = 0$이면 수직이라 정의한다.

보기 3 좌표평면에서 영벡터가 아닌 벡터 $\mathbf{n} = (a, b)$는 직선

$$ax + by + c = 0$$

과 수직임을 보이시오.

Solution $A(x_1, y_1)$, $B(x_2, y_2)$를 직선 위의 서로 다른 두 점이라 하면

$$ax_1 + by_1 + c = 0, \quad ax_2 + by_2 + c = 0$$

이다. 두번째 식에서 첫번째 식을 빼면

$$a(x_2 - x_1) + b(y_2 - y_1) = 0$$

이고 $\overrightarrow{AB} = (x_2 - x_1, y_2 - y_1)$이므로

$$\mathbf{n} \cdot \overrightarrow{AB} = 0$$

이다. 다시 말해서 벡터 $\mathbf{n}$과 $\overrightarrow{AB}$는 수직이다. 벡터 $\overrightarrow{AB}$는 직선 $ax + by + c = 0$과 평행하므로 원하는 결과를 얻는다. □

Note 직선, 또는 평면에 수직인 벡터를 **법선벡터(normal vector)**라 부른다.

3.2.3 평면의 방정식

평면 또는 공간에서 직선의 방정식은 한 점과 평행인 벡터 하나를 알면 구할 수 있다. 공간에서 평면의 방정식은 일직선 상에 있지 않은 3개의 점, 또는 서로 평행하지 않은 2개의 벡터를 알면 구할 수 있다.

점 P_0을 지나는 평면 W의 임의의 점을 $P(x, y, z)$라 하자. 평행하지 않은 두 벡터 $\mathbf{v}_1$과 $\mathbf{v}_2$가 W와 평행이라 하자. $\mathbf{v}_1$과 $\mathbf{v}_2$의 시점이 P_0이 되도록 놓으면 $\overrightarrow{P_0P}$이 $t\mathbf{v}_1$과 $s\mathbf{v}_2$를 이웃하는 두 변으로 하는 평행사변형의 대각선이 되도록 적당한 실수 t, s를 구할 수 있다.

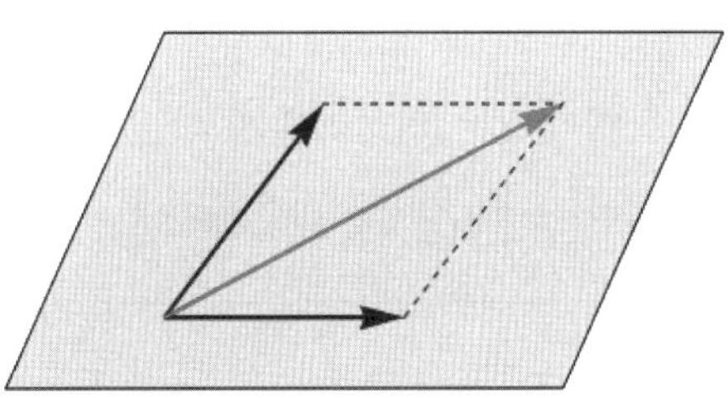

다시 말해서 다음 식이 성립하는 실수 s, t가 존재한다.

$$\overrightarrow{P_0P} = t\mathbf{v}_1 + s\mathbf{v}_2 \tag{3.4}$$

여기서 $\overrightarrow{OP} = \mathbf{x}$, $\overrightarrow{OP_0} = \mathbf{x}_0$로 놓으면 식 (3.4)는 다음과 같이 쓸 수 있다.

$$\mathbf{x} - \mathbf{x}_0 = t\mathbf{v}_1 + s\mathbf{v}_2 \quad \Rightarrow \quad \mathbf{x} = \mathbf{x}_0 + t\mathbf{v}_1 + s\mathbf{v}_2$$

이 식을 **평면의 벡터방정식(vector equation of plane)**이라 한다.

또한, $\mathbf{v}_1 = (a_1, b_1, c_1)$, $\mathbf{v}_2 = (a_2, b_2, c_2)$일 때, 식 (3.4)를 성분별로 나타내면 다음과 같다.

$$x = x_0 + ta_1 + sa_2, \quad y = y_0 + tb_1 + sb_2, \quad z = z_0 + tc_1 + sc_2 \tag{3.5}$$

평면의 벡터방정식

평행하지 않은 두 벡터 $\mathbf{v}_1 = (a_1, b_1, c_1)$과 $\mathbf{v}_2 = (a_2, b_2, c_2)$와 평행이고 점 $P_0(x_0, y_0, z_0)$을 지나는 평면 위의 점을 $P(x, y, z)$라 할 때 벡터 $\mathbf{x} = (x, y, z)$는 다음 식을 만족한다.

$$\mathbf{x} = \mathbf{x}_0 + t\mathbf{v}_1 + s\mathbf{v}_2$$

평면과 평행인 두 벡터 대신 평면과 수직인 벡터를[5] 안다면, 즉 법선벡터를 안다면 역시 평면의 방정식을 구할 수 있다.

공간의 한 점 $P_0(x_0, y_0, z_0)$을 지나고 벡터 $\mathbf{n} = (a, b, c)$와 수직인 평면의 방정식을 구해 보자. 평면의 임의의 점을 $P(x, y, z)$라 하면

$$\overrightarrow{P_0P} = (x - x_0, y - y_0, z - z_0)$$

은 평면에 포함되는 벡터이므로 $\mathbf{n}$과 수직이다. 따라서 다음 식이 성립한다.

$$\mathbf{n} \cdot \overrightarrow{P_0P} = a(x - x_0) + b(y - y_0) + c(z - z_0) = 0$$

이 식을 평면의 **일반방정식(general equation)**이라 한다.

평면의 일반방정식

한 점 $P_0(x_0, y_0, z_0)$을 지나고 벡터 $\mathbf{n} = (a, b, c)$에 수직인 평면의 방정식은 다음과 같다.

$$a(x - x_0) + b(y - y_0) + c(z - z_0) = 0$$

Note 또한 방정식

$$ax + by + cz + d = 0$$

은 벡터 $\mathbf{n} = (a, b, c)$와 수직인 평면을 나타낸다.

보기 4 다음 조건을 만족하는 평면의 방정식을 구하여라.

(a) 점 $P_0(2, -3, 1)$을 지나고 벡터 $\mathbf{n} = (3, -5, 7)$과 수직인 평면

(b) 세 점 $A(1, 1, 1), B(1, 2, 4), C(2, 3, 5)$을 지나는 평면

[5] 어떤 벡터가 평면과 수직이라는 것은 평면에 포함되는 모든 벡터와 수직이라는 것을 의미한다.

Solution (a) 평면 위의 점을 $P(x,y,z)$라 하면

$$\mathbf{n}\cdot\overrightarrow{P_0P}=0 \quad\Rightarrow\quad 3(x-2)-5(y+3)+7(z-1)=0$$

이 성립한다. 이를 정리하면 주어진 평면의 방정식은 다음과 같다.

$$3x-5y+7z=28$$

(b) 한점 $A(1,1,1)$을 지나고 두 벡터

$$\mathbf{v}_1=\overrightarrow{AB}=(0,1,3),\quad \mathbf{v}_2=\overrightarrow{AC}=(1,2,4)$$

와 평행인 평면의 방정식을 구하면 된다. 따라서 주어진 평면의 방정식을 성분별로 쓰면 다음과 같다.

$$x=1+s,\quad y=1+t+2s,\quad z=1+3t+4s$$

두 번째 식과 세 번째 식에서 t를 소거하면

$$3y-z=2s+2$$

이다. 첫 번째 식에서 $2s=2(x-1)$이므로

$$2x-2=3y-z-2,\quad\Rightarrow\quad 2x-3y+z=0$$

이다. □

두 평면의 교선

두 평면이 평행하면 두 법선벡터가 평행하고, 역으로 두 법선벡터가 평행하면 두 평면이 평행하다. 평행한 두 평면은 일치하거나 만나지 않는다. 다음 왼쪽의 두 평면은 일치하고 오른쪽의 두 평면은 만나지 않는다.

$$\begin{cases} 2x-3y+z &= 3 \\ -4x+6y-2z &= -6 \end{cases},\quad \begin{cases} 2x-3y+z &= 3 \\ -4x+6y-2z &= 3 \end{cases}$$

또 두 평면이 수직이면 두 법선벡터가 수직이고, 역으로 두 법선벡터가 수직이면 두 평면이 수직이다. 이를 정리하면 다음과 같다.

두 평면의 평행과 수직

두 평면 α,β의 법선벡터가 각각 $\mathbf{n}_1,\mathbf{n}_2$일 때 다음이 성립한다.

(a) $\alpha//\beta \iff \mathbf{n}_1//\mathbf{n}_2$

(b) $\alpha\perp\beta \iff \mathbf{n}_1\perp\mathbf{n}_2$

평행하지 않은 두 평면은 직선에서 만나는데 이 직선을 **두 평면의 교선**이라 한다.

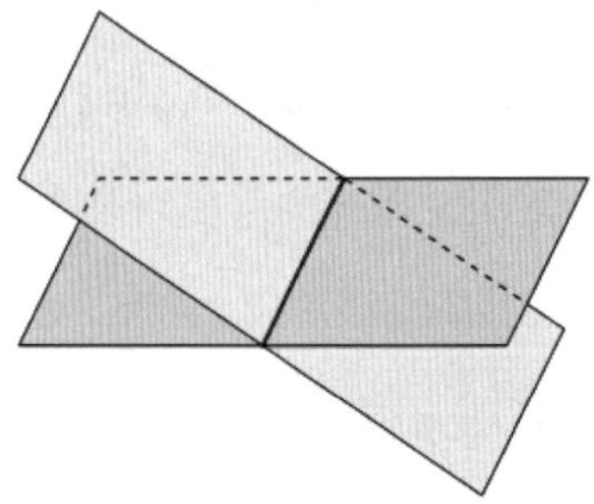

보기 5 다음 두 평면의 교선의 방정식을 구하여라.

$$2x - y + z = 2, \quad x - 2y - z = 10$$

Solution y, z를 x를 이용하여 나타내면

$$y = x - 4, \quad z = -x - 2$$

이다. $x = t$라 하고 벡터방정식으로 바꾸어 쓰면 다음과 같다.

$$(x, y, z) = (1, 1, -1)t + (0, -4, -2)$$ □

3.2.4 코시–슈바르쯔 부등식

$\mathbb{R}^3$의 두 벡터 $\mathbf{a}$와 $\mathbf{b}$ 사이의 각을 θ라 할 때 $|\cos\theta| \le 1$이므로

$$|\mathbf{a} \cdot \mathbf{b}| = \|\mathbf{a}\|\|\mathbf{b}\||\cos\theta| \le \|\mathbf{a}\|\|\mathbf{b}\|$$

이 성립한다. 등식은 두 벡터가 평행일 때, 다시 말해서 $\theta = 0$, 또는 $\theta = \pi$일 때 성립한다. 이 부등식을 **코시–슈바르쯔 부등식(Cauchy–Schwarz inequality)**이라 한다. 이 부등식은 일반적으로 n-벡터에 대하여도 성립한다.[6]

코시–슈바르쯔 부등식

$\mathbb{R}^n$의 두 벡터 $\mathbf{a}$와 $\mathbf{b}$에 대하여 다음 부등식이 성립한다.

$$|\mathbf{a} \cdot \mathbf{b}| \le \|\mathbf{a}\|\|\mathbf{b}\|$$

여기서 등식은 두 벡터가 평행일 때 성립한다.

[6] n-벡터에 대한 슈바르쯔의 부등식의 증명은 연습문제로 남긴다.

Note n-벡터에 대한 코시–슈바르쯔 정리를 성분을 이용하여 나타내면 다음과 같다.

$$(a_1b_1 + a_2b_2 + \cdots + a_nb_n)^2 \le (a_1^2 + a_2^2 + \cdots + a_n^2)(b_1^2 + b_2^2 + \cdots + b_n^2)$$

보기 6 n개의 수 $a_1, a_2, \ldots, a_n$에 대하여 평균의 제곱은 제곱의 평균보다 작거나 같음을 보이시오. 다시 말해서 다음 부등식이 성립함을 보이시오.

$$\left(\frac{a_1 + a_2 + \cdots + a_n}{n}\right)^2 \le \frac{a_1^2 + a_2^2 + \cdots + a_n^2}{n}$$

Solution $\mathbf{a} = (a_1, \cdots, a_n), \mathbf{b} = (\frac{1}{n}, \cdots, \frac{1}{n})$이라 하면

$$\begin{aligned}
(\mathbf{a}\cdot\mathbf{b})^2 &= \left(\frac{a_1 + a_2 + \cdots + a_n}{n}\right)^2 \\
\|\mathbf{a}\|^2 &= a_1^2 + a_2^2 + \cdots + a_n^2 \\
\|\mathbf{b}\|^2 &= \frac{1}{n^2} + \frac{1}{n^2} + \cdots + \frac{1}{n^2} = \frac{1}{n}
\end{aligned}$$

이다. 따라서 코시–슈바르쯔 부등식에 의하여 원하는 결과를 얻는다.

$$\begin{aligned}
\left(\frac{a_1 + a_2 + \cdots + a_n}{n}\right)^2 &= (\mathbf{a}\cdot\mathbf{b})^2 \\
&\le \|\mathbf{a}\|^2\|\mathbf{b}\|^2 = \frac{a_1^2 + a_2^2 + \cdots + a_n^2}{n}
\end{aligned}$$ □

코시–슈바르쯔 부등식은 최댓값, 최솟값을 구하는 문제에 적용이 가능하다.

보기 7 $x^2 + \dfrac{y^2}{4} + \dfrac{z^2}{4} = 4$일 때 $x + y + z$의 최댓값과 이때의 x, y, z를 구하여라.

Solution $\mathbf{a} = (1, 2, 2), \mathbf{b} = (x, \frac{y}{2}, \frac{z}{2})$라 하자.

$$\begin{aligned}
\mathbf{a}\cdot\mathbf{b} &= 1\cdot x + 2\cdot\frac{y}{2} + 2\cdot\frac{z}{2} = x + y + z \\
\|\mathbf{a}\| &= \sqrt{1^2 + 2^2 + 2^2} = 3 \\
\|\mathbf{b}\| &= \sqrt{x^2 + \frac{y^2}{4} + \frac{z^2}{4}} = 2
\end{aligned}$$

이므로 코시–슈바르쯔 부등식에 의하면

$$\begin{aligned}
|\mathbf{a}\cdot\mathbf{b}| &= |x + y + z| \le \|\mathbf{a}\|\|\mathbf{b}\| \\
&= 3\sqrt{x^2 + \frac{y^2}{4} + \frac{z^2}{4}} \\
&= 6
\end{aligned}$$

이다. 따라서 $x + y + z$의 최댓값은 6이다. $\mathbf{a}\cdot\mathbf{b}$의 최댓값은 $\mathbf{b}$가 $\mathbf{a}$와 같은 방향일 때이므로 양수 k에 대하여

$$\mathbf{b} = k\mathbf{a} \quad\Rightarrow\quad x = k, y = 4k, z = 4k$$

가 성립한다.

$$x^2 + \frac{y^2}{4} + \frac{z^2}{4} = k^2 + 4k^2 + 4k^2 = 4$$

이므로 $k = \frac{2}{3}$일 때, 즉, $x = \frac{2}{3}, y = \frac{8}{3}, z = \frac{8}{3}$에서 최댓값

$$x + y + z = \frac{2}{3} + \frac{8}{3} + \frac{8}{3} = 6$$

을 갖는다. □

3.2.5 연습문제 3.2

1. 두 벡터 $\mathbf{a}, \mathbf{b}$가 이루는 각도가 θ일 때 다음 식이 성립함을 보여라.

$$\mathbf{a} \cdot \mathbf{b} = \|\mathbf{a}\|\|\mathbf{b}\| \cos\theta$$

2. 주어진 $\mathbf{a}, \mathbf{b}$에 대하여 내적 $\mathbf{a} \cdot \mathbf{b}$를 구하고 두 벡터 사이의 각을 θ라고 할 때 $\cos\theta$를 구하여라.

   (a) $\mathbf{a} = (5, -12),\ \mathbf{b} = (3, -1)$

   (b) $\mathbf{a} = (5, -1, 2),\ \mathbf{b} = (2, 3, -1)$

   (c) $\mathbf{a} = \mathbf{e}_1 + 4\mathbf{e}_2, \mathbf{b} = -\mathbf{e}_1 + 2\mathbf{e}_2$

   (d) $\mathbf{a} = \mathbf{e}_1 - 2\mathbf{e}_2 + 3\mathbf{e}_3, \mathbf{b} = \mathbf{e}_1 - 2\mathbf{e}_2 - 3\mathbf{e}_3$

3. $\mathbf{a}, \mathbf{b}$에 다음과 같은 성질을 가질 때 $\mathbf{a} \cdot \mathbf{b}$를 구하여라.

   (a) $\|\mathbf{a}\| = 2, \|\mathbf{b}\| = 3$, $\mathbf{a}$와 $\mathbf{b}$ 사이의 각이 $120°$

   (b) $\|\mathbf{a}\| = \sqrt{2}, \|\mathbf{b}\| = \sqrt{3}$, $\mathbf{a}$와 $\mathbf{b}$ 사이의 각이 $\frac{\pi}{6}$

4. 삼각형 ABC는 한 변의 길이가 각각 1인 정삼각형이고 D는 무게중심이다. 다음 내적을 구하여라.

   (a) $\overrightarrow{AB} \cdot \overrightarrow{AC}$
   (b) $\overrightarrow{AB} \cdot \overrightarrow{BC}$
   (c) $\overrightarrow{AB} \cdot \overrightarrow{AE}$
   (d) $\overrightarrow{AC} \cdot \overrightarrow{AD}$
   (e) $\overrightarrow{AB} \cdot \overrightarrow{DB}$
   (f) $\overrightarrow{DB} \cdot \overrightarrow{DC}$

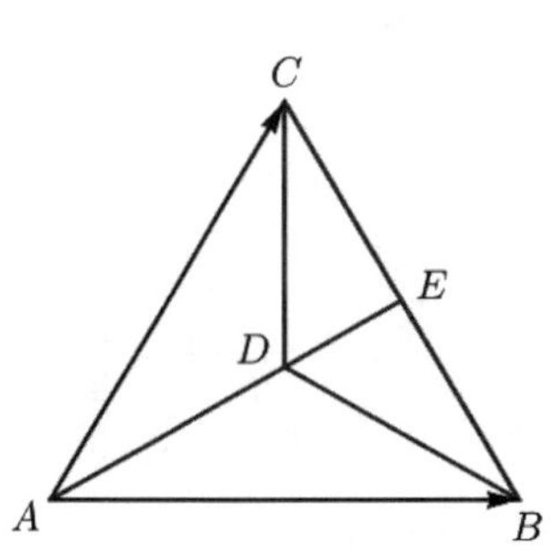

5. 공간의 세 점 $A(3, 0, 2), B(4, 3, 0), C(8, 1, -1)$은 직각삼각형의 꼭짓점이 됨을 보여라.

6. 다음 두 벡터에 동시에 수직인 단위벡터를 모두 구하여라.

   (a) $\mathbf{a} = (1,0,1), \mathbf{b} = (0,1,1)$ (b) $\mathbf{a} = (1,2,3), \mathbf{b} = (1,1,1)$

7. $\mathbf{u} = (1,k),\ \mathbf{v} = (2,2)$일 때 다음 조건이 성립하는 k를 구하여라.

   (a) $\mathbf{u}$와 $\mathbf{v}$에 평행할 때
   (b) $\mathbf{u}$와 $\mathbf{v}$에 수직일 때
   (c) $\mathbf{u}$와 $\mathbf{v}$ 사이의 각이 $\frac{\pi}{3}$일 때
   (d) $\mathbf{u}$와 $\mathbf{v}$ 사이의 각이 $\frac{3\pi}{4}$일 때

8. 두 벡터 $\mathbf{a}, \mathbf{b}$가 수직일 때 k의 값을 구하여라.

   (a) $\mathbf{a} = (2,3), \quad \mathbf{b} = (k+1, k-1)$
   (b) $\mathbf{a} = (1,-1,2), \quad \mathbf{b} = (k^2, k, -3)$

9. $\mathbb{R}^n$의 두 벡터 $\mathbf{a}, \mathbf{b}$에 대하여 다음 등식이 성립함을 보여라.

   (a) $\mathbf{a} \cdot \mathbf{b} = \frac{1}{4}\|\mathbf{a}+\mathbf{b}\|^2 - \frac{1}{4}\|\mathbf{a}-\mathbf{b}\|^2$ (b) $(\mathbf{a}+\mathbf{b}) \cdot (\mathbf{a}-\mathbf{b}) = \|\mathbf{a}\|^2 - \|\mathbf{b}\|^2$

10. $\mathbf{a}$에 두 벡터 $\mathbf{b}_1, \mathbf{b}_2$와 각각 수직이면 임의의 실수 k_1, k_2에 대하여 $\mathbf{a}$와 $k_1\mathbf{b}_1 + k_2\mathbf{b}_2$는 수직임을 보여라.

11. 두 벡터 $\mathbf{a}, \mathbf{b}$가 수직인 것과 다음 등식이 성립하는 것이 필요충분조건임을 보여라

    (a) $\|\mathbf{a}+\mathbf{b}\|^2 = \|\mathbf{a}\|^2 + \|\mathbf{b}\|^2$ (b) $\|\mathbf{a}+\mathbf{b}\| = \|\mathbf{a}-\mathbf{b}\|$

12. 임의의 두 벡터 $\mathbf{a}, \mathbf{b} \in \mathbb{R}^n$에 대하여 코시-슈바르츠 부등식이 성립함을 보여라.
    (Hint. t의 이차식 $f(t) = \|t\mathbf{a}+\mathbf{b}\|^2$에 모든 t에 대하여 0보다 크거나 같다.)

13. 임의의 두 벡터 $\mathbf{a}, \mathbf{b}$에 대하여 삼각부등식이 성립함을 보여라.

    $$\|\mathbf{a}+\mathbf{b}\| \le \|\mathbf{a}\| + \|\mathbf{b}\|$$

    또, 등호가 성립하는 때는 $\mathbf{a}$와 $\mathbf{b}$가 같은 방향일 때임을 설명하여라.

14. (a) $x^2+y^2+z^2 = 1$ 일 때 $x+2y+3z$의 최댓값을 구하여라.
    (b) $x+2y+3z = 7$ 일 때 $x^2+y^2+z^2$의 최솟값을 구하여라.

15. 실수 $a_1, a_2, \ldots, a_n$에 대하여 $a_1+a_2+\cdots+a_n = 1$일 때 $a_1^2+a_2^2+\cdots+a_n^2$의 최솟값을 구하여라.

16. 영벡터가 아닌 두 벡터 $\mathbf{a}$, $\mathbf{b}$에 대하여 $\|\mathbf{b} - k\mathbf{a}\|$를 최소가 되게 하는 k의 값을 구하여라.

17. 다음 조건을 만족하는 평면의 방정식을 구하여라.

    (a) 점 $(1, -2, 3)$을 지나고 벡터 $\mathbf{e}_1 - 3\mathbf{e}_2 + 7\mathbf{e}_3$와 수직인 평면

    (b) 점 $(2, -2, 7)$을 지나고 직선 $x = 1 - 3t, y = 3 + 5t, z = 2 - 7t$와 수직인 평면

    (c) 원점을 지나고 평면 $11x - 17y + 19z = 22$와 평행인 평면

18. 다음 조건을 만족하는 평면의 벡터방정식을 성분별로 나타내고 이를 이용하여 일반방정식을 구하여라.

    (a) 세 점 $(1, 1, 0), (1, 0, 1), (0, 1, 1)$을 지나는 평면

    (b) 세 점 $(3, -2, 0), (2, -1, 0), (0, 3, 2)$를 지나는 평면

19. 다음 직선과 평면의 교점을 구하여라.

    (a) $x = 3 - t,\ y = 2t + 2, z = 3t - 7, \quad x - 2y + 3z = 10$

    (b) $x = 2y - 4 = 3z, \quad 2x + 5y - 3z = 10$

20. 다음 두 평면은 평행한지, 수직인지 판단하여라.

    (a) $x + 4y - 7z = 1, \quad 2x + 3y + 6z = 5$

    (b) $z = 3x + 4y - 7, \quad 2x - 3y + 6z = 5$

    (c) $4x - 6y + 2z = 11, \quad z = 3y - 2x$

    (d) $x + 2y - 2z = 5, \quad 2x + y + 2z = 7$

3.3 행렬

3.3.1 행렬의 표현

다음과 같은 일차연립방정식을 생각해 보자.

$$\begin{cases} x+2y &= 4 \\ 2x-y &= 3 \end{cases} \qquad \begin{cases} a+2b &= 4 \\ 2a-b &= 3 \end{cases}$$

첫 번째 연립방정식과 두 번째 연립방정식에는 다른 미지수가 사용되었지만 해를 구하는 방법은 본질적으로 동일하다. 여기서 중요한 역할을 하는 것은 미지수에 곱해진 상수와 오른쪽에 있는 상수들이다. 따라서 위의 일차연립방정식은 모두 다음과 같은 수의 배열에 의하여 특징지어진다.

$$\begin{pmatrix} 1 & 2 & 4 \\ 2 & -1 & 3 \end{pmatrix}$$

이렇게 수 또는 문자를 직사각형 모양으로 배열하여 괄호로 묶은 것을 **행렬**(**matrix**)이라 한다. 행렬을 구성하고 있는 수 또는 문자를 그 행렬의 **성분**이라 한다. 행렬에서 성분을 가로로 배열한 줄을 **행**(**row**)이라 하고 위에서부터 제1행, 제2행, $\cdots$이라고 한다. 또 성분을 세로로 배열한 줄을 **열**(**column**)이라 하며 왼쪽에서부터 차례로 제1열, 제2열, $\cdots$라 한다.

$$\begin{array}{ccccc} & & \text{제1열} & \text{제2열} & \text{제3열} \\ & & \downarrow & \downarrow & \downarrow \\ \text{제1행} & \longrightarrow & 1 & 2 & 4 \\ \text{제2행} & \longrightarrow & 2 & -1 & 3 \end{array}$$

한편 m개의 행과 n개의 열로 이루어진 행렬을 $m\times n$ 행렬이라 하고 $m\times n$을 **행렬의 크기**라고 한다. 아래 행렬들은 각각

$$2\times 2, \quad 1\times 4, \quad 3\times 1, \quad 2\times 3$$

행렬이다.

$$\begin{pmatrix} 1 & -1 \\ 2 & 1 \end{pmatrix}, \quad \begin{pmatrix} 1 & 1 & -1 & 1 \end{pmatrix}, \quad \begin{pmatrix} 1 \\ 0 \\ 0 \end{pmatrix}, \quad \begin{pmatrix} 2 & 0 & -1 \\ 2 & 0 & -1 \end{pmatrix}$$

첫번째 행렬처럼 행과 열의 수가 같은 행렬을 **정사각행렬**(**square matrix**)이라 하며 $n\times n$ 행렬을 n차 정사각행렬이라 한다. 두번째 행렬처럼 행이 하나인 $1\times m$ 행렬을 m-**행벡터**(**row vector**), 세번째 행렬처럼 열이 하나인 $n\times 1$ 행렬을 n-**열벡터**(**column vector**)라고 한다. 의미가 명확한 경우에는 m-행벡터, n-열벡터 대신 단순히 **벡터**(**vector**)라고 부르기도 한다.

일반적으로 행렬을 문자로 나타낼 때는 알파벳 $A, B, C, \cdots$로 나타낸다. 행렬 A의 제i행과 제j열이 만나는 위치의 값을 행렬 A의 (i,j)성분이라 하고 a_{ij}와 같이 나타낸다. 경우에 따라

$$(A)_{ij} = a_{ij}$$

로 나타내기도 한다.

$m \times n$ 행렬을 간단히 (a_{ij}), 행과 열의 개수를 강조하고 싶을 때는 $(a_{ij})_{m\times n}$로 나타내기도 한다. 일반적인 $m \times n$ 행렬은 다음과 같이 쓸 수 있다.

$$A = \begin{pmatrix} a_{11} & a_{12} & \cdots & a_{1n} \\ a_{21} & a_{22} & \cdots & a_{2n} \\ \vdots & \vdots & \ddots & \vdots \\ a_{m1} & a_{m2} & \cdots & a_{mn} \end{pmatrix}$$

보기 1 행렬 A의 크기와 성분 a_{ij}가 다음과 같을 때 행렬 A를 구하시오.

(a) $2 \times 3 : a_{ij} = i + j$ (b) $3 \times 3 : a_{ij} = i - j$ (c) $3 \times 2 : a_{ij} = ij$

Solution

(a) $\begin{pmatrix} 2 & 3 & 4 \\ 3 & 4 & 5 \end{pmatrix}$ (b) $\begin{pmatrix} 0 & -1 & -2 \\ 1 & 0 & -1 \\ 2 & 1 & 0 \end{pmatrix}$ (c) $\begin{pmatrix} 1 & 2 \\ 2 & 4 \\ 3 & 6 \end{pmatrix}$

A의 i번째 행은 $\mathbf{r}_i(A)$로 나타내고 A의 j번째 열은 $\mathbf{c}_j(A)$로 나타내기로 한다.[7]

$$\mathbf{r}_i(A) = \begin{pmatrix} a_{i1} & a_{i2} & \cdots & a_{in} \end{pmatrix}, \quad \mathbf{c}_j(A) = \begin{pmatrix} a_{1j} \\ \vdots \\ a_{mj} \end{pmatrix}$$

따라서 행렬 A는 다음과 같이 쓸 수 있다.

$$A = \begin{pmatrix} \mathbf{r}_1(A) \\ \mathbf{r}_2(A) \\ \vdots \\ \mathbf{r}_m(A) \end{pmatrix} = \begin{pmatrix} \mathbf{c}_1(A), \mathbf{c}_2(A), \ldots, \mathbf{c}_n(A) \end{pmatrix}$$

혼동의 우려가 없는 경우에는 행벡터는 단순히 $\mathbf{r}_i$, 열벡터는 $\mathbf{c}_j$로 나타내기로 한다.

보기 2 행렬 $A = \begin{pmatrix} 1 & -1 \\ 2 & 3 \\ -2 & 0 \end{pmatrix}$는 3×2 행렬이다. A의 제3행은 $\mathbf{r}_3(A) = \begin{pmatrix} -2 & 0 \end{pmatrix}$, 제2열은 $\mathbf{c}_2(A) = \begin{pmatrix} -1 \\ 3 \\ 0 \end{pmatrix}$, A의 $(3,2)$ 성분은 $a_{32} = 0$이다. □

[7] 표기의 편의상 행벡터는 $(a_{i1}, a_{i2}, \cdots, a_{in})$로 나타내기도 한다.

두 행렬 A, B의 크기가 같을 때, A와 B는 **같은 꼴**이라고 한다. 같은 꼴인 두 행렬 A, B의 각 성분이 모두 같으면 두 행렬은 **같다**고 한다. 다시 말해서 $m \times n$ 행렬 $A = (a_{ij})$와 $B = (b_{ij})$에 대하여

$$a_{ij} = b_{ij}, \quad 1 \le i \le m,\ 1 \le j \le n$$

이면 두 행렬은 같다고 한다.

예를 들어 2×2 행렬 $A = \begin{pmatrix} a_{11} & a_{12} \\ a_{21} & a_{22} \end{pmatrix}, B = \begin{pmatrix} b_{11} & b_{12} \\ b_{21} & b_{22} \end{pmatrix}$가 같을 조건은 다음과 같다.

$$A = B \quad \Leftrightarrow \quad \begin{cases} a_{11} = b_{11}, & a_{12} = b_{12} \\ a_{21} = b_{21}, & a_{22} = b_{22} \end{cases}$$

n차 정사각행렬 $A = (a_{ij})$에서 항

$$a_{11}, a_{22}, \ldots, a_{nn}$$

을 **대각항(diagonal entry)**이라 한다. 대각항 이외의 모든 항이 0인 정사각행렬을 **대각행렬(diagonal matrix)**이라 한다. 대각항이 $d_1, d_2, \ldots, d_n$인 대각행렬은 $D(d_1, d_2, \ldots, d_n)$으로 나타낸다.

$$D(d_1, d_2, \ldots, d_n) = \begin{pmatrix} d_1 & 0 & \cdots & 0 \\ 0 & d_2 & \cdots & 0 \\ \vdots & \vdots & \ddots & 0 \\ 0 & 0 & \cdots & d_n \end{pmatrix}$$

예를 들면 다음과 같다.

$$D(1, -2) = \begin{pmatrix} 1 & 0 \\ 0 & -2 \end{pmatrix}, \quad D(a, b, c) = \begin{pmatrix} a & 0 & 0 \\ 0 & b & 0 \\ 0 & 0 & c \end{pmatrix}$$

대각성분이 모두 1인 $n \times n$ 대각행렬을 n차원 **단위행렬(identity matrix)**이라 하고 I_n으로 나타낸다. 이를테면

$$I_2 = \begin{pmatrix} 1 & 0 \\ 0 & 1 \end{pmatrix}, \quad I_3 = \begin{pmatrix} 1 & 0 & 0 \\ 0 & 1 & 0 \\ 0 & 0 & 1 \end{pmatrix}, \quad I_4 = \begin{pmatrix} 1 & 0 & 0 & 0 \\ 0 & 1 & 0 & 0 \\ 0 & 0 & 1 & 0 \\ 0 & 0 & 0 & 1 \end{pmatrix}$$

이다. 혼동의 여지가 없으면 간단히 단위행렬을 I로 나타내기도 한다.

n차원 단위행렬의 i번째 열벡터를 $\mathbf{e}_i$로 나타내기로 하면 $\mathbf{e}_i$는 i번째 성분이 1이고 나머지는 모두 0인 열벡터이다.

$$I_n = \begin{pmatrix} \mathbf{e}_1 & \mathbf{e}_2 & \cdots & \mathbf{e}_n \end{pmatrix}, \quad \mathbf{e}_i = \begin{pmatrix} 0 \\ \vdots \\ 1 \\ \vdots \\ 0 \end{pmatrix} \quad \leftarrow \quad i\text{번째 성분}$$

3.3.2 행렬의 합과 상수곱

같은 꼴의 두 행렬 A, B에 대하여 행렬의 합 $A+B$는 성분이 두 행렬의 각 성분을 더한 행렬로 정의한다. 즉, $m \times n$ 행렬 $A = (a_{ij})$와 $B = (b_{ij})$에 대하여

$$A + B = (a_{ij}) + (b_{ij}) = (a_{ij} + b_{ij})$$

이다. 상수 c에 대하여 상수곱 cA는 각 성분에 c를 곱한 것을 성분으로 가지는 $m \times n$ 행렬이다.

$$cA = c(a_{ij}) = (ca_{ij})$$

$(-1)A$는 단순히 $-A$로 쓰고 두 행렬의 차는 다음과 같이 정의한다.

$$A - B = A + (-B)$$

보기 3 두 행렬 $A = \begin{pmatrix} 2 & 0 & -1 \\ 1 & 2 & 1 \end{pmatrix}, B = \begin{pmatrix} -2 & 1 & 2 \\ 0 & -3 & 1 \end{pmatrix}$에 대하여 다음을 계산하시오.

(a) $A + B$ (b) $A - B$ (c) $3A - 2B$

Solution

(a) $A + B = \begin{pmatrix} 2+(-2) & 0+1 & -1+2 \\ 1+0 & 2+(-3) & 1+1 \end{pmatrix} = \begin{pmatrix} 0 & 1 & 1 \\ 1 & -1 & 2 \end{pmatrix}$

(b) $A - B = \begin{pmatrix} 2-(-2) & 0-1 & -1-2 \\ 1-0 & 2-(-3) & 1-1 \end{pmatrix} = \begin{pmatrix} 4 & -1 & -3 \\ 1 & 5 & 0 \end{pmatrix}$

(c) $3A - 2B = \begin{pmatrix} 6 & 0 & -3 \\ 3 & 6 & 3 \end{pmatrix} - \begin{pmatrix} -4 & 2 & 4 \\ 0 & -6 & 2 \end{pmatrix} = \begin{pmatrix} 10 & -2 & -7 \\ 3 & 12 & 1 \end{pmatrix}$ □

실수의 덧셈에서 교환법칙과 결합법칙이 성립하므로 행렬의 덧셈에서도 교환법칙과 결합법칙이 성립한다. 다시 말해서 같은 꼴의 행렬 A, B, C에 대하여 다음이 성립한다.

- $A + B = B + A$
- $(A + B) + C = A + (B + C)$

행렬의 덧셈에 대한 결합법칙이 성립하므로 $(A+B)+C, A+(B+C)$를 간단히 $A+B+C$로 쓴다.

모든 성분이 0인 행렬을 **영행렬**(**zero matrix**)이라 한다. 예를 들어

$$\begin{pmatrix} 0 & 0 \end{pmatrix}, \quad \begin{pmatrix} 0 \\ 0 \end{pmatrix}, \quad \begin{pmatrix} 0 & 0 \\ 0 & 0 \end{pmatrix}, \quad \begin{pmatrix} 0 & 0 & 0 \\ 0 & 0 & 0 \end{pmatrix}$$

은 모두 영행렬이다. 영행렬은 각 꼴에 대하여 하나씩 있는데 혼동의 우려가 없으면 보통 기호 O로 나타낸다. 그러면 A와 같은 꼴의 영행렬 O에 대하여

$$A + O = A = O + A, \quad A + (-A) = O = (-A) + A$$

이 성립한다. 다시 말해서 영행렬은 같은 꼴의 행렬의 집합에서 덧셈에 대한 **항등원(identity element)**이고 $-A$는 A의 덧셈에 대한 **역원(inverse element)**이다.

다음 관계식이 성립하는 것은 실수의 성질에서 쉽게 확인할 수 있다.

행렬의 합과 상수곱의 성질

같은 꼴의 행렬 A, B, C, O와 상수 a, b에 대하여 다음 관계식이 성립한다.

- $A + B = B + A$
- $(A + B) + C = A + (B + C)$
- $A + O = A, \quad A + (-A) = O$
- $a(bA) = (ab)A$
- $a(A + B) = aA + aB$
- $(a + b)A = aA + bA$

같은 꼴의 행렬 A, B, X에 대하여

$$X + A = B$$

가 성립할 때, 이 등식의 양변에 행렬 A의 덧셈에 대한 역원 $-A$를 더하여 간단히 하면 다음 결과를 얻는다.

$$(X + A) + (-A) = B + (-A) \quad \Rightarrow \quad X + (A + (-A)) = B - A \quad \Rightarrow \quad X = B - A$$

또한 0이 아닌 상수 c에 대하여

$$cX = A$$

가 성립하면 양변에 상수 c의 곱셈에 대한 역원 $\frac{1}{c}$를 곱하여 간단히 하면 다음 결과를 얻는다.

$$cX = A \quad \Rightarrow \quad \frac{1}{c}(cX) = \frac{1}{c}A \quad \Rightarrow \quad X = \frac{1}{c}A$$

보기 4 다음 등식을 만족시키는 행렬 X를 구하시오.

(a) $X + \begin{pmatrix} 2 & 0 & -1 \\ 1 & 2 & 1 \end{pmatrix} = \begin{pmatrix} 2 & 3 & 2 \\ 2 & 1 & -1 \end{pmatrix}$

(b) $\begin{pmatrix} 1 & 2 \\ 3 & 4 \end{pmatrix} - 2X = \begin{pmatrix} 1 & 4 \\ 5 & 8 \end{pmatrix}$

Solution (a) $X = \begin{pmatrix} 2 & 3 & 2 \\ 2 & 1 & -1 \end{pmatrix} - \begin{pmatrix} 2 & 0 & -1 \\ 1 & 2 & 1 \end{pmatrix} = \begin{pmatrix} 0 & 3 & 3 \\ 1 & -1 & -2 \end{pmatrix}$

(b) $-2X = \begin{pmatrix} 1 & 4 \\ 5 & 8 \end{pmatrix} - \begin{pmatrix} 1 & 2 \\ 3 & 4 \end{pmatrix} = \begin{pmatrix} 0 & 2 \\ 2 & 4 \end{pmatrix}$이므로

$$X = -\frac{1}{2}\begin{pmatrix} 0 & 2 \\ 2 & 4 \end{pmatrix} = \begin{pmatrix} 0 & -1 \\ -1 & -2 \end{pmatrix} \qquad \square$$

전치행렬

$m \times n$ 행렬 $A = (a_{ij})$에서 (i,j) 항을 (j,i) 항이 되도록 만든 행렬을 A^t로 나타내고 A의 **전치행렬(transpose matrix)**이라 한다. 다시 말해서 $A^t = (b_{ij})$라 하면

$$b_{ij} = a_{ji}$$

이다. A^t는 $n \times m$ 행렬이다. 예를 들어

$$\begin{pmatrix} 1 & 2 & 3 \\ 4 & 5 & 6 \end{pmatrix}^t = \begin{pmatrix} 1 & 4 \\ 2 & 5 \\ 3 & 6 \end{pmatrix}, \quad \begin{pmatrix} a_1 & a_2 & \cdots & a_n \end{pmatrix}^t = \begin{pmatrix} a_1 \\ a_2 \\ \vdots \\ a_n \end{pmatrix}$$

이다. 전치행렬 A^t의 i번째 행은 A의 i번째 열과 같다.

연산이 가능한 행렬 A, B에 대하여 다음의 성질들이 성립한다.

- $(cA)^t = cA^t, \quad (A^t)^t = A$
- $(A+B)^t = A^t + B^t$

정사각행렬 A에 대하여 $A^t = A$이면 A를 **대칭(symmetric)**이라 한다. 다시 말해서, $A = (a_{ij})$의 모든 i, j에 대하여

$$a_{ij} = a_{ji}$$

이면 A는 **대칭(symmetric)**이라 한다. $n \times n$ 행렬 A에 대하여

$$(A + A^t)^t = A^t + (A^t)^t = A^t + A = A + A^t$$

이므로 $A + A^t$는 대칭행렬이다.

3.3.3 벡터의 일차결합

$\mathbf{R}^n$의 벡터[8] $\mathbf{v}_1, \ldots, \mathbf{v}_k$와 상수 $c_1, \ldots, c_k$에 대하여

$$c_1\mathbf{v}_1 + \cdots + c_k\mathbf{v}_k$$

꼴의 벡터를 $\mathbf{v}_1, \ldots, \mathbf{v}_k$의 **일차결합(linear combination)**이라 한다. 다음은 두 벡터 $\mathbf{v}_1, \mathbf{v}_2$의 일차결합의 예이다.

$$\mathbf{v}_1 - \mathbf{v}_2, \quad 2\mathbf{v}_1 (= 2\mathbf{v}_1 + 0\mathbf{v}_2), \quad \mathbf{0} = 0\mathbf{v}_1 + 0\mathbf{v}_2$$

$\mathbb{R}^3$의 두 벡터 $\mathbf{v}_1, \mathbf{v}_2$의 일차결합은 실수 c_1, c_2에 대하여

$$\mathbf{x} = c_1\mathbf{v}_1 + c_2\mathbf{v}_2$$

[8] 이 절에서부터는 표기의 편의상 $\mathbf{R}^n$의 벡터를 열벡터로 표시하기로 한다.

로 쓸 수 있으므로 $\mathbf{v}_1, \mathbf{v}_2$의 일차결합의 집합은 원점을 지나고 $\mathbf{v}_1, \mathbf{v}_2$와 평행인 평면이다.

이처럼 벡터 $\mathbf{v}_1, \ldots, \mathbf{v}_k \in \mathbb{R}^n$의 일차결합으로 이루어진 집합을 $\mathbf{span}(\mathbf{v}_1, \ldots, \mathbf{v}_k)$로 나타내고 $\mathbf{v}_1, \ldots, \mathbf{v}_k$의 **스팬**(span)이라고 읽는다.

$$\mathbf{span}(\mathbf{v}_1, \ldots, \mathbf{v}_k) = \{c_1\mathbf{v}_1 + \cdots + c_k\mathbf{v}_k | c_1, \ldots, c_k \in \mathbb{R}\}$$

이때 $\mathbf{span}(\mathbf{v}_1, \ldots, \mathbf{v}_k) = W$이면 벡터 $\mathbf{v}_1, \ldots, \mathbf{v}_k$은 W를 **생성한다**(generate)고 한다. 다음은 간단하지만 중요한 몇 가지 보기이다.

(a) $\mathbf{0} \in \mathbb{R}^n$에 대하여 $\mathbf{span}(\mathbf{0}) = \{\mathbf{0}\}$이다.

(b) $\mathbf{v} \in \mathbb{R}^3$이면 $\mathbf{span}(\mathbf{v})$은 원점을 지나고 방향벡터가 $\mathbf{v}$인 직선을 나타낸다.

(c) 평행하지 않은 두 벡터 $\mathbf{v}, \mathbf{w} \in \mathbb{R}^3$에 대해서 $\mathbf{span}(\mathbf{v}, \mathbf{w})$은 원점을 지나고 $\mathbf{v}, \mathbf{w}$와 평행인 평면을 나타낸다.

(d) 임의의 n-벡터 $\mathbf{x} = \begin{pmatrix} x_1 \\ \vdots \\ x_n \end{pmatrix}$은 항상 표준단위벡터 $\mathbf{e}_1, \ldots, \mathbf{e}_n$의 일차결합으로 쓸 수 있다.

$$\mathbf{x} = \begin{pmatrix} x_1 \\ \vdots \\ x_n \end{pmatrix} = x_1\mathbf{e}_1 + \cdots + x_n\mathbf{e}_n$$

따라서 $\mathbb{R}^n = \mathbf{span}(\mathbf{e}_1, \ldots, \mathbf{e}_n)$이다.

보기 5 두 벡터 $\mathbf{v}_1 = \begin{pmatrix} 1 \\ -2 \end{pmatrix}, \mathbf{v}_2 = \begin{pmatrix} 2 \\ 5 \end{pmatrix}$의 일차결합으로 $\mathbf{b} = \begin{pmatrix} 7 \\ 4 \end{pmatrix}$을 나타내는 것은

$$x\mathbf{v}_1 + y\mathbf{v}_2 = \mathbf{b} \tag{3.6}$$

을 만족하는 상수 x, y를 구하는 문제이다. 벡터의 합과 상수곱의 정의를 이용하면 다음과 같이 쓸 수 있다.

$$x\begin{pmatrix} 1 \\ -2 \end{pmatrix} + y\begin{pmatrix} 2 \\ 5 \end{pmatrix} = \begin{pmatrix} x + 2y \\ -2x + 5y \end{pmatrix} = \begin{pmatrix} 7 \\ 4 \end{pmatrix}$$

따라서 벡터방정식 (3.6)을 만족하는 x, y를 구하는 것은 다음 연립방정식을 만족하는 x, y를 구하는 것과 같다.

$$\begin{aligned} x + 2y &= 7 \\ -2x + 5y &= 4 \end{aligned} \qquad \square$$

일반적으로 n개의 벡터 $\mathbf{a}_1, \ldots, \mathbf{a}_n$의 일차결합으로 $\mathbf{b}$를 나타내는 것은

$$x_1\mathbf{a}_1 + \cdots + x_n\mathbf{a}_n = \mathbf{b} \tag{3.7}$$

인 상수 $x_1, \ldots, x_n$을 찾는 것이다. 이때 벡터방정식 (3.7)의 좌변을 행렬 $A = \begin{pmatrix} \mathbf{a}_1 & \cdots & \mathbf{a}_n \end{pmatrix}$와 벡터 $\mathbf{x} = \begin{pmatrix} x_1 \\ \vdots \\ x_n \end{pmatrix}$의 곱으로 정의하고 $A\mathbf{x}$로 나타낸다. 행렬과 벡터의 곱 $A\mathbf{x}$는 행렬 A의 열벡터의 수와 $\mathbf{x}$의 성분의 개수가 같을 때에만 정의가 가능하다.

행렬과 벡터의 곱

$m \times n$ 행렬 $A = \begin{pmatrix} \mathbf{a}_1 & \cdots & \mathbf{a}_n \end{pmatrix}$와 n차원 벡터 $\mathbf{x} = \begin{pmatrix} x_1 \\ \vdots \\ x_n \end{pmatrix}$에 대하여 A와 $\mathbf{x}$의 곱은 $A\mathbf{x}$로 나타내고 다음과 같이 A의 열벡터들의 일차결합으로 정의한다.

$$A\mathbf{x} = x_1\mathbf{a}_1 + x_2\mathbf{a}_2 + \cdots + a_n\mathbf{a}_n \tag{3.8}$$

특히 n-행벡터 $\mathbf{a} = \begin{pmatrix} a_1 & \cdots & a_n \end{pmatrix}$와 n-열벡터 $\mathbf{x} = \begin{pmatrix} x_1 \\ \vdots \\ x_n \end{pmatrix}$의 곱 $\mathbf{ax}$는 같은 위치에 있는 성분끼리의 곱을 모두 더한 것으로 정의하며 일반적으로 괄호 없이 나타낸다.

$$\mathbf{ax} = a_1x_1 + \cdots + a_nx_n$$

따라서 행렬 $A = \begin{pmatrix} a_{11} & \cdots & a_{1n} \\ \vdots & \ddots & \vdots \\ a_{m1} & \cdots & a_{mn} \end{pmatrix}$와 벡터의 곱 $A\mathbf{x}$를 성분별로 나타내면 다음과 같다.

$$A\mathbf{x} = \begin{pmatrix} a_{11}x_1 + \cdots + a_{1n}x_n \\ \vdots \\ a_{n1}x_1 + \cdots + a_{nn}x_n \end{pmatrix} = \begin{pmatrix} \mathbf{r}_1(A)\mathbf{x} \\ \vdots \\ \mathbf{r}_n(A)\mathbf{x} \end{pmatrix}$$

보기 6 $m \times n$ 행렬 $A = \begin{pmatrix} \mathbf{a}_1 & \cdots & \mathbf{a}_n \end{pmatrix}$와 j번째 표준단위벡터 $\mathbf{e}_j$를 곱하면 A의 j번째 열벡터이다.

$$A\mathbf{e}_j = 0 \cdot \mathbf{a}_1 + \cdots + 1 \cdot \mathbf{a}_j + \cdots 0 \cdot \mathbf{a}_n = \mathbf{a}_j$$

$I_n = \begin{pmatrix} \mathbf{e}_1 & \cdots & \mathbf{e}_n \end{pmatrix}$와 n벡터 $\mathbf{x} = \begin{pmatrix} x_1 \\ \vdots \\ x_n \end{pmatrix}$에 대하여 다음 식이 항상 성립한다.

$$I_n\mathbf{x} = x_1\mathbf{e}_1 + \cdots + x_n\mathbf{e}_n = \begin{pmatrix} x_1 \\ \vdots \\ x_n \end{pmatrix} = \mathbf{x}$$

□

행렬과 벡터의 곱에 대한 간단하지만 중요한 성질을 살펴보기로 한다. $m \times n$ 행렬 $A = \begin{pmatrix} \mathbf{a}_1 & \cdots & \mathbf{a}_n \end{pmatrix}$와 n 벡터 $\mathbf{u} = \begin{pmatrix} u_1 \\ \vdots \\ u_n \end{pmatrix}, \mathbf{v} = \begin{pmatrix} v_1 \\ \vdots \\ v_n \end{pmatrix}$에 대하여

$$\begin{aligned} A(\mathbf{u}+\mathbf{v}) &= \begin{pmatrix} \mathbf{a}_1 & \cdots & \mathbf{a}_n \end{pmatrix} \begin{pmatrix} u_1+v_1 \\ \vdots \\ u_n+v_n \end{pmatrix} \\ &= (u_1+v_1)\mathbf{a}_1 + \cdots + (u_n+v_n)\mathbf{a}_n \\ &= (u_1\mathbf{a}_1 + \cdots + u_n\mathbf{a}_n) + (v_1\mathbf{a}_1 + \cdots + v_n\mathbf{a}_n) = A\mathbf{u} + A\mathbf{v} \end{aligned}$$

가 성립한다. 또한 실수 c에 대하여

$$\begin{aligned} A(c\mathbf{u}) &= \begin{pmatrix} \mathbf{a}_1 & \cdots & \mathbf{a}_n \end{pmatrix} \begin{pmatrix} cu_1 \\ \vdots \\ cu_n \end{pmatrix} = (cu_1)\mathbf{a}_1 + \cdots + (cu_n)\mathbf{a}_n \\ &= c(u_1\mathbf{a}_1) + \cdots + c(u_n\mathbf{a}_n) \\ &= c(u_1\mathbf{a}_1 + \cdots + u_n\mathbf{a}_n) = c(A\mathbf{u}) \end{aligned}$$

가 성립한다. 이 두 성질을 이용하면 다음과 같은 성질이 성립한다.

행렬-벡터 곱의 성질

$$A(c_1\mathbf{u} + c_2\mathbf{v}) = c_1A\mathbf{u} + c_2A\mathbf{v}$$

3.3.4 연습문제 3.3

1. 성분이 다음과 같이 정의된 4×4 행렬 A를 구하여라

   (a) $a_{ij} = \begin{cases} ij, & j \geq i \\ 0, & i > j \end{cases}$ [9] (b) $a_{ij} = \begin{cases} 0, & j \geq i \\ i+j, & i > j \end{cases}$ [10]

✠ 다음과 같은 행렬에 대하여 질문에 답하여라.(2—5)

$$A = \begin{pmatrix} 3 & 2 & 1 \\ 1 & 0 & -1 \end{pmatrix} \quad B = \begin{pmatrix} 2 & 1 & 2 \\ 0 & -1 & 3 \end{pmatrix}$$

$$C = \begin{pmatrix} 1 & -2 & 1 \\ 0 & 1 & -1 \\ 2 & 1 & 0 \end{pmatrix} \quad D = \begin{pmatrix} 1 & 2 & 1 \\ 3 & 1 & 1 \\ 1 & 1 & 0 \end{pmatrix} \quad E = \begin{pmatrix} 1 & -2 \\ 1 & -1 \\ 1 & 0 \end{pmatrix} \quad F = \begin{pmatrix} 1 & 1 \\ 1 & 1 \\ -1 & 1 \end{pmatrix}$$

2. 주어진 연산이 가능하면 계산하여라.

   (a) A^t
   (b) $A + B$
   (c) $A - 2B$
   (d) $2C - 3D$
   (e) $A - 3C$
   (f) $A + E^t$
   (g) $C + C^t$
   (h) $(C + C^t)^t$

3. 다음 식을 만족하는 행렬 X를 구하여라.

   (a) $A + X = B$ (b) $2X - C = D$ (c) $2E + X = F - X$

4. $\mathbf{v} = \begin{pmatrix} 3 \\ -1 \\ 2 \end{pmatrix}$일 때 행렬 C에 대하여 $C\mathbf{v}$를 C의 열벡터의 일차결합으로 나타내어라.

5. $\mathbf{x} = \begin{pmatrix} 1 \\ 2 \\ 3 \end{pmatrix}, \mathbf{y} = \begin{pmatrix} 1 \\ -2 \end{pmatrix}$일 때 다음 행렬과 벡터의 곱을 구하시오.

   (a) $A\mathbf{x}$ (b) $B\mathbf{x}$ (c) $C\mathbf{x}$ (d) $E\mathbf{y}$ (e) $A^t\mathbf{y}$

---

[9] 대각항 아래 성분이 모두 0인 정사각행렬을 **상삼각행렬(upper triangular matrix)**이라 한다.
[10] 대각항 위 성분이 모두 0인 정사각행렬을 **하삼각행렬(lower triangular matrix)**이라 한다.

6. 다음 연립방정식을 $A\mathbf{x} = \mathbf{b}$로 고쳐 쓰시오.

(a) $\begin{cases} 2x - 3y + z = 2 \\ x + 2y - 2z = 5 \end{cases}$

(b) $\begin{cases} x + 3y - 5z = 12 \\ x - y = 0 \\ 2x - y + z = 0 \end{cases}$

(c) $\begin{cases} -x + 2y + 4z = 8 \\ x - y + z = 2 \\ y + z = 2 \\ 3x + 2y = 0 \end{cases}$

7. 주어진 행렬 A와 벡터 $\mathbf{b}$에 대하여 $A\mathbf{x} = \mathbf{b}$가 나타내는 x, y, z의 연립방정식을 구하시오.

(a) $A = \begin{pmatrix} 3 & 2 & 1 \\ 1 & 0 & -1 \end{pmatrix}, \mathbf{b} = \begin{pmatrix} 2 \\ 0 \end{pmatrix}$

(b) $A = \begin{pmatrix} 1 & 2 & 3 \\ 3 & 1 & 2 \\ 2 & 3 & 1 \end{pmatrix}, \mathbf{b} = \begin{pmatrix} -2 \\ 1 \\ 1 \end{pmatrix}$

(c) $A = \begin{pmatrix} 1 & 2 \\ 2 & -1 \\ 0 & 3 \end{pmatrix}, \mathbf{b} = \begin{pmatrix} 0 \\ 1 \\ 3 \end{pmatrix}$

8. 다음 벡터의 일차결합을 행렬과 벡터의 곱을 이용하여 나타내어라.

(a) $3\begin{pmatrix} 1 \\ -2 \end{pmatrix} - 2\begin{pmatrix} 1 \\ 2 \end{pmatrix} + 3\begin{pmatrix} -2 \\ 1 \end{pmatrix}$

(b) $2\begin{pmatrix} 3 \\ -2 \\ 2 \end{pmatrix} - \begin{pmatrix} 1 \\ -1 \\ 4 \end{pmatrix} - 3\begin{pmatrix} 0 \\ 1 \\ 2 \end{pmatrix}$

(c) $\begin{pmatrix} 2 \\ -2 \end{pmatrix} - \begin{pmatrix} 1 \\ 1 \end{pmatrix} + 2\begin{pmatrix} -1 \\ 2 \end{pmatrix}$

(d) $2\begin{pmatrix} 3 \\ -2 \\ -1 \\ 1 \end{pmatrix} + 3\begin{pmatrix} 1 \\ -1 \\ 4 \\ -2 \end{pmatrix} - \begin{pmatrix} 0 \\ 1 \\ 2 \\ 3 \end{pmatrix}$

9. 3×3 행렬 A에 대하여 다음 식이 성립할 때,

$$A\mathbf{e}_1 = \begin{pmatrix} 2 \\ 1 \\ 3 \end{pmatrix},\ A\mathbf{e}_2 = \begin{pmatrix} 1 \\ 1 \\ 0 \end{pmatrix},\ A\mathbf{e}_3 = \begin{pmatrix} 0 \\ 1 \\ 2 \end{pmatrix}$$

(a) A를 구하여라.

(b) $A\begin{pmatrix} 1 \\ 1 \\ -1 \end{pmatrix}$을 구하여라.

10. R, G, B를 각각 빨간색, 녹색, 파란색의 양이라고 하면 빛은 벡터 $\begin{pmatrix} R \\ G \\ B \end{pmatrix}$로 표현할 수 있다. 이 빛의 신호를 인간의 눈은 $\begin{pmatrix} I \\ L \\ S \end{pmatrix}$로 변환하여 뇌로 전달한다. 이때 변환식은 다음과 같다.

$$\begin{array}{rcl} \text{강도 :} & I = & \dfrac{R+G+B}{3} \\ \text{장파 신호 :} & L = & R-G \\ \text{단파 신호 :} & S = & B-\dfrac{R+G}{2} \end{array}$$

(a) $\begin{pmatrix} R \\ G \\ B \end{pmatrix}$를 $\begin{pmatrix} I \\ L \\ S \end{pmatrix}$로 변환시키는 행렬 M을 구하여라. 즉

$$\begin{pmatrix} I \\ L \\ S \end{pmatrix} = M \begin{pmatrix} R \\ G \\ B \end{pmatrix}$$

이 되는 행렬 M을 구하여라.

(b) 노란색 선글라스는 파란색은 모두 차단하지만 빨간색과 녹색은 모두 통과시킨다고 한다. 선글라스를 통과하는 빛이 어떻게 변환되는지 3×3 행렬 A를 이용하여 나타내어라.

(c) 빛이 선글라스와 눈을 거쳐 뇌에 전달되는 과정을 행렬을 이용하여 나타내어라.

11. $n \times n$ 행렬 $A = (a_{ij})$의 **대각합(trace)**은 대각원소의 합으로 정의하고 $\text{tr}(A)$로 나타낸다.

$$\text{tr}(A) = a_{11} + a_{22} + \cdots + a_{nn}$$

A, B가 $n \times n$ 행렬일 때 다음을 보여라.

(a) $\text{tr}(A+B) = \text{tr}(A) + \text{tr}(B)$

(b) $\text{tr}(kA) = k\,\text{tr}(A)$

(c) $\text{tr}(A^t) = \text{tr}(A)$

12. $n \times n$ 행렬 A에 대하여

(a) 임의의 n 벡터 $\mathbf{x}$에 대하여 $A\mathbf{x} = \mathbf{0}$이면 $A = O$ 임을 보여라.

(b) 임의의 n 벡터 $\mathbf{x}$에 대하여 $A\mathbf{x} = \mathbf{x}$이면 $A = I_n$ 임을 보여라.

3.4 선형방정식계

3.4.1 선형방정식계의 해

다음과 같은 방정식을 n개의 변수 $x_1, x_2, \ldots, x_n$의 **선형방정식**(**linear equation**)이라 한다.

$$c_1x_1 + c_2x_2 + \cdots + c_nx_n = d \tag{3.9}$$

식 (3.9)에 $x_1 = s_1, \ldots, x_n = s_n$을 대입했을 때 등식이 성립하면 벡터 $\begin{pmatrix} s_1 \\ \vdots \\ s_n \end{pmatrix}$을 식 (3.9)의 **해**(**solution**)라 한다. 같은 변수들의 선형방정식이 여러 개 모여 있는 것을 **선형방정식계**(**system of linear equations**), 또는 간단히 **선형계**(**linear system**)라 한다. 일반적으로 n개의 변수를 갖는 선형방정식계는 다음과 같이 쓸 수 있다.

$$\begin{array}{rcl} a_{11}x_1 + \cdots + a_{1n}x_n & = & b_1 \\ \vdots & & \vdots \\ a_{m1}x_1 + \cdots + a_{mn}x_n & = & b_m \end{array} \tag{3.10}$$

또는

$$x_1 \begin{pmatrix} a_{11} \\ \vdots \\ a_{m1} \end{pmatrix} + \cdots + x_n \begin{pmatrix} a_{1n} \\ \vdots \\ a_{mn} \end{pmatrix} = \begin{pmatrix} b_1 \\ \vdots \\ b_m \end{pmatrix}$$

이때 주어진 모든 선형방정식을 만족하는 벡터를 선형계 (3.10)의 해라 하고 계수들로 이루어진 행렬

$$A = \begin{pmatrix} a_{11} & \cdots & a_{1n} \\ \vdots & & \vdots \\ a_{m1} & \cdots & a_{mn} \end{pmatrix}$$

을 주어진 선형계의 **계수행렬**(**coefficient matrix**)이라 한다. 상수벡터를 $\mathbf{b} = \begin{pmatrix} b_1 \\ \vdots \\ b_m \end{pmatrix}$라 하면 선형계 (3.10)은 다음과 같이 나타낼 수 있다.

$$A\mathbf{x} = \mathbf{b}$$

이렇게 선형방정식계를 행렬을 이용하여 나타낸 것을 **행렬방정식**(**matrix equation**)이라 한다.

보기 1 (a) 선형계

$$\begin{cases} x + y = 0 \\ 2x - y = 0 \end{cases}$$

에서 각 방정식은 평면($\mathbb{R}^2$)에서 원점을 지나는 직선이고 선형계의 해는 두 직선의 교점이다. 두 직선은 평행하지 않으므로 원점이 유일한 교점이다.

(b) 선형계

$$\begin{cases} x+y-z &= 0 \\ x-y-3z &= 0 \end{cases}$$

에서 각 방정식은 공간($\mathbb{R}^3$)에서 원점을 지나는 평면이고 선형계의 해는 두 평면의 교점들이다. 두 평면은 평행하지 않으므로 두 평면의 교점은 다음과 같이 원점을 지나는 직선이다.

$$t\begin{pmatrix} 2 \\ -1 \\ 1 \end{pmatrix}, \quad t \in \mathbb{R} \qquad \square$$

선형계의 해를 구하는 방법은 다음 절에서 소개한다. 그 전에 선형계의 해가 유일한 경우의 중요한 결과를 살펴 보자.

선형계 $A\mathbf{x}=\mathbf{0}$의 해가 자명한 해[11] $\mathbf{x}=\mathbf{0}$뿐이라 하자. $\mathbf{x}_1, \mathbf{x}_2$가 $A\mathbf{x}=\mathbf{b}$의 해라면

$$A(\mathbf{x}_1-\mathbf{x}_2) = A\mathbf{x}_1 - A\mathbf{x}_2 = \mathbf{b}-\mathbf{b} = \mathbf{0}$$

이므로 $\mathbf{x}_1 = \mathbf{x}_2$이다. 따라서 $A\mathbf{x}=\mathbf{b}$의 해가 존재한다면 유일하다.

해의 유일성

선형계 $A\mathbf{x}=\mathbf{b}$의 해가 존재하면 다음 명제들은 동치이다.

(a) 선형계 $A\mathbf{x}=\mathbf{b}$의 해는 유일하다.

(b) 선형계 $A\mathbf{x}=\mathbf{0}$의 해는 자명한 해 $\mathbf{x}=\mathbf{0}$ 뿐이다.

3.4.2 기본행연산과 기약행사다리꼴

선형계를 푸는 데에 있어서 중요한 역할을 하는 것은 변수의 계수와 상수항이다. 그러므로 해집합을 구하기 위해서는 계수행렬과 오른쪽 상수벡터로 만들어진 **첨가행렬** (**augmented matrix**) $(A \mid \mathbf{b})$을 이용하는 것이 효율적이다.

다음 보기에서 선형계를 푸는 과정을 선형계와 첨가행렬을 같이 써서 보이기로 한다.

[11] 선형계 $A\mathbf{x}=\mathbf{0}$에서 $\mathbf{x}=\mathbf{0}$, 즉 $x_1 = x_2 = \cdots = x_n = 0$은 항상 해이다. 이 해를 **자명한 해**(**trivial solution**)라 부른다.

보기 2 다음 선형계를 풀어라.

$$\begin{array}{rcrcrcr} x & - & y & + & z & = & 2 \\ & & 2y & - & 3z & = & -5 \\ -3x & + & 4y & - & 5z & = & -10 \end{array}$$

Solution 주어진 선형계의 첨가행렬은 다음과 같다.

$$\left(\begin{array}{rrr|r} 1 & -1 & 1 & 2 \\ 0 & 2 & -3 & -5 \\ -3 & 4 & -5 & -10 \end{array}\right)$$

우선 세 번째 식에서 변수 x를 소거하기로 하자. 첫 번째 식에 3을 곱한 후 세 번째 식에 더해주면

$$\begin{array}{rcrcrcr} x & - & y & + & z & = & 2 \\ & & 2y & - & 3z & = & -5 \\ & & y & - & 2z & = & -4 \end{array} \qquad \left(\begin{array}{rrr|r} 1 & -1 & 1 & 2 \\ 0 & 2 & -3 & -5 \\ 0 & 1 & -2 & -4 \end{array}\right)$$

을 얻는다. 마지막 식의 계수가 더 간단하므로 두 번째 식과 세 번째 식의 순서를 바꾸자.

$$\begin{array}{rcrcrcr} x & - & y & + & z & = & 2 \\ & & y & - & 2z & = & -4 \\ & & 2y & - & 3z & = & -5 \end{array} \qquad \left(\begin{array}{rrr|r} 1 & -1 & 1 & 2 \\ 0 & 1 & -2 & -4 \\ 0 & 2 & -3 & -5 \end{array}\right)$$

세 번째 식에서 변수 y를 소거하기로 하자. 두 번째 식에 2를 곱하여 세 번째 식에서 빼주면

$$\begin{array}{rcrcrcr} x & - & y & + & z & = & 2 \\ & & y & - & 2z & = & -4 \\ & & & & z & = & 3 \end{array} \qquad \left(\begin{array}{rrr|r} 1 & -1 & 1 & 2 \\ 0 & 1 & -2 & -4 \\ 0 & 0 & 1 & 3 \end{array}\right)$$

을 얻는다. 첫 번째 식에 두 번째 식을 더하면 첫 번째 식에서 y를 소거할 수 있다.

$$\begin{array}{rcrcrcr} x & & & - & z & = & -2 \\ & & y & - & 2z & = & -4 \\ & & & & z & = & 3 \end{array} \qquad \left(\begin{array}{rrr|r} 1 & 0 & -1 & -2 \\ 0 & 1 & -2 & -4 \\ 0 & 0 & 1 & 3 \end{array}\right)$$

첫 번째 식과 두 번째 식에서 z를 소거하는 것은 첫 번째 식에 세 번째 식을 더하고 두 번째 식에는 세 번째 식을 두배하여 더하면 된다.

$$\begin{array}{rcrcrcr} x & & & & & = & 1 \\ & & y & & & = & 2 \\ & & & & z & = & 3 \end{array} \qquad \left(\begin{array}{rrr|r} 1 & 0 & 0 & 1 \\ 0 & 1 & 0 & 2 \\ 0 & 0 & 1 & 3 \end{array}\right)$$

□

보기 2에서 선형계의 해를 구하기 위해서 방정식에 해 준 연산은 첨가행렬을 이용하여 다음과 같이 나타낼 수 있다.[12]

[12]여기서 $\longrightarrow$는 왼쪽의 것을 오른쪽에 대입하는 것을 의미한다.

- 두 행의 위치를 바꾼다. $\mathbf{r}_i \longleftrightarrow \mathbf{r}_j$
- 한 행에 상수 $c(\neq 0)$를 곱한다. $c\mathbf{r}_i \longrightarrow \mathbf{r}_i$
- 한 행($\mathbf{r}_j$)에 상수배 한 것을 다른 행($\mathbf{r}_i$)에 더한다. $\mathbf{r}_i + c\mathbf{r}_j \longrightarrow \mathbf{r}_i$

이렇게 행렬에 주어진 세 종류의 연산을 **기본행연산**(**elementary row operation**)이라 한다. 기본행연산을 해 주어도 선형계의 해집합에는 변화가 없다.

보기 2의 연산과정은 다음과 같이 간단히 나타내기로 한다.

$$\left(\begin{array}{ccc|c} 1 & -1 & 1 & 2 \\ 0 & 2 & -3 & -5 \\ -3 & 4 & -5 & -10 \end{array}\right) \xrightarrow{3\mathbf{r}_1 + \mathbf{r}_3 \to \mathbf{r}_3} \left(\begin{array}{ccc|c} 1 & -1 & 1 & 2 \\ 0 & 2 & -3 & -5 \\ 0 & 1 & -2 & -4 \end{array}\right)$$

$$\xrightarrow{\mathbf{r}_2 \leftrightarrow \mathbf{r}_3} \left(\begin{array}{ccc|c} 1 & -1 & 1 & 2 \\ 0 & 1 & -2 & -4 \\ 0 & 2 & -3 & -5 \end{array}\right) \xrightarrow{\mathbf{r}_3 - 2\mathbf{r}_2 \to \mathbf{r}_3} \left(\begin{array}{ccc|c} 1 & -1 & 1 & 2 \\ 0 & 1 & -2 & -4 \\ 0 & 0 & 1 & 3 \end{array}\right)$$

$$\xrightarrow{\mathbf{r}_2 + \mathbf{r}_1 \to \mathbf{r}_1} \left(\begin{array}{ccc|c} 1 & 0 & -1 & -2 \\ 0 & 1 & -2 & -4 \\ 0 & 0 & 1 & 3 \end{array}\right) \xrightarrow{\mathbf{r}_3 + \mathbf{r}_1 \to \mathbf{r}_1} \left(\begin{array}{ccc|c} 1 & 0 & 0 & 1 \\ 0 & 1 & -2 & -4 \\ 0 & 0 & 1 & 3 \end{array}\right)$$

$$\xrightarrow{2\mathbf{r}_3 + \mathbf{r}_2 \to \mathbf{r}_2} \left(\begin{array}{ccc|c} 1 & 0 & 0 & 1 \\ 0 & 1 & 0 & 2 \\ 0 & 0 & 1 & 3 \end{array}\right)$$

단위행렬 I_n에 기본행연산을 해 준 행렬을 **기본행렬**(**elementary matrix**)이라 한다. 세 종류의 행연산이 존재하므로 이에 대응하는 기본행렬도 세 가지 유형으로 쓸 수 있다.

보기 3 단위행렬 I_3에 기본행연산

$$\mathbf{r}_1 \leftrightarrow \mathbf{r}_3, \quad 2\mathbf{r}_2 \to \mathbf{r}_2, \quad 3\mathbf{r}_1 + \mathbf{r}_3 \to \mathbf{r}_3$$

을 한 기본행렬을 E_1, E_2, E_3라 하면 다음과 같다.

$$E_1 = \begin{pmatrix} 0 & 0 & 1 \\ 0 & 1 & 0 \\ 1 & 0 & 0 \end{pmatrix} \quad E_2 = \begin{pmatrix} 1 & 0 & 0 \\ 0 & 2 & 0 \\ 0 & 0 & 1 \end{pmatrix} \quad E_3 = \begin{pmatrix} 1 & 0 & 0 \\ 0 & 1 & 0 \\ 3 & 0 & 1 \end{pmatrix}$$

행렬 $A = \begin{pmatrix} a_{11} & a_{12} & a_{13} & a_{14} \\ a_{21} & a_{22} & a_{23} & a_{24} \\ a_{31} & a_{32} & a_{33} & a_{34} \end{pmatrix}$에 기본행렬을 곱하면 어떤 현상이 벌어지는지 살펴보기로

하자.

$$E_1A = \begin{pmatrix} a_{31} & a_{32} & a_{33} & a_{34} \\ a_{21} & a_{22} & a_{23} & a_{24} \\ a_{11} & a_{12} & a_{13} & a_{14} \end{pmatrix}$$

$$E_2A = \begin{pmatrix} a_{11} & a_{12} & a_{13} & a_{14} \\ 2a_{21} & 2a_{22} & 2a_{23} & 2a_{24} \\ a_{31} & a_{32} & a_{33} & a_{34} \end{pmatrix}$$

$$E_3A = \begin{pmatrix} a_{11} & a_{12} & a_{13} & a_{14} \\ a_{21} & a_{22} & a_{23} & a_{24} \\ a_{31}+3a_{11} & a_{32}+3a_{12} & a_{33}+3a_{13} & a_{34}+3a_{14} \end{pmatrix}$$

이므로 기본행렬을 행렬의 왼쪽에 곱해주면 이에 해당하는 행연산을 행렬 A에 해 준 것과 같은 결과를 얻는다. □

보기 2에서 첫 번째 행연산

$$3\mathbf{r}_1 + \mathbf{r}_3 \to \mathbf{r}_3$$

는 기본행렬

$$E_3 = \begin{pmatrix} 1 & 0 & 0 \\ 0 & 1 & 0 \\ 3 & 0 & 1 \end{pmatrix}$$

으로 나타내지며 첫 번째 계산과정은 다음과 같은 행렬곱으로도 나타낼 수 있다.

$$\begin{pmatrix} 1 & 0 & 0 \\ 0 & 1 & 0 \\ 3 & 0 & 1 \end{pmatrix}\left(\begin{array}{ccc|c} 1 & -1 & 1 & 2 \\ 0 & 2 & -3 & -5 \\ -3 & 4 & -5 & -10 \end{array}\right) = \left(\begin{array}{ccc|c} 1 & -1 & 1 & 2 \\ 0 & 2 & -3 & -5 \\ 0 & 1 & -2 & -4 \end{array}\right)$$

행연산을 해주면 선형계를 풀기 쉬운 꼴로 단순화할 수 있다. 우선 선형계를 첨가행렬을 이용하여 나타낸다. 행연산을 이용하여 첨가행렬을 다음 성질을 갖는 **기약행사다리꼴**(**irreducible row echelon form**)로 변형한다. 영벡터가 아닌 행벡터에서 처음으로 0이 아닌 항을 **선행항**(**leading entry**)이라 한다.

기약행사다리꼴 행렬

행렬이 다음 성질을 만족하면 **기약행사다리꼴**로 쓰였다고 한다.

- 영벡터가 있는 경우, 영벡터는 가장 아래에 놓인다.
- 모든 선행항은 1이다.
- 위에 위치한 행의 선행항은 아래에 위치한 행의 선행항보다 왼쪽에 있다.
- 선행항이 있는 열에서 선행항을 제외한 모든 항은 0이다.

보기 4 다음 첨가행렬들을 살펴 보자.

$$A = \left(\begin{array}{ccc|c} 0 & 1 & 5 & 0 \\ 1 & 0 & 2 & 0 \\ 0 & 0 & 0 & 1 \end{array}\right) \quad B = \left(\begin{array}{ccc|c} 1 & 0 & 0 & 4 \\ 0 & 0 & 1 & 2 \\ 1 & 1 & 0 & 0 \end{array}\right) \quad C = \left(\begin{array}{ccc|c} 1 & 2 & 0 & 8 \\ 0 & 0 & 2 & 4 \\ 0 & 0 & 1 & 2 \end{array}\right)$$

A는 첫 번째 행의 선행항이 두 번째 행의 선행항보다 왼쪽에 있지 않아서 기약행사다리꼴이 아니다. 첫 번째 행과 두 번째 행의 순서를 바꾸면 기약행사다리꼴이 된다.

$$A = \left(\begin{array}{ccc|c} 0 & 1 & 5 & 0 \\ 1 & 0 & 2 & 0 \\ 0 & 0 & 0 & 1 \end{array}\right) \xrightarrow{\mathbf{r}_1 \leftrightarrow \mathbf{r}_2} \left(\begin{array}{ccc|c} 1 & 0 & 2 & 0 \\ 0 & 1 & 5 & 0 \\ 0 & 0 & 0 & 1 \end{array}\right) = A'$$

B는 첫번째 행의 선행항 아래에 0이 아닌 항(1)이 존재하고 두 번째 행의 선행항이 마지막 행의 선행항보다 오른쪽에 있으므로 기약행사다리꼴이 아니다. B는 다음과 같은 기본행연산에 의하여 기약행사다리꼴이 된다.

$$B = \left(\begin{array}{ccc|c} 1 & 0 & 0 & 4 \\ 0 & 0 & 1 & 2 \\ 1 & 1 & 0 & 0 \end{array}\right) \xrightarrow{\mathbf{r}_3 - \mathbf{r}_1 \to \mathbf{r}_3} \left(\begin{array}{ccc|c} 1 & 0 & 0 & 4 \\ 0 & 0 & 1 & 2 \\ 0 & 1 & 0 & -4 \end{array}\right) \xrightarrow{\mathbf{r}_2 \leftrightarrow \mathbf{r}_3} \left(\begin{array}{ccc|c} 1 & 0 & 0 & 4 \\ 0 & 1 & 0 & -4 \\ 0 & 0 & 1 & 2 \end{array}\right) = B'$$

C는 두 번째 행의 선행항이 1이 아니고 두 번째 행의 선행항이 속한 열에 0이 아닌 항(1)이 있으므로 기약행사다리꼴이 아니다. C는 다음과 같은 기본행연산에 의하여 기약행사다리꼴이 된다.

$$C = \left(\begin{array}{ccc|c} 1 & 2 & 0 & 8 \\ 0 & 0 & 2 & 4 \\ 0 & 0 & 1 & 2 \end{array}\right) \xrightarrow{\mathbf{r}_2/2 \to \mathbf{r}_2} \left(\begin{array}{ccc|c} 1 & 2 & 0 & 8 \\ 0 & 0 & 1 & 2 \\ 0 & 0 & 1 & 2 \end{array}\right) \xrightarrow{\mathbf{r}_3 - \mathbf{r}_2 \to \mathbf{r}_3} \left(\begin{array}{ccc|c} 1 & 2 & 0 & 8 \\ 0 & 0 & 1 & 2 \\ 0 & 0 & 0 & 0 \end{array}\right) = C' \quad \square$$

3.4.3 가우스 소거법

보기 4에서 행렬 A'가 첨가행렬인 선형계를 써 보면 다음과 같다.

$$\begin{array}{rcrcl} x_1 & & + \; 2x_3 & = & 0 \\ & x_2 & + \; 5x_3 & = & 0 \\ & & 0 & = & 1 \end{array}$$

이 선형계에서 마지막 식은

$$0x_1 + 0x_2 + 0x_3 = 1$$

을 의미하므로 해가 존재하지 않는다. 따라서 첨가행렬에서 마지막 상수항만 0이 아닌 행이 존재하면 그 선형계의 해가 존재하지 않는다.

행렬 B'이 첨가행렬인 선형계는 다음과 같다.

$$\begin{array}{rcl} x_1 \qquad\qquad & = & 4 \\ x_2 \qquad & = & -4 \\ x_3 & = & 2 \end{array}$$

B'처럼 첨가행렬에서 계수행렬이 단위행렬이 되는 경우는 항상 유일한 해가 존재한다.

행렬 C'을 첨가행렬로 갖는 선형계를 써 보면 다음과 같다.

$$\begin{array}{rcl} x_1 \;\; +2x_2 \qquad & = & 8 \\ x_3 & = & 2 \\ 0 & = & 0 \end{array}$$

이때 x_1, x_3처럼 선행항에 해당되는 변수를 **기본변수**(**basic variable**)라 부른다. x_2처럼 기본변수가 아닌 변수는 **자유변수**(**free variable**)라 부른다. 따라서 n개의 변수에 대한 선형계에서 항상 다음 식이 성립한다.

$$\text{기본변수의 수} + \text{자유변수의 수} = n$$

C에 대응하는 선형계의 해는 자유변수를 이용하여 다음과 같이 나타낼 수 있다.

$$\begin{array}{rcl} x_1 & = & -2x_2 + 8 \\ x_2 & = & x_2 \\ x_3 & = & 2 \end{array}$$

이렇게 자유변수를 이용하여 해를 나타낸 것을 선형계의 **일반해**(**general solution**)라 한다. 이때 일반해는 벡터를 이용하여 다음과 같이 나타낼 수 있다.

$$\begin{pmatrix} x_1 \\ x_2 \\ x_3 \end{pmatrix} = \begin{pmatrix} -2 \\ 1 \\ 0 \end{pmatrix} x_2 + \begin{pmatrix} 8 \\ 0 \\ 2 \end{pmatrix}$$

해가 존재하는 경우, 자유변수가 존재하면 무수히 많은 해가 존재한다.

보기 5 다음 선형계의 일반해를 구하여라.

$$\begin{array}{rcrcrcrcr} x_1 & - & 3x_2 & & & + & 2x_4 & = & 7 \\ & & & & x_3 & - & 3x_4 & = & 2 \end{array}$$

Solution 선형계의 첨가행렬은

$$\left(\begin{array}{cccc|c} 1 & -3 & 0 & 2 & 7 \\ 0 & 0 & 1 & -3 & 2 \end{array}\right)$$

이고 이미 기약행사다리꼴로 주어져 있다. 기본변수는 x_1, x_3이고 x_2, x_4는 자유변수이다. 일반해는 다음과 같다.

$$\begin{array}{rcl} x_1 & = & 3x_2 - 2x_4 + 7 \\ x_2 & = & x_2 \\ x_3 & = & 3x_4 + 2 \\ x_4 & = & x_4 \end{array}$$

벡터를 이용하여 나타내면 다음과 같이 쓸 수 있다.

$$\begin{pmatrix} x_1 \\ x_2 \\ x_3 \\ x_4 \end{pmatrix} = \begin{pmatrix} 3 \\ 1 \\ 0 \\ 0 \end{pmatrix} x_2 + \begin{pmatrix} -2 \\ 0 \\ 3 \\ 1 \end{pmatrix} x_4 + \begin{pmatrix} 7 \\ 0 \\ 2 \\ 0 \end{pmatrix} \qquad \square$$

선형계의 해집합

$m \times n$ 행렬 A와 임의의 $\mathbf{b} \in \mathbb{R}^m$에 대하여 선형계

$$A\mathbf{x} = \mathbf{b}$$

에서 첨가행렬의 기약행사다리꼴을 구했을 때

- $b \neq 0$이면서 $\left(\begin{array}{ccc|c} 0 & \cdots & 0 & b \end{array} \right)$ 꼴의 행이 있으면 해가 존재하지 않는다.
- 해가 존재하는 경우
  1. 자유변수가 없으면 해는 유일하다.
  2. 자유변수가 있으면 해는 유일하지 않다.

Note $n \times n$ 행렬 A에 대하여 A의 기역행사다리꼴이 단위행렬 I_n이면 선형계

$$A\mathbf{x} = \mathbf{b}$$

의 해는 유일하다. 또한 위의 선형계의 해가 유일하면 자유변수가 없으므로 기약행사다리꼴은 단위행렬 I_n이다. 따라서 다음 세 조건은 모두 동치임을 알 수 있다.

(a) A의 기역행사다리꼴이 단위행렬 I_n이다.

(b) $A\mathbf{x} = \mathbf{b}$의 해는 유일하다.

(c) $A\mathbf{x} = \mathbf{0}$의 해는 유일하다.

지금까지 살펴본 것처럼 선형계를 기약행사다리꼴로 변형시켜 해를 구하는 것을 **가우스 소거법(Gauss elimination)**이라 한다.[13]

[13]이러한 방법은 이미 기원전 3세기경 중국의 수학자에 의하여 사용된 기록이 있다. 그러나 서양에서는 19세기 독일의 수학자 **가우스(Carl Friedrich Gauss)**가 처음 발견하였다. 이 방법은 독일의 기술자 **요르단(Wilhelm Jordan)**이 **측지학(geodesy)**에 응용하면서 널리 보급되었다. 이런 이유로 가우스-요르단 소거법이라고도 한다.

3.4.4 여러가지 선형계 문제

복잡한 현상일수록 그 현상에 영향을 미치는 변수들이 많아진다. 이러한 변수들이 일차의 관계를 가지면 선형계를 이용하여 수학적으로 표현하는 것이 가능하다. 이 절에서는 선형계를 이용한 전형적인 응용문제들을 소개하고 대표적인 행렬의 응용에 대하여 살펴 보기로 한다.

자원 분배 문제

자원의 분배문제는 몇 개의 자원을 몇 개의 제한조건에 맞추어 분배하는 유형의 문제를 다룬다. 이러한 유형의 문제는 영양학이나 경제학 등에서 쉽게 찾아 볼 수 있다.

보기 6 비만환자의 식단은 총열량을 일정수준 이하로 제한하면서 비타민과 미네랄은 부족하지 않도록 구성되어야 한다. 어느 환자의 식단은 세 종류의 음식으로 구성되고, 각 음식이 포함한 비타민 C와 칼슘, 그리고 마그네슘의 양이 다음 표로 정리되어 있다.

영양소	음식 1	음식 2	음식 3
비타민 C	10	15	35
칼슘	10	20	40
마그네슘	15	15	45

이 환자에게 필요한 비타민 C는 660, 칼슘은 820, 마그네슘은 750일 때 음식을 어떻게 섭취해야 하는지 구하여라.

Solution 음식 1을 x만큼, 음식 2를 y만큼, 음식 3을 z 만큼 섭취한다고 하자. 그러면 각 영양소의 양은 다음과 같이 선형계를 이용하여 나타낼 수 있다.

$$\begin{array}{lcrcrcrcr} \text{비타민 C} & : & 10x & + & 15y & + & 35z & = & 660 \\ \text{칼슘} & : & 10x & + & 20y & + & 40z & = & 820 \\ \text{마그네슘} & : & 15x & + & 15y & + & 45z & = & 750 \end{array}$$

첫 방정식의 양변에는 1/5, 두 번째 방정식에는 1/10, 마지막 방정식에는 1/15을 곱하면 선형계는 다음과 같은 꼴로 변형된다.

$$\begin{array}{rcrcrcr} 2x & + & 3y & + & 7z & = & 132 \\ x & + & 2y & + & 4z & = & 82 \\ x & + & y & + & 3z & = & 50 \end{array}$$

그러므로 다음과 같은 첨가행렬로 시작하자.

$$\left(\begin{array}{ccc|c} 2 & 3 & 7 & 132 \\ 1 & 2 & 4 & 82 \\ 1 & 1 & 3 & 50 \end{array}\right)$$

기약행사다리꼴을 다음과 같이 행연산을 하여 구할 수 있다.

$$\left(\begin{array}{ccc|c} 2 & 3 & 7 & 132 \\ 1 & 2 & 4 & 82 \\ 1 & 1 & 3 & 50 \end{array}\right) \xrightarrow{\mathbf{r}_1 \leftrightarrow \mathbf{r}_3} \left(\begin{array}{ccc|c} 1 & 1 & 3 & 50 \\ 1 & 2 & 4 & 82 \\ 2 & 3 & 7 & 132 \end{array}\right)$$

$$\xrightarrow[\mathbf{r}_3 - 2\mathbf{r}_1 \to \mathbf{r}_3]{\mathbf{r}_2 - \mathbf{r}_1 \to \mathbf{r}_2} \left(\begin{array}{ccc|c} 1 & 1 & 3 & 50 \\ 0 & 1 & 1 & 32 \\ 0 & 1 & 1 & 32 \end{array}\right) \xrightarrow[\mathbf{r}_1 - \mathbf{r}_2 \to \mathbf{r}_1]{\mathbf{r}_3 - \mathbf{r}_2 \to \mathbf{r}_3} \left(\begin{array}{ccc|c} 1 & 0 & 2 & 18 \\ 0 & 1 & 1 & 32 \\ 0 & 0 & 0 & 0 \end{array}\right)$$

따라서 구하는 해는 다음과 같다.

$$x = 18 - 2z, \quad y = 32 - z$$

만약 음식 3을 6만큼 섭취한다면 음식 1은 6, 음식 2는 26만큼 섭취하여야 한다. □

화학반응식

화학반응에서 **반응물**(reactants)들이 결합하여 새로운 **생성물**(products)을 생성한다. **화학반응식**(balanced chemical equation)은 이러한 화학반응에서 반응물과 생성물 사이의 수치적인 관계식을 말한다. 화학반응식에서 왼쪽은 반응물들이, 오른쪽에는 생성물들이 표시되며 반응이 일어나는 방향은 화살표로 나타낸다. 예를 들어, 2개의 수소분자 H_2와 하나의 산소분자 O_2가 반응하여 2개의 물분자가 생성되는 화학반응식을 다음과 같이 나타낸다.[14]

$$2H_2 + O_2 \longrightarrow 2H_2O$$

화학반응식에서 왼쪽에 있는 원자의 개수와 오른쪽에 있는 원자의 개수는 항상 같다는 사실을 이용하면 화학반응식은 선형계를 이용하여 찾아낼 수 있다.

보기 7 CO_2와 물 H_2O에서 **당**(glucose) $C_6H_{12}O_6$와 산소 O_2를 만들어내는 과정이다. 이때 화학반응식을 구하여라.

Solution 화학반응식은 다음과 같은 꼴로 쓸 수 있다.

$$xCO_2 + yH_2O \longrightarrow zC_6H_{12}O_6 + wO_2$$

좌변과 우변에서 각 원소의 수를 구하면

$$\begin{aligned} \text{탄소}(C) &: \; x = 6z \\ \text{산소}(O) &: \; 2x + y = 6z + 2w \\ \text{수소}(H) &: \; 2y = 12z \end{aligned}$$

이다. 그러므로 다음과 같은 선형계를 얻는다.

$$\begin{array}{rcrcrcrcl} x & & & - & 6z & & & = & 0 \\ 2x & + & y & - & 6z & - & 2w & = & 0 \\ & & 2y & - & 12z & & & = & 0 \end{array}$$

[14]화학반응식은 여러 형태로 쓸 수 있지만 일반적으로 가장 간단한 자연수를 이용하여 나타낸다.

첨가행렬의 기약행사다리꼴을 구하면

$$\left(\begin{array}{cccc|c} 1 & 0 & -6 & 0 & 0 \\ 2 & 1 & -6 & -2 & 0 \\ 0 & 2 & -12 & 0 & 0 \end{array}\right) \longrightarrow \left(\begin{array}{cccc|c} 1 & 0 & 0 & -1 & 0 \\ 0 & 1 & 0 & -1 & 0 \\ 0 & 0 & 1 & -1/6 & 0 \end{array}\right)$$

을 얻는다(연습문제). 따라서

$$x = w, \quad y = w, \quad z = \frac{1}{6}w$$

이 성립한다. 가장 간단한 자연수 해는 $w = 6$일 때

$$x = y = w = 6, \quad z = 1$$

이다. 따라서 구하는 화학반응식은 다음과 같다.

$$6CO_2 + 6H_2O \longrightarrow C_6H_{12}O_6 + 6O_2$$

□

다항식 보간법

두 점을 지나는 직선은 유일하게 결정된다. 즉 두 점 $(x_1, y_1), (x_2, y_2)$, $(x_1 \neq x_2)$을 지나는 직선 $y = a + bx$는

$$\begin{aligned} y_1 &= a + bx_1 \\ y_2 &= a + bx_2 \end{aligned}$$

을 만족해야 하므로 a, b는 행렬방정식

$$\begin{pmatrix} y_1 \\ y_2 \end{pmatrix} = \begin{pmatrix} 1 & x_1 \\ 1 & x_2 \end{pmatrix} \begin{pmatrix} a \\ b \end{pmatrix}$$

을 풀면 구할 수 있다. $x_1 \neq x_2$이므로 이 행렬방정식은 유일한 해를 갖는다. 마찬가지로 $(n+1)$개의 점을 지나는 n차 함수의 방정식도 선형계를 이용하여 구할 수 있다. 즉 n차 함수 $y = a_0 + a_1x + \cdots + a_nx^n$가 $(n+1)$개의 점

$$(x_0, y_0), \ (x_1, y_1), \ \ldots, \ (x_n, y_n)$$

을 지난다면 (단, $x_i \neq x_j$) 다음 $(n+1)$개의 관계식이 성립한다.

$$\begin{aligned} y_0 &= a_0 + a_1x_0 + \cdots + a_nx_0^n \\ y_1 &= a_0 + a_1x_1 + \cdots + a_nx_1^n \\ &\vdots \\ y_n &= a_0 + a_1x_n + \cdots + a_nx_n^n \end{aligned}$$

따라서 원하는 n차 다항식을 구하기 위해서는 다음 행렬식을 만족하는 $a_0, a_1, \ldots, a_n$을 구하여야 한다.

$$\begin{pmatrix} y_0 \\ y_1 \\ \vdots \\ y_n \end{pmatrix} = \begin{pmatrix} 1 & x_0 & \cdots & x_0^n \\ 1 & x_1 & \cdots & x_1^n \\ \vdots & \vdots & \ddots & \vdots \\ 1 & x_n & \cdots & x_n^n \end{pmatrix} \begin{pmatrix} a_0 \\ a_1 \\ \vdots \\ a_n \end{pmatrix}$$

이렇게 주어진 점들을 지나는 다항식을 구하는 것을 **다항식보간법**(**polynomial interpolation**)이라 한다. x 좌표가 모두 다른 $(n+1)$개의 점이 주어지면 이 점들을 지나는 n차 이하의 함수가 유일하게 존재한다.

> **다항식 보간법**
>
> x 좌표가 모두 다른 $(n+1)$개의 점이 주어지면 이 점들을 지나는 n차 이하의 함수가 유일하게 존재한다.

보기 8 다음 점들을 지나는 3차 이하의 함수를 구하여라.

$$(0,2),\ (1,2),\ (-1,-4),\ (2,8)$$

Solution 구하는 함수를

$$y = a_0 + a_1x + a_2x^2 + a_3x^3$$

이라 하자. 그러면 주어진 점에서 얻어지는 선형계의 첨가행렬은

$$\left(\begin{array}{cccc|c} 1 & 0 & 0 & 0 & 2 \\ 1 & 1 & 1 & 1 & 2 \\ 1 & -1 & 1 & -1 & -4 \\ 1 & 2 & 4 & 8 & 8 \end{array}\right)$$

이다. 행연산을 하여 기약행사다리꼴로 바꾸면

$$\left(\begin{array}{cccc|c} 1 & 0 & 0 & 0 & 2 \\ 0 & 1 & 0 & 0 & 1 \\ 0 & 0 & 1 & 0 & -3 \\ 0 & 0 & 0 & 1 & 2 \end{array}\right)$$

을 얻는다. 즉

$$a_0 = 2,\ a_1 = 1,\ a_2 = -3,\ a_3 = 2$$

이므로 구하는 3차식은 다음과 같다.

$$y = 2 + x - 3x^2 + 2x^3$$ □

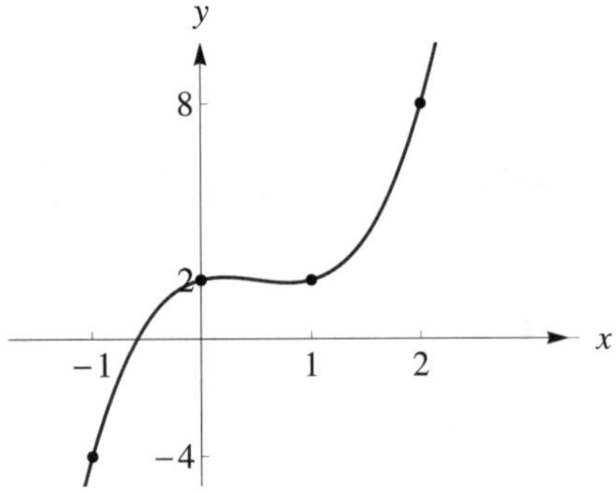

3.4.5 연습문제 3.4

1. $\mathbf{x}_1, \mathbf{x}_0$이 각각 $A\mathbf{x} = \mathbf{b}$, $A\mathbf{x} = \mathbf{0}$의 해라고 하자. 그러면 $\mathbf{x}_1 + \mathbf{x}_0$은 $A\mathbf{x} = \mathbf{b}$의 해가 됨을 보여라.

2. 다음 행렬 중에서 기약행사다리꼴은 어느 것인가?

(a) $\begin{pmatrix} 1 & 0 & 0 \\ 0 & 1 & 0 \\ 0 & 0 & 2 \end{pmatrix}$

(b) $\begin{pmatrix} 1 & 2 & 0 \\ 0 & 1 & 0 \\ 0 & 0 & 0 \end{pmatrix}$

(c) $\begin{pmatrix} 1 & 0 & 0 \\ 0 & 1 & 2 \\ 0 & 0 & 0 \end{pmatrix}$

(d) $\begin{pmatrix} 1 & 1 & 0 \\ 0 & 1 & 0 \\ 0 & 0 & 0 \end{pmatrix}$

(e) $\begin{pmatrix} 1 & 0 & 1 \\ 0 & 1 & 0 \\ 0 & 0 & 0 \end{pmatrix}$

(f) $\begin{pmatrix} 1 & 0 & 0 \\ 0 & 0 & 0 \\ 0 & 0 & 1 \end{pmatrix}$

(g) $\begin{pmatrix} 1 & 0 & 0 \\ 0 & 1 & 1 \\ 0 & 0 & 0 \end{pmatrix}$

(h) $\begin{pmatrix} 1 & 0 & 0 \\ 0 & 0 & 1 \\ 0 & 1 & 0 \end{pmatrix}$

3. 영행렬이 아닌 2×2 행렬 중에서 기약행사다리꼴을 모두 구하여라.

4. 영행렬이 아닌 3×2 행렬 중에서 기약행사다리꼴을 모두 구하여라. (Hint. 모두 3 종류가 존재한다.)

5. 영행렬이 아닌 2×3 행렬 중에서 기약행사다리꼴을 모두 구하여라. (Hint. 모두 6 종류가 존재한다.)

6. 행렬 $A = \begin{pmatrix} a_1 & b_1 & c_1 \\ a_2 & b_2 & c_2 \\ a_3 & b_3 & c_3 \end{pmatrix}$와 다음 기본행렬에 대하여 E_iA를 구하여라.

$$E_1 = \begin{pmatrix} 0 & 1 & 0 \\ 1 & 0 & 0 \\ 0 & 0 & 1 \end{pmatrix}, \quad E_2 = \begin{pmatrix} 1 & 0 & 0 \\ 0 & 1 & 0 \\ -2 & 0 & 1 \end{pmatrix}, \quad E_3 = \begin{pmatrix} 1 & 0 & 0 \\ 0 & 3 & 0 \\ 0 & 0 & 1 \end{pmatrix}$$

7. 다음 행렬이 기본행렬인지 판단하고 기본행렬이면 대응하는 행연산을 구하여라.

(a) $\begin{pmatrix} 1 & -1 & 0 \\ 0 & 1 & 0 \\ 0 & 0 & 1 \end{pmatrix}$

(b) $\begin{pmatrix} 1 & 0 & 0 & 0 \\ 0 & 1 & 0 & 0 \\ 0 & 0 & 1 & 4 \\ 0 & 0 & 0 & 1 \end{pmatrix}$

(c) $\begin{pmatrix} 1 & 0 & 2 \\ 0 & 1 & 0 \\ 0 & 0 & 2 \end{pmatrix}$

(d) $\begin{pmatrix} 1 & 0 & 0 & 0 \\ 0 & 0 & 0 & 1 \\ 0 & 0 & 1 & 0 \\ 0 & 1 & 0 & 0 \end{pmatrix}$

8. 다음 선형방정식계에 대하여 질문에 답하여라.

$$\begin{array}{rcrcrcrcr} 2x & + & & & & & w & = & 7 \\ 3x & + & 2y & + & 3z & & & = & -2 \\ 2x & + & 3y & - & 4z & & & = & 3 \\ x & + & & & 3z & & & = & 5 \end{array}$$

(a) 계수행렬 A와 상수벡터 $\mathbf{b}$를 구하여라.

(b) 주어진 선형계의 첨가행렬을 구하여라.

9. 변수 x, y, z, w의 선형계의 첨가행렬이 다음과 같을 때 자유변수를 말하고 일반해를 자유변수를 이용하여 나타내어라.

(a) $\left(\begin{array}{cccc|c} 1 & 0 & 2 & 0 & 3 \\ 0 & 1 & -2 & 0 & 1 \\ 0 & 0 & 0 & 1 & 3 \\ 0 & 0 & 0 & 0 & 0 \end{array}\right)$

(b) $\left(\begin{array}{cccc|c} 1 & -2 & 2 & 0 & 3 \\ 0 & 0 & 0 & 1 & 1 \\ 0 & 0 & 0 & 0 & 0 \\ 0 & 0 & 0 & 0 & 0 \end{array}\right)$

10. 다음과 같은 첨가행렬을 갖는 선형계를 풀어라.

(a) $\left(\begin{array}{ccc|c} 1 & 1 & 1 & 0 \\ 1 & 1 & 0 & 3 \\ 0 & 1 & 1 & 1 \end{array}\right)$

(b) $\left(\begin{array}{ccc|c} 1 & 2 & -3 & 9 \\ 2 & -1 & 1 & 0 \\ 4 & -1 & 1 & 4 \end{array}\right)$

(c) $\left(\begin{array}{ccc|c} 1 & -3 & -2 & 0 \\ -1 & 2 & 1 & 0 \\ 1 & 2 & 3 & 0 \end{array}\right)$

(d) $\left(\begin{array}{cccc|c} 1 & 1 & 2 & 1 & 1 \\ 1 & -1 & -1 & 1 & 0 \\ 0 & 1 & 1 & 0 & -1 \\ 1 & 1 & 0 & 1 & 2 \end{array}\right)$

11. 가우스소거법으로 다음 선형계를 풀어라.

(a) $\begin{cases} x - 2y = -6 \\ -2x + 3y = 7 \end{cases}$

(b) $\begin{cases} x + 2y = 8 \\ 3x - 4y = 4 \end{cases}$

(c) $\begin{cases} x + y = 1 \\ 2x - y = 5 \\ 3x - 4y = 2 \end{cases}$

(d) $\begin{cases} 2x + 3y = 13 \\ x - 2y = 3 \\ 5x + 2y = 27 \end{cases}$

(e) $\begin{cases} 2x - 2y + 4z = -6 \\ -4x + 4y - 8z = 7 \end{cases}$

(f) $\begin{cases} x - 2y - z = -3 \\ 2x - 4y + 2z = 2 \end{cases}$

(g) $\begin{cases} x - y + z = 0 \\ -2x + y = -4 \\ 4x - 2y + z = 5 \end{cases}$

(h) $\begin{cases} 3x + 2y + z = 2 \\ 4x + 2y + 2z = 8 \\ x - y + z = 4 \end{cases}$

(i) $\begin{cases} x - y + z = 0 \\ -2x + y = -4 \\ 4x - 2y + z = 5 \end{cases}$

12. 다음 선형계가 유일한 해를 갖는지 판단하여라.

(a) $\begin{cases} 2x - 2y + 4z = 0 \\ -4x + 4y - 8z = 0 \end{cases}$

(b) $\begin{cases} x - 2y - z = 0 \\ 2x - 4y + 2z = 0 \end{cases}$

(c) $\begin{cases} x - y + z = 0 \\ -2x + y = 0 \\ 4x - 2y + z = 0 \end{cases}$

(d) $\begin{cases} 3x + 2y + z = 0 \\ 4x + 2y + 2z = 0 \\ x - y + z = 0 \end{cases}$

(e) $\begin{cases} x_2 + 3x_3 - 2x_4 = 0 \\ 4x_1 - x_2 + 2x_3 - 5x_4 = 0 \\ x_1 + x_2 + 3x_3 - 2x_4 = 0 \end{cases}$

(f) $\begin{cases} 3x + 2y + z - w = 0 \\ 4x + 2y + 3z - w = 0 \\ 2x + y + 5z + 2w = 0 \end{cases}$

(g) $\begin{cases} 3x + 2y + z - w = 0 \\ 4x + 2y + 3z - w = 0 \\ 2x + y + 5z + 2w = 0 \end{cases}$

(h) $\begin{cases} x + 2y + z - w = 0 \\ x + 2y + 3z - w = 0 \\ 2x + y + 5z + 2w = 0 \\ -x + 2y - 3z - 3w = 0 \end{cases}$

13. $0 \le \alpha < \pi, 0 \le \beta < \pi, 0 \le \gamma < \pi$일 때 다음 연립방정식을 풀어라.

(a) $\begin{cases} \sin\alpha + 2\cos\beta + 3\tan\gamma = 0 \\ 2\sin\alpha + 5\cos\beta + 3\tan\gamma = 0 \\ -\sin\alpha - 5\cos\beta + 5\tan\gamma = 0 \end{cases}$

(b) $\begin{cases} \sin\alpha + 2\cos\beta + 3\tan\gamma = 3 \\ 2\sin\alpha + 5\cos\beta + 3\tan\gamma = \frac{5}{2} \\ -\sin\alpha - 5\cos\beta + 5\tan\gamma = \frac{13}{2} \end{cases}$

14. 비만조절 프로그램에서 세 종류의 음식만 섭취하는 다이어트를 실시한다고 하자. 각 음식 100g에는 3대 영양소가 다음과 같이 들어 있다.

	음식 1	음식 2	음식 3
탄수화물	8	16	32
단백질	8	4	4
지방	0	4	1

한 끼에 필요한 영양소의 양은 탄수화물 48, 단백질 32, 지방 3 (단위 : g)이라고 할 때 세 종류의 음식을 어떻게 제공해야 하는지 구하여라.

15. 실험실에서 배양하고 있는 세 종류의 박테리아는 한 시간에 다음 표와 같이 영양분을 소모한다.

	박테리아 1	박테리아 2	박테리아 3
영양분 A	1	2	1
영양분 B	2	1	1
영양분 C	1	1	2

한 시간 동안 소모된 영양분을 측정하였더니 영양분 A 는 400, 영양분 B 는 500, 영양분 C 는 600 이 소모되었다. 한 시간 동안 박테리아의 수는 변화가 없다고 할 때 박테리아의 수를 구하여라.

16. **암모니아(ammonia)** NH_3는 산소(O_2)와 반응하여 질소(N_2)와 물(H_2O)을 생성한다. 이때 화학반응식을 구하여라.

17. **부탄(butane)** C_4H_{10}은 산소와 반응하여(연소하여) 이산화탄소(CO_2)와 물을 생성한다. 이때 화학반응식을 구하여라.

18. 다음 화학반응식을 완성하여라. 즉 각 분자의 계수를 결정하여라.

(a) $HCl + Na_3PO_4 \longrightarrow H_3PO_4 + NaCl$

(b) $CH_4 + O_2 \longrightarrow CO_2 + H_2O$

19. 다음 세 점을 지나는 이차 이하의 함수를 구하여라.

    (a) $(1,3)$, $(2,4)$, $(3,7)$

    (b) $(1,2)$, $(3,3)$, $(5,8)$

20. 다음 네 점을 지나는 삼차 이하의 함수를 구하여라.

    (a) $(-1,-1)$, $(1,3)$, $(2,5)$, $(3,15)$

    (b) $(0,5)$, $(1,4)$, $(2,9)$, $(3,32)$

21. 다음 그림은 기계 내부의 연결망을 그린 것이다.

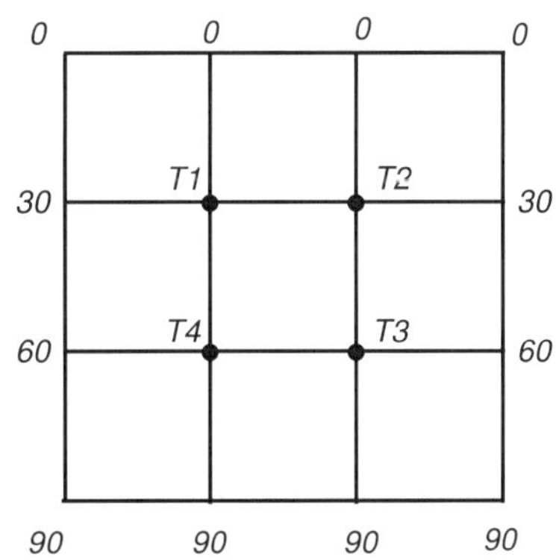

외부에 있는 연결점의 온도는 변화가 없고 내부의 점의 온도는 이웃하고 있는 점들의 온도의 평균이다. 예를 들어

$$T1 = \frac{0 + 30 + T2 + T4}{4}$$

이다. 내부의 연결점 $T1, T2, T3, T4$의 값을 구하여라.

3.5 행렬의 곱과 역행렬

3.5.1 행렬의 곱

삼순이와 삼식이는 과일을 사러 가기로 하고 필요한 개수와 근처에 있는 두 매장 '가', '나' 의 가격을 조사하였더니 다음과 같았다.

	사과	배	감
삼순이	5	3	10
삼식이	7	5	5

	매장 가	매장 나
사과	1000	900
배	2000	2500
감	900	800

삼순이와 삼식이가 각 매장에서 과일을 샀을 경우 얼마를 지불하여야 하는지를 구해보자.

매장 '가'에서 살 경우 삼순이와 삼식이가 지불해야 하는 금액은 각각 다음과 같다.

$$\begin{aligned} 5(1000)+3(2000)+10(900) &= 20000 \\ 7(1000)+5(2000)+5(900) &= 21500 \end{aligned}$$

두 식은 다음과 같이 벡터를 이용하여 표현이 가능하며 행렬과 벡터의 곱으로 쓸 수 있다.

$$1000\begin{pmatrix} 5 \\ 7 \end{pmatrix} + 2000\begin{pmatrix} 3 \\ 5 \end{pmatrix} + 900\begin{pmatrix} 10 \\ 5 \end{pmatrix} = \begin{pmatrix} 20000 \\ 21500 \end{pmatrix}$$

또는

$$\begin{pmatrix} 5 & 3 & 10 \\ 7 & 5 & 5 \end{pmatrix}\begin{pmatrix} 1000 \\ 2000 \\ 900 \end{pmatrix} = \begin{pmatrix} 20000 \\ 21500 \end{pmatrix}$$

같은 방법으로 매장 '나'에서 살 경우 삼순이와 삼식이가 지불해야 하는 금액은 각각 다음과 같다.

$$900\begin{pmatrix} 5 \\ 7 \end{pmatrix} + 2500\begin{pmatrix} 3 \\ 5 \end{pmatrix} + 800\begin{pmatrix} 10 \\ 5 \end{pmatrix} = \begin{pmatrix} 20000 \\ 22800 \end{pmatrix}$$

또는

$$\begin{pmatrix} 5 & 3 & 10 \\ 7 & 5 & 5 \end{pmatrix}\begin{pmatrix} 900 \\ 2500 \\ 800 \end{pmatrix} = \begin{pmatrix} 20000 \\ 22800 \end{pmatrix}$$

이 결과를 하나의 표로 나타내면 다음과 같다.

	매장 '가'	매장 '나'
삼순이	20000	20000
삼식이	21500	22800

일반적으로 두 행렬 A, B의 곱은 AB로 나타내고

$$AB = \begin{pmatrix} A\mathbf{b}_1 & \cdots & A\mathbf{b}_k \end{pmatrix}$$

로 정의한다. 이때 $B = \begin{pmatrix} \mathbf{b}_1 & \cdots & \mathbf{b}_k \end{pmatrix}$이다. $A\mathbf{b}_j$는 A의 열의 개수와 $\mathbf{b}_j$의 행의 개수가 같아야 정의된다. 따라서 행렬 A, B가 각각 $m \times n$, $n \times k$ 꼴일 때 곱셈이 정의되며 이때 AB는 $m \times k$ 행렬이다.

$$\underset{(m \times k)}{C} = \underset{(m \times n)}{A} \; \underset{(n \times k)}{B}$$

$C = AB = (c_{ij})$라 하면 c_{ij}는 A의 i 번째 행벡터 $\mathbf{r}_i(A) = (a_{i1}, \cdots, a_{in})$와 B의 j번째 열벡터 $\mathbf{c}_j(B) = \begin{pmatrix} b_{1j} \\ \vdots \\ b_{nj} \end{pmatrix}$의 곱임을 알 수 있다.

$$\begin{aligned} c_{ij} &= \mathbf{r}_i(A)\mathbf{c}_j(B) = \sum_{k=1}^{n} a_{ik}b_{kj} \\ &= a_{i1}b_{1j} + a_{i2}b_{2j} + \cdots + a_{in}b_{nj} \end{aligned}$$

행렬곱의 정의

$m \times n$, $n \times k$ 행렬 A, B에 대하여 $C = AB$는 다음과 같이 정의되는 $m \times k$ 행렬이다.

$$AB = \begin{pmatrix} A\mathbf{b}_1 & \cdots & A\mathbf{b}_k \end{pmatrix} = (c_{ij})_{m \times k}$$

이때 c_{ij}는 A의 i번째 행과 B의 j번째 열의 곱이다.

$$c_{ij} = \mathbf{r}_i(A)\mathbf{c}_j(B) = a_{i1}b_{1j} + a_{i2}b_{2j} + \cdots + a_{in}b_{nj}$$

보기 1 두 행렬 A, B가 다음과 같을 때

$$A = \begin{pmatrix} 1 & 3 & -1 \\ -2 & -1 & 1 \end{pmatrix}, \quad B = \begin{pmatrix} -4 & 0 \\ 5 & -2 \\ -1 & 2 \end{pmatrix}$$

AB는 2×2 행렬이다.

$$AB = \begin{pmatrix} 1 & 3 & -1 \\ -2 & -1 & 1 \end{pmatrix} \begin{pmatrix} -4 & 0 \\ 5 & -2 \\ -1 & 2 \end{pmatrix} = \begin{pmatrix} 12 & -8 \\ 2 & 4 \end{pmatrix}$$

반면에 BA는 3×3 행렬이다.

$$BA = \begin{pmatrix} -4 & 0 \\ 5 & -2 \\ -1 & 2 \end{pmatrix} \begin{pmatrix} 1 & 3 & -1 \\ -2 & -1 & 1 \end{pmatrix} = \begin{pmatrix} -4 & -12 & 4 \\ 9 & 17 & -7 \\ -5 & -5 & 3 \end{pmatrix} \qquad \square$$

3.5.2 행렬곱의 성질

행렬곱의 정의로부터 다음 식이 성립하는 것을 쉽게 확인할 수 있다.

$$A(cB) = c(AB), \quad A(B+C) = AB + AC, \quad (B+C)A = BA + CA$$

$m \times n$ 행렬 A와 $n \times k$ 행렬 B에 대하여 $m \neq k$이면 BA가 정의되지 않는다. 또한 $m = k$인 경우라도 일반적으로 행렬의 곱셈에 대하여는 교환법칙이 성립하지 않는다.

$$AB \neq BA$$

보기 2 $m \times n$ 행렬 $A = \begin{pmatrix} \mathbf{a}_1 & \cdots & \mathbf{a}_n \end{pmatrix}$에 대하여 다음 식이 성립함을 보여라.

(a) $I_m A = A$ (b) $AI_n = A$

Solution (a) $I_m A$와 A는 모두 $m \times n$ 행렬이다. $I_m \mathbf{a}_j = \mathbf{a}_j$이므로

$$I_m A = \begin{pmatrix} I_m\mathbf{a}_1 & \cdots & I_m\mathbf{a}_n \end{pmatrix} = \begin{pmatrix} \mathbf{a}_1 & \cdots & \mathbf{a}_n \end{pmatrix} = A$$

이다.
(b) $A\mathbf{e}_j = \mathbf{a}_j$이므로 다음 결과가 성립한다.

$$AI_n = \begin{pmatrix} A\mathbf{e}_1 & \cdots & A\mathbf{e}_n \end{pmatrix} = \begin{pmatrix} \mathbf{a}_1 & \cdots & \mathbf{a}_n \end{pmatrix} = A \qquad \square$$

Note 특히, $m = n$이면

$$I_n A = AI_n = A$$

이므로 I_n은 행렬곱에 대한 항등원이다.

Note 행렬곱에 대해 교환법칙은 성립하지 않지만 결합법칙은 성립하는데 증명은 연습문제로 남긴다.

지금까지 살펴본 행렬곱에 대한 성질들을 정리하면 다음과 같다.

행렬곱의 성질

연산이 가능한 행렬 A, B, C와 실수 c에 대하여 다음 관계식이 성립한다.

- $A(cB) = c(AB)$
- $(AB)C = A(BC)$
- $A(B + C) = AB + AC, \quad (B + C)A = BA + CA$
- $I_m A = A, \quad AI_n = A$ 단 A는 $m \times n$ 행렬이다.

전치행렬의 응용

교무과에서 시간표를 만들기 위하여 1 학년 학생들을 대상으로 수강희망강좌를 조사하였다. 조사의 목적은 학생들이 같이 수강하고 싶어하는 강좌의 시간이 겹치지 않도록 하는 것이다. n개의 강좌가 개설되고 m명을 대상으로 설문조사를 하였다.

$$a_{ij} = \begin{cases} 1 & i \text{ 번째 학생이 } j \text{ 강좌를 신청한 경우} \\ 0 & i \text{ 번째 학생이 } j \text{ 강좌를 신청하지 않은 경우} \end{cases}$$

라 하면 $A = (a_{ij})$는 $m \times n$ 행렬이다. 이 경우

$$C = A^t A$$

가 중요한 정보를 제공한다. C의 (i, j) 항이 무엇을 의미하는지 살펴보기로 하자. $B = A^t$라 하면 $b_{ik} = a_{ki}$이므로

$$\begin{aligned} c_{ij} &= b_{i1}a_{1j} + b_{i2}a_{2j} + \cdots + b_{im}a_{mj} \\ &= a_{1i}a_{1j} + a_{2i}a_{2j} + \cdots + a_{mi}a_{mj} \\ &= \mathbf{c}_i(A) \cdot \mathbf{c}_j(A) \end{aligned}$$

이다. 여기서 $a_{ki}a_{kj}$는 두 수 모두 1인 경우만 1이고 나머지 경우는 모두 0이다. 다시 말해서

$$a_{ki}a_{kj} = \begin{cases} 1, & k \text{ 번째 학생이 } i \text{ 강좌와 } j \text{ 강좌를 동시에 신청하였을 때} \\ 0, & \text{그 이외의 경우} \end{cases}$$

이다. 그러므로 c_{ij}의 값은 $i = j$인 경우 i 강좌를 신청한 학생의 수를, $i \neq j$인 경우는 i 강좌와 j 강좌를 동시에 수강하는 학생의 수를 의미한다.

보기 3 5개의 강좌에 대하여 10명의 학생을 대상으로 희망하는 강좌를 조사하여 다음과 같은 표를 얻었다.

	강좌 1	강좌 2	강좌 3	강좌 4	강좌 5
학생 1	1	0	1	0	1
학생 2	1	1	1	0	0
학생 3	0	1	0	1	1
학생 4	1	0	1	1	0
학생 5	0	1	1	1	0
학생 6	1	1	0	0	1
학생 7	0	0	1	1	0
학생 8	1	0	1	1	0
학생 9	1	1	0	0	1
학생 10	0	1	0	1	1

(a) 같이 듣고 싶어하는 학생들이 가장 많은 강좌의 순서쌍을 구하여라.

(b) 강좌 개설이 가능한 시간대가 모두 4개일 때 가장 많은 학생들이 듣고 싶은 강좌를 수강할 수 있도록 같은 시간대에 놓을 두 강좌를 선택하여라.

Solution (a) 문제의 표를 10×5 행렬로 나타낸 것을 A라 하자. 그러면 5×5 행렬 A^tA는 다음과 같다.

$$A^tA = \begin{pmatrix} 6 & 3 & 4 & 2 & 3 \\ 3 & 6 & 2 & 3 & 4 \\ 4 & 2 & 6 & 4 & 1 \\ 2 & 3 & 4 & 6 & 2 \\ 3 & 4 & 1 & 2 & 5 \end{pmatrix}$$

따라서 대각원소를 제외하면 (1,3), (3,4), (2,5) 항이 가장 큰 값 4를 갖는다. 즉 강좌 1과 강좌 3, 강좌 3과 강좌 4, 그리고 강좌 2와 강좌 5를 동시에 신청하려는 학생이 가장 많다.

(b) $(3, 5)$ 항이 1, 즉 강좌 3과 강좌 5를 동시에 신청하려는 학생이 한 명으로 가장 작으므로 강좌 3과 강좌 5를 같은 시간대에 편성하면 된다. □

3.5.3 역행렬의 정의

0이 아닌 실수 a에 대하여 다음 성질을 만족하는 곱셈에 대한 역원 b가 존재한다.

$$ab = ba = 1$$

행렬의 곱셈에 대한 항등원은 I_n이다. 다시 말해서, $n \times n$ 행렬 A에 대하여

$$AI_n = I_nA = A$$

이 성립한다. 그렇다면 행렬 A에 대하여 곱셈에 대한 역원이 존재하는가? 즉

$$AB = BA = I_n \tag{3.11}$$

이 성립하는 B가 존재하는가? 만약 이런 성질을 갖는 행렬 B가 존재하면 A는 **가역**(**invertible**)이라 하고 B를 A의 **역행렬**(**inverse matrix**)이라 한다. 식 (3.11)이 성립하려면 A, B의 크기는 모두 $n \times n$이어야 한다. 지금부터 이 절에서 다루는 모든 행렬은 정사각행렬임을 가정한다.

역행렬

$n \times n$ 행렬 A에 대하여 다음 식을 만족하는 행렬 B가 존재하면 행렬 A를 가역이라 한다.

$$AB = BA = I_n$$

이때, B를 A의 역행렬이라 하고 $B = A^{-1}$로 나타낸다.

Note 실수의 경우와 마찬가지로 영행렬에 대한 역행렬은 존재하지 않는다. 그러나 실수의 경우와는 다르게 영행렬이 아닌 모든 행렬에 대하여 역행렬이 존재하는 것은 아니다. 예를 들어 $A = \begin{pmatrix} 1 & 1 \\ 0 & 0 \end{pmatrix}$이면 임의의 $B = \begin{pmatrix} x & y \\ z & w \end{pmatrix}$에 대하여

$$AB = \begin{pmatrix} x+z & y+w \\ 0 & 0 \end{pmatrix} \neq I_2$$

이다. 그러므로 A는 영행렬이 아니지만 가역이 아니다.

2×2 행렬 $A = \begin{pmatrix} a & b \\ c & d \end{pmatrix}$에 대하여 $AB = I_2$인 $B = \begin{pmatrix} x & y \\ z & w \end{pmatrix}$를 구해 보자. AB와 I_2의 각 성분을 비교하면

$$\begin{aligned} ax + bz &= 1, \qquad & ay + bw &= 0 \\ cx + dz &= 0, \qquad & cy + dw &= 1 \end{aligned}$$

이다. 왼쪽 두 식에서 각각 z와 x를 소거하면

$$(ad - bc)x = d, \quad (ad - bc)z = -c$$

이고 오른쪽 두 식에서 각각 w와 y를 소거하면

$$(ad - bc)y = -b, \quad (ad - bc)w = a$$

이다. 따라서 A의 역행렬은 다음과 같이 구할 수 있다.

2×2 행렬의 역행렬

행렬 $A=\begin{pmatrix} a & b \\ c & d \end{pmatrix}$에 대하여 $ad-bc\neq 0$이면 역행렬이 존재하고 다음과 같다.

$$A^{-1}=\frac{1}{ad-bc}\begin{pmatrix} d & -b \\ -c & a \end{pmatrix}$$

$ad-bc=0$이면 A는 가역이 아니다.

기본행렬의 역행렬

다음과 같은 행연산은 서로의 영향을 없었던 것으로 하는 효과가 있다. 즉

$$\begin{array}{rl} \mathbf{r}_i \leftrightarrow \mathbf{r}_j & \mathbf{r}_i \leftrightarrow \mathbf{r}_j \\ c\mathbf{r}_i \to \mathbf{r}_i & \frac{1}{c}\mathbf{r}_i \to \mathbf{r}_i \\ c\mathbf{r}_i+\mathbf{r}_j \to \mathbf{r}_j & -c\mathbf{r}_i+\mathbf{r}_j \to \mathbf{r}_j \end{array}$$

에서 앞의 행연산을 한 후 뒤의 행연산을 하면 세 경우 모두 아무 연산도 하지 않은 결과가 나온다. 따라서 기본행렬은 가역이다. 또한 기본행렬의 역행렬도 기본행렬이다.

보기 4 기본행연산

$$\mathbf{r}_1 \leftrightarrow \mathbf{r}_3, \quad 2\mathbf{r}_2 \to \mathbf{r}_2, \quad 3\mathbf{r}_1+\mathbf{r}_3 \to \mathbf{r}_3$$

에 대한 기본행렬을 각각 E_1, E_2, E_3라 하면 다음과 같다.

$$E_1=\begin{pmatrix} 0 & 0 & 1 \\ 0 & 1 & 0 \\ 1 & 0 & 0 \end{pmatrix} \quad E_2=\begin{pmatrix} 1 & 0 & 0 \\ 0 & 2 & 0 \\ 0 & 0 & 1 \end{pmatrix} \quad E_3=\begin{pmatrix} 1 & 0 & 0 \\ 0 & 1 & 0 \\ 3 & 0 & 1 \end{pmatrix}$$

이 기본행렬에 대하여

$$E_1^{-1}=E_1, \quad E_2^{-1}=\begin{pmatrix} 1 & 0 & 0 \\ 0 & 1/2 & 0 \\ 0 & 0 & 1 \end{pmatrix}, \quad E_3^{-1}=\begin{pmatrix} 1 & 0 & 0 \\ 0 & 1 & 0 \\ -3 & 0 & 1 \end{pmatrix}$$

이다. □

3.5.4 역행렬의 성질

B, C가 A의 역행렬이라 하자. 즉

$$AB = BA = I_n, \qquad AC = CA = I_n$$

이면

$$\begin{aligned} C &= CI_n = C(AB) \\ &= (CA)B = I_nB = B \end{aligned}$$

이다. 다시 말해서 A가 가역이면 A의 역행렬은 유일하다.

역행렬을 정의하는 식 (3.11)에서 A와 B의 역할이 똑같다. 따라서 A는 B의 역행렬이다.

$$A = B^{-1} = (A^{-1})^{-1}$$

A가 가역일 때 $B = A^{-1}$이라 하자. 그러면

$$AB = BA = I_n$$

이고 $I_n^t = I_n$이므로

$$B^tA^t = (AB)^t = I_n^t = I_n, \quad A^tB^t = (BA)^t = I_n^t = I_n$$

이다. 따라서 A^t는 가역이고 역행렬은 유일하므로 다음 식이 성립한다.

$$(A^t)^{-1} = B^t = (A^{-1})^t$$

가역행렬 A, B에 대하여 행렬곱에 대한 결합법칙을 사용하면

$$\begin{aligned} (AB)(B^{-1}A^{-1}) &= A(BB^{-1})A^{-1} = AI_nA^{-1} = AA^{-1} = I_n \\ (B^{-1}A^{-1})(AB) &= B^{-1}(AA^{-1})B = B^{-1}I_nB = B^{-1}B = I_n \end{aligned}$$

이므로 AB는 가역이다. 역행렬은 유일하므로 다음 식이 성립한다.

$$(AB)^{-1} = B^{-1}A^{-1}$$

역행렬의 성질

- A가 가역이면 A의 역행렬은 유일하다.
- A가 가역이면 A^{-1}와 A^t도 가역이고 그 역행렬은 다음과 같다.

$$(A^{-1})^{-1} = A, \qquad (A^t)^{-1} = (A^{-1})^t$$

- A, B가 모두 가역이면 AB도 가역이고 다음 식이 성립한다.

$$(AB)^{-1} = B^{-1}A^{-1}$$

Note $A_1, \ldots A_k$가 가역일 때, 마지막 성질을 반복하여 사용하면

$$(A_1 \cdots A_k)^{-1} = A_k^{-1} \cdots A_1^{-1}$$

이 성립한다. 특히 $A_1 = A_2 = \cdots = A_k = A$이면 다음 결과를 얻는다.

$$(A^n)^{-1} = (A^{-1})^n$$

Note 마지막 명제의 대우는 기억해 둘 만하다.

AB가 가역이 아니면 A 또는 B가 가역이 아니다.

다음 보기는 행렬 A가 가역일 중요한 조건을 알려 준다.

보기 5 $n \times n$ 행렬 A의 기약행사다리꼴이 I_n이면 A는 가역임을 보여라.

Solution A의 기약행사다리꼴이 I_n이면 다음 성질을 만족하는 기본행렬 $E_1, E_2, \ldots, E_k$가 존재한다.

$$E_k \cdots E_2 E_1 A = I_n$$

모든 기본행렬은 가역이므로 양변에 $E_1^{-1} \cdots E_k^{-1}$을 곱하면

$$A = E_1^{-1} \cdots E_k^{-1}$$

이 된다. E_i^{-1}은 가역이고 가역행렬의 곱은 가역이므로 A는 가역이다. □

지금까지 다룬 내용을 종합하면 다음 명제들이 모두 동치임을 알 수 있다.

선형계와 역행렬

$n \times n$ 행렬 A에 대하여 다음 명제들은 동치이다.

(1) A는 가역이다.

(2) A의 기약행사다리꼴이 I_n이다.

(3) $CA = I_n$인 행렬 C가 존재한다.

(4) 선형계 $A\mathbf{x} = \mathbf{b}$는 유일한 해를 갖는다.

(5) 선형계 $A\mathbf{x} = \mathbf{0}$은 유일한 해를 갖는다.

Note 위의 결과는 다음과 같이 보일 수 있다. 4절에서 (2) $\Leftrightarrow$ (4) $\Leftrightarrow$ (5)임을 보았다.
(2) $\Rightarrow$ (1)은 보기 5의 결과이다.
(1) $\Rightarrow$ (4) $n \times n$ 행렬 A에 대하여 선형계

$$A\mathbf{x} = \mathbf{b}$$

에서 A가 가역이면 양변에 A^{-1}을 곱하여

$$A^{-1}(A\mathbf{x}) = A^{-1}\mathbf{b} \quad \Rightarrow \quad \mathbf{x} = A^{-1}\mathbf{b}$$

와 같이 유일한 해를 구할 수 있다.
(2) ⇒ (3) ⇒ (4)가 성립하는 것은 자명하므로 위에 주어진 5개의 명제는 모두 동치이다.

Note $n \times n$ 행렬 A에 대하여 $AB = I_n$인 행렬 B가 존재하면

$$(AB)^t = B^t A^t = I_n$$

이므로 위의 결과((3) ⇒ (1))에 의하면 A^t는 가역이고 따라서 A도 가역이다. 이 결과는 따로 기억할 만하다.

가역의 간단한 조건

$n \times n$ 행렬 A에 대하여

- $CA = I_n$인 행렬 C가 존재하면 A는 가역이다.
- $AB = I_n$인 행렬 B가 존재하면 A는 가역이다.

Note A가 정사각행렬이 아니면

$$AB = I_n$$

인 것이 A가 가역임을 의미하는 것이 아니다. 마찬가지로

$$CA = I_n$$

인 것이 A가 가역임을 의미하는 것이 아니다.

역행렬 구하기

A가 가역일 때 $A\mathbf{x} = \mathbf{e}_j$의 유일한 해를 $\mathbf{b}_j$라 하자.

$$B = \begin{pmatrix} \mathbf{b}_1 & \cdots & \mathbf{b}_n \end{pmatrix}$$

으로 놓으면

$$AB = \begin{pmatrix} A\mathbf{b}_1 & \cdots & A\mathbf{b}_n \end{pmatrix} = \begin{pmatrix} \mathbf{e}_1 & \cdots & \mathbf{e}_n \end{pmatrix} = I_n$$

이므로

$$A^{-1} = B$$

이다. 따라서 역행렬을 구하는 문제는 n개의 선형계

$$A\mathbf{x}_j = \mathbf{e}_j, \quad j = 1, 2, \ldots, n \tag{3.12}$$

의 유일한 해를 구하는 문제이다. 선형계의 첨가행렬 $\left(\begin{array}{c|c} A & \mathbf{e}_j \end{array}\right)$의 계수행렬이 모두 A임에 착안하여 n개의 첨가행렬을 다음과 같이 하나의 행렬로 나타내기로 하자.

$$\left(\begin{array}{c|ccc} A & \mathbf{e}_1 & \cdots & \mathbf{e}_n \end{array}\right) = \left(\begin{array}{c|c} A & I_n \end{array}\right)$$

이 행렬에서 행연산을 통하여 기약행사다리꼴 $\left(\begin{array}{c|c} I_n & B \end{array}\right)$을 구하면 B가 A의 역행렬이다.

$$B = A^{-1}$$

보기 6 다음 행렬의 역행렬이 존재하면 역행렬을 구하여라.

(a) $A = \begin{pmatrix} 1 & 0 & -2 \\ 1 & 1 & 0 \\ 2 & 1 & -4 \end{pmatrix}$ (b) $A = \begin{pmatrix} 1 & 0 & -2 \\ 1 & 1 & 0 \\ 2 & 1 & -2 \end{pmatrix}$

Solution (a) 기본행연산으로 기약행사다리꼴을 구하면 다음과 같다.

$$\left(\begin{array}{c|c} A & I_n \end{array}\right) = \left(\begin{array}{ccc|ccc} 1 & 0 & -2 & 1 & 0 & 0 \\ 1 & 1 & 0 & 0 & 1 & 0 \\ 2 & 1 & -4 & 0 & 0 & 1 \end{array}\right) \longrightarrow \left(\begin{array}{ccc|ccc} 1 & 0 & 0 & 2 & 1 & -1 \\ 0 & 1 & 0 & -2 & 0 & 1 \\ 0 & 0 & 1 & 0.5 & 0.5 & -0.5 \end{array}\right)$$

A의 기약행사다리꼴은 I_3이고

$$A^{-1} = \begin{pmatrix} 2 & 1 & -1 \\ -2 & 0 & 1 \\ 0.5 & 0.5 & -0.5 \end{pmatrix}$$

이다.

(b) 기본행연산으로 기약행사다리꼴을 구하면 다음과 같다.

$$\left(\begin{array}{c|c} A & I_n \end{array}\right) = \left(\begin{array}{ccc|ccc} 1 & 0 & -2 & 1 & 0 & 0 \\ 1 & 1 & 0 & 0 & 1 & 0 \\ 2 & 1 & -2 & 0 & 0 & 1 \end{array}\right) \longrightarrow \left(\begin{array}{ccc|ccc} 1 & 0 & -2 & 1 & 0 & 0 \\ 0 & 1 & 2 & -1 & 1 & 0 \\ 0 & 0 & 0 & -1 & -1 & 1 \end{array}\right)$$

A의 기약행사다리꼴이 I_3가 아니므로 A의 역행렬은 존재하지 않는다. □

가우스 소거법으로 역행렬 구하기

$n \times n$ 행렬 A의 역행렬은 다음과 같이 구할 수 있다.

- $n \times 2n$ 행렬 $\left(\begin{array}{c|c} A & I_n \end{array}\right)$을 구한다.
- 행연산으로 기약행사다리꼴 $\left(\begin{array}{c|c} C & B \end{array}\right)$를 구한다.
- $C = I_n$이면 $A^{-1} = B$이고 $C \neq I_n$이면 A는 가역이 아니다.

3.5.5 연습문제 3.5

✠ 다음과 같은 행렬에 대하여 주어진 연산이 가능하면 계산하여라.(1—2)

$$C = \begin{pmatrix} 3 & 2 & 1 \\ 1 & 0 & -1 \end{pmatrix} \quad D = \begin{pmatrix} 2 & 1 \\ 0 & -1 \\ 1 & 0 \end{pmatrix} \quad E = \begin{pmatrix} 1 & -2 & 1 \\ 0 & 1 & -1 \\ 2 & 1 & 0 \end{pmatrix}$$

1. (a) C^t, D^t (d) CC^t (g) DD^t
   (b) CD (e) $(CC^t)^t$ (h) CE
   (c) DC (f) D^tD (i) ED

2. 두 종류의 상품 P_1과 P_2를 생산하는 두 공장 '가', '나' 가 있다. 각 제품을 한단위 생산하는데 공해물질인 **아황산가스(sulfur dioxide)**, **산화질소(nitric oxide)**, **분진(dust)**이 다음과 같이 발생한다.

	아황산가스	산화질소	분진
P_1	200	150	100
P_2	300	250	400

한 달 동안 두 공장에서 만들어내는 제품의 양은 다음과 같다.

	'가'	'나'
P_1	300	450
P_2	200	300

각 오염물질을 한 단위 처리하는데 드는 비용(단위 : 천원)은 다음과 같다.

	아황산가스	산화질소	분진
'가'	8	6	10
'나'	10	8	6

(a) 한 달동안 각 공장에서 배출하는 공해물질의 양을 표로 나타내어라.

(b) 각 공장에서 각 제품을 한 단위 만드는 데 배출되는 공해물질의 처리비용을 표로 나타내어라.

(c) 위의 표에 대응하는 행렬을 순서대로 A, B, C라고 할 때 (a), (b)의 표를 행렬의 곱으로 나타내어라.

3. 성인과 어린이를 대상으로 비만치료프로그램이 진행되고 있다. 참가인원은 다음과 같다.

	성인	어린이
여성	30	20
남성	25	25

대상별로 하루동안 필요한 3대 영양소는 다음과 같다.

	탄수화물	지방	단백질
성인	200	20	150
어린이	150	15	150

(a) 위 표에 대응하는 행렬을 각각 A, B라고 할 때, AB를 구하고 $(AB)_{22}$ 항이 무엇을 의미하는지 설명하여라.

(b) 이 프로그램에서 하루동안 여성에 의하여 소비되는 단백질의 양은 얼마인가?

(c) 이 프로그램에서 하루동안 어린이에 의하여 소비되는 단백질의 양은 얼마인가?

4. $A = \begin{pmatrix} \cos\alpha & -\sin\alpha \\ \sin\alpha & \cos\alpha \end{pmatrix}, B = \begin{pmatrix} \cos\beta & -\sin\beta \\ \sin\beta & \cos\beta \end{pmatrix}$라고 하자.

(a) A^{-1}, AB을 구하여라.

(b) A^n은 다음과 같음을 귀납적으로 보여라.

$$A^n = \begin{pmatrix} \cos n\alpha & -\sin n\alpha \\ \sin n\alpha & \cos n\alpha \end{pmatrix}$$

5. $n \times n$ 행렬 A에 대하여

(a) A^tA는 대칭임을 보여라.

(b) $A^tA = O$이면 $A = O$ 임을 보여라.

6. $n \times n$ 행렬 A와 n-벡터 $\mathbf{x}, \mathbf{y}$에 대하여

$$(A\mathbf{x}) \cdot \mathbf{y} = \mathbf{x} \cdot (A^t\mathbf{y})$$

임을 보여라.

7. 대각행렬 $D_1 = D(d_1, d_2, \ldots, d_n)$, $D_2 = D(m_1, m_2, \ldots, m_n)$에 대하여 다음 등식이 성립함을 보여라.

   (a) $D_1 D_2 = D_2 D_1 = D(d_1 m_1, d_2 m_2, \ldots, d_n m_n)$

   (b) $D_1^k = D(d_1^k, d_2^k, \ldots, d_n^k)$

8. 대각행렬 $D = D(d_1, d_2, \ldots, d_n)$에 대하여 다음 식이 성립함을 보여라.

   (a) $AD = \begin{pmatrix} d_1\mathbf{c}_1(A) & d_2\mathbf{c}_2(A) & \cdots & d_n\mathbf{c}(A) \end{pmatrix}$

   (b) $DA = \begin{pmatrix} d_1\mathbf{r}_1(A) \\ d_2\mathbf{r}_2(A) \\ \vdots \\ d_n\mathbf{r}(A) \end{pmatrix}$ (c) $D\begin{pmatrix} c_1 \\ c_2 \\ \vdots \\ c_n \end{pmatrix} = \begin{pmatrix} c_1 d_1 \\ c_2 d_2 \\ \vdots \\ c_n d_n \end{pmatrix}$

9. $m \times n$ 행렬 A, $n \times k$ 행렬 B와

   (a) k 벡터 $\mathbf{x} = \begin{pmatrix} x_1 \\ \vdots \\ x_k \end{pmatrix}$에 대하여 다음 식이 성립함을 보여라.

   $$A(B\mathbf{x}) = (AB)\mathbf{x}$$

   (b) $k \times l$ 행렬 C에 대하여 다음 식이 성립함을 보여라.

   $$(AB)C = A(BC)$$

10. 다음 표는 성인병의 2개 이상의 증상을 보이는 환자들을 조사한 결과이다.

	당뇨병	고지혈증	고혈압	심장병	비만
환자 1	0	1	1	0	0
환자 2	1	0	1	0	0
환자 3	0	1	0	1	0
환자 4	0	1	1	1	0
환자 5	0	0	0	1	1
환자 6	0	1	1	1	0
환자 7	0	0	1	0	1
환자 8	1	0	1	0	0
환자 9	0	1	0	0	1
환자 10	0	1	0	1	1

   (a) 동시에 가장 많이 관찰되는 성인병의 쌍을 구하여라.

   (b) 고혈압 환자에게 가장 많이 나타나는 성인병은 무었인가?

11. 다음 기본행렬의 역행렬을 구하여라.

(a) $E_1 = \begin{pmatrix} 1 & 0 & 0 \\ 0 & 0 & 1 \\ 0 & 1 & 0 \end{pmatrix}$

(b) $E_2 = \begin{pmatrix} 0 & 0 & 1 \\ 0 & 1 & 0 \\ 1 & 0 & 0 \end{pmatrix}$

(c) $E_3 = \begin{pmatrix} 1 & 0 & 0 \\ 0 & 1 & 1 \\ 0 & 0 & 1 \end{pmatrix}$

(d) $E_4 = \begin{pmatrix} 1 & 0 & 0 \\ 0 & 1 & 0 \\ 2 & 0 & 1 \end{pmatrix}$

(e) $E_5 = \begin{pmatrix} 1 & 0 & 0 \\ 0 & -1 & 0 \\ 0 & 0 & 1 \end{pmatrix}$

(f) $E_6 = \begin{pmatrix} 0.5 & 0 & 0 \\ 0 & 1 & 0 \\ 0 & 0 & 1 \end{pmatrix}$

12. 다음 행렬의 역행렬이 존재하면 역행렬을 구하여라.

(a) $\begin{pmatrix} 1 & 3 \\ 2 & 4 \end{pmatrix}$

(b) $\begin{pmatrix} 1 & 2 & 3 \\ 1 & 1 & 2 \\ 0 & 1 & 2 \end{pmatrix}$

(c) $\begin{pmatrix} 1 & 0 & 0 \\ a & 1 & 0 \\ 0 & a & 1 \end{pmatrix}$

(d) $\begin{pmatrix} a & 0 & 0 \\ 1 & a & 0 \\ 0 & 1 & a \end{pmatrix}$, $a \neq 0$

(e) $\begin{pmatrix} 1 & 1 & 1 & 1 \\ 1 & 3 & 1 & 2 \\ 1 & 2 & -1 & 1 \\ 5 & 9 & 1 & 6 \end{pmatrix}$

13. $n \times n$ 행렬 A에 대하여 $A^2 = A$이면 A는 **멱등(idempotent)**이라고 한다.

(a) A가 멱등이면 $I - A$도 멱등임을 보여라.

(b) A가 멱등이면 $(2I - A)(I + A) = 2I$ 임을 보여라. $(2I - A)^{-1}$을 구하여라.

(c) A가 멱등일 때, $3I - A$는 가역임을 보이고 $(3I - A)^{-1}$을 구하여라.
(Hint. $(3I - A)(aI + bA) = I$가 되는 a, b를 구하여라.)

(d) 멱등인 $n \times n$ 가역행렬은 I_n 뿐임을 보여라.

14. 정사각행렬 A에 대하여

(a) $A^2 - 2A + I = O$이면 A는 가역이고

$$A^{-1} = 2I - A$$

임을 보여라.

(b) n차 다항식 $p_n(x) = a_0 + a_1 x + \cdots + a_n x^n$에 대하여 $a_0 \neq 0$이고 $p_n(A) = O$이라고 하자. 그러면 A는 가역임을 보여라. 단, $p_n(A) = a_0 I + a_1 A + \cdots + a_n A^n$이다.

15. $A^4 = O$인 정사각행렬 A에 대하여 $I - A$ 는 가역이고

$$(I - A)^{-1} = A^3 + A^2 + A + I$$

임을 보여라.

16. A가 가역일 때

    (a) $AB = O$이면 $B = O$ 임을 보여라.

    (b) $AB = AC$이면 $B = C$ 임을 보여라.

17. 3×3 행렬 A가 다음 식을 만족할 때 A를 구하여라.

$$A\begin{pmatrix} -1 \\ 2 \\ 0 \end{pmatrix} = \begin{pmatrix} 1 \\ 2 \\ 4 \end{pmatrix}, \quad A\begin{pmatrix} 0 \\ -2 \\ 1 \end{pmatrix} = \begin{pmatrix} -1 \\ 1 \\ 0 \end{pmatrix}, \quad A\begin{pmatrix} 2 \\ 1 \\ 0 \end{pmatrix} = \begin{pmatrix} 0 \\ -2 \\ 1 \end{pmatrix}$$

18. 정사각행렬 A 또는 B가 비가역이면 AB는 비가역임을 보여라.

19. 가역행렬 A가 대칭이면 A^{-1}도 대칭임을 보여라.

20. B, C가 모두 가역인 $n \times n$ 행렬일 때, 다음 식을 만족하는 행렬 X를 구하여라.

$$C(A + X)B = I_n$$

21. $A^{-1} = A$인 행렬 A에 대하여 $A - I$ 또는 $A + I$는 가역이 아님을 보여라.

22. 대각행렬 $D = D(d_1, d_2, \ldots, d_n)$에 대하여 $d_1 d_2 \cdots d_n \neq 0$이면 D는 가역임을 보이고 D^{-1}을 구하여라

23. 두 $n \times n$ 행렬 A, B에 대하여 다음 성질이 성립한다.

$$a_{ij} \geq 0, \quad b_{ij} \geq 0$$

    A의 모든 항이 r 보다 작고, B의 각 열의 합이 s 보다 작다고 하자.

$$a_{ij} < r, \quad \sum_{i=1}^{n} b_{ij} < s$$

    그러면 AB의 각 열의 합은 rs 보다 작음을 보여라.

3.6 기저와 차원

3.6.1 부분공간

$W(\neq \varnothing)$가 n차원 공간 $\mathbb{R}^n$의 부분집합이라 하자. W가 벡터의 덧셈과 상수곱에 대하여 닫혀 있으면, 즉 다음 두 조건이 성립하면 W를 $\mathbb{R}^n$의 **부분공간(subspace)**이라 한다.

(1) $\mathbf{u}, \mathbf{v} \in W$이면 $\mathbf{u}+\mathbf{v} \in W$이다.

(2) 실수 c와 $\mathbf{v} \in W$에 대하여 $c\mathbf{v} \in W$이다.

위의 두 조건이 성립하면 다음 조건도 성립한다.

(a) $\mathbf{u}, \mathbf{v} \in W$, $c_1, c_2 \in \mathbb{R}$이면 $c_1\mathbf{u}+c_2\mathbf{v} \in W$이다.

성질 (a)에서 $c_1 = c_2 = 1$이면 성질 (1)이 성립하고 $c_1 = c, c_2 = 0$이면 성질 (2)가 성립한다. 따라서 부분공간은 다음과 같이 정의할 수 있다.

> <u>부분공간</u>
>
> $W(\neq \varnothing)$가 n차원 공간 $\mathbb{R}^n$의 부분집합이라 하자. 다음 조건이 성립하면 W를 $\mathbb{R}^n$의 **부분공간(subspace)**이라 한다.
>
> - $\mathbf{u}, \mathbf{v} \in W$, $c_1, c_2 \in \mathbb{R}$에 대하여 $c_1\mathbf{u}+c_2\mathbf{v} \in W$이다.

Note $\mathbb{R}^n$은 $\mathbb{R}^n$의 부분공간이고 $\{\mathbf{0}\} \subset \mathbb{R}^n$도 $\mathbb{R}^n$의 부분공간이다.

Note $\mathbf{v}_1, \ldots, \mathbf{v}_k \in \mathbb{R}^n$이면 $W = \mathbf{span}(\mathbf{v}_1, \ldots, \mathbf{v}_k)$은 $\mathbb{R}^n$의 부분공간이다.[15]

W가 $\mathbb{R}^n$의 부분공간이면 $\mathbf{w} \in W$에 대하여

$$\mathbf{w} + (-1)\mathbf{w} = \mathbf{0} \in W$$

이다. 다시 말해서 모든 부분공간은 영벡터를 포함한다. 따라서 영벡터를 포함하지 않는 집합은 부분공간이 아니다.

보기 1 (a) $m \times n$ 행렬 A에 대하여 $A\mathbf{x} = \mathbf{0}$의 해집합을 W라 하자. $\mathbf{0} \in W$이므로 $W \neq \varnothing$이다. $\mathbf{x}_1, \mathbf{x}_2 \in W$, $c_1, c_2 \in \mathbb{R}$이면

$$A(c_1\mathbf{x}_1 + c_2\mathbf{x}_2) = A(c_1\mathbf{x}_1) + A(c_2\mathbf{x}_2) = c_1A\mathbf{x}_1 + c_2A\mathbf{x}_2 = c_1\mathbf{0} + c_2\mathbf{0} = \mathbf{0}$$

이므로 $c_1\mathbf{x}_1 + c_2\mathbf{x}_2 \in W$이다. 즉, $A\mathbf{x} = \mathbf{0}$의 해집합 W는 $\mathbb{R}^n$의 부분공간이며 **해공간(solution space)**이라 부른다.

[15] 증명은 연습문제로 남긴다.

(b) $\mathbf{b} \neq \mathbf{0}$이면 $\mathbf{0}$은 $A\mathbf{x} = \mathbf{b}$의 해가 아니다. 따라서 $A\mathbf{x} = \mathbf{b}$의 해집합은 부분공간이 아니다. □

$A\mathbf{x} = \mathbf{0}$와 $A\mathbf{x} = \mathbf{b}$의 해집합 사이의 관계

일반적으로 선형계 $A\mathbf{x} = \mathbf{b}$의 해집합은 선형계 $A\mathbf{x} = \mathbf{0}$의 해집합을 이용하여 나타낼 수 있다. 해를 가지는 선형계

$$A\mathbf{x} = \mathbf{b} \tag{3.13}$$

의 해집합을 W_1, 선형계 $A\mathbf{x} = \mathbf{0}$의 해집합을 W라 하자. $\mathbf{x}_0$이 (3.13)의 해이고 $\mathbf{v} \in W$이면

$$A(\mathbf{x}_0 + \mathbf{v}) = A\mathbf{x}_0 + A\mathbf{v} = \mathbf{b} + \mathbf{0} = \mathbf{b}$$

이므로 $\mathbf{x}_0 + \mathbf{v} \in W_1$이다. 즉 $\mathbf{x}_0 + W \subset W_1$이다.[16] 역으로 $\mathbf{x}_1 \in W_1$이면

$$A(\mathbf{x}_1 - \mathbf{x}_0) = A\mathbf{x}_1 - A\mathbf{x}_0 = \mathbf{b} - \mathbf{b} = \mathbf{0}$$

이다. 다시 말해서

$$\mathbf{x}_1 - \mathbf{x}_0 \in W \quad \Rightarrow \quad \mathbf{x}_1 \in \mathbf{x}_0 + W$$

이다. 따라서 $W_1 \subset \mathbf{x}_0 + W$이고

$$W_1 = \mathbf{x}_0 + W$$

이다. 이 결과를 정리하면 다음과 같다.

$A\mathbf{x} = \mathbf{0}$와 $A\mathbf{x} = \mathbf{b}$의 해집합

$\mathbf{x}_0$이 선형계 $A\mathbf{x} = \mathbf{b}$의 해라 하자. 선형계 $A\mathbf{x} = \mathbf{0}$의 해집합이 W이면 $A\mathbf{x} = \mathbf{b}$의 해집합은 다음과 같다.

$$\mathbf{x}_0 + W = \{\mathbf{x}_0 + \mathbf{v} | \mathbf{v} \in W\}$$

보기 2 (a) 4절의 보기 1(a)와 같은 계수행렬을 갖는 선형계

$$\begin{cases} x + y &= 2 \\ 2x - y &= 1 \end{cases}$$

를 살펴 보자. $x = 1, y = 1$이 해가 됨을 확인할 수 있다. 보기 1(a)의 해는 원점으로 유일하므로 $\begin{pmatrix} 1 \\ 1 \end{pmatrix}$이 유일한 해이다.

(b) 4절의 보기 1(b)와 같은 계수행렬을 갖는 선형계

$$\begin{cases} x + y - z &= 3 \\ x - y - 3z &= 3 \end{cases}$$

[16] 이때 $\mathbf{x}_0 + W = \{\mathbf{x}_0 + \mathbf{v} | \mathbf{v} \in W\}$로 정의한다.

를 살펴 보자. $x = 1, y = 1, z = -1$이 해가 됨을 확인할 수 있다. 보기 1(b)의 해는 원점을 지나는 직선

$$t\begin{pmatrix} 2 \\ -1 \\ 1 \end{pmatrix}, \quad t \in \mathbb{R}$$

이고 주어진 선형계의 해는 $\mathbf{x}_0 = (1, 1, -1)^t$을 지나는 직선

$$t\begin{pmatrix} 2 \\ -1 \\ 1 \end{pmatrix} + \begin{pmatrix} 1 \\ 1 \\ -1 \end{pmatrix}, \quad t \in \mathbb{R}$$

이다. □

3.6.2 일차독립, 일차종속

$\mathbb{R}^n$의 벡터

$$\mathbf{v}_1, \ldots, \mathbf{v}_k$$

에서 하나의 벡터를 다른 벡터들의 일차결합으로 쓸 수 있으면 이 벡터들은 **일차종속(linearly dependent)**이라 한다. 일차종속이 아닌 벡터들은 **일차독립(linearly independent)**이라 한다. 특히 두 벡터는 서로 평행이면 일차종속, 평행하지 않으면 일차독립이다. 예를 들어 두 벡터 $\begin{pmatrix} a \\ b \end{pmatrix}, \begin{pmatrix} ka \\ kb \end{pmatrix}$은 일차종속이고 두 벡터 $\begin{pmatrix} 1 \\ 0 \end{pmatrix}, \begin{pmatrix} 1 \\ 1 \end{pmatrix}$은 일차독립이다.

벡터들의 일차독립과 일차종속은 다음과 같이 바꾸어 쓸 수 있다.

일차독립인 벡터

- 벡터 $\mathbf{v}_1, \ldots, \mathbf{v}_k$에 대하여

$$c_1\mathbf{v}_1 + \cdots + c_k\mathbf{v}_k = \mathbf{0}$$

  이면서 적어도 하나는 0이 아닌 상수 $c_1, \ldots, c_k$가 있으면 $\mathbf{v}_1, \ldots, \mathbf{v}_k$는 **일차종속**이라 한다.

- 일차종속이 아닌 벡터들은 일차독립이라 한다. 즉, 벡터 $\mathbf{v}_1, \ldots, \mathbf{v}_k$에 대하여

$$c_1\mathbf{v}_1 + \cdots + c_k\mathbf{v}_k = \mathbf{0} \quad \Rightarrow \quad c_1 = \cdots = c_k = 0$$

  이면 $\mathbf{v}_1, \ldots, \mathbf{v}_k$은 **일차독립**이라 한다.

Note 영벡터가 아닌 하나의 벡터는 정의로부터 항상 일차독립이다. 한편 영벡터를 포함한 벡터들은 항상 일차종속이다.[17] 따라서 일차독립인 벡터 중에는 영벡터가 있을 수 없다.

[17] $\mathbf{v}_1, \ldots, \mathbf{v}_k$에서 $\mathbf{v}_i$가 영벡터이면 $c_i = 1$, $j \neq i$이면 $c_j = 0$으로 놓을 때 $c_1\mathbf{v}_1 + \cdots + c_k\mathbf{v}_k = \mathbf{0}$이다.

보기 3 다음 벡터들은 일차독립인지 일차종속인지 판단하여라.

(a) $\mathbf{v}_1 = \begin{pmatrix} 1 \\ 0 \\ 1 \end{pmatrix}, \quad \mathbf{v}_2 = \begin{pmatrix} 1 \\ -1 \\ 0 \end{pmatrix}, \quad \mathbf{v}_3 = \begin{pmatrix} 0 \\ 1 \\ 1 \end{pmatrix}$

(b) $\mathbf{v}_1 = \begin{pmatrix} 1 \\ 0 \\ 1 \end{pmatrix}, \quad \mathbf{v}_2 = \begin{pmatrix} 1 \\ 1 \\ 0 \end{pmatrix}, \quad \mathbf{v}_3 = \begin{pmatrix} 0 \\ 1 \\ 1 \end{pmatrix}$

Solution

(a) $\mathbf{v}_1 = \mathbf{v}_2 + \mathbf{v}_3$ 또는 $\mathbf{v}_1 - \mathbf{v}_2 - \mathbf{v}_3 = \mathbf{0}$이므로 $\mathbf{v}_1, \mathbf{v}_2, \mathbf{v}_3$는 일차종속이다.

(b) $a\mathbf{v}_1 + b\mathbf{v}_2 + c\mathbf{v}_3 = \mathbf{0}$이라 하자. 그러면

$$a\mathbf{v}_1 + b\mathbf{v}_2 + c\mathbf{v}_3 = \begin{pmatrix} a+b \\ b+c \\ a+c \end{pmatrix} = \begin{pmatrix} 0 \\ 0 \\ 0 \end{pmatrix} \quad \Rightarrow \quad \begin{cases} a+b=0 \\ b+c=0 \\ a+c=0 \end{cases}$$

이다. 세 식을 모두 더하면

$$2(a+b+c) = 0 \quad \Rightarrow \quad a+b+c = 0$$

이므로

$$a = b = c = 0$$

이다. 따라서 $\mathbf{v}_1, \mathbf{v}_2, \mathbf{v}_3$은 일차독립이다. □

해의 유일성과 일차독립

행렬 A의 열벡터를 $\mathbf{v}_1, \ldots, \mathbf{v}_n$이라 하면

$$A\mathbf{x} = x_1\mathbf{v}_1 + \cdots + x_n\mathbf{v}_n$$

이므로 $\mathbf{v}_1, \ldots, \mathbf{v}_n$이 일차독립이면 선형계 $A\mathbf{x} = \mathbf{0}$일 때 $x_1 = \cdots = x_n = 0$이다. 따라서 선형계 $A\mathbf{x} = \mathbf{0}$의 해는 자명한 해 $\mathbf{x} = \mathbf{0}$ 뿐이다. 역으로 선형계 $A\mathbf{x} = \mathbf{0}$의 해가 자명한 해 $\mathbf{x} = \mathbf{0}$ 뿐이라고 하자.

$$c_1\mathbf{v}_1 + \cdots + c_n\mathbf{v}_n = \mathbf{0}$$

이면 $(c_1, \ldots, c_n)^t$는 $A\mathbf{x} = \mathbf{0}$의 해이므로

$$\begin{pmatrix} c_1 \\ \vdots \\ c_n \end{pmatrix} = \mathbf{0} \quad \Rightarrow \quad c_1 = 0, \ldots, c_n = 0$$

임을 의미한다. 따라서 $\mathbf{v}_1, \ldots, \mathbf{v}_n$은 일차독립이다.

선형계의 해와 일차독립

$\mathbf{v}_1, \ldots, \mathbf{v}_n$이 행렬 A의 열벡터이면 다음 두 명제는 동치이다.

(a) $A\mathbf{x} = \mathbf{0}$의 해는 $\mathbf{x} = \mathbf{0}$ 하나이다.

(b) $\mathbf{v}_1, \ldots, \mathbf{v}_n$은 일차독립이다.

Note 위 결과의 대우를 생각하면 다음 두 명제는 동치이다.

(a) $A\mathbf{x} = \mathbf{0}$는 $\mathbf{x} \neq \mathbf{0}$인 해를 갖는다.

(b) $\mathbf{v}_1, \ldots, \mathbf{v}_n$은 일차종속이다.

Note $m \times n$행렬 A에 대하여

$$\text{자유변수의 수} + \text{기본변수의 수} = n, \quad \text{기본변수의 수} \leq m$$

이므로 $n > m$이면 자유변수가 존재하며 선형계

$$A\mathbf{x} = \mathbf{0}$$

는 무수히 많은 해를 가진다. 따라서 열벡터의 개수(n)가 열벡터의 차수(m)보다 크면 $\mathbf{v}_1, \mathbf{v}_2, \ldots, \mathbf{v}_n$은 일차종속이다.

보기 4 다음 벡터들이 일차독립인지 일차종속인지 판단하여라.

(a) $\mathbf{v}_1 = \begin{pmatrix} 1 \\ 0 \\ 1 \\ 0 \end{pmatrix}, \quad \mathbf{v}_2 = \begin{pmatrix} 1 \\ -1 \\ 0 \\ 0 \end{pmatrix}, \quad \mathbf{v}_3 = \begin{pmatrix} 0 \\ 0 \\ 1 \\ 1 \end{pmatrix}$

(b) $\mathbf{v}_1 = \begin{pmatrix} 1 \\ 0 \\ 1 \end{pmatrix}, \quad \mathbf{v}_2 = \begin{pmatrix} 1 \\ 1 \\ 0 \end{pmatrix}, \quad \mathbf{v}_3 = \begin{pmatrix} 0 \\ 1 \\ 1 \end{pmatrix}, \quad \mathbf{v}_4 = \begin{pmatrix} 1 \\ 1 \\ 1 \end{pmatrix}$

Solution (a) 행연산을 이용하여 기약행사다리꼴을 구하면

$$A = \begin{pmatrix} \mathbf{v}_1 & \mathbf{v}_2 & \mathbf{v}_3 \end{pmatrix} = \begin{pmatrix} 1 & 1 & 0 \\ 0 & -1 & 0 \\ 1 & 0 & 1 \\ 0 & 0 & 1 \end{pmatrix} \sim \begin{pmatrix} 1 & 0 & 0 \\ 0 & 1 & 0 \\ 0 & 0 & 1 \\ 0 & 0 & 0 \end{pmatrix}$$

이다. 따라서 $A\mathbf{x} = \mathbf{0}$의 해는 유일하고 주어진 벡터들은 일차독립이다.

(b) 벡터의 차수$(= 3)$ 보다 벡터의 개수$(= 4)$가 더 많으므로 주어진 벡터들은 일차종속이다. □

3.6.3 기저와 차수

$\mathbb{R}^n$의 표준단위벡터 $\mathbf{e}_1, \ldots, \mathbf{e}_n$와 벡터 $\mathbf{x} = (x_1, \cdots, x_n)^t$에 대하여

$$\mathbf{x} = \begin{pmatrix} x_1 \\ \vdots \\ x_n \end{pmatrix} = x_1\mathbf{e}_1 + \cdots + x_n\mathbf{e}_n$$

이므로 $\mathbf{e}_1, \ldots, \mathbf{e}_n$은 $\mathbb{R}^n$을 생성한다.

$$\mathbb{R}^n = \mathbf{span}(\mathbf{e}_1, \ldots, \mathbf{e}_n)$$

또한 $\mathbf{e}_1, \ldots, \mathbf{e}_n$이 일차독립인 것은 쉽게 확인할 수 있다. 이처럼 일차독립인 벡터들이 부분공간을 생성하면 이 백터들을 주어진 부분공간의 **기저**(**basis**)라 한다. 예를 들어 $\mathbf{e}_1, \ldots, \mathbf{e}_n$은 $\mathbb{R}^n$의 기저이다.

<u>기저</u>

부분공간 $W(\neq \varnothing)$의 벡터 $\mathbf{v}_1, \ldots, \mathbf{v}_k$가 다음 두 성질을 만족하면 W의 기저라 한다.

(a) $\mathbf{v}_1, \ldots, \mathbf{v}_k$는 일차독립이다.

(b) $\mathbf{v}_1, \ldots, \mathbf{v}_k$는 W를 생성한다($W = \mathbf{span}(\mathbf{v}_1, \ldots, \mathbf{v}_k)$).

기저차수정리(**basis dimension theorem**)에 의하면 부분공간의 기저의 개수는 항상 같다. 다시 말해서 두 집합

$$\{\mathbf{v}_1, \ldots, \mathbf{v}_n\}, \quad \{\mathbf{w}_1, \ldots, \mathbf{w}_k\}$$

가 각각 부분공간 W의 기저이면

$$n = k$$

이다. 이때 기저를 이루는 벡터들의 개수를 W의 **차수**(**dimension**)라 하고 $\dim(W)$로 나타낸다. 예를 들어 $\mathbf{e}_1, \ldots, \mathbf{e}_n$은 $\mathbb{R}^n$의 기저이므로

$$\dim(\mathbb{R}^n) = n$$

이다.

Note 부분공간 W의 벡터 $\mathbf{v}_1, \ldots, \mathbf{v}_k$가 일차독립이면

$$\dim(W) \geq k$$

이다. 만약 $W \subset \mathbf{span}(\mathbf{v}_1, \ldots, \mathbf{v}_k)$이면

$$\dim(W) \leq k$$

이다. $W = \textbf{span}(\mathbf{v}_1, \ldots, \mathbf{v}_k)$이고 $\mathbf{v}_1, \ldots, \mathbf{v}_k$가 일차독립이면 $\mathbf{v}_1, \ldots, \mathbf{v}_k$는 W의 기저이므로

$$\dim(W) = k$$

이다.

보기 5 다음 선형방정식계의 해공간의 차수를 구하여라.

$$\begin{array}{rcrcrcrcl} x_1 & - & 3x_2 & & & + & 2x_4 & = & 0 \\ & & & & x_3 & - & 3x_4 & = & 0 \end{array}$$

Solution 선형계는 이미 기약행사다리꼴로 주어져 있다. 기본변수는 x_1, x_3이고 x_2, x_4는 자유변수이다. 일반해는 벡터를 이용하여 나타내면 다음과 같이 쓸 수 있다.

$$\begin{pmatrix} x_1 \\ x_2 \\ x_3 \\ x_4 \end{pmatrix} = \begin{pmatrix} 3 \\ 1 \\ 0 \\ 0 \end{pmatrix} x_2 + \begin{pmatrix} -2 \\ 0 \\ 3 \\ 1 \end{pmatrix} x_4$$

이때 두 벡터 $(3,1,0,0)^t, (-2,0,3,1)^t$는 일차독립이므로 해공간 W의 차수는 2이다. □

Note 위의 보기에서 해공간 W의 차수는 자유변수의 개수와 일치한다. 이는 어떤 경우에도 성립하는 결과이다.

3.6.4 $\mathbb{R}^n$의 기저

$n \times n$ 행렬 $A = \begin{pmatrix} \mathbf{v}_1 & \mathbf{v}_2 & \ldots & \mathbf{v}_n \end{pmatrix}$가 가역이면 $\mathbf{v}_1, \mathbf{v}_2, \ldots, \mathbf{v}_n$은 일차독립이다. 또한 $\mathbb{R}^n$의 임의의 벡터 $\mathbf{b}$에 대하여 $A\mathbf{x} = \mathbf{b}$는 다음과 같이 유일한 해 $\mathbf{x} = \mathbf{c}$를 갖는다.

$$\mathbf{c} = \begin{pmatrix} c_1 \\ c_2 \\ \vdots \\ c_n \end{pmatrix} = \begin{pmatrix} \mathbf{v}_1 & \mathbf{v}_2 & \ldots & \mathbf{v}_n \end{pmatrix}^{-1} \mathbf{b}$$

따라서 $\mathbb{R}^n$의 벡터 $\mathbf{b}$는 유일한 방법으로 $\mathbf{v}_1, \mathbf{v}_2, \ldots, \mathbf{v}_n$의 일차결합으로 나타낼 수 있다.

$$\mathbf{b} = \begin{pmatrix} \mathbf{v}_1 & \mathbf{v}_2 & \ldots & \mathbf{v}_n \end{pmatrix} \begin{pmatrix} c_1 \\ c_2 \\ \vdots \\ c_n \end{pmatrix} = c_1\mathbf{v}_1 + c_2\mathbf{v}_2 + \cdots + c_n\mathbf{v}_n$$

다시 말해서 $\mathbf{v}_1, \mathbf{v}_2, \ldots, \mathbf{v}_n$은 $\mathbb{R}^n$을 생성한다. 따라서 다음 결과가 성립한다.

가역행렬과 기저

$n \times n$ 행렬 $A = \begin{pmatrix} \mathbf{v}_1 & \mathbf{v}_2 & \ldots & \mathbf{v}_n \end{pmatrix}$가 가역이면 $\mathbf{v}_1, \mathbf{v}_2, \ldots, \mathbf{v}_n$은 $\mathbb{R}^n$의 기저이다.

보기 6 $\mathbf{v}_1 = (1,0,1)^t, \mathbf{v}_2 = (1,1,0)^t, \mathbf{v}_3 = (0,1,1)^t$이 $\mathbb{R}^3$의 기저임을 보이고 $\mathbf{v} = (1,2,4)^t$을 $\mathbf{v}_1, \mathbf{v}_2, \mathbf{v}_3$의 일차결합으로 나타내어라.

Solution $A = \begin{pmatrix} \mathbf{v}_1 & \mathbf{v}_2 & \mathbf{v}_3 \end{pmatrix}$이라 하면 기본행연산을 통하여

$$\begin{pmatrix} A \mid I_3 \end{pmatrix} = \left(\begin{array}{ccc|ccc} 1 & 1 & 0 & 1 & 0 & 0 \\ 0 & 1 & 1 & 0 & 1 & 0 \\ 1 & 0 & 1 & 0 & 0 & 1 \end{array}\right) \to \left(\begin{array}{ccc|ccc} 1 & 0 & 0 & 0.5 & -0.5 & 0.5 \\ 0 & 1 & 0 & 0.5 & 0.5 & -0.5 \\ 0 & 0 & 1 & -0.5 & 0.5 & 0.5 \end{array}\right)$$

을 얻는다. 그러므로 A는 가역이고 $\mathbf{v}_1, \mathbf{v}_2, \mathbf{v}_3$는 $\mathbb{R}^3$의 기저이다.

$$A^{-1}\mathbf{v} = \begin{pmatrix} 0.5 & -0.5 & 0.5 \\ 0.5 & 0.5 & -0.5 \\ -0.5 & 0.5 & 0.5 \end{pmatrix} \begin{pmatrix} 1 \\ 2 \\ 4 \end{pmatrix} = \begin{pmatrix} 1.5 \\ -0.5 \\ 2.5 \end{pmatrix}$$

이므로 $\mathbf{v}$는 다음과 같이 나타낼 수 있다.

$$\mathbf{v} = 1.5\mathbf{v}_1 - 0.5\mathbf{v}_2 + 2.5\mathbf{v}_3 \qquad \square$$

$\mathbb{R}^n$의 벡터 $\mathbf{v}_1, \mathbf{v}_2, \ldots, \mathbf{v}_n$이 $\mathbb{R}^n$을 생성한다면 표준단위벡터 $\mathbf{e}_1, \ldots, \mathbf{e}_n$을 $\mathbf{v}_1, \ldots, \mathbf{v}_n$의 일차결합으로 각각 쓸 수 있다. 따라서

$$\begin{aligned} \mathbf{e}_1 &= b_{11}\mathbf{v}_1 + \cdots + b_{n1}\mathbf{v}_n \\ \vdots & \qquad\quad \vdots \\ \mathbf{e}_n &= b_{1n}\mathbf{v}_1 + \cdots + b_{nn}\mathbf{v}_n \end{aligned}$$

인 b_{ij}가 존재한다. $A = \begin{pmatrix} \mathbf{v}_1 & \mathbf{v}_2 & \cdots & \mathbf{v}_n \end{pmatrix}$, $B = (b_{ij})_{n\times n}$으로 놓으면

$$\mathbf{e}_1 = A\mathbf{c}_1(B), \ldots, \mathbf{e}_n = A\mathbf{c}_n(B) \quad \Rightarrow \quad I_n = AB$$

이므로 A는 가역이다. 따라서 A의 열벡터 $\mathbf{v}_1, \mathbf{v}_2, \ldots, \mathbf{v}_n$은 일차독립이고 따라서 기저이다.

역으로 $\mathbb{R}^n$의 벡터 $\mathbf{v}_1, \mathbf{v}_2, \ldots, \mathbf{v}_n$이 일차독립이라 하자. $\mathbb{R}^n$의 임의의 벡터 $\mathbf{b}$에 대하여 $A\mathbf{x} = \mathbf{b}$의 유일한 해를 $(c_1, \ldots, c_n)^t$이라 하면 $\mathbf{b}$는 다음과 같이 $\mathbf{v}_1, \mathbf{v}_2, \ldots, \mathbf{v}_n$의 일차결합으로 쓸 수 있다.

$$\mathbf{b} = c_1\mathbf{v}_1 + \cdots + c_n\mathbf{v}_n$$

따라서 $\mathbf{v}_1, \mathbf{v}_2, \ldots, \mathbf{v}_n$는 $\mathbb{R}^n$을 생성하고 따라서 기저이다.

$\mathbb{R}^n$의 기저

$\mathbb{R}^n$의 벡터 $\mathbf{v}_1, \mathbf{v}_2, \ldots, \mathbf{v}_n$에 대하여

(a) $\mathbf{v}_1, \mathbf{v}_2, \ldots, \mathbf{v}_n$이 일차독립이면 $\mathbf{v}_1, \mathbf{v}_2, \ldots, \mathbf{v}_n$은 $\mathbb{R}^n$의 기저이다.

(b) $\mathbb{R}^n = \mathrm{span}(\mathbf{v}_1, \mathbf{v}_2, \ldots, \mathbf{v}_n)$이면 $\mathbf{v}_1, \mathbf{v}_2, \ldots, \mathbf{v}_n$은 $\mathbb{R}^n$의 기저이다.

Note $\dim(\mathbb{R}^n) = n$이므로 $k \neq n$이면 벡터들의 집합 $\mathbf{v}_1, \ldots, \mathbf{v}_k$는 $\mathbb{R}^n$의 기저가 될 수 없다.

보기 7 $\mathbb{R}^3$에서 다음 벡터들이 기저가 되는지 판단하여라.

(a) $\begin{pmatrix} 1 \\ 0 \\ 0 \end{pmatrix}, \begin{pmatrix} 1 \\ 1 \\ 1 \end{pmatrix}$

(b) $\begin{pmatrix} 1 \\ 0 \\ 0 \end{pmatrix}, \begin{pmatrix} 1 \\ 1 \\ 0 \end{pmatrix}, \begin{pmatrix} 1 \\ 1 \\ 1 \end{pmatrix}$

(c) $\begin{pmatrix} 1 \\ 1 \\ 0 \end{pmatrix}, \begin{pmatrix} 1 \\ -1 \\ 1 \end{pmatrix}, \begin{pmatrix} 2 \\ 0 \\ 1 \end{pmatrix}$

(d) $\begin{pmatrix} 1 \\ 0 \\ 0 \end{pmatrix}, \begin{pmatrix} 1 \\ 1 \\ 0 \end{pmatrix}, \begin{pmatrix} 1 \\ 1 \\ 1 \end{pmatrix}, \begin{pmatrix} 0 \\ 1 \\ 1 \end{pmatrix}$

Solution (a)와 (d)는 벡터의 개수가 3이 아니므로 기저가 아니다.

(b) 세 벡터는 일차독립이므로 기저이다.

(c) $\begin{pmatrix} 1 \\ 1 \\ 0 \end{pmatrix} + \begin{pmatrix} 1 \\ -1 \\ 1 \end{pmatrix} = \begin{pmatrix} 2 \\ 0 \\ 1 \end{pmatrix}$이므로 세 벡터는 일차종속이고 따라서 기저가 아니다. □

지금까지 나온 결과를 $n \times n$ 행렬에 대하여 정리하면 다음과 같다.

선형계의 해의 유일성

$n \times n$ 행렬 A에 대하여 다음 명제들은 필요충분조건이다.

- A는 가역이다.
- A의 기약행사다리꼴은 단위행렬 I_n이다.
- $CA = I_n$인 $n \times n$ 행렬 C가 존재한다.
- $AB = I_n$인 $n \times n$ 행렬 B가 존재한다.
- 임의의 $\mathbf{b} \in \mathbb{R}^n$에 대하여 선형계 $A\mathbf{x} = \mathbf{b}$의 해는 유일하다.
- 선형계 $A\mathbf{x} = \mathbf{0}$의 해는 $\mathbf{x} = \mathbf{0}$ 뿐이다.
- A의 열벡터는 일차독립이다.
- A의 열벡터는 $\mathbb{R}^n$을 생성한다.
- A의 열벡터는 $\mathbb{R}^n$의 기저이다.

3.6.5 연습문제 3.6

1. 임의의 실수 a, b에 대하여 다음과 같은 집합이 $\mathbb{R}^3$의 부분공간이 되는지 판단하여라.

   (a) $(a, 0, 0)^t$ 꼴의 벡터
   (b) $(a, 1, 0)^t$ 꼴의 벡터
   (c) $(a, b, 0)^t$ 꼴의 벡터
   (d) $(a, b, a+b)^t$ 꼴의 벡터

2. 다음 $\mathbb{R}^2$의 부분집합이 부분공간이 아님을 설명하여라.

   (a) $S_1 = \{\mathbf{v} \in \mathbb{R}^2 | v_1 v_2 = 0\}$
   (b) $S_2 = \{\mathbf{v} \in \mathbb{R}^2 | v_1^2 + v_2^2 = 1\}$
   (c) $S_3 = \{\mathbf{v} \in \mathbb{R}^2 | v_1 \geq v_2\}$
   (d) $S_4 = \{\mathbf{v} \in \mathbb{R}^2 | v_1 = v_2 + 1\}$
   (e) $S_5 = \{\mathbf{v} \in \mathbb{R}^2 | v_1 v_2 \geq 0\}$

3. $\mathbf{v} = \begin{pmatrix} v_1 \\ v_2 \end{pmatrix}$ 또는 $\mathbf{v} = \begin{pmatrix} v_1 \\ v_2 \\ v_3 \end{pmatrix}$일 때 다음 부분집합이 부분공간임을 보여라.

   (a) $S_1 = \{\mathbf{v} \in \mathbb{R}^2 | v_1 - 2v_2 = 0\}$
   (b) $S_2 = \{\mathbf{v} \in \mathbb{R}^3 | 2v_1 = v_2 = 3v_3\}$
   (c) $S_3 = \{\mathbf{v} \in \mathbb{R}^2 | 2v_1 + v_2 + v_3 = 0\}$

4. $\mathbf{v}_1, \ldots, \mathbf{v}_k \in \mathbb{R}^n$에 대하여 $W = \mathbf{span}(\mathbf{v}_1, \ldots, \mathbf{v}_k)$은 $\mathbb{R}^n$의 부분공간임을 보여라.

5. $\mathbf{v} \neq \mathbf{0}$와 수직인 벡터들의 집합은 부분공간임을 보여라.

6. S_1, S_2가 $\mathbb{R}^n$의 부분공간일 때 $S_1 \cap S_2$도 부분공간임을 보여라.

7. $S_1 = \{\begin{pmatrix} v_1 \\ v_2 \end{pmatrix} \in \mathbb{R}^2 | v_1 = 0\}$, $S_2 = \{\begin{pmatrix} v_1 \\ v_2 \end{pmatrix} \in \mathbb{R}^2 | v_2 = 0\}$에 대하여

   (a) S_1, S_2는 각각 부분공간임을 보여라.
   (b) $S_1 \cup S_2$는 부분공간이 아님을 보여라.

8. $\mathbf{u} = (1, 1, 0)^t, \mathbf{v} = (1, 0, -1)^t$의 일차결합으로 쓸 수 있는 벡터는 어느 것인가?

   (a) $(-1, 2, 3)^t$
   (b) $(-2, -2, 0)^t$
   (c) $(1, 1, 1)^t$
   (d) $(3, 5, 2)^t$

9. 벡터 $\mathbf{v}_1 = (1, -1)^t, \mathbf{v}_2 = (1, 1)^t$에 대하여 $\mathbf{w} = c_1\mathbf{v}_1 + c_2\mathbf{v}_2$인 상수 c_1, c_2를 구하여라.

(a) $\mathbf{w} = (2,0)^t$ (b) $\mathbf{w} = (0,-2)^t$ (c) $\mathbf{x} = (2,4)^t$

10. 주어진 벡터 $\mathbf{v}_1 = (1,0,0)^t, \mathbf{v}_2 = (1,1,0)^t, \mathbf{v}_3 = (1,1,1)^t$에 대하여

$$\mathbf{w} = c_1\mathbf{v}_1 + c_2\mathbf{v}_2 + c_3\mathbf{v}_3$$

인 상수 c_1, c_2, c_3를 구하여라.

(a) $\mathbf{w} = (2,0,2)^t$ (b) $\mathbf{w} = (3,2,1)^t$ (c) $\mathbf{x} = (2,4,6)^t$

11. 다음 벡터들이 일차독립인지 일차종속인지 판단하여라.

(a) $\begin{pmatrix} 5 \\ 5 \end{pmatrix}, \begin{pmatrix} 2 \\ 1 \end{pmatrix}$

(b) $\begin{pmatrix} 5 \\ 5 \end{pmatrix}, \begin{pmatrix} 5 \\ 1 \end{pmatrix}, \begin{pmatrix} 1 \\ 5 \end{pmatrix}$

(c) $\begin{pmatrix} -1 \\ 1 \\ 0 \end{pmatrix}, \begin{pmatrix} 2 \\ 1 \\ 0 \end{pmatrix}$

(d) $\begin{pmatrix} -1 \\ 1 \\ 1 \end{pmatrix}, \begin{pmatrix} 2 \\ -1 \\ 1 \end{pmatrix}, \begin{pmatrix} 0 \\ 0 \\ 1 \end{pmatrix}$

(e) $\begin{pmatrix} -1 \\ 1 \\ 1 \end{pmatrix}, \begin{pmatrix} 2 \\ -1 \\ 1 \end{pmatrix}, \begin{pmatrix} 0 \\ 0 \\ 1 \end{pmatrix}, \begin{pmatrix} 1 \\ 0 \\ 1 \end{pmatrix}$

12. 다음 벡터들이 $\mathbb{R}^3$을 생성하는지 판단하여라.

(a) $(1,2,3)^t, (2,1,1)^t$

(b) $(1,2,3)^t, (2,1,1)^t, (0,1,2)^t$

(c) $(1,1,1)^t, (1,2,3)^t, (1,4,9)^t$

(d) $(1,0,0)^t, (0,1,1)^t, (1,1,1)^t$

(e) $(1,0,0)^t, (0,1,1)^t, (1,1,1)^t, (0,0,1)^t$

13. 문제 12의 벡터들이

(a) $\mathbb{R}^3$에서 일차독립인지 판단하여라.

(b) $\mathbb{R}^3$의 기저인지 판단하여라.

14. 임의의 세 벡터 $\mathbf{u}, \mathbf{v}, \mathbf{w}$에 대하여

(a) 세 벡터 $\mathbf{u} - \mathbf{v}, \mathbf{v} - \mathbf{w}, \mathbf{w} - \mathbf{u}$는 일차종속임을 보여라.

(b) $\mathbf{u}, \mathbf{v}, \mathbf{w}$가 독립이면 $\mathbf{u} + \mathbf{v}, \mathbf{v} + \mathbf{w}, \mathbf{w} + \mathbf{u}$는 일차독립임을 보여라.

15. 다음에 주어진 벡터들이 $\mathbb{R}^2$의 기저가 되는지 판단하여라.

(a) $(1,0)^t, (0,-1)^t$

(b) $(2,3)^t, (4,5)^t$

(c) $(3,-9)^t, (-2,6)^t$

(d) $(1,0)^t, (2,3)^t, (1,1)^t$

16. 다음에 주어진 벡터들이 $\mathbb{R}^3$의 기저가 되는지 판단하여라.

    (a) $(1,0,0)^t, (0,1,1)^t$

    (b) $(1,0,0)^t, (0,1,1)^t, (1,2,2)^t$

    (c) $(1,0,0)^t, (0,1,1)^t, (1,2,3)^t$

    (d) $(1,-3,5)^t, (5,7,9)^t, (11,-31,5)^t, (0,0,1)^t$

17. 다음 선형계의 해공간의 차수를 구하여라.

    (a) $\begin{cases} x-y+z &= 0 \\ x+y+z &= 0 \end{cases}$

    (b) $\begin{cases} x-y+2z-3w &= 0 \\ x+2y+z-2w &= 0 \end{cases}$

    (c) $\begin{cases} 3x_1-2x_2-x_3+3x_4 &= 0 \\ x_1+2x_2+x_3-2x_4 &= 0 \end{cases}$

    (d) $\begin{cases} x_1-2x_2-x_3+3x_4 &= 0 \\ -2x_1+4x_2+2x_3-6x_4 &= 0 \end{cases}$

18. $\mathbb{R}^3$의 다음 부분공간의 기저를 구하여라.

    (a) 평면 : $x-2y-3z=0$

    (b) 평면 : $x-3z=0$

    (c) 직선: $x=2t, y=5t, z=-t$

    (d) $(a,b,a+b)^t$ 꼴의 벡터들

19. 연습문제 3.4의 문제 12에서 해공간의 기저를 구하여라.

20. $\mathbb{R}^n$의 벡터 $\mathbf{v}_1,\ldots,\mathbf{v}_k$가 일차독립이고 $\mathbf{w}=c_1\mathbf{v}_1+\cdots+c_k\mathbf{v}_k$ $(c_1\neq 0)$이면 $\mathbf{w},\mathbf{v}_2,\ldots,\mathbf{v}_k$는 일차독립임을 보여라.

21. $\mathbf{u},\mathbf{v}$는 일차독립이고 $\mathbf{w}$가 $\mathbf{u},\mathbf{v}$의 일차결합이 아니면 $\mathbf{u},\mathbf{v},\mathbf{w}$는 일차독립임을 보여라.

22. (a) $n\times n$ 행렬 A가 가역이라 하자. $\mathbb{R}^n$의 벡터 $\mathbf{v}_1,\ldots,\mathbf{v}_k$가 일차독립이면 $A\mathbf{v}_1,\ldots,A\mathbf{v}_k$도 일차독립임을 보여라.

    (b) $\mathbb{R}^n$의 벡터 $\mathbf{v}_1,\ldots,\mathbf{v}_k$가 일차종속이면 임의의 $n\times n$ 행렬 A에 대하여 $A\mathbf{v}_1,\ldots,A\mathbf{v}_k$도 일차종속임을 보여라.

23. $\mathbb{R}^n$의 서로 다른 두 벡터 $\mathbf{v},\mathbf{w}$에 대하여 다음 두 명제는 동치임을 보여라

    (a) $\mathbf{v},\mathbf{w}$가 일차독립이다.

    (b) $\mathbf{v}+\mathbf{w},\mathbf{v}-\mathbf{w}$가 일차독립이다.

24. $\mathbb{R}^n$의 서로 다른 세 벡터 $\mathbf{u},\mathbf{v},\mathbf{w}$에 대하여 다음은 동치임을 보여라

    (a) $\mathbf{u},\mathbf{v},\mathbf{w}$는 일차독립이다.

    (b) $\mathbf{u},\mathbf{u}+\mathbf{v},\mathbf{u}+\mathbf{v}+\mathbf{w}$는 일차독립이다.

25. (a) $\mathbb{R}^n$의 벡터들의 집합 $S=\{\mathbf{v}_1,\ldots,\mathbf{v}_k\}$가 일차독립이면 공집합이 아닌 S의 부분집합은 일차독립임을 보여라.

    (b) $\mathbb{R}^n$의 벡터들의 집합 $S=\{\mathbf{v}_1,\ldots,\mathbf{v}_k\}$가 일차종속이면 임의의 벡터 $\mathbf{v}\subset\mathbb{R}^n$에 대하여 $\{\mathbf{v}_1,\ldots,\mathbf{v}_k,\mathbf{v}\}$은 일차종속임을 보여라.

CHAPTER

4

행렬의 응용과 그래프

1. 행렬식
2. 특성치와 특성벡터
3. 마르코프 모형
4. 선형미분방정식계
5. 그래프와 행렬
6. 유향그래프와 서열 재구성 문제

4.1 행렬식

4.1.1 2×2 행렬의 행렬식

2×2 행렬 $A = \begin{pmatrix} a & b \\ c & d \end{pmatrix}$에 대하여

(a) $ad - bc \neq 0$이면 A는 가역이고

(b) $ad - bc = 0$이면 A는 가역이 아니다.

다시 말해서 2×2 행렬의 경우 $(ad - bc)$의 값을 알면 A가 가역인지 아닌지를 알 수 있다. 이 값을 A의 **행렬식(determinant)**이라 부르고 $\det(A)$ 또는 $|A|$로 나타낸다.

<u>2×2 행렬의 행렬식</u>

2×2 행렬 $A = \begin{pmatrix} a & b \\ c & d \end{pmatrix}$의 행렬식은 $\det(A)$ 또는 $|A|$로 나타내고 다음과 같이 정의한다.

$$\det(A) = |A| = ad - bc$$

2×2 행렬식의 정의로부터 전치행렬 A^t의 행렬식은 행렬 A의 행렬식과 같다.

$$\det(A^t) = \det(A)$$

2×2 행렬식의 정의로부터 $\mathbb{R}^2$의 벡터 $\mathbf{v}_1, \mathbf{v}_2, \mathbf{w}$에 대하여 다음 식이 성립함을 쉽게 보일 수 있다. 이때 $(\mathbf{v}_1,\ \mathbf{v}_2)$은 i 번째 열이 $\mathbf{v}_i$인 행렬을 나타낸다.[1]

(a) $\det(\mathbf{v}_1,\ \mathbf{v}_1) = 0$

(b) $\det(\mathbf{v}_2,\ \mathbf{v}_1) = -\det(\mathbf{v}_1,\ \mathbf{v}_2)$

(c) $\det(c\mathbf{v}_1,\ \mathbf{v}_2) = \det(\mathbf{v}_1,\ c\mathbf{v}_2) = c\det(\mathbf{v}_1,\ \mathbf{v}_2)$

(d) $\det(\mathbf{v}_1 + \mathbf{v}_2,\ \mathbf{w}) = \det(\mathbf{v}_1,\ \mathbf{w}) + \det(\mathbf{v}_2,\ \mathbf{w})$
$\det(\mathbf{w},\ \mathbf{v}_1 + \mathbf{v}_2) = \det(\mathbf{w},\ \mathbf{v}_1) + \det(\mathbf{w},\ \mathbf{v}_2)$

성질 (a), (c)와 성질 (d)로부터 다음 성질을 보일 수 있다.

$$\det(\mathbf{v}_1 + c\mathbf{v}_2,\ \mathbf{v}_2) = \det(\mathbf{v}_1,\ \mathbf{v}_2), \qquad \det(\mathbf{v}_1, c\mathbf{v}_1 + \mathbf{v}_2) = \det(\mathbf{v}_1,\ \mathbf{v}_2)$$

전치행렬의 행렬식은 원래 행렬의 행렬식과 같으므로 기본행연산에 대하여 다음 결과가 성립한다.

[1] $(\mathbf{v}_1\ \mathbf{v}_2)$이 맞는 표현이지만 표기의 편의상 열벡터 사이에 쉼표를 넣어 표시하기로 한다.

기본행연산과 행렬식

행렬 A에 다음과 같은 기본행연산을 한 행렬을 B라 할 때 B의 행렬식은 다음과 같다.

(a) 두 행을 바꾸었을 때: $\det(B) = -\det(A)$

(b) 한 행에 상수 c를 곱했을 때: $\det(B) = c\det(A)$

(c) 한 행에 상수 c를 곱하여 다른 행에 더했을 때: $\det(B) = \det(A)$

행렬식의 성질들을 이용하면 다음과 같은 중요한 성질을 보일 수 있다.

보기 1 2×2 행렬 A, B에 대하여 다음 등식이 성립함을 보여라.

$$\det(AB) = \det(A)\det(B)$$

Solution $A = (\mathbf{v}_1,\ \mathbf{v}_2),\ B = \begin{pmatrix} a & b \\ c & d \end{pmatrix}$라 하면 $AB = (a\mathbf{v}_1 + c\mathbf{v}_2,\ \ b\mathbf{v}_1 + d\mathbf{v}_2)$이다.

$$\begin{aligned} \det(AB) &= \det(a\mathbf{v}_1 + c\mathbf{v}_2,\ \ b\mathbf{v}_1 + d\mathbf{v}_2) \\ &= ab\det(\mathbf{v}_1,\ \mathbf{v}_1) + ad\det(\mathbf{v}_1,\ \mathbf{v}_2) + bc\det(\mathbf{v}_2,\ \mathbf{v}_1) + cd\det(\mathbf{v}_2,\ \mathbf{v}_2) \\ &= ad\det(\mathbf{v}_1,\ \mathbf{v}_2) - bc\det(\mathbf{v}_1,\ \mathbf{v}_2) \\ &= \det(\mathbf{v}_1,\ \mathbf{v}_2)(ad - bc) \\ &= \det(A)\det(B) \end{aligned}$$

□

행렬식의 기하학적 의미

2×2 행렬의 행렬식은 가역성 뿐만 아니라 다음과 같은 기하학적인 의미도 포함하고 있다.

2×2 행렬 $A = \begin{pmatrix} a & b \\ c & d \end{pmatrix} = (\mathbf{v}, \mathbf{w})$에 대하여 $\mathbf{v}, \mathbf{w}$를 이웃으로 하는 평행사변형을 생각하자. 만약 $\mathbf{w}$가 $\mathbf{v}$의 왼쪽에 있다면 넓이를 양수로 정의하고 $\mathbf{w}$가 $\mathbf{v}$의 오른쪽에 있다면 넓이를 음수로 정의하자. 이렇게 부호를 가지는 넓이를

$$f(\mathbf{v}, \mathbf{w})$$

로 나타내자. 예를 들어

$$f(\mathbf{e}_1, \mathbf{e}_2) = 1, \quad f(\mathbf{e}_2, \mathbf{e}_1) = -1$$

이다. 정의로부터 다음 사실들을 쉽게 확인할 수 있다.

$$f(\mathbf{v}, \mathbf{v}) = 0 \qquad f(\mathbf{w}, \mathbf{v}) = -f(\mathbf{v}, \mathbf{w}) \qquad f(k\mathbf{v}, \mathbf{w}) = kf(\mathbf{v}, \mathbf{w})$$

다음 그림으로부터 다음 등식이 성립하는 것은 알 수 있다.

$$f(\mathbf{v}_1 + \mathbf{v}_2, \mathbf{w}) = f(\mathbf{v}_1, \mathbf{w}) + f(\mathbf{v}_2, \mathbf{w})$$

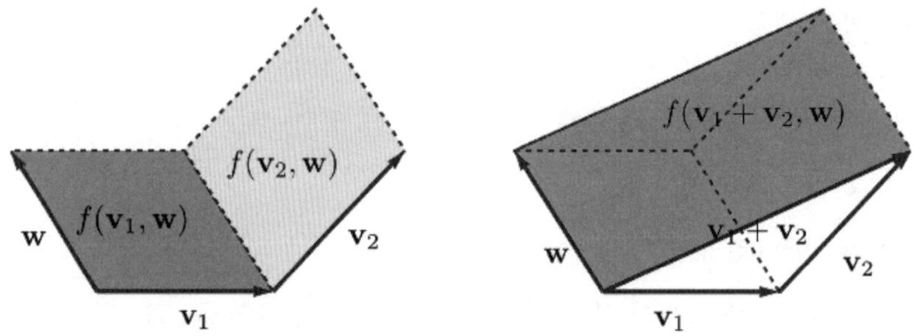

또한 $f(\mathbf{w}, \mathbf{v}) = -f(\mathbf{v}, \mathbf{w})$이므로 다음 식도 성립한다.

$$f(\mathbf{v}, \mathbf{w}_1 + \mathbf{w}_2) = f(\mathbf{v}, \mathbf{w}_1) + f(\mathbf{v}, \mathbf{w}_2)$$

따라서

$$\begin{aligned} f(A) &= f(a\mathbf{e}_1 + c\mathbf{e}_2, b\mathbf{e}_1 + d\mathbf{e}_2) \\ &= abf(\mathbf{e}_1, \mathbf{e}_1) + adf(\mathbf{e}_1, \mathbf{e}_2) + cbf(\mathbf{e}_2, \mathbf{e}_1) + cdf(\mathbf{e}_2, \mathbf{e}_2) \\ &= adf(\mathbf{e}_1, \mathbf{e}_2) + bcf(\mathbf{e}_2, \mathbf{e}_1) \\ &= ad - bc \end{aligned}$$

이다. 즉 $f(A) = \det(A)$이므로 $\det(A)$는 $\mathbf{v}$와 $\mathbf{w}$를 이웃으로 하는 평행사변형의 부호 있는 넓이이다. □

보기 2 평면의 세 점 $A(1,1), B(3,2), C(2,4)$로 만들어지는 삼각형의 넓이는 두 벡터

$$\overrightarrow{AB} = \begin{pmatrix} 2 \\ 1 \end{pmatrix}, \quad \overrightarrow{AC} = \begin{pmatrix} 1 \\ 3 \end{pmatrix}$$

이 만드는 평행사변형 넓이의 1/2이다. 평행사변형의 넓이는

$$\left| \det \begin{pmatrix} 2 & 1 \\ 1 & 3 \end{pmatrix} \right| = 5$$

이므로 구하는 삼각형의 넓이는 $\dfrac{5}{2}$이다. □

4.1.2 행렬식의 귀납적 정의

2×2 행렬에서와 마찬가지로 일반적인 $n \times n$ $(n > 2)$ 행렬 $A = (a_{ij})$에 대해서도 가역성을 결정하는 수가 존재한다. 이 수도 역시 행렬식이라 부르며 다음과 같이 귀납적으로 정의한다.

행렬 A에서 i번째 행과 j번째 열을 제외한 $(n-1)\times(n-1)$ 행렬을 A_{ij}라 하자. 예를 들어

$$A = \begin{pmatrix} 1 & 2 & 3 \\ 0 & 1 & 3 \\ 3 & 2 & 1 \end{pmatrix} \tag{4.1}$$

이면

$$A_{11} = \begin{pmatrix} 1 & 3 \\ 2 & 1 \end{pmatrix}, \quad A_{12} = \begin{pmatrix} 0 & 3 \\ 3 & 1 \end{pmatrix}, \quad A_{13} = \begin{pmatrix} 0 & 1 \\ 3 & 2 \end{pmatrix}$$

이다. $n\times n$ 행렬의 행렬식은 $(n-1)\times(n-1)$ 행렬의 행렬식을 이용하여 다음과 같이 정의한다.

$$\begin{aligned} \det(A) &= a_{11}\det(A_{11}) - a_{12}\det(A_{12}) + \cdots + (-1)^{1+n}a_{1n}\det(A_{1n}) \\ &= \sum_{j=1}^{n}(-1)^{1+j}a_{1j}\det(A_{1j}) \end{aligned}$$

정의에 따라 계산하면 (4.1)의 행렬 A의 행렬식은 나음과 같나.

$$\det(A) = 1(-5) - 2(-9) + 3(-3) = 4$$

$n\times n$ 행렬의 행렬식

$n\times n$ 행렬 $A=(a_{ij})$의 **행렬식(determinant)**은 다음과 같이 정의된다.

$$\det(A) = a_{11}\det(A_{11}) - a_{12}\det(A_{12}) + \cdots + (-1)^{1+n}a_{1n}\det(A_{1n})$$

Note 3×3 행렬 A의 경우 $\det(A)$는 A의 세 열로 이루어지는 평행육면체의 부호 있는 부피가 되는 것이 알려져 있다.

위와 같이 행렬식을 구한 것을 **첫번째 행에 대하여 전개한다**고 한다. $i(i=2,3,\ldots,n)$번째 행에 대하여 전개한 행렬식은 다음과 같이 정의된다.

$$\sum_{j=1}^{n}(-1)^{i+j}a_{ij}\det(A_{ij}) = (-1)^{i+1}(a_{i1}\det(A_{i1}) - a_{i2}\det(A_{i2}) + \cdots + (-1)^{n-1}a_{in}\det(A_{in}))$$

마찬가지로 $j=1,2,\ldots,n$ 번째 열에 대하여 전개한 행렬식은 다음과 같이 정의된다.

$$\sum_{i=1}^{n}(-1)^{i+j}a_{ij}\det(A_{ij}) = (-1)^{1+j}(a_{1j}\det(A_{1j}) - a_{2j}\det(A_{2j}) + \cdots + (-1)^{n-1}a_{nj}\det(A_{nj}))$$

Note 어떤 방법으로 행렬식을 구하여도 그 값은 항상 같다는 것이 알려져 있다. 따라서 0을 많이 포함한 행이나 열에 대하여 전개하면 계산을 상대적으로 간단히 할 수 있다.

보기 3 3×3 행렬 $A = \begin{pmatrix} a & b & c \\ d & e & f \\ g & h & i \end{pmatrix}$에 대하여 행렬식을 다음과 같이 구하여라.

(a) 첫 번째 행에 대하여 전개하여 구하여라.

(b) 두 번째 열에 대하여 전개하여 구하여라.

Solution

(a) 첫 번째 행에 대하여 전개하면 다음과 같다.

$$\begin{aligned} \det(A) &= a \cdot \det \begin{pmatrix} e & f \\ h & i \end{pmatrix} - b \det \begin{pmatrix} d & f \\ g & i \end{pmatrix} + c \det \begin{pmatrix} d & e \\ g & h \end{pmatrix} \\ &= a(ei - fh) - b(di - fg) + c(dh - eg) \\ &= aei - afg - bdi + bfg + cdh - ceg \end{aligned}$$

(b) 두 번째 열에 대하여 전개한 행렬식은 다음과 같다.

$$\begin{aligned} \det(A) &= -b \det \begin{pmatrix} d & f \\ g & i \end{pmatrix} + e \det \begin{pmatrix} a & c \\ g & i \end{pmatrix} - h \det \begin{pmatrix} a & c \\ d & f \end{pmatrix} \\ &= aei - afg - bdi + bfg + cdh - ceg \end{aligned}$$

□

행렬식은 귀납적으로 정의되므로 2×2 행렬에 대하여 성립하는 많은 성질들이 $n \times n$ 행렬에 대하여 성립한다. 그 중에서도 한 행, 또는 한 열의 합에 대한 결과를 살펴보기로 한다.

보기 4 행렬 A, B_1, B_2가 다음과 같을 때

$$A = \begin{pmatrix} a+\alpha & b+\beta & c+\gamma \\ d & e & f \\ g & h & i \end{pmatrix}, \quad B_1 = \begin{pmatrix} a & b & c \\ d & e & f \\ g & h & i \end{pmatrix}, \quad B_1 = \begin{pmatrix} \alpha & \beta & \gamma \\ d & e & f \\ g & h & i \end{pmatrix}$$

$$\det(A) = \det(B_1) + \det(B_2)$$

임을 보여라.

Solution 3개의 행렬 A, B_1, B_2는 $j = 1, 2, 3$에 대하여 첫 행과 j열을 제외한 행렬은 모두 다음과 같다.

$$A_{11} = \begin{pmatrix} e & f \\ h & i \end{pmatrix}, \quad A_{12} = \begin{pmatrix} d & f \\ g & i \end{pmatrix}, \quad A_{13} = \begin{pmatrix} d & e \\ g & h \end{pmatrix}$$

A의 첫 행에 대하여 행렬식을 구하면

$$\begin{aligned}\det(A) &= (a+\alpha)\det(A_{11}) - (b+\beta)\det(A_{12}) + (c+\gamma)\det(A_{13}) \\ &= a\det(A_{11}) - b\det(A_{12}) + c\det(A_{13}) + \alpha\det(A_{11}) - \beta\det(A_{12}) + \gamma\det(A_{13}) \\ &= \det(B) + \det(C)\end{aligned}$$

이므로 원하는 결과를 얻는다. □

$\det(A^t) = \det(A)$이므로 보기 4에서 성립한 성질은 열에 대하여도 성립한다. 다시 말해서 $\mathbf{u}_1, \mathbf{u}_2, \mathbf{v}, \mathbf{w}$가 $\mathbb{R}^3$의 벡터일 때 다음 식이 성립한다.

$$\det(\mathbf{u}_1 + \mathbf{u}_2,\ \mathbf{v},\ \mathbf{w}) = \det(\mathbf{u}_1,\ \mathbf{v},\ \mathbf{w}) + \det(\mathbf{u}_2,\ \mathbf{v},\ \mathbf{w})$$

이 결과는 $n \times n$ 행렬에 대하여 같은 방법으로 보일 수 있다. 즉, 다음 식이 성립한다.

$$\det(\mathbf{v}+\mathbf{w},\ \mathbf{v}_2,\ \cdots,\ \mathbf{v}_n) = \det(\mathbf{v},\ \mathbf{v}_2,\ \cdots\ \mathbf{v}_n) + \det(\mathbf{w},\ \mathbf{v}_2,\ \cdots,\mathbf{v}_n)$$

4.1.3 기본행연산과 행렬식

행렬식은 귀납적으로 정의되므로

$$\det(A^t) = \det(A)$$

임을 귀납적으로 보일 수 있다. 2×2 행렬에 대하여 성립한 기본행연산에 관련된 다음 성질들은 $n \times n$ 행렬에 대하여도 성립함을 귀납적으로 보일 수 있다.

기본행연산과 행렬식

$n \times n$ 행렬 A에 대하여 다음 성질이 성립한다.

- B가 A의 두 행을 바꾼 행렬이면 $\det(B) = -\det(A)$이다.
- B가 A의 한 행에 c를 곱한 행렬이면 $\det(B) = c\det(A)$이다.
- B가 A의 한 행에 다른 행의 상수배한 것을 더한 행렬이면 $\det(B) = \det(A)$이다.

Note 행렬식의 정의와 기본행연산에 대한 위의 결과로부터 다음 결과들을 얻는다.

(a) A의 두 행 또는 두 열이 같으면 $\det(A) = 0$이다.

(b) $n \times n$ 행렬 A에 대하여 $\det(cA) = c^n\det(A)$이다.

$n \times n$ 행렬 A에 대하여 행렬의 크기가 커지면 귀납적으로 행렬식을 구하는 것은 아주 많은 계산을 요구한다.[2] 그러나 대각행렬의 행렬식은 단순히 대각원소를 모두 곱하여 구할 수 있다.

$$\det(D(d_1, d_2, \ldots, d_n)) = d_1 d_2 \cdots d_n$$

[2] $n\times n$ 행렬의 행렬식을 구하는 데 N_n 번의 계산이 필요하다면 $(n+1)\times(n+1)$ 행렬의 행렬식을 구하기 위해서는

$$N_{n+1} = (n+1)N_n$$

삼각행렬의 행렬식도 같은 방법으로 구할 수 있다. 대각항 아래의 항이 모두 0인 행렬을 **상삼각행렬**(**upper triangular matrix**), 대각항 위의 항이 모두 0인 행렬을 **하삼각행렬**(**upper triangular matrix**)이라 한다. 상삼각행렬과 하삼각행렬을 통틀어 **삼각행렬**(**triagular matrix**)이라 한다. A는 상삼각행렬, B는 하삼각행렬이다.

$$A = \begin{pmatrix} 1 & 2 & 3 \\ 0 & 4 & 5 \\ 0 & 0 & 6 \end{pmatrix}, \quad B = \begin{pmatrix} 5 & 0 & 0 & 0 \\ 2 & 3 & 0 & 0 \\ 0 & 0 & -1 & 0 \\ -2 & 1 & 3 & 4 \end{pmatrix}$$

A의 행렬식은 첫 번째 열에 대하여 전개하면

$$\det(A) = 1\det\begin{pmatrix} 4 & 5 \\ 0 & 6 \end{pmatrix} = 1 \cdot 4 \cdot 6 = 24$$

이다. B의 경우는 첫 번째 행에 대하여 전개하면

$$\begin{aligned} \det(B) &= 5\det\begin{pmatrix} 3 & 0 & 0 \\ 0 & -1 & 0 \\ 1 & 3 & 4 \end{pmatrix} = 5 \cdot 3\det\begin{pmatrix} -1 & 0 \\ 3 & 4 \end{pmatrix} \\ &= 5 \cdot 3 \cdot (-1) \cdot 4 = -60 \end{aligned}$$

이다. 일반적으로 삼각행렬의 행렬식은 대각항들을 모두 곱한 값이다.

삼각행렬의 행렬식

A가 대각항이 $a_{11}, a_{22}, \ldots, a_{nn}$인 삼각행렬이면 행렬식은 대각항의 곱이다.

$$\det(A) = a_{11}a_{22}\cdots a_{nn}$$

Note 특히 $\det(I_n) = 1$이다.

모든 정사각행렬은 기본행연산에 의하여 삼각행렬로 만들 수 있다. 특히 한 열의 상수배를 다른 행에 더하는 기본행연산은 행렬식의 값을 변화시키지 않으므로 유용하게 사용할 수 있다.

보기 5 행렬 B, C는 다음과 같이 기본행연산에 의하여 얻어진다.

$$A \overset{3\mathbf{r}_1 + \mathbf{r}_3 \to \mathbf{r}_3}{\longrightarrow} B \overset{\mathbf{r}_3 - \mathbf{r}_2 \to \mathbf{r}_3}{\longrightarrow} C$$

만큼의 계산이 필요하다. 따라서 $N_1 = 1$로 놓으면 $N_n = n!$임을 알 수 있다. 예를 들어 25×25 행렬의 행렬식을 구하려면 $25! \approx 1.5 \cdot 10^{25}$번의 계산이 필요하다. 1초에 36조 번의 연산이 가능한 수퍼컴퓨터라도 $4.3 \cdot 10^{11}$초, 다시 말해서 13663년의 시간이 걸린다.

$$A = \begin{pmatrix} 1 & -1 & 1 \\ 0 & 2 & -3 \\ -3 & 5 & 2 \end{pmatrix} \qquad B = \begin{pmatrix} 1 & -1 & 1 \\ 0 & 2 & -3 \\ 0 & 2 & 5 \end{pmatrix} \qquad C = \begin{pmatrix} 1 & -1 & 1 \\ 0 & 2 & -3 \\ 0 & 0 & 8 \end{pmatrix}$$

행렬 A의 행렬식을 다음과 같이 구하여라.

(a) 첫 번째 열에 대하여 전개하여

(b) 행렬 C의 행렬식을 이용하여

Solution (a) 첫 번째 열에 대하여 전개하여 계산하면 다음과 같다.

$$1 \cdot \det \begin{pmatrix} 2 & -3 \\ 5 & 2 \end{pmatrix} - 3 \cdot \det \begin{pmatrix} -1 & 1 \\ 2 & -3 \end{pmatrix} = 1(4+15) - 3(3-2) = 16$$

(b) 기본행연산과 행렬식의 관계를 이용하여 구하면 다음과 같다.

$$\det(A) = \det(B) = \det(C) = 1 \cdot 2 \cdot 8 = 16$$

□

4.1.4 행렬식의 성질

E가 기본행렬이면 E의 행렬식은 다음과 같다.

$$\det(E) = \begin{cases} -\det(I_n) = & -1, & \mathbf{r}_i \leftrightarrow \mathbf{r}_j \\ \det(I_n) = & 1, & c\mathbf{r}_i + \mathbf{r}_j \to \mathbf{r}_j \\ c\det(I_n) = & c, & c\mathbf{r}_i \to \mathbf{r}_i \end{cases}$$

따라서 $B = EA$이면 다음 식이 성립한다.

$$\det(B) = \det(EA) = \det(E)\det(A)$$

이 식을 반복하여 적용하면 자연수 k와 기본행렬 $E_1, \ldots, E_k$에 대하여 다음 식이 성립한다.

$$\det(E_k \cdots E_1 A) = \det(E_k) \cdots \det(E_1)\det(A) \tag{4.2}$$

A의 기약행사다리꼴을 U라 하면 $CA = U$인 기본행렬의 곱 $C = E_k \cdots E_1$가 존재한다. A가 가역이면 $CA = I_n$이므로

$$\det(CA) = \det(E_k) \cdots \det(E_1)\det(A) = \det(I_n) = 1$$

이다. 따라서 $\det(A) \neq 0$이다. A가 가역이 아니면 U의 마지막 행은 영벡터이므로

$$\det(CA) = \det(E_k) \cdots \det(E_1)\det(A) = \det(U) = 0$$

이다. $\det(E_j) \neq 0$이므로 $\det(A) = 0$이다. 정리하면 다음 결과를 얻는다.

행렬식과 가역성

$n \times n$ 행렬 A에 대하여 다음은 동치이다.

- $\det(A) \neq 0$이다.
- A는 가역이다.

보기 6 $x_i \neq x_j$인 세 점 $(x_0, y_0), (x_1, y_1), (x_2, y_2)$를 지나는 $f(x) = a + bx + cx^2$는 유일함을 보여라.

Solution 다음 행렬방정식을 만족하는 a, b, c가 유일함을 보이면 된다.[3]

$$\begin{pmatrix} y_0 \\ y_1 \\ y_2 \end{pmatrix} = \begin{pmatrix} 1 & x_0 & x_0^2 \\ 1 & x_1 & x_1^2 \\ 1 & x_2 & x_2^2 \end{pmatrix} \begin{pmatrix} a \\ b \\ c \end{pmatrix}$$

$A = \begin{pmatrix} 1 & x_0 & x_0^2 \\ 1 & x_1 & x_1^2 \\ 1 & x_2 & x_2^2 \end{pmatrix}$가 가역임을 보이기 위하여 A의 행렬식이 0이 아님을 보이기로 한다.

$$A = \begin{pmatrix} 1 & x_0 & x_0^2 \\ 1 & x_1 & x_1^2 \\ 1 & x_2 & x_2^2 \end{pmatrix} \overset{\substack{\mathbf{r}_2 - \mathbf{r}_1 \to \mathbf{r}_2 \\ \mathbf{r}_3 - \mathbf{r}_1 \to \mathbf{r}_3}}{\longrightarrow} \begin{pmatrix} 1 & x_0 & x_0^2 \\ 0 & x_1 - x_0 & x_1^2 - x_0^2 \\ 0 & x_2 - x_0 & x_2^2 - x_0^2 \end{pmatrix} = B$$

이므로

$$\begin{aligned} \det(A) &= \det(B) = (x_1 - x_0)(x_2 - x_0) \det \begin{pmatrix} 1 & x_0 & x_0^2 \\ 0 & 1 & x_1 + x_0 \\ 0 & 1 & x_2 + x_0 \end{pmatrix} \\ &= (x_1 - x_0)(x_2 - x_0) \det \begin{pmatrix} 1 & x_1 + x_0 \\ 1 & x_2 + x_0 \end{pmatrix} \\ &= (x_1 - x_0)(x_2 - x_0)(x_2 - x_1) \neq 0 \end{aligned}$$

이다. □

행렬곱의 행렬식

두 정사각행렬 A, B에 대하여 A가 가역이 아니면 AB도 가역이 아니므로

$$\det(A) = 0 \quad \Rightarrow \quad \det(AB) = 0$$

[3] 다항식보간법 참조

이다. 따라서 A가 가역이 아니면 다음 등식이 성립한다.

$$\det(AB) = \det(A)\det(B)$$

A가 가역이면 A는 기본행렬의 곱으로 쓸 수 있다. 즉

$$A = E_1E_2\cdots E_k$$

인 기본행렬 $E_1, E_2, \ldots, E_k$가 존재한다. 행렬곱 AB의 행렬식은

$$\begin{aligned}\det(AB) &= \det(E_1E_2\cdots E_kB) = \det(E_1)\cdots\det(E_k)\det(B) \\ &= \det(A)\det(B)\end{aligned}$$

이다.

행렬곱의 행렬식

$n \times n$ 행렬 A, B에 대하여 다음 식이 항상 성립한다.

$$\det(AB) = \det(A)\det(B)$$

Note 행렬의 이 성질에 의하면 A가 가역행렬이면

$$1 = \det(I_n) = \det(AA^{-1}) = \det(A)\det(A^{-1}) \quad \Rightarrow \quad \det(A^{-1}) = \frac{1}{\det(A)}$$

이다. 다시 말해서 역행렬의 행렬식은 행렬식의 역수이다. 또한 정수 n에 대하여 다음 식이 성립한다.

$$\det(A^n) = (\det(A))^n$$

4.1.5 연습문제 4.1

1. 2×2 가역행렬 A의 모든 항이 정수라고 하자.

   (a) A^{-1}의 모든 항이 정수이면 $\det(A) = 1$, 또는 $\det(A) = -1$ 임을 보여라.

   (b) 역으로 $\det(A) = 1$, 또는 $\det(A) = -1$이면 A^{-1}의 모든 항은 정수임을 보여라.

2. 3.5절의 문제 11의 기본행렬에 대하여 행렬식을 구하여라.

3. 3.5절의 문제 12의 행렬에 대하여 행렬식을 구하고 역행렬이 존재하는 경우 역행렬의 행렬식을 구하여라.

4. 다음 행렬의 역행렬이 존재하지 않을 때, k 값을 구하여라.

   (a) $\begin{pmatrix} k & 3 & 2 \\ 0 & 2 & k+1 \\ 0 & 0 & 3 \end{pmatrix}$ (c) $\begin{pmatrix} 1 & 1 & 1 \\ 1 & k & -1 \\ 1 & k^2 & 1 \end{pmatrix}$

   (b) $\begin{pmatrix} 0 & k & 1 \\ 2 & 3 & 4 \\ 5 & 6 & 7 \end{pmatrix}$ (d) $\begin{pmatrix} 1 & 1 & k \\ 1 & k & k \\ k & k & k \end{pmatrix}$

5. 3×3 행렬 A에 대하여 $\det(A) = \det(A^t)$ 임을 보여라.

6. 다음과 같이 정의된 행렬들에 대하여

$$A = \begin{pmatrix} a_{11} & a_{12} \\ a_{21} & a_{22} \end{pmatrix}, B = \begin{pmatrix} b_{11} & b_{12} \\ b_{21} & b_{22} \end{pmatrix}, C = \begin{pmatrix} c_{11} & c_{12} \\ c_{21} & c_{22} \end{pmatrix}, O = \begin{pmatrix} 0 & 0 \\ 0 & 0 \end{pmatrix}$$

   행렬 M을 다음과 같이 정의하자.

$$M = \begin{pmatrix} A & B \\ O & C \end{pmatrix}$$

   $\det(M) = \det(A)\det(C)$ 임을 보여라.

7. A, B가 $n \times n$ 행렬이고 $\det(A) = 2, \det(B) = -3$일 때, 다음 행렬식을 구하여라.

   (a) $\det(AB)$ (c) $\det(2A)$ (e) $\det(A^{-1}B)$

   (b) $\det(B^2)$ (d) $\det(AA^t)$ (f) $\det(B^{-1}AB)$

8. A가 멱등행렬일 때, 즉 $A^2 = A$일 때 $\det(A)$의 값은 얼마인가?

9. 영행렬이 아닌 정사각행렬 A가 자연수 $m > 1$에 대하여 $A^m = O$이라고 하자. $\det(A)$의 값은 얼마인가?

10. 다음 행렬의 행렬식을 구하여라.

(a) $\begin{pmatrix} 1 & 0 & 3 \\ 5 & 1 & 1 \\ 0 & 1 & 2 \end{pmatrix}$

(b) $\begin{pmatrix} 1 & -1 & 0 \\ -1 & 0 & 1 \\ 0 & 1 & -1 \end{pmatrix}$

(c) $\begin{pmatrix} 1 & 2 & 3 \\ 2 & 3 & 1 \\ 3 & 1 & 2 \end{pmatrix}$

(d) $\begin{pmatrix} a & b & 0 \\ 0 & a & b \\ a & 0 & b \end{pmatrix}$

(e) $\begin{pmatrix} 1 & -1 & 0 & 3 \\ 2 & 5 & 2 & 6 \\ 0 & 1 & 0 & 0 \\ 1 & 4 & 2 & 1 \end{pmatrix}$

(f) $\begin{pmatrix} 6 & 0 & 0 & 5 \\ 1 & 7 & 2 & -5 \\ 2 & 0 & 0 & 0 \\ 8 & 3 & 1 & 8 \end{pmatrix}$

(g) $\begin{pmatrix} 3 & 5 & -8 & 4 \\ 0 & -2 & 3 & -7 \\ 0 & 0 & 1 & 5 \\ 0 & 0 & 0 & 2 \end{pmatrix}$

(h) $\begin{pmatrix} 0 & 0 & 0 & 2 \\ 0 & 0 & -3 & 3 \\ 0 & -1 & 2 & -5 \\ 7 & 11 & 17 & 19 \end{pmatrix}$

(i) $\begin{pmatrix} 1 & 1 & 1 & 1 & 1 \\ 1 & 2 & 2 & 2 & 2 \\ 1 & 1 & 3 & 3 & 3 \\ 1 & 1 & 1 & 4 & 4 \\ 1 & 1 & 1 & 1 & 5 \end{pmatrix}$

11. 행렬 $A = \begin{pmatrix} a & b & c \\ d & e & f \\ g & h & i \end{pmatrix}$의 행렬식이 $\det(A) = 6$일 때 다음 행렬의 행렬식을 구하여라.

(a) $\begin{pmatrix} a & b & c \\ 3d & 3e & 3f \\ g & h & i \end{pmatrix}$

(b) $\begin{pmatrix} a & b & c \\ 2a+d & 2b+e & 2c+f \\ g & h & i \end{pmatrix}$

(c) $\begin{pmatrix} g & h & i \\ d & e & f \\ a & b & c \end{pmatrix}$

(d) $\begin{pmatrix} a & d & g-d \\ b & e & h-e \\ c & f & i-f \end{pmatrix}$

12. 다음과 같이 주어졌을 때

$$\det\begin{pmatrix} a & b & 1 \\ c & d & 1 \\ e & f & 1 \end{pmatrix} = 5, \quad \det\begin{pmatrix} a & 1 & b \\ c & 2 & d \\ e & 3 & f \end{pmatrix} = 11$$

다음 행렬식을 구하여라.

(a) $\det\begin{pmatrix} a+b & 1 & b \\ c+b & 1 & d \\ e+b & 1 & f \end{pmatrix}$

(b) $\det\begin{pmatrix} a & c & e \\ 3 & 6 & 9 \\ b & d & f \end{pmatrix}$

(c) $\det\begin{pmatrix} a & b & 2 \\ c & d & 3 \\ e & f & 4 \end{pmatrix}$ (d) $\det\begin{pmatrix} a & 3 & b \\ c & 5 & d \\ e & 7 & f \end{pmatrix}$

13. $n \times n$ 행렬 $M_n = (m_{ij})$이 다음과 같이 정의된다.

$$m_{ij} = \min(i, j)$$

(a) $d_n = \det(M_n)$이라고 할 때, d_2, d_3, d_4를 구하여라.

(b) d_n을 d_{n-1}을 이용하여 나타내어라.

(c) d_n을 구하여라.

14. 다음 함수의 도함수를 구하여라.

$$f(x) = \det\begin{pmatrix} 1 & 1 & 2 & 2 & 3 \\ 3 & 0 & 3 & 4 & 5 \\ 5 & 0 & 0 & 3 & 4 \\ x & 3 & 7 & 11 & 17 \\ 9 & 0 & 0 & 0 & 2 \end{pmatrix}$$

15. $n \times n$ 행렬 $A = (a_{ij})$에서

$$a_{ji} = -a_{ij} \text{ 이면, 즉 } A^t = -A$$

이고 n이 홀수이면 행렬 A는 가역이 아님을 보여라.

16. $U^tU = I_n$인 정사각행렬 U에 대하여 $\det(U) = 1$ 또는 $\det(U) = -1$ 임을 보여라.

17. 정사각행렬 A, B에 대하여 $P^{-1}AP = B$인 가역행렬 P가 존재하면 $\det(A) = \det(B)$ 임을 보여라.

4.2 특성치와 특성벡터

4.2.1 점화계와 특성벡터

여러 개의 점화식이 모여 있는 것을 **점화계**(**system of recursion equation**)라고 한다. 다음과 같이

$$\begin{aligned} x_{n+1} &= ax_n + by_n \\ y_{n+1} &= cx_n + dy_n \end{aligned}$$

각 점화식이 선형이면 점화계는 정사각행렬을 이용한 행렬방정식으로 쓸 수 있다.

$$\begin{pmatrix} x_{n+1} \\ y_{n+1} \end{pmatrix} = \begin{pmatrix} a & b \\ c & d \end{pmatrix} \begin{pmatrix} x_n \\ y_n \end{pmatrix}$$

보기 1 최대수명이 2년인 생물이 다음과 같이 번식한다. 한 살짜리 개체 중에서 50%가 두 살까지 살아 남고 한 살짜리 개체는 일년동안 평균적으로 하나의 자손을 낳는 반면 두 살짜리의 개체는 일년동안 평균 넷을 낳는다고 하자.

(a) 이 모형을 나타내는 점화계를 행렬을 이용하여 나타내어라.

(b) 현재 한 살짜리 개체 6마리가 있을 때 3년 후 이 생물의 개체 수를 구하여라.

(c) 현재 한 살짜리 4마리, 두 살짜리가 한 마리 있을 때 5년 후의 개체 수를 구하여라.

Solution (a) x_n을 n년 후 한 살짜리 개체의 수, y_n을 n년 후 두 살짜리 개체의 수라고 하자. 그러면

$$\begin{aligned} x_{n+1} &= x_n + 4y_n \\ y_{n+1} &= 0.5x_n \end{aligned}$$

이므로 $\mathbf{x}_n = \begin{pmatrix} x_n \\ y_n \end{pmatrix}$이라고 하면 점화계는 다음과 같이 주어진다.

$$\mathbf{x}_{n+1} = \begin{pmatrix} x_{n+1} \\ y_{n+1} \end{pmatrix} = \begin{pmatrix} 1 & 4 \\ 0.5 & 0 \end{pmatrix} \begin{pmatrix} x_n \\ y_n \end{pmatrix} = A\mathbf{x}_n \tag{4.3}$$

(b) $\mathbf{x}_0 = \begin{pmatrix} 6 \\ 0 \end{pmatrix}$이므로

$$\begin{aligned} \mathbf{x}_1 &= A\mathbf{x}_0 = \begin{pmatrix} 1 & 4 \\ 0.5 & 0 \end{pmatrix} \begin{pmatrix} 6 \\ 0 \end{pmatrix} = \begin{pmatrix} 6 \\ 3 \end{pmatrix} \\ \mathbf{x}_2 &= A\mathbf{x}_1 = \begin{pmatrix} 1 & 4 \\ 0.5 & 0 \end{pmatrix} \begin{pmatrix} 6 \\ 3 \end{pmatrix} = \begin{pmatrix} 18 \\ 3 \end{pmatrix} \\ \mathbf{x}_3 &= A\mathbf{x}_2 = \begin{pmatrix} 1 & 4 \\ 0.5 & 0 \end{pmatrix} \begin{pmatrix} 18 \\ 3 \end{pmatrix} = \begin{pmatrix} 30 \\ 9 \end{pmatrix} \end{aligned}$$

를 얻는다. 따라서 3년 후 이 생물은 한 살짜리는 30마리, 두 살짜리는 9마리 존재한다.

(c) $\mathbf{x}_0 = \begin{pmatrix} 4 \\ 1 \end{pmatrix}$이라고 하면

$$\mathbf{x}_1 = A\mathbf{x}_0 = \begin{pmatrix} 1 & 4 \\ 0.5 & 0 \end{pmatrix}\begin{pmatrix} 4 \\ 1 \end{pmatrix} = \begin{pmatrix} 8 \\ 2 \end{pmatrix} = 2\begin{pmatrix} 4 \\ 1 \end{pmatrix}$$

이다. $\mathbf{x}_1 = 2\mathbf{x}_0$이므로

$$\mathbf{x}_2 = A\mathbf{x}_1 = 2A\mathbf{x}_0 = 2^2\mathbf{x}_0$$

이다. 같은 계산을 반복하면 5년 후의 인구는 다음과 같이 나타낼 수 있다.

$$\mathbf{x}_5 = 2^5\mathbf{x}_0 = \begin{pmatrix} 2^7 \\ 2^5 \end{pmatrix} = \begin{pmatrix} 128 \\ 32 \end{pmatrix}$$

따라서 5년 후 이 생물은 한 살짜리는 128마리, 두 살짜리는 32마리 존재한다. □

일반적으로 $n \times n$ 행렬 A에 의하여 정의되는 점화계 $\mathbf{x}_{n+1} = A\mathbf{x}_n$에서 일반항은 다음과 같이 구할 수 있다.

$$\mathbf{x}_n = A^n\mathbf{x}_0 \tag{4.4}$$

점화계의 일반항 (4.4)는 등비수열과 같은 꼴이지만 상수의 거듭제곱이 아닌 행렬의 거듭제곱을 구하여야 한다. 보기 1(c)의 경우처럼 정사각행렬 A에 대하여

$$A\mathbf{x} = r\mathbf{x}$$

을 만족하는 상수 r과 영벡터가 아닌 벡터 $\mathbf{x} = \mathbf{x}_0$가 존재하면 점화계의 일반항은

$$\mathbf{x}_n = r^n\mathbf{x}_0$$

으로 간단하게 구할 수 있다. 이때 상수 r을 행렬 A의 **특성치** (**characteristic value**, 또는 **eigenvalue**)라 하고 벡터 $\mathbf{x}$를 r에 대응하는 **특성벡터**(**characteristic vector**, 또는 **eigenvector**)라고 한다. 보기 1(c)에서 2는 A에 대한 특성치이고 벡터 $\begin{pmatrix} 4 \\ 1 \end{pmatrix}$은 특성치 2에 대응하는 특성벡터이다.

특성치와 특성벡터

정사각행렬 A에 대하여

$$A\mathbf{x} = r\mathbf{x}$$

을 만족하는 상수 r과 영벡터가 아닌 벡터 $\mathbf{x}$가 존재할 때 상수 r을 행렬 A의 특성치라고 하고, 벡터 $\mathbf{x}$를 r에 대응하는 특성벡터라고 한다.

Note $\mathbf{x}$가 상수 r에 대한 특성벡터이면 임의의 상수 $c \neq 0$에 대하여 $c\mathbf{x}$도 상수 r에 대한 특성벡터이다. 이때 모든 특성벡터를 나열하지 않고 특성치에 대응하는 특성벡터는 일차독립인 특성벡터만 나열한다.

보기 2 $n \times n$ 행렬 A에 대하여 $\mathbf{x}$가 상수 r에 대한 특성벡터이면

(a) $A^m\mathbf{x} = r^m\mathbf{x}$이므로 r^m은 행렬 A^m의 특성치이고 $\mathbf{x}$는 r^m에 대응하는 특성벡터이다.

(b) $p(x)$가 다항식일 때 $p(r)$은 행렬 $p(A)$의 특성치이고 $\mathbf{x}$는 $p(r)$에 대응하는 특성벡터이다.

(c) A가 가역이고 $\mathbf{x}$가 상수 $r \neq 0$에 대한 특성벡터이면

$$A\mathbf{x} = r\mathbf{x} \quad \Rightarrow \quad \frac{1}{r}\mathbf{x} = A^{-1}\mathbf{x}$$

이므로 $1/r$은 A^{-1}의 특성치이고 $\mathbf{x}$는 $1/r$에 대응하는 특성벡터이다. □

4.2.2 특성방정식

r이 $n \times n$ 행렬 A의 특성치이면 행렬 $(A - rI_n)$이 가역이 아니므로

$$\det(A - rI_n) = 0 \tag{4.5}$$

이다. r에 대한 n차 함수

$$p_n(r) = \det(A - rI_n)$$

을 A의 **특성함수** (**characteristic function**)라고 하고[4]

$$p_n(r) = 0$$

을 A의 **특성방정식** (**characteristic equation**)이라고 한다.

특성방정식
$n \times n$ 행렬 A에 대하여 다음과 같이 정의되는 n차방정식을 특성방정식이라고 한다. $$p_n(r) = \det(A - rI_n) = 0$$

n차식은 n개의 일차식의 곱으로 나타낼 수 있으므로[5]

$$p_n(r) = (r_1 - r)(r_2 - r) \cdots (r_n - r)$$

[4] $\det(A - rI_n)$ 대신 $\det(rI_n - A)$로 특성함수를 정의하기도 한다.

[5] 복소수 범위에서 n차 방정식이 n개의 근을 갖는다. 이 결과를 **대수학의 기본정리**(**fundamental theorem of Algebra**)라고 한다.

이라 하면 $r_1, r_2, \ldots, r_n$은 A의 특성치이다. 이때 중근은 중복되는 회수만큼 반복하여 쓴다. 예를 들어 특성함수가 $p(r) = (1-r)^2(2-r)$이면 특성치는 $1, 1, 2$라 쓴다.

특성치와 행렬식

삼각행렬 $U = \begin{pmatrix} a_{11} & a_{12} & \cdots & a_{1n} \\ 0 & a_{22} & \cdots & a_{2n} \\ \vdots & \vdots & \ddots & \vdots \\ 0 & 0 & \cdots & a_{nn} \end{pmatrix}$에 대하여

$$U - rI_n = \begin{pmatrix} a_{11}-r & a_{12} & \cdots & a_{1n} \\ 0 & a_{22}-r & \cdots & a_{2n} \\ \vdots & \vdots & \ddots & \vdots \\ 0 & 0 & \cdots & a_{nn}-r \end{pmatrix}$$

의 행렬식은

$$\det(U - rI_n) = (a_{11}-r)(a_{22}-r)\cdots(a_{nn}-r)$$

이므로 대각항 a_{ii}는 모두 U의 특성치이다. 이때 $r = 0$이면

$$\det(U) = a_{11}\cdots a_{nn}$$

이므로 행렬식은 특성치를 모두 곱한 값이다.

일반적인 $n \times n$ 행렬 A의 특성치가

$$r_1, r_2, \ldots, r_n$$

이면

$$\det(A - rI_n) = (r_1 - r)(r_2 - r)\cdots(r_n - r)$$

이다. 따라서 양변에 $r = 0$을 대입하면 행렬식은 특성치를 모두 곱한 값이다.

행렬식과 특성치

$n \times n$ 행렬 A의 특성치가 $r_1, r_2, \ldots, r_n$이면 행렬식은 다음과 같다.

$$\det(A) = r_1 r_2 \cdots r_n$$

Note $\det(A) = 0$이면 0은 A의 특성치이다. 역으로 0이 A의 특성치이면 $\det(A) = 0$이다. 그러므로 0이 특성치인지를 알면 행렬의 가역성을 알 수 있다.

> **특성치와 가역성**
>
> 정사각행렬 A가 비가역인 것과 0이 A의 특성치인 것은 필요충분조건이다.

특성벡터 구하기

특성치 r에 대응하는 특성벡터 $\mathbf{v}$를 구하는 것은

$$A\mathbf{v} = r\mathbf{v} \quad \Rightarrow \quad (A - rI)\mathbf{v} = \mathbf{0}$$

인 벡터 $\mathbf{v}(\neq \mathbf{0})$를 찾는 것과 같은 문제이다.

보기 3 다음 행렬의 특성치와 각 특성치에 대응하는 특성벡터를 구하여라.

(a) $A = \begin{pmatrix} 1 & 4 \\ 0.5 & 0 \end{pmatrix}$ (b) $B = \begin{pmatrix} 2 & 1 & -2 \\ 1 & 0 & 0 \\ 0 & 1 & 0 \end{pmatrix}$

Solution A의 특성방정식은

$$\det(A - rI_2) = \begin{pmatrix} 1 \quad r & 4 \\ 0.5 & -r \end{pmatrix} = r^2 - r - 2 = 0$$

이므로 특성치는 $r = 2, -1$이다.

$$A - 2I = \begin{pmatrix} -1 & 4 \\ 0.5 & -2 \end{pmatrix} \to \begin{pmatrix} 1 & -4 \\ 0 & 0 \end{pmatrix}$$

이므로 $r = 2$에 대한 특성벡터는 $\mathbf{v}_1 = \begin{pmatrix} 4 \\ 1 \end{pmatrix}$이다. $r = -1$일 때

$$A + I = \begin{pmatrix} 2 & 4 \\ 0.5 & 1 \end{pmatrix} \to \begin{pmatrix} 1 & 2 \\ 0 & 0 \end{pmatrix}$$

이므로 $r = -1$에 대한 특성벡터는 $\mathbf{v}_2 = \begin{pmatrix} 2 \\ -1 \end{pmatrix}$이다.

(b) 특성방정식을 구하면

$$\begin{aligned} \det(B - rI_3) &= \det\begin{pmatrix} 2-r & 1 & -2 \\ 1 & -r & 0 \\ 0 & 1 & -r \end{pmatrix} \\ &= (2-r)\det\begin{pmatrix} -r & 0 \\ 1 & -r \end{pmatrix} - \det\begin{pmatrix} 1 & -2 \\ 1 & -r \end{pmatrix} \\ &= (2-r)r^2 - (-r+2) \\ &= -(r-2)(r-1)(r+1) = 0 \end{aligned}$$

이므로 세 개의 특성치 $r = 1, 2, -1$이 존재한다.

$$B - I = \begin{pmatrix} 1 & 1 & -2 \\ 1 & -1 & 0 \\ 0 & 1 & -1 \end{pmatrix} \to \begin{pmatrix} 1 & 1 & -2 \\ 0 & -2 & 2 \\ 0 & 1 & -1 \end{pmatrix} \to \begin{pmatrix} 1 & 0 & -1 \\ 0 & 1 & -1 \\ 0 & 0 & 0 \end{pmatrix}$$

이므로 특성치 $r = 1$에 대한 특성벡터는 $\mathbf{v}_1 = \begin{pmatrix} 1 \\ 1 \\ 1 \end{pmatrix}$이다.

$$B + I \;=\; \begin{pmatrix} 3 & 1 & -2 \\ 1 & 1 & 0 \\ 0 & 1 & 1 \end{pmatrix} \to \begin{pmatrix} 1 & 0 & -1 \\ 0 & 1 & 1 \\ 0 & 0 & 0 \end{pmatrix}$$

이므로(연습문제) $r = -1$에 대한 특성벡터는 $\mathbf{v}_2 = \begin{pmatrix} 1 \\ -1 \\ 1 \end{pmatrix}$이다. 같은 방법으로 $r = 2$에 대한 특성벡터는 $\mathbf{v}_3 = \begin{pmatrix} 4 \\ 2 \\ 1 \end{pmatrix}$임을 보일 수 있다. □

4.2.3 점화계의 일반해 구하기

2×2 행렬 A의 두 특성벡터 $\mathbf{v}_1, \mathbf{v}_2$가 일차독립이라 하자. 임의의 벡터 $\mathbf{x}_0 \in \mathbb{R}^n$에 대하여

$$\mathbf{x}_0 = c_1\mathbf{v}_1 + c_2\mathbf{v}_2$$

인 c_1, c_2가 존재하므로 $\mathbf{x}_n = A^n\mathbf{x}_0$은

$$\mathbf{x}_n = A^n\mathbf{x}_0 = A^n(c_1\mathbf{v}_1 + c_2\mathbf{v}_2) = c_1r_1^n\mathbf{v}_1 + c_2r_2^n\mathbf{v}_2$$

로 쓸 수 있다.

보기 4 보기 1에서 현재 1년짜리가 10마리, 2년짜리가 4마리 있을 때 10년 후의 개체수를 구하여라.

Solution 보기 3(a)의 결과에 의하면 특성치 $r_1 = 2, r_2 = -1$에 대응하는 특성벡터는 $\mathbf{v}_1 = \begin{pmatrix} 4 \\ 1 \end{pmatrix}$, $\mathbf{v}_2 = \begin{pmatrix} 2 \\ -1 \end{pmatrix}$이다.

$$C = \begin{pmatrix} \mathbf{v}_1 & \mathbf{v}_2 \end{pmatrix} = \begin{pmatrix} 4 & 2 \\ 1 & -1 \end{pmatrix}$$

라고 하면

$$\det(C) = 4 \cdot (-1) - 2 \cdot 1 = -6 \neq 0$$

이므로 C는 가역이고 따라서 $\mathbf{v}_1$과 $\mathbf{v}_2$는 일차독립이다. 그러므로 임의의 벡터 $\mathbf{x}_0$은 $\mathbf{v}_1$과 $\mathbf{v}_2$의 일차결합으로 쓸 수 있다.

$$\begin{aligned} \begin{pmatrix} c_1 \\ c_2 \end{pmatrix} &= \begin{pmatrix} 4 & 2 \\ 1 & -1 \end{pmatrix}^{-1} \begin{pmatrix} 10 \\ 4 \end{pmatrix} \\ &= \frac{1}{6} \begin{pmatrix} 1 & 2 \\ 1 & -4 \end{pmatrix} \begin{pmatrix} 10 \\ 4 \end{pmatrix} = \begin{pmatrix} 3 \\ -1 \end{pmatrix} \end{aligned}$$

이므로 10년 후의 개체는

$$\begin{aligned} A^{10} \begin{pmatrix} 10 \\ 4 \end{pmatrix} &= A^{10} \left[3 \begin{pmatrix} 4 \\ 1 \end{pmatrix} - \begin{pmatrix} 2 \\ -1 \end{pmatrix} \right] = 3A^{10} \begin{pmatrix} 4 \\ 1 \end{pmatrix} - A^{10} \begin{pmatrix} 2 \\ -1 \end{pmatrix} \\ &= 3 \cdot 2^{10} \begin{pmatrix} 4 \\ 1 \end{pmatrix} - (-1)^{10} \begin{pmatrix} 2 \\ -1 \end{pmatrix} = \begin{pmatrix} 12286 \\ 3071 \end{pmatrix} \end{aligned}$$

이다. □

$\mathbb{R}^2$에서 일차독립인 두 특성벡터는 기저가 되므로 모든 벡터를 생성한다. 그렇다면 특성벡터들은 언제 기저가 될까? 다음 보기는 이 질문에 대한 하나의 충분조건을 말해 준다.

보기 5 2×2 행렬 A가 서로 다른 두 특성치 r_1, r_2를 갖는다고 하자. 두 특성치에 대응하는 특성벡터를 각각 $\mathbf{v}_1, \mathbf{v}_2$라 하면 $\mathbf{v}_1, \mathbf{v}_2$는 일차독립임을 보여라.

Solution 두 특성벡터 $\mathbf{v}_1, \mathbf{v}_2$가 일차종속이라 가정하자. 그러면

$$a\mathbf{v}_1 + b\mathbf{v}_2 = \mathbf{0}$$

인 상수 a, b ($a \neq 0$, 또는 $b \neq 0$)가 존재한다. $a \neq 0$이라면

$$\mathbf{v}_1 = -\frac{b}{a}\mathbf{v}_2 = c\mathbf{v}_2$$

이고

$$r_1\mathbf{v}_1 = A\mathbf{v}_1 = A(c\mathbf{v}_2) = cA\mathbf{v}_2 = cr_2\mathbf{v}_2 = r_2\mathbf{v}_1$$

이다. $\mathbf{v}_1 \neq \mathbf{0}$이므로 $r_1 = r_2$이다. $r_1 \neq r_2$라는 가정에 모순이므로 $\mathbf{v}_1, \mathbf{v}_2$는 일차독립이다. $b \neq 0$인 경우도 같은 결과가 성립한다. □

위 보기와 같은 방법으로 $n \times n$ 행렬 A가 n개의 서로 다른 특성치 $r_1, r_2, \ldots, r_n$을 갖는다면 이에 대응하는 특성벡터 $\mathbf{v}_1, \mathbf{v}_2, \ldots, \mathbf{v}_n$은 일차독립임을 보일 수 있다.[6] 따라서 $n \times n$ 행렬 A로 정의되는 점화계

$$\mathbf{x}_{m+1} = A\mathbf{x}_m$$

[6]증명은 연습문제를 볼 것

의 초기벡터가 $\mathbf{x}_0$라고 하면

$$\mathbf{x}_0 = c_1\mathbf{v}_1 + c_2\mathbf{v}_2 + \cdots + c_n\mathbf{v}_n$$

인 상수 $c_1, c_2, \ldots, c_n$이 존재하고 일반해는 다음과 같다.

$$\mathbf{x}_m = A^m\mathbf{x}_0 \;=\; c_1r_1^m\mathbf{v}_1 + c_2r_2^m\mathbf{v}_2 + \cdots + c_nr_n^m\mathbf{v}_n$$

A의 특성치에 중근이 있는 경우에도 n개의 일차독립인 특성벡터가 존재하면 이 결과가 마찬가지로 성립한다.[7]

점화계의 일반해

점화계 $\mathbf{x}_{m+1} = A\mathbf{x}_m$에서 $n \times n$ 행렬 A에 대하여 일차독립인 n개의 특성벡터 $\mathbf{v}_1, \mathbf{v}_2, \ldots, \mathbf{v}_n$이 특성치 $r_1, r_2, \ldots, r_n$에 대하여 존재한다고 하자. 그러면 임의의 초기벡터 $\mathbf{x}_0$은 특성벡터들의 일차결합으로 쓸 수 있다.

$$\mathbf{x}_0 = c_1\mathbf{v}_1 + c_2\mathbf{v}_2 + \cdots + c_n\mathbf{v}_n$$

이때 일반해는 다음과 같다.

$$\mathbf{x}_m \;=\; c_1r_1^m\mathbf{v}_1 + c_2r_2^m\mathbf{v}_2 + \cdots + c_nr_n^m\mathbf{v}_n$$

보기 6 다음 점화계의 해를 구하여라.

$$\begin{cases} x_{n+1} = 2x_n + y_n - 2z_n, & x_0 = x(0) = 4 \\ y_{n+1} = x_n, & y_0 = y(0) = 4 \\ z_{n+1} = y_n, & z_0 = z(0) = 1 \end{cases}$$

Solution 주어진 점화계는 행렬 $A = \begin{pmatrix} 2 & 1 & -2 \\ 1 & 0 & 0 \\ 0 & 1 & 0 \end{pmatrix}$에 대하여 다음과 같이 쓸 수 있다.

$$\mathbf{x}_{n+1} = A\mathbf{x}_n, \quad \mathbf{x}_0 = \begin{pmatrix} 4 \\ 4 \\ 1 \end{pmatrix}$$

1절 보기 3(b)의 결과에 의하면 특성치는 $1, -1, 2$이고 이에 대응하는 특성벡터는

$$\begin{pmatrix} 1 \\ 1 \\ 1 \end{pmatrix}, \begin{pmatrix} 1 \\ -1 \\ 1 \end{pmatrix}, \begin{pmatrix} 4 \\ 2 \\ 1 \end{pmatrix}$$

[7]특성치가 중근인 경우의 일반적인 결과는 선형대수 교재를 참고하기 바란다.

이다.

$$\begin{pmatrix} 4 \\ 4 \\ 1 \end{pmatrix} = a\begin{pmatrix} 1 \\ 1 \\ 1 \end{pmatrix} + b\begin{pmatrix} 1 \\ -1 \\ 1 \end{pmatrix} + c\begin{pmatrix} 4 \\ 2 \\ 1 \end{pmatrix}$$

인 상수 a, b, c를 구하는 것은 행렬방정식

$$\begin{pmatrix} 4 \\ 4 \\ 1 \end{pmatrix} = \begin{pmatrix} 1 & 1 & 4 \\ 1 & -1 & 2 \\ 1 & 1 & 1 \end{pmatrix}\begin{pmatrix} a \\ b \\ c \end{pmatrix}$$

의 해를 구하는 것과 같다. 행연산을 이용하면

$$\left(\begin{array}{ccc|c} 1 & 1 & 4 & 4 \\ 1 & -1 & 2 & 4 \\ 1 & 1 & 1 & 1 \end{array}\right) \to \left(\begin{array}{ccc|c} 1 & 0 & 0 & 1 \\ 0 & 1 & 0 & -1 \\ 0 & 0 & 1 & 1 \end{array}\right)$$

이므로 $a = 1,\ b = -1,\ c = 1$이다. 다시 말해서

$$\begin{pmatrix} 4 \\ 4 \\ 1 \end{pmatrix} = \begin{pmatrix} 1 \\ 1 \\ 1 \end{pmatrix} - \begin{pmatrix} 1 \\ -1 \\ 1 \end{pmatrix} + \begin{pmatrix} 4 \\ 2 \\ 1 \end{pmatrix}$$

이므로 주어진 점화계의 일반해는 다음과 같다.

$$\mathbf{x}_n = \begin{pmatrix} 1 \\ 1 \\ 1 \end{pmatrix} - (-1)^n\begin{pmatrix} 1 \\ -1 \\ 1 \end{pmatrix} + 2^n\begin{pmatrix} 4 \\ 2 \\ 1 \end{pmatrix}$$

□

고계점화식

고계점화식은 항상 1계 점화계로 바꾸어 쓸 수 있으며 점화계의 일반해를 구하는 방법으로 해를 구할 수 있다. 다음과 같이 이계점화식으로 정의된 수열을 생각해 보자.

$$x_{n+2} = a_1x_{n+1} + a_0x_n$$

$y_n = x_{n+1}, \mathbf{x}_n = \begin{pmatrix} x_n \\ y_n \end{pmatrix}$라 하면

$$y_{n+1} = x_{n+2} = a_1x_{n+1} + a_0x_n = a_0x_n + a_1y_n$$

이므로 다음과 같은 점화계를 얻는다.

$$\mathbf{x}_{n+1} = \begin{pmatrix} x_{n+1} \\ y_{n+1} \end{pmatrix} = \begin{pmatrix} y_n \\ a_0x_n + a_1y_n \end{pmatrix} = \begin{pmatrix} 0 & 1 \\ a_0 & a_1 \end{pmatrix}\mathbf{x}_n$$

따라서 특성방정식은

$$\det\begin{pmatrix} -r & 1 \\ a_0 & a_1 - r \end{pmatrix} = r^2 - a_1r - a_0 = 0$$

이다.

보기 7 수열 $\{x_n\}$이 다음 점화식으로 주어졌을 때 일반항 x_n을 구하여라.

$$x_{n+2} = 5x_{n+1} - 6x_n, \quad x_0 = 1, x_1 = 5$$

Solution $y_n = x_{n+1}$로 놓으면

$$\begin{pmatrix} x_{n+1} \\ y_{n+1} \end{pmatrix} = \begin{pmatrix} 0 & 1 \\ -6 & 5 \end{pmatrix} \begin{pmatrix} x_n \\ y_n \end{pmatrix}$$

이 성립한다. 특성방정식은

$$r^2 - 5r + 6 = (r-2)(r-3) = 0$$

이므로 두 특성치 $r = 2, 3$을 갖는다.

$$A - 2I = \begin{pmatrix} -2 & 1 \\ -6 & 3 \end{pmatrix} \to \begin{pmatrix} -2 & 1 \\ 0 & 0 \end{pmatrix}$$

이므로 $r = 2$에 대응하는 특성벡터는 $\mathbf{v}_1 = \begin{pmatrix} 1 \\ 2 \end{pmatrix}$이다. $r = 3$에 대응하는 특성벡터는 $\mathbf{v}_2 = \begin{pmatrix} 1 \\ 3 \end{pmatrix}$이다. $\mathbf{x}_0 = c_1\mathbf{v}_1 + c_2\mathbf{v}_2$이면

$$\begin{pmatrix} c_1 \\ c_2 \end{pmatrix} = \begin{pmatrix} 1 & 1 \\ 2 & 3 \end{pmatrix}^{-1} \begin{pmatrix} 1 \\ 5 \end{pmatrix} = \begin{pmatrix} 3 & -1 \\ -2 & 1 \end{pmatrix} \begin{pmatrix} 1 \\ 5 \end{pmatrix} = \begin{pmatrix} -2 \\ 3 \end{pmatrix}$$

이므로

$$\mathbf{x}_n = -2(2^n) \begin{pmatrix} 1 \\ 2 \end{pmatrix} + 3(3^n) \begin{pmatrix} 1 \\ 3 \end{pmatrix}$$

이다. 따라서 주어진 수열의 일반항은

$$x_n = 3^{n+1} - 2^{n+1}$$

이다. □

점화계의 극한

점화계의 일반해에서 해의 움직임에 가장 큰 영향을 미치는 값은 절댓값이 가장 큰 특성치이다. 절댓값이 가장 큰 특성치를 **우세특성치**(**a dominant eigenvalue**), 또는 **최대특성치**(**maximum eigenvalue**)라 한다. 우세특성치에 대응하는 특성벡터를 **우세특성벡터** (**dominant eigenvector**)라 한다. 특성치가 $2, -1, 1$이면 2가 유일한 우세특성치이지만 특성치가 $2, -2, 1$이면 우세특성치는 2와 -2이다. 우세특성치가 유일하면 **순우세 특성치**(**strictly dominant eigenvalue**)라 부른다.

r_1을 우세특성치라 하자. 그러면

$$\mathbf{x}_m = r_1^m\Big(c_1\mathbf{v}_1 + c_2\Big(\frac{r_2}{r_1}\Big)^m\mathbf{v}_2 + \cdots + c_n\Big(\frac{r_n}{r_1}\Big)^m\mathbf{v}_n\Big) \tag{4.6}$$

으로 쓸 수 있다. 이때 $c_1 \neq 0$이라 가정한다. r_1이 순우세특성치이면, 다시 말해서

$$|r_1| > |r_i|, \quad i = 2, 3, \ldots, n$$

이면 $m \to \infty$일 때 식 (4.6)에서 괄호 안의 항들은 첫 항을 제외하고는 모두 0으로 수렴한다. 따라서 m이 충분히 클 때 근사적으로

$$\mathbf{x}_m \approx r_1^m c_1\mathbf{v}_1$$

이 성립한다.[8] 또한

$$\frac{1}{r_1^m}\mathbf{x}_m = c_1\mathbf{v}_1 + c_2\Big(\frac{r_2}{r_1}\Big)^m\mathbf{v}_2 + \cdots + c_n\Big(\frac{r_n}{r_1}\Big)^m\mathbf{v}_n$$

이므로 시간이 충분히 지나면 벡터의 항들의 비율은 근사적으로 순우세특성벡터의 항들의 비율과 같아진다.

점화계의 극한

점화계

$$\mathbf{x}_{m+1} = A\mathbf{x}_m$$

을 정의하는 행렬 A에 대하여 r_1이 순우세 특성치라 하자. r_1에 대응하는 특성벡터가 $\mathbf{v}_1$이면 어떤 상수 c_1에 대하여 다음 결과가 성립한다.

$$\lim_{m\to\infty}\frac{\mathbf{x}_m}{r_1^m} = c_1\mathbf{v}_1$$

보기 8 보기 6에서 2는 순우세특성치이고 $\begin{pmatrix}4\\2\\1\end{pmatrix}$은 이에 대응하는 특성벡터이며 다음 식이 성립한다.

(a) $\displaystyle\lim_{n\to\infty}\frac{\mathbf{x}_n}{2^n} = \begin{pmatrix}4\\2\\1\end{pmatrix}, \quad \lim_{n\to\infty}(x_n : y_n : z_n) = 4 : 2 : 1$

(b) $\displaystyle\lim_{n\to\infty}\frac{x_{n+1}}{x_n} = \lim_{n\to\infty}\frac{y_{n+1}}{y_n} = \lim_{n\to\infty}\frac{z_{n+1}}{z_n} = 2$ □

[8] 벡터에 대하여 $\mathbf{x}_n \approx \mathbf{y}_n$은 각 항에 대하여 $x_n(i) \approx y_n(i)$이 성립함을 의미한다.

4.2.4 사례연구: 레슬리 모형

어떤 **인구**(population)를 생존률과 재생산률을 기준으로 k 개의 **군**(group)으로 나눈다고 하자. 다음과 같은 방식으로 번식하는 나이구조를 **레슬리 모형**(Leslie model)이라 한다.

(a) i군에 있는 개체는 단위시간이 지나면 $(i+1)$군에 속하던가, 아니면 사망한다. 이때, i군에서 $(i+1)$군으로 이동하는 비율을 i군의 **생존률**(survival rate)이라 부르고 s_i로 나타내기로 한다. 마지막 k군의 개체는 단위시간이 지나면 모두 사망한다. 즉 생존률이 0이다.

$$0 < s_i \le 1 \, (i = 1, 2, \dots, k-1), \quad s_k = 0$$

(b) i군에 속한 개체들은 단위시간 동안 평균적으로 m_i만큼의 자손을 재생산한다고 하자. 새로 태어난 개체는 1 군에 속한다.

위의 조건을 그림으로 그리면 다음과 같다. 이때 원 안의 수는 군을 나타내고 각 화살표 위의 수는 인구의 변동비율을 나타낸다.

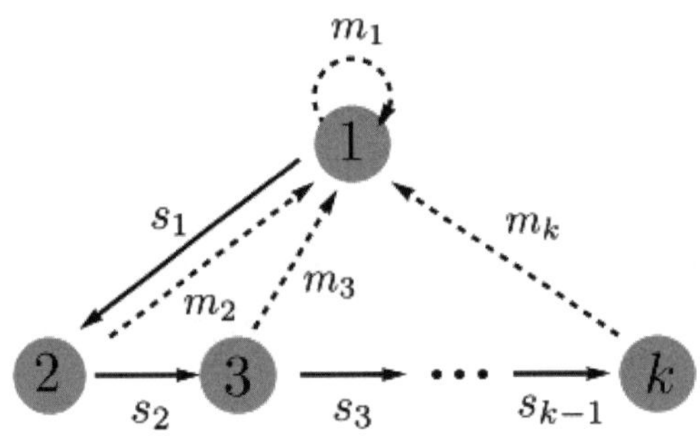

$x_n(i)$을 n 단위시간 후 i군에 속한 개체의 수라 하면 다음과 같은 점화계를 얻는다.

$$\begin{aligned} x_{n+1}(1) &= m_1 x_n(1) + m_2 x_n(2) + \cdots + m_k x_n(k) \\ x_{n+1}(i+1) &= s_i x_n(i), \quad i = 1, 2, \dots, k-1 \end{aligned}$$

$\mathbf{x}_n = \begin{pmatrix} x_n(1) \\ \vdots \\ x_n(k) \end{pmatrix}$라 놓으면 위 점화식은 다음과 같이 행렬방정식으로 나타낼 수 있다.

$$\mathbf{x}_{n+1} = L\mathbf{x}_n, \quad L = \begin{pmatrix} m_1 & m_2 & \cdots & m_{k-1} & m_k \\ s_1 & 0 & \cdots & 0 & 0 \\ \vdots & \vdots & \ddots & \vdots & \vdots \\ 0 & 0 & \cdots & s_{k-1} & 0 \end{pmatrix}$$

이때 행렬 L을 **레슬리 행렬**(Leslie matrix)이라 부른다.

보기 9 어떤 물고기는 3단계의 나이구조를 갖는다고 한다. 1 단계에서는 알의 형태이므로 알을 낳지 못하지만 2단계에서는 치어로 평균 200개의 알을 낳는다. 3 단계에서는 성어가 되어 평균 500개의 알을 낳는다고 한다. 알은 10%만이 부화하고, 2단계의 치어 중에서 50% 만이 살아남아 성어가 된다고 한다. 모든 단계는 한 달 단위로 이루어진다. 성어가 된 물고기는 한 달 후에는 모두 죽는다고 가정한다.

(a) 이 모형을 나타내는 점화계를 구하고 레슬리 행렬을 구하여라.

(b) 레슬리 행렬의 특성치를 모두 구하고 우세특성치와 우세특성벡터를 구하여라.

(c) 시간이 충분히 흐르면 치어의 수는 어떤 식으로 변하는지 설명하여라.

(d) 시간이 충분히 흘렀을 때, 알과 치어 그리고 성어의 구성비율은 어떻게 될지 설명하여라.

Solution

(a) x_n, y_n, z_n을 각각 n 달 후 알의 수, 치어의 수, 성어의 수라 하자. 그러면 주어진 나이구조는 다음과 같이 쓸 수 있다.

$$\begin{aligned} x_{n+1} &= 200y_n + 500z_n \\ y_{n+1} &= 0.1x_n \\ z_{n+1} &= 0.5y_n \end{aligned}$$

따라서 레슬리 행렬은 다음과 같다.

$$L = \begin{pmatrix} 0 & 200 & 500 \\ 0.1 & 0 & 0 \\ 0 & 0.5 & 0 \end{pmatrix}$$

(b) 특성방정식은

$$\begin{aligned} \det(L - rI_3) &= \det\begin{pmatrix} -r & 200 & 500 \\ 0.1 & -r & 0 \\ 0 & 0.5 & -r \end{pmatrix} \\ &= -r(r^2) - 0.1(-200r - 250) \\ &= -(r-5)(r^2+5r+5) \;=\; 0 \end{aligned}$$

이다. 따라서 서로 다른 3개의 특성치

$$r = 5, \quad \frac{-5 \pm \sqrt{5}}{2}$$

가 존재하며 $r = 5$가 우세특성치이나. $r = 5$에 내한 특싱벡터 $\mathbf{v}_1$을 구하기 위하여 기약행사다리꼴을 구하면

$$L - 5I_n \;=\; \begin{pmatrix} -5 & 200 & 500 \\ 0.1 & -5 & 0 \\ 0 & 0.5 & -5 \end{pmatrix} \rightarrow \begin{pmatrix} 1 & 0 & -500 \\ 0 & 1 & -10 \\ 0 & 0 & 0 \end{pmatrix}$$

이므로 우세특성벡터는 $\mathbf{v}_1 = (500, 10, 1)^t$이다.

(c) 5가 순우세특성치이므로 모든 인구는 한 달에 약 5배가 된다.

(d) 순우세특성벡터가 $\mathbf{v}_1 = (500, 10, 1)^t$이므로 인구구성비율은 다음과 같다.

$$\lim_{n\to\infty}(x_n : y_n : z_n) = 500 : 10 : 1 \qquad \square$$

보기 9에서 각 단계의 인구(알, 치어, 그리고 성어)는 근사적으로 공비가 5인 지수성장을 한다. 즉

$$\lim_{n\to\infty}\frac{x_{n+1}}{x_n} = \lim_{n\to\infty}\frac{y_{n+1}}{y_n} = \lim_{n\to\infty}\frac{x_{z+1}}{z_n} = 5$$

이다. 이런 의미에서 순우세특성치 5를 이 인구모형의 **성장률**(**growth rate**)이라 부르기도 한다. 또한 순우세특성벡터의 각 항의 비율은 **안정인구비율**(**stable age ratio**)이라 부른다.

보기 9에서 레슬리 행렬은 유일한 양의 특성치 $r_1 = 5$를 갖는다. 또한 양의 특성치에 대한 특성벡터의 모든 항은 양수이다. 이 두 결과는 모든 레슬리 모형에 대하여 사실이다.[9] 또한 $m_i, m_{i+1} > 0$인 i가 존재하면 양의 특성치 r_1은 순우세특성치가 된다. 다시 말해서 r_1을 양의 특성치라 하면 다른 모든 특성치 r에 대하여

$$r_1 > |r|$$

이 성립한다.

레슬리 모형의 성장률

- 레슬리 행렬은 유일한 양의 특성치 r_1을 갖는다.
- 유일한 양의 특성치 r_1에 대응하는 특성벡터의 모든 항은 양수이다.
- $m_i > 0, m_{i+1} > 0$인 i가 존재하면 이 인구의 성장률은 r_1이 되고, 순우세특성벡터의 비율은 안정인구비율이 된다.

4.2.5 연습문제 4.2

1. 주어진 벡터 $\mathbf{v}$는 주어진 행렬의 특성벡터임을 보이고 대응하는 특성치를 구하여라.

(a) $\begin{pmatrix} 0 & 2 \\ 2 & 0 \end{pmatrix}$, $\mathbf{v} = \begin{pmatrix} 1 \\ 1 \end{pmatrix}$

(b) $\begin{pmatrix} 1 & 2 \\ 2 & 1 \end{pmatrix}$, $\mathbf{v} = \begin{pmatrix} 1 \\ -1 \end{pmatrix}$

(c) $\begin{pmatrix} -1 & 1 \\ 6 & 0 \end{pmatrix}$, $\mathbf{v} = \begin{pmatrix} 1 \\ -2 \end{pmatrix}$

(d) $\begin{pmatrix} 3 & 0 & 0 \\ 0 & 1 & -2 \\ 1 & 0 & 1 \end{pmatrix}$, $\mathbf{v} = \begin{pmatrix} 2 \\ -1 \\ 1 \end{pmatrix}$

[9] 일반적인 증명은 다루지 않지만 3×3 행렬의 경우의 증명을 연습문제에서 다루기로 한다.

(e) $\begin{pmatrix} 3 & 7 & 9 \\ -4 & -5 & 1 \\ 2 & 4 & 4 \end{pmatrix}, \quad \mathbf{v} = \begin{pmatrix} 4 \\ -3 \\ 1 \end{pmatrix}$

2. 다음에 주어진 r은 행렬 A의 특성치가 됨을 보여라.

(a) $A = \begin{pmatrix} 2 & 2 \\ 2 & -1 \end{pmatrix}, \quad r = 3$

(b) $A = \begin{pmatrix} 1 & 0 & 2 \\ -1 & 1 & 1 \\ 2 & 0 & 1 \end{pmatrix}, \quad r = -1$

(c) $A = \begin{pmatrix} 0 & 4 \\ -1 & 5 \end{pmatrix}, \quad r = 1$

(d) $A = \begin{pmatrix} 3 & 1 & -1 \\ 1 & 1 & 1 \\ 4 & 2 & 0 \end{pmatrix}, \quad r = 2$

3. 행렬 $A = \begin{pmatrix} 1 & k \\ 1 & 1 \end{pmatrix}$가 서로 다른 2개의 실수 특성치를 가질 때 k 값의 범위를 구하여라.

4. 행렬 A가 다음과 같을 때 특성치를 모두 구하여라.

(a) $A = \begin{pmatrix} a & b \\ b & -a \end{pmatrix}$

(b) $A = \begin{pmatrix} a & b \\ b & a \end{pmatrix}$

5. 2×2 행렬 A의 특성치를 r_1, r_2라고 하면

(a) $\text{tr}(A)$는 행렬 A의 대각합이라고 할 때

$$\text{tr}(A) = r_1 + r_2, \quad \det(A) = r_1 r_2$$

임을 보여라.

(b) $\text{tr}(A) = 5, \quad \det(A) = 6$일 때, A의 특성치를 구하여라.

(c) $2\det(A) = \text{tr}(A)^2 - \text{tr}(A^2)$임을 보여라.

6. 행렬 $A = \begin{pmatrix} -1 & 2 \\ 3 & 0 \end{pmatrix}$에 대하여

(a) A의 특성치와 특성벡터를 구하여라.

(b) A^2의 특성치와 특성벡터를 구하여라.

(c) A^{-1}의 특성치와 특성벡터를 구하여라.

7. 다음 행렬의 특성치를 구하고 그에 대응하는 특성벡터를 구하여라.

(a) $A_1 = \begin{pmatrix} 1 & 2 \\ 0 & 3 \end{pmatrix}$

(b) $A_2 = \begin{pmatrix} 0.5 & 0.25 \\ 0.5 & 0.75 \end{pmatrix}$

(c) $A_3 = \begin{pmatrix} 0 & 2 \\ 3 & 1 \end{pmatrix}$

(d) $A_4 = \begin{pmatrix} 6 & 3 \\ 2 & 7 \end{pmatrix}$

8. 문제 7의 행렬에 대하여 $A_i^9\begin{pmatrix}3\\1\end{pmatrix}$, $i=1,3$을 구하여라.

9. 대칭인 2×2 행렬 $A=\begin{pmatrix}a & b\\ b & c\end{pmatrix}$에 대하여

   (a) A의 특성치는 항상 실수임을 보여라.

   (b) A가 중근을 가질 때 어떤 모양인지 구하여라.

10. 정사각행렬 A와 A^t는 같은 특성치를 가짐을 보여라.

11. $\mathbf{v}$가 $n\times n$ 행렬 A의 특성벡터이고, 이때 특성치가 r이라고 하자. 그러면 $\mathbf{v}$가 $A^2-3A-5I$의 특성벡터가 됨을 보여라. 이때 특성치는 무엇인가?

12. 다음에 주어진 행렬에 대하여 특성방정식과 특성치를 구하여라. 중근의 경우는 중복하여 나타내어라.

   (a) $\begin{pmatrix}4 & 0 & 1\\ -2 & 1 & 0\\ -2 & 0 & 1\end{pmatrix}$

   (b) $\begin{pmatrix}3 & 4 & -1\\ -1 & -2 & 1\\ 3 & 9 & 0\end{pmatrix}$

   (c) $\begin{pmatrix}4 & 0 & 0\\ 5 & 3 & 2\\ -2 & 0 & 2\end{pmatrix}$

   (d) $\begin{pmatrix}6 & -2 & 0\\ -2 & 9 & 0\\ 5 & 8 & 3\end{pmatrix}$

   (e) $\begin{pmatrix}3 & 1 & 0 & 0\\ -1 & 1 & 0 & 0\\ 0 & 0 & 1 & 4\\ 0 & 0 & 1 & 1\end{pmatrix}$

13. 문제 12의 행렬의 특성치에 대하여 일차독립인 특성벡터를 모두 구하여라.

14. 행렬 A는 특성치 $r=-\frac{1}{2},\frac{1}{2},1$을 갖고 이에 대응하는 특성벡터는 각각

$$\mathbf{v}_1=\begin{pmatrix}1\\0\\1\end{pmatrix},\quad \mathbf{v}_2=\begin{pmatrix}1\\1\\0\end{pmatrix},\quad \mathbf{v}_3=\begin{pmatrix}1\\1\\1\end{pmatrix}$$

   이라고 한다. $\mathbf{x}=\begin{pmatrix}1\\0\\2\end{pmatrix}$일 때

   (a) $\mathbf{x}$를 $\mathbf{v}_1,\mathbf{v}_2,\mathbf{v}_3$의 일차결합으로 나타내어라.

   (b) $A^{10}\mathbf{x}$를 구하여라.

   (c) $A^k\mathbf{x}$는 k가 커지면 어떻게 되는가?

15. 특성치가 5, 10이고 이에 대응하는 특성벡터가 각각 $\mathbf{v}_1 = \begin{pmatrix} 3 \\ 1 \end{pmatrix}, \mathbf{v}_2 = \begin{pmatrix} 1 \\ 2 \end{pmatrix}$인 2×2 행렬 A를 구하여라.

16. 다음과 같은 특성치와 그에 대응하는 특성벡터를 갖는 정사각행렬을 구하여라.

    (a) $7, -4, \mathbf{v}_1 = \begin{pmatrix} -1 \\ 3 \end{pmatrix}, \mathbf{v}_2 = \begin{pmatrix} 1 \\ -2 \end{pmatrix}$

    (b) $5, -3, \mathbf{v}_1 = \begin{pmatrix} 1 \\ 3 \end{pmatrix}, \mathbf{v}_2 = \begin{pmatrix} 1 \\ 1 \end{pmatrix}$

    (c) $1, -2, 3, \mathbf{v}_1 = \begin{pmatrix} -2 \\ 0 \\ 1 \end{pmatrix}, \mathbf{v}_2 = \begin{pmatrix} -1 \\ 1 \\ 1 \end{pmatrix}, \mathbf{v}_3 = \begin{pmatrix} -1 \\ 0 \\ 1 \end{pmatrix}$

    (d) $3, 2, 2, \mathbf{v}_1 = \begin{pmatrix} 2 \\ 1 \\ 1 \end{pmatrix}, \mathbf{v}_2 - \begin{pmatrix} 1 \\ 0 \\ 1 \end{pmatrix}, \mathbf{v}_3 = \begin{pmatrix} 1 \\ 1 \\ 1 \end{pmatrix}$

✠ $n \times n$ 행렬 A의 특성방정식이 $p(r) = 0$이라 하면 $p(A) = O$임이 알려져 있다. 이 사실을 이용하여 다음 질문에 답하여라.(17-18)

17. 행렬 $A = \begin{pmatrix} 1 & -1 \\ 2 & 3 \end{pmatrix}$에 대하여

    (a) A^2, A^3, A^4을 A 와 I의 일차결합으로 나타내어라. 다시 말해서 $aA + bI$ 꼴로 나타내어라.

    (b) A^{-1}, A^{-2}을 A 와 I의 일차결합으로 나타내어라.

18. 행렬 $A = \begin{pmatrix} 1 & 1 & 0 \\ -1 & 0 & 1 \\ -2 & 1 & 0 \end{pmatrix}$에 대하여

    (a) A^3, A^4을 A^2, A, I의 일차결합으로 나타내어라. 다시 말해서 $aA^2 + bA + cI$ 꼴로 나타내어라.

    (b) A^{-1}, A^{-2}을 A^2, A, I의 일차결합으로 나타내어라.

19. 행렬 A가 n개의 서로 다른 특성치 $r_1, r_2, \ldots, r_n$을 갖는다면 이에 대응하는 특성벡터 $\mathbf{v}_1, \mathbf{v}_2, \ldots, \mathbf{v}_n$은 일차독립임을 보여라.

20. 2×2 행렬 A에 의하여 정의되는 점화계

$$\mathbf{x}_{n+1} = A\mathbf{x}_n, \quad \mathbf{x}_n = \begin{pmatrix} x_n \\ y_n \end{pmatrix}$$

이 다음과 같은 해를 가질 때, A를 구하여라.

(a) $\mathbf{x}_n = \begin{pmatrix} 2^n - 6^n \\ 2^n + 6^n \end{pmatrix}$ (b) $\mathbf{x}_n = \begin{pmatrix} 1 - 2^n \\ -1 + 2^{n+1} \end{pmatrix}$

21. 점화계 $\mathbf{x}_{n+1} = A\mathbf{x}_n$에서 A와 초기벡터 $\mathbf{x}_0$가 다음과 같을 때 일반항 $\mathbf{x}_n$을 구하여라.

(a) $A = \begin{pmatrix} 4 & 1 \\ 1 & 4 \end{pmatrix}$, $\mathbf{x}_0 = \begin{pmatrix} 1 \\ 3 \end{pmatrix}$

(b) $A = \begin{pmatrix} 1 & 0.5 \\ 0.5 & 1 \end{pmatrix}$, $\mathbf{x}_0 = \begin{pmatrix} 2 \\ 0 \end{pmatrix}$

22. 다음 점화식의 일반해를 다음과 같이 구하여라.

$$x_{n+2} = -2x_{n+1} + 3x_n, \quad x_0 = 1,\ x_1 = 2$$

(a) 다음 식을 만족하는 2×2 행렬 A를 구하여라.

$$\mathbf{x}_{n+1} = A\mathbf{x}_n$$

(b) A의 특성치와 이에 대응하는 특성벡터를 구하여라.

(c) $\mathbf{x}_0 = \begin{pmatrix} 1 \\ 2 \end{pmatrix}$를 특성벡터의 일차결합으로 나타내어라.

(d) $\mathbf{x}_n$을 구하여라.

(e) x_n을 구하여라.

23. 다음과 같이 점화식으로 정의된 수열을 생각해 보자.

$$x_{n+3} = a_2 x_{n+2} + a_1 x_{n+1} + a_0 x_n$$

$y_n = x_{n+1}, z_n = x_{n+2}, \mathbf{x} = \begin{pmatrix} x_n \\ y_n \\ z_n \end{pmatrix}$라고 하자.

(a) 다음 식을 만족하는 3×3 행렬 A를 구하여라.

$$\mathbf{x}_{n+1} = A\mathbf{x}_n$$

(b) A의 특성방정식을 구하여라.

24. 위의 문제를 이용하여 다음 점화식의 일반해를 구하여라. (Hint. 문제 22의 과정을 따라서 해 보아라.)

$$x_{n+3} = -2x_{n+2} + x_{n+1} + 2x_n, \quad x_0 = 1,\ x_1 = 2,\ x_2 = 7$$

✠ 레슬리 모형 (25 –26)

25. 3×3 레슬리 행렬

$$L_3 = \begin{pmatrix} m_1 & m_2 & m_3 \\ s_1 & 0 & 0 \\ 0 & s_2 & 0 \end{pmatrix}$$

에 대하여 다음 질문에 답하여라. 단, $m_1, m_2, m_3 > 0$이라고 한다.

(a) L_3의 특성함수는

$$p(r) = r^3 - m_1 r^2 - m_2 s_1 r - m_3 s_1 s_2$$

임을 보여라.

(b) $y = p(r)$은 부호가 다른 2개의 임계점을 가짐을 보이고 양의 극소점에서 음의 극솟값을 가짐을 보여라. $y = p(r)$의 그래프의 개형을 그려라.

(c) L_3의 양의 특성치는 유일함을 보여라.

(d) L_3의 양의 특성치는 순우세특성치임을 보여라.

(e) 유일한 양의 특성치를 r_1이라고 할 때 $\begin{pmatrix} r_1^2 \\ s_1 r_1 \\ s_1 s_2 \end{pmatrix}$은 r_1에 대응하는 특성벡터임을 보여라.

26. 세 단계의 나이 구조를 갖는 인구에서 레슬리 행렬이 다음과 같이 정의된다.

$$L = \begin{pmatrix} 0 & 14 & 24 \\ 0.5 & 0 & 0 \\ 0 & 0.5 & 0 \end{pmatrix}$$

(a) 초기인구가 $\mathbf{x}_0 = \begin{pmatrix} 20 \\ 10 \\ 0 \end{pmatrix}$일 때 $\mathbf{x}_1, \mathbf{x}_2, \mathbf{x}_3$를 구하여라.

(b) 이 인구의 성장률을 구하고 각 세대별 안정인구비 $a : b : c$를 가장 간단한 정수비로 구하여라.

27. $n \times n$ 행렬 A가 특성치 $r_1, r_2, \ldots, r_n$을 갖는다고 하자. 그러면

$$\text{tr}(A) = r_1 + r_2 + \cdots + r_n$$

임을 보여라.

28. A, B가 $n \times n$ 행렬이라고 하자.

(a) $A + B$의 특성치의 합은 A의 특성치의 합과 B의 특성치의 합을 더한 것과 같음을 보여라.

(b) AB의 특성치의 곱은 A의 특성치의 곱과 B의 특성치의 곱을 곱한 것과 같음을 보여라.

4.3 마르코프 모형

이 절에서는 점화계의 특별한 형태인 마르코프 모형에 대하여 알아 본다.

4.3.1 추이행렬

결과가 유한 개인 실험을 반복적으로 한다고 하자. 여기서 실험은 실험실에서 이루어지는 것뿐만 아니라, 조사, 관찰, 게임의 결과 등을 모두 포함한 광의의 의미를 갖는다. 예를 들어, 기상청에서는 매일 미세먼지 농도를 조사하여 좋음, 보통, 나쁨, 아주 나쁨의 4단계 상태로 구분하여 발표한다. 내일의 미세먼지 상태는 오늘의 미세먼지 상태에는 영향을 받지만 어제(과거)의 미세먼지 상태에는 영향을 받지 않는다. 이렇게 현재의 상태에서 다음 단계의 상태를 예측할 수 있을 때 **마르코프 성질**(**Markov property**)을 갖는다고 한다. 이 절에서는 이러한 성질을 갖는 구조를 행렬을 이용하여 분석하는 방법을 살펴보기로 한다.

보기 1 자동차 보험시장을 A, B 두 회사가 양분하고 있다. 조사를 시작한 첫 해에 점유율은 A사가 60%, B사가 40%이다. 보험은 1년간 유지되며 올해 A 보험을 들었던 사람이 내년에 B 보험으로 옮길 확률은 0.3, 그대로 A 보험을 유지할 확률이 0.7이고, 올해 B 보험을 들었던 사람이 내년에 A 보험으로 옮길 확률은 0.2, 그대로 B 보험을 유지할 확률이 0.8이다.

		올해	
		A 보험	B 보험
내	A 보험	0.7	0.2
년	B 보험	0.3	0.8

이러한 정보는 다음과 같이 그림으로 나타낼 수 있다. A 보험을 든 것을 상태 1로, B 보험을 든 것을 상태 2로 나타내자. 화살표의 꼬리는 현재의 상태, 화살표의 머리는 다음 단계의 상태를 나타낸다. 화살표에 표시된 수는 한 단계가 지날 때 상태의 변화를 나타내는 확률을 의미한다.

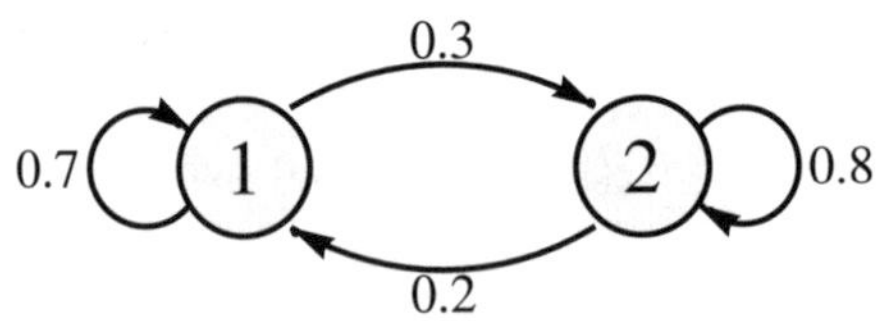

이렇게 현재의 상태에서 다음의 상태로 옮겨가는 것을 화살표로 나타내고 그 확률을 화살표에 표시한 것을 **추이도표**(**transition diagram**)라 한다.

p_{ij}를 올해 상태 j에 있을 때 다음 단계(내년)에 상태 i에 있을 확률이라 하자.[10] 주어진

[10] i와 j의 순서가 바뀌는 것이 우리 표현에는 자연스러워 보이지만 $p_{ij} = P(X_{n+1} = i|X_n = j)$처럼 조건부 확률을 생각하면 이 표현이 더 자연스럽다.

조건을 써보면 다음과 같다.

$$\begin{aligned} p_{11} &= \text{올해 A 보험을 든 사람이 내년에도 A 보험을 들 확률} = 0.7 \\ p_{21} &= \text{올해 A 보험을 든 사람이 내년에는 B 보험을 들 확률} = 0.3 \\ p_{12} &= \text{올해 B 보험을 든 사람이 내년에는 A 보험을 들 확률} = 0.2 \\ p_{22} &= \text{올해 B 보험을 든 사람이 내년에도 B 보험을 들 확률} = 0.8 \end{aligned}$$

p_{ij}을 일반항으로 갖는 행렬을 M이라 하면 M은 2×2 행렬이다.

$$M = \begin{pmatrix} 0.7 & 0.2 \\ 0.3 & 0.8 \end{pmatrix} \qquad \square$$

N개의 결과가 가능한 실험을 반복적으로 시행할 때 가능한 각각의 결과를 **상태(state)**라 하고 자연수 $1, 2, \ldots, N$으로 나타낸다. 현재 상태 j $(1 \leq j \leq N)$에서 다음 단계에 i $(1 \leq i \leq N)$로 갈 확률 p_{ij}를 j에서 i로의 **추이확률(transition probability)**이라 한다. 이런 식으로 움직임이 결정되는 실험을 **마르코프 연쇄(Markov chain)**라고 한다.[11]

N개의 결과가 가능한 마르코프 연쇄에서 추이확률 p_{ij}는 다음 성질을 만족한다.

- $p_{ij} \geq 0, \quad 1 \leq i, j \leq N$
- $\displaystyle\sum_{i=1}^{N} p_{ij} = 1, \quad j = 1, 2, \ldots, N$

(i, j) 항이 p_{ij}인 행렬을 **추이행렬(transition matrix)**, 또는 **마르코프 행렬(Markov matrix)**이라 한다. N개의 상태를 갖는 마르코프 연쇄의 추이행렬은 다음과 같이 쓸 수 있다.

$$M = (p_{ij})_{N \times N} = \underbrace{\begin{pmatrix} p_{11} & p_{12} & \cdots & p_{1N} \\ p_{21} & p_{22} & \cdots & p_{2N} \\ \vdots & \vdots & \ddots & \vdots \\ p_{N1} & p_{N2} & \cdots & p_{NN} \end{pmatrix}}_{\substack{1 \quad 2 \quad \cdots \quad N \\ \text{현재 단계의 상태}}} \left.\begin{matrix} 1 \\ 2 \\ \vdots \\ N \end{matrix}\right\} \text{다음 단계의 상태}$$

추이행렬

정사각행렬 $M = (p_{ij})_{N \times N}$이 다음 조건을 만족하면 **추이행렬**이라 한다.

- 모든 항은 음이 아니다. $(p_{ij} \geq 0, \quad 1 \leq i, j \leq N)$
- 각 열벡터의 성분의 합은 1이다. $(\sum_{i=1}^{N} p_{ij} = 1, \quad 1 \leq j \leq N)$

[11] A. A. Markov(1856–1922), 러시아의 수학자

보기 2 사회학에서는 수입의 정도에 따라 사람들을 저소득층, 중산층, 고소득층의 세 부류로 구분한다. 자녀들의 수입 정도는 부모의 수입 정도에 의하여 결정된다고 사회학자들은 주장한다.

부모가 저소득층일 때 그 자녀도 저소득층에 속할 확률은 0.8, 중산층에 속할 확률은 0.1, 고소득층에 속할 확률은 0.1이다. 부모가 중산층이라면 자녀가 저소득층에 속할 확률은 0.2, 중산층에 속할 확률은 0.6, 고소득층에 속할 확률은 0.2이다. 마지막으로 부모가 고소득층일 경우 그 자녀가 저소득층에 속할 확률은 0.1, 중산층에 속할 확률은 0.2, 고소득층에 속할 확률은 0.7이다. 어떤 사람이 저소득층으로 분류되는 것을 상태 1, 중산층으로 분류되는 것을 상태 2, 고소득층으로 분류되는 것을 상태 3이라 하면 추이도표는 다음과 같다.

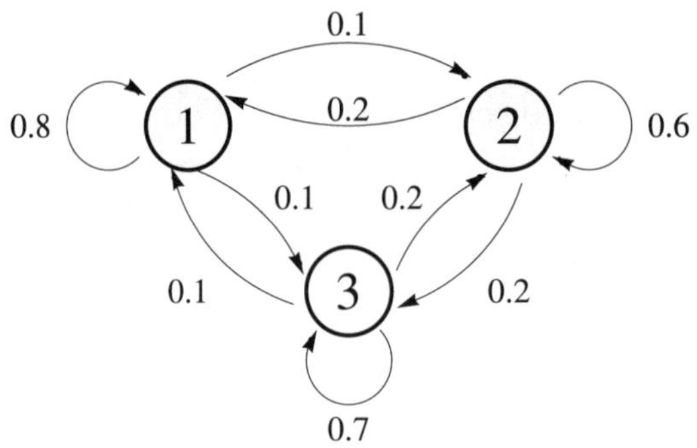

추이행렬은 다음과 같다.

$$M = \begin{pmatrix} 0.8 & 0.2 & 0.1 \\ 0.1 & 0.6 & 0.2 \\ 0.1 & 0.2 & 0.7 \end{pmatrix}$$ □

다음 보기는 **도박사의 파멸(gambler's ruin)**이라 불리는 유명한 보기의 특수한 형태이다.[12]

보기 3 도박사가 도박을 하고 있다. 도박의 규칙은 매 경기에서 이기면 1만 원을 따고 지면 1만 원을 잃게 된다. 각 도박에서 도박사가 이길 확률은 p이고 질 확률은 $(1-p)$이다. 도박사는 돈을 다 잃거나 가진 돈이 4만 원이 되면 도박을 그만 둔다고 한다. n 번째 도박이 끝나고 난 후 도박사가 가진 돈의 액수는 마르코프 연쇄가 된다. 이때 상태는 순서대로 0,1,2,3,4로 나타낸다.

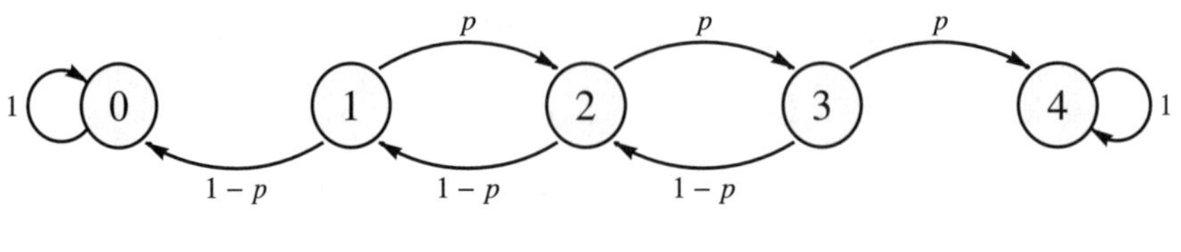

[12]보기 3과 보기 4의 경우는 상태를 $0, 1, 2, 3, 4$로 나타내는 것이 자연스럽다.

추이행렬은 다음과 같다.

$$M = \begin{pmatrix} 1 & 1-p & 0 & 0 & 0 \\ 0 & 0 & 1-p & 0 & 0 \\ 0 & p & 0 & 1-p & 0 \\ 0 & 0 & p & 0 & 0 \\ 0 & 0 & 0 & p & 1 \end{pmatrix}$$

여기서 상태 0이나 상태 4에 도달하면 도박이 끝나므로 더 이상 다른 상태로 변할 수 없고 그 상태에 계속 머무르게 된다. □

다음 보기는 **랜덤 워크**(**random walk**)라 불리는 유명한 보기의 특수한 형태이다.

보기 4 어떤 사람이 x축 위의 점 0과 4 사이에 서 있다. 이 사람의 한 걸음은 단위 길이이고 양의 방향으로 한 걸음 움직일 확률이 p, 음의 방향으로 한 걸음 움직일 확률이 $(1-p)$라고 한다. 단, 0에서는 항상 양의 방향으로, 4에서는 항상 음의 방향으로 움직인다고 한다. 이 사람의 위치는 상태가 0, 1, 2, 3, 4인 마르코프 연쇄가 된다. 추이도표와 추이행렬은 각각 다음과 같다.

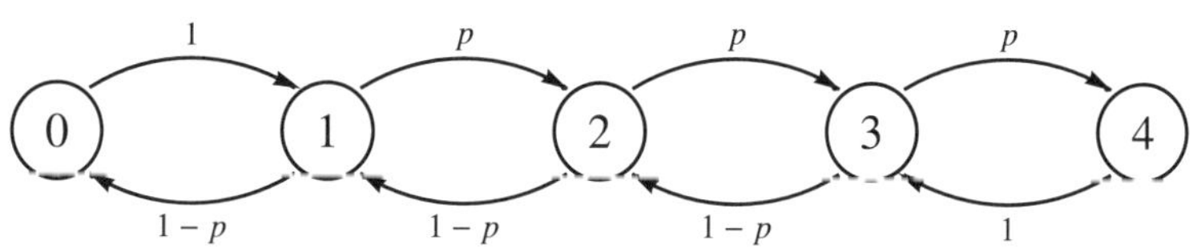

$$M = \begin{pmatrix} 0 & 1-p & 0 & 0 & 0 \\ 1 & 0 & 1-p & 0 & 0 \\ 0 & p & 0 & 1-p & 0 \\ 0 & 0 & p & 0 & 1 \\ 0 & 0 & 0 & p & 0 \end{pmatrix}$$

4.3.2 분포벡터와 추이행렬

다음 두 조건을 만족하는 벡터 $\mathbf{p} = \begin{pmatrix} p_1 \\ \vdots \\ p_N \end{pmatrix}$를 **확률벡터**(**probability vector**)라 한다.

- $p_i \geq 0, \quad i = 1, 2, \ldots, N$
- $\displaystyle\sum_{i=1}^{N} p_i = 1$

추이행렬의 열벡터는 모두 확률벡터이다.

N개의 상태를 갖는 마르코프 연쇄에서 $p_n(i)$를 n단계에서 상태 i에 있을 확률이라 하면

$$\mathbf{p}_n = \begin{pmatrix} p_n(1) \\ p_n(2) \\ \vdots \\ p_n(N) \end{pmatrix}$$

로 정의되는 벡터는 확률벡터이다. 이를 n단계 **분포벡터(distribution vector)**, 또는 간단히 n단계 **분포**라고 한다. 특히 초기의 분포를 **초기분포(initial distribution)**라 부르고 $\mathbf{p}_0$으로 나타낸다.

n단계 분포와 $(n+1)$단계 분포의 관계식을 찾아보기로 하자. $(n+1)$ 단계에 상태 j에 있을 확률은 $p_{n+1}(j)$이고 n 단계에 상태 i에 있다가 $(n+1)$ 단계에 상태 j로 옮겨갈 확률은 $p_n(i)p_{ji}$이다. 따라서 $j = 1, 2, \ldots, N$에 대하여 다음 식이 성립한다.

$$p_{n+1}(j) = \sum_{i=1}^{N} p_{ji}p_n(i) = (M\mathbf{p}_n)_j$$

다시 말해서 다음 점화식이 성립한다.

$$\mathbf{p}_{n+1} = M\mathbf{p}_n$$

분포벡터

- n단계 분포 $\mathbf{p}_n$은 다음과 같은 점화식을 만족한다.

$$\mathbf{p}_{n+1} = M\mathbf{p}_n$$

- 초기분포가 $\mathbf{p}_0$이고 추이행렬이 M이면 n단계 분포 $\mathbf{p}_n$은 다음과 같다.

$$\mathbf{p}_n = M^n\mathbf{p}_0$$

보기 5 (보기 2 계속) 현재 저소득층이 30%, 중산층이 50%, 고소득층이 20%의 비율로 분포되어 있다고 한다. 2세대가 흐른 후 분포를 구하여라.

Solution 초기분포는 $\mathbf{p}_0 = \begin{pmatrix} 0.3 \\ 0.5 \\ 0.2 \end{pmatrix}$이다. 따라서 2세대 후의 분포 $\mathbf{p}_2$는 다음과 같다.

$$M^2\mathbf{p}_0 = \begin{pmatrix} 0.8 & 0.2 & 0.1 \\ 0.1 & 0.6 & 0.2 \\ 0.1 & 0.2 & 0.7 \end{pmatrix}^2 \begin{pmatrix} 0.3 \\ 0.5 \\ 0.2 \end{pmatrix}$$

$$= \begin{pmatrix} 0.8 & 0.2 & 0.1 \\ 0.1 & 0.6 & 0.2 \\ 0.1 & 0.2 & 0.7 \end{pmatrix} \begin{pmatrix} 0.36 \\ 0.37 \\ 0.27 \end{pmatrix} = \begin{pmatrix} 0.389 \\ 0.312 \\ 0.299 \end{pmatrix}$$

저소득층은 38.9%, 중산층은 31.2%, 고소득층은 29.9%를 차지한다. □

n-단계 추이확률

상태 j에서 출발한 마르코프 연쇄가 n단계 후에 상태 i에 도달할 확률을 j에서 i로의 **n단계 추이확률**(**n-step transition probability**)이라 부르고 $p_{ij}^{(n)}$으로 나타낸다. n단계 추이확률 $p_{ij}^{(n)}$을 항으로 갖는 행렬을 $M^{(n)}$으로 나타내고, 이를 **n단계 추이행렬**(**n-step transition matrix**)이라 한다. 따라서 추이행렬 M은 1단계 추이행렬 $M^{(1)}$이고 $M^{(0)}$은 정의로부터 단위행렬 I가 됨을 알 수 있다.

$$M^{(0)} = I, \qquad M^{(1)} = M$$

이제 보기 2에서 중산층에 속한 사람의 손주가 고소득층에 속할 확률을 구해 보자.

가능한 모든 경우를 그려보면 다음과 같다.

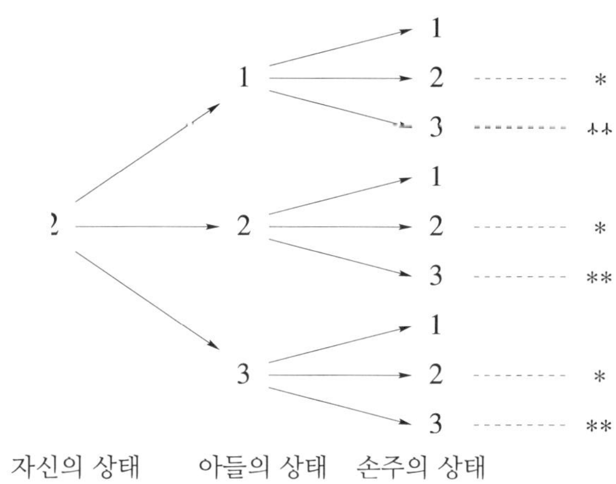

손주가 고소득층에 속하는 것은 ** 표시가 되어 있는 경우이므로 구하는 확률은 다음과 같다.

$$\begin{aligned} p_{32}^{(2)} &= p_{31}p_{12} + p_{32}p_{22} + p_{33}p_{32} \\ &= 0.1 \cdot 0.2 + 0.2 \cdot 0.6 + 0.7 \cdot 0.2 = 0.28 \end{aligned}$$

이 식은 다음과 같이 나타낼 수도 있다.

$$p_{32}^{(2)} = (0.1 \quad 0.2 \quad 0.7) \begin{pmatrix} 0.2 \\ 0.6 \\ 0.2 \end{pmatrix} = (M^2)_{32}$$

이다. 마찬가지로 $p_{ij}^{(2)} = (M^2)_{ij}$이 성립한다. 귀납적으로 자연수 n에 대하여

$$p_{ij}^{(n)} = (M^n)_{ij}$$

이 성립함을 보일 수 있다.

일반적으로 추이행렬이 M인 마르코프 연쇄에서 M^n의 (i,j) 항은 현재 상태 j에 있을 때 n 단계 후 상태 i에 있을 확률을 나타낸다.

n-단계 추이행렬

마르코프 연쇄의 추이행렬이 M일 때 n단계 추이행렬은 M^n이다.

Note M^n의 열벡터는 모두 확률벡터이다. 즉 자연수 n에 대하여 다음 식이 성립한다.

$$\sum_{i=1}^{N} p_{ij}^{(n)} = 1, \quad j = 1, 2, \ldots, N$$

n단계 추이행렬의 극한

보기 1에서 시간이 많이 흐르면 어떤 현상이 나타나는지 살펴 보자. $n = 4, 8, 16$에 대하여 n단계 추이행렬을 구하여 보면[13]

$$\begin{aligned} M^4 &= M^2M^2 = \begin{pmatrix} 0.4375 & 0.375 \\ 0.5625 & 0.625 \end{pmatrix} \\ M^8 &= M^4M^4 = \begin{pmatrix} 0.4023 & 0.3984 \\ 0.5977 & 0.6016 \end{pmatrix} \\ M^{16} &= M^8M^8 = \begin{pmatrix} 0.4000 & 0.4000 \\ 0.6000 & 0.6000 \end{pmatrix} \end{aligned}$$

이다. 이 추이행렬로부터 $p_{11}^{(n)}$과 $p_{22}^{(n)}$은 n이 커짐에 따라 감소하고 $p_{12}^{(n)}$과 $p_{21}^{(n)}$은 n이 커짐에 따라 증가함을 관찰할 수 있다. 좀 더 큰 n에 대하여 n단계 추이행렬은 다음과 같다.

$$M^{20} = \begin{pmatrix} 0.4 & 0.4 \\ 0.6 & 0.6 \end{pmatrix}, \quad M^{40} = \begin{pmatrix} 0.4 & 0.4 \\ 0.6 & 0.6 \end{pmatrix}$$

이 추이행렬들로부터 n단계 추이확률 $p_{ij}^{(n)}$에 대하여 다음과 같은 추측이 가능하다.

- 임의의 i, j에 대하여, $p_{ij}^{(n)}$의 값은 n이 커짐에 따라 수렴한다.
- 임의의 i에 대하여, $p_{ij}^{(n)}$의 극한값은 모든 j에 대하여 같다.

그러나 다음 보기들은 이 추측들이 항상 옳은 것은 아님을 보여 준다.

[13] 반올림하여 소수점 이하 네 자리까지 구하였다.

보기 6 (a) $M = \begin{pmatrix} 0 & 1 \\ 1 & 0 \end{pmatrix}$이면 $M^2 = \begin{pmatrix} 1 & 0 \\ 0 & 1 \end{pmatrix}$이므로 임의의 자연수 n에 대하여

$$M^{2n} = I, \quad M^{2n+1} = M$$

이다. 따라서 $p_{ij}^{(n)}$은 0과 1 사이를 진동하므로 극한값은 존재하지 않는다. 따라서 이 경우 첫 번째 추측이 성립하지 않는다.

(b) $M = \begin{pmatrix} 1 & 0 \\ 0 & 1 \end{pmatrix}$인 경우 모든 자연수 n에 대하여 $M^n = I$이므로 $\lim_{n\to\infty} p_{ij}^{(n)}$은 존재하지만

$$\lim_{n\to\infty} p_{11}^{(n)} = 1 \neq \lim_{n\to\infty} p_{12}^{(n)} = 0$$

이다. 따라서 이 경우 두 번째 추측이 성립하지 않는다. □

그러나 어떤 자연수 n_0에 대하여 n_0 단계 추이행렬의 모든 항이 양수이면, 즉

$$\text{모든 } i, j\text{에 대하여 } \; p_{ij}^{(n_0)} > 0 \text{ 인 } n_0\text{이 존재하면} \tag{4.7}$$

위의 두 추측은 참이라는 것이 알려져 있다. 이러한 성질 (4.7)을 만족하는 행렬을 **정칙행렬** (**regular matrix**)이라 한다.[14] 추이행렬 $M = (p_{ij})$이 정칙일 때

$$\pi_i = \lim_{n\to\infty} p_{ij}^{(n)}$$

이라 정의하면 $\pi_i \geq 0$이고

$$\sum_{i=1}^{N} \pi_i \;=\; \sum_{i=1}^{N} \lim_{n\to\infty} p_{ij}^{(n)} \;=\; \lim_{n\to\infty} \sum_{i=1}^{N} p_{ij}^{(n)} \;=\; \lim_{n\to\infty} 1 \;=\; 1$$

이다. 따라서 $\mathbf{p}_s = \begin{pmatrix} \pi_1 \\ \vdots \\ \pi_N \end{pmatrix}$는 확률벡터이다.

[14]예를 들어, $A = \begin{pmatrix} 0 & 0.5 \\ 1 & 0.5 \end{pmatrix}$에 대하여 $A^2 = \begin{pmatrix} 0.5 & 0.25 \\ 0.5 & 0.75 \end{pmatrix}$이므로 A는 정칙행렬이다. 그러나 $B = \begin{pmatrix} 1 & 0.5 \\ 0 & 0.5 \end{pmatrix}$는 모든 n에 대하여 $B^n = \begin{pmatrix} 1 & + \\ 0 & + \end{pmatrix}$이므로 정칙이 아니다.

추이행렬의 극한

- 마르코프 연쇄의 추이행렬 $M = (p_{ij})$이 정칙행렬이면 $i = 1, 2, \ldots, N$에 대하여 $\lim_{n\to\infty} p_{i1}^{(n)}$이 존재한다.
- $\pi_i = \lim_{n\to\infty} p_{i1}^{(n)}$이라 하면 $\mathbf{p}_s = \begin{pmatrix} \pi_1 \\ \vdots \\ \pi_N \end{pmatrix}$는 확률벡터이고 다음 식이 성립한다.

$$\lim_{n\to\infty} M^n = \begin{pmatrix} \mathbf{p}_s & \mathbf{p}_s & \cdots & \mathbf{p}_s \end{pmatrix}$$

4.3.3 극한안정분포

$M^{n+1} = MM^n$이므로

$$p_{ij}^{(n+1)} = (M^{n+1})_{ij} = (MM^n)_{ij} = \sum_{k=1}^{N} p_{ik} p_{kj}^{(n)}$$

이다. 양변에 극한값을 취해 주면

$$\pi_i = \sum_{k=1}^{N} p_{ik}\pi_k = \begin{pmatrix} p_{i1} & \cdots & p_{iN} \end{pmatrix} \begin{pmatrix} \pi_1 \\ \vdots \\ \pi_N \end{pmatrix} \tag{4.8}$$

을 얻는다. 다시 말해서 확률벡터 $\mathbf{p}_s = \begin{pmatrix} \pi_1 \\ \vdots \\ \pi_N \end{pmatrix}$에 대하여 다음 관계식이 성립한다.

$$\mathbf{p}_s = M\mathbf{p}_s \tag{4.9}$$

따라서 1은 M의 특성치이고 $\mathbf{p}_s$는 1에 대응하는 특성벡터이다. 이때 $\mathbf{p}_s$를 M의 **평형벡터 (equilibrium vector)**라 부른다. 초기분포가 평형벡터를 따르면 마르코프 연쇄는 모든 단계에서 같은 분포를 갖는다. 즉 $\mathbf{p}_0 = \mathbf{p}_s$이면 모든 n에 대하여

$$\mathbf{p}_n = \mathbf{p}_0$$

이다.

마르코프 연쇄의 평형벡터

마르코프 연쇄의 추이행렬 M이 정칙일 때 $\pi_j = \lim_{n\to\infty} p_{ij}^{(n)}$ 라 하면 $\mathbf{p}_s = \begin{pmatrix} \pi_1 \\ \vdots \\ \pi_N \end{pmatrix}$은 M의 평형확률벡터이다. 즉 다음 식이 성립한다.

$$\mathbf{p}_s = M\mathbf{p}_s$$

Note 추이행렬 $M = (p_{ij})$가 정칙행렬이면

$$\lim_{n\to\infty} M^n = \begin{pmatrix} \mathbf{p}_s & \cdots & \mathbf{p}_s \end{pmatrix}$$

이므로 임의의 초기분포 $\mathbf{p}_0$에 대하여

$$\lim_{n\to\infty} \mathbf{p}_n = \lim_{n\to\infty} M^n \mathbf{p}_0 = \mathbf{p}_s$$

을 얻는다. 따라서 n단계 후 마르코프 연쇄의 분포는 초기분포에 상관없이 평형확률벡터 $\mathbf{p}_s$로 수렴한다. 이러한 의미에서 평형확률벡터 $\mathbf{p}_s$를 **극한안정분포(limiting stable distribution)** 라 부른다.

보기 1을 다시 생각해 보자. 추이행렬

$$M = \begin{pmatrix} 0.7 & 0.2 \\ 0.3 & 0.8 \end{pmatrix}$$

의 모든 항이 양수이므로 정칙이다. 극한안정분포 $\mathbf{p}_s = \begin{pmatrix} \pi_1 \\ \pi_2 \end{pmatrix}$가 존재하며 다음 식을 만족한다.

$$\begin{aligned} \mathbf{p}_s\text{는 확률벡터} \quad &\Rightarrow \quad \pi_1 + \pi_2 = 1 \\ \mathbf{p}_s = M\mathbf{p}_s \quad &\Rightarrow \quad \begin{cases} 0.7\pi_1 + 0.2\pi_2 = \pi_1 \\ 0.3\pi_1 + 0.8\pi_2 = \pi_2 \end{cases} \end{aligned}$$

두 번째 식에서 구한 $\pi_2 = 3\pi_1/2$을 첫 번째 식에 대입하면

$$\pi_1 = 0.4, \qquad \pi_2 = 0.6$$

이다. 그러므로 보험 A의 점유율은 40%, 보험 B의 점유율은 60%로 수렴한다.

보기 7 보기 2에 주어진 추이행렬

$$M = \begin{pmatrix} 0.8 & 0.2 & 0.1 \\ 0.1 & 0.6 & 0.2 \\ 0.1 & 0.2 & 0.7 \end{pmatrix}$$

을 갖는 마르코프 연쇄의 극한안정분포를 구하여라.

Solution 모든 i, j에 대하여 $p_{ij} > 0$이므로 주어진 마르코프 연쇄는 극한안정분포 $\mathbf{p}_s = \begin{pmatrix} \pi_1 \\ \pi_2 \\ \pi_3 \end{pmatrix}$를 갖는다.

$$\begin{pmatrix} \pi_1 \\ \pi_2 \\ \pi_3 \end{pmatrix} = \begin{pmatrix} 0.8 & 0.2 & 0.1 \\ 0.1 & 0.6 & 0.2 \\ 0.1 & 0.2 & 0.7 \end{pmatrix} \begin{pmatrix} \pi_1 \\ \pi_2 \\ \pi_3 \end{pmatrix}$$

을 정리하여 쓰면 다음과 같은 선형계를 얻는다.

$$\begin{aligned} -0.2\pi_1 + 0.2\pi_2 + 0.1\pi_3 &= 0 \\ 0.1\pi_1 - 0.4\pi_2 + 0.2\pi_3 &= 0 \\ 0.1\pi_1 + 0.2\pi_2 - 0.3\pi_3 &= 0 \end{aligned}$$

기약행 사다리꼴로 고치면

$$\begin{pmatrix} -0.2 & 0.2 & 0.1 \\ 0.1 & -0.4 & 0.2 \\ 0.1 & 0.2 & -0.3 \end{pmatrix} \to \begin{pmatrix} 1 & 0 & -4/3 \\ 0 & 1 & -5/6 \\ 0 & 0 & 0 \end{pmatrix}$$

이므로

$$\pi_1 = \frac{4}{3}\pi_3, \quad \pi_2 = \frac{5}{6}\pi_3$$

이다. $\mathbf{p}_s$는 확률벡터이므로, 즉 $\pi_1 + \pi_2 + \pi_3 = 1$이므로

$$\pi_1 = \frac{8}{19}, \quad \pi_2 = \frac{5}{19}, \quad \pi_3 = \frac{6}{19}$$

이다. 지금 어느 계층에 속해 있는지에 상관없이 오랜 시간이 흐르면 그 자손들이 저소득층에 속할 확률은 8/19, 중산층에 속할 확률은 5/19, 고소득층에 속할 확률은 6/19이다. □

4.3.4 연습문제 4.3

1. 다음 추이도표로 나타내어지는 추이행렬을 구하여라.

(a)

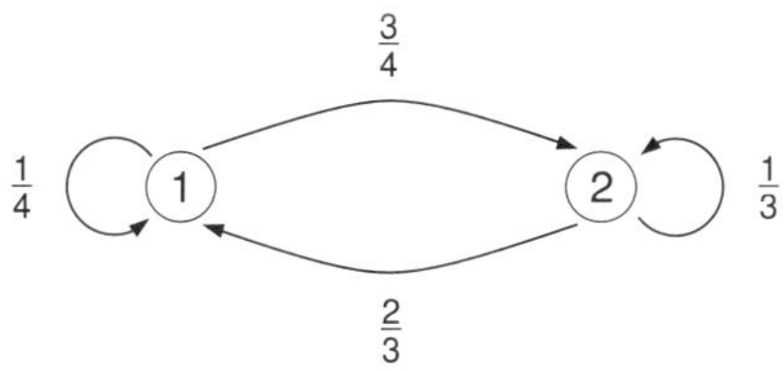

(b)

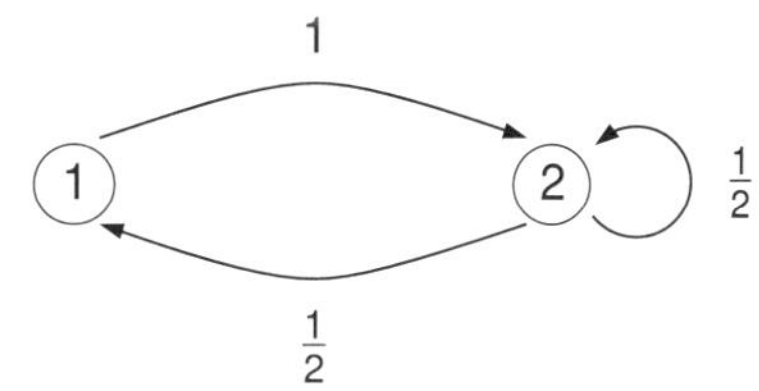

(c)

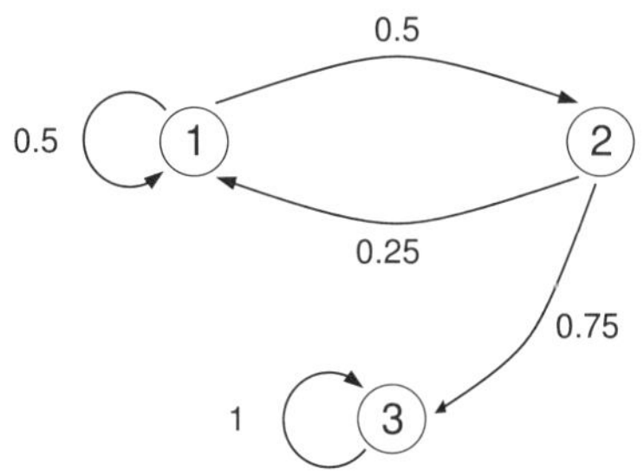

(d)

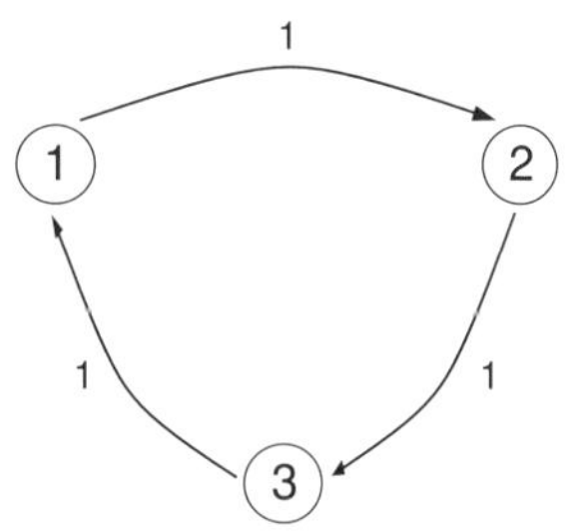

(e)

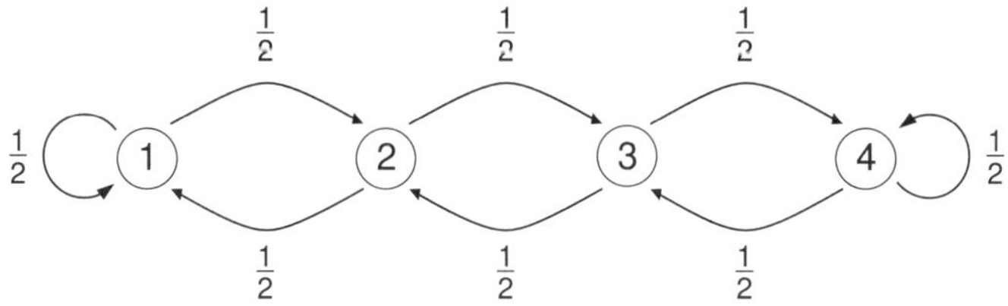

(f)

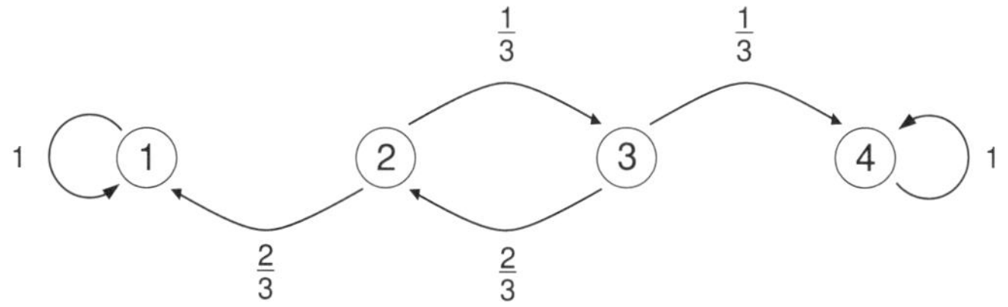

2. 다음 행렬이 추이행렬이 되는지 판단하고 추이행렬인 경우 추이도표를 그려라.

(a) $M = \begin{pmatrix} 0.2 & 0.8 \\ 0.9 & 0.1 \end{pmatrix}$

(b) $M = \begin{pmatrix} 0.5 & 0.2 & 0.4 \\ 0.5 & 0.3 & 0.2 \\ 0 & 0.5 & 0.4 \end{pmatrix}$

(c) $M = \begin{pmatrix} 0.2 & 0.9 \\ 0.8 & 0.1 \end{pmatrix}$

(d) $M = \begin{pmatrix} 0.1 & 0.3 & 0.6 \\ 0.6 & 0.5 & -0.1 \\ 0.3 & 0.2 & 0.5 \end{pmatrix}$

3. 추이행렬이 M이고 초기분포가 $\mathbf{p}$인 마르코프 연쇄에서 2단계 추이행렬을 구하고 2단계 확률분포를 구하여라.

   (a) $M = \begin{pmatrix} 0.5 & 0 \\ 0.5 & 1 \end{pmatrix}$, $\mathbf{p} = \begin{pmatrix} 1 \\ 0 \end{pmatrix}$

   (b) $M = \begin{pmatrix} 0.3 & 0.7 \\ 0.7 & 0.3 \end{pmatrix}$, $\mathbf{p} = \begin{pmatrix} 0.4 \\ 0.6 \end{pmatrix}$

   (c) $M = \begin{pmatrix} 0.5 & 0 & 0.5 \\ 0.5 & 0.5 & 0.5 \\ 0 & 0.5 & 0 \end{pmatrix}$, $\mathbf{p} = \begin{pmatrix} 1/3 \\ 1/3 \\ 1/3 \end{pmatrix}$

   (d) $M = \begin{pmatrix} 0.1 & 0 & 0.8 \\ 0.1 & 1 & 0.1 \\ 0.8 & 0 & 0.1 \end{pmatrix}$, $\mathbf{p} = \begin{pmatrix} 1 \\ 0 \\ 0 \end{pmatrix}$

4. 마르코프연쇄의 추이행렬 M이 다음과 같을 때 극한안정분포를 구하여라.

   (a) $M = \begin{pmatrix} 0.7 & 0.3 \\ 0.3 & 0.7 \end{pmatrix}$ (b) $M = \begin{pmatrix} 0.4 & 0.8 \\ 0.6 & 0.2 \end{pmatrix}$

5. 마르코프연쇄의 추이행렬 M이 다음과 같을 때 $\min_{i,j} p_{ij}^{(2)} > 0$ 임을 보이고 $\lim_{n\to\infty} M^n$을 구하여라.

   (a) $M = \begin{pmatrix} 0 & 0.25 \\ 1 & 0.75 \end{pmatrix}$ (b) $M = \begin{pmatrix} 0.5 & 0 & 0.5 \\ 0.5 & 0.5 & 0.5 \\ 0 & 0.5 & 0 \end{pmatrix}$

6. S 대학 전산관리실은 매일 아침 전산실을 개방하기 전에 PC를 점검하여 정상이면 상태 1, 고장이면 상태 2로 분류한다. 고장난 PC 가운데 80%는 그 날 중으로 수리가 가능하고 아침 점검시 정상이었던 PC가 그 날 고장날 확률은 5%라고 한다. 오늘부터 n일 후의 상태를 n단계라고 할 때

   (a) 추이행렬을 구하여라.
   (b) 오늘 아침 정상인 PC가 사흘 후 점검할 때까지 계속 정상일 확률을 구하여라.
   (c) 오늘 아침 정상인 PC가 사흘 후 점검할 때 고장일 확률을 구하여라.
   (d) 오늘 모든 PC가 정상일 때, 1년 후 정상인 PC의 비율을 근사적으로 구하여라.

7. 매해 서울 인구의 3%는 수도권으로, 1%는 비수도권으로 이주한다. 수도권 인구는 매해 2%가 서울로, 1%는 비수도권으로 이주한다. 비수도권의 인구는 2%가 서울로 3%는 수도권으로 이주한다고 한다. 현재 전체 인구의 25%가 서울에, 15%가 수도권에 거주한다고 한다.

   (a) 1년 동안 이주를 하지 않은 인구는 전체의 몇%인가?
   (b) 올해 서울에 살고 있는 사람이 앞으로 3년 동안 계속 서울에 거주할 확률을 구하여라.

(c) 내년 지역별 인구 비율을 구하여라.

(d) 50년 후 지역별 인구비율을 극한안정분포를 이용하여 근사적으로 구하여라.

8. 흰 공 3개와 검은 공 3개가 2개의 항아리 A 와 B에 3개씩 나누어져 있다. 항아리 A와 항아리 B에서 각각 하나의 공을 꺼내어 바꾸어 넣는다고 하자. 이러한 시행을 n번 반복 후 항아리 A에 들어 있는 흰 공의 수는 마르코프 연쇄가 된다. 이 마르코프연쇄에 대하여

   (a) 추이행렬을 구하여라.

   (b) 극한안정분포를 구하여라.

9. 추이행렬 $M = (p_{ij})_{N\times N}$이 $i = 1, 2, \ldots, N$에 대하여 다음 성질을 만족한다.

$$\sum_{j=1}^{N} p_{ij} = 1$$

$\min\limits_{i,j} p_{ij} > 0$일 때, 극한안정분포는

$$\pi_j = \frac{1}{N}, \quad j = 1, 2, \ldots, N$$

임을 보여라.

10. 추이행렬이 $M = \begin{pmatrix} p & 1\ \ p \\ 1-p & p \end{pmatrix}$일 때 수학적 귀납법으로 n단계 주이행렬은 다음과 같음을 보여라.

$$M^{(n)} = \begin{pmatrix} \frac{1}{2} + \frac{1}{2}(2p-1)^n & \frac{1}{2} - \frac{1}{2}(2p-1)^n \\ \frac{1}{2} - \frac{1}{2}(2p-1)^n & \frac{1}{2} + \frac{1}{2}(2p-1)^n \end{pmatrix}$$

11. 어느 국회의원이 다음 선거에 출마할 것인가에 대하여 A_1이라는 사람에게 말하였다고 한다. A_1은 이것을 A_2에게, A_2는 A_3에게, $\cdots$, 이렇게 그 말을 들은 사람은 반드시 다른 한 사람에게 전한다고 한다. 이때, 각 사람이 그 다음 사람에게 들은 내용을 반대로 전하는 확률이 0.1 이라 한다. 그 국회의원이 출마한다고 말했을 때 n 번째 사람이 출마한다고 말할 확률은 얼마인가? 단, n은 아주 큰 자연수라고 하고 근사적으로 확률을 구하여라.

12. 정사각형의 네 꼭짓점을 시계반대방향으로 각각 1, 2, 3, 4라 하자. 3개의 동전을 던졌을 때 나온 앞면의 수만큼 시계반대방향으로 움직인다. n단계 후의 위치를 X_n이라고 할 때,

   (a) 추이행렬을 구하여리.

   (b) 1에서 출발하여 3단계 후 2에 있을 확률을 구하여라.

   (c) 극한안정분포를 구하여라.

4.4 선형미분방정식계

4.4.1 선형미분방정식계의 해

선형미분방정식계

$$\begin{aligned} x_1' &= a_{11}x_1 + a_{12}x_2 + \cdots + a_{1n}x_n \\ x_2' &= a_{21}x_1 + a_{22}x_2 + \cdots + a_{2n}x_n \\ \vdots & \qquad\qquad \vdots \\ x_n' &= a_{n1}x_1 + a_{n2}x_2 + \cdots + a_{nn}x_n \end{aligned} \tag{4.10}$$

의 일반해를 행렬이론을 이용하여 나타내 보기로 하자.

$$\mathbf{x}(t) = \begin{pmatrix} x_1(t) \\ x_2(t) \\ \vdots \\ x_n(t) \end{pmatrix}, \quad \mathbf{x}'(t) = \begin{pmatrix} x_1'(t) \\ x_2'(t) \\ \vdots \\ x_n'(t) \end{pmatrix}, \quad A = \begin{pmatrix} a_{11} & a_{12} & \cdots & a_{1n} \\ a_{21} & a_{22} & \cdots & a_{2n} \\ \vdots & \vdots & \ddots & \vdots \\ a_{n1} & a_{n2} & \cdots & a_{nn} \end{pmatrix}$$

이라 하면 식 (4.10)은 행렬방정식

$$\mathbf{x}'(t) = A\mathbf{x}(t) \tag{4.11}$$

으로 쓸 수 있다. 이때 A를 **계수행렬(coefficient matrix)**이라 부른다.

두 벡터 $\mathbf{x}_1(t), \mathbf{x}_2(t)$가 미분방정식계 (4.11)의 해라 하자. 다시 말해서

$$\mathbf{x}_1'(t) = A\mathbf{x}_1(t), \quad \mathbf{x}_2'(t) = A\mathbf{x}_2(t)$$

이 성립한다고 하자. $\mathbf{x}(t) = c_1\mathbf{x}_1(t) + c_2\mathbf{x}_2(t)$라 하면

$$\begin{aligned} \mathbf{x}'(t) &= (c_1\mathbf{x}_1(t) + c_2\mathbf{x}_2(t))' = c_1\mathbf{x}_1'(t) + c_2\mathbf{x}_2'(t) \\ &= c_1A\mathbf{x}_1(t) + c_2A\mathbf{x}_2(t) = A(c_1\mathbf{x}_1(t) + c_2\mathbf{x}_2(t)) \\ &= A\mathbf{x}(t) \end{aligned}$$

이므로 $\mathbf{x}(t) = c_1\mathbf{x}_1(t) + c_2\mathbf{x}_2(t)$도 주어진 미분방정식계 (4.11)의 해이다. 따라서 미분방정식계의 해집합은 부분공간이다.

만약 $\mathbf{x}_1, \ldots, \mathbf{x}_n$이 주어진 미분방정식계의 일차독립인 해라 하자.[15] 그러면 일반해는 다음과 같이 쓸 수 있음이 알려져 있다.[16]

$$\mathbf{x} = c_1\mathbf{x}_1 + \cdots + c_n\mathbf{x}_n$$

따라서 일차독립인 n개의 해를 찾으면 모든 해를 구할 수 있다. 이제 구체적으로 해를 찾는 방법을 살펴 보기로 하자.

---

[15] $c_1\mathbf{x}_1 + \cdots + c_n\mathbf{x}_n = \mathbf{0}$이면 $c_1 = \cdots = c_n = 0$임을 의미한다.

[16] 일반적인 경우는 선형대수 교재를 참고하기 바란다.

r이 A의 특성치이고 $\mathbf{v}$가 r에 대응하는 특성벡터라 하자. $\mathbf{x}(t) = e^{rt}\mathbf{v}$라 하면

$$\mathbf{x}'(t) = re^{rt}\mathbf{v} = r\mathbf{x}(t), \quad A\mathbf{x}(t) = e^{rt}A\mathbf{v} = re^{rt}\mathbf{v} = r\mathbf{x}(t)$$

이므로 $\mathbf{x}(t)$는 미분방정식계 (4.11)의 해이다. n개의 일차독립인 특성벡터 $\mathbf{v}_1, \ldots, \mathbf{v}_n$가 특성치 $r_1, \ldots, r_n$에 대하여 존재한다고 하자.

$$c_1 e^{r_1 t}\mathbf{v}_1 + \cdots + c_n e^{r_n t}\mathbf{v}_n = \mathbf{0}$$

이면 $t = 0$일 때

$$c_1\mathbf{v}_1 + \cdots + c_n\mathbf{v}_n = \mathbf{0}$$

이다. $\mathbf{v}_1, \ldots, \mathbf{v}_n$은 일차독립이므로 $c_1 = \cdots = c_n = 0$이다. 따라서 미분방정식계 (4.11)의 해

$$\mathbf{x}_k = e^{r_k t}\mathbf{v}_k, k = 1, \ldots, n$$

은 일차독립이다.

미분방성식계의 일반해

$n \times n$ 행렬 A에 대하여 n개의 일차독립인 특성벡터 $\mathbf{v}_1, \ldots, \mathbf{v}_n$이 특성치 $r_1, \ldots, r_n$에 대하여 존재한다고 하자. 그러면 선형미분방정식계 $\mathbf{x}' = A\mathbf{x}$의 일반해는 다음과 같이 주어진다.

$$\mathbf{x} = c_1 e^{r_1 t}\mathbf{v}_1 + \cdots + c_n e^{r_n t}\mathbf{v}_n$$

Note 만약 r_1이 다른 모든 특성치보다 크다면, 즉

$$r_1 > r_j, \quad j = 2, \ldots, n$$

이면

$$e^{-r_1 t}\mathbf{x} \to c_1\mathbf{v}_1, \quad \text{또는} \quad \mathbf{x} \approx c_1 e^{r_1 t}\mathbf{v}_1$$

이 성립한다. 다시 말해서 $t \to \infty$일 때 일반해의 움직임은 가장 큰 특성치와 특성벡터에 의해 결정된다.

보기 1 다음 미분방정식계의 일반해를 구하여라.

(a) $\begin{cases} x_1' &= x_1 + x_2 \\ x_2' &= 3x_1 - x_2 \end{cases}$ (b) $\begin{cases} x' &= x + y \\ y' &= 2y + 2z \\ z' &= 3z \end{cases}$

Solution (a) 계수행렬 $A = \begin{pmatrix} 1 & 1 \\ 3 & -1 \end{pmatrix}$의 특성방정식은

$$\begin{aligned} A - rI &= \det\begin{pmatrix} 1-r & 1 \\ 3 & -1-r \end{pmatrix} \\ &= (r-1)(r+1) - 3 = r^2 - 4 = 0 \end{aligned}$$

이므로 특성치는 $r = 2, -2$이다. 이에 대응하는 특성벡터는 각각

$$\mathbf{v}_1 = \begin{pmatrix} 1 \\ 1 \end{pmatrix}, \quad \mathbf{v}_2 = \begin{pmatrix} 1 \\ -3 \end{pmatrix}$$

이므로 일반해는 다음과 같다.

$$\mathbf{x} = c_1 e^{2t}\mathbf{v}_1 + c_2 e^{-2t}\mathbf{v}_2 = \begin{pmatrix} c_1 e^{2t} + c_2 e^{-2t} \\ c_1 e^{2t} - 3c_2 e^{-2t} \end{pmatrix}$$

(b) 미분방정식계 $\mathbf{x}' = A\mathbf{x}$의 계수행렬 $A = \begin{pmatrix} 1 & 1 & 0 \\ 0 & 2 & 2 \\ 0 & 0 & 3 \end{pmatrix}$의 특성치는 $r = 1, 2, 3$이고, 이에 대응하는 특성벡터는 각각 $\mathbf{v}_1 = \begin{pmatrix} 1 \\ 0 \\ 0 \end{pmatrix}, \mathbf{v}_2 = \begin{pmatrix} 1 \\ 1 \\ 0 \end{pmatrix}, \mathbf{v}_3 = \begin{pmatrix} 1 \\ 2 \\ 1 \end{pmatrix}$이다. 따라서 일반해는 다음과 같다.

$$\mathbf{x} = c_1 e^{t}\mathbf{v}_1 + c_2 e^{2t}\mathbf{v}_2 + c_3 e^{3t}\mathbf{v}_3 = \begin{pmatrix} c_1 e^{t} + c_2 e^{2t} + c_3 e^{3t} \\ c_2 e^{2t} + 2c_3 e^{3t} \\ c_3 e^{3t} \end{pmatrix}$$ □

미분방정식계에 초기조건 $\mathbf{x}(0) = \mathbf{x}_0$이 주어지면

$$\mathbf{x}_0 = c_1\mathbf{v}_1 + \cdots + c_n\mathbf{v}_n = \begin{pmatrix} \mathbf{v}_1 & \cdots & \mathbf{v}_n \end{pmatrix} \begin{pmatrix} c_1 \\ \vdots \\ c_n \end{pmatrix}$$

이므로

$$\begin{pmatrix} c_1 \\ \vdots \\ c_n \end{pmatrix} = \begin{pmatrix} \mathbf{v}_1 & \cdots & \mathbf{v}_n \end{pmatrix}^{-1} \mathbf{x}_0$$

이다.

보기 2 보기 1(b)에서 초기조건이 $\mathbf{x}_0 = \mathbf{x}(0) = \begin{pmatrix} 1 \\ 1 \\ 1 \end{pmatrix}$일 때 해를 구하여라.

Solution $\mathbf{x}(0) = c_1 \begin{pmatrix} 1 \\ 0 \\ 0 \end{pmatrix} + c_2 \begin{pmatrix} 1 \\ 1 \\ 0 \end{pmatrix} + c_3 \begin{pmatrix} 1 \\ 2 \\ 1 \end{pmatrix}$이므로 특성벡터의 행렬 $P = \begin{pmatrix} 1 & 1 & 1 \\ 0 & 1 & 2 \\ 0 & 0 & 1 \end{pmatrix}$에 대하여 상수벡터는

$$\mathbf{c} = \begin{pmatrix} c_1 \\ c_2 \\ c_3 \end{pmatrix} = P^{-1}\mathbf{x}_0 = \begin{pmatrix} 1 & -1 & 1 \\ 0 & 1 & -2 \\ 0 & 0 & 1 \end{pmatrix} \begin{pmatrix} 1 \\ 1 \\ 1 \end{pmatrix} = \begin{pmatrix} 1 \\ -1 \\ 1 \end{pmatrix}$$

이고 초깃값문제의 해는 다음과 같다.

$$\begin{pmatrix} x \\ y \\ z \end{pmatrix} = e^t \begin{pmatrix} 1 \\ 0 \\ 0 \end{pmatrix} - e^{2t} \begin{pmatrix} 1 \\ 1 \\ 0 \end{pmatrix} + e^{3t} \begin{pmatrix} 1 \\ 2 \\ 1 \end{pmatrix} = \begin{pmatrix} e^t - e^{2t} + e^{3t} \\ -e^{2t} + e^{3t} \\ e^{3t} \end{pmatrix} \qquad \square$$

4.4.2 행렬의 지수와 미분방정식계

미분방정식

$$x' = kx$$

의 일반해가 상수 C에 대하여

$$x = Ce^{kt}$$

인 것처럼 선형미분방정식계

$$\mathbf{x}'(t) = A\mathbf{x}(t)$$

의 일반해도 $\mathbf{x} = e^{At}\mathbf{c}$로 쓸 수는 없을까? 이 질문에 답하기 위해서는 우선 행렬의 지수가 무엇을 의미하는지 정의할 필요가 있다.

함수 e^x의 거듭제곱급수는 모든 x에 대하여

$$e^x = 1 + x + \frac{x^2}{2!} + \frac{x^3}{3!} + \cdots$$

으로 정의된다. 행렬의 지수도 행렬의 거듭제곱급수를 이용하여 다음과 같이 정의한다.

$$e^A = I + A + \frac{A^2}{2!} + \frac{A^3}{3!} + \cdots \tag{4.12}$$

우변의 모든 항은 $n \times n$ 행렬이므로 e^A도 $n \times n$ 행렬이다.

행렬의 지수

정사각행렬 A에 대하여 지수 e^{At}는 다음과 같이 정의한다.

$$e^{At} = I + At + \frac{A^2}{2!}t^2 + \frac{A^3}{3!}t^3 + \cdots$$

보기 3 다음 행렬에 대하여 e^{At}를 구하여라.

(a) $A = \begin{pmatrix} 0 & -1 \\ 1 & 0 \end{pmatrix}$ (b) $A = \begin{pmatrix} 0 & 1 & 1 \\ 0 & 0 & 1 \\ 0 & 0 & 0 \end{pmatrix}$

Solution

(a) $A^2 = -I_2, A^3 = -A, A^4 = I_2$이므로

$$A^{4n} = I_2, \quad A^{4n+1} = A, \quad A^{4n+2} = -I_2, \quad A^{4n+3} = -A$$

이다. 따라서

$$\begin{aligned} e^{At} &= I + At + \frac{A^2}{2!}t^2 + \frac{A^3}{3!}t^3 + \cdots \\ &= I\Big(1 - \frac{t^2}{2!} + \frac{t^4}{4!} + \cdots\Big) + A\Big(t - \frac{t^3}{3!} + \frac{t^5}{5!} + \cdots\Big) \\ &= I\cos t + A\sin t = \begin{pmatrix} \cos t & 0 \\ 0 & \cos t \end{pmatrix} + \begin{pmatrix} 0 & -\sin t \\ \sin t & 0 \end{pmatrix} \\ &= \begin{pmatrix} \cos t & -\sin t \\ \sin t & \cos t \end{pmatrix} \end{aligned}$$

을 얻는다.

(b) $A^2 = \begin{pmatrix} 0 & 0 & 1 \\ 0 & 0 & 0 \\ 0 & 0 & 0 \end{pmatrix}$, $A^3 = O$이므로

$$e^{At} = I + At + \frac{A^2}{2}t^2 = \begin{pmatrix} 1 & t & t + \frac{1}{2}t^2 \\ 0 & 1 & t \\ 0 & 0 & 1 \end{pmatrix}$$

이다. □

$\mathbf{c}$가 상수벡터일 때 $\mathbf{x} = e^{At}\mathbf{c}$라 하자.

$$\begin{aligned} \mathbf{x}' = (e^{At}\mathbf{c})' &= (I + At + \frac{1}{2!}A^2t^2 + \frac{1}{3!}A^3t^3 + \cdots)'\mathbf{c} \\ &= (A + A^2t + \frac{1}{2!}A^3t^2 + \cdots)\mathbf{c} \\ &= A(I + At + \frac{1}{2!}A^2t^2 + \cdots)\mathbf{c} = Ae^{At}\mathbf{c} \\ &= A\mathbf{x} \end{aligned}$$

이므로 $\mathbf{x} = e^{At}\mathbf{c}$는 미분방정식계

$$\mathbf{x}' = A\mathbf{x}$$

의 해이다. 이 미분방정식계에 초기조건 $\mathbf{x}(0) = \mathbf{x}_0$가 주어지면 해는 다음과 같다.

$$\mathbf{x} = e^{At}\mathbf{x}_0$$

보기 4 보기 3의 결과를 이용하여 다음 초기값문제를 풀어라.

(a) $\begin{cases} x' &= -y \\ y' &= x \end{cases}, \quad x(0) = 2,\ y(0) = 3$

(b) $\begin{cases} x' &= y + z \\ y' &= z \\ z' &= 0 \end{cases}, \quad x(0) = 2,\ y(0) = -3,\ z(0) = 4$

Solution (a) 주어진 미분방정식계는

$$\begin{pmatrix} x \\ y \end{pmatrix}' = \begin{pmatrix} 0 & -1 \\ 1 & 0 \end{pmatrix} \begin{pmatrix} x \\ y \end{pmatrix}$$

로 쓸 수 있으므로 계수행렬은

$$A = \begin{pmatrix} 0 & -1 \\ 1 & 0 \end{pmatrix}$$

이다. 보기 3(a)의 결과

$$e^{tA} = \begin{pmatrix} \cos t & -\sin t \\ \sin t & \cos t \end{pmatrix}, \quad \mathbf{x}_0 = \begin{pmatrix} 2 \\ 3 \end{pmatrix}$$

이므로 해는 다음과 같다.

$$\begin{aligned} \begin{pmatrix} x \\ y \end{pmatrix} &= e^{tA}\mathbf{x}_0 = \begin{pmatrix} \cos t & -\sin t \\ \sin t & \cos t \end{pmatrix} \begin{pmatrix} 2 \\ 3 \end{pmatrix} \\ &= \begin{pmatrix} 2\cos t - 3\sin t \\ 2\sin t + 3\cos t \end{pmatrix} \end{aligned}$$

(b) 주어진 미분방정식계는

$$\begin{pmatrix} x \\ y \\ z \end{pmatrix}' = \begin{pmatrix} 0 & 1 & 1 \\ 0 & 0 & 1 \\ 0 & 0 & 0 \end{pmatrix} \begin{pmatrix} x \\ y \\ z \end{pmatrix}$$

로 쓸 수 있으므로 계수행렬은

$$A = \begin{pmatrix} 0 & 1 & 1 \\ 0 & 0 & 1 \\ 0 & 0 & 0 \end{pmatrix}$$

이다. 보기 3(b)의 결과

$$e^{tA} = \begin{pmatrix} 1 & t & t + \frac{1}{2}t^2 \\ 0 & 1 & t \\ 0 & 0 & 1 \end{pmatrix}, \quad \mathbf{x}_0 = \begin{pmatrix} 2 \\ -3 \\ 4 \end{pmatrix}$$

이므로 해는 다음과 같다.

$$\begin{pmatrix} x \\ y \\ z \end{pmatrix} = e^{tA}\mathbf{x}_0 = \begin{pmatrix} 1 & t & t+\frac{1}{2}t^2 \\ 0 & 1 & t \\ 0 & 0 & 1 \end{pmatrix}\begin{pmatrix} 2 \\ -3 \\ 4 \end{pmatrix} = \begin{pmatrix} 2+t+2t^2 \\ -3+4t \\ 4 \end{pmatrix} \qquad \square$$

4.4.3 구획분석

2개의 용기 A, B에 소금물이 각각 100L씩 들어 있다. 하루에 한 번씩 각 용기에서 10L씩의 물을 교환한다고 하자. $x_1(t), x_2(t)$을 t번 교환이 이루어진 후 각 용기에 들어 있는 소금의 양이라 하면 $\mathbf{x} = \begin{pmatrix} x_1(t) \\ x_2(t) \end{pmatrix}$은 다음과 같은 점화식을 만족한다.

$$\begin{aligned} x_1(t+1) &= 0.9x_1(t) + 0.1x_2(t) \\ x_2(t+1) &= 0.1x_1(t) + 0.9x_2(t) \end{aligned}$$

소금물이 하루에 한 번 교환되는 것이 아니라 연속적으로 하루에 10L의 소금물이 교환된다고 가정하자.[17] 우선 하루에 10L의 소금물이 교환되는데 Δt에 한 번씩 같은 양의 소금물이 교환된다고 하자. 매번 교환되는 소금물의 양은 시간에 비례하므로 $10\Delta t$이고 용기에 있는 소금의

$$\frac{10\Delta t}{100} = 0.1\Delta t$$

만큼씩 교환된다.[18] 따라서 다음과 같은 점화식이 성립한다.

$$\begin{aligned} x_1(t+\Delta t) &= x_1(t) - x_1(t)(0.1\Delta t) + x_2(t)(0.1\Delta t) \\ x_2(t+\Delta t) &= x_2(t) + x_1(t)(0.1\Delta t) - x_2(t)(0.1\Delta t) \end{aligned}$$

이 식을 다음과 같이 정리하자.

$$\begin{aligned} \frac{1}{\Delta t}(x_1(t+\Delta t) - x_1(t)) &= -0.1x_1(t) + 0.1x_2(t) \\ \frac{1}{\Delta t}(x_2(t+\Delta t) - x_2(t)) &= 0.1x_1(t) - 0.1x_2(t) \end{aligned}$$

$\Delta t \to 0$이면 다음과 같은 미분방정식계를 얻는다.

$$\begin{aligned} x_1'(t) &= -0.1x_1(t) + 0.1x_2(t) \\ x_2'(t) &= 0.1x_1(t) - 0.1x_2(t) \end{aligned}$$

이 미분방정식계는 각 용기에 단위시간에 들어오는 소금의 양(유입률)과 단위시간에 나가는 소금의 양(유출률)의 차이로 구할 수도 있는데 다음과 같이 그래프를 이용하여 나타낼 수 있다.

---

[17] 연속복리를 기억할 것.

[18] 예를 들어 하루에 두 번 교환이 이루어지면 $\Delta t = \frac{1}{2}$이고 매번 10/2 =5L의 소금물이 교환된다. 이때 교환되는 소금의 양은 각 용기에 들어 있는 소금의 $\frac{1}{100}\frac{10}{2} = \frac{1}{20}$배이다.

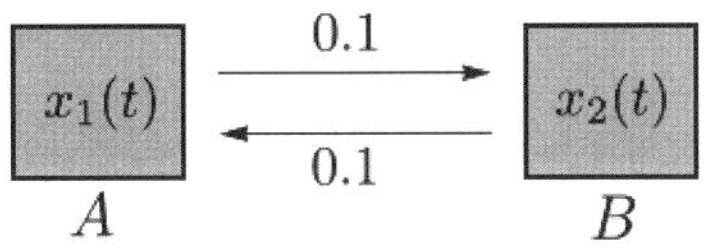

보기 5 $t=0$에서 용기 A, B에 소금물이 들어 있다고 하자. $0<a, b<1$일 때, 하루에 A에서 B로 a의 비율로, B에서 A로 b의 비율로 연속적으로 이동이 일어난다고 하자. 이때 용기 A, B에 들어있는 소금의 양들이 만족하는 미분방정식계를 구하고 시간이 많이 흐르면 용기 A와 B에 들어 있는 소금의 비율은 어떤지 설명하여라.

Solution 시간 t에 A, B에 들어 있는 소금량을 각각 $x_1(t), x_2(t)$라 하면 다음과 같은 미분방정식계를 얻는다.

$$\begin{aligned} x_1'(t) &= -ax_1(t)+bx_2(t) \\ x_2'(t) &= ax_1(t)-bx_2(t) \end{aligned}$$

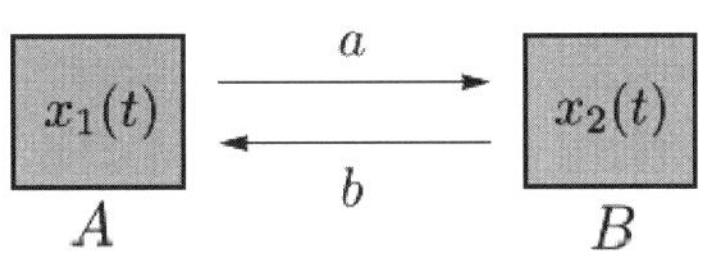

계수행렬 $A=\begin{pmatrix} -a & b \\ a & -b \end{pmatrix}$은 2개의 특성치 $r_1=0, r_2=-(a+b)$를 갖는다. 각 특성치에 대응하는 특성벡터는

$$\mathbf{v}_1=\begin{pmatrix} b \\ a \end{pmatrix}, \qquad \mathbf{v}_2=\begin{pmatrix} -1 \\ 1 \end{pmatrix}$$

이고 일반해는

$$\mathbf{x}=c_1\mathbf{v}_1+c_2\mathbf{v}_2e^{-(a+b)t}$$

이다. $\mathbf{x}$의 각 성분은 음이 될 수 없으므로 초기조건에 상관없이 항상 $c_1 \neq 0$이다. 따라서 $t \to \infty$이면

$$\mathbf{x} \to c_1\mathbf{v}_1$$

이 성립하고 A, B의 소금량의 비율은 $b:a$로 수렴한다.

$$\lim_{t\to\infty}(x_1(t):x_2(t))=b:a \qquad \square$$

일반적으로 n개의 용기가 있고 시각 t에 i번째 용기에 물질이 $x_i(t)$만큼 들어 있다고 하자. 단위시간에 i번째 용기에 있는 물질의 a_{ji}만큼 연속적으로 j 번째 용기로 흘러 들어간다고 하자. 이때 a_{ji}를 i에서 j로의 **전이계수**(**transfer coefficient**)라 한다. 다음 그림은 $n=3$인 경우를 전이계수를 이용하여 나타낸 것이다.

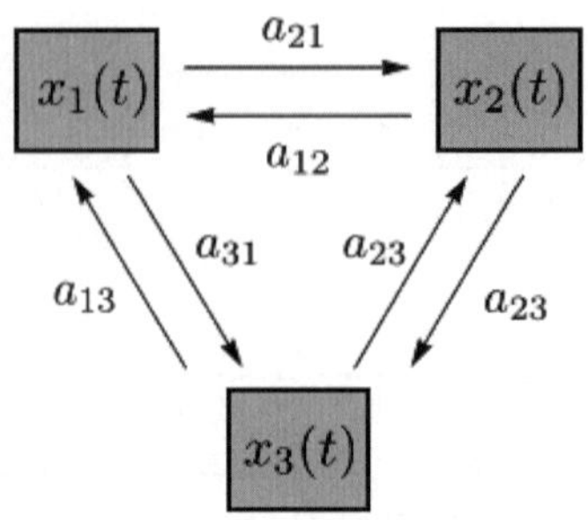

첫 번째 용기에 있는 물질의 양 $x_1(t)$의 변화율 $x_1'(t)$은

$$\begin{aligned} x_1'(t) &= \text{유입률} - \text{유출률} \\ &= a_{12}x_2(t) + \cdots + a_{1n}x_n(t) - (a_{21} + a_{31} + \cdots + a_{n1})x_1(t) \end{aligned}$$

이다. $a_{11} = -(a_{21} + a_{31} + \cdots + a_{n1})$으로 정의하면

$$x_1'(t) = a_{11}x_1(t) + a_{12}x_2(t) + \cdots + a_{1n}x_n(t)$$

마찬가지로 i 번째 용기에 있는 물질의 양 $x_1(t)$의 변화율 $x_i'(t)$는 다음과 같은 관계식을 만족한다.

$$x_i'(t) = a_{i1}x_1(t) + a_{i2}x_2(t) + \cdots + a_{in}x_n(t)$$

이때 $a_{ii} = -\sum_{k\neq i} a_{ki}$이다. 따라서 다음과 같은 미분방정식계를 얻는다.

$$\begin{cases} x_1' &= a_{11}x_1 + a_{12}x_2 + \cdots + a_{1n}x_n \\ x_2' &= a_{21}x_1 + a_{22}x_2 + \cdots + a_{2n}x_n \\ \vdots & \qquad\qquad \vdots \\ x_n' &= a_{n1}x_1 + a_{n2}x_2 + \cdots + a_{nn}x_n \end{cases}$$

따라서

$$\mathbf{x}(t) = \begin{pmatrix} x_1(t) \\ x_2(t) \\ \vdots \\ x_n(t) \end{pmatrix}, \quad \mathbf{x}'(t) = \begin{pmatrix} x_1'(t) \\ x_2'(t) \\ \vdots \\ x_n'(t) \end{pmatrix}, \quad A = \begin{pmatrix} a_{11} & a_{12} & \cdots & a_{1n} \\ a_{21} & a_{22} & \cdots & a_{2n} \\ \vdots & \vdots & \ddots & \vdots \\ a_{n1} & a_{n2} & \cdots & a_{nn} \end{pmatrix}$$

이라 하면 위의 미분방정식계는 행렬방정식

$$\mathbf{x}' = A\mathbf{x}$$

으로 쓸 수 있다. 이때 계수행렬 A를 **전이행렬(transfer matrix)**이라 하는데 정의로부터 전이행렬의 열벡터는 모든 성분의 합이 항상 0이다.

보기 6 (a) 어떤 땅은 위치에 따라 아무 것도 안 자라는 빈 땅(F)이거나 잡초(G)와 관목(S)만이 자란다고 한다. 일년이 지나면 빈 땅(F)의 40%에는 잡초가 자라고, 잡초의 30%는 관목으로 바뀌고 20%는 죽어 빈 땅이 된다. 반면 관목의 10%가 죽어 빈 땅이 된다고 한다. 모든 변화는 연속적으로 일어난다고 한다. 빈 땅을 상태 1, 잡초를 상태 2, 관목을 상태 3이라 하면 이 시스템을 다음과 같이 나타낼 수 있다.

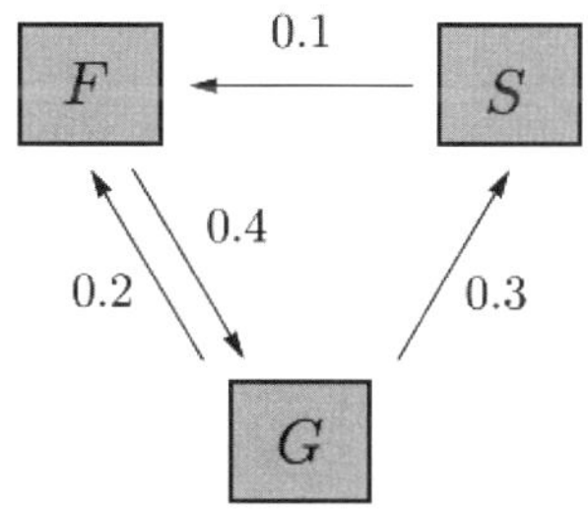

전이행렬은 다음과 같다.

$$A = \begin{pmatrix} -0.4 & 0.2 & 0.1 \\ 0.4 & -0.5 & 0 \\ 0 & 0.3 & 0.1 \end{pmatrix}$$

(b) X라는 방사성 물질은 Y, Z라는 중간 단계를 거쳐 안정적 물질 W로 바뀐다. 단위 시간에 X의 k_1만큼이 Y로, Y의 k_2만큼이 Z로, Z의 k_3만큼이 W로 바뀐다고 하자. 시간 t에서 X, Y, Z, W의 양을 각각 $x(t), y(t), z(t), w(t)$라 하면 이 시스템은 다음과 같이 나타낼 수 있다.

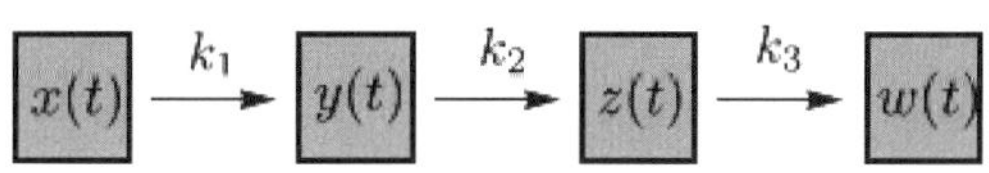

상태의 순서를 X, Y, Z, W라 하면 전이행렬은 다음과 같다.

$$A = \begin{pmatrix} -k_1 & 0 & 0 & 0 \\ k_1 & -k_2 & 0 & 0 \\ 0 & k_2 & -k_3 & 0 \\ 0 & 0 & k_3 & 0 \end{pmatrix}$$

(c) 토양(F)에 존재하는 방사성 물질인 세슘은 단위 시간에 k의 비율로 자연감소하고 먹이사슬(흙(F), 채소(V), 닭(C), 사람(H))을 통하여 다음과 같이 이동한다고 한다.

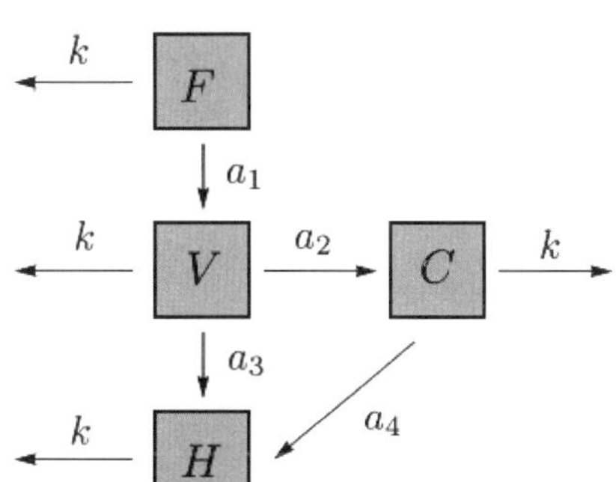

이때 상태를 흙(F), 채소(V), 닭(C), 사람(H) 순서로 하고 붕괴된 상태를 5번째 상태로 추가하면 전이행렬은 다음과 같이 쓸 수 있다.

$$A = \begin{pmatrix} -(a_1+k) & 0 & 0 & 0 & 0 \\ a_1 & -(a_2+a_3+k) & 0 & 0 & 0 \\ 0 & a_2 & -(a_4+k) & 0 & 0 \\ 0 & a_3 & a_4 & -k & 0 \\ k & k & k & k & 0 \end{pmatrix} \qquad \square$$

Note 보기 6(b)의 경우 총질량에는 변화가 없다고 가정한다. 즉, 모든 t에 대하여

$$x(t) + y(t) + z(t) + w(t) = N$$

이다. 이때 N은 상수이다. x, y, z를 구하면 w는 $w = N - x - y - z$에서 구할 수 있으므로

$$\mathbf{y} = \begin{pmatrix} x \\ y \\ z \end{pmatrix}, \quad A_1 = \begin{pmatrix} -k_1 & 0 & 0 \\ k_1 & -k_2 & 0 \\ 0 & k_2 & -k_3 \end{pmatrix}$$

에 대하여 다음 미분방정식을 푸는 것으로 충분하다.

$$\mathbf{y}' = A_1\mathbf{y}$$

같은 논의가 보기 6(c)에 대하여도 성립한다.

4.4.4 연습문제 4.4

1. $\mathbf{x}_1, \mathbf{x}_2$가 미분방정식계 $\mathbf{x}'(t) = A\mathbf{x}(t)$의 해이면 상수 c_1, c_2 에 대하여 $c_1\mathbf{x}_1 + c_2\mathbf{x}_2$ 도 해가 됨을 보여라.

2. 주어진 미분방정식계에 대하여 $\mathbf{x}_1, \mathbf{x}_2$는 해임을 보여라.

   (a) $\mathbf{x}'(t) = \begin{pmatrix} 2 & 0 \\ 1 & 1 \end{pmatrix}\mathbf{x}(t), \quad \mathbf{x}_1 = \begin{pmatrix} 0 \\ e^t \end{pmatrix}, \mathbf{x}_2 = \begin{pmatrix} e^{2t} \\ e^{2t} \end{pmatrix}$

   (b) $\mathbf{x}'(t) = \begin{pmatrix} -2 & -1 \\ 2 & -5 \end{pmatrix}\mathbf{x}(t), \quad \mathbf{x}_1 = \begin{pmatrix} e^{-3t} \\ e^{-3t} \end{pmatrix}, \mathbf{x}_2 = \begin{pmatrix} e^{-4t} \\ 2e^{-4t} \end{pmatrix}$

3. 문제 2의 미분방정식계에서 초기값이 다음과 같을 때 해를 구하여라.

   (a) $\mathbf{x}(0) = \begin{pmatrix} 3 \\ 2 \end{pmatrix}$ (b) $\mathbf{x}(0) = \begin{pmatrix} 2 \\ 3 \end{pmatrix}$

4. 선형미분방정식계 $\mathbf{x}'(t) = A\mathbf{x}(t)$에서 A가 다음과 같을 때 미분방정식계를 풀어라.

(a) $\begin{pmatrix} -2 & 1 \\ 1 & -2 \end{pmatrix}$ (c) $\begin{pmatrix} 1 & 1 \\ 4 & 1 \end{pmatrix}$

(b) $\begin{pmatrix} 2 & 2 \\ 1 & 3 \end{pmatrix}$ (d) $\begin{pmatrix} 6 & -7 \\ 1 & -2 \end{pmatrix}$

5. 선형미분방정식계 $\mathbf{x}'(t) = A\mathbf{x}(t)$에서 A가 다음과 같을 때 미분방정식계를 풀어라.

(a) $\begin{pmatrix} 3 & 2 & 2 \\ 1 & 4 & 1 \\ -2 & -4 & -1 \end{pmatrix}$ (b) $\begin{pmatrix} 1 & -1 & 0 \\ 0 & -1 & 3 \\ -1 & 1 & 0 \end{pmatrix}$

6. 문제 5에서 초기조건이 다음과 같을 때 해를 구하여라.

(a) $\mathbf{x}(0) = \begin{pmatrix} 3 \\ 0 \\ -2 \end{pmatrix}$ (b) $\mathbf{x}(0) = \begin{pmatrix} 0 \\ 1 \\ 2 \end{pmatrix}$

7. 이계미분방정식

$$\frac{d^2x}{dt^2} + p\frac{dx}{dt} + qx = 0$$

에서 $y(t) = x'(t)$, $\mathbf{x}(t) = \begin{pmatrix} x(t) \\ y(t) \end{pmatrix}$라 하자.

(a) 주어진 이계미분방정식을 미분방정식계로 바꾸어 나타내어라. 즉

$$\mathbf{x}' = A\mathbf{x}$$

이 되는 행렬 A를 구하여라.

(b) A의 특성방정식을 구하여라.

8. 다음 이계미분방정식을 선형미분방정식계 $\mathbf{x}' = A\mathbf{x}$로 바꾸어 쓸 때 A를 구하고 이를 이용하여 일반해를 구하여라.

(a) $x'' = 0$ (c) $x'' - 9x = 0$

(b) $x'' = x'$ (d) $x'' - 3x' + 2x = 0$

9. 행렬 $A = \begin{pmatrix} a & b \\ c & d \end{pmatrix}$에 대하여 $\mathbf{x}_1(t) = \begin{pmatrix} x_1(t) \\ y_1(t) \end{pmatrix}, \mathbf{x}_2(t) = \begin{pmatrix} x_2(t) \\ y_2(t) \end{pmatrix}$이 미분방정식계

$$\mathbf{x}'(t) = A\mathbf{x}(t)$$

의 해이다. $\mathbf{x}_1, \mathbf{x}_2$의 **론스키언(Wronskian)** $W(t)$는 다음과 같이 정의한다.

$$W(t) = \det(\mathbf{x}_1(t), \mathbf{x}_2(t)) = x_1(t)y_2(t) - x_2(t)y_1(t)$$

(a) $W'(t) = (a+d)W(t)$임을 보이고 $W(t)$를 구하여라.

(b) $\mathbf{x}_1(0), \mathbf{x}_2(0)$이 일차독립이면 임의의 t에 대하여 $\mathbf{x}_1(t), \mathbf{x}_2(t)$도 독립임을 보여라.

10. 3×3 전이행렬 A에 대하여 $\det(A) = 0$임을 보여라.

11. 2개의 물탱크가 있다. 첫 번째 물탱크에는 10kg의 소금이 녹아 있는 100L의 소금물이 들어 있고, 두 번째 물탱크에는 증류수 100L가 들어 있다. 첫 번째 물탱크로는 시간당 15L의 증류수가 들어 가고, 두 번째 물탱크에서는 시간당 15L의 물이 바깥으로 나온다. 또한, 첫 번째 물탱크에서 두 번째 물탱크로 시간당 20L의 물이, 두 번째 물탱크에서 첫 번째 물탱크로 시간당 5L 의 물이 들어 간다고 한다. 모든 이동은 연속적으로 일어나고 t 시간 후의 소금의 양을 각각 $x(t), y(t)$, 빠져 나간 소금의 양을 $z(t)$라 하자.

    (a) 이 시스템을 전이계수를 이용하여 시각화하여라.

    (b) 이 시스템을 나타내는 미분방정식계의 전이행렬 A를 구하여라.

    (c) $x(t), y(t)$를 구하여라.

12. 각각 30L, 40L, 60L의 소금물이 들어 있는 3개의 물탱크가 있다. $y_i(t)$를 시간 t에 i번째 물탱크에 존재하는 소금의 양이라고 하자. 첫 번째 탱크에 분당 2L의 정제수가 유입되고 잘 섞인 소금물은 분당 2L의 비율로 탱크 2로 흘러 들어간다. 탱크 2에서 다시 잘 섞인 소금물은 분당 2L의 비율로 탱크 3으로 흘러 들어간다. 마지막으로 탱크 3에서 분당 2L의 소금물이 외부로 유출된다.

    (a) 이 시스템을 전이계수를 이용하여 시각화하여라.

    (b) 이 시스템을 설명하는 미분방정식계를 구하여라.

    (c) 초기조건이 $y_1(0) = 15,\ y_2(0) = y_3(0) = 0$ 으로 주어질 때, 초기값문제를 풀어라.

13. 문제 12에서 첫 번째 탱크의 소금물은 분당 2L의 비율로 탱크 2로 흘러 들어간다. 탱크 2에서 다시 잘 섞인 소금물은 분당 2L의 비율로 탱크 3으로 흘러 들어간다. 마지막으로 탱크 3에서 잘 섞인 소금물은 분당 2L의 비율로 탱크 1로 흘러 들어간다.

    (a) 이 시스템을 전이계수를 이용하여 시각화하여라.

    (b) 이 시스템을 설명하는 미분방정식계를 구하여라.

14. 보기 6(a)의 전이행렬 A에 대하여

    (a) A의 특성치를 구하여라.

    (b) $x(t), y(t), z(t)$를 t년 후 빈 땅, 잡초, 관목이 차지하는 비율이라 할 때

    $$\lim_{t\to\infty}(x(t) : y(t) : z(t))$$

    를 가장 간단한 정수비로 구하여라.

15. 보기 6(b)의 전이행렬 A에 대하여 $k_1 = 0.2, k_2 = 0.1, k_3 = 0.05$라 하자.

    (a) A의 특성치와 이에 대응하는 특성벡터를 구하여라.

    (b) $x(0) = 3, y(0) = z(0) = w(0) = 0$일 때 $x(t), y(t), z(t), w(t)$를 구하여라.

4.5 그래프와 행렬

현재 러시아의 칼리닌그라드로 이름이 바뀐, 옛 프러시아의 도시 쾨니히스베르크는 철학자 칸트와 수학자 힐베르트의 고향으로 유명하다. 쾨니히스베르크 시에는 프레겔 강이 흐르고 강 위에는 2개의 섬과, 이 섬과 강 양편을 이어 주는 일곱 개의 다리가 있었다.

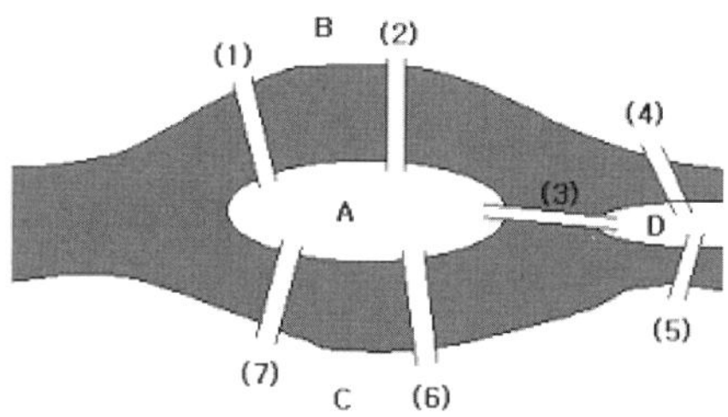

많은 시민들은 산책이나 운동을 하면서 이 다리들을 정확히 한 번씩만 건너서 출발한 지점으로 다시 돌아올 수 있는지를 궁금해했다. 얼핏 보기에 간단해 보이는 이 문제는 스위스의 수학자 **오일러**(Leonhard Euler)가 18세기 중엽 **그래프 이론**(graph theory)을 도입하면서 해결되었다.

오일러의 아이디어는 '일곱 개의 다리가 4개의 지역을 어떻게 연결하는가'가 중요하다는 것에서 출발한다. 문제의 핵심은 '7개의 다리'와 '4개의 지역' 그리고 '연결 상태'지, 다리의 길이나 섬의 크기, 구역의 모양 등은 전혀 중요하지 않다는 것이다. 오일러의 이 아이디어는 각 지역을 점으로, 다리를 점들을 잇는 선으로 표시하는 것을 가능하게 한다. 이렇게 단순화하면, 이 문제는 '주어진 점과 선으로 이루어진 도형에서 각 선을 한 번씩만 지나면서 도형을 다 그릴 수 있는가'라는, **한붓 그리기** 문제가 된다.

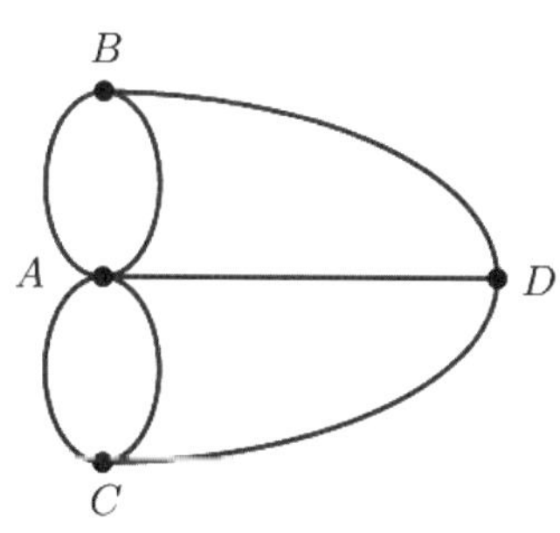

유한한 장소나 대상들의 관계를 수학적으로 나타내야 할 경우가 많다. 예를 들어 여러 종류의 망(network)—도시 사이를 잇는 도로망이나, 도시 사이의 비행노선, 또는 국가 사이의 외교수립관계 등—이나 개체나 어떤 개체 사이의 관계—공생관계, 먹이사슬관계, 혈연관계 등—등이 그러한 예이다. 이러한 망이나 관계를 점과 선을 이용하여 그래프로 나타내면 시각적으로 이해하기가 쉬워진다. 뿐만 아니라 그래프에 관련된 많은 성질은 행렬을 이용하여 나타낼 수 있으므로 수학적인 분석이 가능하다.

4.5.1 그래프의 정의

그래프 G는 **꼭짓점**(vertex)이라 불리는 유한개의 점 V와 두 꼭짓점(서로 다를 필요는 없음)을 잇는 유한개의 선분의 집합 E로 구성된다.

$$G = (V, E)$$

이때, 두 꼭짓점을 잇는 변[19]을 **모서리**(edge)라 부른다. 모서리의 양 끝점이 되는 두 꼭짓점은 **인접한다**(adjacent)고 한다. 다시 말해서 두 꼭짓점을 잇는 모서리가 있으면 두 꼭짓점은 인접한다고 한다.

쾨니히스베르크의 다리를 나타내는 그래프는 4개의 꼭짓점 A, B, C, D와 7개의 모서리를 갖고 있다. 꼭짓점 A와 B는 인접하지만 B와 C는 인접하지 않는다. A와 B는 2개의 모서리로 연결되어 있는데 이처럼 2개 이상의 모서리로 연결된 경우 **겹모서리**(multiple edges)라 한다.

그래프는 보이는 모양이 달라도 꼭짓점과 모서리를 똑같이 가지면 같다. 다음 그림은 같은 그래프를 다른 방법으로 표현한 것이다.

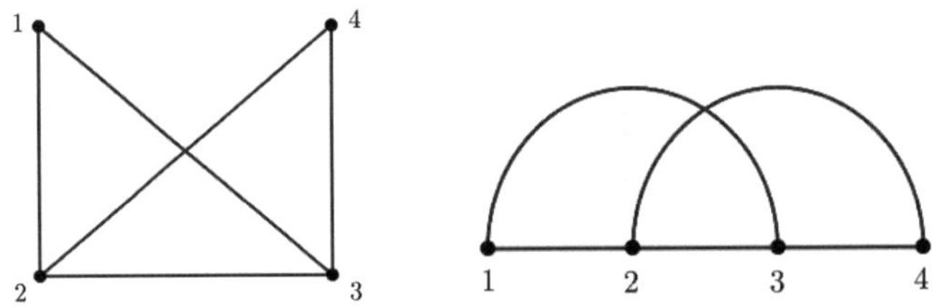

위의 그래프에는 4개의 꼭짓점 $1, 2, 3, 4$와 다섯 개의 모서리

$$(1, 2), (1, 3), (2, 3), (2, 4), (3, 4)$$

가 있다. 이때 모서리는 순서쌍을 이용하여 나타냈지만 순서는 중요하지 않다. 예를 들어 모서리 $(2, 1)$은 모서리 $(1, 2)$와 같으며 따로 나타내지 않는다. 따라서 이 그래프는

$$G = (\{1, 2, 3, 4\}, \{(1, 2), (1, 3), (2, 3), (2, 4), (3, 4)\})$$

로 나타낸다. 이렇게 같은 꼭짓점과 같은 모서리를 갖는 두 그래프는 **같다**(equal)고 한다.

두 꼭짓점이 같은 모서리는 **고리**(loop)라 부르며 원으로 나타낸다. 겹모서리와 고리가 없는 그래프를 **단순 그래프**(simple graph)라 한다. 꼭짓점 v에 연결된 모서리의 개수를 v의 **차수**(degree)라 하고 $\deg(v)$로 나타낸다. 모든 꼭짓점의 차수를 내림차순으로 배열한 것을 **차수수열**(degree sequence)이라 한다. 위 그래프의 차수수열은 $(3, 3, 2, 2)$이다. 차수를 셀 때 고리는 2를 배정한다.

---

[19]곡선을 이용하여 나타낼 수도 있다.

보기 1 다음 그래프는 하나의 고리와 2개짜리 겹모서리를 갖고 있다. 각 꼭짓점의 차수는

$$\deg(1) = 3, \quad \deg(2) = 4, \quad \deg(3) = 3, \quad \deg(4) = 2, \quad \deg(5) = 4$$

이고, 차수수열은 $(4, 4, 3, 3, 2)$이다. □

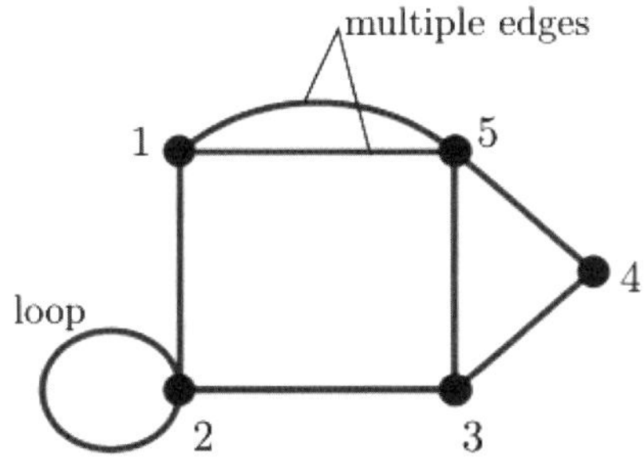

모든 모서리는 2개의 꼭짓점과 연결되므로 모든 꼭짓점의 차수를 셀 때 두 번씩 센다. 따라서 꼭짓점이 V, 모서리가 E인 그래프에 대하여 다음 등식이 항상 성립한다.

$$\sum_{k \in V} \deg(k) = 2|E|$$

여기서 $|E|$는 모서리의 개수를 나타낸다. 이 결과에 의하면 차수가 홀수인 꼭짓점은 짝수개 존재한다.

경로와 회로

그래프에 대한 많은 응용은 하나의 꼭짓점에서 다른 꼭짓점으로 가는 방법을 찾는 것과 관계가 있다. 예를 들어 지하철 노선에서 두 역 사이의 가장 빠른 길을 찾거나 택배차량이 방문 지점을 모두 지나는 방법 등이 그러한 예이다.

그래프에서 $i = 1, 2, \ldots, k$에 대하여 $e_i = (v_i, v_{i+1})$이 모서리일 때 모서리의 열

$$e_1 e_2 \ldots e_k$$

또는 꼭짓점의 열

$$(v_1, v_2, \ldots, v_k, v_{k+1})$$

을 길이가 k인 **길**(**walk**)이라 하며 v_1과 v_{k+1}을 각각 이 길의 시작점과 끝점이라 한다. 위의 길은 다음과 같이 나타내기도 한다.

$$v_1 \to v_2 \to \cdots \to v_{k+1}$$

또한 같은 모서리를 두 번 이상 포함하지 않는 길을 **경로**(**path**)라 한다.[20] 길이가 k인 경로는 단순히 k-경로라 부르기도 한다. 시작점과 끝점이 같은 경로를 **회로**(**circuit**)라고 부른다.[21] 꼭짓점이 모두 다른 회로는 **사이클**(**cycle**)이라 한다. 아래의 왼쪽 그래프는 사이클이지만 오른쪽 그래프는 사이클이 아니다. 오른쪽 그래프에는 2개의 사이클이 포함되어 있다.

[20] 교재에 따라 trail 등 약간씩 다른 표현을 사용하기도 한다.

[21] 교재에 따라 closed path, cycle 등 약간씩 다른 표현을 사용하기도 한다.

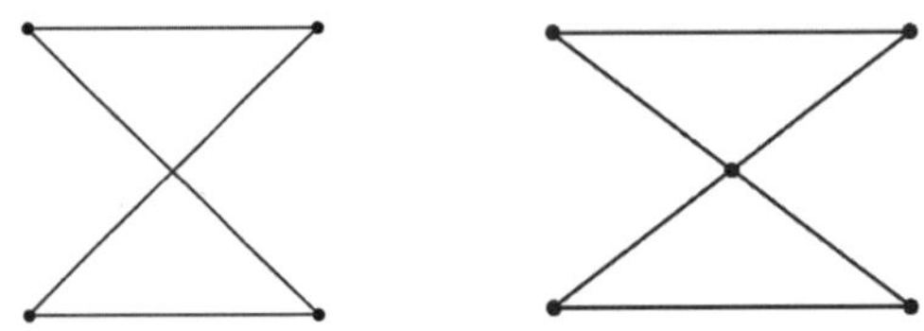

그래프의 두 꼭짓점에 대하여, 한 꼭짓점을 시작점으로 하고 다른 꼭짓점을 끝점으로 갖는 길이 존재할 때, 그 두 꼭짓점은 **연결되어 있다**(**connected**)고 한다. 두 꼭짓점 사이의 **거리**(**distance**)는 두 꼭짓점을 잇는 가장 짧은 경로의 길이로 정의한다. 그래프의 임의의 두 꼭짓점이 연결되어 있으면 그 그래프는 연결되어 있다고 한다. 연결된 **그래프 G의 반지름**(**diameter of G**)은 G의 꼭짓점 사이의 거리 중 가장 큰 값으로 정의한다.

보기 2 아래 그림에서 (a)의 그래프는 연결되어 있지 않고 (b)의 그래프는 연결되어 있다. (b)의 그래프에서 인접한 두 꼭짓점 사이의 거리는 1이고 인접하지 않은 두 꼭짓점의 거리는 모두 2이다. 따라서 (b)에서 그래프의 반지름은 2이다.

(a) (b)

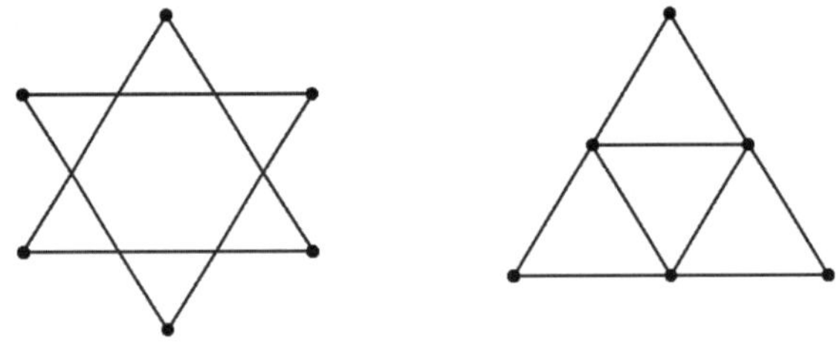

보기 3 주어진 그래프에 대하여 다음 물음에 답하여라.

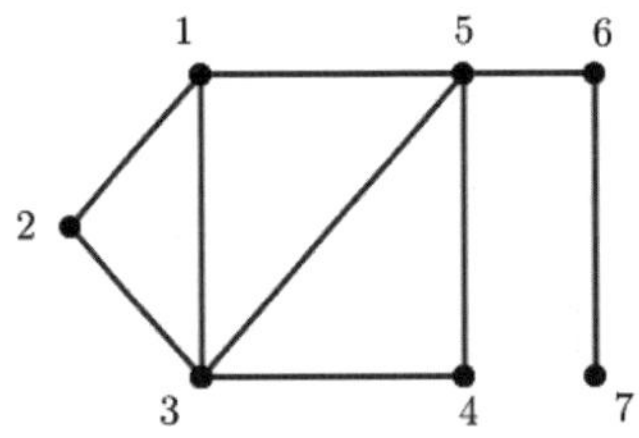

(a) 한 꼭짓점을 두 번 이상 지나지 않으면서 꼭짓점 1에서 꼭짓점 5로 가는 경로를 모두 구하여라.

(b) 한 꼭짓점을 두 번 이상 지나지 않으면서 꼭짓점 4에서 시작하는 회로를 모두 구하여라.

(c) 모든 꼭짓점을 한 번씩만 지나고 꼭짓점 1에서 꼭짓점 7로 가는 경로를 모두 구하여라.

(d) 모든 모서리를 한 번씩만 지나고 꼭짓점 1에서 꼭짓점 7로 가는 경로를 하나 구하여라.

Solution (a) 경로의 길이에 따라 구하면 다음과 같다.

1 − 경로	$1 \to 5$
2 − 경로	$1 \to 3 \to 5$
3 − 경로	$1 \to 2 \to 3 \to 5, \quad 1 \to 3 \to 4 \to 5$
4 − 경로	$1 \to 2 \to 3 \to 4 \to 5$

(b) 회로의 길이에 따라 구하면 다음과 같다.

3 − 회로	$4 \to 3 \to 5 \to 4, \quad 4 \to 5 \to 3 \to 4$
4 − 회로	$4 \to 3 \to 1 \to 5 \to 4, \quad 4 \to 5 \to 1 \to 3 \to 4$
5 − 회로	$4 \to 5 \to 1 \to 2 \to 3 \to 4, \quad 4 \to 3 \to 2 \to 1 \to 5 \to 4$

(c) 경로의 마지막은 $5 \to 6 \to 7$이므로 첫번째 모서리는 $1 \to 2$ 또는 $1 \to 3$이어야 하는데 $1 \to 3$의 경우 꼭짓점 2를 지나려면 꼭짓점 1을 다시 지날 수 밖에 없다. 따라서 첫 번째 모서리는 $1 \to 2$이어야 하고 두 번째 모서리는 $2 \to 3$이다. 그 다음 모서리는 $3 \to 4$일 수 밖에 없다. 따라서 구하는 경로는 단 하나이며 다음과 같다.

$$1 \to 2 \to 3 \to 4 \to 5 \to 6 \to 7$$

(d) 여러 개의 경로가 가능하다. 보기로 하나를 구하면 다음과 같다.

$$1 \to 2 \to 3 \to 1 \to 5 \to 3 \to 4 \to 5 \to 6 \to 7$$

이때 가능한 모든 경로의 마지막은 $5 \to 6 \to 7$이다. □

4.5.2 동형인 그래프

두 그래프가 꼭짓점의 이름이나 그리는 방법만이 다르고 꼭짓점의 수, 모서리의 수, 연결상태 등이 같을 때 근본적으로 같다 또는 **동형**(**isomorphic**)이라 한다. 동형인 두 그래프는 꼭짓점의 이름을 재배치하면 같은 그래프가 된다. 다음 두 그래프는 동형이다.

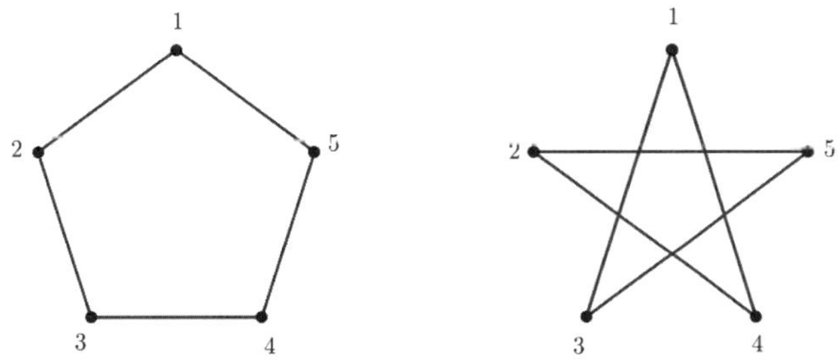

두 번째 그래프에서 꼭짓점의 이름을 다음과 같이 재배치하면

$$1 \to 1, \quad 3 \to 2, \quad 5 \to 3, \quad 2 \to 4, \quad 4 \to 5$$

첫 번째 그래프와 같아진다. 즉 두 그래프 모두 꼭짓점과 모서리는 다음과 같다.

$$V = \{1, 2, 3, 4, 5\}, \qquad E = \{(1, 2), (2, 3), (3, 4), (4, 5), (5, 1)\}$$

동형인 그래프를 수학적으로 다음과 같이 정의한다.

동형인 그래프

두 그래프 $G_1 = (V_1, E_1), G_2 = (V_2, E_2)$에 대하여 다음 조건이 성립하는 일대일대응 $\phi : V_1 \to V_2$가 존재하면 G_1과 G_2는 동형이라 하고 $G_1 \cong G_2$로 나타낸다.

(v, w)이 E_1의 모서리인 것과 $(\phi(v), \phi(w))$는 E_2의 모서리인 것은 필요충분조건이다.

Note 동형인 두 그래프 $G_1 = (V_1, E_1), G_2 = (V_2, E_2)$에 대하여 다음이 항상 성립한다.

(a) 꼭짓점의 개수가 같다.

(b) 모서리의 개수가 같다.

(c) 차수수열이 같다.

(d) 같은 길이의 사이클을 갖는다.

(e) 반지름이 같다.

하지만 위의 모든 결과가 성립하면서 동형이 아닌 경우도 있다.

그래프에서 꼭짓점의 이름을 붙일 필요가 없을 때가 있다. 그런 경우 꼭짓점의 이름을 생략하여 그래프를 그리기도 한다.

보기 4 다음 그래프들을 살펴보자.

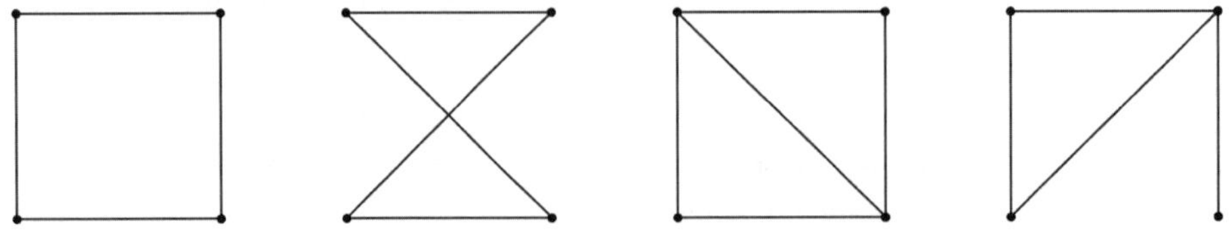

(a) (b) (c) (d)

(a)와 (b)의 그래프는 다음과 같이 꼭짓점의 이름을 붙이면 동형임을 알 수 있다.

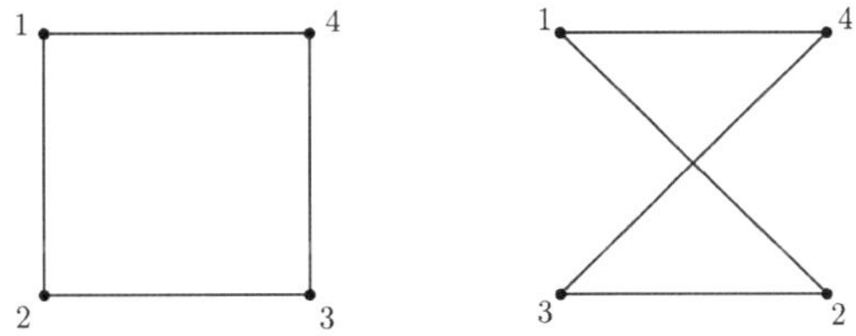

(a)와 (c)는 모서리의 개수가 다르므로 동형이 아니다. (a)와 (d)는 꼭짓점과 모서리의 개수는 모두 같지만 (a)의 모든 꼭짓점의 차수는 2인 반면, (d)의 그래프에는 차수가 1인 꼭짓점이 있다. 따라서 동형이 아니다. □

4.5.3 오일러 경로

보기 3(d)의 경우처럼 모든 모서리를 한 번만 포함하는 경로를 **오일러 경로**(**Eulerian path**)라 한다. 오일러 경로의 시작점과 끝점이 일치하는 경우 **오일러 회로**(**Eulerian circuit**)라 한다. 오일러 회로는 펜을 한 번도 떼지 않고 그래프의 한 꼭짓점에서 시작하여 각 모서리를 단 한 번씩만 지나 시작점으로 되돌아오는 **한붓그리기**라고 할 수 있다.

오일러 경로, 오일러 회로

- 주어진 그래프 G의 모든 모서리를 정확히 한 번씩 지나는 경로가 존재할 때, 그 경로를 G의 **오일러 경로**라 한다.
- 주어진 그래프 G의 모든 꼭짓점을 정확히 한 번씩 지나는 회로가 존재할 때, 그 회로를 G의 **오일러 회로**라 한다.

연결되지 않은 그래프에서 오일러 경로는 존재하지 않는다. 다시 말해서 그래프의 연결성은 오일러 경로의 존재를 위한 필요조건이다. 오일러 회로가 존재한다면 꼭짓점으로 들어오는 모서리의 수와 나가는 모서리의 수가 같아야 하므로 모든 꼭짓점의 차수는 짝수이어야 한다. 이 결과의 역도 참임이 알려져 있다.[22] 오일러 경로의 경우는 시작점과 끝점을 제외한 모든 꼭짓점의 차수는 짝수이어야 한다.

[22]증명은 그래프 이론 교재나 이산수학 교재를 참고할 것

오일러 회로, 오일러 경로의 존재조건

연결된 그래프에서

(a) 모든 꼭짓점의 차수가 짝수이면 오일러 회로가 존재한다.

(b) 시작점과 끝점의 차수는 홀수이고 그 이외의 모든 꼭짓점의 차수가 짝수이면 오일러 경로가 존재한다.

Note 오일러 경로에서 시작점과 끝점을 잇는 모서리를 추가하면 오일러 회로를 얻는다. 보기 3(c)의 경우 꼭짓점 1과 7을 연결하면 오일러 회로를 얻는다.

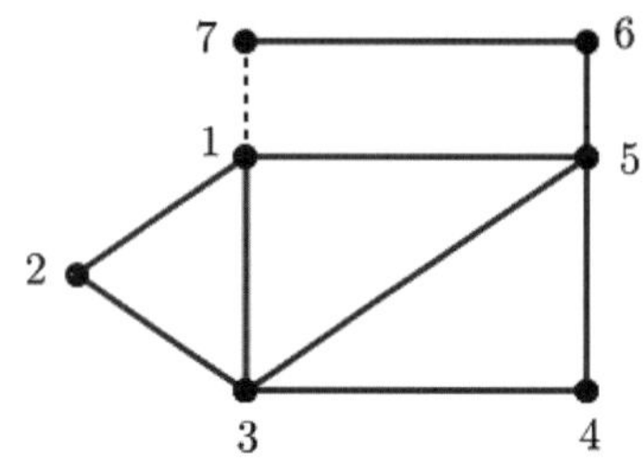

쾨니히스베르크 다리에서 모든 꼭짓점은 홀수 차수를 가지므로 모든 다리를 한 번만 건너서 출발점으로 돌아올 수 있는 방법은 없다.

보기 5 (a) n개의 꼭짓점을 가진 사이클을 C_n으로 나타내자. 모든 n에 대하여 C_n은 오일러 회로이다.

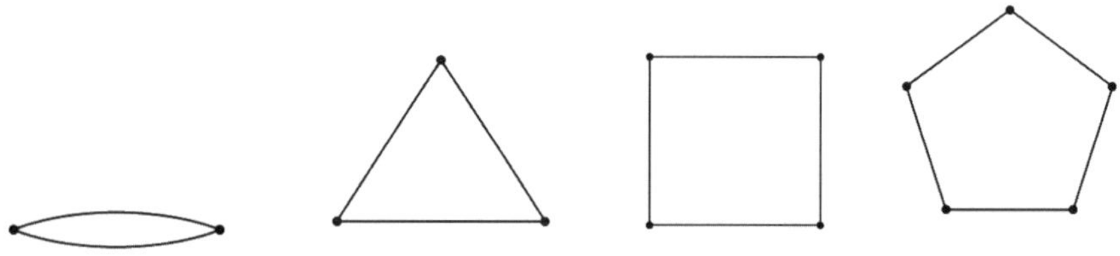

C_2 C_3 C_4 C_5

(b) n개의 꼭짓점을 가진 그래프에서 꼭짓점이 다른 모든 꼭짓점과 인접한 그래프를 **완전그래프(complete graph)**라 하고 K_n으로 나타낸다.

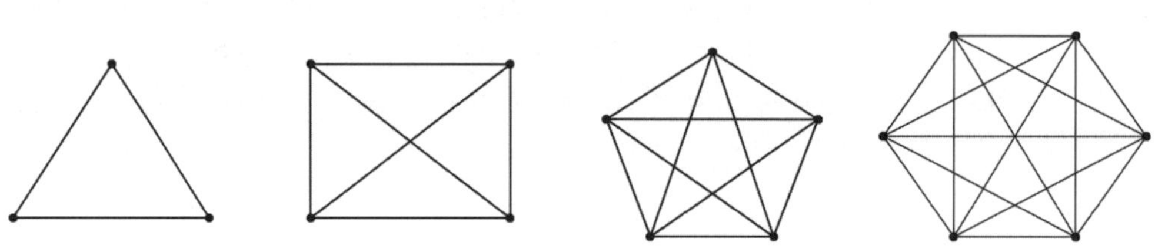

K_3 K_4 K_5 K_6

K_n의 모든 꼭짓점의 차수는 $n-1$이므로 n이 홀수이면 오일러 회로가 존재하고 짝수이면 존재하지 않는다.

(c) 그래프 G의 꼭짓점 V가 2개의 꼭짓점 집합 V_1, V_2로 분할되고[23] V_1의 모든 꼭짓점과 V_2의 모든 꼭짓점이 하나의 모서리로 연결되면 **완전이분그래프**(**complete bipartite graph**)라 한다. V_1, V_2의 꼭짓점의 개수가 각각 m, n일 때 $K_{m,n}$으로 나타낸다.

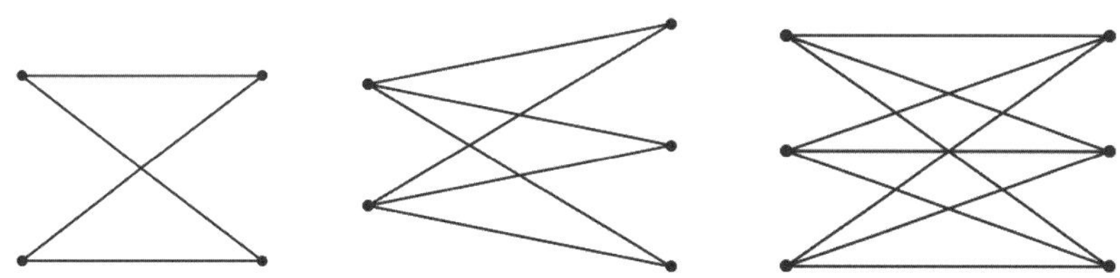

$K_{2,2}$ $K_{2,3}$ $K_{3,3}$

$K_{2,2}$는 오일러 회로를 갖고 $K_{2,3}$는 오일러 경로를 갖는다. 그러나 $K_{3,3}$는 모든 꼭짓점의 차수가 홀수 3이므로 오일러 경로가 존재하지 않는다. 일반적으로 $K_{m,n}$에서 m, n 모두 짝수이면 오일러 회로가 존재한다. $n=2$이고 m이 홀수이면 홀수 차수를 갖는 꼭짓점이 2개이므로 오일러 경로가 존재한다. 그 이외의 경우에는 오일러 경로가 존재하지 않는다. □

4.5.4 해밀턴 경로

보기 3(c)처럼 그래프의 모든 꼭짓점을 정확히 한 번씩 지나는 경로가 존재할 때 그 경로를 **해밀턴 경로**(**Hamilton path**)라 한다.[24]

> **해밀턴 경로, 해밀턴 회로**
>
> - 주어진 그래프 G의 모든 꼭짓점을 정확히 한 번씩 지나는 경로가 존재할 때, 그 경로를 G의 **해밀턴 경로**라 한다.
> - 주어진 그래프 G의 모든 꼭짓점을 정확히 한 번씩 지나는 회로가 존재할 때, 그 회로를 G의 **해밀턴 회로**라 한다.

Note 해밀턴 회로는 일상생활의 문제를 해결할 때에도 적용할 수 있는데 **영업사원 방문 문제**(**traveling salesman problem, TSP**)가 대표적인 예이다. 어떤 영업사원이 여러 도시들을 순회하여 출발한 도시로 되돌아와야 한다고 하자. 이때 각 도시를 단 한 번만 방문해야 한다면

[23] $V_1 \cup V_2 = V$이고 $V_1 \cap V_2 = \varnothing$

[24] Hamilton, W. R.. 아일랜드의 수학자. 1857년 더블린에서 열린 학회에서 정십이면체의 다양한 경로와 회로를 찾는 것과 관련된 게임(Icosian game)을 제시하였다. 이 게임은 모든 꼭짓점을 단 한 번씩만 지나는 회로를 찾는 것을 포함하고 있었고, 이러한 회로를 게임의 발명자인 해밀턴의 이름을 따서 해밀턴 회로라 부르게 되었다.

해밀턴 회로를 찾는 문제가 된다. 영업사원 방문 문제는 겉보기에는 무척 간단해 보이지만 악명 높은 NP-난해 문제(NP-hard Problem)로서 문제를 푸는 효율적인 알고리즘이 아직 알려져 있지 않다.

예를 들어 다섯 개의 꼭짓점과 모든 꼭짓점이 인접한 완전그래프 K_5는 해밀턴 회로를 갖는다. 오른쪽 그래프는 회밀턴회로를 갖지 않지만 여러 개의 해밀턴 경로를 갖는다.

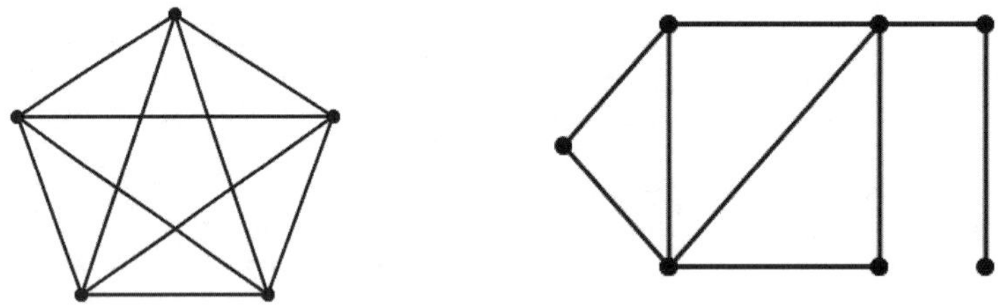

오일러 회로나 오일러 경로의 경우와는 다르게 주어진 그래프에 해밀턴 회로나 해밀턴 경로가 존재하는지를 쉽게 알 수 있는 필요충분조건은 아직 발견되지 않았다. 하지만 해밀턴 회로를 찾거나 존재하지 않음을 보일 때 다음과 같은 해밀턴 회로의 중요한 성질을 이용할 수 있다.

(a) 해밀턴 회로에서 모든 꼭짓점의 차수는 2이어야 한다.

(b) 차수가 2인 꼭짓점에 연결된 모서리는 해밀턴 회로에 포함된다.

(c) 한 꼭짓점에 연결된 두 변이 해밀턴 회로에 포함되면 그 꼭짓점에 연결된 다른 모든 변은 해밀턴 회로에 포함되지 않는다.

(d) 해밀턴 회로는 자기자신보다 짧은 길이의 사이클을 포함하지 않는다.

보기 6 (a) 완전이분그래프 $K_{3,3}$에 대하여 해밀턴 회로를 찾는 것은 어렵지 않다. 왼쪽 맨 위의 꼭짓점에서 시작하여 지그재그로 오른쪽 맨 아래까지 온 다음 왼쪽 맨 위의 꼭짓점을 연결하면 해밀턴 회로가 된다. 같은 방법으로 $K_{n,n}$에 대하여 해밀턴 회로를 찾을 수 있다.

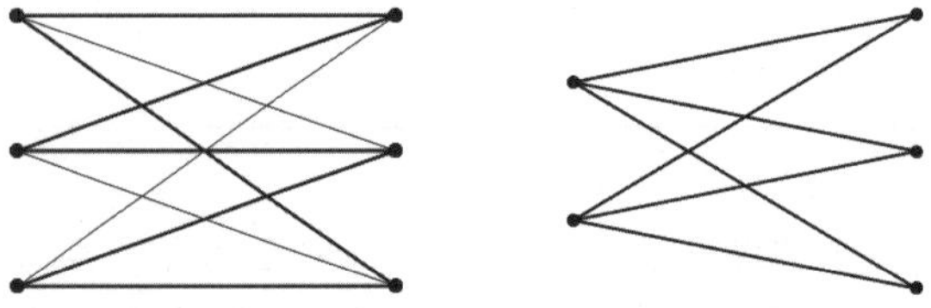

(b) $K_{2,3}$에 대하여 오른쪽에 있는 세 꼭짓점은 2개의 모서리와 연결되어 있으므로 해밀턴 회로가 존재한다면 6개의 모서리가 모두 해밀턴 회로에 포함되어야 한다. 만약 그렇다면 왼쪽에 있는 꼭짓점에 연결된 모서리가 3개가 되므로 해밀턴 회로는 존재하지 않는다.

(c) 아래 왼쪽 그래프에서 해밀턴 회로가 존재한다고 하자. 차수가 2인 꼭짓점은 2, 4, 6이므로 연결된 6개의 모서리는 모두 해밀턴 회로에 포함된다. 꼭짓점 3, 5에 이미 두 모서리가 연결되어 있으므로 모서리 $(3, 9), (5, 8)$는 해밀턴 회로에 포함되지 않는다. 따라서 오른쪽 그래프의 6개의 모서리에 $7 \to 8 \to 9 \to 1$을 추가하면 해밀턴 회로를 얻는다.

$$1 \to 2 \to 3 \to 4 \to 5 \to 6 \to 7 \to 8 \to 9 \to 1$$

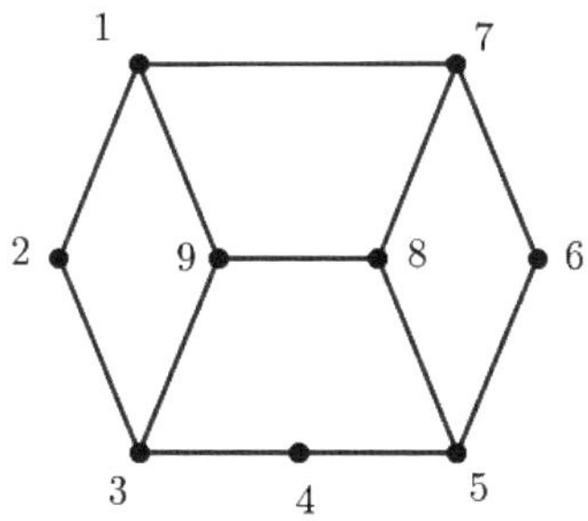

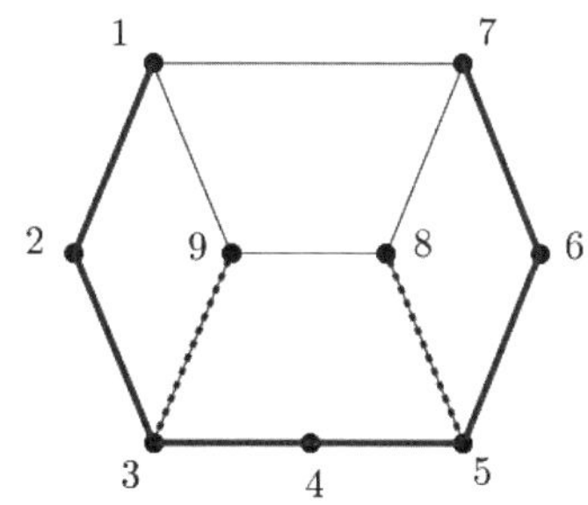

(d) 아래 왼쪽 그래프에서 해밀턴 회로가 존재한다고 하자. 차수가 2인 꼭짓점은 2, 4, 6, 8이므로 연결된 8개의 모서리는 모두 해밀턴 회로에 포함된다. 8개의 모서리는 사이클을 이루므로 해밀턴 경로는 존재하지 않는다.

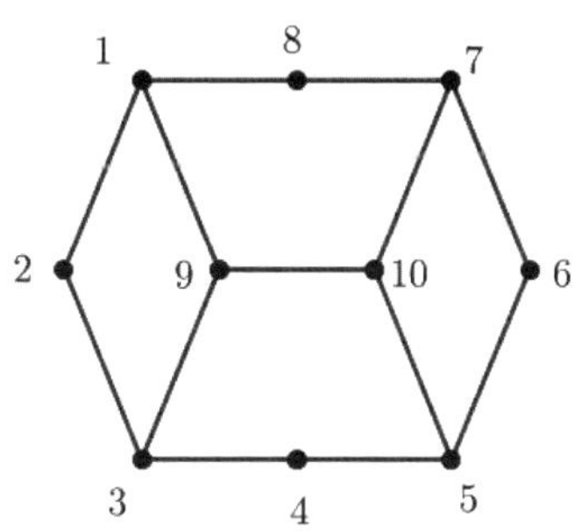

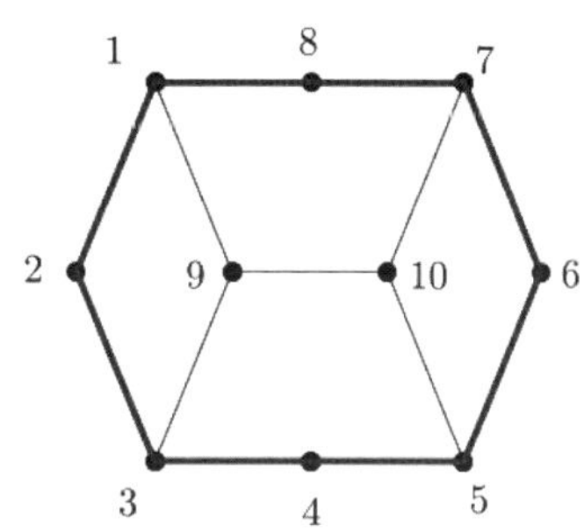

4.5.5 인접행렬

지금까지 그래프 또는 그래프를 나타내는 두 가지 방법—하나는 꼭짓점과 모서리를 나열하는 것과 점과 선 또는 점과 화살표를 이용하여 시각적으로 나타내는 것—을 다루었다. 그래프를 시각적으로 나타내는 것은 여러 상황에서 유용하지만 그래프의 크기가 커지거나 복잡해지면 그 한계가 바로 나타난다. 특히 컴퓨터를 이용하여 어떤 작업을 하려면 시각적인 표현은 적합하지 않으며 다른 표현 방법이 필요하다. 꼭짓점과 모서리를 모두 나열하는 것도 하나의 대안이 될 수 있으나 그래프를 다루는 가장 효율적인 방법은 꼭짓점과 모서리를 행렬을 이용하여 나타내는 것이다.

n개의 꼭짓점을 갖는 그래프 G에 대하여 $n \times n$ 행렬 $A = (a_{ij})$를 다음과 같이 정의하자.

$$a_{ij} = \text{꼭짓점 } i\text{와 꼭짓점 } j\text{를 잇는 모서리의 개수}$$

그래프가 주어졌을 때 이와 같이 정의된 행렬을 **인접행렬**(**adjacent matrix**)이라 한다.

보기 7 (a) 쾨니히스베르크의 다리에서 A, B, C, D를 상태 1,2,3,4로 간주하면 인접행렬은 다음과 같다.

$$\begin{pmatrix} 0 & 2 & 2 & 1 \\ 2 & 0 & 0 & 1 \\ 2 & 0 & 0 & 1 \\ 1 & 1 & 1 & 0 \end{pmatrix}$$

(b) 보기 1의 그래프의 인접행렬은 다음과 같다.

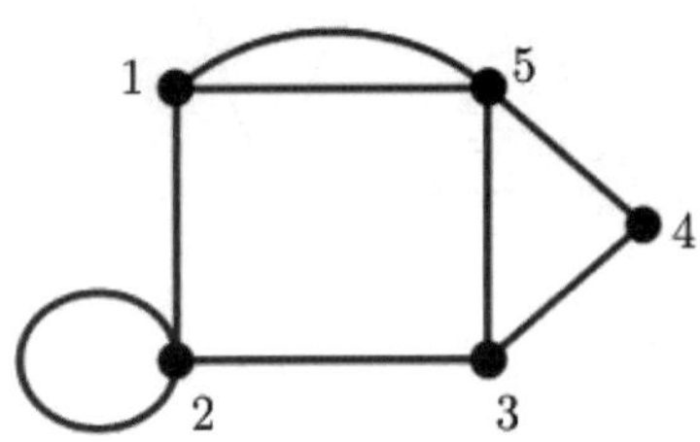

$$A = \begin{pmatrix} 0 & 1 & 0 & 0 & 2 \\ 1 & 1 & 1 & 0 & 0 \\ 0 & 1 & 0 & 1 & 1 \\ 0 & 0 & 1 & 0 & 1 \\ 2 & 0 & 1 & 1 & 0 \end{pmatrix}$$

(c) 다음 그래프의 인접행렬은 다음과 같다.

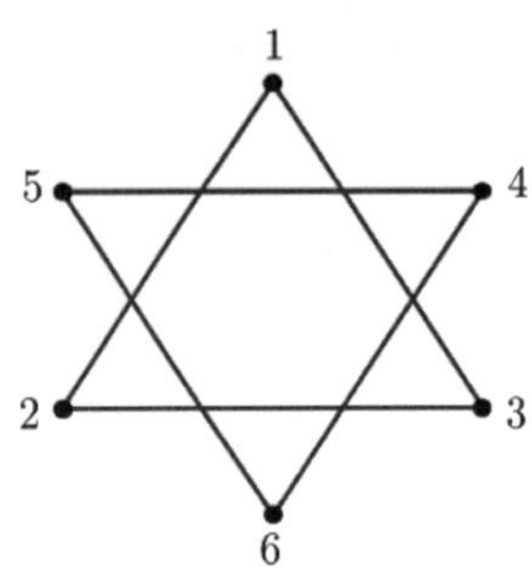

$$A = \begin{pmatrix} 0 & 1 & 1 & 0 & 0 & 0 \\ 1 & 0 & 1 & 0 & 0 & 0 \\ 1 & 1 & 0 & 0 & 0 & 0 \\ 0 & 0 & 0 & 0 & 1 & 1 \\ 0 & 0 & 0 & 1 & 0 & 1 \\ 0 & 0 & 0 & 1 & 1 & 0 \end{pmatrix}$$

그래프의 인접행렬

n개의 꼭짓점을 갖는 그래프 G에 대하여 다음과 같이 정의된 행렬 $A = (a_{ij})$를 **인접행렬**(**adjacent matrix**)이라 한다.

$$a_{ij} = \text{꼭짓점 } i\text{와 꼭짓점 } j\text{를 잇는 모서리의 개수}$$

Note 1. 그래프의 인접행렬은 정의로부터 대칭행렬이다.

Note 2. 고리가 없는 그래프의 경우 인접행렬의 대각원소는 항상 0이고 각 행, 각 열의 원소의 합은 대응하는 꼭짓점의 차수이다.

인접행렬을 이용하여 그래프와 그래프에서 길의 개수를 구할 수 있다.

그래프에서 길이가 1인 길은 모서리이다. 따라서 인접행렬 $A = (a_{ij})$에서 a_{ij}는 꼭짓점 i에서 꼭짓점 j로 가는 길이가 1인 길의 개수이다. 꼭짓점 i에서 꼭짓점 j로 가는 길이가 2인 길은

$$i \to k \to j$$

꼴이므로 중간에 꼭짓점 k를 거치는 길의 개수는 $a_{ik}a_{kj}$개이다. 따라서 길이가 2인 길의 개수는

$$a_{i1}a_{1j} + a_{i2}a_{2j} + \cdots + a_{in}a_{nj} = (A^2)_{ij}$$

이다. 같은 방법으로 길이가 k인 길의 개수는 $(A^k)_{ij}$임을 알 수 있다.

길의 개수

n개의 꼭짓점을 갖는 그래프 G의 인접행렬을 A라 하자. 꼭짓점 i에서 꼭짓점 j로 가는 길이가 k인 길의 개수는 $(A^k)_{ij}$이다.

보기 8 보기 7(b)에서 그래프의 인접행렬 A에 대하여

$$A^2 = \begin{pmatrix} 5 & 1 & 3 & 2 & 0 \\ 1 & 3 & 1 & 1 & 3 \\ 3 & 1 & 3 & 1 & 1 \\ 2 & 1 & 1 & 2 & 1 \\ 0 & 3 & 1 & 1 & 6 \end{pmatrix}$$

이다. 따라서 꼭짓점 5에서 꼭짓점 2로 가는 길이가 2인 길의 개수는 모두 3개이다. □

인접행렬을 이용하여 길의 개수를 구하는 방법을 이용하면 그래프가 연결되어 있는지를 판단할 수 있다. 그래프의 임의의 두 꼭짓점 i, j에 대하여 i에서 j로 가는 길이 존재하면 연결되어 있다고 함을 기억하자. n개의 꼭짓점을 갖는 그래프에 대하여 인접행렬을 A라 하자.

$$B = A + A^2 + \cdots + A^{n-1}$$

라고 정의하면 B의 (i, j) 원소가 양수이면 i에서 j로 가는 길이 존재한다. 따라서 B의 대각원소를 제외한 모든 원소가 양수이면 그래프는 연결되어 있음을 알 수 있다. 역으로 i에서 j로 가는 길에서 꼭짓점이 중복되지 않는다면 길의 길이는 $n-1$ 이하이다. 중복되는 꼭짓점이 있는 길의 경우 항상 중복되는 꼭짓점을 제거한 길을 찾을 수 있다. 예를 들어

$$1 \to 2 \to 3 \to 2 \to 5 \to 4$$

처럼 꼭짓점 2가 중복되는 경우 $3 \to 2$를 제거하면 다음과 같이 길이가 3인 길을 찾을 수 있다.

$$1 \to 2 \to 5 \to 4$$

따라서 그래프가 연결되어 있을 때 $i \neq j$이면 $(B)_{ij}$는 항상 양수이다.

인접행렬과 연결성

꼭짓점이 n개인 그래프 G에 대하여 인접행렬을 A라 하자.

$$B = A + A^2 + \cdots + A^{n-1}$$

라 하면 그래프 G가 연결된 그래프인 것과 B의 대각원소를 제외한 원소가 양수인 것은 필요충분조건이다.

보기 9 보기 7(b)의 인접행렬 A에 대하여 $A + A^2$의 모든 항은 항상 양수이다. 따라서

$$B = A + A^2 + A^3 + A^4$$

의 모든 항도 항상 양수이고 주어진 그래프는 연결되어 있다.
보기 6(c)의 그래프에서 인접행렬 A는

$$A = \begin{pmatrix} J & O \\ O & J \end{pmatrix}$$

로 쓸 수 있다. 여기서 $J = \begin{pmatrix} 0 & 1 & 1 \\ 1 & 0 & 1 \\ 1 & 1 & 0 \end{pmatrix}$, O는 3×3 영행렬이다. 임의의 자연수 n에 대하여

$$A^n = \begin{pmatrix} * & O \\ O & * \end{pmatrix}$$

이므로 $B = A + A^2 + A^3 + A^4 + A^5$도 같은 형태의 행렬이다. 따라서 주어진 그래프는 연결되어 있지 않다. □

4.5.6 연습문제 4.5

1. 꼭짓점과 모서리가 다음과 같은 그래프 $G_1 = (V_1, E_1)$에 대하여

$$V_1 = \{1, 2, 3, 4\},\ E_1 = \{(1,2), (1,3), (2,3), (2,4), (3,4)\}$$

   (a) 차수수열과 반지름을 구하여라.

   (b) 인접행렬을 구하여라.

   (c) 그래프를 시각화하여라.

2. 다음 그래프에 대하여 문제 1의 질문에 답하여라.

$$V_2 = \{1, 2, 3, 4, 5, 6\},\ E_2 = \{(1,2), (1,3), (1,5), (2,3), (2,4), (3,4), (4,5), (4,6), (5,6)\}$$

3. 다음 두 그래프가 같아지도록 각 그래프의 꼭짓점에 이름을 부여하여라.

(a)

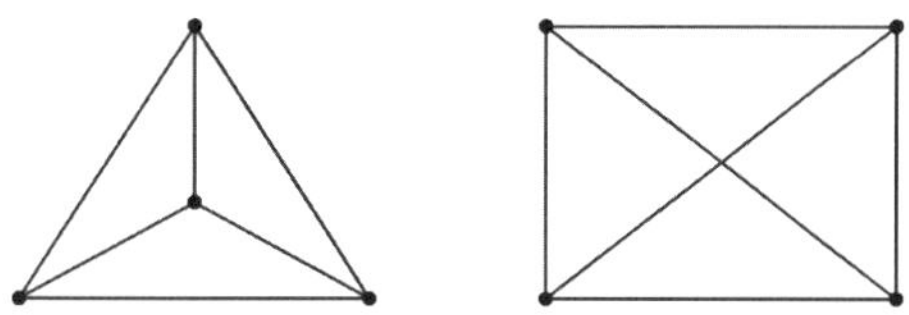

(b)

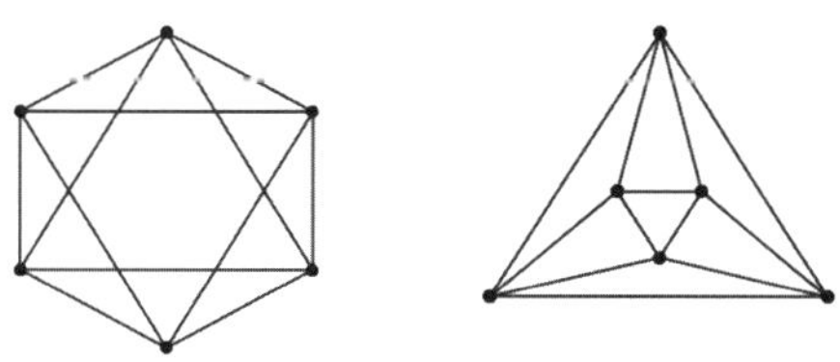

(c)

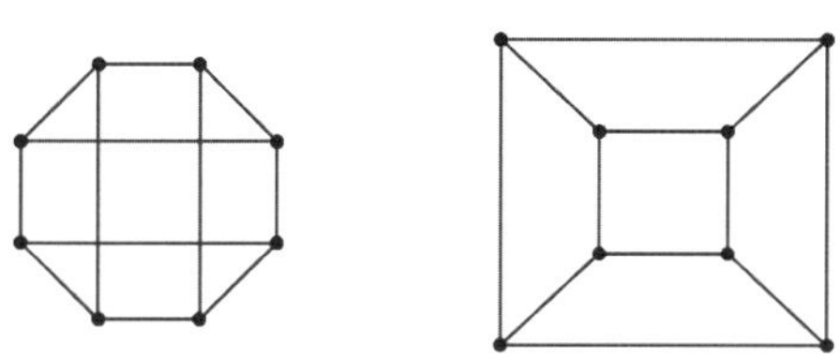

4. 문제 3의 그래프에 대하여

   (a) 각 그래프의 차수수열을 구하여라.
   (b) 각 그래프의 반지름을 구하여라.
   (c) 각 그래프의 인접행렬을 구하여라.
   (d) 각 그래프는 오일러 회로를 포함하는지 판단하여라.
   (e) 각 그래프는 해밀턴 회로를 포함하는지 판단하여라.

5. 다음 그래프는 모두 동형임을 보여라.

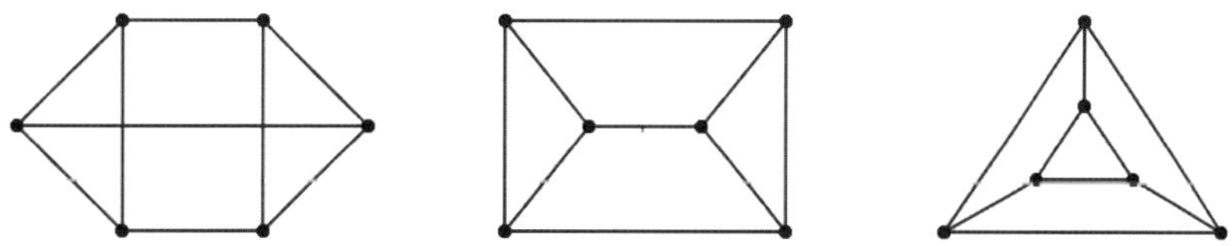

6. 다음 그래프는 문제 5의 그래프들과 동형이 아님을 설명하여라.

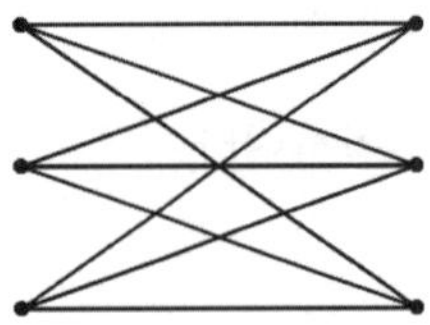

7. 주어진 그래프 G_1, G_2에 대하여 질문에 답하여라.

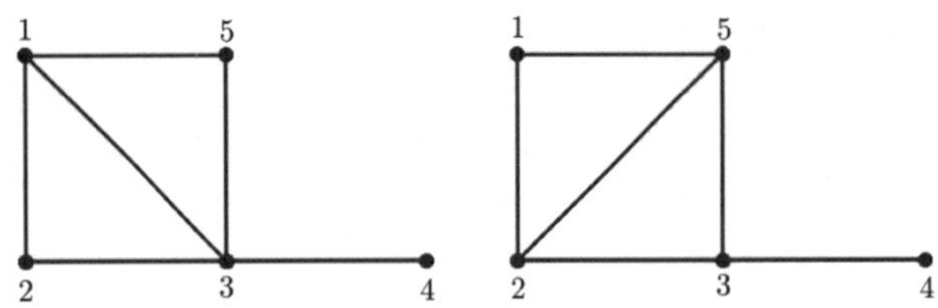

(a) 각 그래프에 대하여 꼭짓점 V_i와 모서리 E_i를 구하여라.

(b) 각 그래프의 차수수열을 구하여라.

(c) 각 그래프의 반지름을 구하여라.

(d) 각 그래프의 인접행렬을 구하여라.

(e) 각 그래프는 오일러 경로를 포함하는지 판단하여라.

(f) 각 그래프는 해밀턴 경로를 포함하는지 판단하여라.

(g) 두 그래프는 동형인가?

8. 다음 그래프 G_1, G_2에 대하여 문제 7의 질문에 답하여라.

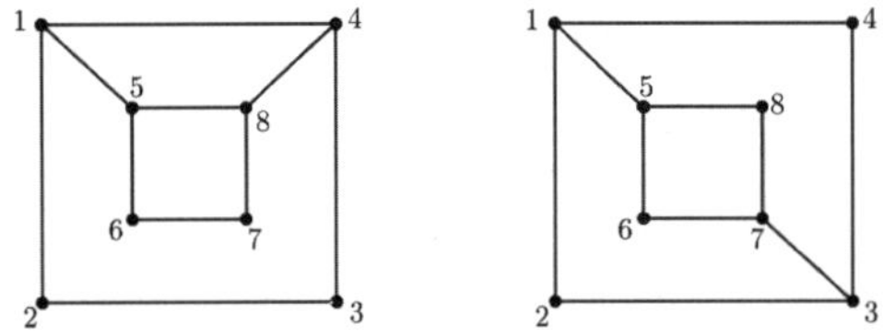

9. 다음 그래프 $G_i, i = 1, \ldots, 6$ 중에서(위에서 순서대로)

(a) 오일러 회로를 포함하는 그래프를 찾아라.

(b) 오일러 경로를 포함하는 그래프를 찾아라.

(c) 해밀턴 회로를 포함하는 그래프를 찾아라.

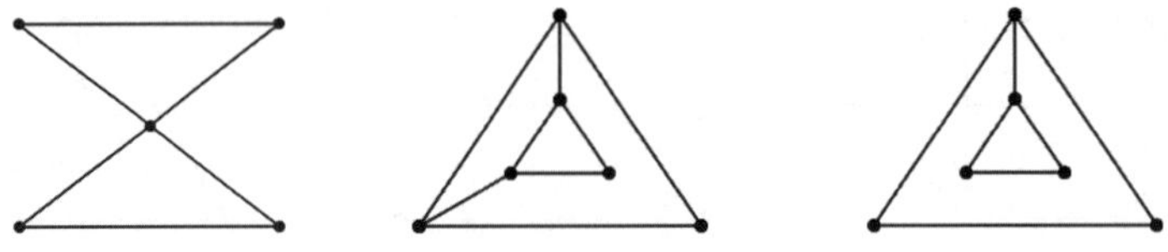

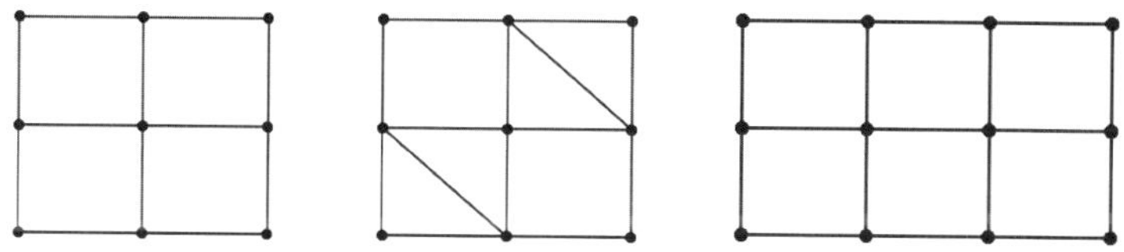

10. 꼭짓점에 1부터 순서대로 이름을 붙인다고 할 때 인접행렬이 다음과 같은 그래프 G에 대하여 질문에 답하여라.

$$A = \begin{pmatrix} 0 & 1 & 0 & 1 & 0 \\ 1 & 0 & 0 & 1 & 1 \\ 0 & 0 & 0 & 1 & 1 \\ 1 & 1 & 1 & 0 & 1 \\ 0 & 1 & 1 & 1 & 0 \end{pmatrix}$$

(a) 모서리 E를 구하여라. 모서리는 모두 몇 개인가?

(b) 각 꼭짓점에 연결된 모서리의 개수를 구하여라.

(c) 차수수열을 구하여라.

(d) 인접행렬에 대응하는 그래프를 그려라.

11. 인접행렬이 다음과 같은 그래프 G에 대하여 위의 질문에 답하여라.

$$A = \begin{pmatrix} 0 & 2 & 0 & 1 & 1 \\ 2 & 0 & 0 & 1 & 1 \\ 0 & 0 & 0 & 0 & 0 \\ 1 & 1 & 0 & 0 & 2 \\ 1 & 1 & 0 & 2 & 0 \end{pmatrix}$$

12. 인접행렬이 다음과 같은 그래프 G에 대하여 위의 질문에 답하여라.

$$A = \begin{pmatrix} 0 & 1 & 1 & 1 & 0 & 0 \\ 1 & 0 & 0 & 1 & 0 & 0 \\ 1 & 0 & 0 & 1 & 0 & 0 \\ 1 & 1 & 1 & 0 & 0 & 0 \\ 0 & 0 & 0 & 0 & 0 & 1 \\ 0 & 0 & 0 & 0 & 1 & 0 \end{pmatrix}$$

4.6 유향그래프와 서열 재구성 문제

4.6.1 유향그래프의 정의

모서리에 방향을 표시하여 두 꼭짓점 사이의 관계를 설명하기도 한다. 예를 들어, 도로망을 설계한 그래프에서 일방통행을 나타내거나 운동경기에서 승패를 표시하거나 생태계에서 먹이사슬 관계를 나타내기 위하여 모서리에 방향을 나타낼 수도 있다.

보기 1 (a) B가 A의 먹이일 때 $B \to A$로 나타내면 먹이사슬도 다음과 같이 유향모서리를 이용하여 나타낼 수 있다.

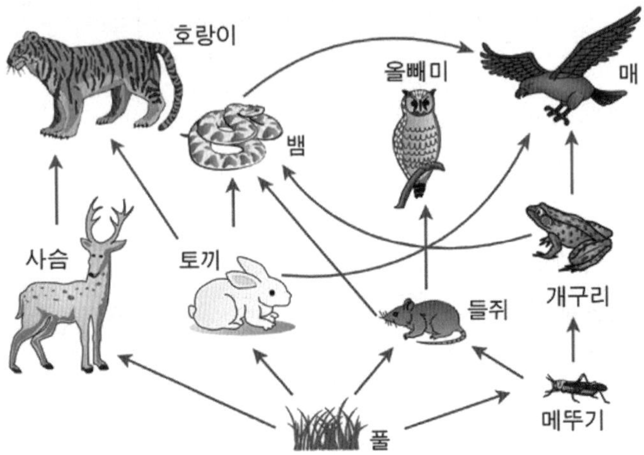

(b) 도심의 도로가 다음 왼쪽과 같이 일방통행으로 이루어진 경우 연결지역을 꼭짓점으로 하여 다음과 같이 나타낼 수 있다. 이때 화살표는 일방통행 방향을 나타낸다.

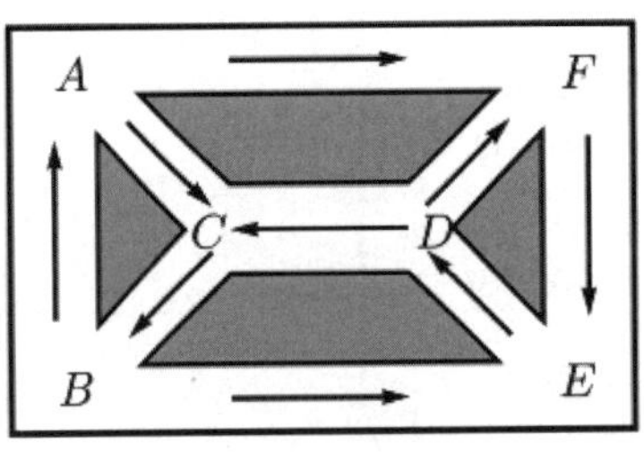

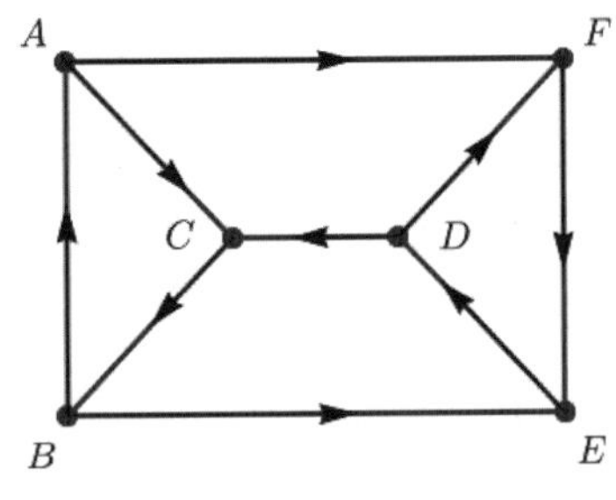

(c) 다섯 팀의 경기 결과 승패가 다음과 같다고 하자. T_i가 T_j와 경기를 하여 승리하였을 때 $(T_i > T_j)$ T_i에서 T_j로 가는 화살표 $T_i \to T_j$로 나타내기로 하자. 경기 결과가 다음과 같다고 하자.

$$T_1 \to T_2, \quad T_2 \to T_3, \quad T_2 \to T_5, \quad T_3 \to T_4, \quad T_4 \to T_2, \quad T_5 \to T_4$$

이 결과를 그래프로 나타내면 다음과 같다. □

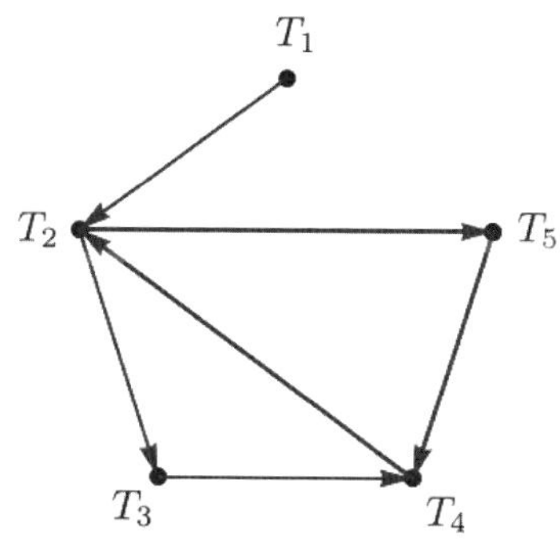

이와 같이 그래프의 모든 모서리에 방향이 주어지면 **유향그래프**(**directed graph, or digraph**)라 한다. 다시 말해서 **유향그래프**(**directed graph**) G는 **꼭짓점**의 집합 V와 **유향모서리**(**arc**)라 불리는 V의 **순서쌍**(**ordered pair**)의 집합 E로 이루어진다. 이때, 보통 $G = (V, E)$로 표기한다. 주어진 유향모서리 (v, w)를 꼭짓점 v에서 w로 가는 화살표로 표현하고 $v \to w$로 나타내기도 한다. 이때 꼭짓점 v와 w는 각각 유향모서리 (v, w)의 **시작점**과 **끝점**이라 부른다. 그래프와는 달리 $v \to w$와 $w \to v$는 서로 다른 유향모서리이다.

유향그래프 G가 주어졌을 때, (v, w)가 G의 유향모서리이거나 (w, v)가 G의 유향모서리이면 두 꼭짓점 v와 w가 **인접**(**adjacent**)하다고 한다. 한편, 꼭짓점 v의 **입력차수**(**indegree**)는 $\deg^-(v)$로 표시하고, v로 들어오는 유향모서리의 개수로 정의한다. 마찬가지로 꼭짓점 v의 **출력차수**(**outdegree**)는 $\deg^+(v)$으로 표시하고, v로부터 나가는 유향모서리의 개수로 정의한다. 보기 1(c) 의 경우 차수는 다음과 같다.

$$
\begin{aligned}
\deg^+(T_1) &= 1, & \deg^-(T_1) &= 0 \\
\deg^+(T_2) &= 2, & \deg^-(T_2) &= 2 \\
\deg^+(T_3) &= 1, & \deg^-(T_3) &= 1 \\
\deg^+(T_4) &= 1, & \deg^-(T_4) &= 2 \\
\deg^+(T_5) &= 1, & \deg^-(T_5) &= 1
\end{aligned}
$$

그래프의 경로와 회로의 정의에서 모서리를 유향모서리로 바꾸면 유향그래프의 경로와 회로의 정의를 얻는다. 주어진 유향그래프 G에서 모든 $1 \leq i \leq k$에 대해 $e_i = (v_i, v_{i+1})$가 유향모서리일 때, 꼭짓점의 열

$$(v_1, v_2, \ldots, v_{k+1})$$

를 길이가 k인 **길**(**walk**)이라 한다. 이때 $v_1 \to v_2 \to \cdots \to v_{k+1}$, 혹은 유향모서리 e_i를 이용하여 $e_1 e_2 \cdots e_k$로 표기하기도 한다. 같은 유향모서리를 한 번 이상 지나지 않는 길을 **경로**(**path**)라 한다. 특히,

$$v_1 = v_{k+1}$$

인 경로를 **회로**(**circuit**)라 하고 회로의 꼭짓점이 모두 다르면 **사이클**(**cycle**)이라 한다.

보기 2 주어진 유향그래프 G에 대하여 다음을 구하여라.

(a) 꼭짓점 y와 인접한 꼭짓점을 모두 구하여라.

(b) 꼭짓점 z를 시작점으로 하는 유향모서리들을 구하고 $\deg^+(z)$를 계산하여라.

(c) 꼭짓점 x를 끝점으로 하는 유향모서리들을 구하고 $\deg^-(x)$를 계산하여라.

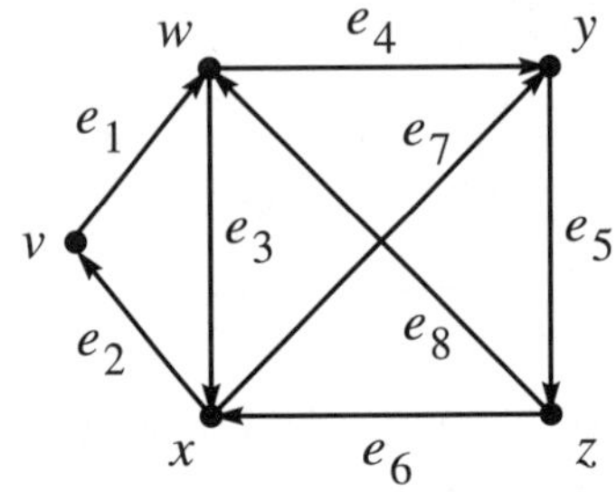

Solution

(a) y와 인접한 꼭짓점, 즉 유향모서리로 연결된 꼭짓점은 w, x 그리고 z이다.

(b) z를 시작점으로 하는 유향모서리는 e_6과 e_8이고, 따라서 z의 출력차수 $\deg^+(z)$는 2이다.

(c) x를 끝점으로 하는 유향모서리는 e_3과 e_6이고, 따라서 x의 입력차수 $\deg^-(x)$는 2이다.

4.6.2 오일러 경로와 해밀턴 경로

유향그래프 G의 서로 다른 두 꼭짓점 v와 w에 대하여 v에서 w로 가는 경로가 존재할 때 v와 w는 **연결되었다**(**connected**)고 한다. 유향그래프 G에 대해 임의의 두 꼭짓점 v와 w에 대하여 v에서 w로 가는 경로가 존재하면, G를 **강하게 연결된 유향그래프**(**strongly connected digraph**)라 한다.[25] 예를 들어 왼쪽 그래프는 2에서 1로 가는 경로가 존재하지 않으므로 강하게 연결된 그래프가 아니다. 오른쪽 그래프는 강하게 연결된 그래프이다.

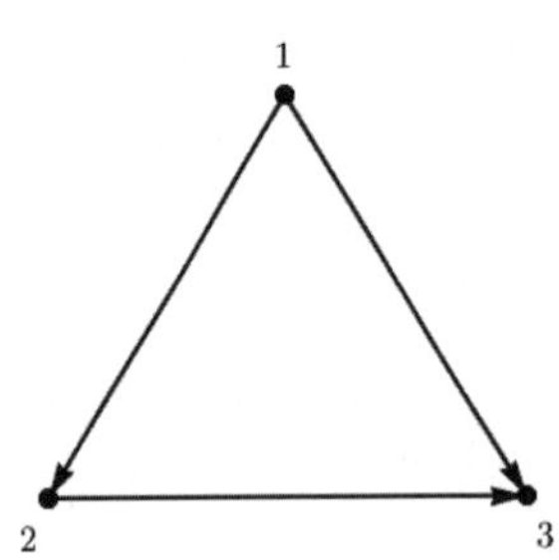

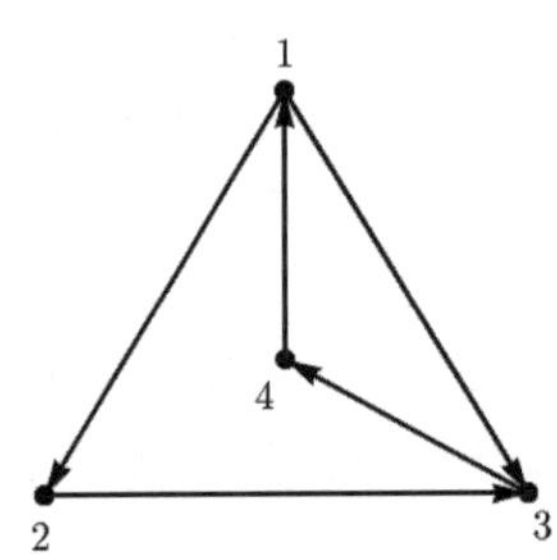

한편, 임의의 꼭짓점 v 에 대하여

$$\deg^+(v) = \deg^-(v)$$

[25]방향을 무시한 그래프가 연결되어 있으면 연결된 그래프라고 정의한다.

이 성립하는 유향그래프를 **균형잡힌 유향그래프**(**balanced digraph**)라 한다. 보기 2의 유향그래프는

$$\deg^+(y) = 1 \neq \deg^-(y) = 2, \qquad \deg^+(z) = 2 \neq \deg^-(z) = 1$$

이므로 균형잡힌 유향그래프가 아니다.

다음은 유향그래프 G에 대하여 오일러 회로, 또는 오일러 경로가 존재하는지 여부의 판별법이다. 우선 G에 오일러 회로, 오일러 경로가 존재하기 위해서는 G가 연결되어 있어야 한다는 것은 자명하다.

오일러 경로의 존재성

강하게 연결된 유향그래프 G에 대하여

(a) G는 균형잡힌 유향그래프이면 오일러 회로가 존재한다.

(b) G에 적절한 유향모서리 하나를 추가하여 균형잡힌 유향그래프가 되면

오일러 경로가 존재한다.

Note.

- 조건 (a)는 강하게 연결된 유향그래프 G가 오일러 회로를 가질 필요충분조건이다.
- (b)에서 추가된 유향모서리의 시작점과 끝점은 각각 오일러 경로의 끝점과 시작점이 된다.

보기 2를 다시 살펴 보자. 꼭짓점 y와 z에서 각각

$$\deg^+(y) = 1, \qquad \deg^-(y) = 2$$

이고

$$\deg^+(z) = 2, \qquad \deg^-(z) = 1$$

이다. 즉 꼭짓점 y와 z는 입력차수와 출력차수가 다르다. 따라서 유향그래프 G는 균형잡힌 그래프가 아니므로 오일러 회로가 존재하지 않는다. 하지만, 만약 G에 유향모서리 $y \to z$를 추가하면 균형잡힌 유향그래프가 되므로, 꼭짓점 z에서 출발하여 y로 돌아오는 오일러 경로가 존재한다.

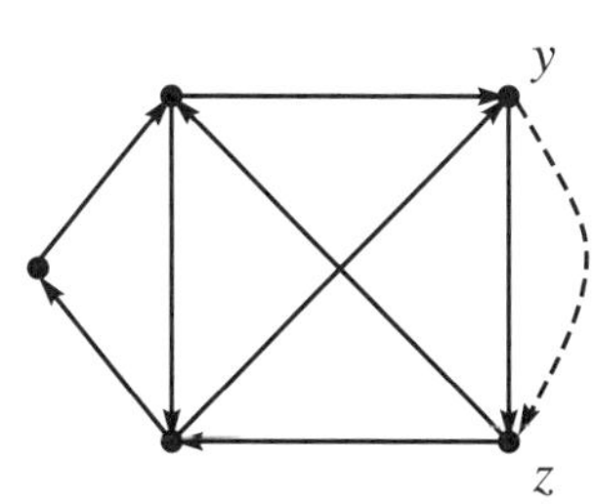

그래프의 경우와 마찬가지로 유향그래프에서 해밀턴 회로나 해밀턴 경로가 존재하는지를 쉽게 알 수 있는 필요충분조건은 아직 발견되지 않았다. 하지만 해밀턴 회로를 찾거나 존재하지 않음을 보일 때 다음과 같은 해밀턴 회로의 중요한 성질을 이용할 수 있다.

(a) 유향그래프의 해밀턴 회로에서 모든 꼭짓점은 출력차수와 입력차수 모두 1이다.

(b) 입력차수, 출력차수 모두 1인 꼭짓점에 연결된 유향모서리는 해밀턴 회로에 포함된다.

(c) 한 꼭짓점에 연결된 두 유향모서리가 해밀턴 회로에 포함되면 그 꼭짓점에 연결된 다른 모든 모서리는 그 해밀턴 회로에 포함되지 않는다.

(d) 해밀턴 회로는 자기자신보다 짧은 길이의 사이클을 포함하지 않는다.

(e) 해밀턴 경로는 입력차수는 0, 출력차수는 1인 꼭짓점(시작점)과 출력차수는 0, 입력차수는 1(끝점)인 꼭짓점을 하나씩 갖는다.

보기 3 아래 유향그래프 $G = (V, E)$에 대하여 해밀턴 회로가 존재하면 구하여라.

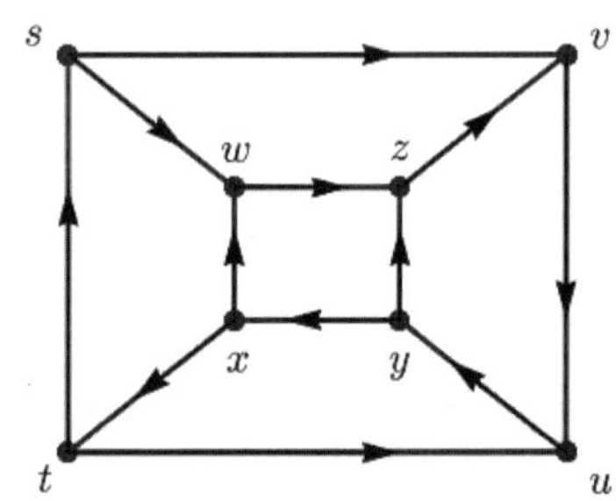

Solution 해밀턴 회로가 존재한다고 가정하고 찾아 보자. 출력차수가 1인 꼭짓점을 찾으면

$$\deg^+(v) = \deg^+(u) = \deg^+(z) = \deg^+(w) = 1$$

이므로 다음 유향모서리가 해밀턴 회로에 포함된다.

$$v \to u, u \to y, z \to v, w \to z$$

또한 입력차수가 1인 꼭짓점은 s, t, x, y이므로 유향모서리

$$t \to s, x \to t, y \to x, u \to y$$

를 포함한다.

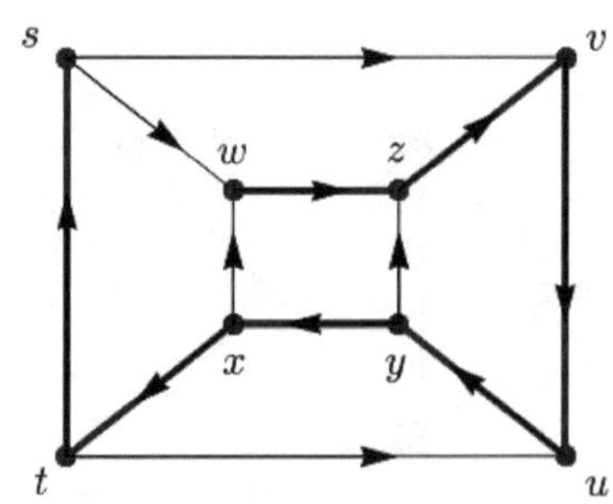

따라서 w에서 s로 가는 해밀턴 경로가 존재한다. 또한 s에서 w로 가는 유향모서리가 존재하므로 다음과 같은 해밀턴 회로가 존재한다.

$$s \to w \to z \to v \to u \to y \to x \to t \to s$$

4.6.3 서열 재구성 문제와 해밀턴 경로

고전적인 DNA 배열 기술에 의하면 한 번의 실험에 500–700개의 뉴클레오티드로 이루어진 **DNA 조각(DNA fragments)**들을 얻을 수 있다. 현재는 **DNA 칩(DNA chip)** 등을 활용하여 한 번의 실험에 아주 많은 DNA 조각을 찾아낼 수 있다. 이때, 이렇게 생성된 DNA 조각들로부터 유전체를 재구성하려는 연구는 많은 어려움[26]에도 불구하고 성공적으로 이루어지고 있다.

길이가 k인 모든 가능한 DNA 조각을 포함하고 있는 DNA 칩을 생각하자. 이와 같이 길이가 k인 DNA 서열을 **k-mer**라고 부른다. 만일 이 DNA 칩을 어떤 **표적(target)** DNA 서열[27]이 들어 있는 용액에 넣으면 칩의 DNA 서열 중에서 표적 DNA 서열에 맞는 부분은 결합[28]을 할 것이다. 예를 들어

$$X = \text{AGGTGCCA}$$

가 DNA 칩 안의 DNA 조각이라 할 때, 표적 DNA 서열

ACCGGTATCCACGGTCCTGCCTA

중에서 8번째부터 15번째까지의 부분

TCCACGGT

가 DNA 조각 X와 결합될 것이다. 이와 같이 표적 DNA 조각에 포함된 k-mer들을 모두 찾아낼 수 있다면,[29] 표적 DNA 서열을 재구성하는 것이 가능해진다.

<u>k-스펙트럼</u>

서열 X에서 서열 X의 연속되는 부분서열 중 길이가 k인 모든 서열의 집합을 서열 X의 **k-스펙트럼(k-spectrum)**이라 한다.

---

[26]뉴클레오티드 판독의 오류, DNA 조각의 많은 수효, DNA 배열로서의 유전체의 엄청난 길이 등

[27]표적 DNA 조각이 k-mer일 필요는 없다.

[28]**혼성화 반응(hybridization)**

[29]표적 DNA 조각에 미리 방사성물질이나 형광염료를 입혀서, 표적 DNA 조각과 반응하는 칩의 DNA 조각을 식별할 수 있다.

예를 들어, 서열 X가 ATAGTGAGC라면 서열 X의 3-스펙트럼은

$$\{\text{ATA}, \text{TAG}, \text{AGT}, \text{GTG}, \text{TGA}, \text{GAG}, \text{AGC}\}$$

이다. 위의 정의로부터 반응하는 DNA 칩의 k-mer로부터 표적 DNA 서열을 재구성하는 것을 **서열 재구성 문제**(**sequence reconstruction**)라고 한다.

서열 재구성 문제

길이가 k인 서열들의 집합 S가 있을 때, S를 k-스펙트럼으로 갖는 서열이 존재하는가? 또 존재한다면 길이가 최소인 서열은 무엇인가?

주어진 k-mer들의 집합 $\mathcal{S}$에 대해, 유향그래프 G를 다음과 같이 구성하자. 우선 k-mer들의 집합 $\mathcal{S}$를 꼭짓점의 집합으로 정의한다.

$$V = \mathcal{S}$$

두 꼭짓점(k-mer) v와 w에 대하여, v에서 첫 번째 염기를 뺀 서열이 w의 마지막 염기를 뺀 서열과 같을 때, 다시 말해

v의 길이 $(k-1)$만큼의 뒷부분과 w의 $(k-1)$만큼의 앞부분이 서로 일치하는 경우

순서쌍 (v, w)를 유향모서리로 택하자. 예를 들어 서열들의 집합

$$\mathcal{S} = \{\text{AGC}, \text{AGT}, \text{GAG}, \text{GTG}, \text{TAG}, \text{TGT}\}$$

가 주어졌을 때 유향모서리의 집합 E는 다음과 같다.

$$\{(\text{AGT}, \text{GTG}), (\text{GAG}, \text{AGC}), (\text{GAG}, \text{AGT}), (\text{GTG}, \text{TGT}), (\text{TAG}, \text{AGC}), (\text{TAG}, \text{AGT}), (\text{TGT}, \text{GTG})\}$$

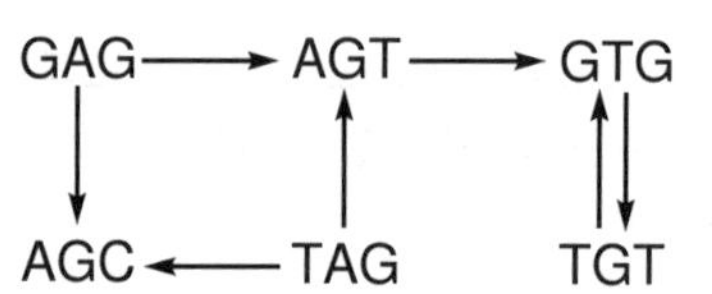

보기 4 3-mer의 집합 $\mathcal{S}$가

$$\mathcal{S} = \{\text{ACT}, \text{ATG}, \text{CTG}, \text{GAC}, \text{TGA}, \text{TGT}\}$$

로 주어졌을 때, 위의 방법으로 유향그래프 $G = (\mathcal{S}, E)$의 E를 구하고, G를 시각화하라.

Solution 각 꼭짓점에 대해 길이 2만큼의 뒷부분과, 길이 2만큼의 앞부분이 일치하는 것들을 유향모서리로 연결하면 집합 E는

$$\{(\text{ACT}, \text{CTG}), (\text{ATG}, \text{TGA}), (\text{ATG}, \text{TGT}), (\text{CTG}, \text{TGA}), (\text{CTG}, \text{TGT}), (\text{GAC}, \text{ACT}), (\text{TGA}, \text{GAC})\}$$

가 된다. 이로부터 유향그래프 $G = (\mathcal{S}, E)$는 다음과 같이 시각화된다.

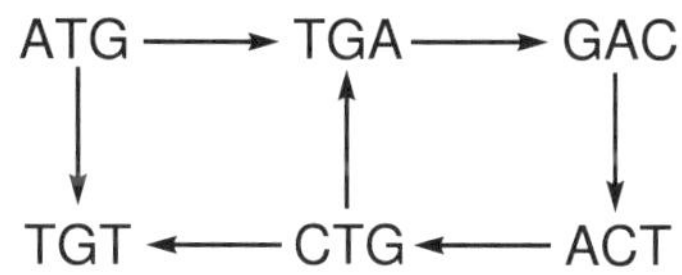

□

이제 서열 재구성 문제, 즉 주어진 k-mer들의 집합 $\mathcal{S}$를 스펙트럼으로 갖는 서열을 찾는 문제는, $\mathcal{S}$에 대한 유향그래프 $G = (\mathcal{S}, E)$의 해밀턴 경로를 구하면 해결할 수 있다. 예를 들어 3-mer의 집합

$$\mathcal{S} = \{\mathsf{ATG}, \mathsf{AGG}, \mathsf{CAG}, \mathsf{GCA}, \mathsf{GGT}, \mathsf{GTC}, \mathsf{TCA}, \mathsf{TGC}\}$$

가 주어진 경우, 유향그래프는 다음과 같다.

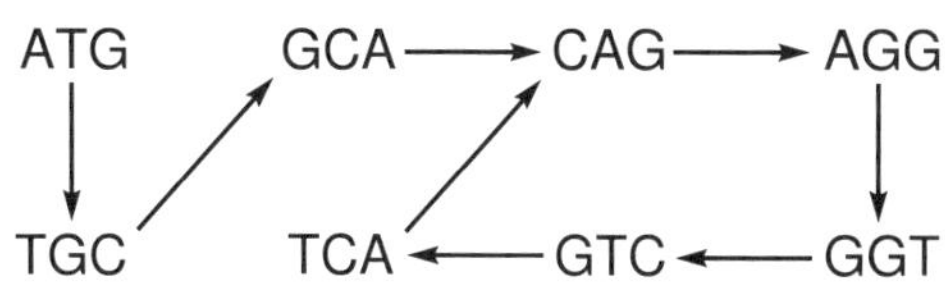

이 경우, 꼭짓점 ATG에서 출발하는 다음과 같은 해밀턴 경로가 존재한다.

$$\mathsf{ATG} \to \mathsf{TGC} \to \mathsf{GCA} \to \mathsf{CAG} \to \mathsf{AGG} \to \mathsf{GGT} \to \mathsf{GTC} \to \mathsf{TCA}$$

위의 해밀턴 경로에서 인접한 꼭짓점끼리 겹치는 부분을 한 번씩만 적어 나열하면, 다음과 같은 서열 X를 얻는다.

$$\begin{array}{ccccccccccc}
 & & \mathsf{A} & \mathsf{T} & \mathsf{G} & & & & & & \\
 & & & \mathsf{T} & \mathsf{G} & \mathsf{C} & & & & & \\
 & & & & \mathsf{G} & \mathsf{C} & \mathsf{A} & & & & \\
 & & & & & \mathsf{C} & \mathsf{A} & \mathsf{G} & & & \\
 & & & & & & \mathsf{A} & \mathsf{G} & \mathsf{G} & & \\
 & & & & & & & \mathsf{G} & \mathsf{G} & \mathsf{T} & \\
 & & & & & & & & \mathsf{G} & \mathsf{T} & \mathsf{C} \\
 & & & & & & & & & \mathsf{T} & \mathsf{C} \; \mathsf{A} \\
\hline
X & = & \mathsf{A} & \mathsf{T} & \mathsf{G} & \mathsf{C} & \mathsf{A} & \mathsf{G} & \mathsf{G} & \mathsf{T} & \mathsf{C} \; \mathsf{A}
\end{array}$$

실제로 우리는 X의 3-스펙트럼이 정확히 $\mathcal{S}$가 됨을 확인할 수 있다.

보기 5 보기 4에서 주어진 3-mer의 집합

$$\mathcal{S} = \{\mathsf{ACT}, \mathsf{ATG}, \mathsf{CTG}, \mathsf{GAC}, \mathsf{TGA}, \mathsf{TGT}\}$$

로부터 얻은 그래프 $G = (\mathcal{S}, E)$에 대하여, 꼭짓점 ATG에서 출발해서 TGT로 도착하는 해밀턴 경로를 구하여라. 또 이를 이용하여 $\mathcal{S}$를 3-스펙트럼으로 가지는 서열 X를 구하여라.

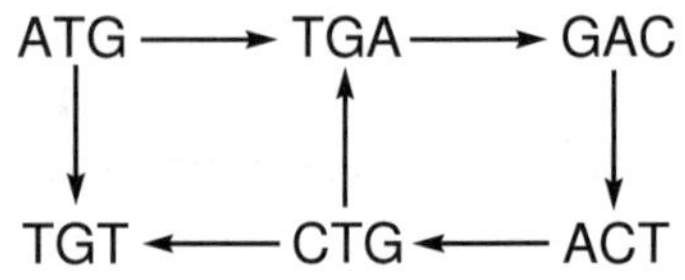

Solution TGT는 해밀턴 경로의 도착점이므로, ATG에서 바로 TGT로 갈 수 없다. 따라서 ATG에서 TGA로 가야 한다. 이와 같이 유향모서리를 따라 어느 방향으로 갈지를 적절히 따져 가면, 다음과 같은 해밀턴 경로를 찾을 수 있다.

$$\text{ATG} \to \text{TGA} \to \text{GAC} \to \text{ACT} \to \text{CTG} \to \text{TGT}$$

이로부터 $\mathcal{S}$를 3-스펙트럼으로 가지는 서열 X는

$$X = \text{ATGACTGT}$$

이다. □

4.6.4 오일러 경로와 서열 재구성 문제

오일러 경로를 찾는 문제도 서열 재구성 문제를 해결하는 데 활용할 수 있다. 주어진 k-mer들의 집합 $\mathcal{S}$에 대하여 유향그래프

$$H = (V, E)$$

를 다음과 같이 구성하자. 우선 꼭짓점의 집합 V는 $\mathcal{S}$의 모든 원소들에 대하여 길이가 $(k-1)$인 모든 연속되는 부분서열을 모아놓은 집합이라고 하자.

$$\text{V=\{길이가 } k-1\text{인 모든 연속되는 부분서열\}}$$

한편 V의 두 원소 v와 w에 대하여 다음 두 조건을 모두 만족시킬 때, $(v, w) \in E$라고 하자[30].

- v에서 첫 번째 염기를 뺀 서열과 w의 마지막 염기를 뺀 서열이 일치한다.
- v에 w의 마지막 염기를 붙여서 만든 서열이 $\mathcal{S}$에 포함된 k-mer이다.

예를 들어 3-mer의 집합을

$$\mathcal{S} = \{\text{ACG}, \text{CGG}, \text{CGT}, \text{GCG}, \text{GGT}, \text{GTA}, \text{GTG}, \text{TGC}\}$$

라 하자. 그러면 그래프 $H = (V, E)$에서

$$V = \{\text{AC}, \text{CG}, \text{GC}, \text{GG}, \text{GT}, \text{TA}, \text{TG}\}$$

[30] 이렇게 정의되는 유향그래프를 **De Bruijn 그래프**라고 한다

이고,

$$E = \{(\mathsf{AC}, \mathsf{CG}), (\mathsf{CG}, \mathsf{GG}), (\mathsf{CG}, \mathsf{GT}), (\mathsf{GC}, \mathsf{CG}), (\mathsf{GG}, \mathsf{GT}), (\mathsf{GT}, \mathsf{TA}), (\mathsf{GT}, \mathsf{TG}), (\mathsf{TG}, \mathsf{GC})\}$$

이다. 여기서 각각의 유향모서리들은 다음처럼 $\mathcal{S}$에 속한 3-mer와 대응됨을 주목하자.

$$(\mathsf{AC}, \mathsf{CG}) \quad \leftrightarrow \quad \mathsf{ACG}$$

이 유향그래프를 시각화하면 다음과 같다.

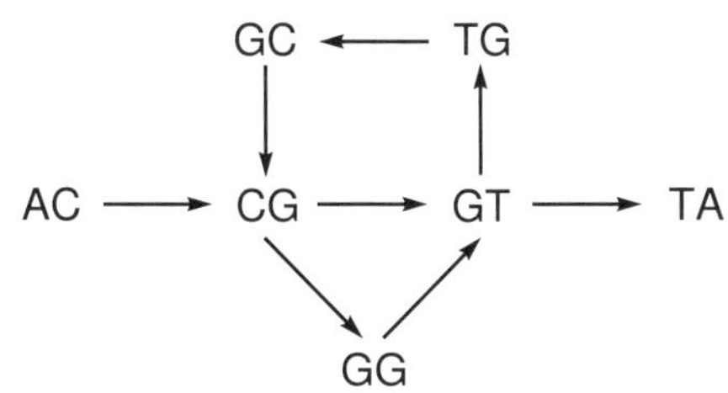

만약 위와 같이 정의된 유향그래프 H에 오일러 경로가 존재한다면, 그 오일러 경로로부터 주어진 k-mer들의 집합 $\mathcal{S}$를 스펙트럼으로 갖는 서열을 찾을 수 있다. 위의 예에서 오일러 경로가 존재한다면 시작점은 AC, 끝점은 TA이어야 하고

$$\mathsf{AC} \to \mathsf{CG} \to \mathsf{GT} \to \mathsf{TG} \to \mathsf{GC} \to \mathsf{CG} \to \mathsf{GG} \to \mathsf{GT} \to \mathsf{TA}$$

는 H의 오일러 경로이다. 이때 각 유향모서리는 $\mathcal{S}$에 속한 k-mer와 대응되고(예를 들어, (AC, CG) $\Leftrightarrow$ ACG), 오일러 경로는 모든 유향모서리를 한 번씩 지난다. 따라서 오일러 경로에서 인접한 꼭짓점끼리 겹치는 부분을 한 번씩만 적어 나열하면, $\mathcal{S}$를 3-스펙트럼으로 갖는 서열

$$X = \mathsf{ACGTGCGGTA}$$

를 얻게 된다.[31]

		A	C								
			C	G							
				G	T						
					T	G					
						G	C				
							C	G			
								G	G		
									G	T	
										T	A
X	=	A	C	G	T	G	C	G	G	T	A

[31] $\mathcal{S}$를 3-스펙트럼으로 갖는 서열은 유일하지 않을 수도 있다. 이 경우

$$Y = \mathsf{ACGGTGCGTA}$$

도 $\mathcal{S}$의 3-스펙트럼이 된다.

이제 오일러 경로를 이용하여 서열 재구성 문제의 몇 가지 예를 살펴보자.

보기 6 집합

$$\mathcal{S} = \{\mathsf{AAC}, \mathsf{ACA}, \mathsf{ACG}, \mathsf{ACT}, \mathsf{CAA}, \mathsf{CAC}, \mathsf{CGC}, \mathsf{GCA}\}$$

를 3-스펙트럼으로 갖는 서열 중에서 처음 네 개의 염기가 ACAC인 것을 구하여라.

Solution 집합 $\mathcal{S}$로부터 다음 유향그래프 $H = (V, E)$를 구할 수 있다.

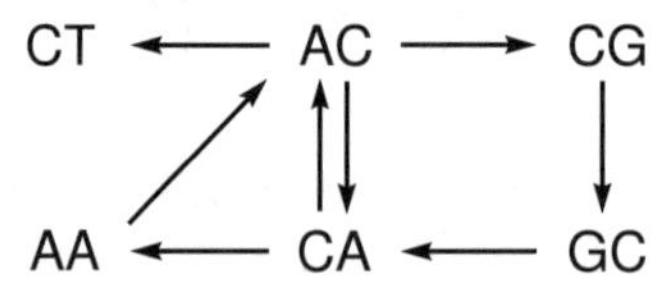

$$\deg^+(\mathsf{CT}) = 0, \qquad \deg^-(\mathsf{CT}) = 1$$
$$\deg^+(\mathsf{AC}) = 3, \qquad \deg^-(\mathsf{AC}) = 2$$

이고 다른 점에서는 입력차수와 출력차수가 모두 같으므로 위의 유향그래프에 유향모서리 (CT, AC)를 추가하면 균형잡힌 그래프가 된다. 따라서 오일러 경로의 존재성 조건에 의해 AC에서 출발하여 CT로 끝나는 오일러 경로가 존재한다. 한편, 문제의 조건을 만족시키는 서열을 X라고 할 때, X의 처음 네 개의 염기가 ACAC이므로 X와 대응되는 H의 오일러 경로의 처음부분은 다음과 같다.

$$\mathsf{AC} \to \mathsf{CA} \to \mathsf{AC} \to \cdots$$

위의 H에서 유향모서리 (AC, CA)와 (CA, AC)를 제외한 꼭짓점들은 모두 출력차수가 1 이하가 된다. 따라서 오일러 경로

$$\mathsf{AC} \to \mathsf{CA} \to \mathsf{AC} \to \mathsf{CG} \to \mathsf{GC} \to \mathsf{CA} \to \mathsf{AA} \to \mathsf{AC} \to \mathsf{CT}$$

를 쉽게 찾을 수 있다. 이로부터

$$X = \mathsf{ACACGCAACT}$$

를 얻는다. □

보기 7 3-mer의 집합 $\mathcal{S}$가

$$\mathcal{S} = \{\mathsf{AGC}, \mathsf{CAG}, \mathsf{CCA}, \mathsf{CCT}, \mathsf{GCA}, \mathsf{GCC}, \mathsf{GCT}, \mathsf{TGC}\}$$

를 3-스펙트럼으로 갖는 서열이 존재하는지 조사하여라.

Solution 집합 $\mathcal{S}$로부터 다음 유향그래프 $H = (V, E)$를 구할 수 있다.

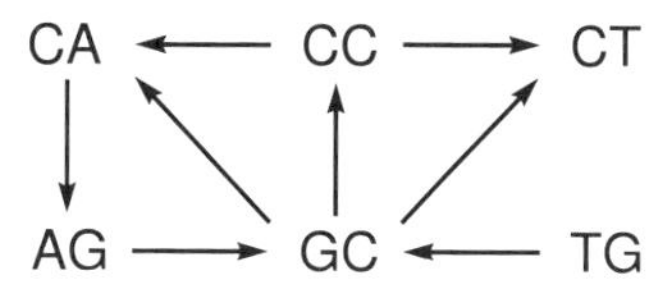

그런데 H에서 입력차수와 출력차수가 다른 점은 5개(CA, CC, CT, GC, TG)이므로 오일러 경로가 존재하지 않는다. 따라서 $\mathcal{S}$를 3-스펙트럼으로 갖는 서열은 존재하지 않는다.

보기 8 4-mer의 집합 $\mathcal{S}$가

$$\mathcal{S} = \{\text{ACTG}, \text{CTGT}, \text{CACT}, \text{GTTC}, \text{TCAC}, \text{TCAG}, \text{TTCA}, \text{TGTT}\}$$

로 주어졌을 때, $\mathcal{S}$를 4-스펙트럼으로 갖는 서열을 구하여라.

Solution 집합 $\mathcal{S}$로부터 다음 유향그래프 $H = (V, E)$를 구할 수 있다.

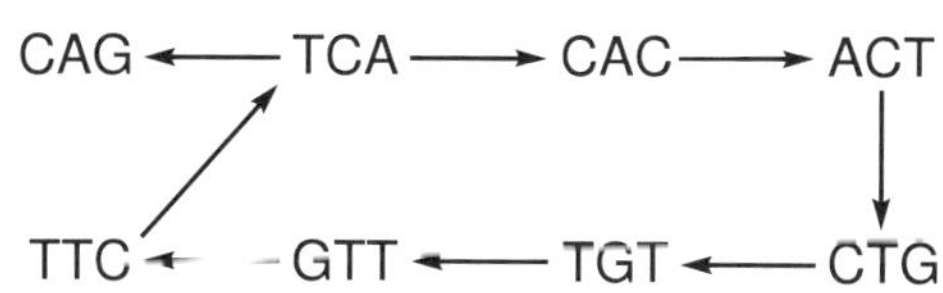

오일러 경로의 존재성 조건에 의해, TCA에서 출발하여 CAG로 끝나는 오일러 경로가 존재한다. 실제로 오일러 경로는 다음과 같다.

$$\text{TCA} \to \text{CAC} \to \text{ACT} \to \text{CTG} \to \text{TGT} \to \text{GTT} \to \text{TTC} \to \text{TCA} \to \text{CAG}$$

이로부터 $\mathcal{S}$를 4-스펙트럼으로 갖는 서열 TCACTGTTCAG을 구할 수 있다. □

4.6.5 인접행렬

유향그래프의 인접행렬도 그래프와 비슷한 방법으로 정의한다. 그러나 유향그래프의 인접행렬은 대칭이 아니다.

유향그래프의 인접행렬

n개의 꼭짓점을 갖는 유향그래프 G에 대하여 다음과 같이 정의된 행렬 $A = (a_{ij})$를 **인접행렬 (adjacent matrix)**이라 한다.

$$a_{ij} = \text{꼭짓점 } i\text{에서 꼭짓점 } j\text{로 가는 유향모서리의 개수}$$

Note 1. 유향그래프의 인접행렬에서 각 행의 원소의 합은 대응하는 꼭짓점의 출력차수, 각 열의 원소의 합은 대응하는 꼭짓점의 입력차수이다.

Note 2. 유향그래프의 인접행렬에서 모든 원소의 합은 유향모서리의 총개수와 같다.

그래프와 마찬가지로 유향그래프의 k 거듭제곱은 길이가 k인 길의 개수를 알려주며 인접행렬을 이용하여 그래프가 연결되어 있는지를 판단할 수 있다.

인접행렬과 그래프

n개의 꼭짓점을 갖는 유향그래프 G에 대하여 인접행렬을 A라 하자.

- 꼭짓점 i에서 꼭짓점 j로 가는 길이가 k인 길의 개수는 $(A^k)_{ij}$이다.
- $B = A + A^2 + \cdots + A^{n-1}$로 정의하면 유향그래프 G가 연결된 그래프인 것과 B의 대각원소가 아닌 모든 원소가 양수인 것은 필요충분조건이다.

보기 9 (a) 보기 1(b)에 주어진 유향그래프의 인접행렬은 다음과 같다. 이때 꼭짓점의 순서는 A, B, C, D, E, F이다.

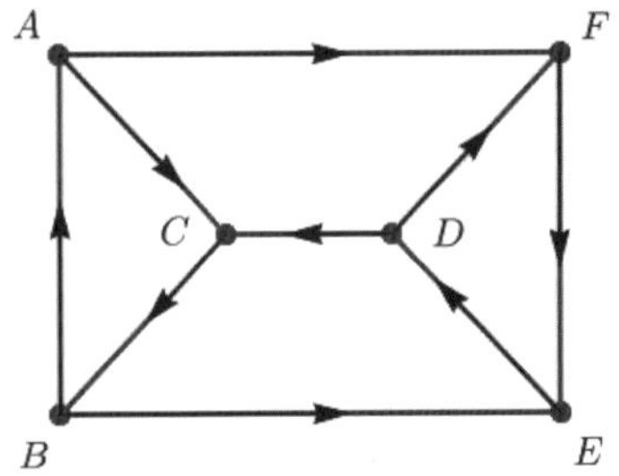

$$A = \begin{pmatrix} 0 & 0 & 1 & 0 & 0 & 1 \\ 1 & 0 & 0 & 0 & 1 & 0 \\ 0 & 1 & 0 & 0 & 0 & 0 \\ 0 & 0 & 1 & 0 & 0 & 1 \\ 0 & 0 & 0 & 1 & 0 & 0 \\ 0 & 0 & 0 & 0 & 1 & 0 \end{pmatrix}$$

(b) B에서 C로 가는 길이가 2인 길과 길이가 3인 길의 개수를 구해 보자.

$$A^2 = \begin{pmatrix} 0 & 1 & 0 & 0 & 1 & 0 \\ 0 & 0 & 1 & 1 & 0 & 1 \\ 1 & 0 & 0 & 0 & 1 & 0 \\ 0 & 1 & 0 & 0 & 1 & 0 \\ 0 & 0 & 1 & 0 & 0 & 1 \\ 0 & 0 & 0 & 1 & 0 & 0 \end{pmatrix}, \quad A^3 = \begin{pmatrix} 1 & 0 & 0 & 1 & 1 & 0 \\ 0 & 1 & 1 & 0 & 1 & 1 \\ 0 & 0 & 1 & 1 & 0 & 1 \\ 1 & 0 & 0 & 1 & 1 & 0 \\ 0 & 1 & 0 & 0 & 1 & 0 \\ 0 & 0 & 1 & 0 & 0 & 1 \end{pmatrix}$$

이므로 꼭짓점 B에서 꼭짓점 C로 가는 길이가 2인 길은 1개, 길이가 3인 길도 1개이다. 그러나 C에서 B로 가는 길이가 2 또는 3인 길은 없다.

(c) 보기 1(b)의 유향그래프에서

$$B = A + A^2 + A^3 + A^4 + A^5 = \begin{pmatrix} 1 & 3 & 4 & 2 & 4 & 4 \\ 3 & 2 & 4 & 4 & 5 & 4 \\ 2 & 3 & 2 & 2 & 4 & 2 \\ 1 & 3 & 4 & 2 & 4 & 4 \\ 1 & 1 & 3 & 3 & 2 & 3 \\ 1 & 1 & 1 & 2 & 3 & 1 \end{pmatrix}$$

이므로 연결된 유향그래프이다. □

4.6.6 연습문제 4.6

1. 꼭지점과 모서리가 다음과 같은 유향그래프 G_1에 대하여,

$$V_1 = \{1, 2, 3, 4\},\ E_1 = \{(1,2), (1,3), (2,3), (2,4), (3,4), (4,2)\}$$

   (a) 각 꼭지점의 입력차수, 출력차수를 구하여라.
   (b) 유향그래프의 인접행렬을 구하여라.
   (c) 유향그래프를 그려라.

2. 꼭지점과 모서리가 다음과 같은 유향그래프 G_2에 대하여 문제 1의 질문에 답하여라.

$$V_2 = \{1, 2, 3, 4, 5, 6\},\ E_2 = \{(1,2), (1,3), (2,3), (2,4), (3,4), (4,5), (4,6), (5,1), (5,6)\}$$

3. 문제 2에서 꼭지점 3으로부터 다른 꼭지점까지의 거리를 구하여라.

4. 보기 1(b)의 유향그래프에 대하여

   (a) 꼭지점과 유향모서리를 모두 구하여라.
   (b) 인접행렬을 구하여라.
   (c) 꼭지점 F로부터 다른 꼭지점까지의 거리를 구하여라.
   (d) 반지름을 구하여라.
   (e) 강하게 연결되었는지 판단하여라.
   (f) 오일러 경로를 포함하는지 판단하여라.
   (g) 해밀턴회로를 포함하는 경우 해밀턴회로를 구하여라.

5. 보기 1(c)의 유향그래프에 대하여

   (a) 꼭지점과 유향모서리를 모두 구하여라.
   (b) 인접행렬을 구하여라.
   (c) 강하게 연결되었는가?

(d) 오일러경로를 포함하는가? 포함하는 경우 하나의 유향모서리를 추가하여 오일러회로를 만들어라.

(e) 해밀턴경로를 포함하는가?

6. 다음 유향그래프에 대하여 문제 5의 질문에 답하여라.

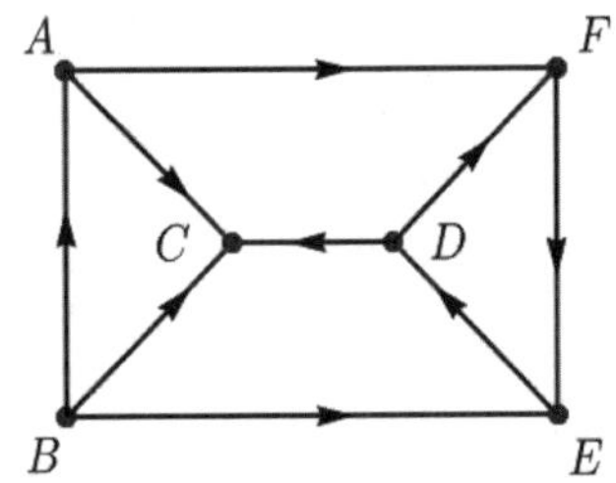

7. 다음 유향그래프 $G_i, i = 1, \ldots, 6$ 중에서 (왼쪽 위부터 순서대로)

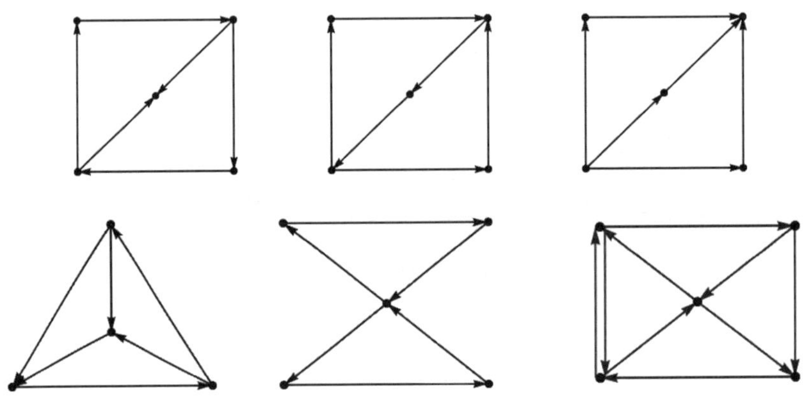

(a) 강하게 연결된 그래프를 찾아라.

(b) 오일러 회로를 포함하는 유향그래프를 찾아라.

(c) 오일러 경로를 포함하는 유향그래프를 찾아라.

(d) 해밀턴 회로를 포함하는 유향그래프를 찾아라.

8. 다음 유향그래프에 대하여 질문에 답하여라.

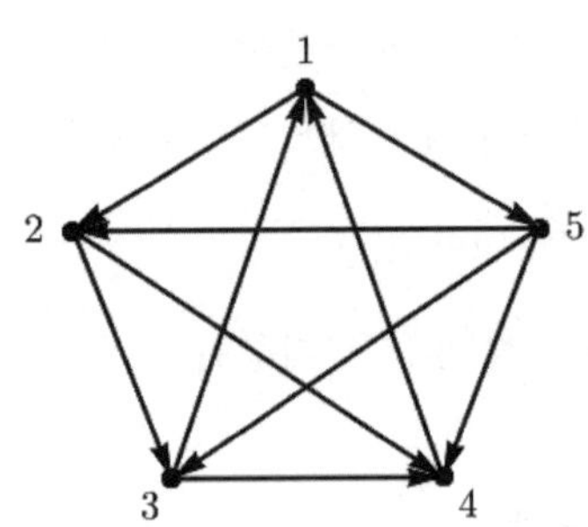

(a) 길이가 각각 3, 4, 5인 사이클을 모두 구하여라.

(b) 인접행렬 A를 구하여라. A^2, A^3, A^4을 구하여라.

(c) 꼭지점 5에서 꼭지점 4로의 길이가 $2, 3, 4$인 길의 수를 구하여라.

(d) 그래프는 강하게 연결되었는지 판단하여라.

(e) 오일러회로 또는 오일러경로가 존재하면 모두 구하여라.

(f) 해밀턴회로가 존재하면 모두 구하여라.

9. 다음 유향그래프에 대하여 질문에 답하여라.

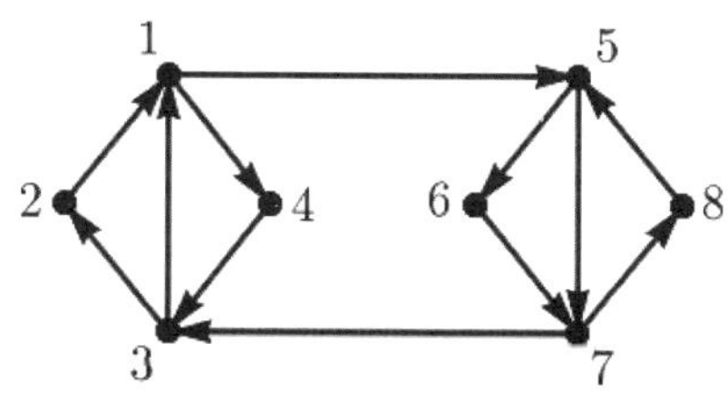

(a) 꼭지점 2에서 꼭지점 7로 가는 경로를 모두 구하여라.

(b) 오일러경로가 존재하는가?

(c) 해밀턴회로가 존재하지 않음을 설명하여라.

10. 다음 유향그래프에 대하여 문제 9의 질문에 답하여라.

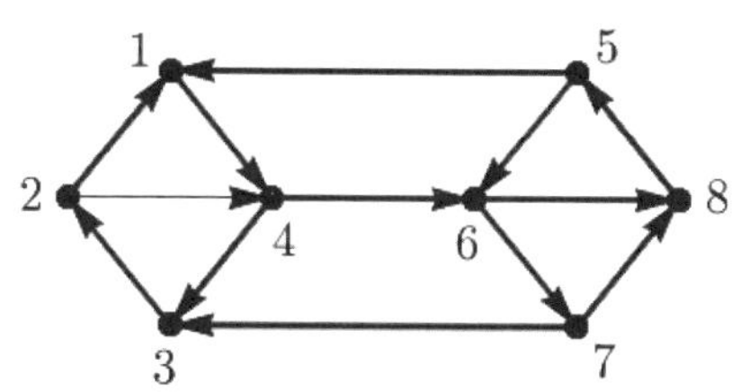

11. 꼭지점에 1부터 순서대로 이름을 붙인다고 할 때 인접행렬이 다음과 같은 유향그래프 G_1에 대하여 질문에 답하여라.

$$A_1 = \begin{pmatrix} 0 & 1 & 1 & 0 & 0 \\ 1 & 0 & 0 & 1 & 0 \\ 0 & 0 & 0 & 1 & 1 \\ 1 & 0 & 0 & 0 & 1 \\ 0 & 1 & 0 & 0 & 0 \end{pmatrix}$$

(a) 각 꼭지점을 시작점으로 하는 유향모서리의 개수를 구하여라.

(b) 각 꼭지점을 끝점으로 하는 유향모서리의 개수를 구하여라.

(c) 각 유향그래프의 유향모서리는 모두 몇 개인가?

(d) 각 인접행렬에 대응하는 유향그래프를 그려라.

12. 꼭지점에 1부터 순서대로 이름을 붙인다고 할 때 인접행렬이 다음과 같은 유향그래프 G에 대하여 위의 질문에 답하여라.

$$A = \begin{pmatrix} 0 & 1 & 0 & 1 & 0 \\ 0 & 0 & 0 & 1 & 1 \\ 0 & 0 & 0 & 0 & 0 \\ 1 & 0 & 0 & 0 & 1 \\ 0 & 1 & 0 & 0 & 0 \end{pmatrix}$$

13. 꼭지점에 1부터 순서대로 이름을 붙인다고 할 때 인접행렬이 다음과 같은 유향그래프 G에 대하여 위의 질문에 답하여라.

$$A = \begin{pmatrix} 0 & 1 & 0 & 1 & 0 & 0 \\ 0 & 0 & 1 & 0 & 0 & 0 \\ 1 & 0 & 0 & 1 & 0 & 0 \\ 0 & 1 & 0 & 0 & 0 & 0 \\ 0 & 0 & 0 & 1 & 0 & 1 \\ 0 & 0 & 0 & 0 & 1 & 0 \end{pmatrix}$$

14. 3-mer 의 집합 $\mathcal{S}$가

$$\mathcal{S} = \{\mathsf{ACG}, \mathsf{AGA}, \mathsf{CGA}, \mathsf{CTG}, \mathsf{GAC}, \mathsf{GAG}, \mathsf{TGA}\}$$

로 주어졌다고 하자.

(a) 유향그래프 $G = (\mathcal{S}, E)$의 E를 구하고, G를 시각화하여라.

(b) 해밀턴경로를 이용하여 $\mathcal{S}$를 스펙트럼으로 하는 서열을 모두 구하여라.

15. 3-mer 의 집합 $\mathcal{S}$가

$$\mathcal{S} = \{\mathsf{AGC}, \mathsf{CGT}, \mathsf{CTG}, \mathsf{GCG}, \mathsf{GCT}, \mathsf{GTG}, \mathsf{TGC}\}$$

로 주어졌다고 하자.

(a) 유향그래프 $H = (V, E)$의 E를 구하고, H를 시각화하여라.

(b) 오일러경로를 이용하여 $\mathcal{S}$를 스펙트럼으로 하는 서열을 모두 구하여라.

16. 어떤 집합 $\mathcal{B}$가 주어졌을 때, $\mathcal{B}$의 원소들을 모두 한번씩만 포함[32]하는 서열을 De Bruijn 서열이라고 한다. 예를 들어 00110은 $\mathcal{B} = \{00, 01, 10, 11\}$의 De Bruijn 서열이 된다. 이때, 다음 물음에 답하여라.

(a) 위의 $\mathcal{B} = \{00, 01, 10, 11\}$에 대해, 00110이외의 다른 De Bruijn 서열을 구하여라.

(b) 집합 $\mathcal{B}$가

$$\mathcal{B} = \{000, 001, 010, 011, 100, 101, 110, 111\}$$

로 주어졌을 때, 1011로 시작하는 De Bruijn 서열을 구하여라. (Hint: 서열 재구성 문제에서 사용했던 기법, 즉, 해밀턴경로나 오일러경로를 찾는 문제로 바꾸어 푼다.)

[32]중복은 불가

부록

그리스 문자표
기호 모음
쌍곡함수와 삼각함수표
정규분포표
연습문제 정답
참고도서
찾아보기

그리스 문자

대문자	소문자	명칭
A	α	alpha
B	β	beta
Γ	γ	gamma
Δ	δ	delta
E	$\epsilon,\ \varepsilon$	epsilon
Z	ζ	zeta
H	η	eta
Θ	$\theta,\ \vartheta$	theta
I	ι	iota
K	κ	kappa
Λ	λ	lambda
M	μ	mu
N	ν	nu
Ξ	ξ	xi
O	o	omicron
Π	π, ϖ	pi
P	ρ	rho
Σ	$\sigma,\ \varsigma$	sigma
T	τ	tau
Υ	υ	upsilon
Φ	$\phi,\ \varphi$	phi
X	χ	chi
Ψ	ψ	psi
Ω	ω	omega

기호 모음

$\mathbb{N}$, 자연수 집합
$\mathbb{R}$, 실수 집합

$e = \lim_{n\to\infty}\left(1+\frac{1}{n}\right)^n$, 자연상수
$\exp = e$, 자연 지수함수
ln, 자연 로그함수

$\lim_{n\to\infty} a_n$ 수열 (a_n)의 극한값
$\Delta x_n = x_{n+1} - x_n$, 차분
$\sum_{n=0}^{\infty} a_n$, 무한급수, 무한급수의 합
$T_n f(x)$, f의 n차 테일러 다항식
$R_n f(x) = f(x) - T_n f(x)$, f의 n차 테일러 나머지항

$\varnothing$, 공집합
$E \cup F$, 합집합
$EF = E \cap F$, 곱집합
$E - F$, 차집합
E^c, 여집합

$\mathcal{P}(E)$, 사건 E의 확률
$\mathcal{P}(F|E)$, 사건 E가 주어졌을 때 사건 F의 조건부 확률

$X, Y, \ldots$, 확률변수
$\mu_X = E(X)$, 확률변수 X의 기댓값
$\sigma_X^2 = \mathrm{Var}(X) = E[(X-\mu_X)^2]$, 확률변수 X의 분산
$\sigma_X = \sqrt{\mathrm{Var}(X)}$, 확률변수 X의 표준편차

$\mathrm{Geo}(p)$, 모수가 p인 기하분포
$\mathrm{Bin}(n,p)$, 모수가 (n,p)인 이항분포
$\mathrm{Poi}(\lambda)$, 모수가 λ인 푸아송 분포
Z, 표준정규분포를 따르는 변수
$\mathrm{N}(\mu, \sigma^2)$, 평균이 μ이고 분산이 σ^2인 정규분포
$\mathrm{Exp}(\lambda)$, 모수가 λ인 지수분포

$\mathrm{cov}(X,Y)$, 두 변수 X, Y의 공분산
$\mathrm{Corr}(X,Y)$, 두 변수 X, Y의 상관계수
$\overline{X} = \frac{1}{n}(X_1 + \cdots + X_n)$, 표본평균
$E(X|F)$, 사건 F가 주어졌을 때 변수 X의 조건부 기댓값

$\mathbf{r}_i(A)$, 행렬 A의 i 번째 행벡터
$\mathbf{c}_j(A)$, 행렬 A의 j 번째 열벡터
$D(d_1, d_2, \ldots, d_n)$, 대각항이 $d_1, d_2, \ldots, d_n$인 대각행렬
I_n, n차 항등행렬
O, 영행렬
A^n, 행렬 A의 거듭제곱
A^t, 전치행렬
$\mathbf{e}_1 = (1, 0, 0, \ldots)^t$, $\mathbf{e}_2 = (0, 1, 0, \ldots)^t$, $\ldots$, 기본단위벡터

A^{-1}, 역행렬
A_{ij}, 행렬 A의 i 행과 j 열을 제외한 행렬
$C_{ij} = (-1)^{i+j} \det(A_{ij})$, 행렬 A의 (i, j) 여인수

$\det A$, 행렬식
$\operatorname{tr} A$, 대각합

$G = (V, E)$, 꼭짓점 V와 모서리 E로 구성된 그래프 G
$\deg^+(v)$, $\deg^-(v)$, 꼭짓점 v의 출력차수, 입력차수
C_n, n개의 꼭짓점을 가진 사이클
K_n, n개의 꼭짓점을 가진 완전그래프
K_m, n, 각각 m, n개의 꼭짓점을 갖는 두 집합의 완전이분그래프

쌍곡함수와 삼각함수표

$$\cos^2 a + \sin^2 a = 1$$

$$\tan' a = 1 + \tan^2 a = \sec^2 a$$

$$\sin(a+b) = \sin a \cos b + \cos a \sin b$$

$$\cos(a+b) = \cos a \cos b - \sin a \sin b$$

$$\tan(a+b) = \frac{\tan a + \tan b}{1 - \tan a \tan b}$$

$$\sin 2a = 2 \sin a \cos a$$

$$\cos 2a = \cos^2 a - \sin^2 a$$

$$\sin^2 a = \frac{1}{2}(1 - \cos 2a)$$

$$\cos^2 a = \frac{1}{2}(1 + \cos 2a)$$

$$\sin a + \sin b = 2 \sin \frac{a+b}{2} \cos \frac{a-b}{2}$$

$$\sin a - \sin b = 2 \sin \frac{a-b}{2} \cos \frac{a+b}{2}$$

$$\cos a + \cos b = 2 \cos \frac{a+b}{2} \cos \frac{a-b}{2}$$

$$\cos a - \cos b = -2 \sin \frac{a+b}{2} \sin \frac{a-b}{2}$$

$$\cosh^2 a - \sinh^2 a = 1$$

$$\tanh' a = 1 - \tanh^2 a = \mathrm{sech}^2 a$$

$$\sinh(a+b) = \sinh a \cosh a + \cosh a \sinh b$$

$$\cosh(a+b) = \cosh a \cosh b + \sinh a \sinh b$$

$$\tanh(a+b) = \frac{\tanh a + \tanh b}{1 + \tanh a \tanh b}$$

$$\sinh 2a = 2 \sinh a \cosh a$$

$$\cosh 2a = \cosh^2 a + \sinh^2 a$$

$$\sinh^2 a = \frac{1}{2}(\cosh 2a - 1)$$

$$\cosh^2 a = \frac{1}{2}(1 + \cosh 2a)$$

$$\sinh a + \sinh b = 2 \sinh \frac{a+b}{2} \cosh \frac{a-b}{2}$$

$$\sinh a - \sinh b = 2 \sinh \frac{a-b}{2} \cosh \frac{a+b}{2}$$

$$\cosh a + \cosh b = 2 \cosh \frac{a+b}{2} \cosh \frac{a-b}{2}$$

$$\cosh a - \cosh b = 2 \sinh \frac{a+b}{2} \sinh \frac{a-b}{2}$$

$$\begin{aligned} \sin(x) &= \cos(x - \frac{\pi}{2}) = \sin(\pi - x) \\ \cos(x) &= -\sin(x - \frac{\pi}{2}) = -\cos(\pi - x) \\ \tan(x) &= -\tan(\pi - x) \end{aligned}$$

정규분포표

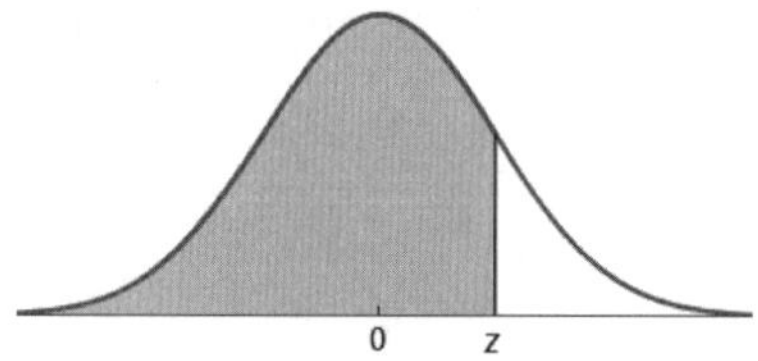

$\mathcal{P}(Z \leq z)$

Z	0.00	0.01	0.02	0.03	0.04	0.05	0.06	0.07	0.08	0.09
0.0	0.5000	0.5040	0.5080	0.5120	0.5160	0.5199	0.5239	0.5279	0.5319	0.5359
0.1	0.5398	0.5438	0.5478	0.5517	0.5557	0.5596	0.5636	0.5675	0.5714	0.5753
0.2	0.5793	0.5832	0.5871	0.5910	0.5948	0.5987	0.6026	0.6064	0.6103	0.6141
0.3	0.6179	0.6217	0.6255	0.6293	0.6331	0.6368	0.6406	0.6443	0.6480	0.6517
0.4	0.6554	0.6591	0.6628	0.6664	0.6700	0.6736	0.6772	0.6808	0.6844	0.6879
0.5	0.6915	0.6950	0.6985	0.7019	0.7054	0.7088	0.7123	0.7157	0.7190	0.7224
0.6	0.7257	0.7291	0.7324	0.7357	0.7389	0.7422	0.7454	0.7486	0.7517	0.7549
0.7	0.7580	0.7611	0.7642	0.7673	0.7704	0.7734	0.7764	0.7794	0.7823	0.7852
0.8	0.7881	0.7910	0.7939	0.7967	0.7995	0.8023	0.8051	0.8078	0.8106	0.8133
0.9	0.8159	0.8186	0.8212	0.8238	0.8264	0.8289	0.8315	0.8340	0.8365	0.8389
1.0	0.8413	0.8438	0.8461	0.8485	0.8508	0.8531	0.8554	0.8577	0.8599	0.8621
1.1	0.8643	0.8665	0.8686	0.8708	0.8729	0.8749	0.8770	0.8790	0.8810	0.8830
1.2	0.8849	0.8869	0.8888	0.8907	0.8925	0.8944	0.8962	0.8980	0.8997	0.9015
1.3	0.9032	0.9049	0.9066	0.9082	0.9099	0.9115	0.9131	0.9147	0.9162	0.9177
1.4	0.9192	0.9207	0.9222	0.9236	0.9251	0.9265	0.9279	0.9292	0.9306	0.9319
1.5	0.9332	0.9345	0.9357	0.9370	0.9382	0.9394	0.9406	0.9418	0.9429	0.9441
1.6	0.9452	0.9463	0.9474	0.9484	0.9495	0.9505	0.9515	0.9525	0.9535	0.9545
1.7	0.9554	0.9564	0.9573	0.9582	0.9591	0.9599	0.9608	0.9616	0.9625	0.9633
1.8	0.9641	0.9649	0.9656	0.9664	0.9671	0.9678	0.9686	0.9693	0.9699	0.9706
1.9	0.9713	0.9719	0.9726	0.9732	0.9738	0.9744	0.9750	0.9756	0.9761	0.9767
2.0	0.9772	0.9778	0.9783	0.9788	0.9793	0.9798	0.9803	0.9808	0.9812	0.9817
2.1	0.9821	0.9826	0.9830	0.9834	0.9838	0.9842	0.9846	0.9850	0.9854	0.9857
2.2	0.9861	0.9864	0.9868	0.9871	0.9875	0.9878	0.9881	0.9884	0.9887	0.9890
2.3	0.9893	0.9896	0.9898	0.9901	0.9904	0.9906	0.9909	0.9911	0.9913	0.9916
2.4	0.9918	0.9920	0.9922	0.9925	0.9927	0.9929	0.9931	0.9932	0.9934	0.9936
2.5	0.9938	0.9940	0.9941	0.9943	0.9945	0.9946	0.9948	0.9949	0.9951	0.9952
2.6	0.9953	0.9955	0.9956	0.9957	0.9959	0.9960	0.9961	0.9962	0.9963	0.9964
2.7	0.9965	0.9966	0.9967	0.9968	0.9969	0.9970	0.9971	0.9972	0.9973	0.9974
2.8	0.9974	0.9975	0.9976	0.9977	0.9977	0.9978	0.9979	0.9979	0.9980	0.9981
2.9	0.9981	0.9982	0.9982	0.9983	0.9984	0.9984	0.9985	0.9985	0.9986	0.9986
3.0	0.9987	0.9987	0.9987	0.9988	0.9988	0.9989	0.9989	0.9989	0.9990	0.9990

연습문제 정답

연습문제 1.1

1. (a) 수렴, 0
   (b) 수렴, 1
   (c) 수렴, $\frac{2}{3}$
   (d) 수렴, 1
   (e) 수렴, $-\frac{1}{2}$
   (f) 발산
   (g) 수렴, 1
   (h) 수렴, 2
   (i) 수렴, 2
   (j) 수렴, 0
   (k) 수렴, 0
   (l) 수렴, 0
   (m) 수렴, 0
   (n) 수렴, 0
   (o) 수렴, 1/2
   (p) 수렴, 1
   (q) 수렴, 4
   (r) 수렴, 0
   (s) 수렴, 0

2. 모든 n에 대해 $|b_n| \le M$이라 하면 $|a_n b_n| \le M|a_n|$이고 샌드위치 정리에 의해 $\lim_{n\to\infty} |a_n b_n| = 0$이므로 원하는 결과를 얻는다.

3. 2

4. (a) 감소수열
   (b) 증가수열
   (c) 둘 다 아님
   (d) 감소수열
   (e) 증가수열
   (f) 감소수열

5. (a), (c), (d), (e), (f)

6. (a) $x_e = 4$로 수렴
   (b) $x_e = -2$로 수렴
   (c) $x_e = \frac{5}{7}$로 수렴
   (d) 발산
   (e) 발산
   (f) 발산

7. $2a_{n+1}^2 + a_{n+1}a_n - a_n^2 = (2a_{n+1} - a_n)(a_{n+1} + a_n) < 0 \Rightarrow 2a_{n+1} - a_n < 0 \Rightarrow 0 < \frac{a_{n+1}}{a_n} < \frac{1}{2}$
   따라서 $\lim_{n\to\infty} a_n \le \lim_{n\to\infty} a_0 \left(\frac{1}{2}\right)^n = 0$

8. 이 표로부터 대립형질 M이 전체대립형질에서 차지하는 비율 p는

$$p = \frac{2 \times 363 + 634}{2 \times 1279} = \frac{1360}{2558} \approx 0.532$$

   이고 대립형질 N이 차지하는 비율 은 $q = 1 - 0.532 = 0.468$이다. 따라서 혈액형 MM의 비율은 $p^2 = 0.532^2 \approx 0.283 = 28.3\%$이다. 혈액형 MN과 NN의 비율은 각각 다음과 같다.

$$\begin{aligned} 2pq &= 0.532 \cdot 0.468 \approx 0.498 = 49.8\% \\ q^2 &= 0.468^2 \approx 0.219 = 21.9\% \end{aligned}$$

9. (a) $A : 53\%,\ B : 24\%,\ O : 23\%$
   (b) O 형 28%, A 형 31%, B 형 30%, AB 형이 11% (전세대와 동일)

10. O 형 : 36%, A 형이 28%, B 형이 28%, AB 형이 8%

11. (a) $AA : AB : BB = 1 : 2 : 1$
    (b) $x_{n+1} = x_n + \frac{1}{4}y_n, \quad y_{n+1} = \frac{1}{2}y_n, \quad z_{n+1} = z_n + \frac{1}{4}y_n$
    (c) $p_{n+1} = x_{n+1} + \frac{1}{2}y_{n+1} = x_n + \frac{1}{2}y_n = p_n$ 따라서 $q_{n+1} = 1 - p_{n+1} = 1 - p_n = q_n$
    (d) $y_n = (\frac{1}{2})^n y_0$ 이므로 시간이 많이 지나면 이형접합자는 멸종하고 서로 분리된 두 부류의 동형접합자만 남는다.

12. $p = 0.5$

연습문제 1.2

1. (a) e_1, 증가, e_1, 감소, ∞
   (b) e_1, 증가, e_1, 감소
   (c) e_1, 진동, e_1, 진동
   (d) e_2, 증가, e_2, 감소, e_4, 증가

2. (a) 평형점 0, 1.
   평형점 0 근방에서는 수열이 0 으로 가까워짐. 즉 국소적으로 안정적.
   평형점 1 근방에선 초기값이 1 보다 작을 때에는 멀어지고, 1 보다 큰 경우는 1 로 수렴함. 즉 반안정적.
   (b) 평형점 없음. 단순증가.
   (c) 3 개의 평형점 존재. 가장 큰 평형점으로 수렴.

3. (a) $x_e = \pm 2$ (b) $x_e = -1,\ \frac{3}{4}$ (c) $x_e = 2$ (d) $x_e = 3 \pm \sqrt{5}$

4. (a) $a > 1$
   (b) 양의 평형점은 $x = \sqrt{a-1}$이고 $|f'(\sqrt{a-1})| = |\frac{2-a}{a}| < 1$이므로 안정적
   (c) $0 < a < 1$

5. (a) $x_e = K$ (b) $x_e = r^{1/b}$ (c) $x_e = r^{1/b} - 1$

9. (b) $a^2 < 4b^2,\ \lim_{n\to\infty} x_n = 0$
   (c) $a^2 > 4b^2,\ \alpha = (a - \sqrt{a^2 - 4b^2})/2,\ \beta = (a + \sqrt{a^2 - 4b^2})/2$라 하자. $0 < x_0 < \alpha$이면 $\lim_{n\to\infty} x_n = 0$, $x_0 = \alpha$이면 $\lim_{n\to\infty} x_n = \alpha$, $x_0 > \alpha$이면 $\lim_{n\to\infty} x_n = \beta$
   (d) $a^2 = 4b^2,\ 0 < x_0 < a/2$이면 $\lim_{n\to\infty} x_n = 0$, $x_0 \geq a/2$이면 $\lim_{n\to\infty} x_n = a/2$,

연습문제 1.3

1. (a) 11/18 (b) 1/3 (c) 1 (d) 1/2

2. (a) 발산 (b) 발산 (c) 발산 (d) 발산 (e) 발산 (f) 수렴, $\frac{11}{2}$ (g) 발산 (h) 수렴, $-\frac{1}{3}$ (i) 수렴, $\cos 1 - 1$ (j) 수렴, $\frac{3}{4}$ (k) 수렴, 1 (l) 발산

3. (a) $\frac{2}{9}$ (b) $\frac{11}{90}$ (c) $\frac{232}{99}$ (d) $\frac{4514}{990}$

4. 1

5. $s_n = (\frac{3}{4})^n$, 시어핀스키 삼각형의 넓이 : 0

6. (a) $(\frac{4}{3})^n$ (b) ∞ (c) $\frac{8}{5}A$

7. $a_n = \frac{n^2}{2}$, 극한값 :1

8. (a) 수렴 (b) 발산 (c) 발산 (d) 수렴 (e) 수렴 (f) 발산 (g) 수렴 (h) 수렴 (i) 수렴 (j) 수렴 (k) 발산 (l) 수렴 (m) 수렴 (n) 수렴 (o) 수렴 (p) 수렴 (q) 발산 (r) 수렴 (s) 수렴

9. 이 급수는 양의 부호와 음의 부호가 모두 나오지만 교대급수는 아니다.하지만 모든 n에 대하여 $|\sin n| \le 1$이므로 다음 부등식이 성립한다.

$$\left|\frac{\sin n}{n^2}\right| \le \frac{1}{n^2}$$

따라서 급수 $\sum |\frac{\sin n}{n^2}|$은 비교판정법에 의하여 수렴한다.따라서 주어진 급수 $\sum_{n=1}^{\infty} \frac{\sin n}{n^2}$는 수렴한다.

10. (a) 절대수렴 (b) 절대수렴 (c) 조건수렴 (d) 조건수렴 (e) 발산 (f) 절대수렴 (g) 절대수렴 (h) 조건수렴 (i) 절대수렴 (j) 조건수렴

11. (a) $\sum_{n=1}^{9} (-1)^n \sin \frac{1}{n^2}$ (b) $\sum_{n=1}^{4} (-1)^n \frac{1}{n!}$ (c) $\sum_{n=1}^{4} (-1)^n \frac{1}{n2^n}$ (d) $\sum_{n=1}^{9} (-1)^n \frac{n}{2^n}$

12. (a) 수렴 (b) 발산 (c) 수렴 (d) 수렴

13. (a) $p > 1$ (b) $p > 1$

14. (a) $|\sin a_n| \le a_n$이므로 $\sum|\sin a_n|$은 수렴(비교판정법). 따라서 $\sum|\sin a_n|$도 수렴

15. (a) 거짓 (b) 거짓 (c) 참 (d) 참

연습문제 1.4

1. (a) $\frac{1}{2}$, $(-\frac{1}{2}, \frac{1}{2}]$ (e) 1, $(-2, 0)$ (i) 1, $[-1, 1]$
   (b) 2, $[-2, 2)$ (f) $\frac{1}{2}$, $(0, 1)$ (j) 1, $[-1, 1)$
   (c) 1, $[-1, 1]$ (g) 1, $[-2, 0)$ (k) ∞, $(-\infty, \infty)$
   (d) ∞, $(-\infty, \infty)$ (h) $\frac{1}{2}$, $(0, 1)$ (l) ∞, $(-\infty, \infty)$

2. (a) $\sum_{n=0}^{\infty} \frac{1}{2}\left(-\frac{x}{2}\right)^n$, 2 (c) $\sum_{n=0}^{\infty} x^{n+2}$, 1 (e) $\sum_{n=0}^{\infty} \frac{(-1)^n}{4^{n+1}} x^{2n+1}$, 2
   (b) $\sum_{n=0}^{\infty} (2x)^n$, $\frac{1}{2}$ (d) $\sum_{n=0}^{\infty} (-x)^{3n}$, 1 (f) $1 + \sum_{n=0}^{\infty} 2x^{2n}$, 1

3. (a) $\ln 2 + \frac{1}{2}\sum_{n=0}^{\infty}\left(-\frac{1}{2}\right)^n \frac{x^{n+1}}{n+1}$, 2 (d) $\frac{1}{2}\sum_{n=2}^{\infty}(-1)^n n(n-1)x^{n-2}$, 1
   (b) $2\sum_{n=1}^{\infty} \frac{x^{2n-1}}{2n-1}$, 1 (e) $2\sum_{n=1}^{\infty}(-1)^{n+1} 2nx^{2n-1}$, 1
   (c) $\sum_{n=1}^{\infty} n(-x)^{n-1}$, 1 (f) $\sum_{n=0}^{\infty} \frac{(-1)^n}{n+1} x^{2n+2}$, 1

4. (a) $\frac{3}{4}$ (b) $\ln\frac{3}{2}$ (c) $\frac{3}{32}$ (d) $-\frac{3}{32}$

6. (a) $0 < x < 4$, $\frac{x-2}{4-x}$ (c) $-2 < x < 0, -\frac{1}{x}$ (e) $-2 \le x < 0, -\ln|x|$
   (b) $-1 \le x < 1$, $-\frac{\ln(1-x)}{x}$ (d) $0 < x < 1$, $\frac{1}{2x}$ (f) $0 < x < 2$, $\frac{x-1}{(2-x)^2}$

7. (a) $e^3 - 1$ (b) $1 - e^{-2}$ (c) $\frac{1}{2}$ (d) $\frac{\sqrt{2}}{2}$ (e) $\frac{5}{4}$

8. (a) $e\sum_{n=0}^{\infty} \frac{(x-1)^n}{n!}$ (b) $\frac{1}{2}\sum_{n=0}^{\infty}\left(e + \frac{(-1)^n}{e}\right)\frac{(x-1)^n}{n!}$

연습문제 1.5

1. (a) $T_2 f(x) = x + x^2$, $T_3 f(x) = x + x^2 + x^3$
   (b) $T_2 f(x) = T_3 f(x) = 1 + \frac{1}{3}x^2$
   (d) $T_2 f(x) = \ln 2 - \frac{3}{2}x - \frac{1}{2}\left(\frac{3}{2}x\right)^2$,
   $T_3 f(x) = \ln 2 - \frac{3}{2}x - \frac{1}{2}\left(\frac{3}{2}x\right)^2 - \frac{1}{3}\left(\frac{3}{2}x\right)^3$
   (e) $T_3 f(x) = T_4 f(x) = x^3$

(f) $T_3f(x) = e - ex + \frac{ex^2}{2!} - \frac{ex^3}{3!}$, $T_4f(x) = e - ex + \frac{ex^2}{2!} - \frac{ex^3}{3!} + \frac{ex^4}{4!}$

(g) $T_3f(x) = 1 - \frac{1}{2}x + \frac{3}{8}x^2 - \frac{5}{16}x^3$

(h) $T_2f(x) = 1 + x^2$, $T_4f(x) = 1 + x^2 + \frac{1}{3}x^4$

2. (a) $T_2f(x) = 1 + (x-1) + (x-1)^2$,
$T_3f(x) = 1 + (x-1) + (x-1)^2 + (x-1)^3$

(c) $T_2f(x) = \frac{1}{\sqrt{2}} - \frac{1}{\sqrt{2}}(x - \frac{\pi}{4}) - \frac{1}{2!\sqrt{2}}(x - \frac{\pi}{4})^2$

(f) $T_3f(x) = (x-1) - \frac{1}{2}(x-1)^2 + \frac{1}{3}(x-1)^3$,
$T_4f(x) = 3(x-1) - \frac{3}{2}(x-1)^2 + (x-1)^3 - \frac{3}{4}(x-1)^4$

(g) $T_3f(x) = 1 - (x-1) + \frac{(x-1)^2}{2!} - \frac{(x-1)^3}{3!}$

3. (a) 3 (b) -5 (c) 4

4. $f^{(9)}(0) = -\frac{9!}{3!}$, $f^{(10)}(0) = f^{(11)}(0) = 0$

5. $f^{(10)}(0) = \frac{10!}{8!}$, $f^{(9)}(0) = f^{(11)}(0) = 0$

6. (a) $T_3f(x) = 2 + (x-1) + 3(x-1)^2 + (x-1)^3$

(c) $T_3f(x) = -8 + 11(x+1) - 8(x+1)^2 + 2(x+1)^3$

7. (a) $T_2f(x) = 1 + \frac{x}{2} - \frac{x^2}{8}$, 나머지항 $\leq 1/128$

(b) $T_3f(x) = 1 + x + \frac{x^2}{2} + \frac{x^3}{6}$, 나머지항 $\leq e/4! \leq 1/8$

(c) $T_3f(x) = \frac{4}{3} + \frac{5}{3}(x - \ln 3) + \frac{2}{3}(x - \ln 3)^2 + \frac{5}{18}(x - \ln 3)^3$,
나머지항 $\leq (\ln 5)^5/(4 \cdot 4!) \approx 0.00125$

8. (a) $|x| \leq (1.2)^{1/5}$ (c) $|x| \leq 1/\sqrt{10}$

9. (a) 0.94875, 오차한계 : $\frac{15(0.1)^4}{4!(0.9)^7}$, (주의: 오차한계는 각자 다를 수 있음)

(b) 1.0202

10. (a) $f(x) = \frac{mg}{(1+x)^2}$ (c) 약 0.1%

(b) $f(x) = mg\sum_{n=1}^{\infty}(-1)^{n-1}nx^{n-1}$ (d) 약 $320km$

11. $f(t)$를 t초 동안 움직인 거리라 하면 이차근사식은 $T_2f(t) = f(0) + f'(0)t + \frac{f''(0)}{2}t^2$이다. 그런데 $f'(0)$은 속도, $f''(0)$은 가속도이므로 $T_2f(1) = 25 + 1/2 = 51/2$이다. 그러나 1 분동안 움직인 거리를 근사하기에는 적당하지 않다.

12. (a) $\sum_{n=0}^{\infty}(-1)^n\frac{x^{2n}}{n!}$ (c) $\sum_{n=0}^{\infty}\frac{(-1)^n}{(2n+1)!}x^{2n}$ (e) $\sum_{n=0}^{\infty}x^{2n+1}$

13. (a) $\sum_{n=0}^{\infty}\frac{(-1)^n x^{2n+1}}{(2n+1)n!}$ (c) $\sum_{n=0}^{\infty}\frac{(-1)^n}{(2n+1)(2n+1)!}x^{2n+1}$

14. (a) 0.1 (b) 0.009 (c) 0.1 (d) $1/160 = 0.00625$

연습문제 1.6

1. (a) $f(x)\cos kx = f(x-2\pi)\cos k(x-2\pi)$이므로 $\int_{\pi}^{2\pi} f(x)\cos kx\,dx = \int_{-\pi}^{0} f(x)\cos kx\,dx$

2. $F(x) = \frac{4}{\pi}(\sin x + \frac{1}{3}\sin 3x + \frac{1}{5}\sin 5x + \cdots)$, $\frac{\pi}{4}$

4. (a) $\frac{1}{4} - \frac{1}{\pi}\cos \pi x - \frac{1}{\pi}\sin \pi x + \frac{1}{\pi}\sin 2\pi x$ (b) $\frac{1}{2}\cos x + \frac{4}{3\pi}\sin 2x + \frac{8}{15\pi}\sin 4x$
(c) $\frac{3\pi}{4} - \frac{2}{\pi}\cos x - \sin x - \frac{1}{2}\sin 2x$

8. $\frac{2}{\pi} - \frac{4}{\pi}\left(\frac{1}{1\cdot 3}\cos 2x + \frac{1}{3\cdot 5}\cos 4x + \frac{1}{5\cdot 7}\cos 6x + \cdots\right)$

10. $\frac{2}{\pi}\sum_{n=1}^{\infty} \frac{4n}{4n^2-1}\sin 2nx$

연습문제 2.1

1. 다음 표를 참고하여 계산한다.

연령＼(사고수/1년)	0	1	2	3	4번 이상	합
25세 미만	42	44	45	27	18	176
25– 34	75	104	78	51	12	320
35– 44	88	73	38	20	5	224
45– 54	38	32	20	7	3	100
55세이상	43	50	35	28	24	180
합	286	303	216	133	62	1000

(a) 0.286 (c) 0.1 (e) 0.042 (g) 0.243
(b) 0.195 (d) 0.504 (f) 0.244 (h) 0.137

3. $\mathcal{P}(E \cup F) = \mathcal{P}(E) + \mathcal{P}(F) - \mathcal{P}(EF) \le 1$

4. $F = E \cup (F - E)$이고 $E(F-E) = \varnothing$이므로
$\mathcal{P}(F) = \mathcal{P}(E) + \mathcal{P}(F-E)$이고 $\mathcal{P}(F) - \mathcal{P}(E) = \mathcal{P}(F-E) \ge 0$

5. (a) 1/6 (b) 5/12 (c) 7/12

8. (a) 0.9 (b) 1 (c) 0.1

9. (a) EF^cG^c (d) $\left[(EF)\cup(FG)\cup(GE)\right]^c$
(b) $E \cup F \cup G$ (e) $(EFG)^c$
(c) $(EF)\cup(FG)\cup(GE)$ (f) $\left[(EF)\cup(FG)\cup(GE)\right] - EFG$

10. (a) $\frac{15}{16}$ (b) $\frac{9}{16}$ (c) $\frac{45}{64}$ (d) $\frac{57}{64}$

11. (a) 거짓 (b) 참 (c) 참 (d) 거짓 (e) 거짓

14. (a) 아니다. (b) 독립사건이다.

15. $a = 0.4,\ b = 0.6,\ c = 0.24,\ d = 0.12$

연습문제 2.2

1. (a) 0.25 (b) 0.33 (c) $\frac{12}{45} \approx 0.27$ (d) $\frac{60}{80} = 0.75$

2. (a) 1/7 (b) 1/4

3. (a) 1/21 (b) 4/51 (c) 독립이 아니다.

4. (a) 1/3 (b) 1/3 (c) 1/4 (d) 1/12 (e) 0 (f) 5/8

5. (a) $36/37 \approx 0.973$ (b) $1/37 \approx 0.027$

6. (a) 1/3, 1/4, 2/3 (b) $17/3 \approx 6.33$ (c) 4 (d) $97/12 \approx 8.08$

7. 0.95, 0.99

8. 민감도와 특이도는 각각 $\mathcal{P}(T^+|D^+) = \frac{21}{30} = 0.7,\quad \mathcal{P}(T^-|D^-) = \frac{1931}{1970} \approx 0.98$이다. 또한 $\mathcal{P}(D^+|T^+) = \frac{21}{60},\quad \mathcal{P}(D^+|T^-) = \frac{9}{1940}$이므로 위험계수는

$$RR = \frac{\mathcal{P}(D^+|T^+)}{\mathcal{P}(D^+|T^-)} = \frac{21/60}{9/1940} \approx 75.4$$

이다. 다시 말해서, X-선 결과가 양성으로 나온 사람은 그렇지 않은 사람보다 결핵에 걸렸을 가능성이 약 75배 높다.

9. (a) 13.2% (b) 30.3%

10. (a) 2% (b) $\frac{1}{3}$ (c) 0.064

11. (a) 0.5 (b) 0.9 (c) 0.7, $\frac{27}{28}$ (d) 0.18, 0.5

12. (b) 16/25 (c) 15/16

13. 3/7

14. $\frac{5p}{1+4p}$

15. (a) $\frac{p_1}{p_1+2}$ (b) $\frac{1}{p_1+2}$

16. 1/3

17. $k/(2m+k)$

18. (a) 0.08 (b) 0.14

연습문제 2.3–2.4

3. (a) 6, 4 (b) 9, 40

4. (a) $p_4 = 97/625, p_5 = 168/625, p_6 = 936/3125, p_7 = 864/3125$
   (b) $17804/3125 \approx 5.7$
   (c) $11097/15625 \approx 0.71$

6. (a) $\mathcal{P}(X = k) = (\frac{k}{10})^2 - (\frac{(k-1)}{10})^2, E(X) = 7.15$ (b) $E(Y) = 3.85$

7. (a) $\mathcal{P}(X > k) = (\frac{6-k}{6})^4$ (b) $\frac{1}{6^4}(1^4 + 2^4 + 3^4 + 4^4 + 5^4 + 6^4) \approx .755$ (c) 12.245

9. (a) $\mathcal{P}(|X - \mu| \geq a) = \mathcal{P}(|X - \mu|^2 \geq a^2)$이므로 마르코프 부등식에 의하면

$$\mathcal{P}(|X - \mu| \geq a) \leq \frac{E(|X - \mu|^2)}{a^2} = \frac{\sigma^2}{a^2}$$

10. (a) 1/2 (b) $g(t) = t(2-t)^{-2}$ (c) $E(X) = 3$, $\text{Var}(X) = 4$

11. (a) $1/\ln 2$ (b) $g(t) = -\ln(1 - \frac{t}{2})/\ln 2$
    (c) $E(X) = 1/\ln 2$, $\text{Var}(X) = (2\ln 2 - 1)/(\ln 2)^2$

12. (a) $p_0 = 3 - e, p_1 = 0, p_2 = 1/2, p_3 = 1/6$
    (b) $E(X) = e - 1$, $\text{Var}(X) = 4e - e^2 - 2$

13. (a) $p_0 = 1/4, p_1 = 1/4, p_2 = 3/16, p_3 = 1/8$
    (b) $E(X) = 2$, $\text{Var}(X) = 4$

15. (a) $c = e/(e^2 + 1)$
    (b) $E(X) = (e^2 - 1)/(e^2 + 1)$, $\text{Var}(X) = 1 + 2(e^2 - 1)/(e^2 + 1)^2$

16. (a) $tf(t)$ (b) $f(t^2)$

17. (a) $g(t) = 2t^3/(3-t)$ (b) 7/2 (c) 3/4

18. (a) 4 (b) 1

19. (a) 2 (b) 4년 (c) 4/9

20. $a = 1/8,\ b = 3/128$

22. (b) $g(x) = nF^{n-1}(x)f(x)$

23. (b) $h(x) = n(1 - F(x))^{n-1}f(x)$

연습문제 2.5

2. 1

3. (a) 성공확률 $\frac{5-k}{5}$인 기하분포 (b) $5(1/5 + 1/4 + 1/3 + 1/2 + 1) \approx 11.42$

4. (a) $1 - (0.95)^{10} \approx 0.4$ (b) $1 - (0.6)^5 \approx 0.92$

5. $n = 3$: $\mathcal{P}(D = -3) = \mathcal{P}(D = 3) = \frac{1}{8}$, $\mathcal{P}(D = -1) = \mathcal{P}(D = 1) = \frac{3}{8}$
   $n = 4$: $\mathcal{P}(D = -4) = \mathcal{P}(D = 4) = \frac{1}{16}$, $\mathcal{P}(D = -2) = \mathcal{P}(D = 2) = \frac{1}{4}, \mathcal{P}(D = 0) = \frac{3}{8}$

6. (a) 27/32 (b) $(27/32)^n$

7. (a) $p \leq 0.5$ (b) 5

8. $k \leq np - (1 - p)$

10. (a) 1/3 (b) 10/9

    (c) S를 아이의 수, Y를 남자아이의 수라고 하면

$$\mathcal{P}(Y = 1) = \sum_{n=1}^{\infty} \mathcal{P}(Y = 1|S = n)\mathcal{P}(S = n) = \sum_{n=1}^{\infty} n(\frac{1}{5})^n = \frac{5}{16}$$

11. $\frac{e^{-\lambda}}{1-\lambda}$

12. (b) $\lambda^3 + 3\lambda^2 + \lambda$

13. (a) i. $1 - (0.999)^{100} \approx 0.0952$
       ii. $1 - (1 - 0.001)^{100} \approx 1 - (1 - 0.1) = 0.1$
       iii. $1 - e^{-0.1} \approx 0.0952$

    (b) i. $100 \cdot 0.001 \cdot (0.999)^{99} \approx 0.0906$
       ii. $100 \cdot 0.001 \cdot (1 - 0.001)^{99} \approx 0.1 \cdot (1 - 0.099) = 0.0901$
       iii. $0.1 \cdot e^{-0.1} \approx 0.0905$

15. $61e^{-6} \approx 0.1512$

16. (a) $e^{-1}/2 \approx 0.1839$ (b) $e^{-1} \approx 0.3679$ (c) $1-2e^{-1} \approx 0.2642$

20. (a) $\frac{2}{3}$ (b) 4배 (c) 2^{n-1} 배

연습문제 2.6

1. $E(X) = \int_a^b \frac{x}{b-a}dx = \frac{1}{b-a} \cdot \frac{x^2}{2}\Big|_a^b = \frac{a+b}{2}$

2. 1/3, 1/3

3. (a) $F(x) = \begin{cases} 0, & x \le -1 \\ (x+1)/2, & -1 \le x \le 1 \\ 1, & x > 1 \end{cases}$ (b) $G(y) = \begin{cases} 0, & y \le 0 \\ y, & 0 \le y \le 1 \\ 1, & y > 1 \end{cases}$

   (c) $g(y) = G'(y) = \begin{cases} 1, & 0 \le y \le 1 \\ 0, & \text{기타} \end{cases}$

4. (a) $G(y) = F(\ln y)$ (b) $g(y) = \frac{f(\ln y)}{y}$

5. $F(x) = \begin{cases} 0, & x \le 0 \\ 1-e^{-x}, & x > 0 \end{cases}$

   (b) $G(y) = F(e^y) = 1 - e^{-e^y}$ (c) $g(y) = e^y f(e^y) = e^y e^{-e^y}$

6. $p = 1 - e^{-\lambda}$

7. (a) $f(x) = nx^{n-1}$, $f(x) = n(1-x)^{n-1}$

   (b) $E(L) = n/(n+1)$, $E(S) = 1/(n+1)$

8. 모수가 $n\lambda$인 지수분포

9. (a) $e^{-4} \approx 0.018$ (b) $(1-e^{-2})^2 \approx 0.748$

10. (a) $\sqrt{\pi}/2$ (b) $\sqrt{\pi}/4$

11. (a) $e^{-1} \approx 0.3679, e^{-1} - e^{-4} \approx 0.3496$ (b) $\sqrt{\pi}/2, 1 - \pi/4$

12. $2\Phi(\sqrt{2}x)$

13. (a) $a = 4\sqrt{\frac{b^3}{\pi}}$ (b) $-xe^{-x^2/2} + \sqrt{\frac{\pi}{2}}\text{erf}(\frac{x}{\sqrt{2}})$

14. 4.75%

15. (a) 모수가 $(100, 0.0228)$인 이항분포 (b) 2.28개 (c) 0.3355, 푸아송 근사

16. (a) 모수가 $(100, 0.1587)$인 이항분포 (b) 15.87개 (c) 0.0708, 푸아송 근사

17. (a) 평균이 5040g, 분산이 3600g^{2}인 정규분포

(b) 약 0.0668 (c) 10.02상자 (d) 0.209 (e) 15개

18. (a) $\frac{pe^t}{1-(1-p)e^t}$ (b) $(pe^t + (1-p))^n$ (c) $\exp(\lambda(e^t - 1))$

19. (a) 0.0002 (b) 0.1353 (c) 15

20. (a) $\frac{a+b}{2}$ (b) 0 (c) $\frac{\ln 2}{\lambda}$

21. (a) $\frac{\lambda}{\lambda - t}$

23. (a) $p^{1/2}$ (b) 36%

24. (a) $p^{1/3}$ (b) ‘ 48.8%

연습문제 3.1

1. (a) $(4, 2, 0)$ (b) $(0, 0, -1)$ (c) $(-4, -4, 1)$ (d) $(-4, 2, -1)$ (e) $(4, -2, 1)$ (f) $(-2, 0, 4)$

2. (a) 4 (b) 3 (c) 7 (d) $\sqrt{65}$ (e) 5 (f) $\sqrt{58}$

3. $(0, 0, 5)$

4. (a) $\left(\frac{13}{9}, 0, \frac{5}{3}\right)$ (b) $(-4, 3, 6)$

5. $\overrightarrow{AD}$와 $\overrightarrow{BC}$, $\overrightarrow{AE}$와 $\overrightarrow{EC}$, $\overrightarrow{AB}$와 $\overrightarrow{DC}$, $\overrightarrow{BE}$와 $\overrightarrow{ED}$

6. (a) $\overrightarrow{PS}$ (b) $\overrightarrow{RS}$ (c) $\overrightarrow{PS}$ (d) $\overrightarrow{RP}$

7. (a) $\mathbf{b} - \mathbf{a}$ (b) $\frac{1}{2}(\mathbf{a} + \mathbf{b})$ (c) $\frac{1}{3}(\mathbf{a} + \mathbf{b})$ (d) $\frac{1}{3}(2\mathbf{a} - \mathbf{b})$ (e) $\frac{1}{3}(2\mathbf{b} - \mathbf{a})$ (f) $\frac{1}{2}(\mathbf{a} - \mathbf{b})$

8. (a) $\mathbf{b} - \mathbf{a}$ (b) $-\mathbf{a}$ (c) $-2\mathbf{a}$ (d) $2\mathbf{a} - 2\mathbf{b}$ (e) $\mathbf{b} - 2\mathbf{a}$ (f) $\mathbf{0}$

10. (a) $\overrightarrow{PQ} = (1, -4)$, $\|\overrightarrow{PQ}\| = \sqrt{17}$, $\overrightarrow{QP} = (-1, 4)$, $\|\overrightarrow{QP}\| = \sqrt{17}$.
(b) $\overrightarrow{PQ} = (-3, 2, -1)$, $\|\overrightarrow{PQ}\| = \sqrt{14}$, $\overrightarrow{QP} = (3, -2, 1)$, $\|\overrightarrow{QP}\| = \sqrt{14}$.

11. (a) $(-6, 4), 2\sqrt{13}$ (b) $(-1, 1), \sqrt{2}$ (c) $(-3, 2), \sqrt{13}$ (d) $(-3, 2), \sqrt{13}$

12. (a) $\frac{1}{5}(-3,4)$ (b) $\frac{1}{\sqrt{29}}(-3,2,4)$ (c) $\frac{1}{3}(-2,1,-2)$

13. (a) $\frac{1}{\sqrt{2}}(1,1)$ (b) $\frac{1}{\sqrt{5}}(1,2)$ (c) $\frac{1}{2}(1,\sqrt{3})$ (d) $\frac{1}{2}(-1,\sqrt{3})$

14. (a) $\mathbf{a}+\mathbf{b}=(2,-13), 2\mathbf{a}-3\mathbf{b}=(19,-21), \|\mathbf{a}\|=13, \|\mathbf{a}-\mathbf{b}\|=\sqrt{185}$,
(b) $\mathbf{a}+\mathbf{b}=(7,2,1), 2\mathbf{a}-3\mathbf{b}=(4,-11,7), \|\mathbf{a}\|=\sqrt{30}, \|\mathbf{a}-\mathbf{b}\|=\sqrt{34}$,
(c) $\mathbf{a}+\mathbf{b}=(0,6), 2\mathbf{a}-3\mathbf{b}=(5,2), \|\mathbf{a}\|=\sqrt{17}, \|\mathbf{a}-\mathbf{b}\|=2\sqrt{2}$,
(d) $\mathbf{a}+\mathbf{b}=(2,-4,0), 2\mathbf{a}-3\mathbf{b}=(-1,2,15), \|\mathbf{a}\|=\sqrt{14}, \|\mathbf{a}-\mathbf{b}\|=6$

15. (a) $\mathbf{v}=(2,-3,5), \frac{x-1}{2}=\frac{y}{-3}=\frac{z+2}{5}$ (c) $\mathbf{v}=(2,3,-1), \frac{x}{2}=\frac{y}{3}=\frac{z}{-1}$
(b) $\mathbf{v}=(5,2,3), \frac{x-3}{5}=\frac{y-1}{2}=\frac{z-7}{3}$ (d) $\mathbf{v}=(1,1,-1), \frac{x-12}{1}=\frac{y-3}{1}=\frac{z-6}{-1}$

연습문제 3.2

1. $\mathbf{a}=\mathbf{0}$ 또는 $\mathbf{b}=\mathbf{0}$이면 당연하므로 $\mathbf{a}\neq\mathbf{0}, \mathbf{b}\neq\mathbf{0}$라 하자. 삼각형 OAB에 대하여 코사인의 제2 법칙을 적용하면

$$|AB|^2=|OA|^2+|OB|^2-2|OA||OB|\cos\theta \tag{4.13}$$

이 성립한다. $\overrightarrow{OA}=\mathbf{a}, \overrightarrow{OB}=\mathbf{b}$라 하면 $\overrightarrow{AB}=\overrightarrow{OB}-\overrightarrow{OA}=\mathbf{b}-\mathbf{a}$이므로 $|AB|=\|\overrightarrow{AB}\|=\|\mathbf{b}-\mathbf{a}\|$이고 식 (4.13)은

$$\|\mathbf{b}-\mathbf{a}\|^2=\|\mathbf{a}\|^2+\|\mathbf{b}\|^2-2\|\mathbf{a}\|\|\mathbf{b}\|\cos\theta \tag{4.14}$$

이다. $\mathbf{b}\cdot\mathbf{a}=\mathbf{a}\cdot\mathbf{b}$이므로 $\|\mathbf{b}-\mathbf{a}\|^2=\|\mathbf{b}\|^2-2\mathbf{a}\cdot\mathbf{b}+\|\mathbf{a}\|^2$이고 식 (4.14)는

$$\|\mathbf{b}\|^2-2\mathbf{a}\cdot\mathbf{b}+\|\mathbf{a}\|^2=\|\mathbf{a}\|^2+\|\mathbf{b}\|^2-2\|\mathbf{a}\|\|\mathbf{b}\|\cos\theta$$

이다. 이를 정리하면 $\mathbf{a}\cdot\mathbf{b}=\|\mathbf{a}\|\|\mathbf{b}\|\cos\theta$을 얻는다. 이 식에서 $\mathbf{a}\neq\mathbf{0}, \mathbf{b}\neq\mathbf{0}$이면 $\cos\theta=\frac{\mathbf{a}\cdot\mathbf{b}}{\|\mathbf{a}\|\|\mathbf{b}\|}$임을 알 수 있다.

2. (a) $27, \frac{27}{13\sqrt{10}}$ (b) $5, \frac{5}{2\sqrt{105}}$ (c) $7, \frac{7}{\sqrt{85}}$ (d) $-4, -\frac{2}{7}$

3. (a) -3 (b) $\frac{3\sqrt{2}}{2}$

4. (a) $\frac{1}{2}$ (b) $-\frac{1}{2}$ (c) $\frac{3}{4}$ (d) $\frac{1}{2}$ (e) $\frac{1}{2}$ (f) $-\frac{1}{6}$

5. Hint. $\overrightarrow{BA}\cdot\overrightarrow{BC}=0$임을 보인다.

6. (a) $\pm\frac{1}{\sqrt{3}}(1,1,-1)$ (b) $\pm\frac{1}{\sqrt{6}}(-1,2,-1)$

7. (a) 1 (b) -1 (c) $-2\pm\sqrt{3}$ (d) 0

8. (a) $\frac{1}{5}$ (b) -2 or 3

12. t의 2차식 $f(t) = \|t\mathbf{a} + \mathbf{b}\|^2 = t^2\|\mathbf{a}\|^2 + 2(\mathbf{a}\cdot\mathbf{b})t + \|\mathbf{b}\|^2 \geq 0$ 에 대하여 $f(t) \geq 0$ 이므로 판별식 $D = (2\mathbf{a}\cdot\mathbf{b})^2 - 4\|\mathbf{a}\|^2\|\mathbf{b}\|^2 \leq 0$ 이다. 즉 $(\mathbf{a}\cdot\mathbf{b})^2 \leq \|\mathbf{a}\|^2\|\mathbf{b}\|^2$ 이므로 원하는 결과를 얻는다.

14. (a) $\sqrt{14}$ (b) $\frac{7}{2}$

15. $\frac{1}{n}$

16. $k = \frac{\mathbf{a}\cdot\mathbf{b}}{\|\mathbf{a}\|^2}$

17. (a) $x - 3y + 7z = 28$ (b) $3x - 5y + 7z + 5 = 0$ (c) $11x - 17y + 19z = 0$

18. (a) $x = 1 + t, y = 1 + s + t, z = -s, \quad x - y - z = 0$
    (b) $x = 3 - s - 3t, y = -2 + s + 5t, z = 2t, \quad x + y - z = 1$

19. (a) $(-5, 18, 17)$ (b) $(0, 2, 0)$

20. (a) 둘 다 아니다. (b) 둘 다 아니다. (c) 평행하다. (d) 수직이다.

연습문제 3.3

1. (a) $A = \begin{pmatrix} 1 & 2 & 3 & 4 \\ 0 & 4 & 6 & 8 \\ 0 & 0 & 9 & 12 \\ 0 & 0 & 0 & 16 \end{pmatrix}$ (b) $A = \begin{pmatrix} 0 & 0 & 0 & 0 \\ 3 & 0 & 0 & 0 \\ 4 & 5 & 0 & 0 \\ 5 & 6 & 7 & 0 \end{pmatrix}$

2. (a) $\begin{pmatrix} 3 & 1 \\ 2 & 0 \\ 1 & -1 \end{pmatrix}$ (b) $\begin{pmatrix} 5 & 3 & 3 \\ 1 & -1 & 2 \end{pmatrix}$ (c) $\begin{pmatrix} -1 & 0 & -3 \\ 1 & 2 & -7 \end{pmatrix}$ (d) $\begin{pmatrix} -1 & -10 & -1 \\ -9 & -1 & -5 \\ 1 & -1 & 0 \end{pmatrix}$
   (e) 연산 불가능 (f) $\begin{pmatrix} 4 & 3 & 2 \\ -1 & -1 & -1 \end{pmatrix}$ (g) $\begin{pmatrix} 2 & -2 & 3 \\ -2 & 2 & 0 \\ 3 & 0 & 0 \end{pmatrix}$ (h) $\begin{pmatrix} 2 & -2 & 3 \\ -2 & 2 & 0 \\ 3 & 0 & 0 \end{pmatrix}$

3. (a) $X = B - A = \begin{pmatrix} -1 & -1 & 1 \\ -1 & -1 & 4 \end{pmatrix}$ (b) $X = \frac{1}{2}(C + D) = \begin{pmatrix} 1 & 0 & 1 \\ \frac{3}{2} & 1 & 0 \\ \frac{3}{2} & 1 & 0 \end{pmatrix}$
   (c) $X = \frac{1}{2}(F - 2E) = \begin{pmatrix} -\frac{1}{2} & \frac{5}{2} \\ -\frac{1}{2} & \frac{3}{2} \\ -\frac{3}{2} & \frac{1}{2} \end{pmatrix}$

4. $3\begin{pmatrix} 1 \\ 0 \\ 2 \end{pmatrix} - \begin{pmatrix} -2 \\ 1 \\ 1 \end{pmatrix} + 2\begin{pmatrix} 1 \\ -1 \\ 0 \end{pmatrix}$

5. (a) $\begin{pmatrix} 10 \\ -2 \end{pmatrix}$ (b) $\begin{pmatrix} 10 \\ 7 \end{pmatrix}$ (c) $\begin{pmatrix} 0 \\ -1 \\ 4 \end{pmatrix}$ (d) $\begin{pmatrix} 5 \\ 3 \\ 1 \end{pmatrix}$ (e) $\begin{pmatrix} 1 \\ 2 \\ 3 \end{pmatrix}$

6. (a) $\begin{pmatrix} 2 & -3 & 1 \\ 1 & 2 & -2 \end{pmatrix}\begin{pmatrix} x \\ y \\ z \end{pmatrix} = \begin{pmatrix} 2 \\ 5 \end{pmatrix}$

(b) $\begin{pmatrix} 1 & 3 & -5 \\ 1 & -1 & 0 \\ 2 & -1 & 1 \end{pmatrix}\begin{pmatrix} x \\ y \\ z \end{pmatrix} = \begin{pmatrix} 12 \\ 0 \\ 0 \end{pmatrix}$

(c) $\begin{pmatrix} -1 & 2 & 4 \\ 1 & -1 & 1 \\ 0 & 1 & 1 \\ 3 & 2 & 0 \end{pmatrix}\begin{pmatrix} x \\ y \\ z \end{pmatrix} = \begin{pmatrix} 8 \\ 2 \\ 2 \\ 0 \end{pmatrix}$

7. (a) $\begin{cases} 3x + 2y + z = 2 \\ x - z = 0 \end{cases}$

(b) $\begin{cases} x + 2y + 3z = -2 \\ 3x + y + 2z = 1 \\ 2x + 3y + z = 1 \end{cases}$

(c) $\begin{cases} x + 2y = 0 \\ 2x - y = 1 \\ 3y = 3 \end{cases}$

8. (a) $\begin{pmatrix} 1 & 1 & -2 \\ -2 & 2 & 1 \end{pmatrix}\begin{pmatrix} 3 \\ -2 \\ 3 \end{pmatrix}$ (b) $\begin{pmatrix} 3 & 1 & 0 \\ -2 & -1 & 1 \\ 2 & 4 & 2 \end{pmatrix}\begin{pmatrix} 2 \\ -1 \\ -3 \end{pmatrix}$

(c) $\begin{pmatrix} 2 & 1 & -1 \\ -2 & 1 & 2 \end{pmatrix}\begin{pmatrix} 1 \\ -1 \\ 2 \end{pmatrix}$ (d) $\begin{pmatrix} 3 & 1 & 0 \\ -2 & -1 & 1 \\ -1 & 4 & 2 \\ 1 & -2 & 3 \end{pmatrix}\begin{pmatrix} 2 \\ 3 \\ -1 \end{pmatrix}$

9. (a) $\begin{pmatrix} 2 & 1 & 0 \\ 1 & 1 & 1 \\ 3 & 0 & 2 \end{pmatrix}$ (b) $\begin{pmatrix} 3 \\ 1 \\ 1 \end{pmatrix}$

10. (a) $M = \begin{pmatrix} 1/3 & 1/3 & 1/3 \\ 1 & -1 & 0 \\ -1/2 & -1/2 & 1 \end{pmatrix}$ (b) $A = \begin{pmatrix} 1 & 0 & 0 \\ 0 & 1 & 0 \\ 0 & 0 & 0 \end{pmatrix}$

(c) $MA = \begin{pmatrix} 1/3 & 1/3 & 0 \\ 1 & -1 & 0 \\ -1/2 & -1/2 & 0 \end{pmatrix}$

연습문제 3.4

1. $A(\mathbf{x}_1+\mathbf{x}_0)=A\mathbf{x}_1+A\mathbf{x}_0=\mathbf{b}+\mathbf{0}=\mathbf{b}$

2. (c), (e), (g)

3. $\begin{pmatrix}1&0\\0&1\end{pmatrix},\ \begin{pmatrix}1&a\\0&0\end{pmatrix},\ \begin{pmatrix}0&1\\0&0\end{pmatrix}$

4. $\begin{pmatrix}1&0\\0&1\\0&0\end{pmatrix},\ \begin{pmatrix}1&a\\0&0\\0&0\end{pmatrix},\ \begin{pmatrix}0&1\\0&0\\0&0\end{pmatrix}$

5. $\begin{pmatrix}1&0&a\\0&1&b\end{pmatrix},\ \begin{pmatrix}1&a&0\\0&0&1\end{pmatrix},\ \begin{pmatrix}0&1&0\\0&0&1\end{pmatrix}$
$\begin{pmatrix}1&a&b\\0&0&0\end{pmatrix},\ \begin{pmatrix}0&1&a\\0&0&0\end{pmatrix},\ \begin{pmatrix}0&0&1\\0&0&0\end{pmatrix}$

6. $E_1A=\begin{pmatrix}a_2&b_2&c_2\\a_1&b_1&c_1\\a_3&b_3&c_3\end{pmatrix}\qquad E_2A=\begin{pmatrix}a_1&b_1&c_1\\a_2&b_2&c_2\\a_3-2a_1&b_3-2b_1&c_3-2c_1\end{pmatrix}$
$E_3A=\begin{pmatrix}a_1&b_1&c_1\\3a_2&3b_2&3c_2\\a_3&b_3&c_3\end{pmatrix}$

7. (a) $\mathbf{r}_1-\mathbf{r}_2\to\mathbf{r}_1$ (b) $\mathbf{r}_3+4\mathbf{r}_4\to\mathbf{r}_3$ (c) 기본행렬이 아니다. (d) $\mathbf{r}_2\leftrightarrow\mathbf{r}_4$

8. (a) $A=\begin{pmatrix}2&0&0&1\\3&2&3&0\\2&3&-4&0\\1&0&0&3\end{pmatrix},\ \mathbf{b}=\begin{pmatrix}7\\-2\\3\\5\end{pmatrix}$ (b) $A=\left(\begin{array}{cccc|c}2&0&0&1&7\\3&2&3&0&-2\\2&3&-4&0&3\\1&0&0&3&5\end{array}\right)$

9. (a) 자유변수 z, 일반해 $\begin{pmatrix}-2\\2\\1\\0\end{pmatrix}z+\begin{pmatrix}3\\1\\0\\3\end{pmatrix}$
(b) 자유변수 y, z, 일반해 $\begin{pmatrix}2\\1\\0\\0\end{pmatrix}y+\begin{pmatrix}-2\\0\\1\\0\end{pmatrix}z+\begin{pmatrix}3\\0\\0\\1\end{pmatrix}$

10. (a) $\begin{pmatrix}-1\\4\\-3\end{pmatrix}$ (b) $\begin{pmatrix}2\\5\\1\end{pmatrix}$ (c) $t\begin{pmatrix}1\\1\\-1\end{pmatrix}$ (d) 불능(해가 없음)

11. (a) $x=4, y=5$ (b) $x=4, y=2$ (c) 불능 (d) $x=5, y=1$
(e) 불능 (f) $x=-1+2y, z=2$ (g) $x=1, y=-2, z=-3$
(h) $x=-4, y=2, z=10$ (i) $x=1, y=-2, z=-3$

12. 유일한 해 (c), (d), (e)

13. (a) $\alpha=0, \beta=\frac{\pi}{2}, \gamma=0$ (b) $\alpha=\frac{\pi}{2}, \beta=\frac{2\pi}{3}, \gamma=\frac{\pi}{4}$

14. 음식 1 : 352, 음식 2 : 68, 음식 3 : 28

15. 박테리아 1 : 125, 박테리아 2 : 25, 박테리아 3 : 225

16. $4NH_3+3O_2 \longrightarrow 2N_2+6H_2O$

17. $2C_4H_{10}+13O_2 \longrightarrow 8CO_2+10H_2O$

18. (a) $3HCl+Na_3PO_4 \longrightarrow H_3PO_4+3NaCl$
(b) $CH_4+2O_2 \longrightarrow CO_2+2H_2O$

19. (a) $y=x^2-2x+4$ (b) $y=\frac{1}{2}x^2-\frac{3}{2}x+3$

20. (a) $y=x^3-2x^2+x+3$ (b) $y=2x^3-3x^2+5$

21. $T1=T2=30, T3=T4=60$

연습문제 3.5

1. (a) $C^t=\begin{pmatrix} 3 & 1 \\ 2 & 0 \\ 1 & -1 \end{pmatrix}, D^t=\begin{pmatrix} 2 & 0 & 1 \\ 1 & -1 & 0 \end{pmatrix}$ (b) $CD=\begin{pmatrix} 7 & 1 \\ 1 & 1 \end{pmatrix}$
(c) $DC=\begin{pmatrix} 7 & 4 & 1 \\ -1 & 0 & 1 \\ 3 & 2 & 1 \end{pmatrix}$ (d),(e) $(CC^t)^t=CC^t=\begin{pmatrix} 14 & 2 \\ 2 & 2 \end{pmatrix}$ (f) $D^tD=\begin{pmatrix} 5 & 2 \\ 2 & 2 \end{pmatrix}$
(g) $DD^t=\begin{pmatrix} 5 & -1 & 2 \\ -1 & 1 & 0 \\ 2 & 0 & 1 \end{pmatrix}$ (h) $CE=\begin{pmatrix} 5 & -3 & 1 \\ -1 & -3 & 1 \end{pmatrix}$ (i) $ED=\begin{pmatrix} 3 & 3 \\ -1 & -1 \\ 4 & 1 \end{pmatrix}$

2. (a)

	아황산가스	산화질소	분진
'가'	120000	95000	110000
'나'	180000	142500	165000

(b)

	P_1	P_2
'가'	3500	7900
'나'	3800	7400

(c) $B^tA,\ CA^t$

3. (a) $AB=\begin{pmatrix} 9000 & 900 & 7500 \\ 8750 & 875 & 7500 \end{pmatrix}$
$(AB)_{22}=$하루동안 남성에 의하여 소비되는 지방의 양
(b) $(AB)_{13}=7500$

4. (a) $A^{-1} = \begin{pmatrix} \cos\alpha & \sin\alpha \\ -\sin\alpha & \cos\alpha \end{pmatrix}$, $AB = \begin{pmatrix} \cos(\alpha+\beta) & -\sin(\alpha+\beta) \\ \sin(\alpha+\beta) & \cos(\alpha+\beta) \end{pmatrix}$

5. (a) $(AA^t)^t = (A^t)^t A^t = AA^t$
   (b) $i = 1, \ldots, n$에 대하여 $(A^tA)_{ii} = \sum_{j=1}^n (a_{ji})^2 = 0$이므로 $j = 1, \ldots, n$에 대하여 $a_{ji} = 0$이다. 따라서 $A = (a_{ij}) = O$이다.

6. Hint. $\sum_{i=1}^n (A\mathbf{x})_i y_i$와 $\sum_{i=1}^n x_i (A^t\mathbf{y})_i$가 같음을 보인다.

7. 행렬곱의 정의에 따라 계산한다

8. 행렬곱의 정의에 따라 계산한다

9. (a) $B\mathbf{x} = x_1\mathbf{c}_1(B) + \cdots + x_k\mathbf{c}_k(B)$이므로

$$\begin{aligned} A(B\mathbf{x}) &= A(x_1\mathbf{c}_1(B) + \cdots + x_k\mathbf{c}_k(B)) = x_1A\mathbf{c}_1(B) + \cdots + x_kA\mathbf{c}_k(B) \\ &= \begin{pmatrix} A\mathbf{c}_1(B) & \cdots & A\mathbf{c}_k(B) \end{pmatrix}\mathbf{x} = (AB)\mathbf{x} \end{aligned}$$

   (b) (a)의 결과를 C의 각 열벡터에 적용하면

$$\begin{aligned} (AB)C &= \begin{pmatrix} (AB)\mathbf{c}_1(C) & \cdots & (AB)\mathbf{c}_l(C) \end{pmatrix} = \begin{pmatrix} A(B\mathbf{c}_1(C)) & \cdots & A(B\mathbf{c}_l(C)) \end{pmatrix} \\ &= A\begin{pmatrix} B\mathbf{c}_1(C) & \cdots & B\mathbf{c}_l(C) \end{pmatrix} = A(BC) \end{aligned}$$

10. (a) 고지혈증과 심장병

11. (a) $E_1^{-1} = E_1$
   (b) $E_2^{-1} = E_2$
   (c) $E_3^{-1} = \begin{pmatrix} 1 & 0 & 0 \\ 0 & 1 & -1 \\ 0 & 0 & 1 \end{pmatrix}$
   (d) $E_4^{-1} = \begin{pmatrix} 1 & 0 & 0 \\ 0 & 1 & 0 \\ -2 & 0 & 1 \end{pmatrix}$
   (e) $E_5^{-1} = E_5$
   (f) $E_6^{-1} = \begin{pmatrix} 2 & 0 & 0 \\ 0 & 1 & 0 \\ 0 & 0 & 1 \end{pmatrix}$

12. (a) $\begin{pmatrix} -2 & \frac{3}{2} \\ 1 & -\frac{1}{2} \end{pmatrix}$ (b) $\begin{pmatrix} 0 & 1 & -1 \\ 2 & -2 & -1 \\ -1 & 1 & 1 \end{pmatrix}$ (c) $\begin{pmatrix} 1 & 0 & 0 \\ -a & 1 & 0 \\ a^2 & -a & 1 \end{pmatrix}$
   (d) $\begin{pmatrix} 1/a & 0 & 0 \\ -1/a^2 & 1/a & 0 \\ 1/a^3 & -1/a^2 & 1/a \end{pmatrix}$ (e) 가역이 아님

13. (a) $(I-A)^2 = I - 2A + A^2 = I - 2A + A = I - A$
   (b) $(2I - A)^{-1} = \frac{1}{2}(I + A)$
   (c) $(3I - A)^{-1} = \frac{1}{3}I + \frac{1}{6}A$

(d) $A^2 = A$이고 A가 가역이면 양변에 A^{-1}을 곱하면 $A^{-1}A^2 = A^{-1}AA$ 즉 $A = I_n$ 이다.

14. (a) $I = 2A - A^2 = A(2I - A) = (2I - A)A$이므로 A는 가역이고 $A^{-1} = 2I - A$이다.

15. $(I-A)(A^3+A^2+A+I) = I-A^4 = I$이므로 $I-A$는 가역이고 $(I-A)^{-1} = A^3+A^2+A+I$ 이다.

16. 양변에 A^{-1}을 곱하면 원하는 결과를 얻는다.

17. $\frac{1}{5}\begin{pmatrix} -1 & 2 & -1 \\ -6 & 2 & 9 \\ -2 & 9 & 18 \end{pmatrix}$

18. 대우명제 AB가 가역이면 A, B모두 가역이다를 보인다. $B\mathbf{x} = \mathbf{0}$이면 $AB\mathbf{x} = A\mathbf{0} = \mathbf{0}$이고 AB는 가역이므로 $\mathbf{x} = \mathbf{0}$이다. 따라서 B는 가역이다. B가 가역이므로 B^{-1}도 가역이고 $(AB)B^{-1} = A$도 가역이다.

19. $(A^{-1})^t = (A^t)^{-1} = A^{-1}$이므로 A^{-1}는 대칭이다.

20. $X = C^{-1}B^{-1} - A$

21. $A^{-1} = A$이므로 $A^2 = I$이다. 따라서 $A^2 - I = O$이고 $A^2 - I = (A - I)(A + I)$이므로 $A - I$ 또는 $A + I$는 가역이 아니다.

22. $D^{-1} = D(1/d_1, 1/d_2, \ldots, 1/d_n)$

연습문제 3.6

1. (a), (c), (d) 부분공간이다. (b) 부분공간이 아니다.

2. (a) $\mathbf{v}_1 = \begin{pmatrix} 1 \\ 0 \end{pmatrix}, \mathbf{v}_2 = \begin{pmatrix} 0 \\ 1 \end{pmatrix} \in S_1$이지만 $\mathbf{v}_1 + \mathbf{v}_2 \notin S_1$

   (b) $\mathbf{v}_1 = \begin{pmatrix} 1 \\ 0 \end{pmatrix}, \mathbf{v}_2 = \begin{pmatrix} 0 \\ 1 \end{pmatrix} \in S_2$이지만 $\mathbf{v}_1 + \mathbf{v}_2 \notin S_2$

   (c) $\mathbf{v} = \begin{pmatrix} 1 \\ 0 \end{pmatrix} \in S_3$이지만 $-\mathbf{v} \notin S_3$

3. (a) $\mathbf{w} = \begin{pmatrix} w_1 \\ w_2 \end{pmatrix}$이면 $w_1 = 2w_2$이다. $v_1 + w_1 = 2v_2 + 2w_2 = 2(v_2 + w_2)$이므로

$$\mathbf{v} + \mathbf{w} = \begin{pmatrix} v_1 + w_1 \\ v_2 + w_2 \end{pmatrix} \in S_1$$

이다. 상수 c에 대하여 $c\mathbf{v} = \begin{pmatrix} cv_1 \\ cv_2 \end{pmatrix}$이고 $cv_1 = c(2v_2) = 2(cv_2)$이므로 $c\mathbf{v} \in S_1$이다. 따라서 S_1은 $\mathbb{R}^2$의 부분공간이다.

4. $\mathbf{v}, \mathbf{w} \in W$이면

$$\mathbf{v} = a_1\mathbf{v}_1 + \cdots + a_k\mathbf{v}_k, \quad \mathbf{w} = b_1\mathbf{v}_1 + \cdots + b_k\mathbf{v}_k$$

인 상수 $a_1, \ldots, a_k, b_1, \ldots, b_k$가 존재한다.

$$\mathbf{v} + \mathbf{w} = (a_1 + b_1)\mathbf{v}_1 + \cdots + (a_k + b_k)\mathbf{v}_k$$

이므로 $\mathbf{v} + \mathbf{w} \in W$이다. 또한 상수 c에 대하여 $c\mathbf{v} = ca_1\mathbf{v}_1 + \cdots + ca_k\mathbf{v}_k$이므로 $c\mathbf{v} \in W$이다. 따라서 W는 부분공간이다.

5. $\mathbf{x}_1, \mathbf{x}_2$가 $\mathbf{v}$와 수직인 벡터들이라 하자. 실수 c에 대하여

$$(c\mathbf{x}_1) \cdot \mathbf{v} = c(\mathbf{x}_1 \cdot \mathbf{v}) = 0, \quad (\mathbf{x}_1 + \mathbf{x}_2) \cdot \mathbf{v} = \mathbf{x}_1 \cdot \mathbf{v} + \mathbf{x}_2 \cdot \mathbf{v} = \mathbf{0} + \mathbf{0} = \mathbf{0}$$

이므로 $c\mathbf{x}_1, \mathbf{x}_1 + \mathbf{x}_2$는 모두 $\mathbf{v}$와 수직이다. 따라서 $\mathbf{v}$와 수직인 벡터들의 집합은 부분공간이다.

6. $\mathbf{v}, \mathbf{w} \in S_1 \cap S_2$이면 $i = 1, 2$에 대하여 $\mathbf{v}, \mathbf{w} \in S_i$이고 S_i는 부분공간이므로 $\mathbf{v} + \mathbf{w} \in S_i$, 상수 c에 대하여 $c\mathbf{v} \in S_i$이다. 따라서 $\mathbf{v} + \mathbf{w} \in S_1 \cap S_2, c\mathbf{v} \in S_1 \cap S_2$이다. 따라서 $S_1 \cap S_2$는 부분공간이다.

7. (b) $\mathbf{v} = (0, 1)^t \in S_1, \mathbf{w} = (1, 0)^t \in S_2$이지만 $\mathbf{v} + \mathbf{w} = (1, 1) \notin S_1 \cup S_2$이므로 $S_1 \cup S_2$는 부분공간이 아니다.

8. (a), (b), (d)

9. (a) $c_1 = c_2 = 1$ (b) $c_1 = 1, c_2 = -1$ (c) $c_1 = -1, c_2 = 3$

10. (a) $c_1 = 2, c_2 = -2, c_3 = 2$ (b) $c_1 = c_2 = c_3 = 1$ (c) $c_1 = -2, c_2 = -2, c_3 = 6$

11. (a), (c), (d) 일차독립 (b), (e) 일차종속

12. (b), (c), (e) 생성한다. (a), (d) 생성하지 않는다.

13. (a) 일차독립: (a), (b), (c) (b) 기저: (b), (c)

14. (a) $(\mathbf{u} - \mathbf{v}) + (\mathbf{v} - \mathbf{w}) + (\mathbf{w} - \mathbf{u}) = \mathbf{0}$이므로 $\mathbf{u} - \mathbf{v}, \mathbf{v} - \mathbf{w}, \mathbf{w} - \mathbf{u}$는 일차종속이다.
(b) $c_1(\mathbf{u} + \mathbf{v}) + c_2(\mathbf{v} + \mathbf{w}) + c_3(\mathbf{w} + \mathbf{u}) = \mathbf{0}$이면 $(c_1 + c_3)\mathbf{u} + (c_1 + c_2)\mathbf{v} + (c_2 + c_3)\mathbf{w} = \mathbf{0}$이다. $\mathbf{u}, \mathbf{v}, \mathbf{w}$가 독립이므로 $c_1 + c_3 = 0, c_1 + c_2 = 0, c_2 + c_3 = 0$이므로 $c_1 = c_2 = c_3 = 0$이다.

15. (a), (b) 기저이다. (c), (d) 기저가 아니다.

16. (c)만 기저이다.

17. (a) 1 (b) 2 (c) 2 (d) 3

18. (a) $(2, 1, 0)^t, (3, 0, 1)^t$ (b) $(0, 1, 0)^t, (3, 0, 1)^t$ (c) $(2, 5, -1)^t$ (d) $(1, 0, 1)^t, (0, 1, 1)^t$

19. (a) $(1, 1, 0)^t, (-2, 0, 1)^t$

20. $a_1\mathbf{w} + a_2\mathbf{v}_2 + \cdots + a_k\mathbf{v}_k = \mathbf{0}$이면 $a_1 = a_2 = \cdots = a_k = 0$임을 보이면 된다.

$$a_1\mathbf{w} + a_2\mathbf{v}_2 + \cdots + a_k\mathbf{v}_k = a_1c_1\mathbf{v}_1 + (a_1c_2 + a_2)\mathbf{v}_2 + \cdots + (a_1c_k + a_k)\mathbf{v}_k = \mathbf{0}$$

이고 $\mathbf{v}_1, \ldots, \mathbf{v}_k$가 일차독립이므로

$$a_1c_1 = 0, \quad a_1c_2 + a_2 = 0, \quad \ldots, \quad a_1c_k + a_k = 0$$

이다. $c_1 \neq 0$이므로 $a_1 = 0$이고 따라서 $a_2 = \cdots = a_k = 0$이다.

21. $a\mathbf{u} + b\mathbf{v} + c\mathbf{w} = \mathbf{0}$이면 $a = b = c = 0$임을 보이면 된다. $c \neq 0$이면

$$\mathbf{w} = -\frac{a}{c}\mathbf{u} - \frac{b}{c}\mathbf{v}$$

이므로 $\mathbf{w}$는 $\mathbf{u}, \mathbf{v}$의 일차결합이다. 따라서 $c = 0$이고 $a\mathbf{u} + b\mathbf{v} = \mathbf{0}$이다. $\mathbf{u}, \mathbf{v}$는 일차독립이므로 $a = b = 0$이다.

22. (a) $c_1A\mathbf{v}_1 + \cdots + c_kA\mathbf{v}_k = \mathbf{0}$라 하면 $A(c_1\mathbf{v}_1 + \cdots + c_k\mathbf{v}_k) = \mathbf{0}$이고 A는 가역이므로 $c_1\mathbf{v}_1 + \cdots + c_k\mathbf{v}_k = \mathbf{0}$이다. $\mathbf{v}_1, \ldots, \mathbf{v}_k$가 일차독립이므로 $c_1 = \cdots = c_k = 0$이다. 따라서 원하는 결과를 얻는다.

(b) $\mathbf{v}_1, \ldots, \mathbf{v}_k$가 일차종속이면 $c_1\mathbf{v}_1 + \cdots + c_k\mathbf{v}_k = \mathbf{0}$이면서 모두 0은 아닌 상수 $c_1, \ldots, c_k$가 존재한다. $c_1A\mathbf{v}_1 + \cdots + c_kA\mathbf{v}_k = A(c_1\mathbf{v}_1 + \cdots + c_k\mathbf{v}_k) = A\mathbf{0} = \mathbf{0}$이므로 $A\mathbf{v}_1, \ldots, A\mathbf{v}_k$도 일차종속이다.

연습문제 4.1

1. (a) $A = \begin{pmatrix} a & b \\ c & d \end{pmatrix}$라고 하면 $ad - bc \neq 0$은 정수이고 A^{-1}의 모든 항이 정수이면 $\det(A^{-1}) = \frac{1}{ad-bc}$도 정수이므로 $ad - bc = 1$ 또는 $ad - bc = -1$

2. (a) -1 (b) -1 (c) 1 (d) 1 (e) -1 (f) 0.5

3. (a) $-2, -1/2$ (b) $-1, -1$ (c) 1, 1 (d) $a^3, 1/a^3$ (e) 0, 가역이 아님

4. (a) $k = 0$ (b) $k = 1/2$ (c) $k = 1, -1$ (d) $k = 0, 1$

5. Hint. A^t의 첫번째 열벡터에 대하여 전개하여 정리한다.

6. Hint. M의 첫번째 열벡터에 대하여 전개하여 정리한다.

7. (a) -6 (b) 9 (c) 2^{n+1} (d) 4 (e) $-3/2$ (f) 2

8. 1 또는 0

9. 0

10. (a) 16 (b) 0 (c) -18 (d) $a^2b + ab^2$ (e) 4 (f) 10 (g) -12 (h) 42 (i) 24

11. (a) 18 (b) 6 (c) -6 (d) 6

12. (a) -5 (b) 33 (c) -6 (d) 17

13. (a) $d_2 = d_3 = d_4 = 1$ (b) $d_n = d_{n-1}$ (c) $d_n = 1$

14. -18

연습문제 4.2

1. (a) 2 (b) -1 (c) -3 (d) 3 (e) 0

2. (a) $A - 3I = \begin{pmatrix} -1 & 2 \\ 2 & -4 \end{pmatrix}$는 가역이 아니다. 따라서 $r = 3$은 A의 특성치이다.

3. $k > 0$

4. (a) $r = \pm\sqrt{a^2 + b^2}$ (b) $a \pm b$

5. (b) 2, 3

6. (a) $-3, \begin{pmatrix} -1 \\ 1 \end{pmatrix}$, $2, \begin{pmatrix} 2 \\ 3 \end{pmatrix}$ (b) $9, \begin{pmatrix} -1 \\ 1 \end{pmatrix}$, $4, \begin{pmatrix} 2 \\ 3 \end{pmatrix}$ (c) $-1/3, \begin{pmatrix} -1 \\ 1 \end{pmatrix}$, $1/2, \begin{pmatrix} 2 \\ 3 \end{pmatrix}$

7. (a) $r_1 = 1, \mathbf{v}_1 = \begin{pmatrix} 1 \\ 0 \end{pmatrix}$, $r_2 = 3, \mathbf{v}_2 = \begin{pmatrix} 1 \\ 1 \end{pmatrix}$
   (b) $r_1 = 1, \mathbf{v}_1 = \begin{pmatrix} 1 \\ 2 \end{pmatrix}$, $r_2 = 1/4, \mathbf{v}_2 = \begin{pmatrix} 1 \\ -1 \end{pmatrix}$
   (c) $r_1 = -2, \mathbf{v}_1 = \begin{pmatrix} 1 \\ -1 \end{pmatrix}$, $r_2 = 3, \mathbf{v}_2 = \begin{pmatrix} 2 \\ 3 \end{pmatrix}$
   (d) $r_1 = 4, \mathbf{v}_1 = \begin{pmatrix} 3 \\ -2 \end{pmatrix}$, $r_2 = 9, \mathbf{v}_2 = \begin{pmatrix} 1 \\ 1 \end{pmatrix}$

8. $A_1^9 \begin{pmatrix} 3 \\ 1 \end{pmatrix} = 2 \begin{pmatrix} 1 \\ 0 \end{pmatrix} + 3^9 \begin{pmatrix} 1 \\ 1 \end{pmatrix} = \begin{pmatrix} 19685 \\ 19683 \end{pmatrix}$
   $A_3^9 \begin{pmatrix} 3 \\ 1 \end{pmatrix} = \frac{7}{5}(-2)^9 \begin{pmatrix} 1 \\ -1 \end{pmatrix} + \frac{4}{5}3^9 \begin{pmatrix} 2 \\ 3 \end{pmatrix} = \begin{pmatrix} 30776 \\ 47956 \end{pmatrix}$

9. (a) 특성방정식 $r^2 - (a + c)r + ac - b^2 = 0$의 판별식이 $D = (a - c)^2 + 4b^2 \geq 0$이므로 A의 특성치는 항상 실수이다.
   (b) $D = 0$이면 $a = c, b = 0$이므로 $A = aI_2$이다.

10. $(A - rI)^t = A^t - rI$이므로 $\det(A^t - rI) = \det(A - rI)$이므로 A와 A^t의 특성방정식이 같고 따라서 특성치가 같다.

11. $r^2 - 3r - 5$

12. (a) $r^3-6r^2+11r-6=0,\ r=1,2,3$
    (b) $r^3-r^2-8r+12=0,\ r=2,2,-3$
    (c) $(r-4)(r-3)(r-2)=0,\ r=2,3,4$
    (d) $(r-3)(r^2-15r+50)=0,\ r=3,5,10$
    (e) $(r^2-4r+4)(r^2-2r-3)=0,\ r=-1,2,2,3$

13. (a) $r=1, \begin{pmatrix} 0 \\ 1 \\ 0 \end{pmatrix}, r=2, \begin{pmatrix} 1 \\ -2 \\ -2 \end{pmatrix}, r=3, \begin{pmatrix} 1 \\ -1 \\ -1 \end{pmatrix}$

    (b) $r=2, \begin{pmatrix} 1 \\ -1 \\ -3 \end{pmatrix}, r=-3, \begin{pmatrix} 1 \\ -1 \\ 2 \end{pmatrix}$

    (e) $r=-1, \begin{pmatrix} 0 \\ 0 \\ -2 \\ 1 \end{pmatrix}, r=2, \begin{pmatrix} 1 \\ -1 \\ 0 \\ 0 \end{pmatrix}, r=3, \begin{pmatrix} 0 \\ 0 \\ 2 \\ 1 \end{pmatrix}$

14. (a) $\mathbf{x}=\mathbf{v}_1-\mathbf{v}_2+\mathbf{v}_3$
    (b) $A^{10}\mathbf{x}=\dfrac{1}{1024}\begin{pmatrix} 1024 \\ 1023 \\ 1025 \end{pmatrix}$ (c) $\begin{pmatrix} 1 \\ 1 \\ 1 \end{pmatrix}$로 수렴한다.

15. $\begin{pmatrix} 4 & 3 \\ -2 & 11 \end{pmatrix}$

16. (a) $\begin{pmatrix} -26 & -11 \\ 66 & 29 \end{pmatrix}$ (b) $\begin{pmatrix} -7 & 4 \\ -12 & 9 \end{pmatrix}$ (c) $\begin{pmatrix} -1 & 5 & -4 \\ 0 & -2 & 0 \\ 2 & -5 & 5 \end{pmatrix}$ (d) $\begin{pmatrix} 4 & 0 & -2 \\ 1 & 2 & -1 \\ 1 & 0 & 1 \end{pmatrix}$

17. (a) $A^2=4A-5I, A^3=11A-20I, A^4=24A-55I$
    (b) $A^{-1}=\frac{1}{5}(4I-A), A^{-2}=\frac{1}{25}(11I-4A)$

18. (a) $A^3=A^2-3I, A^4=A^2-3A-3I$ (b) $A^{-1}=\frac{1}{3}(A-A^2), A^{-2}=\frac{1}{3}(I-A)$

19. $\{\mathbf{v}_1,\mathbf{v}_2,\ldots,\mathbf{v}_n\}$이 일차종속이라고 가정하자. m을 $\{\mathbf{v}_1,\mathbf{v}_2,\ldots,\mathbf{v}_m\}$이 일차독립인 최대 정수라고 하면 $1\le m<n$이다. m 의 정의에 의하여 $\{\mathbf{v}_1,\mathbf{v}_2,\ldots,\mathbf{v}_m,\mathbf{v}_{m+1}\}$은 일차종속이므로 다음 식을 만족하는 모두 0 은 아닌 상수 $c_1,c_2,\ldots,c_{m+1}$이 존재한다.

$$c_1\mathbf{v}_1+c_2\mathbf{v}_2+\cdots+c_{m+1}\mathbf{v}_{m+1}=\mathbf{0} \tag{4.15}$$

이 식의 양변에 A를 곱하면 $A\mathbf{v}_i=\lambda_i\mathbf{v}_i$이므로

$$c_1\lambda_1\mathbf{v}_1+c_2\lambda_2\mathbf{v}_2+\cdots+c_{m+1}\lambda_{m+1}\mathbf{v}_{m+1}=\mathbf{0} \tag{4.16}$$

이 되고 식 (4.15)의 양 변에 λ_{m+1}을 곱하면

$$c_1\lambda_{m+1}\mathbf{v}_1+c_2\lambda_{m+1}\mathbf{v}_2+\cdots+c_{m+1}\lambda_{m+1}\mathbf{v}_{m+1}=\mathbf{0}$$

이 된다. 따라서 식 (4.16)에서 이 식을 빼면

$$c_1(\lambda_1 - \lambda_{m+1})\mathbf{v}_1 + c_2(\lambda_2 - \lambda_{m+1})\mathbf{v}_2 + \cdots + c_m(\lambda_m - \lambda_{m+1})\mathbf{v}_m = \mathbf{0}$$

이 된다. $\{\mathbf{v}_1, \mathbf{v}_2, \ldots, \mathbf{v}_m\}$은 일차독립이므로

$$c_1(\lambda_1 - \lambda_{m+1}) = 0, \quad c_2(\lambda_2 - \lambda_{m+1}) = 0, \quad \cdots, \quad c_m(\lambda_m - \lambda_{m+1}) = 0$$

이고 $\lambda_1, \lambda_2, \ldots, \lambda_m$은 모두 다른 특성치이므로 $c_1 = c_2 = \cdots = c_m = 0$이다. 따라서 식 (4.15)에서 $c_{m+1}\mathbf{v}_{m+1} = \mathbf{0}$이고 $\mathbf{v}_{m+1} \neq \mathbf{0}$이므로 $c_{m+1} = 0$이다. 이 사실은 $c_1, c_2, \ldots, c_{m+1}$은 모두 0은 아닌 상수라는 가정에 위배된다. 따라서 증명은 완성된다.

20. (a) $\begin{pmatrix} 4 & -2 \\ -2 & 4 \end{pmatrix}$ (b) $\begin{pmatrix} 0 & -1 \\ 2 & 3 \end{pmatrix}$

21. (a) $\mathbf{x}_n = 2(5^n)\begin{pmatrix} 1 \\ 1 \end{pmatrix} + 3^n \begin{pmatrix} -1 \\ 1 \end{pmatrix}$ (b) $\mathbf{x}_n = (1.5^n)\begin{pmatrix} 1 \\ 1 \end{pmatrix} - 0.5^n \begin{pmatrix} -1 \\ 1 \end{pmatrix}$

22. (a) $A = \begin{pmatrix} 0 & 1 \\ 3 & -2 \end{pmatrix}$ (b) $r_1 = 1, \mathbf{v}_1 = \begin{pmatrix} 1 \\ 1 \end{pmatrix}$, $r_2 = -3, \mathbf{v}_2 = \begin{pmatrix} 1 \\ -3 \end{pmatrix}$
(c) $\begin{pmatrix} 1 \\ 2 \end{pmatrix} = \frac{5}{4}\begin{pmatrix} 1 \\ 1 \end{pmatrix} - \frac{1}{4}\begin{pmatrix} 1 \\ -3 \end{pmatrix}$ (d) $\mathbf{x}_n = \frac{5}{4}\begin{pmatrix} 1 \\ 1 \end{pmatrix} - \frac{1}{4}(-3)^n\begin{pmatrix} 1 \\ -3 \end{pmatrix}$
(e) $x_n = \frac{5}{4} - \frac{1}{4}(-3)^n$

23. (a) $A = \begin{pmatrix} 0 & 1 & 0 \\ 0 & 0 & 1 \\ a_0 & a_1 & a_2 \end{pmatrix}$ (b) $r^3 - a_2 r^2 - a_1 r - a_0 = 0$

24. $x_n = -\frac{3}{2} + \frac{1}{2}(-1)^n + 2^{n+1}$

25. (d) 세 특성치를 r_1, r_2, r_3라고 하자. $r_1 > 0$이라고 하면 $r_1 + r_2 + r_3 = m_1 > 0$이다. 따라서 $r_1 > |r_2 + r_3| = |r_2| + |r_3|$

26. (a) $\mathbf{x}_1 = \begin{pmatrix} 140 \\ 10 \\ 5 \end{pmatrix}, \mathbf{x}_2 = \begin{pmatrix} 260 \\ 70 \\ 5 \end{pmatrix}, \mathbf{x}_3 = \begin{pmatrix} 1100 \\ 130 \\ 35 \end{pmatrix}$ (b) $r_1 = 3,\ 36 : 6 : 1$

연습문제 4.3

1. (a) $\begin{pmatrix} 1/4 & 2/3 \\ 3/4 & 1/3 \end{pmatrix}$ (b) $\begin{pmatrix} 0 & 0.5 \\ 1 & 0.5 \end{pmatrix}$ (c) $\begin{pmatrix} 0.5 & 0.25 & 0 \\ 0.5 & 0 & 0 \\ 0 & 0.75 & 1 \end{pmatrix}$ (d) $\begin{pmatrix} 0 & 0 & 1 \\ 1 & 0 & 0 \\ 0 & 1 & 0 \end{pmatrix}$
(e) $\begin{pmatrix} 0.5 & 0.5 & 0 & 0 \\ 0.5 & 0 & 0.5 & 0 \\ 0 & 0.5 & 0 & 0.5 \\ 0 & 0 & 0.5 & 0.5 \end{pmatrix}$ (f) $\begin{pmatrix} 1 & 2/3 & 0 & 0 \\ 0 & 0 & 2/3 & 0 \\ 0 & 1/3 & 0 & 0 \\ 0 & 0 & 1/3 & 1 \end{pmatrix}$

2. (a), (d) 추이행렬이 아니다.

   (b)

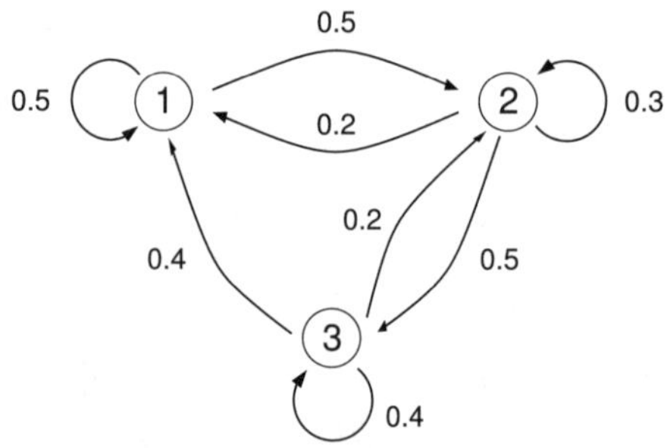

   (c)

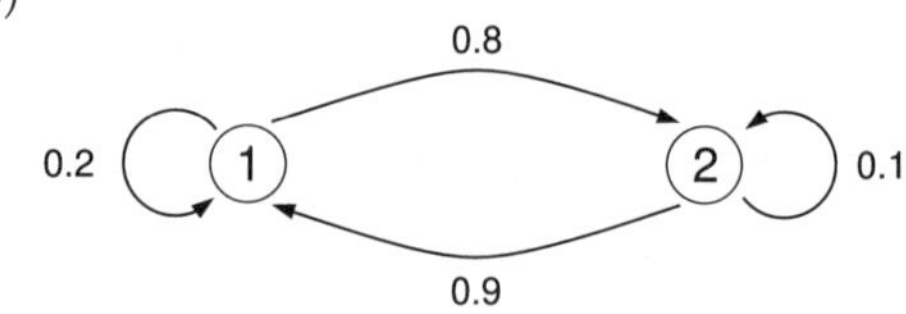

3. (a) $\begin{pmatrix} 0.25 & 0 \\ 0.75 & 1 \end{pmatrix}, \begin{pmatrix} 0.25 \\ 0.75 \end{pmatrix}$ (b) $\begin{pmatrix} 0.58 & 0.42 \\ 0.42 & 0.58 \end{pmatrix}, \begin{pmatrix} 0.484 \\ 0.516 \end{pmatrix}$

   (c) $\begin{pmatrix} 0.25 & 0.25 & 0.25 \\ 0.5 & 0.5 & 0.5 \\ 0.25 & 0.25 & 0.25 \end{pmatrix}, \begin{pmatrix} 0.25 \\ 0.5 \\ 0.25 \end{pmatrix}$ (d) $\begin{pmatrix} 0.65 & 0 & 0.16 \\ 0.19 & 1 & 0.19 \\ 0.16 & 0 & 0.65 \end{pmatrix}, \begin{pmatrix} 0.65 \\ 0.19 \\ 0.16 \end{pmatrix}$

4. (a) $(0.5, 0.5)^t$ (b) $(4/7, 3/7)^t$

5. (a) $\lim_{n\to\infty} M^n = \begin{pmatrix} 0.2 & 0.2 \\ 0.8 & 0.8 \end{pmatrix}$ (b) $\lim_{n\to\infty} M^n = \begin{pmatrix} 0.25 & 0.25 & 0.25 \\ 0.5 & 0.5 & 0.5 \\ 0.25 & 0.25 & 0.25 \end{pmatrix}$

6. (a) $M = \begin{pmatrix} 0.95 & 0.8 \\ 0.05 & 0.2 \end{pmatrix}$ (b) $0.95^3 = 0.857375$ (c) $(M^3)_{21} = 0.058625$ (d) 16/17

7. (a) 0.9555 (b) $0.96^3 = 0.884736$ (c) 서울 25.5%, 수도권 17.1%, 비수도권 57.4%
   (d) 서울 1/3, 수도권 1/2, 비수도권 1/6

8. (a) $\begin{pmatrix} 0 & 1/9 & 0 & 0 \\ 1 & 4/9 & 4/9 & 0 \\ 0 & 4/9 & 4/9 & 1 \\ 0 & 0 & 1/9 & 0 \end{pmatrix}$ (b) $(1/20, 9/20, 9/20, 1/20)^t$

12. (a) $\begin{pmatrix} 1/8 & 1/8 & 3/8 & 3/8 \\ 3/8 & 1/8 & 1/8 & 3/8 \\ 3/8 & 3/8 & 1/8 & 1/8 \\ 1/8 & 3/8 & 3/8 & 1/8 \end{pmatrix}$ (b) 17/64 (c) $(0.25, 0.25, 0.25, 0.25)^t$

연습문제 4.4

1. $(c_1\mathbf{x}_1 + c_2\mathbf{x}_2)' c_1\mathbf{x}_1' + c_2\mathbf{x}_2' = c_1A\mathbf{x} + c_2A\mathbf{x}_2 = A(c_1\mathbf{x}_1 + c_2\mathbf{x}_2)$이므로 $c_1\mathbf{x}_1 + c_2\mathbf{x}_2$는 $\mathbf{x}'(t) = A\mathbf{x}(t)$의 해이다.

2. (a) $A = \begin{pmatrix} 2 & 0 \\ 1 & 1 \end{pmatrix}$이라 하면 $A\mathbf{x}_1 = \begin{pmatrix} 2 & 0 \\ 1 & 1 \end{pmatrix}\begin{pmatrix} 0 \\ e^t \end{pmatrix} = \begin{pmatrix} 0 \\ e^t \end{pmatrix}$이고

$\mathbf{x}_1' = \begin{pmatrix} 0 \\ e^t \end{pmatrix}' = A\mathbf{x}_1$이므로 $\mathbf{x}' = A\mathbf{x}(t)$의 해이다.

3. (a) $\mathbf{x}(t) = \begin{pmatrix} 3e^{2t} \\ 3e^{2t} - e^t \end{pmatrix}$ (b) $\mathbf{x}(t) = \begin{pmatrix} e^{-3t} + e^{-4t} \\ e^{-3t} + 2e^{-4t} \end{pmatrix}$

4. (a) $\mathbf{x}(t) = c_1 e^{-t}\begin{pmatrix} 1 \\ 1 \end{pmatrix} + c_2 e^{-3t}\begin{pmatrix} 1 \\ -1 \end{pmatrix}$ (c) $\mathbf{x}(t) = c_1 e^{-t}\begin{pmatrix} 1 \\ -2 \end{pmatrix} + c_2 e^{3t}\begin{pmatrix} 1 \\ 2 \end{pmatrix}$

(b) $\mathbf{x}(t) = c_1 e^{4t}\begin{pmatrix} 1 \\ 1 \end{pmatrix} + c_2 e^{t}\begin{pmatrix} 2 \\ -1 \end{pmatrix}$ (d) $\mathbf{x}(t) = c_1 e^{5t}\begin{pmatrix} 7 \\ 1 \end{pmatrix} + c_2 e^{-t}\begin{pmatrix} 1 \\ 1 \end{pmatrix}$

5. (a) $\mathbf{x} = c_1 e^t\begin{pmatrix} 1 \\ 0 \\ -1 \end{pmatrix} + c_2 e^{2t}\begin{pmatrix} -2 \\ 1 \\ 0 \end{pmatrix} + c_3 e^{3t}\begin{pmatrix} 0 \\ 1 \\ -1 \end{pmatrix}$

(b) $\mathbf{x} = c_1\begin{pmatrix} 3 \\ 3 \\ 1 \end{pmatrix} + c_2 e^{2t}\begin{pmatrix} 1 \\ -1 \\ -1 \end{pmatrix} + c_3 e^{-2t}\begin{pmatrix} 1 \\ 3 \\ -1 \end{pmatrix}$

6. (a) $\mathbf{x} = e^t\begin{pmatrix} 1 \\ 0 \\ -1 \end{pmatrix} - e^{2t}\begin{pmatrix} -2 \\ 1 \\ 0 \end{pmatrix} + e^{3t}\begin{pmatrix} 0 \\ 1 \\ -1 \end{pmatrix}$

(b) $\mathbf{x} = \frac{1}{2}\begin{pmatrix} 3 \\ 3 \\ 1 \end{pmatrix} - e^{2t}\begin{pmatrix} 1 \\ -1 \\ -1 \end{pmatrix} - \frac{1}{2}e^{-2t}\begin{pmatrix} 1 \\ 3 \\ -1 \end{pmatrix}$

7. (a) $\begin{pmatrix} 0 & 1 \\ q & -p \end{pmatrix}$ (b) $r^2 + pr + q = 0$

8. (a) $A = \begin{pmatrix} 0 & 1 \\ 0 & 0 \end{pmatrix}$, $x(t) = c_1 + c_2 t$ (b) $A = \begin{pmatrix} 0 & 1 \\ 0 & 1 \end{pmatrix}$, $x(t) = c_1 + c_2 e^t$

(c) $A = \begin{pmatrix} 0 & 1 \\ 9 & 0 \end{pmatrix}$, $x(t) = c_1 e^{3t} + c_2 e^{-3t}$ (d) $A = \begin{pmatrix} 0 & 1 \\ -2 & 3 \end{pmatrix}$, $x(t) = c_1 e^t + c_2 e^{2t}$

9. (a) $W(t) = Ce^{(a+d)t}$, C는 상수
(b) $\mathbf{x}_1(0), \mathbf{x}_2(0)$이 일차독립이면 $\det(\mathbf{x}_1(0), \mathbf{x}_2(0)) \neq 0$이므로 $W(0) = C \neq 0$이다. 따라서 임의의 실수 t 에 대하여

$$\det(\mathbf{x}_1(t), \mathbf{x}_2(t)) = W(t) = Ce^{(a+d)t} \neq 0$$

이다. 따라서 $\mathbf{x}_1(t), \mathbf{x}_2(t)$ 는 일차독립이다.

10. Hint. 행연산을 이용할 것.

11. (a) 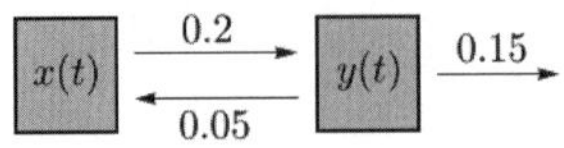

(b) $\begin{pmatrix} -0.2 & 0.05 & 0 \\ 0.2 & -0.2 & 0 \\ 0 & 0.15 & 0 \end{pmatrix}$ (c) $\begin{cases} x(t) &= 5e^{-t/10} + 5e^{-3t/10} \\ y(t) &= 10e^{-t/10} - 10e^{-3t/10} \end{cases}$

12. (a) 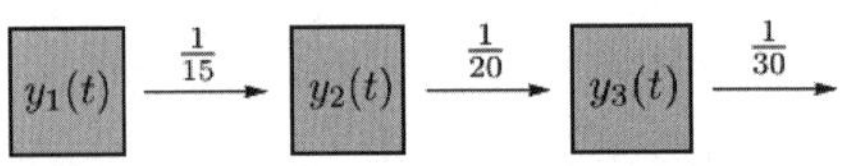

(b) $y_1' = -\frac{1}{15}y_1,\ y_2' = y_1/15 - y_2/20, y_3' = y_2/20 - y_3/30$
(c) $y_1 = 15e^{-t/15}, y_2 = 60(e^{-t/20} - e^{-t/15}), y_3 = 90(e^{-t/15} - 2e^{-t/20} + e^{-t/30})$

13. (a) 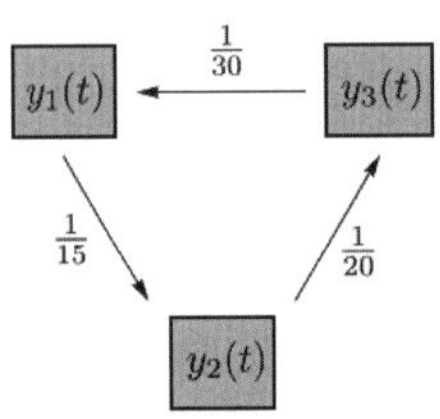

(b) $y_1' = -\frac{1}{15}y_1 + y_3/30,\ y_2' = y_1/15 - y_2/20, y_3' = y_2/20 - y_3/30$

14. (a) $r_1 = 0, r_2 = -0.3, r_3 = -0.7$ (b) $5 : 4 : 12$

15. (a) $r_1 = 0, r_2 = -0.2, r_3 = -0.1, r_4 = -0.05$, r_i 에 대응하는 특성벡터 $\mathbf{v}_i$

$$\mathbf{v}_1 = \begin{pmatrix} 0 \\ 0 \\ 0 \\ 1 \end{pmatrix}, \quad \mathbf{v}_2 = \begin{pmatrix} 3 \\ -6 \\ 4 \\ -1 \end{pmatrix}, \quad \mathbf{v}_3 = \begin{pmatrix} 0 \\ 1 \\ -2 \\ 1 \end{pmatrix}, \quad \mathbf{v}_4 = \begin{pmatrix} 0 \\ 0 \\ 1 \\ -1 \end{pmatrix}$$

(b) $\mathbf{x}(t) = 3\begin{pmatrix} 0 \\ 0 \\ 0 \\ 1 \end{pmatrix} + e^{-0.2t}\begin{pmatrix} 3 \\ -6 \\ 4 \\ -1 \end{pmatrix} + 6e^{-0.1t}\begin{pmatrix} 0 \\ 1 \\ -2 \\ 1 \end{pmatrix} + 8e^{-0.05t}\begin{pmatrix} 0 \\ 0 \\ 1 \\ -1 \end{pmatrix}$

연습문제 4.5

1. (a) $(3, 3, 2, 2)$, 2 (b) $\begin{pmatrix} 0 & 1 & 1 & 0 \\ 1 & 0 & 1 & 1 \\ 1 & 1 & 0 & 1 \\ 0 & 1 & 1 & 0 \end{pmatrix}$ (c) 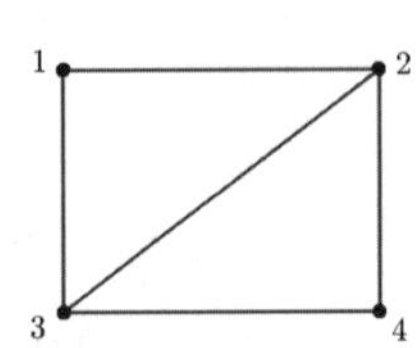

2. (a) $(4,3,3,3,3,2)$, 2 (b) $\begin{pmatrix} 0 & 1 & 1 & 0 & 1 & 0 \\ 1 & 0 & 1 & 1 & 0 & 0 \\ 1 & 1 & 0 & 1 & 0 & 0 \\ 0 & 1 & 1 & 0 & 1 & 1 \\ 1 & 0 & 0 & 1 & 0 & 1 \\ 0 & 0 & 0 & 1 & 1 & 0 \end{pmatrix}$ (c)

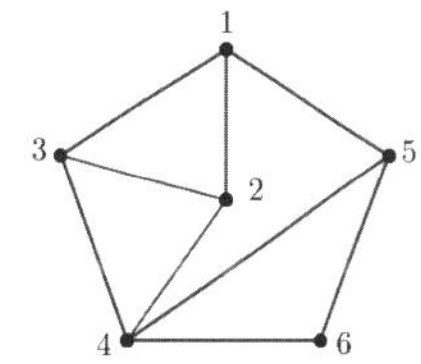

3. (a) .

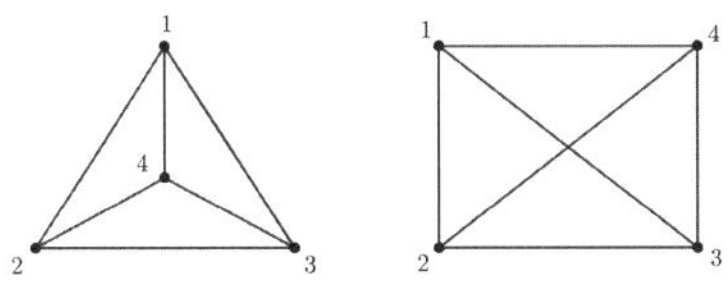

(c) .

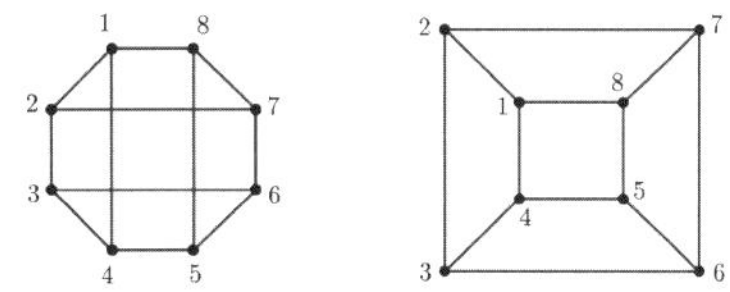

(b) .

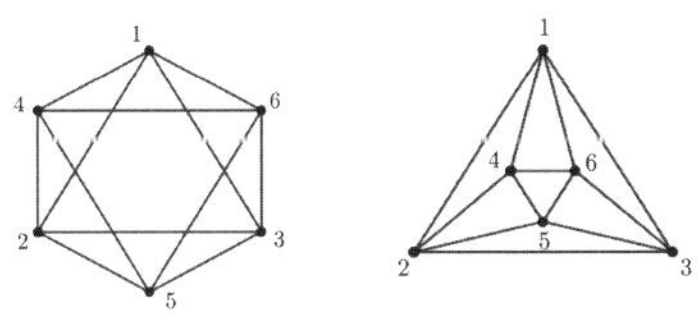

.

4. (a) $(3,3,3,3), (4,4,4,4,4,4), (3,3,3,3,3,3,3,3)$

(b) $1,2,3$

(c) $\begin{pmatrix} 0 & 1 & 1 & 1 \\ 1 & 0 & 1 & 1 \\ 1 & 1 & 0 & 1 \\ 1 & 1 & 1 & 0 \end{pmatrix}, \begin{pmatrix} 0 & 1 & 1 & 1 & 0 & 1 \\ 1 & 0 & 1 & 1 & 1 & 0 \\ 1 & 1 & 0 & 0 & 1 & 1 \\ 1 & 1 & 0 & 0 & 1 & 1 \\ 0 & 1 & 1 & 1 & 0 & 1 \\ 1 & 0 & 1 & 1 & 1 & 0 \end{pmatrix}, \begin{pmatrix} 0 & 1 & 0 & 1 & 0 & 0 & 0 & 1 \\ 1 & 0 & 1 & 0 & 0 & 0 & 1 & 0 \\ 0 & 1 & 0 & 1 & 0 & 1 & 0 & 0 \\ 1 & 0 & 1 & 0 & 1 & 0 & 0 & 0 \\ 0 & 0 & 0 & 1 & 0 & 1 & 0 & 1 \\ 0 & 0 & 1 & 0 & 1 & 0 & 1 & 0 \\ 0 & 1 & 0 & 0 & 0 & 1 & 0 & 1 \\ 1 & 0 & 0 & 0 & 1 & 0 & 1 & 0 \end{pmatrix}$

(d) 오일러 회로 존재 (b)

(e) 모두 해밀턴 회로 포함

5.

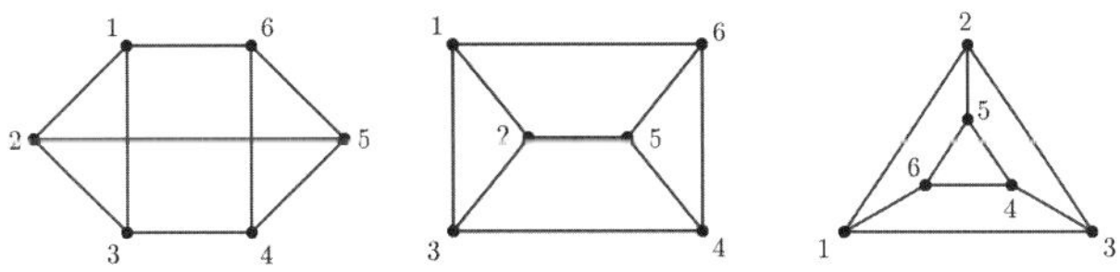

6. 문제 5의 그래프는 길이가 3인 사이클을 가지고 있으나 이 그래프는 가지고 있지 않다.

7. (a) $V_1 = V_2 = \{1,2,3,4,5\}$,
$E_1 = \{(1,2),(1,3),(1,5),(2,3),(3,4),(3,5)\}$
$E_2 = \{(1,2),(1,5),(2,3),(2,5),(3,4),(3,5)\}$

(b) $(4,3,2,2,1)$, $(3,3,3,2,1)$

(c) 2, 3

(d) $A_1 = \begin{pmatrix} 0 & 1 & 1 & 0 & 1 \\ 1 & 0 & 1 & 0 & 0 \\ 1 & 1 & 0 & 1 & 1 \\ 0 & 0 & 1 & 0 & 0 \\ 1 & 0 & 1 & 0 & 0 \end{pmatrix}, \quad A_2 = \begin{pmatrix} 0 & 1 & 0 & 0 & 1 \\ 1 & 0 & 1 & 0 & 1 \\ 0 & 1 & 0 & 1 & 1 \\ 0 & 0 & 1 & 0 & 0 \\ 1 & 1 & 1 & 0 & 0 \end{pmatrix}$

(e) G_1만 오일러경로 포함

(f) G_1, G_2 모두 해밀턴 경로 포함

(g) 아니다.

8. (a) $V_1 = V_2 = \{1,2,3,4,5,6,7,8\}$
$E_1 = \{(1,2),(1,4),(1,5),(2,3),(3,4),(4,8),(5,6),(5,8),(6,7),(7,8)\}$
$E_2 = \{(1,2),(1,4),(1,5),(2,3),(3,4),(3,7),(5,6),(5,8),(6,7),(7,8)\}$

(b) $(3,3,3,3,2,2,2,2)$, $(3,3,3,3,2,2,2,2)$

(c) 4, 3

(d) $A_1 = \begin{pmatrix} 0&1&0&1&1&0&0&0 \\ 1&0&1&0&0&0&0&0 \\ 0&1&0&1&0&0&0&0 \\ 1&0&1&0&0&0&0&1 \\ 1&0&0&0&0&1&0&1 \\ 0&0&0&0&1&0&1&0 \\ 0&0&0&0&0&1&0&1 \\ 0&0&0&1&1&0&1&0 \end{pmatrix}, \quad A_2 = \begin{pmatrix} 0&1&0&1&1&0&0&0 \\ 1&0&1&0&0&0&0&0 \\ 0&1&0&1&0&0&1&0 \\ 1&0&1&0&0&0&0&0 \\ 1&0&0&0&0&1&0&1 \\ 0&0&0&0&1&0&1&0 \\ 0&0&1&0&0&1&0&1 \\ 0&0&0&0&1&0&1&0 \end{pmatrix}$

(e) 둘 다 포함하지 않음

(f) 해밀턴 경로 모두 포함 G_1은 해밀턴 회로 포함

(g) 아니다.

9. (a) G_1, G_5 (b) G_1, G_3, G_5 (c) G_2, G_6

10. (a) $E = \{(1,2),(1,4),(2,4),(2,5),(3,4),(3,5),(4,5)\}$.
(b) 2, 3, 2, 4, 3
(c) (4, 3, 3, 2, 2)
(d)

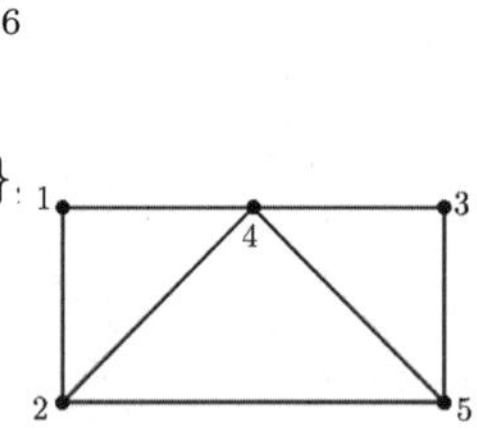

11. (a) $E = \{e_1, e_2, (1,4), (1,5), (2,4), (2,5), e_3, e_4\}$, 여기서 e_1, e_2는 꼭짓점 1 과 2를 잇는 모서리. e_3, e_4는 꼭짓점 4 와 5 를 잇는 모서리, 8
(b) 4, 4, 0, 4, 4
(c) (4, 4, 4, 4, 0)
(d)

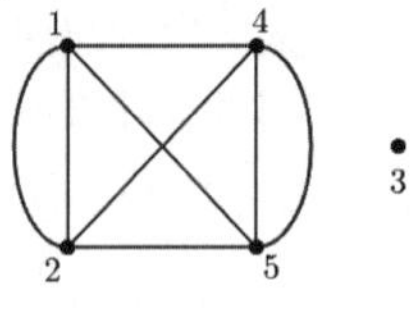

12. (a) $E = \{(1,2),(1,3),(1,4),(2,4),(3,4),(5,6)\}$, 6

(b) 3, 2, 2, 3, 1, 1

(c) (3, 3, 2, 2, 1, 1)

(d) 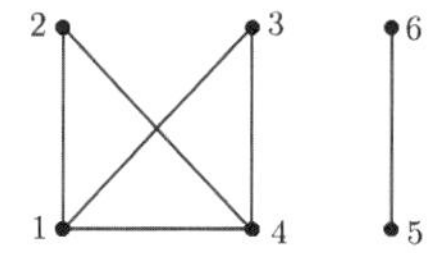

연습문제 4.6

1. (a) $v^+(1) = v^+(2) = 2, v^+(3) = v^4(4) = 1$
$v^-(1) = 0, v^-(2) = v^-(3) = v^-(4) = 2$

(b) $A = \begin{pmatrix} 0 & 1 & 1 & 0 \\ 0 & 0 & 1 & 1 \\ 0 & 0 & 0 & 1 \\ 0 & 1 & 0 & 0 \end{pmatrix}$

(c) 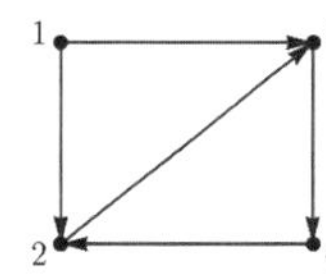

2. (a) $v^+(1) = v^+(2) = v^+(4) = v^+(5) = 2, v^+(3) = 1, v^+(6) = 0$
$v^-(1) = v^-(2) = v^-(5) = 1, v^-(3) = v^-(4) = v^-(6) = 2$

(b) $A = \begin{pmatrix} 0 & 1 & 1 & 0 & 0 & 0 \\ 0 & 0 & 1 & 1 & 0 & 0 \\ 0 & 0 & 0 & 1 & 0 & 0 \\ 0 & 0 & 0 & 0 & 1 & 1 \\ 1 & 0 & 0 & 0 & 0 & 1 \\ 0 & 0 & 0 & 0 & 0 & 0 \end{pmatrix}$

(c) 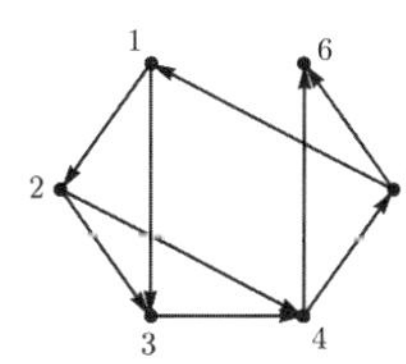

3. $3 \to 1 : 3, 3 \to 2 : 4, 3 \to 4 : 1, 3 \to 5 : 2, 3 \to 6 : 2$

4. (a) $V = \{A, B, C, D, E, F\}$
$E = \{(A,C),(A,F),(B,A),(B,E),(C,B),(D,C),(D,F),(E,D),(F,E)\}$

(b) $A = \begin{pmatrix} 0 & 0 & 1 & 0 & 0 & 1 \\ 1 & 0 & 0 & 0 & 1 & 0 \\ 0 & 1 & 0 & 0 & 0 & 0 \\ 0 & 0 & 1 & 0 & 0 & 1 \\ 0 & 0 & 0 & 1 & 0 & 0 \\ 0 & 0 & 0 & 0 & 1 & 0 \end{pmatrix}$

(c) F부터 A, B, C, D, E까지 순서대로: 5, 4, 3, 2, 1

(d) 5

(e) 강하게 연결되어 있다.

(f) 포함하지 않는다.

(g) $A \to F \to E \to D \to C \to B \to A$

5. (a) $V = \{T_1, T_2, T_3, T_4, T_5\}$
$E = \{(T_1,T_2),(T_2,T_3),(T_2,T_5),(T_3,T_4),(T_4,T_2),(T_5,T_4)\}$

(b) $A = \begin{pmatrix} 0 & 1 & 0 & 0 & 0 \\ 0 & 0 & 1 & 0 & 1 \\ 0 & 0 & 0 & 1 & 0 \\ 0 & 1 & 0 & 0 & 0 \\ 0 & 0 & 0 & 1 & 0 \end{pmatrix}$

(c) 아니다.

(d) T_2, T_3, T_5의 입력차수, 출력차수가 같다. T_1의 입력차수가 출력차수보다 하나 작고 T_4의 입력차수가 출력차수보다 하나 크므로 T_1에서 출발하여 T_4로 끝나는 오일러 경로가 존재한다. 유향모서리 $T_4 \to T_1$를 추가하면 오일러 회로를 얻는다.

(e) 아니다.

6. (a) $V = \{A, B, C, D, E, F\}$
$E = \{(A,C), (A,F), (B,A), (B,C), (B,E), (D,C), (D,F), (E,D), (F,E)\}$

(b) $A = \begin{pmatrix} 0 & 0 & 1 & 0 & 0 & 1 \\ 1 & 0 & 1 & 0 & 1 & 0 \\ 0 & 0 & 0 & 0 & 0 & 0 \\ 0 & 0 & 1 & 0 & 0 & 1 \\ 0 & 0 & 0 & 1 & 0 & 0 \\ 0 & 0 & 0 & 0 & 1 & 0 \end{pmatrix}$

(c) 아니다.

(d) 아니다.

(e) B에서 시작해서 C에서 끝나는 해밀턴경로가 존재한다.

7. (a) G_2, G_4, G_5, G_6 (b) G_5 (c) G_2, G_5, G_6 (d) G_4, G_6

8. (a) 길이 3: $1 \to 2 \to 3 \to 1,\ 1 \to 2 \to 4 \to 1,\ 1 \to 5 \to 3 \to 1,\ 1 \to 5 \to 4 \to 1$
길이 4: $1 \to 2 \to 3 \to 4 \to 1,\ 2 \to 3 \to 1 \to 5 \to 2,\ 3 \to 4 \to 1 \to 5 \to 3$
길이 5: $1 \to 5 \to 2 \to 3 \to 4 \to 1$

(b) $A = \begin{pmatrix} 0 & 1 & 0 & 0 & 1 \\ 0 & 0 & 1 & 1 & 0 \\ 1 & 0 & 0 & 1 & 0 \\ 1 & 0 & 0 & 0 & 0 \\ 0 & 1 & 1 & 1 & 0 \end{pmatrix}, A^2 = \begin{pmatrix} 0 & 1 & 2 & 2 & 0 \\ 2 & 0 & 0 & 1 & 0 \\ 1 & 1 & 0 & 0 & 1 \\ 0 & 1 & 0 & 0 & 1 \\ 2 & 0 & 1 & 2 & 0 \end{pmatrix}$

$A^3 = \begin{pmatrix} 4 & 0 & 1 & 3 & 0 \\ 1 & 2 & 0 & 0 & 2 \\ 0 & 2 & 2 & 2 & 0 \\ 0 & 1 & 2 & 2 & 0 \\ 3 & 2 & 0 & 1 & 2 \end{pmatrix}, A^4 = \begin{pmatrix} 4 & 4 & 0 & 1 & 4 \\ 0 & 3 & 4 & 4 & 1 \\ 4 & 1 & 3 & 5 & 0 \\ 4 & 0 & 1 & 3 & 5 \\ 1 & 5 & 4 & 4 & 3 \end{pmatrix}$

(c) 각각 2,1,4

(d) 강하게 연결되어 있다.

(e) 둘 다 포함하지 않음

(f) $3 \to 4 \to 1 \to 5 \to 2 \to 3$

9. (a) $2 \to 1 \to 5 \to 7,\ 2 \to 1 \to 5 \to 6 \to 7$

(b) 존재한다. 오일러회로도 존재한다.

(c) 해밀턴회로가 존재한다면 입력차수가 1이거나 출력차수가 1인 꼭지점의 해당 유향모서리는 포함해야 하므로 유향모서리 $1 \to 4, 4 \to 3, 3 \to 2, 2 \to 1$을 포함해야 한다. 해밀턴회로는 전체길이가 8보다 짧은 사이클을 포함할 수 없는데 $4 \to 3 \to 2 \to 1 \to 4$는 길이가 4 인 사이클이므로해밀턴회로가 존재하지 않는다.

10. (a) $2 \to 4 \to 6 \to 7, 2 \to 1 \to 4 \to 6 \to 7$

(b) 존재하지 않는다.

(c) 해밀턴회로가 존재한다면 입력차수가 1이거나 출력차수가 1인 꼭지점의 해당 유향모서리는 포함해야 하므로 유향모서리 $1 \to 4, 3 \to 2, 6 \to 7, 8 \to 5$를 포함해야 한다. $1 \to 4$가 포함되므로 $2 \to 4$는 불포함이고 $2 \to 1$은 포함이다. 길이가 8 보다 짧은 사이클은 포함하지 않으므로$4 \to 3$은 불포함이고 $4 \to 6, 7 \to 3$은 포함이다. 따라서 $1 \to 4 \to 6 \to 7 \to 3 \to 2 \to 1$은 길이가 6인 사이클이다. 따라서 해밀턴회로는 존재하지 않는다.

11. (a) 2,2,2,2,1

(b) 2,2,1,2,2

(c) 9

(d)

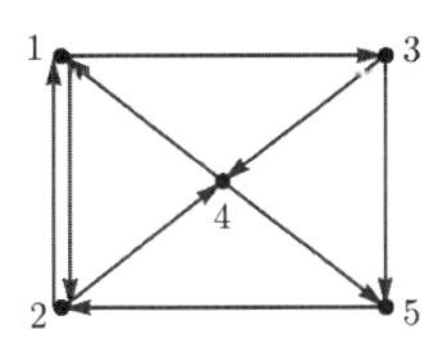

12. (a) 2,2,0,2,1

(b) 1,2,0,2,2

(c) 7

(d)

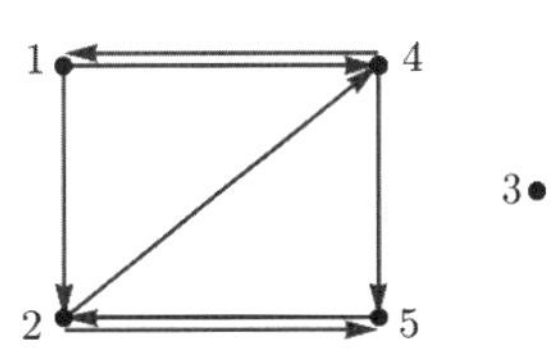

13. (a) 2,1,2,1,2,1

(b) 1,2,1,3,1,1

(c) 9

(d)

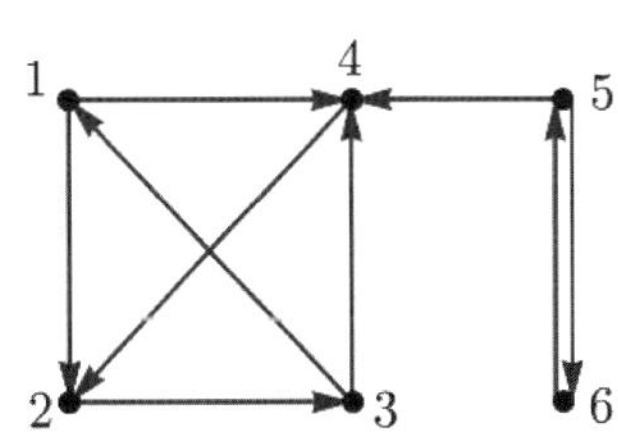

14. (a)

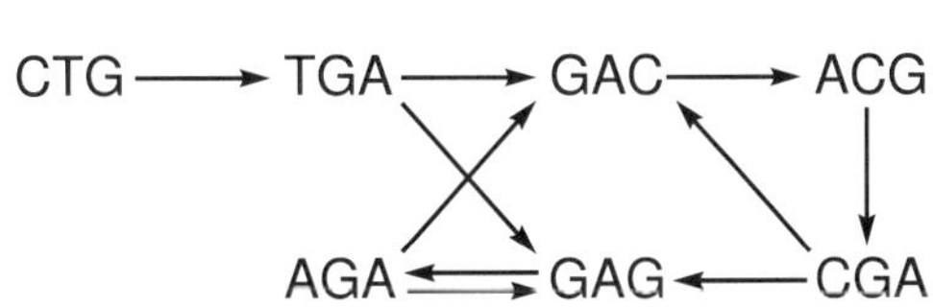

(b) CTGAGACGA, CTGACGAGA

15. (a) 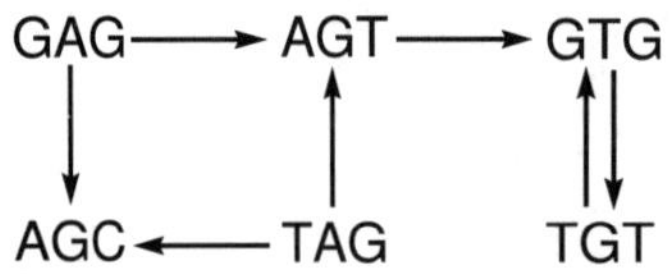

(b) AGCTGCGTG, AGCGTGCTG

16. (a) 01100, 10011, 11001 (b) 1011100010

참고도서

- 김홍종, 미적분학 1+, 서울대학교출판부, 2016
- 김홍종, 미적분학 2+, 서울대학교출판부, 2016
- 김균언 외번역, 필수세포생물학, 라이프사이언스, 2019
- 정종우 외번역, 생명, 생물의 과학(Life, the Science of Biology), 라이프사이언스, 2018
- 이인석,*선형대수와 군*, 서울대학교 출판부, 2015
- 수학용어집, 대한수학회, 대한수학회, 2006
- Aldous, J.M. and Wilson, R.J, *Graphs and Application. An Introductory Approach*, Springer, 2000
- Alexander, I.,*Introduction to Mathematical Methods in Bioinformatics*, Springer, 2004
- Allman, E.S., *Mathematical Models in Biology:an Introduction*, Cambridge University Press, 2007
- Britton, N.F., *Essential Mathematical Biology*, Springer, 2003
- Johnsonbaugh, R., *Discrete Mathematics*, Prentice Hall, 2005
- Higgs, P.G. and Attwood, T.K., *Bioinformatics and Molecular Evolution*, Blackwell, 2005
- Kot, M., *Elements of Mathematical Ecology*, Cambridge University Press, 2001
- Mount, D. W., *Bioinformatics : Sequence and Genome Analysis*, Cold Spring Harbor Laboratory Press, 2004
- Murray, J.D., *Mathematical Biology*, Springer, 2002
- Neuhauser, C., *Calculus for Biology and Medicine*, Prentice Hall, 2004
- Poole, D., *Linear Algebra : A Modern Introduction*, Stamford, CT : Cengage Learning, 2015
- Ross, S.M., *A first course in Probability*, Boston:Pearson, 2019
- Spence, etc, *Elementary Linear Algebra : A Matrix Approach*, Prentice Hall, 2008
- Stewart, J.,*Calculus*, Thomson Brooks/Cole, 2017
- Strang, G., *Linear Algebra and Its Applications*, Brooks/Cole, 2006
- Tijms, H. C. *Probability : a lively introduction*, Cambridge : Cambridge University Press, 2018

찾아보기

k-mer, 333
k-spectrum, 333
k-스펙트럼, 333
n-dimensional space, 168
n단계 추이행렬, 289
n단계 추이확률, 289
n차 삼각다항식, 69
1차 테일러 다항식, 54
DNA 조각, 333
DNA 칩, 333
De Bruijn 그래프, 336
square matrix, 193
가역, 227
가우스, 212
가우스 소거법, 212
가중치, 121
가중평균, 121
감소수열, 6
강하게 연결된 유향그래프, 330
같다, 168, 195, 312
같은 꼴, 195
같은 방향, 173
거듭제곱급수, 42
거리, 314
거미줄 도형, 17
겹모서리, 312
경로, 313, 329
계단함수, 68
계수, 42
계수행렬, 205, 298
고리, 312
고정점, 9
곱사건, 87
곱셈법칙, 101
공정한 게임, 88
교대급수, 33
국소적으로 안정적, 20
군, 276
균일분포, 160
균형잡힌 유향그래프, 331
그래프 G의 반지름, 314
그래프 이론, 311
극한안정분포, 293
근사다항식, 54
급수, 27
기댓값, 121
기댓값의 덧셈법칙, 123
기둥그래프, 116
기본변수, 211
기본행렬, 208
기본행연산, 208
기약행사다리꼴, 209
기저, 243
기저차수정리, 243
기하급수, 27
기하변수, 138
길, 313, 329
꼬리, 170
꼭짓점, 312, 329
끝점, 329
나머지항, 56
내적, 182, 183
누적분포함수, 118
다항식보간법, 216
단순 그래프, 312
단위벡터, 171
단위행렬, 195
단조수렴 정리, 7
단조수열, 6
당, 214
대각합, 204
대각항, 195
대각행렬, 195
대립형질, 10
대수의 법칙, 84
대수학의 기본정리, 267
대칭, 198
대칭방정식, 178
덧셈법칙, 87
도박사의 파멸, 286
독립, 90

독립변수, 124
독립분배의 법칙, 93
독립적, 90
동등하다, 171
동형, 315
두 평면의 교선, 187
등비급수, 27
등확률모형, 85
라이프니츠의 정리, 158
라플라스, 157
랜덤 워크, 287
레슬리 모형, 276
레슬리 행렬, 276
레이스와 생어, 15
론스키언, 309
마르코프 부등식, 122
마르코프 성질, 284
마르코프 연쇄, 285
마르코프 행렬, 285
막대그래프, 116
맥클로린 급수, 57
머리, 170
멘델의 제1 법칙, 11
멘델의 제1법칙, 86
멘델의 제2법칙, 93
멱등, 236
모서리, 312
모수, 140
몬티 홀, 104
무기억성질, 151
무작위, 11, 86
무한급수, 27
무한급수의 합, 27
민감도, 110
바인베르크, 12
반대 방향, 173
반응물, 214
발산한다, 3, 27
방향벡터, 177
배반사건, 87
법선벡터, 185
베르누이 , 137
베르누이 변수, 138
베르누이 시행, 138
베셀의 부등식, 78
베이즈의 정리, 106
벡터, 170, 193
벡터방정식, 177
복원추출, 90
부분공간, 238
부분수열, 3
부분합, 27
부탄, 220
분리의 법칙, 11, 86
분산, 126
분진, 233
분포, 288
분포벡터, 288
분할, 102
비교판정법, 31
비복원추출, 90
비안정적, 20
사건, 84
사이클, 313, 329
사잇각, 183
산화질소, 233
삼각행렬, 258
상대도수, 84, 85
상대위험, 100
상삼각행렬, 202, 258
상수곱, 173
상태, 285
상태공간, 113
상호배반, 87
샌드위치 정리, 5
생검, 101
생성물, 214
생성한다, 199
생존률, 276
생존함수, 151
서로 같다, 171
서열 재구성 문제, 334
선행항, 209
선형계, 205
선형방정식, 205
선형방정식계, 205
성공, 138
성분, 174, 193
성장률, 278
수렴구간, 44
수렴반경, 44
수렴한다, 3
수열, 2
수열의 극한값, 2
수직, 184
순서쌍, 329
순우세 특성치, 274
순증가수열, 6

스팬, 199
시어핀스키 삼각형, 38
시작점, 329
시점, 170
시행, 84
실수의 완비성, 7
실패, 138
실험, 84
쌍으로 독립, 92
아래로 유계, 6
아황산가스, 233
안정인구비율, 278
암모니아, 220
양의 무한대로 발산한다, 3
양적, 113
여사건, 87
역원, 197
역행렬, 227
연결되어 있다, 314
연결되었다, 330
연분수식, 25
연속성수정, 157
연속확률변수, 116
열, 193
열벡터, 193
영벡터, 172
영업사원 방문 문제, 319
영행렬, 196
오일러, 311
오일러 경로, 317
오일러 회로, 317
오일러의 상수, 16
오차함수, 162
완전그래프, 318
완전이분그래프, 319
요르단, 212
우세특성벡터, 274
우세특성치, 274
원점, 167
위로 유계, 6
위치벡터, 174
위험계수, 151
위험계수함수, 163
유계인 수열, 6
유선촬영사진, 101
유전자형, 10, 85
유한표본공간, 84
유향그래프, 329
유향모서리, 329
음의 무한대로 발산한다, 3
음이항분포, 139
이산확률변수, 113
이완기혈압, 91
이항계수, 61, 62
이항급수, 62
이항변수, 140
이항정리, 61
인구, 276
인접, 329
인접한다, 312
인접행렬, 322, 339
일계선형점화식, 8
일계점화식, 8
일반방정식, 186
일반항, 2
일반해, 211
일차결합, 198
일차독립, 240
일차종속, 240
입력차수, 329
자명한 해, 206
자연상수, 7
자유변수, 211
적률, 158
적률생성함수, 158
전이계수, 305
전이행렬, 306
전치행렬, 198
전확률의 법칙, 102
절대수렴한다, 35
점, 168
점화계, 265
점화식, 8
정규분포, 154
정사각행렬, 193
정칙행렬, 291
조각적으로 연속, 68
조건부 독립, 112
조건부 확률, 98
조건수렴한다, 35
조화교대급수, 34
조화급수, 29
종점, 170
좌표, 167
좌표공간, 167, 168
중심극한정리, 143, 156
중앙값, 133, 163
증가수열, 5

지수분포, 150
지시변수, 136
직교좌표공간, 167
진행함수, 8
질적, 113
차, 173
차수, 243, 312
차수수열, 312
첨가행렬, 206
첫번째 행에 대하여 전개한다, 255
체비쇼프 부등식, 122
초기분포, 288
총제곱오차, 69
최대특성치, 274
추이도표, 284
추이행렬, 285
추이확률, 285
출력차수, 329
측지학, 212
코시–슈바르쯔 부등식, 188
코흐 곡선, 38
코흐의 눈송이, 39
크기, 170
테일러 급수, 56
테일러 다항식, 54
테일러 전개, 56
테일러 정리, 58
톱니함수, 68
특성방정식, 267
특성벡터, 266
특성치, 266
특성함수, 267
특이도, 110
파세발의 등식, 78
평균, 121
평면의 벡터방정식, 185
평행사변형의 법칙, 183
평행하다, 173
평형벡터, 292
평형점, 9
표본, 128
표본공간, 84
표본평균, 128
표적, 333
표준단위벡터, 175
표준정규분포, 155
표준편차, 126
푸리에, 68
푸리에 계수, 70
푸리에 근사식, 68
푸리에 급수, 73
푸리에 다항식, 69
푸아송 근사, 143
푸아송 변수, 144
하디, 12
하디-바인베르크 평형, 12
하삼각행렬, 202, 258
한붓 그리기, 311
한붓그리기, 317
합사건, 87
항등원, 197
해, 205
해공간, 238
해밀턴 경로, 319
행, 193
행렬, 193
행렬방정식, 205
행렬식, 252, 255
행벡터, 193
혼성화 반응, 333
화살표, 170
화학반응식, 214
확률, 84
확률나무, 105
확률밀도함수, 116
확률벡터, 287
확률변수, 113
확률분포표, 115
확률생성함수, 129
확률의 통계적 정의, 85
확률질량함수, 115
회로, 313, 329
x row, 193

a dominant eigenvalue, 274
absolutely convergent, 35
addition rule, 87
addition rule of expectation, 123
adjacent, 312, 329
adjacent matrix, 322, 339
alternating series, 33
ammonia, 220
angle between two vectors, 183
arc, 329
arrow, 170
augmented matrix, 206

balanced chemical equation, 214
balanced digraph, 331

bar graph, 116
basic variable, 211
basis, 243
basis dimension theorem, 243
Bayes theorem, 106
Bernoulli trial, 138
Bernoulli, Jacob, 138
Bessel's inequality, 78
binomial coefficient, 61, 62
binomial random variable, 140
binomial series, 62
binomial theorem, 61
biopsy, 101
bounded above, 6
bounded below, 6
bounded sequence, 6
butane, 220

Carl Friedrich Gauss, 212
Cauchy–Schwarz inequality, 188
Central limit theorem, 156
chance tree, 105
characteristic equation, 267
characteristic function, 267
characteristic random variable, 136
characteristic value, 266
characteristic vector, 266
Chevyshev inequality, 122
circuit, 313, 329
Cobweb diagram, 17
coefficient, 42
coefficient matrix, 205, 298
column, 193
column vector, 193
comparison test, 31
complete bipartite graph, 319
complete graph, 318
completeness of real numbers, 7
components, 174
conditional independence, 112
conditional probability, 98
conditionally convergent, 35
connected, 314, 330
continued fraction, 25
continuous random variable, 116
converge, 3
coordinates, 167
cumulative distribution function, 118
cycle, 313, 329

decreasing sequence, 6
degree, 312
degree sequence, 312
determinant, 252, 255
diagonal entry, 195
diagonal matrix, 195
diameter of G, 314
diastolic blood pressure, DBP, 91
difference, 173
dimension, 243
directed graph, 329
directed graph, or digraph, 329
directional vector, 177
discrete random variable, 113
disjoint event, 87
distance, 314
distribution vector, 288
diverge, 3, 27
diverges to $-\infty$, 3
diverges to ∞, 3
DNA chip, 333
DNA fragments, 333
dominant eigenvector, 274
dot product, 182
dust, 233

edge, 312
eigenvalue, 266
eigenvector, 266
elementary matrix, 208
elementary row operation, 208
equal, 312
equilibrium, 9
equilibrium vector, 292
error function, 162
Eulerian circuit, 317
Eulerian path, 317
event, 84
expected value, 121
experiment, 84
exponential distribution, 150

failure, 138
fair game, 88
finite sample space, 84
first order recursive equation, 8
fixed point, 9
Fourier approximation, 68
Fourier coefficients, 70
Fourier polynomial, 69

Fourier series, 73
free variable, 211
frequency, 84
fundamental theorem of Algebra, 267

gambler's ruin, 286
Gauss elimination, 212
general equation, 186
general solution, 211
generate, 199
genotype, 85
geodesy, 212
geometric random variable, 138
geometric series, 27
glucose, 214
graph theory, 311
group, 276
growth rate, 278

Hamilton path, 319
Hardy, Godfrey H., 12
Hardy-Weinberg equilibrium, 12
harmonic series, 29
hazard rate, 151
hazard rate function, 163
head, 170
histogram, 116
hybridization, 333

idempotent, 236
identity element, 197
identity matrix, 195
increasing sequence, 5
indegree, 329
independent, 90
independent random variable, 124
indicator random variable, 136
infinite series, 27
initial distribution, 288
initial point, 170
inner product, 182, 183
interval of convergence, 44
inverse element, 197
inverse matrix, 227
invertible, 227
irreducible row echelon form, 209
isomorphic, 315

Joseph Fourier, 68

Koch curve, 38
Koch's snowflake, 39

Laplace, P-S, 157
law of independent assortment, 93
law of large number, 84
law of segregation, 11, 86
law of total probability, 102
leading entry, 209
Leibniz Theorem, 158
Leonhard Euler, 311
Leslie matrix, 276
Leslie model, 276
limit of sequence, 2
limiting stable distribution, 293
linear combination, 198
linear equation, 205
linear system, 205
linearly dependent, 240
linearly independent, 240
locally stable, 20
loop, 312
lower triangular matrix, 202

Maclaulin series, 57
mammograms, 101
Markov chain, 285
Markov inequality, 122
Markov matrix, 285
Markov property, 284
matrix, 193
matrix equation, 205
maximum eigenvalue, 274
mean, 121
median, 133, 163
memoryless property, 151
moment, 158
moment generating function, 158
monotone convergence theorem, 7
monotone sequence, 6
Monty Hall, 104
multiple edges, 312
multiplication rule, 101
mutually disjoint, 87
mutually independent, 92

n-step transition matrix, 289
n-step transition probability, 289
negative binomial distribution, 139
nitric oxide, 233
norm, 170

normal distribution, 154
normal vector, 185

opposite direction, 173
ordered pair, 329
outdegree, 329

Parade, 104
parallel, 173
parallelogram law, 183
parameter, 140
Parseval's identity, 78
partial sum, 27
partition, 102
path, 313, 329
perpendicular, 184
piecewise continuous, 68
point, 168
Poisson approximation, 143
Poisson random variable, 144
polynomial interpolation, 216
population, 276
position vector, 174
power series, 42
probability, 84
probability density function, 116
probability generating function, 129
probability mass function, 115
probability tree, 105
probability vector, 287
products, 214

qualitative, 113
quantitative, 113

Race, R.R, 15
radius of convergence, 44
random, 11, 86
random walk, 287
reactants, 214
recursive equation, 8
regular matrix, 291
relative risk, 100
remainder, 56
row vector, 193

same direction, 173
sample, 128
sample mean, 128
sample space, 84
Sanger, R, 15
scalar multiple, 173
scalar product, 182
seesaw function, 68
selection with replacement, 90
selection without replacement, 90
sensitivity, 110
sequence, 2
sequence reconstruction, 334
series, 27
Sierpinski Gasket, 38
Siméon D Poisson, 143
simple graph, 312
solution, 205
solution space, 238
span, 199
specificity, 110
stable age ratio, 278
standard deviation, 126
standard normal distribution, 155
standard unit vector, 175
state, 285
state space, 113
statistical definition of probability, 84
step function, 68
strictly dominant eigenvalue, 274
strictly increasing sequence, 6
strongly connected digraph, 330
subsequence, 3
subspace, 238
success, 138
sulfur dioxide, 233
sum of series, 27
survival function, 151
survival rate, 276
symmetric, 198
symmetric equation, 178
system of linear equations, 205
system of recursion equation, 265

tail, 170
target, 333
Taylor expansion, 56
Taylor polynomial, 54
Taylor series, 56
Taylor theorem, 58
terminal point, 170
total square error, 69
trace, 204
transfer coefficient, 305
transfer matrix, 306

transition diagram, 284
transition matrix, 285
transition probability, 285
transpose matrix, 198
traveling salesman problem, TSP, 319
triagular matrix, 258
trial, 84
trigonometric polynomial of degree n, 69
trivial solution, 206

uniform distribution, 160
unit vector, 171
unstable, 20
upper triangular matrix, 202, 258

variance, 126
vector, 170, 193
vector equation, 177
vector equation of plane, 185
vertex, 312

walk, 313, 329
weight, 121
weighted mean, 121
Weinberg, Wilhelm, 12
Wilhelm Jordan, 212
Wronskian, 309

zero matrix, 196

제4판

생명과학을 위한 수학 II

- 이산모형을 중심으로

지은이 강혜정
펴낸이 조경희
펴낸곳 경문사
펴낸날 2008년 9월 1일 1판 1쇄
2024년 3월 1일 4판 3쇄
등 록 1979년 11월 9일 제1979-000023호
주 소 04057, 서울특별시 마포구 와우산로 174
전 화 (02)332-2004 팩스 (02)336-5193
이메일 kyungmoon@kyungmoon.com

값 29,000원

ISBN 979-11-6073-487-4

★ 경문사의 다양한 도서와 콘텐츠를 만나보세요!

홈페이지	www.kyungmoon.com	페이스북	facebook.com/kyungmoonsa
포스트	post.naver.com/kyungmoonbooks	블로그	blog.naver.com/kyungmoonbooks
북이오	buk.io/@pa9309	인스타그램	instagram.com/kyungmoonsa

도서 중 **정오표** 및 **학습자료**가 있는 경우 홈페이지 내 해당 도서 상세 페이지의 **자료** 탭에 업로드됩니다.